西电科技专著出版基金资助
国家自然科学基金青年项目
科技部重点研发计划项目

铅卤化物钙钛矿材料

——性质、制备与应用

Lead Halide Perovskite: Properties, Preparation, Applications

朱卫东 张春福 习 鹤 陈大正 张进成 编著

西安电子科技大学出版社

内 容 简 介

铅卤化物钙钛矿材料与器件是近十年迅速发展起来的一个新研究领域，一些重要的科学发现与技术突破层出不穷，系统总结相关研究进展对推动这一领域的发展很有必要。本书对铅卤化物钙钛矿材料的基本特性、典型应用与发展现状作了较为系统的论述。全书共分为7章，涉及铅卤化物钙钛矿材料的简介、基本性质、制备方法以及其在光伏器件、探测器件、发光器件等方面的应用举例。

本书适于微电子、光电子、材料等领域从事铅卤化物钙钛矿材料与器件研究、生产及相关技术应用的广大科技人员阅读，也可作为高等学校相关专业研究生的参考书。

图书在版编目(CIP)数据

铅卤化物钙钛矿材料：性质、制备与应用 / 朱卫东等编著. —西安：西安电子科技大学出版社，2023.4

ISBN 978-7-5606-6748-5

Ⅰ. ① 铅… Ⅱ. ① 朱… Ⅲ. ① 卤化物—钙钛矿—功能—材料—研究 Ⅳ. ① TB34

中国国家版本馆CIP数据核字(2023)第 029457 号

策　　划　李惠萍
责任编辑　宁晓蓉
出版发行　西安电子科技大学出版社(西安市太白南路 2 号)
电　　话　(029)88202421　88201467　　　邮　　编　710071
网　　址　www.xduph.com　　　电子邮箱　xdupfxb001@163.com
经　　销　新华书店
印刷单位　陕西精工印务有限公司
版　　次　2023 年 4 月第 1 版　　2023 年 4 月第 1 次印刷
开　　本　787 毫米 × 1092 毫米　1/16　　　印　　张　19.5
字　　数　427 千字
印　　数　1～2000 册
定　　价　75.00 元

ISBN 978-7-5606-6748-5 / TB

XDUP　7050001-1

前言

Preface

半导体材料是现代信息技术的基石，也是新型能源技术开发和利用的基础。半导体材料理论、技术与应用探索的有机结合，在推动半导体科学与技术持续发展的同时，也促进了新型半导体材料和器件技术的不断涌现。

自 2009 年以来，对铅卤化物钙钛矿材料及其光电器件的研究发展迅速，钙钛矿太阳能电池、LED、探测器等光电器件的性能大幅提升，这些发展成就使得铅卤化物钙钛矿材料成为新型半导体材料家族中的重要一员，并吸引大量产业资本进入，已有多家国内外企业致力于钙钛矿太阳能电池的产业化。

相较于传统半导体材料及其光电器件，铅卤化物钙钛矿材料与器件的基本理论并无本质区别，但在物理化学性质、制备方法、性能表现等方面呈现出许多显著的特点，在应用方面也还有一些有待探索的领域。本书详细论述铅卤化物钙钛矿材料的发展历史、物理化学性质、制备方法及其应用现状，希望对铅卤化物钙钛矿材料与器件研究提供参考。

本书的作者们结合自己在铅卤化物钙钛矿材料与器件方面多年的研究经历、积累和成果，尝试对这一领域的相关基础知识和研究进展给出较为系统的论述。在编写过程中，既重视各章节内容之间的相互联系，又适当保持了它们的相对独立性。全书共 7 章，第 1 章主要介绍了铅卤化物钙钛矿材料的发现和材料体系，第 2 章和第 3 章分别总结了铅卤化物钙钛矿材料的物理、化学性质和制备方法。前三章的内容是基础知识，在学习后面章节前建议先行阅读这 3 章。第 4 章至第 7 章分别介绍了铅卤化物钙钛矿基光伏器件、探测器件、发光器件，以及铅卤化物钙钛矿在阻变存储器件、晶体管、光催化器件、传感器、“发电－储能”一体化器件、电致变色器件、自旋电子器件等方面的应用探索。这些章节可根据需要进行选读。

本书适于微电子、光电子、材料等领域从事铅卤化物钙钛矿材料与器件研究、生产及相关技术应用的广大科技人员阅读，也可作为高等学校相关专业研究生的参考书。

由于作者水平有限，本书难免有不足和疏漏之处，敬请广大读者提出宝贵意见和建议。

作 者

2022年10月

目录 Contents

第1章 铅卤化物钙钛矿材料简介

1.1 铅卤化物钙钛矿材料的发现

1. 钙钛矿矿物晶体系统的发现(1839年)

钙钛矿的发现与亚历山大·冯·洪堡 (Alexander Von Humboldt) 在俄国亚洲地区进行的著名科学旅行密切相关。该旅行由沙皇尼古拉斯一世 (Tsar Nicholas Ⅰ) 提供全部资金，从 1829 年 5 月至 12 月，行程约 15 000 公里，目的是增加对俄国广大地区的地质、地理和生物知识的了解。洪堡是一位著名的地理专家，他邀请了两位当时最著名的德国科学家参加这次旅行，他们是生物学方面的专家克里斯蒂安·戈特弗里德·埃伦伯格 (Christian Gottfried Ehrenberg) 和地质矿物学方面的专家古斯塔夫·罗斯 (Gustav Rose)。

古斯塔夫·罗斯在这次旅程中负责对可能在野外或全国公共和私人矿物收藏中发现的新矿物进行化学分析，对里海水域进行分析，对乌拉尔山脉矿藏中的沙子和岩石进行显微镜检查，以检测其中是否含有当时最重要的商品之一钻石。Rose 还负责撰写探险日记，该日记后来被分成两部分，一部分在 1837 年出版，另一部分在 1849 年出版。与他的发现有关的科学论文发表于这次历时 20 年 (1829—1849) 的旅行之后。

在旅行过程中，Rose 参观了一位热心的矿物收藏家 August Kämmer 的私人藏品。他对这些藏品特别感兴趣，后来两位成为了很要好的朋友。1839 年，Kämmer 将一块在乌拉尔山脉收集的岩石送到了 Rose 在柏林大学 (现为柏林洪堡大学) 的实验室。这位俄罗斯人请 Rose 检查几颗奇怪的晶体，他怀疑这些晶体可能是一种新矿物。经过检查，Rose 确认这些晶体属于一种新的立方对称矿物，由钙和钛氧化物组成。Rose 接受了 Kämmer 的建议，用著名贵族和矿物收藏家列夫·阿列克谢维奇·冯·贝罗夫斯基 (Lev A. Perovski) 伯爵 (1792—1856) 的名字为这一新矿物命名。

尽管古斯塔夫·罗斯是第一个公开描述这种新矿物的人，但他没有确定其确切的化学成分。1844 年，他的兄弟海因里希 (Heinrich) 全面分析并检测出了其实际的化学成分 ($CaTiO_3$)，然后按照当时的惯例给出了其氧化物混合物的表达式 CaO·TiO_2。1845 年，当时著名的法国矿物学家阿尔弗雷德·德斯·克洛伊佐 (Alfred Des Cloizeaux) 对该矿物的晶体形态和晶体系统进行了更详细的描述 (见图 1-1)，他得出结论：Rose 最初将晶体描述为立方体是正确的。

不久之后，人们在来自欧洲其他地区的岩石中也发现了钙钛矿晶体，甚至在法国实验室中也生长出了不同的人造钙钛矿晶体。这些进展吸引了越来越多的科学家来研究这种矿物，“钙钛矿”矿物词条也很快被添加到当时的每一本矿物学手册中。

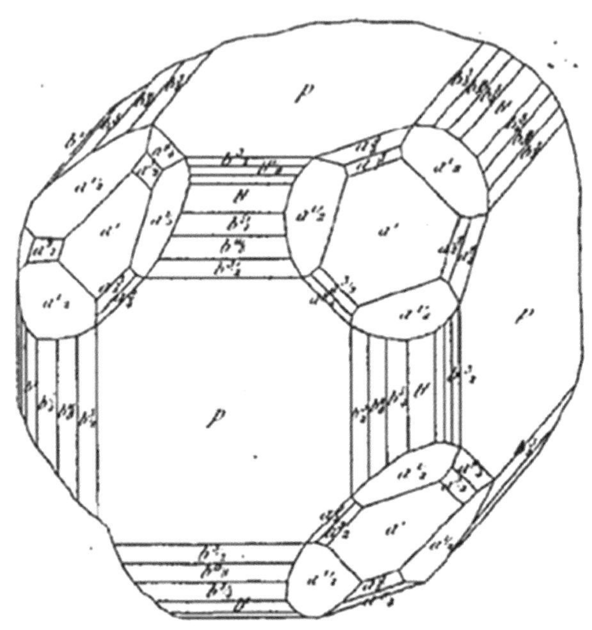

图 1-1　Alfred Des Cloizeaux 的钙钛矿矿物晶体结构手绘图

2. X射线衍射和钙钛矿结构的证明(1925—1957年)

1912 年，当伯吉尔德发表他的研究成果时，科学领域，尤其是结晶学领域刚刚取得了重大突破——发现了 X 射线，更重要的是，发现了 X 射线的衍射现象。从此，化学家、物理学家、矿物学家和材料学家获得了一种能够直接研究晶体内部结构的手段。

与所有人的预期相反，当这项革命性的技术首次用于研究钙钛矿晶体时，有关其晶体系统的争议再次出现，研究人员之间又开始了一场新的、激烈的辩论。1925 年，两个不同的研究小组对钙钛矿晶体进行了 X 射线衍射研究。其中一个研究小组来自意大利的米兰理工学院，实验由乔治 • 雷纳托 • 列维和他的学生朱利奥 • 纳塔 (Giulio Natta) 进行。另一个研究小组来自挪威，总部设在奥斯陆大学，由维克多 • 莫里茨 • 戈德施密特领导。关于这方面的研究，发表的第一篇论文来自托马斯 • 巴特 (Thomas Barth)，他是第二组的成员之一。

两个小组在不知道彼此存在的情况下工作，但他们推断出的钙钛矿晶体中原子的基本排列相同：钙钛矿中的原子组成立方结构，其中钛位于立方体的中心，钙位于立方体的原点 (晶胞角)，氧原子位于每个面的中心 (见图 1-2)。

两组研究人员都感到有些失望，因为在过去 70 年的研究中，已经得出钙钛矿晶体是正交晶体的结论，当他们意识到 X 射线数据表明钙钛矿晶体是立方结构时，开始怀疑 X 射线衍射实验的准确性。

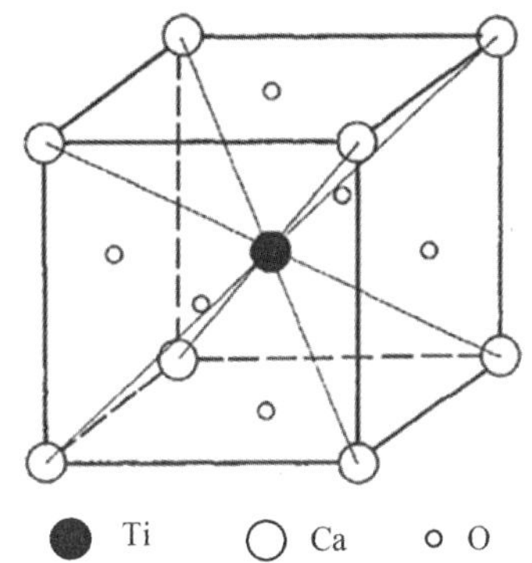

图 1-2 1925 年托马斯 • 巴特展示的钙钛矿中原子的基本结构排列

(原子位置为 Ca = 0,0,0; Ti = ½, ½, ½; O_1 = ½, ½, 0; O_2 = ½, 0, ½; O_3 = 0, ½, ½)

这项研究引起了科学界激烈的辩论，关于钙钛矿晶体是否为立方结构，科学家们展开了大量的研究。显然，钙钛矿结构应该是托马斯 • 巴特 1925 年提出的理想结构的扭曲版本。然而，直到 1943 年，布达佩斯技术大学的匈牙利晶体学家伊斯坦•纳雷•萨博 (István Náray Szabó) 根据匈牙利国家博物馆 (National Museum of Hungaria) 对单晶的研究提出了一个合理的解释，研究人员才发现了这种扭曲的原因。他提出了一种钙钛矿结构的表示法 (见图 1-3)。根据他的观点，钙钛矿结构应被视为由一个个三维排列的共角 TiO_6 八面体组成，其中 Ca 占据了由此产生的十二面体的空隙。此外，研究发现所观察到的立方对称性畸变是这些八面体的倾斜造成的，换句话说，畸变来自氧原子位置与其理想立方位置的偏差 (见图 1-3)。这一想法多年来一直被忽略，但它是至关重要的，而且仍然是正确的。

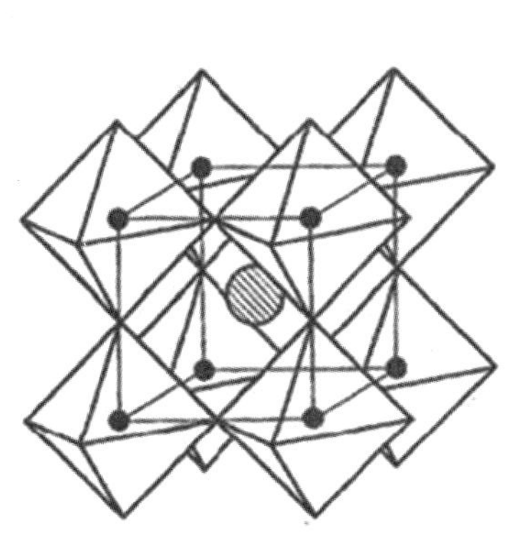

(a) 理想的立方结构

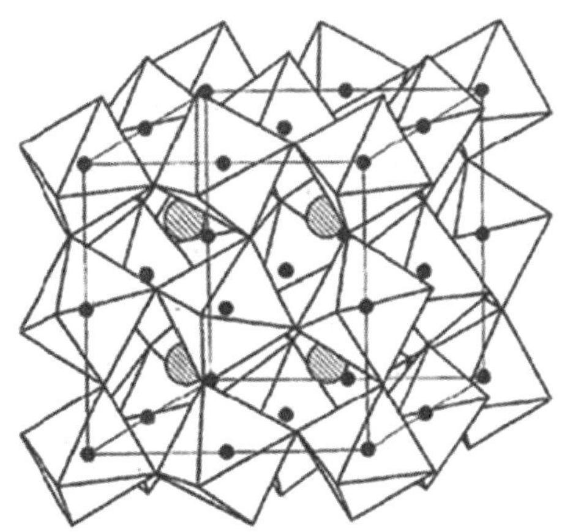

(b) O 原子偏离导致的结构变形

图 1-3 Náray Szabó 在 1943 年提出的钙钛矿结构示意图

钙钛矿最终的结构模型以及长期以来错误建议的终结，于 1957 年到来，也就是钙钛矿被发现 100 多年后。那一年，Kay 和 Bailey 发表了关于合成和天然钙钛矿样品的论文。他们提出的晶体结构自其最初发表以来已经进行了多次修改，但除了改变空间群中的设置外，没有引入任何重要的变化，目前大多数人认可的结构为 Pbnm(隶属于 Pnma，#62)。

当 Kay 和 Bailey 明确钙钛矿的晶体结构时，发现属于同一结构类型的合成化合物种类非常多，以至于“钙钛矿”一词不再与矿物本身有关，而是与其晶体结构类型有关。这种变化发生在 20 世纪 20 年代，维克多 • 莫里茨 • 戈德施密特领导的奥斯陆大学研究小组开始对当时大多数已知矿物和无机化合物的晶体结构进行系统研究。

3. 从氧化物到卤化物钙钛矿(1940年至今)

钛酸钡及其相关化合物的铁电性质的发现是电介质领域的一项重大科学突破，它也是钙钛矿型化合物领域兴起的标志。从那时起，钙钛矿结构研究成为固体化学和材料化学领域的一个共同课题。研究者们主要从对钙钛矿结构的充分理解、单胞中原子的精确排列、结构中不同元素的存在所导致的变形，以及不同的原子如何随温度重新排列等方向来解释氧化物钙钛矿的铁电和压电性能。

在上述系统研究的基础上，“钙钛矿结构家族”的概念诞生了。它从覆盖所有 ABX_3 结构 (无论是立方还是非立方) 发展到包含大量化合物，这些化合物均符合纳雷 • 萨博 (Náray Szabó) 确定的基本结构：一个共享角的 BX_6 八面体。钙钛矿及其姐妹结构的初始分类是 Náray Szabó 划定的，ABX_3 相和 A 位空位化合物根据其相对于理想立方结构的畸变被细分为小类。

对钙钛矿的系统研究在 20 世纪 50 年代继续进行，人们又提出了新的划分方式。其中，Roy 和 Keith 的研究是最引人注目的。他们制备了大量具有更复杂化学成分的化合物，如 $KLaTi_2O_6$、Sr_2CrTaO_6、$Ca_3NiTa_2O_9$ 和 $K_2CeLaTi_4O_{12}$ 等，为了表现化合物的结构，采用了与原始化学式不同的表达式。然而，他们发现其中许多化合物属于钙钛矿结构 (其化学式可以改写为 $(A_{1-x-y}A'_xA''_y)(B_{1-x}B'_x)O_3$)。这一发现证实了钙钛矿结构能够耐受 A 和 B 位中几乎任何 A 和 B 阳离子的混合物。尽管他们未能将更多的化合物归类为钙钛矿，因为其中一些是六角形变体 (当时还没有考虑)，但这些工作为制备具有钙钛矿结构的氧化物和卤化物混合物打开了一扇大门。更重要的是，这使材料学家能够探索从 A、B 甚至 X 位置上无限的离子组合衍生出的钙钛矿材料的所有可能的性质，从而发现钙钛矿材料的新的潜在应用。

后来，许多无机金属氧化物，如 $BaTiO_3$、$PbTiO_3$、$SrTiO_3$、$BiFeO_3$ 等，被发现具有钙钛矿结构，因此钙钛矿化合物更多地被称为金属氧化物，其分子式为 ABO_3。钙钛矿氧化物可用于各种铁电、压电、介电和热电应用等，但除了 $LiNbO_3$、$PbTiO_3$ 和 $BiFeO_3$ 等由于铁电极化 (称为铁电光伏) 而表现出一些光伏效应外，这些金属氧化物钙钛矿大部分不具有良好的半导体性能，因此不适合光伏应用。

与氧化物钙钛矿不同，卤化物钙钛矿以卤化物阴离子代替氧化物阴离子 (ABX_3；A = 阳离子，B = 二价金属阳离子，X = 卤素阴离子)，这种组分表现出了光伏应用所需的半导体特性。这种卤化物钙钛矿的发现可以追溯到 19 世纪 90 年代。1893 年，H. L. Wells 等人对从溶液中合成的铅卤化物钙钛矿 $CsPbX_3$(X = Cl，Br，I)、$RbPbX_3$ 等进行了全面研究。1957 年，丹麦研究人员 C. K. Møller 发现 $CsPbCl_3$ 和 $CsPbBr_3$ 具有钙钛矿结构，以四方畸变结构存在，在高温下转变为纯立方相。合成这些铯 - 铅卤化物钙钛矿只需要用简单溶液法，这激发了研究人员使用其他阳离子代替铯的研究。D. Weber 发现有机阳离子甲铵 ($CH_3NH_3^+$) 取代 Cs^+ 形成 $CH_3NH_3MX_3$(M = Pb，Sn；X = I，Br)，并首次报道了有机铅卤化物钙钛矿的晶体学研究。20 世纪末，David Mitzi 利用大小不同的有机阳离子合成了各种各样的卤化物钙钛矿。

Mitzi 将研究重点放在了含有大量有机基团的二维钙钛矿材料的物理性质上。根据 Mitzi 的研究，20 世纪 90 年代末，Kohei Sanui 教授通过日本国家研究计划 (JST-CREST) 开展了一个项目。该项目研究了使用上述钙钛矿的自组织量子限制结构，研究了 2D 和 3D 钙钛矿的光学性质。尽管该研究通过利用尖锐的单色光吸收和发光，将这些材料应用于非线性光学和电致发光 (即发光二极管 (LED))，但并没有发现这些材料可以利用太阳能，因为 2D 钙钛矿并不适合在太阳光的宽光谱范围内收集光。

4. 铅卤化物钙钛矿的光伏应用发展(2005年至今)

到现在长达一百年的研究中，钙钛矿型材料曾被应用到超导、光电转化、电催化等各种领域，目前基于钙钛矿材料的各种光伏应用正逐渐成为人们研究的热点。

最早发现钙钛矿材料具有优异光伏特性的是日本的 Miyasaka 课题组。Miyasaka 对钙钛矿光伏器件的研究始于 2005 年。这一年，Miyasaka 在桐荫横滨大学 (TUY) 成立了一家专门从事光电化学应用的公司 Peccell Technologies。2005 年，东京理工大学 (TPU) 研究生 Akihiro Kojima 来到 Miyasaka 的实验室，两所大学合作进行染料敏化太阳能电池的实验。这项合作由 Kenjiro Teshima 发起，他是 Kojima 在 TPU 的导师，后来在 Peccell 担任研究员。他们合作的目的是研究在介孔 TiO_2 电极上使用卤化物钙钛矿作为敏化剂的可能性。这也是 Teshima 和 Kojima 在 TPU 进行的关于卤化物钙钛矿量子光化学研究的延伸。Teshima 曾是日本 JST-CREST 国家项目 (1997—2002) 的合作成员，该项目主要研究使用 2D 钙钛矿的自组织量子限制结构。正是 Miyasaka 与前来加入 Peccell 的 Teshima 的相遇，开启了关于钙钛矿光伏发电的研究。他们在染料敏化电池 (Dye-Sensitized Solar Cell，DSSC) 中使用甲基铵铅卤化物钙钛矿作为纳米晶敏化剂，该实验结果显示了沉积铅卤化物钙钛矿对 TiO_2 进行可见光敏化的可能性。2006 年 10 月，他们在墨西哥举行的电化学学会 (ECS) 会议上首次报道了基于钙钛矿型 $CH_3NH_3PbBr_3$ 敏化剂的液态染料敏化太阳能电池。随后，他们对这种钙钛矿基太阳能电池进行了进一步研究，并于 2009 年发表了具有开创性的研究成果。他们采用 $CH_3NH_3PbX_3$(X = I，Br) 构建了钙钛矿基染料敏化电池，并获得了 3.8% 的能量转换效率 (PCE)。

受 Kojima 及其同事在 2009 年开创性工作的启发，卤化物钙钛矿在最初应用于光伏器件后，作为有前途的半导体光伏材料引起了研究者们的广泛关注。近年来，卤化物钙钛矿材料在光 (电) 化学领域的应用也取得了重大进展。随着研究的深入，人们发现金属卤化物钙钛矿具有许多优异的性质，例如大光吸收系数、高载流子迁移率、长载流子寿命和扩散长度、可调谐电阻率、大 X 射线衰减系数、高荧光产率、波长可调谐性以及制备技术简单。由于具备这些优异的性能，金属卤化物钙钛矿材料已成为太阳能电池、激光器、发光器件、光电探测器、X 射线和 γ 射线探测器等领域的热点材料。

1.2 钙钛矿结构与铅卤化物钙钛矿材料

钙钛矿晶格定义为 BX_6 八面体网络，其化学式一般表示为 ABX_3。在代表性单胞中，由晶体结构 (即分子水平) 定义的 3D 卤化物钙钛矿通常采用立方结构。B 阳离子与六个卤化物阴离子配位形成 $[BX_6]^{4-}$ 八面体，以共享角的方式连接并扩展为三维框架。阳离子占据八面体单元之间的 12 倍配位空隙，以确保 3D 结构的完整性。

在铅卤化物钙钛矿中，A 代表阳离子，一般为甲氨基 (MA^+)、甲脒基 (FA^+)、铯离子 (Cs^+) 和铷离子 (Rb^+) 等；B 为二价金属阳离子 (Pb、Sn、Ge)；X 为卤素阴离子 (Cl、Br、I 等)。A 位阳离子占据着铅卤化物八面体共享角之间的空位，因而赋予铅卤化物钙钛矿材料理想的带隙宽度和光吸收能力。

Hines 等人将完美的钙钛矿结构描述为角连接的 $[BX_6]^{4-}$ 八面体，间隙内填充着 A 位阳离子。而在实际情况下，应考虑 A 位阳离子的合适离子半径，以适合 $[BX_6]^{4-}$ 的框架间隙。也就是说，过大的 A 位阳离子不能容纳在空隙中，而小阳离子不能支撑空隙。这种尺寸失配会导致三维钙钛矿结构的崩塌，并导致低维钙钛矿的形成。因而钙钛矿的理想立方结构可能存在一些扭曲，导致其以立方、正交、斜面六面体和六方结构的形式存在 (见图 1-4)。图 1-5 表示从立方钙钛矿到正交钙钛矿的畸变。一般来说，所有保持 A 位和 B 位配位的钙钛矿结构扭曲都是由 $[BX_6]^{4-}$ 八面体的倾斜和 A 阳离子的相关位移导致的。

钙钛矿材料的晶体结构及稳定性由八面体因子 (μ) 和容忍因子 (t) 决定，计算公式为

$$\mu = \frac{R_B}{R_X} \tag{1-1}$$

$$t = \frac{R_X + R_A}{\sqrt{2}\left(R_X + R_B\right)} \tag{1-2}$$

其中 R_A、R_B、R_X 分别为 A、B、X 三种离子的半径。

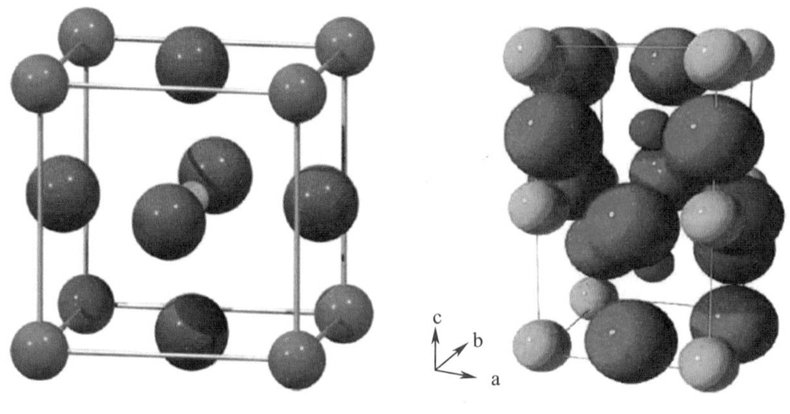

(a) 立方　　(b) 正交

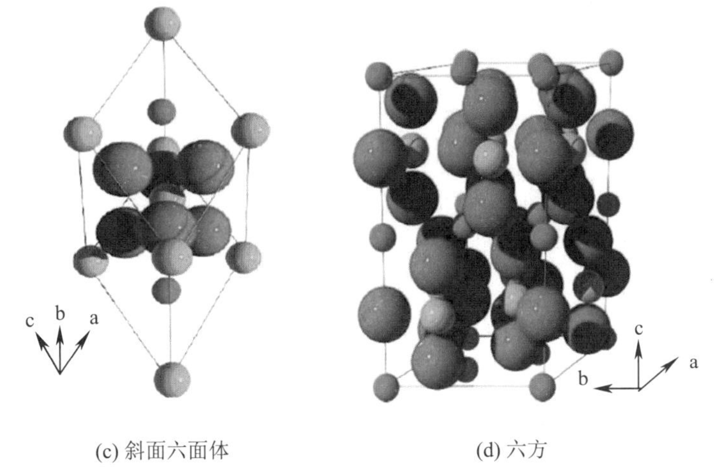

(c) 斜面六面体 (d) 六方

（蓝色球体代表 A 阳离子，黄色球体代表 B 阳离子，红色球体代表形成八面体的氧阴离子）

图 1-4 四种不同结构的钙钛矿晶胞

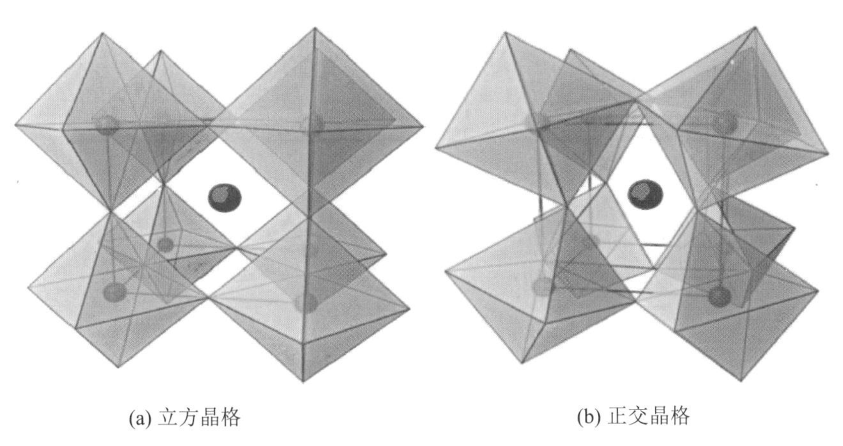

(a) 立方晶格 (b) 正交晶格

图 1-5 钙钛矿结构从立方到正交的畸变

容忍因子 t 是钙钛矿结构相比理想立方结构变形程度的真实量度，当结构接近理想的立方结构时，t 值趋于 1。从式 (1-2) 中可以看出，当 R_A 减小或 R_B 增大时，容忍因子将减小。基于对容忍因子值的分析，Hines 等人认为通过容忍因子可以预测可能形成的钙钛矿结构。当 $1.00<t<1.13$、$0.9<t<1.0$、$0.75<t<0.9$ 时，钙钛矿结构分别为六方结构、立方结构和正交结构。当 $t<0.75$ 时，为三方钛铁矿结构 ($FeTiO_3$)。

一般来说，稳定相结构钙钛矿的形成应满足两个要求。

1. 离子半径要求

当 $R_A>0.090$ nm，$R_B>0.051$ nm 时，容忍因子 t 在 0.81 ～ 1.11 范围内，μ 在 0.44 ～ 0.90 范围内，这样可以保证钙钛矿结构具有稳定的相结构。有研究者发现，可以通过调节混合阳离子或阴离子的半径，使得其满足容忍因子 t 和八面体因子 μ 的要求，来设计稳定的 ABX_3 材料，为实验人员提供定性指导。

当 t = 1 时，

$$R_X + R_A = \sqrt{2}\left(R_X + R_B\right) \tag{1-3}$$

钙钛矿存在稳定的立方相；当 t 偏离 1 时，晶胞出现扭曲。有研究者计算了 138 种具有潜在太阳能电池应用前景的钙钛矿材料的分解能，并以 t 为横坐标，μ 为纵坐标，分析了它们能否稳定形成立方相的规律，如图 1-6 所示。

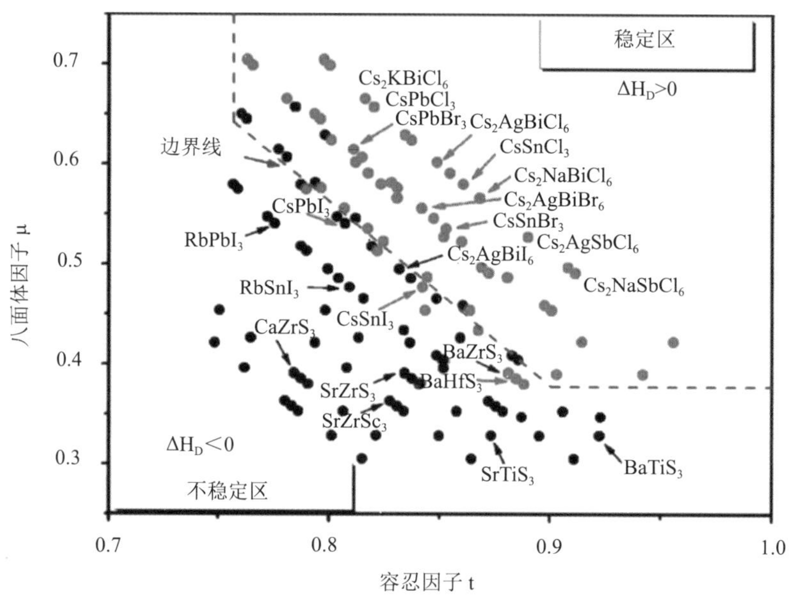

（红点为分解能 $\Delta H_D>0$（预计稳定），黑点为分解能 $\Delta H_D<0$（预计不稳定））

图 1-6　138 种具有潜在太阳能电池应用前景的钙钛矿材料的 μ-t 统计图

2. 电中性要求

钙钛矿结构必须具有中性平衡电荷，因此，A 和 B 离子电荷之和应等于 X 离子的总电荷。在 ABX_3 的正式化学计量中，电荷平衡 $(q^A + q^B + 3q^X = 0)$ 可以通过多种方式实现。对于金属氧化物钙钛矿 (ABO_3)，两种金属的氧化价态之和必须为 $6(q^A + q^B = -3q^O = 6)$。已知 Ⅰ-Ⅴ-O_3、Ⅱ-Ⅳ-O_3 和Ⅲ-Ⅲ-O_3 钙钛矿，常见示例为 $KTaO_3$、$SrTiO_3$ 和 $GdFeO_3$。可获得材料的范围可以通过在阴离子亚晶格上进行部分元素取代来扩展，例如在形成氮氧化物和氧卤化物钙钛矿时，在金属亚晶格上进行元素置换，可以形成双钙钛矿、三钙钛矿和四钙钛矿。

对于卤化物钙钛矿，两种阳离子的化学价之和必须为 $3(q^A + q^B = -3q^X = 3)$，因此唯一可行的三元组合是 Ⅰ-Ⅱ-X_3，例如 $CsPbI_3$。在杂化卤化物钙钛矿如 $CH_3NH_3PbI_3$ 中，存在二价无机阳离子，一价金属被等电荷的有机阳离子取代。原则上，只要空腔中有足够的空间容纳阳离子，就可以使用任何阳离子。如果阳离子尺寸过大，则三维 (3D) 钙钛矿网络会被破坏，如无机网络中一系列低维杂化结构所示。对于层状结构，随着载流子质量的增大和激子结合能的增强，晶体性质变得高度各向异性。

1.3 铅卤化物钙钛矿材料体系

以 PbX_y(X = Cl，Br，I) 为基本单元的钙钛矿的制备和研究是许多论文的主题。这些钙钛矿材料大多数包含一个小的阳离子基团 (SC)，如 K^+、Cs^+ 和 $CH_3NH_3^+$，或者大的阳离子基团 (BC)，如 $C_{10}H_{21}NH_3^+$、$CH_3C_6H_4CH_2NH_3^+$ 和 $C_{10}H_7CH_2NH_3^+$，或者两者 (SC、BC) 都包含。SC 和 BC 化合物的组合存在多种可能性，当它们与 PbX_y 单元构成的框架相结合时，能够合成大量具有不同结构、不同光学和其他性质的最终产物。其中，具有通式 $(SC)_{n-1}(BC)_2M_nX_{3n+1}$ 的钙钛矿材料可以由简单的原始材料 (例如 PbX_2、CH_3NH_2、$C_{10}H_{21}NH_2$、$CH_3C_6H_4CH_2NH_2$、$C_{10}H_7CH_2NH_2$ 等)，通过以下反应进行制备：

$$(SC)X + PbX_2 = (SC)PbX_3 \tag{1-4}$$

$$2(BC)X + PbX_2 = (BC)_2PbX_4 \tag{1-5}$$

以上反应可以简化为

$$(n-1)(SC)PbX_3 + (BC)_2PbX_4 = (SC)_{n-1}(BC)_2Pb_nX_{3n+1} \tag{1-6}$$

其中 n = 1，2，…，∞，代表无机层的数量。

研究者的大量实验结果表明，上述反应是可逆的。在本节中，我们将介绍 $(SC)_{n-1}(BC)_2Pb_nX_{3n+1}$ 型钙钛矿体系的各个成员，这些钙钛矿以块体 (例如单晶、多晶颗粒) 或颗粒形式存在。在这些成员中，有机部分可以是饱和分子 (或弱共轭分子) 或非饱和分子，而无机部分由三维 (3D) 框架中的无限多个相互作用单元组成，或由三维框架中的有限多个相互作用的 PbX_y 单元组成，或由二维 (2D) 框架中的无限多个相互作用的 PbX_y 单元组成，或者在低维情况下采用类似的模式。在这些材料中，有机部分具有屏障作用。

1.3.1 基于饱和烃的钙钛矿材料

1. 块体 $(SC)MX_3$ 钙钛矿

块体 $(SC)MX_3$ 钙钛矿是反应式 (1-4) 或反应式 (1-6) 在 n = ∞时的产物，其晶体由无数相互作用的 MX_y 单元组成，它们形成了一个三维框架。关于 $CH_3NH_3PbI_3$(及类似化合物) 的制备、结构、光学和相关性质的研究结果促使研究者们将这些化合物用作太阳能电池的光敏元件。此外，已经发现 $(SC)MX_3$ 型化合物表现出多种性质。含 MI_3 基团的钙钛矿晶体为黑色，含 MBr_3 基团的晶体为红色，含 MCl_3 基团的晶体为淡黄色。它们在空气中的稳定性为 $MI_3 < MBr_3 < MCl_3$。图 1-7(a) 是 $(SC)MX_3$ 3D 结构的简化图。对于 X = I、Br 和 Cl，X—Pb—X 键长分别为 6.4 Å、5.8 Å 和 5.4 Å。

在过去几年中，已经制备和研究了许多具有几种不同结构 (立方、四方和正交) 的 3D 钙钛矿。研究发现，块体 $(SC)PbI_3$ 在室温下具有最稳定的四方结构。图 1-7(b) 显示了 $CH_3NH_3PbI_3$ 单晶的可见光吸收 (OA) 和光致发光 (PL) 光谱。SnX_3 基化合物的 OA 光谱中的吸收边出现在比 PbX_3 更长的波长上。研究者研究了薄膜 $(SC)PbX_3$ 的紫外 - 可见漫反射光谱，试图获得高 PL 产率的材料。样品的成分调整使带隙能够吸收大范围内 (400 ～ 850 nm) 的可见光、PL 等。

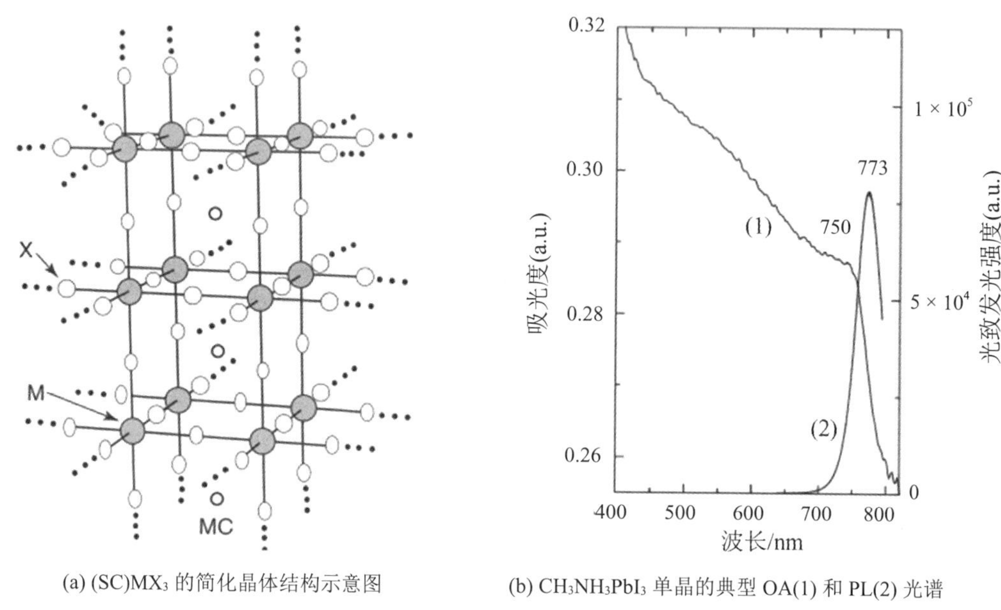

(a) $(SC)MX_3$ 的简化晶体结构示意图　　(b) $CH_3NH_3PbI_3$ 单晶的典型 OA(1) 和 PL(2) 光谱

图 1-7　$(SC)MX_3$ 的晶体结构及 $CH_3NH_3PbI_3$ 的 OA、PL 光谱

2. 颗粒状 $(SC)MX_3$ 钙钛矿

从 $(SC)MX_3$ 获得的颗粒材料由三维框架中有限数量的相互作用的 MX_n 单元组成。几年前，人们发现，通过高强度研磨 3D 钙钛矿晶体得到的颗粒状钙钛矿，其 OA 和 PL 光谱会发生变化。例如，对于 $CH_3NH_3PbI_3$、$CH_3NH_3PbBr_3$ 和 $CH_3NH_3PbCl_3$ 来说，其块体材料初始颜色为黑色、红色和黄色；经过高强度研磨后，分别变成红色、绿色和白色。图 1-8(a) 显示了 $CH_3NH_3PbBr_3$ 研磨前 (1) 和研磨后 (2) 的荧光光谱。可以观察到，在剧烈研磨 (量子点) 后，峰值会发生蓝移。这两个低频带是由自由激子引起的。块体材料显示出与从各自的单晶中获得的光谱相近的 PL 光谱。其他 (3D) 化合物，如 $CH_3NH_3PbI_3$ 和 $CH_3NH_3PbCl_3$，也获得了类似的结果。

研究者们报道了宏观形式的几种基于 $Pb(Br_xCl_{1-x})_3$、$Pb(Br_xI_{1-x})_3$ 和 $Pb(Cl_xI_{1-x})_3$ (x = 0 ～ 1) 的颗粒 (纳米晶 / 微晶) 材料的 OA 和 PL 光谱及相关性质。通过类似于滴定法从相应的 $(SC)MX_3$(或其前体) 中观察以甲苯悬浮液或含有聚合物 (如聚甲基丙烯酸甲酯 (PMMA)) 的甲苯悬浮液形式存在的材料光谱。将基于 $Pb(Br_xCl_{1-x})_3$、$Pb(Br_xI_{1-x})_3$ 和 $Pb(Cl_xI_{1-x})_3$(x = 0 ～ 1) 的相应钙钛矿前驱体溶液分别注入纯甲苯或甲苯 -PMMA 中，并分别观察其 PL 光谱。通过这种方法，可以控制铅卤化物的质量，并且可以在较宽的光谱范围内 (即 400 ～ 750 nm) 调谐低频 PL 波段的位置。图 1-8(b) 显示了不同浓度的 $(SC)MX_3$ 甲苯悬浮液的积分光致发光强度 (IPL-IN) 与 PL 光谱吸收峰位置 (PL-BP) 的关系。为了避免产生 2D 和准 2D(q－2D) 铅卤化物变体，未向溶液中添加油胺等其他稳定分子。

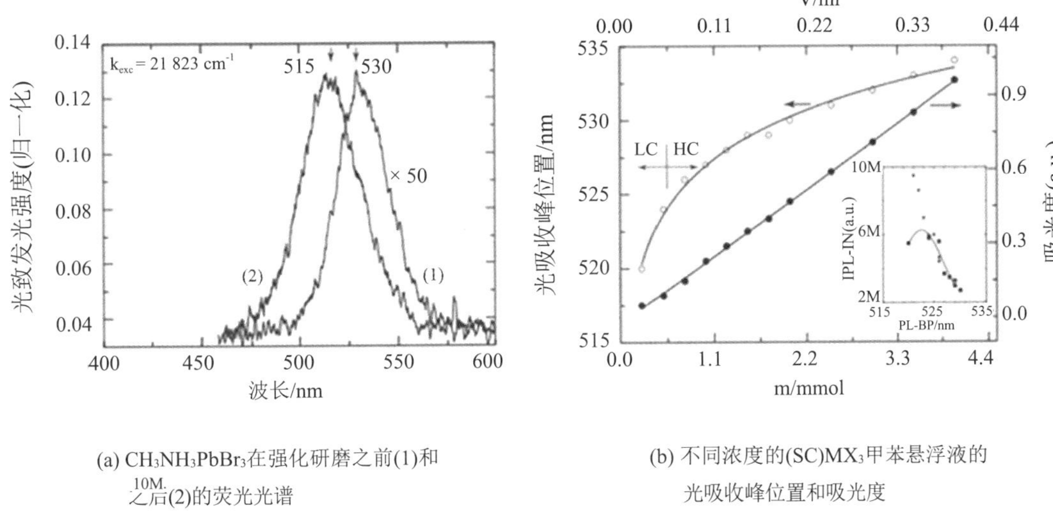

(a) $CH_3NH_3PbBr_3$在强化研磨之前(1)和之后(2)的荧光光谱

(b) 不同浓度的(SC)MX_3甲苯悬浮液的光吸收峰位置和吸光度

图 1-8　研磨和浓度对 (SC)MX_3 钙钛矿的 OA、PL 光谱及相关性质的影响

根据上述悬浮液的质量和性质，图 1-8 中包含数据的区域分为两个离散区域：低含量 (LC) 和高含量 (HC) 区域。LC 区域的悬浮液在老化几天后保持稳定 (不沉淀)。用甲苯 - 聚甲基丙烯酸甲酯稀释 LC 区的悬浮液会导致 PL 强度降低，但不会导致 PL 峰位置发生任何显著变化。在 LC 区域，IPL-IN 几乎与能带的位置以及发射器的质量呈线性增加关系。换句话说，在从 HC 到 LC 发射器的 LC 区域，PL 强度降低，PL 带蓝移。如果使用 q-2D 而不是 3D 化合物，结果会更加明显。

随着粒子质量 (或粒子大小) 的增加，PL 峰的强度增加，主要是 LC 区域的强度增加，其红移原因归因于超辐射增强的辐射衰减率，这种效应仅在高质量材料的微晶状态下可以观察到 (R≫ 玻尔半径)。例如，在低温下观察到 CsCl 和 CsBr 基质中的 $CsPbCl_3$ 和 $CsPbBr_3$ 粒子 (4 ～ 20 nm) 的超辐射效应。这与从 $CsMX_3$ 相关研究中获得的结果十分相似。

3. 块体 $(BC)_2MX_4$ 钙钛矿

块体 $(BC)_2MX_4$ 钙钛矿是反应 (1-5) 的产物。这些化合物由无限多个相互作用的 MX_4 单元组成，这些单元以无限等距平面的形式组成 2D 框架，厚度约为 0.6 nm，由有机成分隔开。对 $(BC)_2MX_4$ 钙钛矿型材料 (其中 M 是 Pb 或 Sn; X 是 Cl、Br、I) 的研究是 20 世纪 90 年代发表论文的主题。这些化合物是以单晶形式、外延膜形式或在不同溶剂中以悬浮液形式制备的。它们的 2D 半导体特性类似于以 GaAs 或 GaN 为基础的人工量子阱。2D 钙钛矿的晶体结构和性质因其成分而异，主要取决于 BC、金属 (M) 和卤素 (X) 的性质。在从这类材料获得的大量结果中，本节选择 $H_3N(CH_2)_6NH_3PbX_4$、$(C_6H_5CH_2NH_3)_2PbI_4$、$(C_{10}H_{21}SC\text{-}(NH_2)_2)_2PbI_4$ 和 $(CH_3C_6H_4CH_2NH_3)_2PbX_4$ 进行了讨论。图 1-9 显示了 $(CH_3C_6H_4CH_2NH_3)_2PbI_4$ 的晶体结构以及 OA 和 PL 光谱。图 1-10(a)、(b) 分别显示了 $(C_{10}H_{21}SC\text{-}(NH_2)_2)_2PbI_4$ 的 OA 和 PL 光谱，以及 $H_3N(CH_2)_6NH_3PbX_4$(X＝I，Br，Cl) 在室温下的 OA 和 PL 光谱。

这类钙钛矿在低温下会表现出与常温下完全不同的性质。例如，室温下从 $H_3N(CH_2)_6NH_3PbI_4$ 单晶观察到的宽 PL 吸收峰在低温 (约 4 K) 下被分成了窄线。这些谱线是由自由激子产生的，$H_3N(CH_2)_6NH_3PbI_4$ 的结合能为 0.33 MeV。

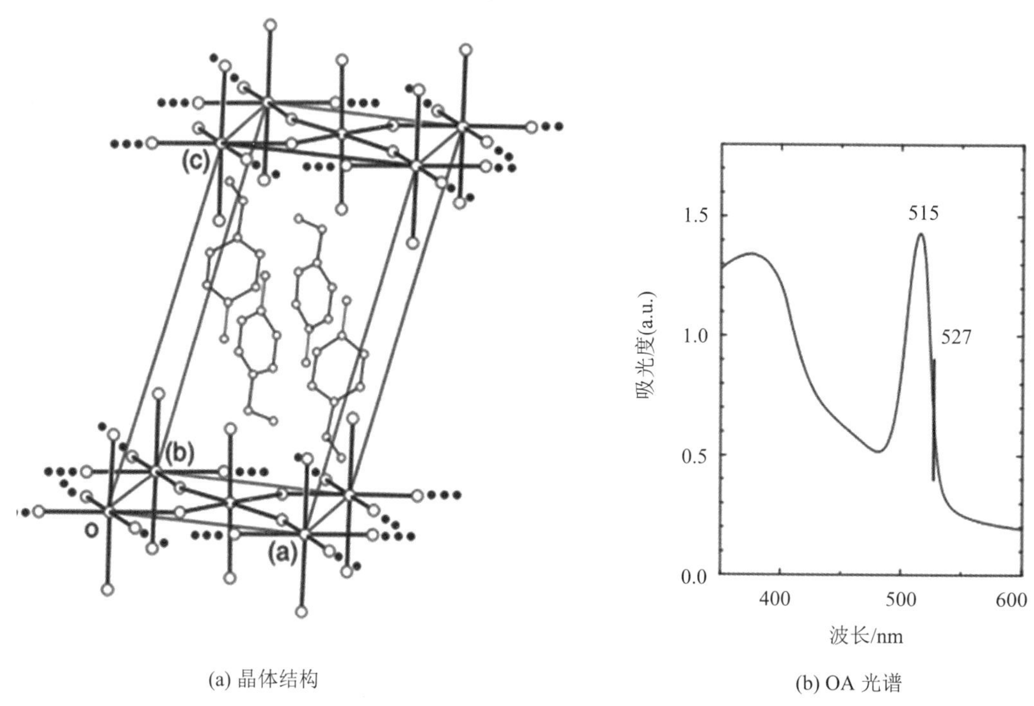

(a) 晶体结构　　(b) OA 光谱

图 1-9　室温下 $(CH_3C_6H_4CH_2NH_3)_2PbI_4$ 的晶体结构及 OA 光谱 (垂直线表示 PL 波段的位置)

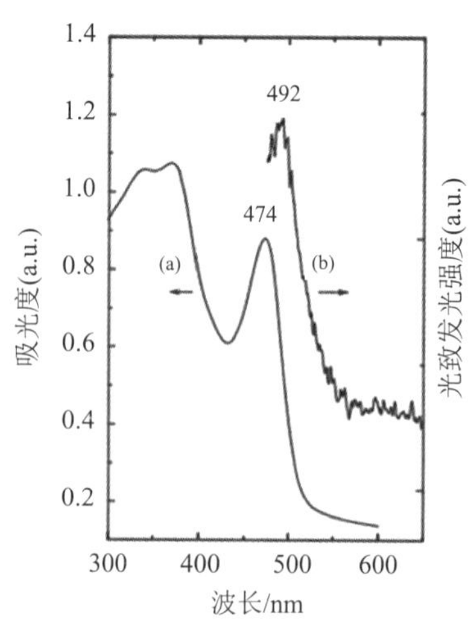

(a) $(C_{10}H_{21}SC\text{-}(NH_2)_2)_2PbI_4$ 的 OA 和 PL 光谱

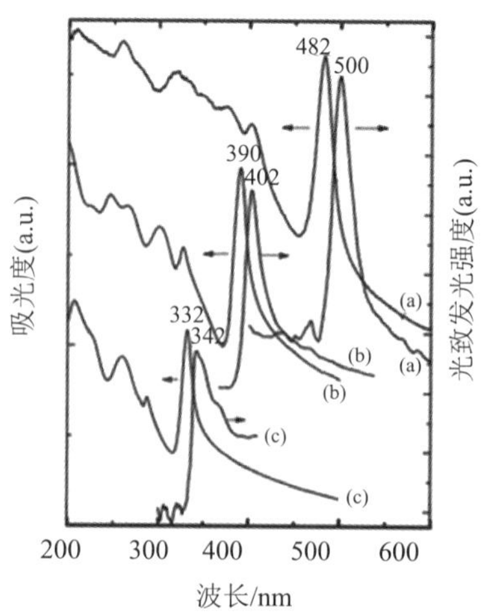

(b) $(C_6)PbI_4$(a,a′)、$(C_6)PbBr_4$(b,b′) 和 $(C_6)PbCl_4$(c,c′) 的 OA(a,b,c) 和 PL(a′,b′,c′) 光谱

图 1-10　$(C_{10}H_{21}SC\text{-}(NH_2)_2)_2PbI_4$、$(C_6)PbI_4$、$(C_6)PbBr_4$ 和 $(C_6)PbCl_4$ 的 OA 和 PL 光谱，其中 C_6 是 $H_3N(CH_2)_6NH_3$

4. 颗粒状 $(BC)_2MX_4$ 钙钛矿

有研究者对颗粒状 $(RNH_3)_2PbBr_4$ 的光学特性进行了研究，详细分析了它的 OA 和 PL 光谱。粒子的大小 (200 ~ 500 nm) 远大于玻尔激子半径 (约 0.82 ~ 1.7 nm)。经过一系列观察得出结论：材料的光学特性不取决于其尺寸。此外，还有人发现 $(C_6H_5CH_2NH_3)_2SnI_4$ 钙钛矿薄膜是构成场效应晶体管 (FET) 的良好材料。

5. 块体 $(SC)_{n-1}(BC)_2MnX_{3n+1}$ 钙钛矿

$(SC)_{n-1}(BC)_2MnX_{3n+1}$ 钙钛矿是反应 (1-6) 的产物 (其中层数 n 是 2、3、4 等)，属于晶体化合物，其特征是 q-2D 半导体。图 1-11 显示了平行取向单晶体 $(CH_3NH_3)(CH_3C_6H_4CH_2NH_3)_2Pb_2I_7$ 和 Pb_3Br_{10} 多晶类似物的显微照片，以及 $(CH_3NH_3)(CH_3C_6H_4CH_2NH_3)_2Pb_2I_7$ 的晶体结构。它由角共享的 PbI_x 多面体组成，形成一个双层框架。随机取向的材料单晶与其相应粉末具有相同的颜色。Pb_3Br_{10} 是一种微红色化合物，其 PL 吸收峰出现在约 530 nm 处。Pb_2Br_7 晶体为黄色，其 PL 吸收峰出现在约 460 nm 处。已观察到结晶 (块体) 材料的颜色与相应多晶粉末的颜色之间没有显著差异。OA 和 PL 光谱的波长比 Pb-X 类似物的波长长。

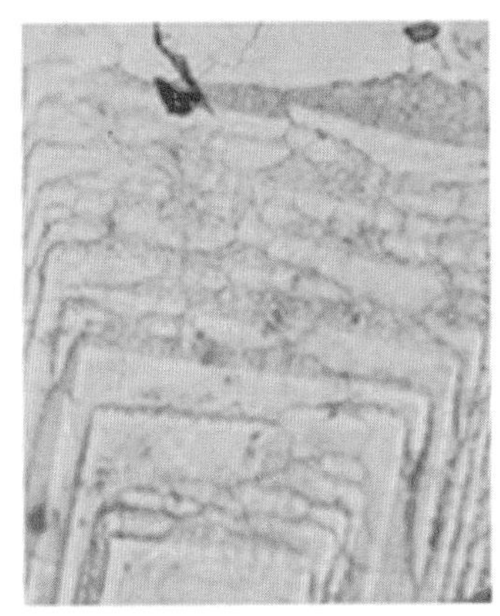

(a) $(CH_3NH_3)(CH_3C_6H_4CH_2NH_3)_2Pb_2I_7$(上) 和 Pb_3Br_{10}(下) 类似物的显微照片

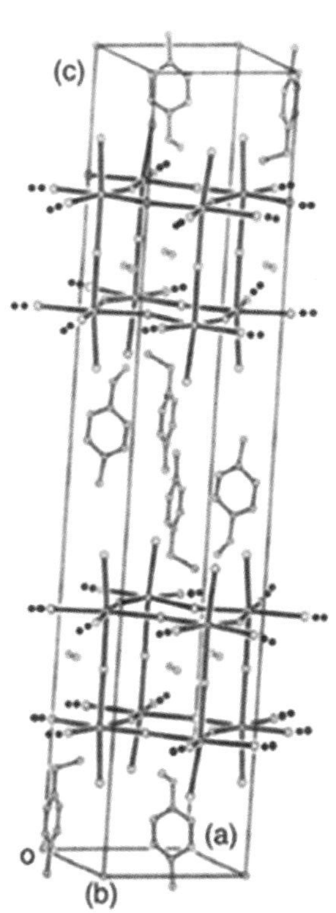

(b) $(CH_3NH_3)(CH_3C_6H_4CH_2NH_3)_2Pb_2I_7$ 的晶体结构

图 1-11 $(CH_3NH_3)(CH_3C_6H_4CH_2NH_3)_2Pb_2I_7$ 的显微照片和晶体结构

6. 颗粒 $(SC)_{n-1}(BC)_2MnX_{3n+1}$ 钙钛矿

对研磨 $(SC)_{n-1}(BC)_2MnX_{3n+1}$ 材料和悬浮物形式材料的显微镜下研究和光谱研究表明，它由 $(SC)MX_3$、$(BC)_2MX_4$ 等纳米晶 / 微晶颗粒组成。另一方面，量子阱 MnX_{3n+1}(施主) 的发射光谱与 $(SC)MX_3$ 粒子 (受主) 的 OA 光谱重叠。

在这些情况下，施主 MnX_{3n+1} 与受主 MX_3 之间发生相互作用，并发生施主到受主的能量转移 (ET)，从而导致 MX_3 的 PL 强度增强 (见图 1-12(b))。这种效应类似于量子阱 / 量子点系统，如 InGaN、GaN/CdSe、ZnSe。在这种情况下，其 PL 特性因样品而异。图 1-12(a) 显示了颗粒状 $(CH_3C_6H_4CH_2NH_3)_2PbI_4$ 和 $(CH_3NH_3)(CH_3C_6H_4CH_2NH_3)_2Pb_2I_7$ 的 OA 和 PL 光谱。

粉末 $(CH_3C_6H_4CH_2NH_3)_2PbI_4$ 的 OA 吸收峰和相应的 PL 峰分别出现在约 515 nm 和 527 nm 处，而晶体 $(CH_3NH_3)(CH_3C_6H_4CH_2NH_3)_2Pb_2I_7$ 的 OA 和 PL 光谱分别在约 565 nm 和 580 nm 处显示出强吸收峰。在石英板 (甚至纸) 上对这些 q-2D 样品进行研磨，会产生非常薄的沉积物，在约 710 nm 处有很强的 PL 峰。

此外，研究人员还观察到 3D 钙钛矿 $CH_3NH_3PbI_3$ 在石英板上研磨后薄层的 PL 吸收峰从约 720 nm 处移动到了 750 nm 处，并且在剧烈研磨后吸收峰变得更强。这证实了颗粒 $(CH_3NH_3)(CH_3C_6H_4CH_2NH_3)_2Pb_2I_7$ 中存在 2D 和 3D 物种。在一些 q-2D 钙钛矿样品中，受到 Pb_nX_{3n+1} 的影响出现了短波长 PL 峰的增强，例如图 1-12(a) 中的 614 nm。图 1-12(b) 显示了能级图和 ET 机制。从 $(CH_3NH_3)_{n-1}(CH_3C_6H_4CH_2NH_3)_2Pb_nBr_{3n+1}$ 中也得到了类似的结果。当 n ≥ 2 时，其 OA 和 PL 光谱在比 $(CH_3C_6H_4CH_2NH_3)_2PbBr_4$ 更长的波长下显示吸收峰。$(CH_3NH_3)_2(CH_3C_6H_4CH_2NH_3)_2Pb_3Br_{10}$ 单晶的荧光光谱在约 471 nm 处显示出吸收峰。在石英板 (或纸) 上对 $(CH_3NH_3)_2(CH_3C_6H_4CH_2NH_3)_2Pb_3Br_{10}$ 或 $CH_3NH_3PbBr_3$ 单晶进行研磨后，可获得非常薄的沉积物。它们发出强烈的蓝绿色光，最大发光波长约为 513 nm。在与 MnX_{3n+1}(n ≥ 2) 连接的 MX_3 端观察到更明显的带间发光强度增强，这可归因于从 MnX_{3n+1} 到 MX_3 之间的 Forster 能量转移。从相应的悬浮液中也得到了类似的结果。在这些因素影响下，PL 光谱因 MX_3 框架而显示出较强的吸收峰。

图 1-13 总结了采用类似滴定法在甲苯 - 聚甲基丙烯酸甲酯中制备 $(CH_3NH_3)(CH_3C_6H_4CH_2NH_3)_2Pb_2Br_7$ 悬浮液所获得的数据。图 1-8(b) 和图 1-13 的数据既有相似之处，也有相当大的差异。例如，图 1-13 中的 IPL-IN(积分光致发光强度) 比图 1-8(b) 中至少高出 10 倍，并且图 1-8(b) 的曲线发生了蓝移。

在图 1-13 中，我们可以看到，随着 Pb_2Br_7 的摩尔量从 0.25 μmol 增加到 4 μmol，其 PL 吸收波段的位置会从约 495 nm 移动到更长的波长。换言之，红移的程度可以通过选择适量的材料来控制。所有的 PL 结果都显示出更窄的 PL 吸收带，其半峰全宽 (FWHM) 接近 30 nm。使用这些方法，我们可以制备光谱范围约为 300 ～ 750 nm 的材料。

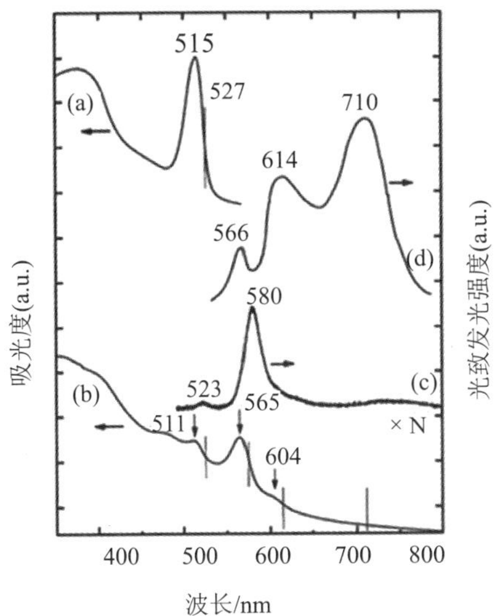

(a) $(CH_3C_6H_4CH_2NH_3)_2PbI_4$ 和 $(CH_3NH_3)(CH_3\text{-}C_6H_4CH_2NH_3)_2Pb_2I_7$ 薄层沉积物的 OA((a)、(b)) 和 PL((c)、(d)) 光谱

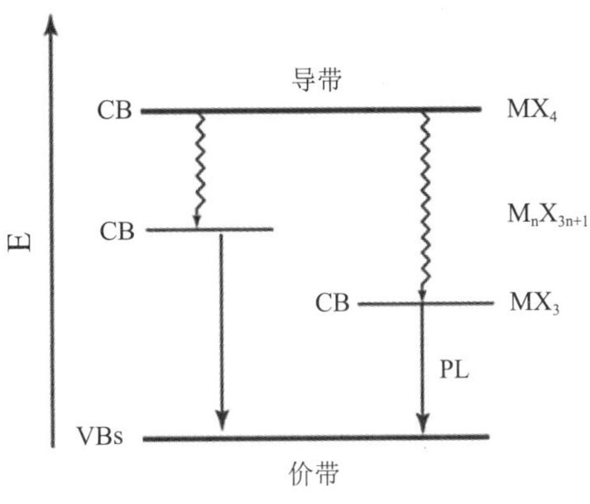

(b) 施主—受主能级和能量转移机制图

图 1-12 $(SC)_{n-1}(BC)_2MnX_{3n+1}$ 钙钛矿的 OA、PL 光谱及其施主—受主能级和能量转移机制

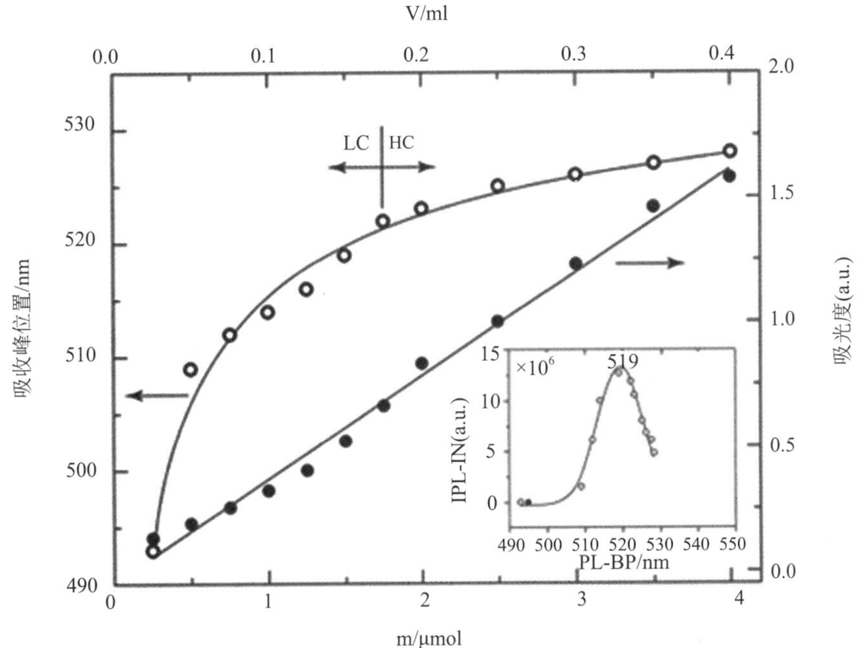

图 1-13 不同摩尔量 (m) 的 $(CH_3NH_3)(CH_3C_6H_4CH_2NH_3)_2Pb_2Br_7$ 在甲苯－聚甲基丙烯酸甲酯 (15 mL) 中的光吸收峰位置 (PL-BP) 和相应光吸收 (OA) 值

(插图为甲苯 -PMMA 中的 IPL-IN 和 PL-BP 的关系)

$(SC)_{n-1}(BC)_2MnX_{3n+1}(n \geqslant 2)$ 的荧光光谱的趋势与图 1-9(a) 相似。图 1-14 显示了基于 $(SC)_2(BC)_2M_3X_{10}$ 的发射器的 PL 光谱的演变，这种趋势同样归因于超辐射效应。

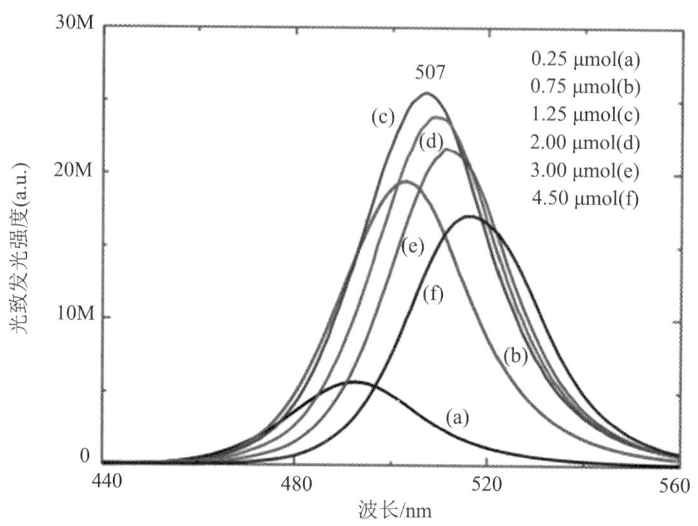

图 1-14　不同摩尔量 $(SC)_2(BC)_2M_3X_{10}$ 分散液的 PL 光谱图

7. 低维 (LD) 钙钛矿

在最近的文献中，人们发现有许多关于低维 (LD) 材料的论文。低维材料由一维框架 (量子线) 中无限多个相互作用的 MX_y 单元组成，或由有限多个相互作用的 MX_y 单元组成。Z 扫描测量表明，其中一些钙钛矿材料是光学半导体非线性光学 (NLO) 材料的良好候选。

1.3.2　不饱和烃 BC 构成的钙钛矿

根据两种化合物的性质，即有机部分的振动和电子结构，已经有研究者报道出了这类钙钛矿的一些效应。使用适当的胺作为起始材料 (具有不饱和烃部分) 并应用多种技术 (滴定、沉淀等)，获得了许多在 PL 光谱中具有宽吸收带的材料。例如，在室温下，在 $(C_{10}H_7CH_2NH_3)_2PbCl_4$ 和 $CH_3NH_3PbCl_3$ 的混合物或 $(CH_3NH_3)(C_{10}H_7CH_2NH_3)_2Pb_2Cl_7$ 或一些类似结构的 Cl/Br 化合物中，以甲苯悬浮液或研磨沉积物的形式，能够观察到较宽的磷光带，在约 500 nm、536 nm 和 577 nm 处有三个最大值 (见图 1-15(a))。应该注意的是，$(C_{10}H_7CH_2NH_3)_2PbCl_4$ 的悬浮液在 350 ～ 600 nm 区域内没有任何 PL 吸收带，而 $CH_3NH_3PbCl_3$ 在约 400 nm 处显示激子带。当激发波长为 450 nm 时，磷光带消失，在约 500 nm 处观察到一条宽而弱的带，这是由于陷阱态的存在。之前讨论的这种新效应是钙钛矿的一种情况，其中无机部分的 Wannier 激子带能量位于有机部分的能级 S_1 和 T_1 之间 (图 1-15(b)。然后，电子由从无机 $(PbCl_3)$ 导带 (CB) 传输到有机部分，并观察到磷光带的增强。

简言之，研究表明，具有不饱和烃 BC 的钙钛矿受其内部有机结构的影响显示出宽磷光带，而具有饱和烃 BC 的钙钛矿受其内部无机结构的影响显示出窄激子 PL 吸收带。

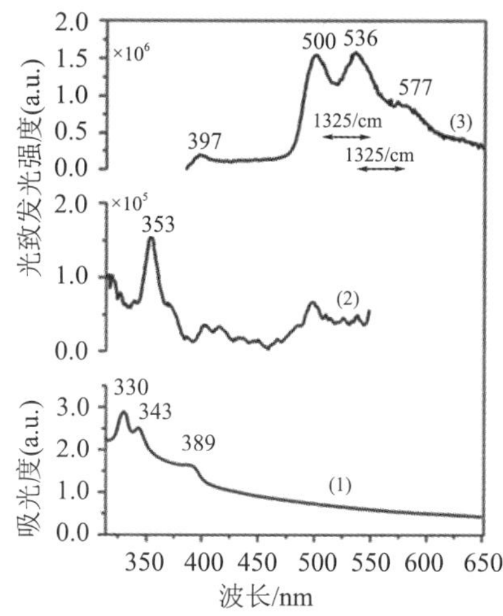

(a) 从等摩尔量的 $(C_{10}H_7CH_2NH_3)_2PbCl_4$ 和 CH_3NH_3-$PbCl_3$ 混合物悬浮液中获得的 OA((1)) 和 PL((2)、(3)) 光谱

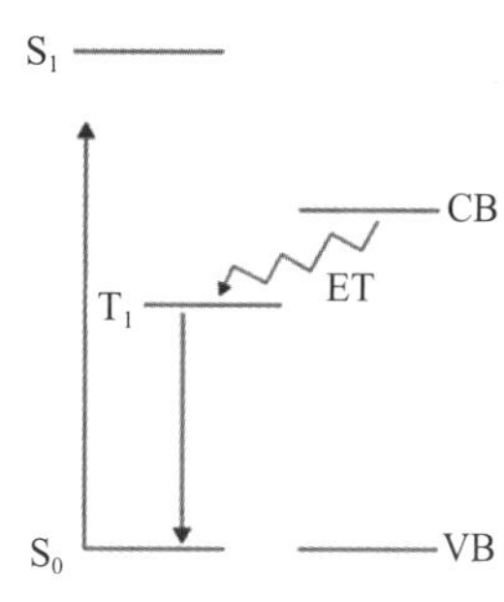

(b) 该混合物的能级和电子跃迁示意图

图 1-15 $(C_{10}H_7CH_2NH_3)_2PbCl_4$ 和 $CH_3NH_3PbCl_3$ 混合物的 OA 和 PL 光谱及其能级与电子跃迁图

最近，一些关于其他钙钛矿结构的研究也已经发表，例如：Acherman 等人利用相互作用的 MX_3 单元组成了化学式为 $(SC)MX_3$ 的二维框架钙钛矿结构，Papavassiliou 等人将 MX_4 八面体相互连接形成了一个一维网络钙钛矿结构，其化学式为 $(BC)_2MX_4$。通过这些方式，可以获得吸收光波长在约 350 ～ 750 nm 区域范围内的具有适当特性的钙钛矿材料。

1.4 铅卤化物钙钛矿分类

1.4.1 有机－无机杂化铅卤钙钛矿

目前，研究最多的铅卤化物钙钛矿的 A 位阳离子通常为 MA^+(甲基铵) 或 $HC(NH_2)_2^+$(甲脒或 FA)。图 1-16(c) 列出了最常见的杂化铅或锡卤化物钙钛矿的容忍因子。当 A 位被太大的基团例如长链烷基胺阴离子占据时，铅卤化物钙钛矿变成二维 (2D) 层状结构。$MAPbI_3$ 钙钛矿很容易受到温度影响而发生相变，在约 56℃发生可逆的立方 α 到四方 β 相变。在 100 K 时检测到低温稳定的正交 γ 相，在 160 K 左右发生四方 β 相和正交 γ 相之间的相变；这三个相的原子结构如图 1-16(a) 和 (b) 所示。这种四方－立方相变部分解释了 $MAPbI_3$ 钙钛矿及其光电器件的热稳定性问题。$FAPbI_3$ 在较高温度下也会发生类似的相变，这使其具有更好的热稳定性。最近的一份报告显示，光照射也可以诱导一些可逆的相变。

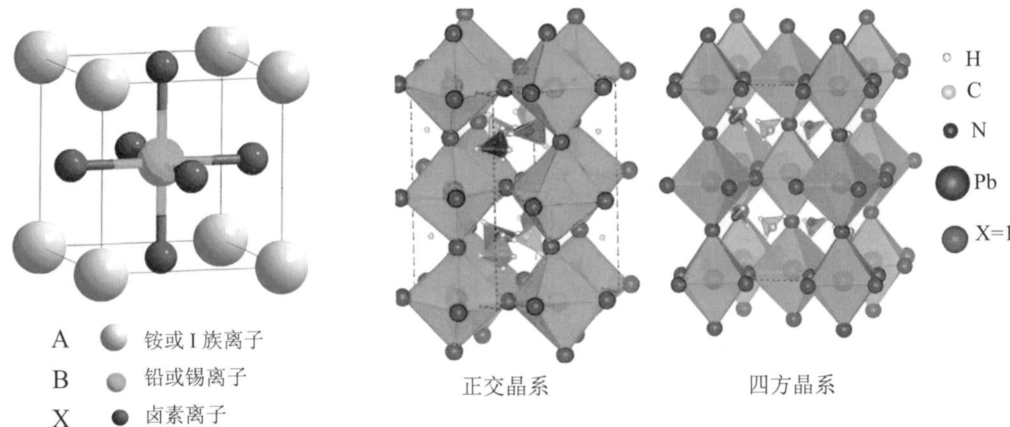

(a) 立方铅卤化物钙钛矿 (α 相) 的晶体结构　　(b) $MAPbX_3$ 的四方晶系 β 相和正交晶系 γ 相

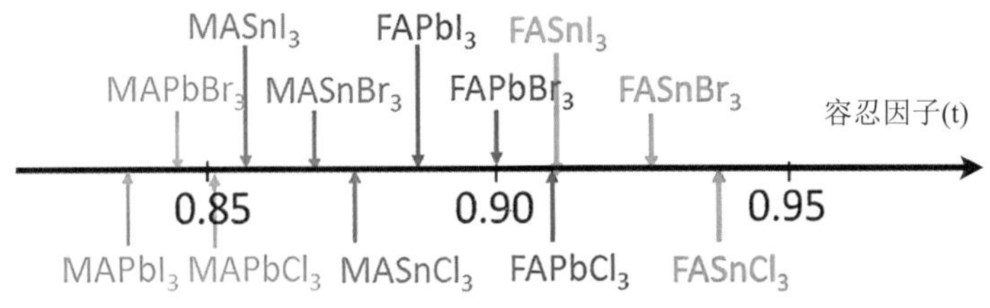

(c) 一系列卤化物钙钛矿的容忍因子 (t)

图 1-16　有机－无机杂化钙钛矿的晶体结构及容忍因子 (t)

对于研究最多的 $MAPbI_3$ 钙钛矿，A 位的 MA^+ 和 B 位的 Pb^{2+} 分别向 X 位的三个 I 离子提供一个和两个电子。MA^+ 能以合理的容限因子有效稳定这种 $MAPbX^3$ 钙钛矿结构。然而，除了向 Pb—I 骨架提供一个电子外，MA^+ 离子对导带和价带态没有任何显著贡献。Motta 等人的研究表明，通过扭曲 PbI^6 八面体框架，MA^+ 离子的取向可以间接地决定钙钛矿的电子性质。这种分子旋转导致能带结构的动态变化，这可能部分解释了 $MAPbI_3$ 钙钛矿的独特性质，即慢载流子复合和高转换效率。$MAPbI_3$ 的 1.5 eV 带隙形成于未被占据的 Pb p 轨道和被占据的 I p 轨道之间。先进的理论计算已经帮助分析了导致铅卤化物钙钛矿相较于其他常用光伏 (PV) 材料 (如 GaAs 和 CZTS) 具有更多优越性能的一些基本机制。

鄢炎发等人根据理论计算解释了 $MAPbI_3$ 钙钛矿的两个重要性质：其一，$MAPbI_3$ 的光吸收比 GaAs 高得多，是因为在卤化物钙钛矿的下导带 (CB) 中由 Pb p 轨道导出的态密度 (DOS) 明显高于 GaAs，因为 Ga 的 s 轨道更分散；其二，$MAPbI_3$ 钙钛矿中强烈的 s—p 反键耦合导致电子和空穴的有效质量都很小，这有助于使用 p–i–n 结构的高效光伏器件。这项工作揭示了铅对 $MAPbI_3$ 钙钛矿优越性能的重要性，同时这项工作也预测了获得高性能无铅钙钛矿较为困难。

理解和控制钙钛矿的稳定性 (如热稳定性和水分稳定性) 是基于混合钙钛矿的技术未来商业化的主要挑战。研究者试图通过理论研究探索与钙钛矿稳定性有关的原子机制。例如，$MAPbI_3$ 钙钛矿的晶体结构在低温下是正交的，在室温下是四方的。理论计算通过确

定面外 (c) 和面内 (a) 晶格常数的临界比 c/a 约为 1.45，阐明了这两种相结构之间相互转换的原因。正交 Pnma 相在较低的 c/a 值下稳定，而四方 I4/mcm 相在较高的 c/a 值下稳定。随着 MA^+ 阳离子在氧平面内外的旋转，c/a 比的变化也引起了 PbI_6 八面体倾斜的变化。最近，有研究者报道了 $MAPbI_3$ 在 400 K 下形成的准立方四方 P4mm 相理论上是 MA 阳离子的旋转造成的。

通过对 $MAPbI_3$ 钙钛矿表面和水之间相互作用的第一性原理的模拟计算，可以了解钙钛矿水分稳定性的原子细节。根据这些理论计算，可以知道水分子与 Pb 原子的相互作用促使 I 原子在 $MAPbI_3$ 钙钛矿的 MAI 封端表面释放。相比之下，由于 Pb—I 键更强 (更短)，PbI_2 端接表面更难发生降解 (释放 I 原子)。此外，水掺入块状 $MAPbI_3$ 几乎不会改变钙钛矿晶体的四方结构 (约 1% 体积膨胀)，对其电子结构几乎没有影响。这些结果表明，适当的界面修饰和器件结构调整可以用来改善 PSC 和光电子器件的水分稳定性。

虽然在 ABX_3 钙钛矿结构中，A 位的阳离子对能带结构没有直接贡献，但不同尺寸的阳离子可以扩展或收缩整个结构的晶格，并改变 B—X 键的长度，从而产生不同的带隙。目前，使用最广泛的有机阳离子是 $CH_3NH_3^+(MA^+)$ 和 $HC(NH_2)_2^+(FA^+)$，它们与铅卤化物形成钙钛矿结构。与 $MAPbI_3$ 相比，$FAPbI_3$ 的吸收范围更广，因为 FA 的尺寸比 MA 大，从而扩展了 ABX_3 钙钛矿结构的晶格。因此，用 FA 取代 MA 是调节 $MAPbI_3$ 带隙并使光吸收红移的一种有吸引力的方法。然而，很难获得高质量的 α-$FAPbI_3$，因为 $FAPbI_3$ 的容忍因子大于 120，这需要更高的结晶温度，并且容易形成不想要的黄色相。

1.4.2 全无机铅卤钙钛矿

与有机－无机杂化钙钛矿相比，全无机钙钛矿虽然带隙相对较宽，对应的光谱响应范围较窄，但由于光生伏特效应产生的光电流较低，在能量转换效率方面与杂化钙钛矿仍有差别。但是，全无机钙钛矿显示出对水分、光和热影响的稳定性有所提高，尤其是在高温条件下，其原有的晶体结构和组分仍然能够保持，从源头上避免了有机基团的降解，同时，全无机钙钛矿也具有很高的载流子迁移率和很长的载流子寿命，这些良好的光电特性和稳定性为实现更有效的钙钛矿光伏器件提供了潜在的路径。

大多数全无机铅卤化物钙钛矿研究的主角都是 $CsPbX_3$(X = Cl、Br 和 I)。$CsPbX_3$ 具有多种形貌，包括单晶、多晶块体薄膜和纳米晶薄膜，所有这些都可以基于溶液处理的自底向上生长方法制备。重要的是，形态和成分决定了它们优异的电学和光学性质。$CsPbBr_3$ 单晶具有 2000 $cm^2·V^{-1}·s^{-1}$ 的超高载流子迁移率，而纳米片薄膜的迁移率为 77.9 $cm^2·V^{-1}·s^{-1}$。$CsPbI_3$ 多晶薄膜和纳米晶体薄膜的迁移率分别为 60 $cm^2·V^{-1}·s^{-1}$ 和 0.5 $cm^2·V^{-1}·s^{-1}$。$CsPbBr_3$ 纳米晶体的光致发光量子产率 (PLQY) 最高，为 95%，而 $CsPbCl_3$ 和 $CsPbI_3$ 纳米晶体的 PLQY 较低，分别为 10% 和 70%。基于这些独特的特性，$CsPbX_3$ 已被开发用于太阳能电池、光电探测器和发光二极管 (LED)。

在所有无机钙钛矿中，立方 (α) 相 $CsPbI_3$ 是光伏应用的最佳候选，因为其最窄的

1.73 eV 带隙可以吸收宽的太阳光谱。一般来说，由于容忍因子只有 0.81，$CsPbI_3$ 在室温下显示出黄色的非钙钛矿相 (δ 相)，其具有 2.82 eV 的宽带隙和低于 0.1 $cm^2·V^{-1}·s^{-1}$ 的载流子迁移率，因此 δ-$CsPbI_3$ 不适用于太阳能电池。如图 1-17 所示，在将 δ-$CsPbI_3$ 加热至 360℃时，黄色相将转化为黑色立方相 (α 相)，使带隙降低至 1.73 eV，迁移率增加至 25 $cm^2·V^{-1}·s^{-1}$。在 α 相 $CsPbI_3$ 降温时，它在 260℃时倾向于转化为四方 β 相，在 175℃时转化为正交 γ 相。β 相和 γ 相也是黑色相，在室温下保持几天也很容易转移到非钙钛矿 δ 相。尽管这些黑色相很容易发生相变，但它们的光电性能非常好，具有用于电池光吸收层的可行性。考虑到热力学上黑色相 $CsPbI_3$(最常见的是 α 相) 的不稳定性，研究者们采用大量的晶体生长方法来提高相稳定性。例如：掺杂晶格以提高容忍因子；减小晶体尺寸以降低表面自由能；加入有机成分，与全无机钙钛矿配合，以抑制不希望发生的相变。

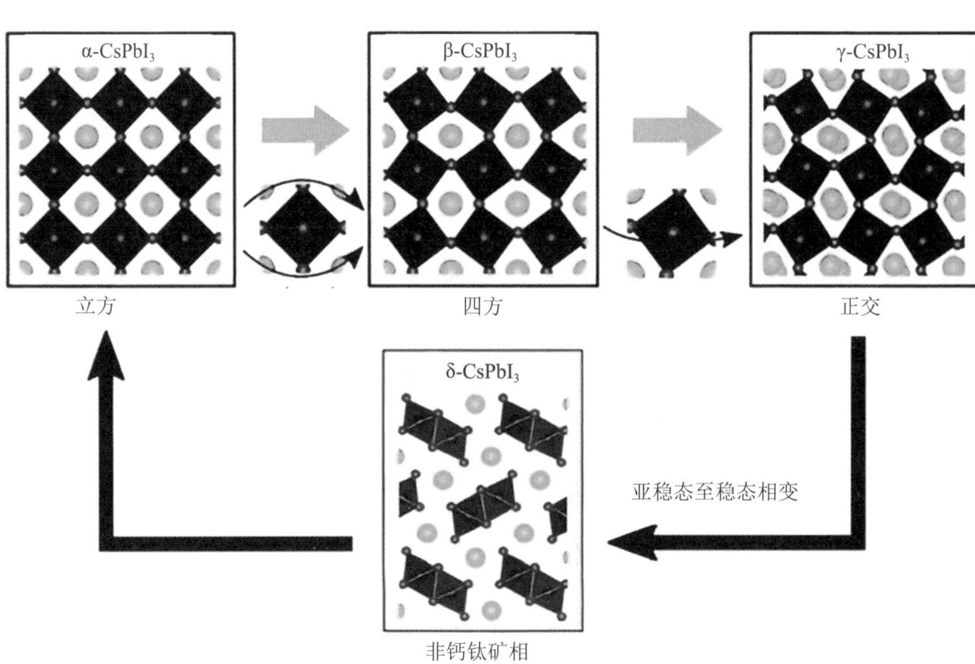

图 1-17　$CsPbI_3$ 不同相的晶体结构及其相对相变

用离子半径较小的 Br^- 取代部分 I^- 可以增加容忍因子 t 的值并获得室温下稳定的黑相，这使得研究者们将目光转移到了混合卤素无机钙钛矿上。立方 α 相 $CsPbI_2Br$ 和 $CsPbIBr_2$ 钙钛矿作为两种主要被研究的混合卤素无机钙钛矿材料，分别具有约为 1.92 eV 和 2.05 eV 的光学带隙，在半透明和叠层太阳能电池中表现出巨大的潜力。与 $CsPbI_3$ 不同，全无机混合卤素钙钛矿在室温下表现出优异的黑色 α 相的稳定性，但在高湿度环境影响下也会不可避免地转变为非钙钛矿 δ 相，而在干燥环境中加热到 350℃后，又会转变为钙钛矿相。除了温度和湿度因素会导致全无机钙钛矿发生相分离外，光诱导离子迁移也是全无机钙钛矿降解的另一个原因。这种现象在 $CsPb(I_xBr_{1-x})_3$ $(0.4<x<1)$ 中更加明显。然而，理

论计算表明，由于钙钛矿晶格中的离子强库仑力相互作用，$CsPbI_2Br$ 具有稳定的钙钛矿相，通过提高它的晶体质量可以抑制这种相分离。

$CsPbBr_3$ 中的卤族元素完全由 Br^- 构成，具有优异的湿、热和长期光照稳定性。$CsPbBr_3$ 晶体呈现三种不同的相，包括立方 α 相、四方 β 相和正交 γ 相。与 $CsPbI_3$ 相比，$CsPbBr_3$ 在室温下表现出稳定的正交 γ 相。在加热 γ 相 $CsPbBr_3$ 后，它更倾向于在 88℃时转变为四方 β 相，在 130℃时转变为立方 α 相，即使温度升高到 580℃高温时，α 相也可以很好地保持。之后冷却至室温，立方 α 相 $CsPbBr_3$ 将返回 γ 相。值得一提的是，与碘离子相比，溴离子的半径较小，导致 $CsPbBr_3$ 的几何结构在不同相之间变化不大，不同相之间的电子结构十分相似，尤其是带隙十分接近。由于其优秀的稳定性和高带隙，$CsPbBr_3$ 有望通过精确控制晶体生长以减少薄膜缺陷来得到高性能器件。

上述分析表明，随着溴碘比的增加，$CsPbX_3$ 带隙显著增加。混合负离子 $CsPbI_2Br$ 和 $CsPbIBr_2$ 的带隙分别为 1.92 eV 和 2.05 eV，这种大的带隙限制了钙钛矿太阳能电池 (PSC) 的短路电流 (J_{sc})。$CsPbBr_3$ PSC 的高开路电压 (U_{oc}) 超过 1.6 V，这是因为它的宽带隙为 2.3 eV。此外，多晶薄膜和纳米晶薄膜均已用于 $CsPbX_3$ PSC。这些宽禁带 PSC 在叠层和半透明光伏应用中具有巨大潜力。

与 PSC 需要宽带吸收以增加功率输出相比，光电探测器工作在宽带模式或窄带模式。$CsPbBr_3$ 和 $CsPbI_3$ 分别设计用于检测 270 ～ 532 nm 和 270 ～ 740 nm 的宽波段范围，而 $CsPbCl_3$ 可用于响应 300 ～ 400 nm 的窄波段。具有不同形貌的 $CsPbX_3$ 纳米晶体，包括 0D 量子点 (QD)、1D 纳米线 (NW) 和 2D NS，可用于构建紫外 - 可见光光电探测器。此外，高原子序数使 $CsPbX_3$ 适用于高能射线探测。$CsPbBr_3$ 单晶是基于电子的高能射线探测器的可行候选材料。$CsPbBr_3$ 量子点和 NS 也可以作为基于光学的闪烁体来探测高能射线。

1.4.3 FA/MA-Cs 混合阳离子钙钛矿

为了实现 $CsPbI_3$ 更好的光伏性能和混合铅卤化物钙钛矿中更少的挥发性成分，已经有学者报道了含有 MA/FA 的 Cs 基混合阳离子钙钛矿，因为 FA 和 MA 基钙钛矿都具有更大的容忍因子来调节 Cs 基钙钛矿。李亚宏等人证明了通过常规的一步溶剂法可以制备不同 Cs/FA 比率的 α-$Cs_xFA_{1-x}PbI_3$。研究发现，$FA_{0.85}Cs_{0.15}PbI_3$ 薄膜的耐湿性最好，不会从 α 相转变为 δ 相，在室温下稳定为 α 相。可以通过对 α-$FaPbI_3$ 和 α-$CsPbI_3$ 分别在低于 150℃和 315℃的温度下退火来获得纯 α-$Cs_xFA_{1-x}PbI_3$ 钙钛矿。Lee 等人证明，$FA_{0.9}Cs_{0.1}PbI_3$ 钙钛矿比纯 $FAPbI_3$ 钙钛矿具有更好的稳定性和光伏特性。

此外，通过理论和实验研究阐明了 Cs 和 FA 混合卤化物钙钛矿中的阳离子混合效应。易陈谊等人发现，通过将一小部分碘化物和溴离子替换为 $Cs_{0.2}FA_{0.8}PbI_{2.84}Br_{0.16}$，最优器件的效率 (PCE) 提高了 18%，这与掺入一些 Br 以改善性能的 FA/MA 混合钙钛矿器件类似。这类钙钛矿薄膜也是通过一步反溶剂方法制备的。图 1-18(a) 所示的稳定 $Cs_xFA_{1-x}PbX_3$ 钙钛矿相是δ-$CsPbI_3$和δ-$FAPbI_3$的结构差异以及$CsPbI_3$和$FAPbI_3$的α相和β相的相似性导致的。McMeekin等人还报道了一种FA/Cs混合阳离子钙钛矿结构，由$FA_{0.83}Cs_{0.17}PbI_3$和一些添加的溴组成，以获得1.75 eV的带隙。利用$FA_{0.83}Cs_{0.17}Pb(I_{0.6}Br_{0.4})_3$的混合钙钛矿作为吸收层，人们设计了具有n掺杂$C_{60}$电荷传输层的n–i–p平面异质结钙钛矿器件。

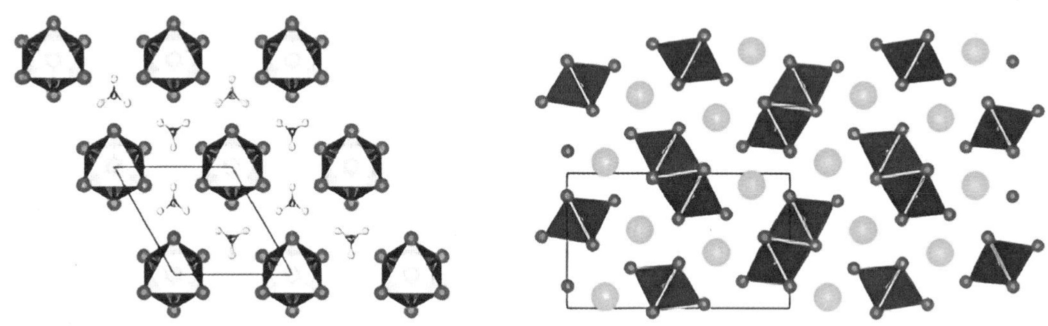

(a) FA(左)和Cs(右)钙钛矿的δ相

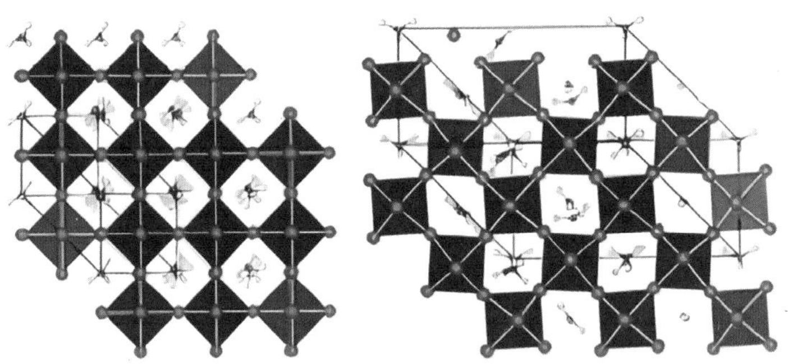

(b) $FAPbI_3$的α相(左)和β相(右)

(c) $CsPbI_3$的立方相

图1-18　$CsPbI_3$和$FAPbI_3$的不同晶相

1.4.4　2D–3D混合阳离子钙钛矿

除了A位为小尺寸阳离子的三维钙钛矿结构(ABX_3)外，大尺寸尤其是长链烷基铵阳离子将形成二维钙钛矿结构(A_2BX_4)。通常3D钙钛矿具有良好的光吸收系数、理想的带隙和较长的电荷扩散长度，但由于普遍存在的水分解、离子迁移和热分解现象，3D钙钛矿的应用受到其不稳定性的显著限制。相比之下，2D钙钛矿具有较高的稳定性，由于长链有机阳离子的传输性能较差，因此具有强激子束缚能和较差的电子与光学性质。

为了提高钙钛矿的稳定性，可以将不同尺寸阳离子的2D和3D钙钛矿结合，形成光伏性能和稳定性兼具的多维钙钛矿。在这些所谓的2D/3D混合阳离子钙钛矿中，2D钙钛矿中的长链阳离子用作防潮层，而3D钙钛矿用作光电转移。与常见的混合阳离子钙钛矿中的MA、FA或Cs形成的周期性角共享钙钛矿网格结构不同，多维钙钛矿中相对较大尺寸的阳离子将形成2D–3D混合钙钛矿结构。2D–3D混合钙钛矿的典型化学式可以描述为

$M_2A_{n-1}B_nX_{3n+1}$。通常 M 是大阳离子，如 PEA(苯乙基铵)、PEI(聚乙烯亚胺)、BA(丁胺)、CA(环丙胺)；A 是 MA、FA 或 Cs；B 为 Pb 或 Sn，X 为卤化物阴离子，如 I、Br 或 Cl；n 是金属卤化物片的层数。

2D–3D 混合钙钛矿也已通过一步沉积、顺序沉积等方法成功制备。与 A 位中占据的较大阳离子不同，互连是设计 2D/3D 结构的另一种方法。Grätzel 等人制备了暴露于丁基膦酸 4- 氯化铵中的 $MAPbI_3$ 钙钛矿，导致钙钛矿结合到介孔 TiO_2 薄膜中，钙钛矿表面上的 $–NH_3^+$ 和 $–PO(OH)_2$ 形成氢键。徐磊等人设计并制备了具有可控量子限域的交联 2D/3D $NH_3C_4H_9COO(CH_3NH_3)_nPb_nBr_{3n}$ 钙钛矿平面薄膜。通过 NH_3^+ 和 COO^- 之间的双键连接实现交联组。该薄膜显示出与经典热注入法制备的钙钛矿量子点相当的光致发光量子产率 (PLQY)。

钙钛矿作为光伏材料所取得的巨大成功是前人意想不到的。本章首先介绍了钙钛矿的发现作为光伏材料的背景故事，展示了钙钛矿研究的历史演变。然后对从 19 世纪的矿物学和结晶学问题，到目前这些材料在光伏领域的大量潜在和实际应用进行了简述。最后对本书的重点——铅卤钙钛矿材料进行了简要介绍，主要包括有机–无机杂化铅卤钙钛矿、全无机铅卤钙钛矿、FA/MA-Cs 混合阳离子钙钛矿、2D–3D 混合阳离子钙钛矿等典型材料体系。

第2章 铅卤化物钙钛矿材料的基本性质

2.1 晶体结构与化学键

2.1.1 晶体结构

铅卤化物钙钛矿特殊的光电性质和性能与其独特的晶体结构和微观结构密切相关。在1.2节中，我们已经详细描述了具有 ABX_3 表达式的铅卤化物钙钛矿结构，因而本节仅对低维度的铅卤化物钙钛矿结构进行介绍。

在本节中，术语“分子维度”(例如3D钙钛矿和低维钙钛矿，见图2-1(a))将指本节讨论的钙钛矿晶体结构中被有机阳离子包围的卤化物无机骨架层的维度。形态维度(例如3D块体材料、2D纳米片(NPL)、1D纳米线(NW)和0D纳米晶体(NC)，见图2-1(b))将用于参考钙钛矿材料的尺寸和形态。低维纳米材料应至少有一维尺度在100 nm以下。

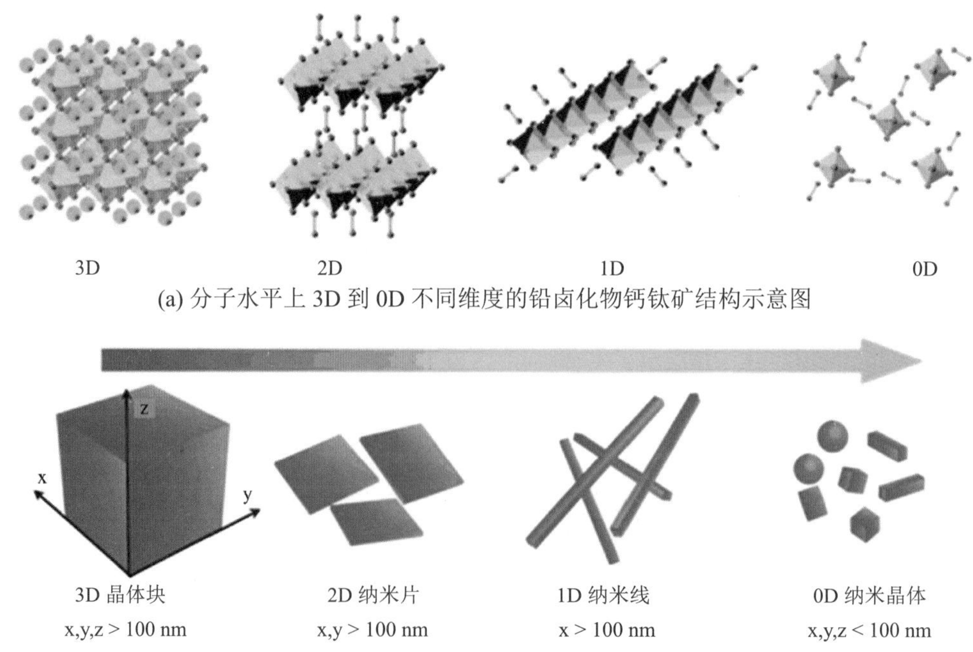

(a) 分子水平上3D到0D不同维度的铅卤化物钙钛矿结构示意图

(b) 形态水平上3D到0D不同维度的铅卤化物钙钛矿结构示意图

图2-1 两种描述钙钛矿晶体结构的维度(分子维度和形态维度)

1. 2D 钙钛矿的结构

近年来，二维卤化物钙钛矿由于其独特的光学和电荷输运性质以及更好的湿度稳定性引起了研究者广泛的兴趣。2D 钙钛矿可以通过沿着特定的晶体方向切片，从 3D 钙钛矿结构中衍生出来。例如，当在 3D 钙钛矿结构中引入块体有机间隔物时，就会形成 2D 钙钛矿。共角 $[BX6]^{4-}$ 金属卤化物八面体单分子膜夹在长胺链之间。例如，Ruddlesden-Popper(RP) 钙钛矿的通式是 $L_2A_{n-1}B_nX_{3n+1}$，其中 L 表示块体铵阳离子，例如苯乙基铵和丁基铵，A 表示单价阳离子 (例如 MA^+)，B 表示金属阳离子 (例如 Pb^{2+} 或 Sn^{2+})，X 表示卤化物离子。n 值是一个整数 (即 n = 1,2,3…)，表示绝缘 L 阳离子层之间隔离的金属卤化物单层片的数量。重复单元可以通过 L 阳离子相邻烷基链之间的范德华力结合在一起形成块体晶体。该结构可被指定为二维结构 (n = 1)、准二维结构 (n = 2 ～ 5) 或常规三维结构 (n = ∞)。$[A_{n-1}B_nX_{3n+1}]$ 层的厚度随 n 值的减小而减小，量子效应增强，导致光学带隙的可调谐增加。PEA_2SnBr_4 是一种典型的二维钙钛矿结构，在分子水平上表现出强烈的量子限制效应、可调谐的光学特性、改善的柔韧性和优异的抗湿稳定性。

2. 1D 钙钛矿的结构

将钙钛矿的维度降低到 1D 可以实现强量子限制效应，形成自陷激发态。研究者制备了一维杂化钙钛矿 $C_4N_2H_{14}PbBr_4$，它是由共边八面体链 $[PbBr_4^{2-}]_\infty$ 溴化铅内芯线和有机 $C_4N_2H_{14}{}^{2+}$ 阳离子绝缘有机外壳构成的。这种结构可以看作一维核壳量子线的组装，其中溴化铅的内芯被放置在绝缘有机壳的菱形柱状笼中。这种新型一维结构的 $C_4N_2H_{14}PbBr_4$ 块体单晶具有高亮度蓝白光发射，光致发光量子效率为 20%。最近，报道了一种空气稳定的一维混合无铅卤化物钙钛矿 $(DAO)Sn_2I_6$(DAO:1,8- 辛基二铵)，其 PLQY 提高到了 36%，并且具有良好的水稳定性。$CsCu_2I_3$ 是一种一维无机无铅钙钛矿，它是由 $[Cu_2I_3]^-$ 八面体包围的 Cs 原子形成的空间一维链结构。通过强局域的一维激子复合，$CsCuSi_3$ 单晶在室温下获得了较高的光致发光量子产率 (PLQY ≈ 15.7%)。

3. 0D 钙钛矿的结构

分子级的 0D 钙钛矿是由单个金属卤化物多面体或金属卤化物团簇的体组装。0D 钙钛矿可以被认为是完美的主体 (宽禁带矩阵)- 客体 (金属卤化物) 结构，表现出金属卤化物八面体的固有特性。例如，0D 铅卤化物钙钛矿 Cs_4PbBr_6 和 Cs_4SnBr_6 具有由无机 Cs^+ 阳离子分离的单个金属卤化物八面体。据报道，0D 无铅 $(C_4N_2H_{14}X)_4SnX_6$(X = Br，I) 含有完全分离的金属卤化物八面体 $[SnX_6]^{4-}$ 以及周围的有机配体 $[C_4N_2H_{14}X]^+$。由于宽禁带有机配体隔离了光活性金属卤化物多面体，因此金属卤化物物种之间没有相互作用。然而，Sn^{2+} 离子可被氧化成稳定的 Sn^{4+} 离子，这可能导致钙钛矿在大气环境中的寿命短且稳定性差。铋 (Bi) 基无机钙钛矿 $A_3Bi_2I_9$($A = MA^+, Cs^+$) 在光照和潮湿条件下表现出优异的稳定性，被认为是无铅替代品。$MA_3Bi_2I_9$ 钙钛矿由两个 MA^+ 离子在空间上隔开的共面 $[Bi_2I_9]^{3-}$ 层组成。然而，由于电子维数的降低，用三价阳离子替换 B 位通常会导致带色散和载流子迁移率降低。例如，0D $Cs_3Bi_2Br_9$ 具有相对宽的带隙 (2.59 eV) 和强空间局域化的电子－空穴对。

2.1.2 化学键

铅卤化物钙钛矿中的化学键可分为三种类型，即共价键、离子键和金属键。应该注意的是，遵循 IUPAC 命名法，铅卤化物钙钛矿材料属于有机－无机材料而非有机－金属材料，这是因为金属和碳原子之间没有直接连接的键。在金属－有机结构的背景下，由于三维无机网络与零维 (分子) 有机成分的结合，它们被认为是 I^3O^0 型材料。

1. 金属卤化物框架

BX^{3-} 阴离子结构内的化学键属于非极性键 (混合离子 / 共价相互作用)。通过分析其化学组分，可以将框架近似为由 Pb^{2+} 和 X^- 离子构成。带净电荷的离子之间以静电相互作用为主。通常情况下，由于周期性电子波函数的集体效应，部分电荷的量化仍然不明确。铅卤化物钙钛矿中的 Born 有效电荷很大 (Pb 的值可能超过 4)，与其高离子性一致。

表 2-1 列出了不同组分钙钛矿的晶格能 (定义为无限远的离子) 和马德隆势 (离子间的静电势)。与三种氧化物 (Ⅵ族阴离子) 钙钛矿相比，卤化物 (Ⅶ族阴离子) 钙钛矿的静电稳定性显著降低。每个 ABX_3 晶胞的晶格能仅为 −29.71 eV，阴离子位置上的静电势约为Ⅵ族阴离子的 50%。由于这种较弱的电势，卤化物钙钛矿的电离电势 (功函数) 预计低于金属氧化物钙钛矿。同时还会导致晶格空位易于形成，不会产生深电离能级。相比之下，对于岩盐结构金属卤化物，卤化物处于八面体配位结构中，具有较大的限制静电势。在这种情况下，卤化物空位将俘获电子，其电离能级位于带隙深处：一个 F 色心 (俘获了电子的负离子空位)。

表 2-1　各种 ABX_3 钙钛矿化合物 (立方晶格，a ＝ 6 Å) 的晶格能和马德隆势

化学计量	晶格能/ eV	U_A/V	U_B/V	U_X/V
Ⅰ-Ⅴ-$Ⅵ_3$	−140.48	−8.04	−34.59	16.66
Ⅱ-Ⅳ-$Ⅵ_3$	−118.82	−12.93	−29.71	15.49
Ⅲ-Ⅲ-$Ⅵ_3$	−106.92	−17.81	−24.82	14.33
Ⅰ-Ⅱ-$Ⅶ_3$	−29.71	−6.46	−14.85	7.75

对于 $CH_3NH_3PbI_3$，从电子能带结构上能够明显观察到 Pb $6s^26p^0$ 和 I $5p^6$ 轨道，其中价带顶由 I p 轨道形成，导带底由未被占据的 Pb p 轨道形成。在价带中有 Pb s 轨道的一部分，但这里的阳离子孤电子对为惰性，至少在平衡结构中表现出惰性。Pb(Ⅱ) 离子的极性不稳定性在铁电体和多铁氧化物钙钛矿中很常见。

在准经典近似下，沿八面体骨架的强杂化 (轨道重叠) 导致轻电子 (0.15 me) 和空穴 (0.12 me) 的有效质量为自由电子质量的　小部分。引入有效质量的概念可以简化高质量材料中的高迁移率带载流子运动的分析。铅和碘的高原子序数表明，相对论效应对于准

确测定电子结构非常重要。此外，体系中的多体效应 (粒子间的相互作用) 也会影响其电子结构。这些因素结合在一起，使得高质量的电子结构研究，如相对论 GW 理论，在计算和方法上具有挑战性。

2. 分子间相互作用

甲胺是一种封闭的 18 电子阳离子 (与文献中的一些错误说法相反，$CH_3NH_3^+$不是自由基)。相邻 A 位中的 $CH_3NH_3^+$离子相隔 6 Å。甲胺离子具有很大的电偶极矩 (相对于离子电荷中心 2.29 D)，会产生一个约为 25 MeV 的偶极子 – 偶极子静电引力，即取向力 (范德华力的一个分量)。对于两个静态偶极子，取向力会在 $(1/r^3)$ 处消失；然而，两个自由旋转偶极子的屏蔽效应将这个取向力缩短为 $(1/r^6)$。

由于偶极 – 偶极相互作用能与室温下的可用热能相当，预计会存在复杂的铁电行为。蒙特卡罗模拟表明，对于固定晶格，在低温下偶极子通常呈现出条纹反铁电排列，在高温下，偶极子变得越来越无序，最终成为顺电体。在室温下，有明显的局部结构，可与高静电势和低静电势区域相连。即使对于单晶薄膜，静电势的拓扑结构也类似于有机光伏材料中的体异质结。最近，研究者通过压电力显微镜在钙钛矿材料中观察到了更大的极性畴结构，这可能与局部化学和晶格应变的影响有关。

分子偶极子的取向与 $CH_3NH_3PbI_3$ 异常的介电响应有关。在高频率 (光频率) 下，系统存在对外加电场的标准电子响应。在较低的频率 (THz 级) 下，晶格声子的额外振动响应导致静态介电常数为 25(根据密度泛函微扰理论计算)。分子响应发生在更低的频率 (GHz 区域)，这可能与偶极子的转动顺序有关。而在声频率下，测得一个“巨大”的介电常数，它可能与离子和 / 或电子导电性有关，这种现象称为 Maxwell-Wagner 效应。图 2-2 总结了这些影响因素。

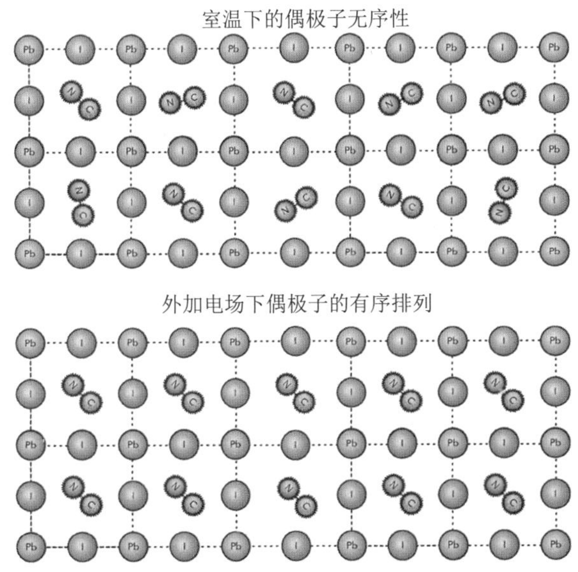

(a) 存在外部电场时分子偶极子的顺序示意图

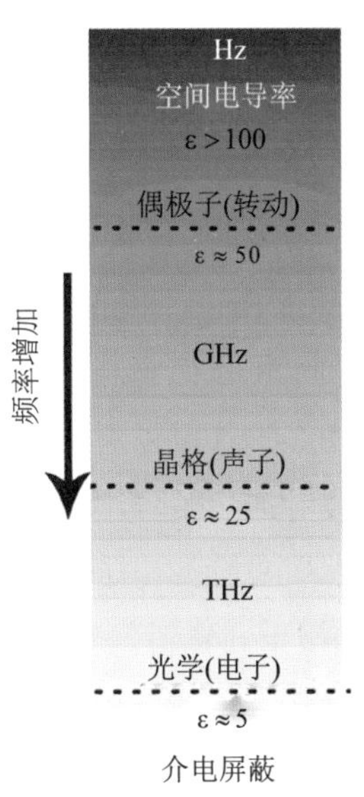

(b) 介电响应中从最高频率到最低频率的四种状态

图 2-2 $CH_3NH_3PbI_3$ 中分子偶极与介电响应的关系

3. 原子和金属卤化物框架之间的作用力

A 位阳离子和骨架之间的作用力本质上是静电键。$CH_3NH_3^+$ 在带负电的八面体网格中是带正电的离子。因此具有很强的静电势 (约 8 V) 使它保持在其晶格中心位置。电荷 – 偶极子间的相互作用也是构成分子偶极子和 PbI_6 八面体之间化学键的一部分，这取决于偶极子方向和极化作用的影响。例如 I^- 离子 (约 7×10^{-24} cm^3) 会引发诱导偶极矩间的相互作用 (所谓的德拜力)。由于这些相互作用，在分子动力学模拟中，研究者认为分子取向和八面体变形之间存在相关性。也有研究者认为分子偶极子和金属卤化物框架之间的作用力属于氢键，然而，氢键和德拜力本质上都是由静电力产生的，很难确定两者之间的区别。由于阳离子 (包括氢原子) 在室温下表现出显著的迁移率，这表明德拜力更适用于描述钙钛矿结构体系。

上述的极性分子偶极矩间的相互作用力 (取向力) 和分子间极化作用力 (德拜力) 可以统称为范德华力。从这些讨论中可以清楚地看出，各种相互作用导致了铅卤化物钙钛矿优异的光伏性能。特别是，金属卤化物框架提供的光生载流子有效质量和强介电屏蔽 (包括金属卤化物框架和分子间相互作用) 的组合有利于在光照下产生自由载流子而不是激子 (束缚态的电子 – 空穴对)。

2.2 能带结构

钙钛矿的电子结构由 BX_6 八面体的倾斜决定。例如，$[PbI_6]^{4-}$ 的 pb 6s 和 I 5p 组成的反键轨道构成了价带，而 Pb 6p 和 I 5p 组成的 σ 反键轨道和 Pb 6p 和 I 5s 组成的 σ 反键轨道构成了导带。钙钛矿材料独特的电子性质本质上是由铅离子的孤电子对导致的。与大多数阳离子的电子性质不同，Pb 的电子轨道位于价带顶 (VBM) 下方的 6s 处。价带顶是由 I 和 Pb 之间稳定的反键作用构成的。由于钙钛矿材料特殊的离子键和共价键，导带最小值 (Conduction Band Minimum，CBM) 主要由 Pb 的能级构成。如图 2-3 所示，钙钛矿的电子性质归因于钙钛矿材料的分子结构和每个离子。

从图 2-3(a) 可以看出，不同离子的密度分布对钙钛矿材料的电子性质产生了影响。我们可以得出结论，与 VBM 相比，阳离子相关态密度非常低，这对电子能带结构没有影响。钙钛矿独特的电子结构如图 2-3 所示，在传统半导体中，CBM 主要依赖于 s 轨道，而 VBM 依赖于 p 轨道。然而，与第一代和第二代半导体相比，卤化物钙钛矿具有反转的电子能带结构，导致强烈的光学吸收。与以前的光伏材料相比，钙钛矿材料是直接带隙半导体，其能级跃迁能力比其他材料高得多。

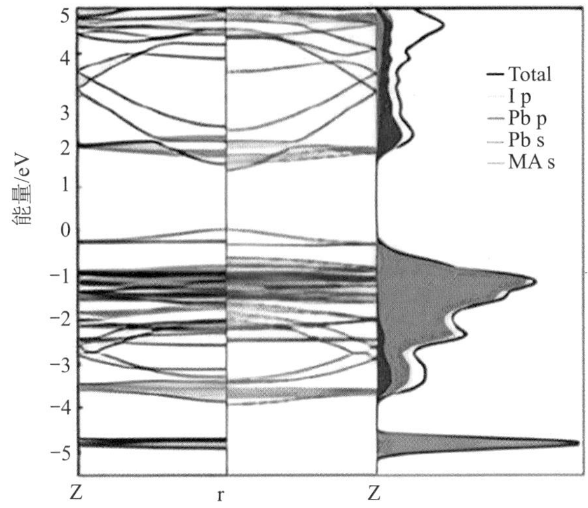

(a) MA、Pb 和 I 对 $MAPbI_3$ 钙钛矿能带结构的影响

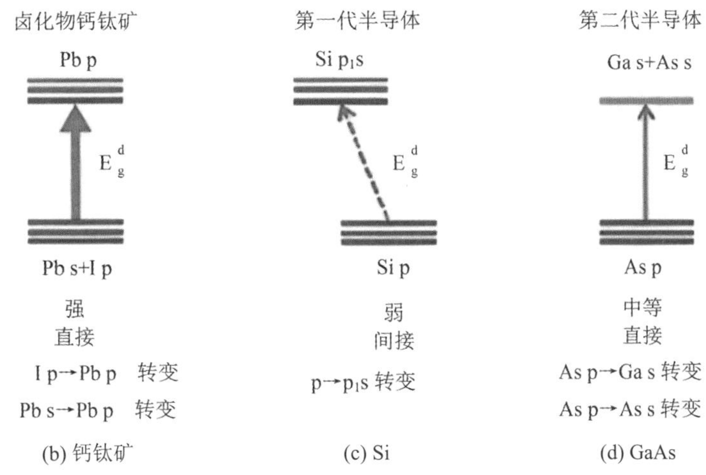

(b) 钙钛矿　(c) Si　(d) GaAs

图 2-3　钙钛矿、Si、GaAs 的能级跃迁图

虽然 $MAPbI_3$ 和 GaAs 都有直接带隙，但它们的电子结构却截然不同。首先，钙钛矿材料导带最小值 (CBM) 由 Pb b 轨道决定。相反，GaAs 的 CBM 则由它的 s 轨道决定。因此，钙钛矿材料具有更高的态密度 (图 2-4(a)) 和组合态密度 (图 2-4(b))。另一方面，混合卤化物钙钛矿 CBM 和 VBM 之间的能带跃迁是由 Pb s 和 I p 混合轨道跃迁到 Pb p 轨道。从 Pb s 跃迁到 Pb p 的可能性要高于 GaAs 直接跃迁的概率，这是因为钙钛矿的光吸收能力比 GaAs 强得多 (图 2-4(c)、(d))。

钙钛矿的另一个独特之处是电良性晶界 (GB)。与对性能有害的传统多晶晶界不同，钙钛矿型多晶薄膜的晶界通常是不可见的，这有利于器件性能。Pb s 与 I p 轨道之间存在稳定的相互作用，导致 VBM 升高。因此，存在较低的缺陷态和电荷载流子复合现象。由于钙钛矿材料特殊的电子结构，它具有很强的载流子输运和收集特性，这对电子性能有利。

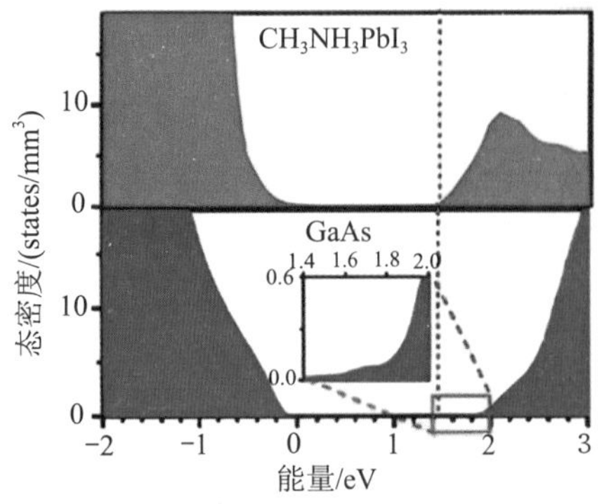

(a) $MAPbI_3$ 和 GaAs 的态密度 VBM 被称为零能量，CBM 用虚线标记

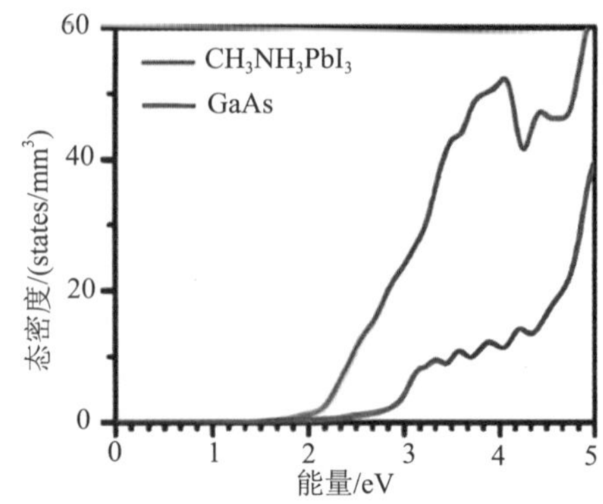

(b) $MAPbI_3$ 和 GaAs 的结合态密度

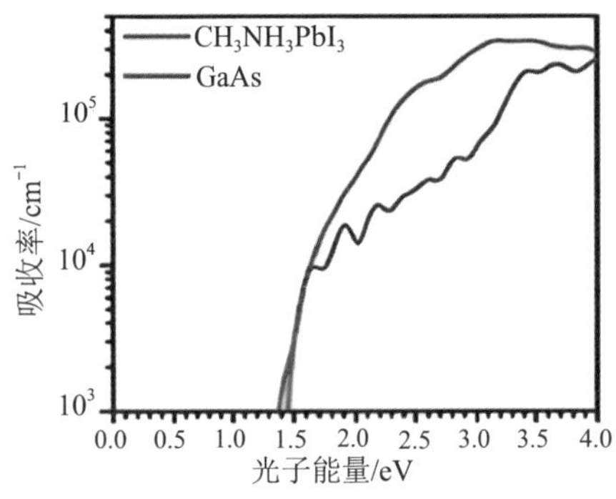

(c) $MAPbI_3$ 和 GaAs 的光吸收曲线

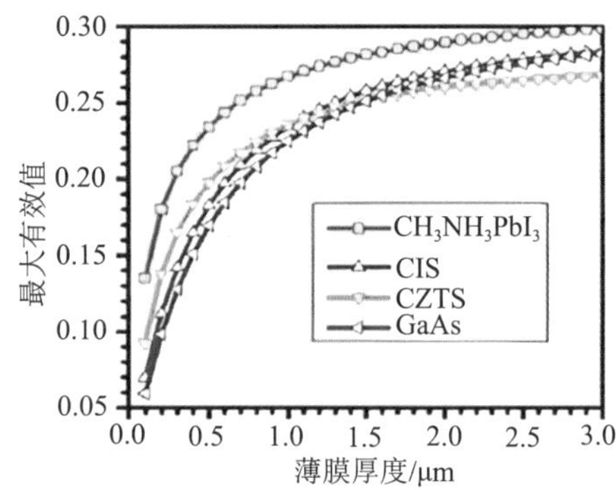

(d) 理论计算的 $MAPbI_3$、CIS、CZT 和 GaAs 最大效率关于膜厚度的函数

图 2-4　$MAPbI_3$ 和 GaAs 各项参数对比

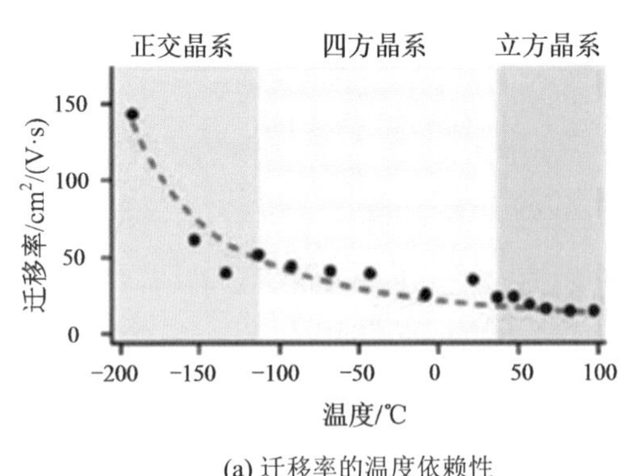

(a) 迁移率的温度依赖性

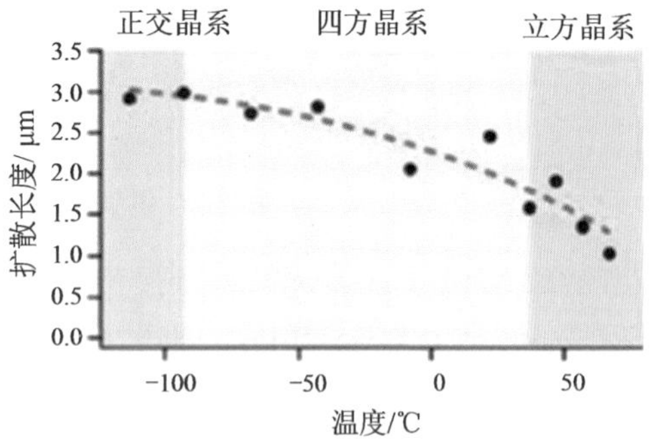

(b) 扩散长度的温度依赖性

图 2-5　$MAPbI_3$ 的迁移率和扩散长度的温度依赖性

通过溶液法，可以制备出高质量的钙钛矿薄膜。例如，通过优化沉积技术，$MAPbI_3$ 薄膜的迁移率可以提高四个量级 (8 ～ 35 $cm^2 \cdot V^{-1} \cdot s^{-1}$)。同时，钙钛矿材料的扩散长度随制备方法的不同而变化，各种材料成分和晶体结构导致钙钛矿的电子性质发生变化 (见图 2-5(a)、(b))。当钙钛矿相在室温下转变为立方结构时，电子性质相对降低。

2.3 光学特性

铅卤化物钙钛矿有大量的光学应用，不仅能够用于太阳能电池，还能用于光探测器和发光二极管 (LED)。这可以归因于它们优良的光学性能，这是用于光吸收器和发光材料的重要因素，例如，高吸收系数和可调谐的直接带隙。

铅卤化物钙钛矿是直接带隙半导体，直接跃迁产生 10^4 ～ 10^5 cm^{-1} 量级的大光吸收系数。研究者使用 PDS 和 FTPS 对 $MAPbI_3$ 薄膜的亚带隙吸收进行了详细研究，发现了清晰、尖锐的吸收边 (即无吸收尾)，证明了溶液法能够形成高质量的钙钛矿薄膜。钙钛矿的组成和形貌对其光学性质有显著影响。图 2-6 显示了不同成分和形态的铅卤化物钙钛矿的吸收边和 PL 峰值波长。结果发现，对于 MA 基钙钛矿，大的 I^- 离子会使钙钛矿晶胞膨胀，从而产生带隙小、吸收边接近 800 nm 的材料。用较小的 Br^- 取代 I^- 会将吸收边移动到约 550 nm。而用 Br^- 代替 Cl^- 则会进一步将吸收边降低至约 420 nm。用 FA 代替 MA 则会使起始吸收点红移约 40 nm，这使得 $FAPbI_3$ 更适合用作钙钛矿太阳能电池的吸光材料。这是 $FAPbI_3$ 用于当今大多数性能最好的钙钛矿太阳能电池的原因之一。

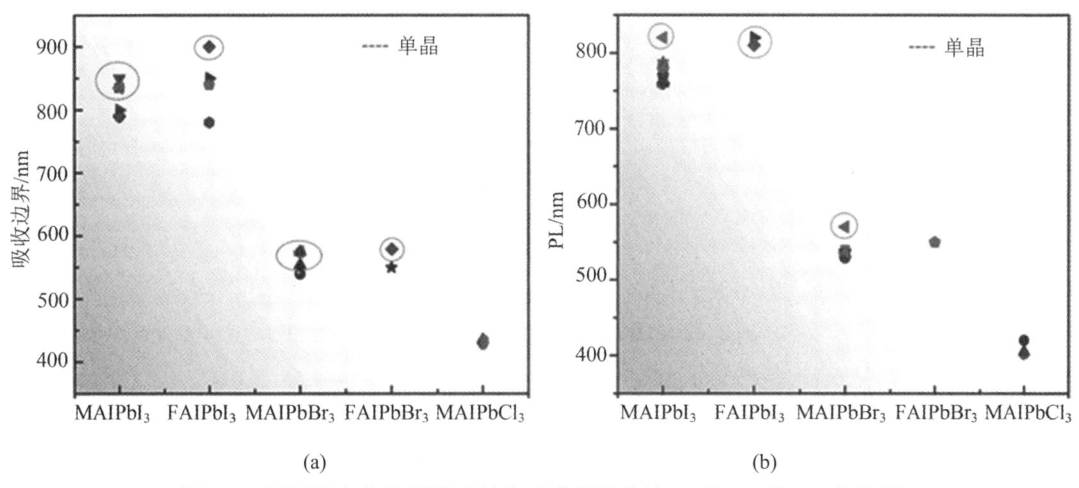

图 2-6 不同铅卤化物钙钛矿结构光谱的吸收边 (a) 和 PL 峰 (b) 的位置

通过调整卤化物的化学计量比，钙钛矿的带隙控制以及吸收和发射背后的物理机制在于它们的电子能带组成。密度泛函理论 (DFT) 计算表明，MA 基铅卤钙钛矿价带顶中的投影态密度 (DOS) 主要由卤族元素 p 态和铅 s 态的一些混合物形成，而导带中的投影态密度主要由铅态组成。因此，计算和实验都表明，卤化物成分对钙钛矿电子结构的价带有深刻的影响。相比之下，用 FA 代替 MA 只会使带隙产生轻微的变化。此外，铅离子未被占据 p 态有助于提高钙钛矿导带底的 DOS。因此，钙钛矿中的直接 p–p 跃迁导致其具有强大的光吸收能力。此外，虽然可以调节 X 位的混合卤素的比例来持续调节钙钛矿的吸收和发射能力，但混合卤素钙钛矿中的光诱导相分离现象十分严重。

图 2-6 显示，不同成分钙钛矿材料的光吸收边和 PL 发射峰的值分布广泛。这种扩散

主要归因于材料形态和结晶度的变化。目前已经观察到，与薄膜对应物相比，钙钛矿型单晶表现出吸收边，并且 PL 峰向红色波长移动。这种差异的起源仍然不完全清楚。

研究者们对铅卤化物钙钛矿材料的介电性能进行了详细的测试，测得的消光系数与预期一致，符合吸收光谱的特征，$MAPbI_3$ 和 $MAPbBr_3$ 薄膜在透明区域的光学波长下测得的折射率分别约为 2.5 和 2.0。人们还观察到，钙钛矿单晶的折射率比薄膜大。研究者利用测得的特性参数对钙钛矿材料进行器件模拟仿真，仿真结果表明：钙钛矿光伏器件内部的光激发曲线在短波段显示出高吸收的 Beer-Lambert 状态，在长波段显示出薄膜干涉状态，这表明器件在长波段的光谱响应在很大程度上取决于活性层的厚度。仿真预测活性层的最佳厚度约为 300 nm，这一预测在后续研究者们的实验中得到了广泛的验证。

根据 Goldschmidt 容忍因子理论，阳离子 A 在钙钛矿结构中起着重要作用，通常伴随着带隙的变化。在立方钙钛矿结构中，A 位的交替仍然可以在较小程度上调整能带结构。例如，原型混合钙钛矿 $MAPbI_3$ 的带隙约为 1.5 eV。为了将 $MAPbI_3$ 的带隙缩小到接近 1.4 eV，使用 FA 基团取代了 A 位的 MA 基团，形成了带隙为 1.4 eV 的 $FAPbI_3$，并将光吸收边显著延长到了 870 nm 处。至于 $CsPbI_3$，带隙在 1.67 eV 的范围内。随着 A 位离子的尺寸的增加，例如从 Cs^+ 到 MA^+ 或 FA^+，带隙值将逐渐减小 (见图 2-7)。然而，进一步将 A 为替换为尺寸更大的 EA，钙钛矿结构变成正交对称，带隙更大，为 2.2 eV。从这一点来看，小分子基团可以应用于 A 位来调节钙钛矿的能带结构。

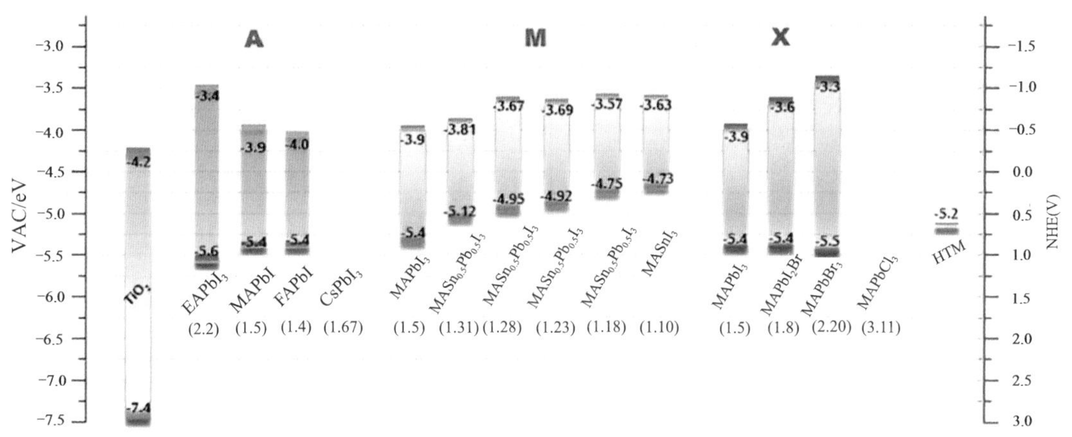

图 2-7　一些钙钛矿、TiO_2 和传统空穴传输材料的能级 (化学式下的值为相应的带隙，单位为 eV)

低维半导体 (如二维纳米线和量子点) 的光学性质往往与通常提到的三维材料不同。类似地，在量子限制效应下，2D 纳米结构钙钛矿和 QD 钙钛矿除了比 3D 钙钛矿具有更好的空气稳定性和光稳定性外，还显示出可变的吸收边和 PL 峰位置。利用缺陷容限，钙钛矿量子点尽管具有丰富的本征结构缺陷，但仍表现出独特的光学性质。这些缺陷不像其他化合物那样以陷阱的方式存在。近年来，几乎所有类型的钙钛矿量子点都有报道，包括有机－无机杂化量子点和全无机量子点。此外，与 CIE 相比，钙钛矿胶体纳米晶体 (NC) 提供了高度饱和的颜色(见图 2-8(c))。通过调整 X 和 A 的组成以及这些 NC 的大小和形状，它们的光致发光 (PL) 峰以连续的方式移动。与 $CH_3NH_3PbX_3$ NC 一样，宽色域和可调颜色范围也是理想的，如图 2-8(a)、(b) 所示。

在室温下，钙钛矿型 NC 的相结构如下：$MAPbI_3$ NC 为四方相；$FAPbBr_3$、$MAPbBr_3$ 和 $FAPbI_3$ NC 是立方的；$CsPbBr_3$ 和 $CsPbI_3$ NC 为正交晶系。钙钛矿纳米晶的窄发射带宽、高光致发光量子效率 (PLQY) 和可调谐的发光峰位置(从紫外到近红外)满足了宽色域液晶显示器 (LCD) 的要求。

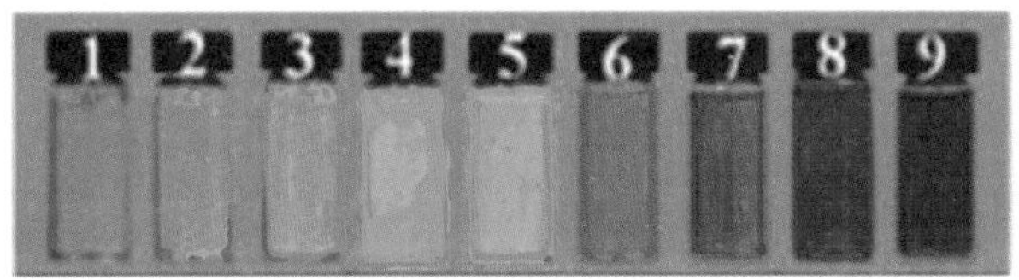

(a) 悬浮液的实物照片

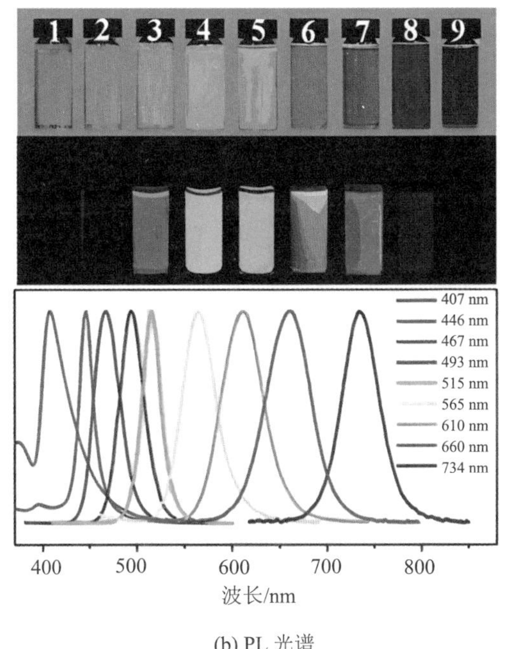

(b) PL 光谱

(c) PL 光谱绘制在 CIE 色度坐标

(蓝线为 pc-WLED 器件，亮区为 NTSC 标准色标)

图 2-8 不同组分成分调谐 $CH_3NH_3PbX_3$ NCs 的悬浮液的照片和相应的 PL 光谱

与 3D 钙钛矿相比，2D 钙钛矿由有机间隔物分隔的层状结构组成。二维钙钛矿的组成化学式为 $A_nA'_{n-1}M_nX3_{n+1}$，其中 A、A′ 为阳离子，M 为金属，X 为卤化物。n 的数量决定了量子阱的厚度，从而决定了光学带隙。例如，$(BA)_2(MA)_{n-1}Pb_nI_{3n+1}$ 的详细光学信息系列如图 2-9 所示。此外，一些研究人员还发现，精心设计的 2D-3D 杂化钙钛矿可以兼具 2D 和 3D 钙钛矿的优点，是理想光电性能以及防潮稳定性的集合体。

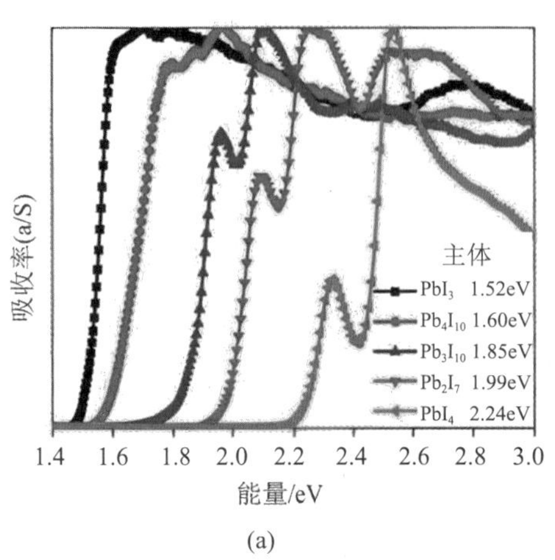

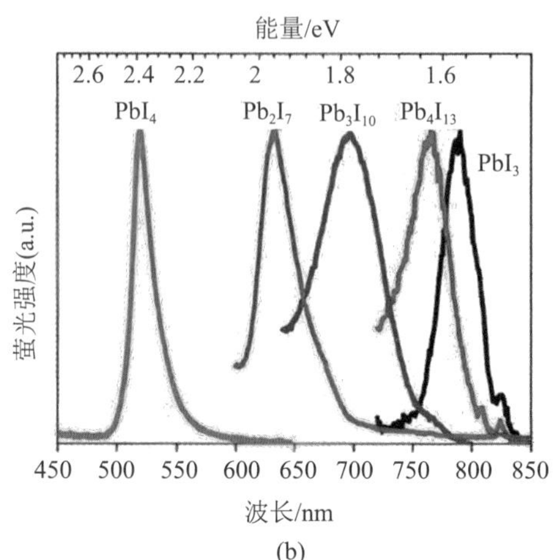

图 2-9 $MAPbI_3$ 和 $(BA)_2(MA)_{n-1}Pb_nI_{3n+1}$ 薄膜的体吸收 (a) 和光致发光 PL(b) 光谱 (n 值在 1 到 4 之间变化)

2.4 电学特性

了解材料的电学性质，如电荷载流子迁移率、扩散长度和寿命，对于制造光电子器件以及开发用于器件模拟的稳态模型至关重要。载流子迁移率 μ 描述了在外加电场下载流子 (电子 μ_e 或空穴 μ_h) 在半导体内移动的能力。对迁移率的研究可以理解半导体内部的漂移电子传输机制，对一些需要快速响应时间的器件如场效应晶体管 (FET) 和光电探测器等非常重要。

载流子迁移率可以使用多种技术进行测量。霍尔效应测量是应用最广泛的技术之一。这种技术不仅可以测量迁移率，还可以识别负责传导的主要载流子种类 (电子或空穴)。霍尔效应测量实验有几个重要的注意事项。首先，霍尔效应测量仅在足够导电的样品上可行。钙钛矿薄膜通常不能满足这一要求，因为这些样品的厚度很小 (约为 100 nm)，迁移率很低 (小于等于 1 $cm^2 \cdot V^{-1} \cdot s^{-1}$)，这会导致低导电性。其次，霍尔效应测量可能会受到板与电接触点 (应为欧姆接触) 和材料表面质量的影响。第三，为了提取迁移率，有必要精确测量材料的电阻率 (通常使用四点法或范德堡法来实现高精度测量)。尤其是范德堡法，需要将薄膜制成典型的“三叶草”形状；对于旋涂法制备的钙钛矿薄膜来说，制备这样形状的样品是一项挑战，它将大大影响测量电导率的高精度。霍尔测量能够探测横向迁移率，特别是靠近表面移动的载流子迁移率，该参数与横向器件 (如 FET) 的性能密切相关。

另一种测量钙钛矿中迁移率的方法是空间电荷限制电流 (SCLC) 法。半导体内的传输必须是单极性的 (仅电子或空穴)，并且两个触点中至少有一个必须是欧姆接触。如果以温度或光激发的函数来驱动，可以测得其他的电学参数 (例如陷阱密度)。板与电接触点对测量的准确性起着关键作用。串联电阻或小的能量势垒会影响测试结果，并使数据分析复杂化，在某些情况下会导致得到的迁移率过高 (或过低)。过去，这项技术被广泛用于表征有机材料。SCLC 曲线取决于许多参数，如温度、触点性质 (界面势垒、串联电阻可能会对 I-U 曲线的形状产生重要影响)、传输类型 (扩散电流并非总是可以忽略不计，取决于被测器件的材料和结构)，因此在设计实验时需要特别注意。

测量迁移率的又一种常用方法为 ToF(Time of Flight) 法。这种方法可以通过改变外加偏压的极性来测量电子和空穴的迁移率。ToF 法需要一个欧姆触点和一个非注入触点。欧姆接触需为透明的，以便进行光激发。该方法的一个局限性在于要求样品具有足够的厚度，以获得可测量的传输时间。还需注意的是，外加偏压应足够高，以确保产生显著的光电流信号。ToF 法测量有几个优点：首先，这种方法能够直接从载流子输运时间中提取迁移率；第二，与霍尔效应表面探测方法不同，ToF 法是一种体测量方法，能够探测垂直迁移率，即垂直于表面移动的载流子的迁移率。因此，这种测量方法尤其适用于 LED 和太阳能电池等器件。

多年来，载流子迁移率也得到了改善，并且表现出对形貌的依赖性。已在钙钛矿薄膜 (尤其是前面提到的 Cl-I 混合物) 和钙钛矿单晶中测量到超过 10 $cm^2/(V \cdot s)$ 和 100 $cm^2/(V \cdot s)$ 的迁移率。如图 2-10(c) 所示，迁移率 (以及扩散长度) 对材料成分没有很强的依赖性。

描述电荷输运的另一个重要性质是扩散长度。长扩散长度对于光伏材料尤其重要，因为它是高效收集光生载流子的关键参数之一。扩散长度可以用多种方法测量。一种常见的方法是制造整流二极管，其中主要的载流子传导机制是扩散。测量具有不同有源层厚度的二极管的 PL 强度可用于提取扩散长度。与载流子迁移率类似，扩散长度同样区分为电子扩散长度 (L_e) 和空穴扩散长度 (L_h)。这个量描述了电荷从半导体中载流子浓度较高的区域扩散到载流子浓度较低的区域的过程。在光激发产生局部过量电荷的光电中，扩散长度是至关重要的性能因素。扩散长度是控制二极管和太阳能电池运行的基本参数之一。值得一提的是，迁移率和扩散长度通过爱因斯坦方程式紧密相连，即 $D = \mu k_B T$，其中 $D = L^2 t^{-1}$ 是扩散系数 (t 是载流子寿命)。此外，扩散和漂移在大多数情况下是同时发生的。

铅卤化物钙钛矿的电学特性与其制备方法密切相关，随着材料制备技术的进步，相关性能也随之不断提高。图 2-10(a) 为几年来发表的研究报告中铅卤化物钙钛矿扩散长度的变化情况。值得注意的是，短短的 3 年时间扩散长度就从远低于 1 μm 增加到超过 10 μm。这一变化反映出研究者们所制备的铅卤化物钙钛矿的晶体结构和形态越来越好。如图 2-10(b) 所示，扩散长度强烈依赖于薄膜的晶粒尺寸。平均晶粒尺寸超过 2 μm 的薄膜，扩散长度远远大于 1 μm。而在钙钛矿单晶中，测量到的扩散长度最大，其值超过 10 μm。

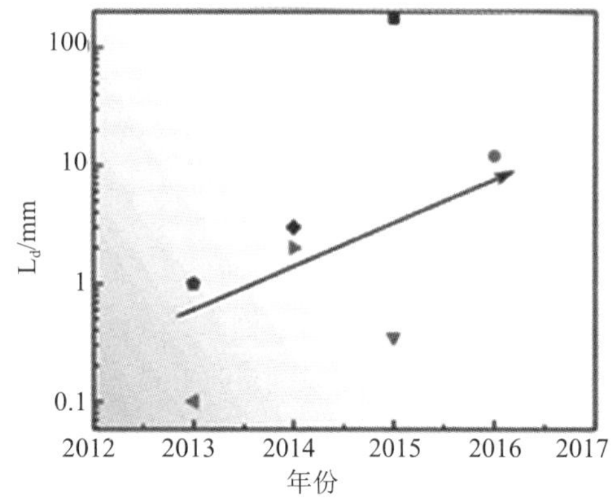

(a) 钙钛矿中扩散长度与报告年份的关系

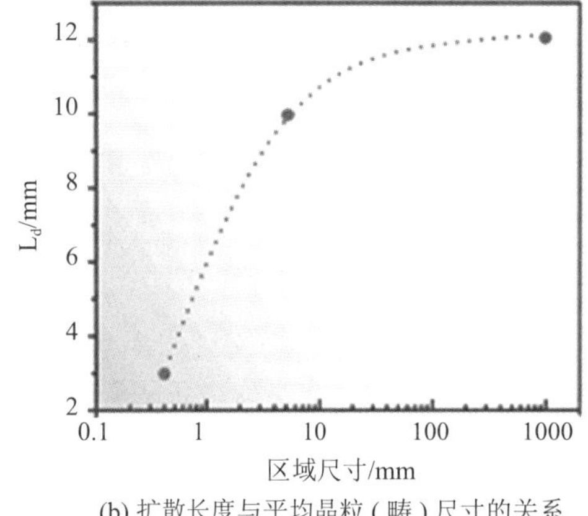

(b) 扩散长度与平均晶粒 (畴) 尺寸的关系

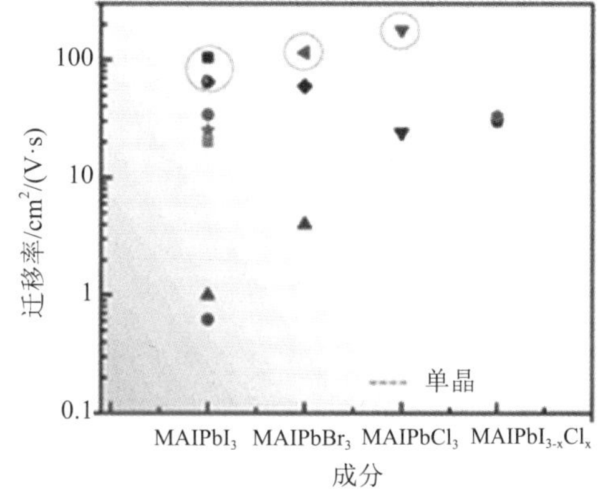

(c) 不同钙钛矿成分在碘－氯过程中的迁移率

图 2-10　钙钛矿的电学特性

最后，考虑载流子寿命。这个参数可以通过使用一个或多个指数模型拟合光致发光的衰减图谱来估计。应该注意的是，载流子寿命与载流子输运没有直接关系，因此迁移率和扩散长度仍然是表征光电子材料的基本参数。载流子寿命可以结合迁移率来估算扩散长度；当难以直接测量扩散长度时 (例如在单晶中)，这种方法特别有用。

2.5 热学特性

金属有机钙钛矿材料是由有机组分和无机组分杂化而成。通常而言，有机组分的热稳定都较差，因此，这类材料的热稳定也受到了研究者的广泛关注。热重测试发现，$CH_3NH_3PbI_{3-x}Cl_x$ 和 $CH_3NH_3PbI_3$ 薄膜中的无机组分 $PbCl_2$ 和 PbI_2，在 714℃和 646℃时的热致失重分别为 95% 和 90%，而有机组分 CH_3NH_3Cl 和 CH_3NH_3I 分别在 185℃和 234℃开始升华。这说明在热处理过程中首先流失的是有机组分。进一步研究表明，CH_3NH_3I 流失过程中会先分解为 HI 和 CH_3NH_2。由于后者和 $CH_3NH_3PbI_3$ 具有较强的化学作用，所以 HI 会先升华而造成 $CH_3NH_3PbI_3$ 退化。

研究发现，实际器件的热稳定性更差。例如，在 85℃的惰性气氛对器件热处理发现，$CH_3NH_3PbI_3$ 薄膜中已经出现部分分解。所以 $CH_3NH_3PbI_3$ 薄膜差的热稳定性很大程度上阻碍了钙钛矿太阳能电池在高温或极端环境中的应用。需要注意的是，差分扫描量热法测试发现，$CH_3NH_3PbI_3$ 材料在升温和降温过程中均会在 57℃附近发生明显的四方－立方相变，而 $CH_3NH_3PbI_{3-x}Cl_x$ 材料只在升温过程中出现四方相到立方相的相变，在降温过程没有明显的相变发生。分析认为这可能是残存的 CH_3NH_3Cl 抑制了 $CH_3NH_3PbI_{3-x}Cl_x$ 材料立方相向四方相的相变过程。

在此，我们主要考虑用于太阳能电池的杂化化合物的详细晶体结构。韦伯首先报道了立方钙钛矿晶体结构中的 $MAPbI_3$(Oh 点群)，这与静态分子组分的各向异性不一致($CH_3NH_3^+$ 是 C_{3v} 点群)。然而，分子阳离子在晶体中是定向无序的，这导致了更高的有效晶格对称性。关于晶体结构特征的早期工作确定了 $MAPbI_3$ 相变的三个阶段：按温度升高的顺序，分别为正交、四方和立方 Bravais 晶格。虽然 X 射线衍射中布拉格峰的位置可以区分三相，但 $CH_3NH_3^+$ 相对于 PbI_2^- 产生的峰值强度太弱，无法确定其准确的分子取向。高分辨率粉末中子衍射的最新应用提供了与温度相关的相结构的定量描述，如图 2-11 所示。

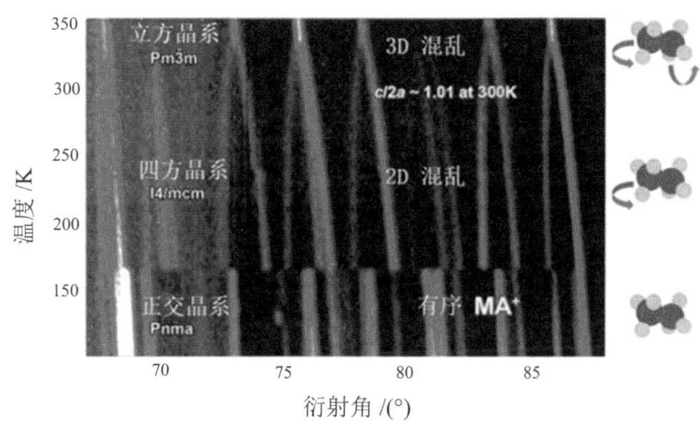

图 2-11　$CH_3NH_3PbI_3$ 的中子衍射图 (100 ～ 352 K)

(显示了平均晶体结构的空间群以及 $CH_3NH_3^+$ 亚晶格无序程度)

1. 正交相 (T<165 K)

正交钙钛矿结构是 $MAPbI_3$ 的低温基态，其稳定温度高达约 165 K。通过与密度泛函理论 (DFT) 计算的焓的比较，证实了这种稳定性排序。与最稳定的四方相相比，每个 $MAPbI_3$ 晶格的焓差为 2 MeV，而与高温立方相相比，焓差为 90 MeV。

通过对 $Pna2_1$ 空间群衍射数据的初步分析。最近对高质量粉末中子衍射数据的分析将其重新分配为 Pnma(D2h 点群)。结构是 $\sqrt{2}a \times \sqrt{2}a \times 2a$ 简单立方钙钛矿晶格的超胞膨胀。在 $Pna2_1$ 阶段，PbI_6 八面体变形，其八面体倾斜模式用 Glazer 符号表示为传统立方格的方向的 $a^+b^-b^-$。在这个低温阶段，单胞中的四个分子阳离子静止在 ab 平面的对角线上，指向立方八面体空腔的未变形面。相应地，属于不同平面的分子与头尾基序反对齐。考虑到分子偶极－偶极相互作用，预计会出现这种反铁电排列。

在低温正交相中，$CH_3NH_3^+$亚晶格是完全有序的(低熵态)。排序可能对材料制备和/或进入该阶段的冷却速度敏感，即准热平衡程度。不同的有序度可能会被机械应变或电场冻结到低温阶段。

2. 四方相 (165 ~ 327 K)

165 K 时，$MAPbI_3$ 经历了从正交空间群到四方空间群 I4/mcm(D_{4h} 点群)的一级相变，在 327 K 温度下经历二级相变到立方相。与正交相位一样，这可以被认为是立方钙钛矿晶胞的 $\sqrt{2}a \times \sqrt{2}a \times 2a$ 膨胀。

分子阳离子不再像正交相那样处于固定位置。$CH_3NH_3^+$在每个八面体空位中的两个非等效位置之间呈现无序状态。立方相中的四方畸变参数大于 1(300 K 时为 c/2a = 1 ∶ 01)，对应于 PbI_6 八面体沿 c 轴的伸长。关联的八面体倾斜模式用格雷泽符号表示为 $a^0a^0c^-$。

3. 立方相 (T>327 K)

随着温度的升高，四方晶格参数变得更为各向同性，c/2a 向 1 移动。分子无序度也会增加，直到在 327 K 左右转变为立方相。从热容的变化以及与温度有关的中子衍射实验中可以清楚地看到这种转变。

立方相空间组已被指定为空间组 $Pm\bar{3}m$(O_h 对称)；然而，局部结构必然具有较低的对称性。事实上，对于与 $MAPbI_3$ 类似的溴化物和氯化物，X 射线散射数据的配对分布函数分析表明，在室温下，铅卤化物框架存在明显变形的局部结构。

2.6 力学特性

在过去的十年中，人们一直致力于优化卤化物钙钛矿的光伏特性，提高器件的稳定性并消除铅的毒性。与广泛研究的光电性能相比，卤化物钙钛矿的力学特性在很大程度上被忽视，但它在根本上和实践上都很重要。事实上，在钙钛矿器件的制造和运转过程中，卤化物钙钛矿薄膜中不可避免地存在应力应变。例如，钙钛矿薄膜和支撑衬底在热退火过程中的热膨胀不匹配会造成明显的应变。应变的存在会导致钙钛矿薄膜表现出显著的固有不稳定性并导致其降解。同时，应变还可以通过调节卤化物钙钛矿的带隙、离子迁移和相变极大地影响器件性能。因此，研究卤化物钙钛矿的力学性能对理解其力学行为非常重要。

目前，人们对卤化物钙钛矿的力学性能进行了一些理论和实验研究。冯婧等人首先通过第一性原理计算研究了 $MAPbX_3$(X = Br，I) 的弹性性质。他们发现这些化合物的弹性性质由化学键 Pb—X 的类型和强度决定。此外，Pb^{2+} 和 X 的不同电子性质、离子半径和电负性也被用来解释化学键的强度变化趋势。林尚超等人使用基于力场的分子力学计算方法计算了 $MAPbI_3$ 的弹性常数矩阵和各种弹性性质。他们发现，多晶 $MAPbI_3$ 比单晶更“柔软”(杨氏模量更低)，极限强度更低。孙世敬等人通过纳米压痕法测量了 $MAPbX_3$(X = Cl、Br 和 I) 和 $FAPbX_3$ 的静态杨氏模量和硬度。他们总结了三种可能影响有机－无机杂化钙钛矿力学行为的化学因素：B−X 键强度、堆积密度以及有机阳离子和无机骨架之间的氢键强度。Ferreira 等人通过相干非弹性中子散射光谱和布里渊区光散射法测量了 $APbX_3$ 的弹性刚度。他们在这些化合物中观察到非常低的剪切模量 C_{44}(<8 GPa)。最近，接触共振原子力显微镜 (CR-AFM) 和激光超声技术也被用于测量卤化物钙钛矿的弹性模量和弹性各向异性。除了三维 (3D) 卤化物钙钛矿，Tu 等人还研究了一系列二维 (2D) 有机－无机杂化铅卤钙钛矿，通过纳米压痕法来探索有机阳离子和无机层对平面外力学性能的影响。

然而，尽管研究者们取得了相当大的进展，但从理论角度对影响卤化物钙钛矿力学性能的关键因素进行详细和系统研究的报告仍然很少。关键因素包括化学成分、相变、结构尺寸、八面体层厚度和八面体连接性，据报道这些因素对光电性能有重要影响。特别是，八面体连接性对卤化物钙钛矿力学性能的影响尚未在实验或理论上探索。

纳米压痕是一种探测各向异性力学行为的可靠的方法，这种方法测得的刚度强烈依赖于沿压头轴的弹性响应，横向影响很小。表 2-2 列出了 $CH_3NH_3PbX_3$(X = I，Br 和 Cl) 晶体从 200 nm 到 1000 nm 的表面穿透深度得到的平均杨氏模量和硬度值。总体结果表明，在室温下，$CH_3NH_3PbX_3$(X = I，Br 和 Cl) 单晶的弹性模量在 10 ～ 20 GPa 范围内变化，观察到 $E_{Cl}>E_{Br}>E_I$ 的总体趋势。此外，对于 Br 和 I 化物立方相的情况，E_{100} 大于 E_{110}。

表 2-2　$CH_3NH_3PbX_3$(X = I，Br 和 Cl) 钙钛矿弹性模量和硬度各向异性的实验和理论值

组分	晶向	晶向	杨氏模量(E)/GPa	硬度(H)/GPa
$CH_3NH_3PbI_3$	四方	[100]	10.4(8)	0.42(4)
		[112]	10.7(5)	0.46(6)
$CH_3NH_3PbI_3$	立方	[100]	17.7(6)	0.31(2)
		[110]	15.6(6)	0.26(2)
$CH_3NH_3PbI_3$	立方	[100]	19.8(7)	0.29(2)
		[110]	17.4(7)	0.25(2)

注：对于立方晶格，四方晶格中的 {100} 面和 {112} 面分别平行于 {110} 面和 {101} 面。

如图 2-12 所示，铅卤钙钛矿中测得的力学各向异性可以与它的晶体结构联系起来。沿着立方钙钛矿晶体的 <100> 方向，纳米压痕与 Pb—X—Pb 化学键方向平行，因此存在来自 Pb—X—Pb 化学键的强阻力。当应力沿立方系中的 <110> 晶向推动时，压头会逆着无机晶格的面对角线移动，而无机晶格的刚性较低，会产生更多位移，这与低模量的实验结果一致。室温下，Br 和 Cl 基钙钛矿为立方结构，而 I 基钙钛矿为四方对称结构，在 57℃左右从四方结构转变为立方结构。对于 I 基钙钛矿，{100} 和 {112} 晶面族的纳米压痕显示出接近的杨氏模量值，因为它们相当于立方晶胞中的 {101} 和 {110} 晶面族。在四方结构中，在 293 K 下观察到 PbI_6 八面体的倾斜角度为 16.4°，铁电体沿 c 轴偏离中心。研究者认为，PbI_6 八面体的倾斜会导致 Pb—I—Pb 化学键不再是一条直线，从而导致 I 基铅卤钙钛矿的杨氏模量的各向异性小于 Br 基和 Cl 基铅卤钙钛矿。不幸的是，由于缺乏合适的晶面族，无法通过纳米压痕观察到这种效应。

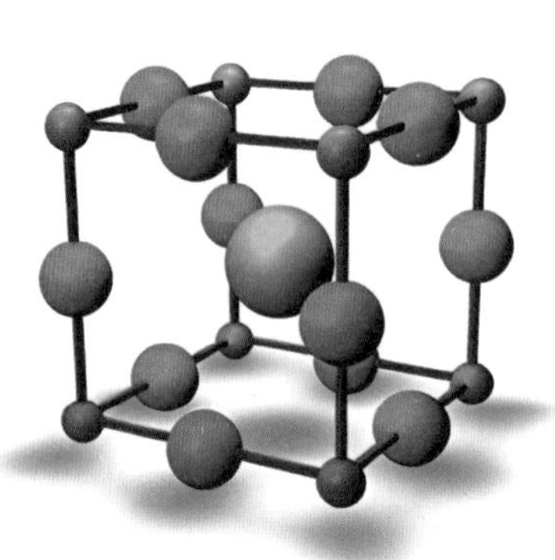

(a) $CH_3NH_3PbX_3$ (X = I、B 和 Cl)
钙钛矿晶体结构的理想化表示

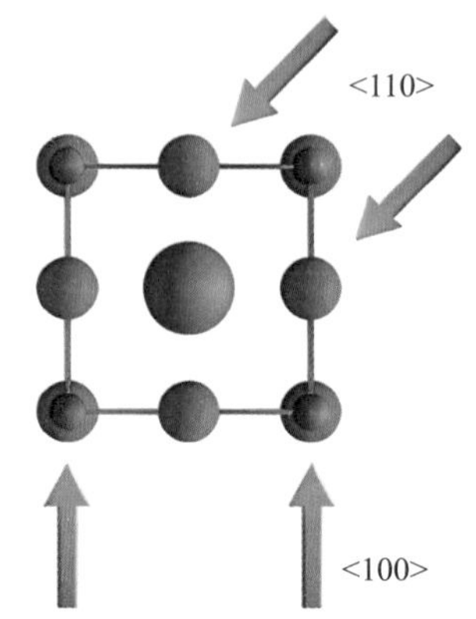

(b) 立方相晶体中沿 <100>(黄色箭头) 和
<110> (绿色箭头) 方向的纳米压痕

图 2-12 $CH_3NH_3PbX_3$ 钙钛矿的晶体结构及典型晶面

图 2-13 给出了典型的载荷 - 位移 (P–h) 曲线，以显示当压头穿透 $CH_3NH_3PbX_3$(X = Cl，Br，I) 样品表面时的应力状态。P–h 曲线初始阶段的斜率间接表明了弹性模量的大小。在卸载过程中，材料发生弹性应变回到其原始形状；然而，塑性区的存在会在完全移除压头后的样品表面上留下残余压痕。P–h 图中所有的曲线，尤其是 Br 和 Cl 基钙钛矿的 P–h 图，都表明移除压头后样品表面存在较大残余深度，表明 Berkovich 压头下方发生了显著的塑性形变。因此，铅卤钙钛矿能够在柔性器件中得到应用。从图 2-13 中还可以发现，I 基钙钛矿表现出更好的弹性恢复，移除压头后残余位移较小。图中所有的 P–h 曲线在压头加载段都是平滑上升的，没有出现不连续性，这表明在压痕过程中没有发生不均匀变形，也没有观察到任何应力诱导的相变。

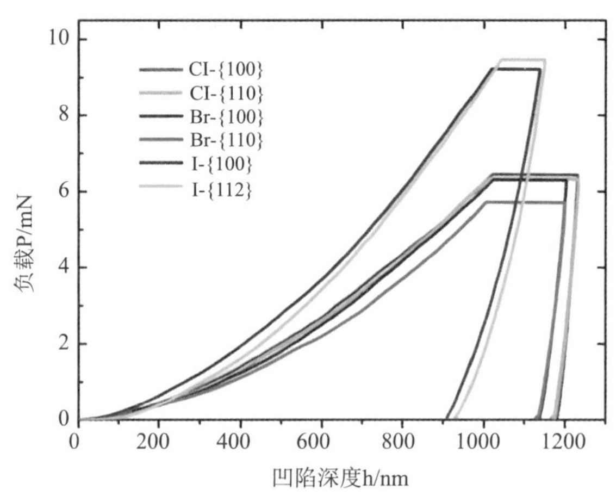

图 2-13 $CH_3NH_3PbX_3$ (X = I、Br 和 Cl) 不同晶面族的典型压痕载荷 - 位移曲线

图 2-14 为在各个晶体上重复进行 10 ～ 20 次纳米压痕的平均弹性模量 (弹性模量变化是由于晶体尺寸不同) 随着纳米压痕深度变化的趋势。实验得到的杨氏模量结果与理论计算一致。I 基钙钛矿与四方体系的计算结果具有很好的一致性。然而，对于 Br 基钙钛矿，

尽管本身是立方晶系，但测得的杨氏模量更接近四方相的理论预测。此外，对杨氏模量测量的实验结果与理论计算一致，均观察到了 Cl>Br>I 的趋势。

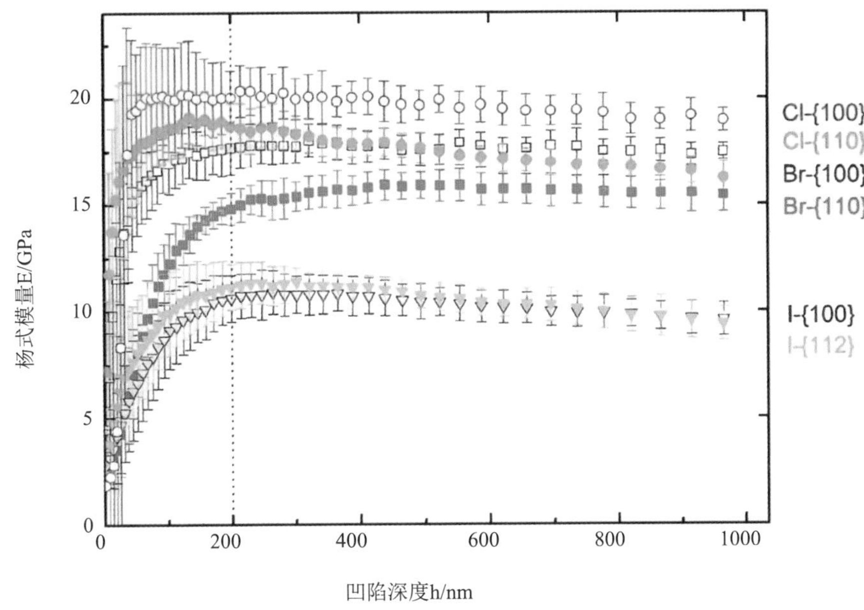

图 2-14 平均弹性模量关于纳米压痕深度的函数，每个晶体上至少有 10 个压痕

为了了解不同结构内化学键的力学特性趋势，研究者们详细讨论了可能影响这些杂化钙钛矿力学行为的三个化学因素：Pb—X 键强度、堆积密度以及 $CH_3NH_3^+$ 阳离子和卤化物阴离子之间的氢键。

Pb—X 化学键被认为是决定铅卤钙钛矿物理性质的一个重要因素。如图 2-15(a) 所示，杨氏模量 $E_I<E_{Br}<E_{Cl}$ 的增长趋势与 Pb—X 键强度的增加密切相关。此外，相对堆积密度也会影响铅卤钙钛矿的力学性能，这里 Goldschmidt 的容忍因子 t 反映堆积密度的趋势。容忍因子 t 的计算公式如下：

$$t=\frac{r_{A,eff}+r_X}{\sqrt{2}\left(r_B+r_X\right)} \tag{2-1}$$

在这种方法中，甲胺离子被视为具有经验半径 $r_{A,eff}$ 的球体。A 位甲基铵离子的有效半径约为 217 pm，因此，$CH_3NH_3PbX_3$(X = Cl，Br，I) 的容忍因子 t 分别计算为 Cl:0.94、Br:0.93 和 I:0.91。如图 2-15(b) 所示，由公差系数表示的堆积密度与杨氏模量密切相关，表明堆积越密的结构对弹性变形的弹性越强。

已知 A 位阳离子和 PbX_6 骨架之间的氢键相互作用对铅卤钙钛矿的力学性能有很大影响，最近对正交相 $MAPbI_3$ 的 DFT 计算结果再次强调了氢键强度对八面体倾斜的影响。研究结果表明，强氢键与受体卤素原子的电负性相关，所以发现铅卤钙钛矿的杨氏模量随着卤族阴离子电负性的增加而呈现出 $E_I<E_{Br}<E_{Cl}$ 的序列 (见图 2-15(c))。

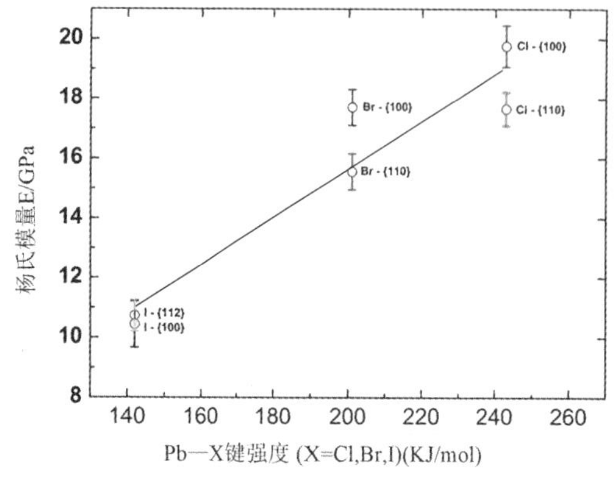

(a) 杨氏模量关于 Pb—X 键强度的函数

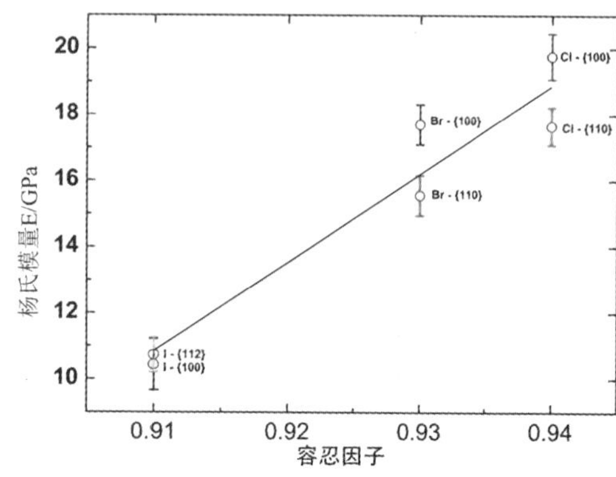

(b) 杨氏模量关于容忍因子 t 的函数

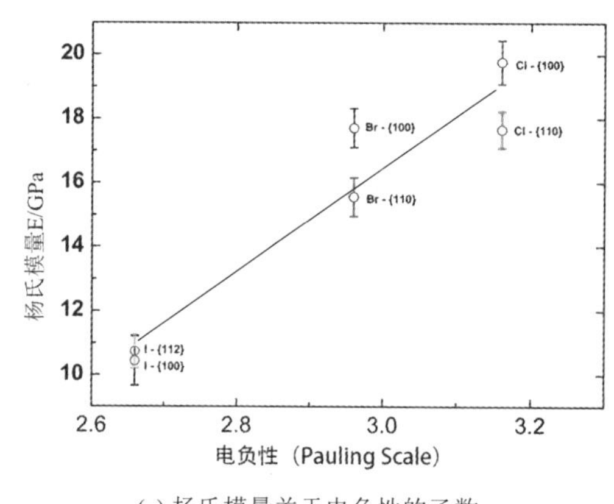

(c) 杨氏模量关于电负性的函数

图 2-15　钙钛矿晶体的杨氏模量与 Pb—X 键强度、容忍因子和电负性的关系

实验结果表明，$MAPbX_3$ 相的杨氏模量变化趋势与以上三个化学因素密切相关。然而，这些实验结果也导致了歧义，因为我们无法确定这三个因素中哪一个对力学性质的影响最大。这三个因素在某种程度上是相互关联的 (例如，它们都受卤素阴离子半径大小的影响)，但它们又是各不相同的，为了阐明它们的相对重要性，相关的理论计算工作是必要的。

除了弹性响应之外，塑性变形在理解铅卤钙钛矿材料在应力作用下的行为方面也起着重要作用。因此，我们在此介绍其另一种力学性质，即硬度，这一性质对于任何可能涉及铅卤钙钛矿的工业应用都至关重要。硬度的大小由纳米压头尖端附近发生的弹性和塑性变形组合而成。根据 Oliver-Pharr 法，用压痕载荷 (P) 除以对应的压痕接触投影面积 (A_c) 来计算硬度值。从测试结果中可以清楚地看到，I 基铅卤钙钛矿需要更高的压痕载荷才能实现与 Br 和 Cl 基铅卤钙钛矿相同的压深。比较意外的是，通过实验结果计算得到的硬度呈现 $H_I>H_{Br}>H_{Cl}$ 的趋势，Br 和 Cl 基钙钛矿显示出相当相似的值。由于硬度是响应来自压头尖端诱导切应力的塑性形变区中位错相互作用的量度，因此 I 基铅卤钙钛矿可能由于其较低对称性的结构而显示出更高的硬度。在切应力的作用下，高对称性的立方晶系结构中的多个滑移系可以同时激活，以适应其塑性流动，而在四方晶系中只有较少的位错响应。I

基钙钛矿的高硬度和低弹性模量意味着，尽管它对弹性变形的抵抗力最低，但它在抵抗塑性变形方面优于 Br 基和 Cl 基铅卤钙钛矿。Cl 和 Br 基铅卤钙钛矿不同晶体取向之间的硬度各向异性，没有弹性模量的各向异性明显。然而，有人观察到，刚性较高的晶面往往显示出更高的硬度，这反映出沿着特定晶向具有更强的结合力。

总之，I 基铅卤钙钛矿具有良好的抗永久变形能力和弹性恢复能力。特别是良好的弹性恢复能力有助于在消除应力后恢复到原始形状，能够应用于长期使用的器件。另一方面，Br 和 Cl 基铅卤钙钛矿较低的硬度对于柔性器件来说十分关键，它们能够作为柔性光伏器件中的软吸收层。

2.7 表面特性

半导体的表面通常在决定其性能方面起着关键作用。对于铅卤化物钙钛矿材料，了解其表面特征对材料和器件的影响变得越来越重要。在纳米尺度范围内，由于钙钛矿材料的高表面体积比，表面特征成为调节钙钛矿材料性能的主要因素。对于微米级的钙钛矿体薄膜，表面容易形成缺陷和无序结构，影响器件性能。通过优化加工工艺，高质量的钙钛矿薄膜现在可以由单层多晶颗粒甚至单晶构成。因此，表面缺陷仍然是进展的主要障碍，将表面研究推向钙钛矿研究的前沿。

晶体表面不是简单的三维晶格的终止，而是一种特殊的相——表面相。在表面相中原子的排列和化学组成与体内不完全相同。这些状态极大地影响了半导体微电子器件的性能，推动了对半导体表面科学的深入研究。

上一节的研究表明，铅卤化物钙钛矿 A 位更大、更易极化的离子组分，以及 X 位上较低的电荷，导致其内部的库仑相互作用力较弱，离子键更“软”。这些较“软”的离子键相互作用产生了一个可移动且敏感的表面，有助于原子的重建和不规则性。不同的离子组合可以占据 A、B、X 这三个位置，每个位置允许混合离子占据，这些不同的组合扩展了铅卤化物钙钛矿化学成分的可调性。结构敏感性和成分可变性导致铅卤化物钙钛矿复杂的表面行为，使得其表面对材料性能和器件性能方面的影响更加明显。铅卤化物钙钛矿表面的晶格不连续性和化学键周期性扰动，无论是内在的还是外部的刺激，都会产生特定于表面的电子状态，从而对能带结构和电子行为产生重大影响。此外，表面结构的无序通常处于亚稳态，这加剧了材料和器件的分解。

由于表面体积比与线性尺寸成反比，所以表面效应会随着材料尺寸的缩小而增强，最终在缩小到几纳米大小的量子点 (QD) 时达到最大。表面效应的巨大增强意味着半导体量子点的性能受到表面特征的显著影响。尽管如此，其独特的“缺陷容限”使铅卤化物钙钛矿量子点即使没有第二种表面覆盖材料来形成传统量子点中广泛采用的核壳结构，也具有极高的发射率。然而，大多数报道的光致发光量子产率 (PLQY) 仅“接近”1，这表明 MHP 具有缺陷耐受性，而不是完全没有缺陷。这一发现进一步强调了表面效应在增强

MHP 量子点光学性质方面的重要性，尤其是在需要调整表面配体的化学性质，以便为电荷载流子传输提供一个良性环境的时候。随着钙钛矿尺度增加到微米级别，铅卤化物钙钛矿的形态由量子点变为晶体薄膜，迄今为止最高效的 MHP 光伏器件就是基于薄膜构建的。研究者们通过对薄膜制备工艺的不断改进，最终制备得到了具有单层多晶颗粒甚至单晶的高质量 MHP 薄膜。考虑到光伏和 LED 器件中载流子直接传输的方向，表面缺陷是限制载流子动态以及器件性能的主要障碍。

1. 表面终止原子和无序化

MHP 的三维晶体结构由共角 $[BX_6]^{2-}$ 八面体网格组成，当原子周期性被中断时，晶体表面会以金属卤化物单元或有机阳离子终止。由于大多数表面呈现亚稳态，并且 MHP 具有特别弱的离子键特性，因此 MHP 的表面终止原子类别高度依赖于其制备或表面修饰工艺。不同的表面终止原子与不同的表面特性相关联，表面特性又赋予了整个材料和器件的特性。因此，为了开发更高效的器件，必须全面了解表面终止原子的结构，并探索表面结构 - 性质关系。

2. 表面能量学

就最低能量构型而言，通常认为 $MAPbI_3$ 的 (001) 和 (110) 晶面具有相对较高的能量。(001) 晶面上的三个代表性表面终止原子分别为 MAI、片状 PbI_2 和空位 PbI_2(图 2-16(a))。以 (001) 晶面为例，片状 PbI_2 的热力学稳定性弱于 MAI。对 PbI_x 多面体各种表面终止原子的表面势进行理论分析发现，在能量较高的 (110) 和 (001) 晶面上，片状 PbI_2 和空位 PbI_2 共存。然而，晶体 $MAPbI_3$ 在热力学平衡的条件下，在其所有表面上，空位 PbI_2 端通常比片状 PbI_2 端更加稳定。在 $MAPbBr_3$ 中由 MABr 终止的 (001) 晶面，也观察到了类似的热力学性质。

考虑到同一表面上极性铵离子的两个偶极取向，当偶极子指向无机层时，获得了较低的表面能。利用分子动力学模拟对 $MAPbI_3$ 晶体的 (001) 晶面进行观察。表面弛豫是由片状 PbI_2 无机网格的相互作用、MA^+ 和桥接 I^- 离子之间的氢键最大化，以及 MA^+ 阳离子的偶极排列造成的。由于离子晶格的弱结合和有机阳离子的动态旋转，MHP 的表面没有固定的组成或结构，尤其是具有各种结构无序的非化学计量 MHP 表面，这会形成更复杂的表面结构。

3. 内在表面无序性

与整体情况一样，MHP 表面可能存在三种类型的固有点缺陷，即间隙缺陷、反位缺陷和空位。总体而言，MHP 表面可能存在 12 种缺陷 (见图 2-16(b))。对 $MAPbI_3$ 中异常缺陷物理的理论分析表明，优势点缺陷只产生浅陷阱态，而可能产生深陷阱态的剩余点缺陷具有较高的形成能，这被认为是 MHP 中缺陷容限的起源。然而，当这些缺陷出现在表面上时，它们的能量学可能会变得更复杂，并且可能与整体中的能量学不同。由于表面终端、化学条件和空间位阻降低的欠协调位置的变化，表面缺陷周围的化学环境与整体缺陷不同。

人们系统研究了 $MAPbI_3$ 表面缺陷形成与表面化学条件之间的关系。有人认为，表面上主要存在不同类型的缺陷，这取决于化学条件，也就是说，在富 I、富 Pb 或中等条件 ($MAPbI_3$ 的热力学平衡) 下，会形成不同的表面。富 Pb 条件下载流子俘获表面缺陷的形成能通常高于富 I 条件下的形成能，表明富 Pb 表面优于富 I 表面。在中等条件下，除了浅载流子陷阱态的 Pb 空位之外，所有表面点缺陷都显示出较高的形成能，这表明这种条件可能有利于减少表面有害陷阱态的数量。

由于可能实现更好的光学性能，人们对基于 FA^+ 的 MHP 的兴趣正在增长。理论建模表明，与块体 $MAPbI_3$ 中的 MA^+ 相关缺陷相比，$FAPbI_3$ 中的 FA^+ 相关缺陷更容易形成，因为 FA^+ 阳离子和 $[PbI_6]^{2-}$ 八面体之间的范德华相互作用较弱。与 MA^+ 相比，FA^+ 的尺寸更大，分子偶极矩更小，从而导致了这种较弱的结合。进一步将块体中的缺陷形成能与 FA^+ 基钙钛矿表面的缺陷形成能进行比较，以研究主要的表面缺陷。在形成能低得多的情况下，发现在表面上比在块体上更容易形成反位 PbI 缺陷。

然而，表面带电缺陷过渡能级的计算由于电荷的耗散而变得复杂，这限制了 MHP 表面缺陷理论预测的准确性，并增加了探索钙钛矿表面原子结构的实验方法的重要性。使用扫描隧道显微镜 (STM，图 2-16(c) 右上角) 在 $MAPbX_3$ 表面上实验观察到不同的表面特征，例如卤化物二聚体 (伴有未配对的卤化物突起) 和锯齿状图案。这些特征很可能源于表面 MA^+ 阳离子的重新定向以及铵基团的正电荷与相邻卤化物 35–37 之间的静电相互作用。最近，在全无机 $CsPbBr_3$ 中观察到两种不同的表面结构，它们具有条纹和扶手椅型畴，这源于 Cs^+ 阳离子和 Br^- 负离子之间的复杂的相互作用。在 $MAPbBr_3$ 中也检测到空位缺陷簇，并确定为 MA^+ 和卤化物空位的动态对，当沿着特定的晶体方向移动时，这些空位倾向于一起扩散。这些空位团有助于离子在表面上或向表面的传输，这表明 MHP 的表面无序远非固有点缺陷或缺陷对的简单组合。考虑到表面的灵活性，复杂的缺陷耦合、分组和 / 或重建可能会广泛存在。在块体 MHP 中观察到的结构不均匀性，如孪晶、Ruddlesden–Popper 平面断层和相共存的自组织超晶格，也会影响表面结构，因此，迫切需要对表面状态进行更全面的研究。

4. 外在表面无序性

MHP 表面的亚稳性质使其容易受到外来物种的影响，导致各种类型的外部表面无序，这导致钙钛矿表面结构的复杂性 (图 2-16(c)，左下)。例如，在环境空气中，MHP 的表面会受到氧气和水分的侵入。$MAPbI_3$ 的光诱导氧降解机制包括 O_2 还原 I^- 中的空位同时形成超氧化物。由于与水分子的相互作用具有强烈的表面终止依赖性，MHP 暴露于水分时可观察到各种表面特征。例如，MAI 端接的 $MAPbI_3$ 表面在 Pb 位吸收水分子的驱动下发生快速水合作用。相比之下，PbI_2 端接的表面由于具有中等强度的 Pb—I 键而更不受表面溶剂化的影响，除非端接出现缺陷并促进水合过程。$MAPbI_3$ 表面的吸水率也表现出偏振依赖性，在 MAI 端接的表面上，吸水率更高的 $-NH_3^+$ 指向表面，而不是 MAI 端接的表面 $-CH_3$ 指向表面。相比之下，PbI_2 端接的表面显示出与偶极子方向相反的依赖性。总之，尽管 MAI 端接表面在热力学上更稳定，但 $MAPbI_3$ 表面倾向于形成为 PbI_2 端接表面，最终在暴露于环境条件下时发生水分解。

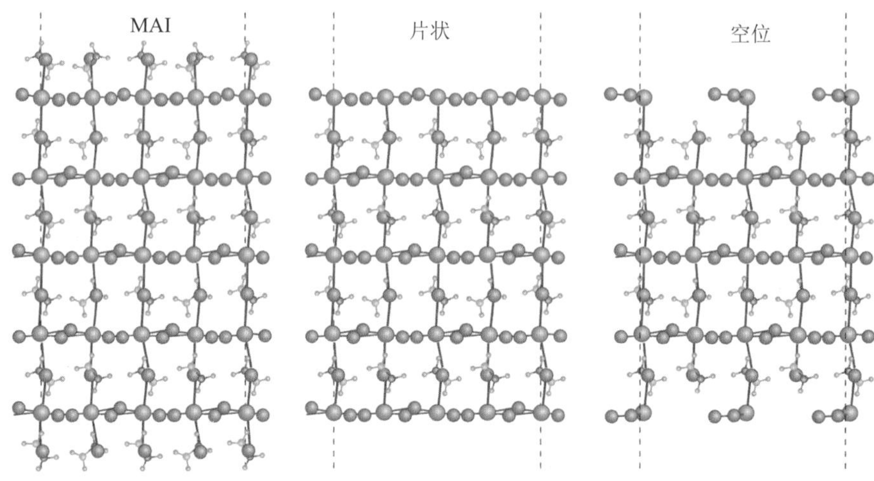

(a) $MAPbI_3$ 中三个代表性表面终止原子的侧视图

(其中 MA^+ 为甲基铵)

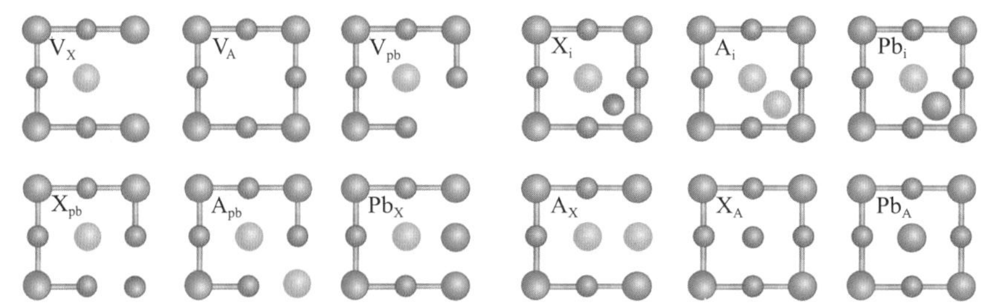

(b) 在金属卤化物钙钛矿中发现的 12 种原生点缺陷

(V_Y 表示 Y 空位，Y_i 表示间隙 Y 位，Y_Z 表示被 Y 取代的 Z 位，其中 Y 和 Z 表示 $APbX_3$ 的离子)

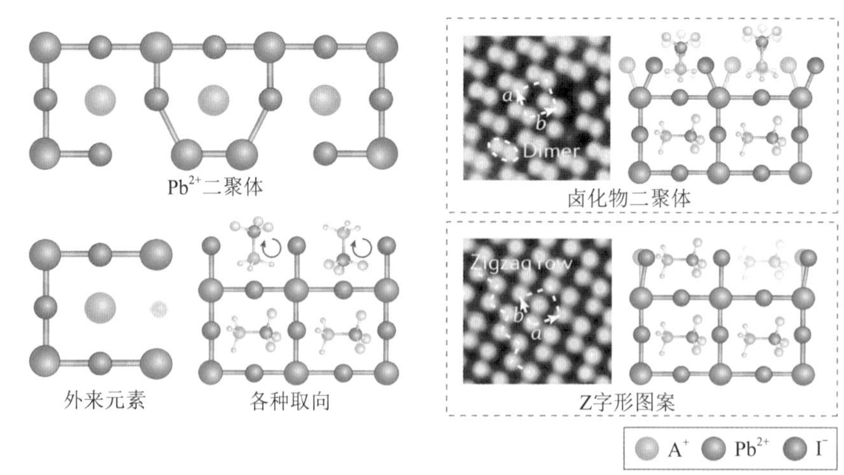

(c) 金属卤化物钙钛矿的其他表面特征

(离子二聚体 (Pb^{2+} 二聚体和卤化物二聚体)、Z 字形图案、有机阳离子的各种取向以及外来元素 (如 O_2) 的侵入，右为高分辨率扫描隧道显微镜图像)

图 2-16　金属卤化物钙钛矿的外在表面无序性

5. MHP 量子点的表面特征

量子点的表面不同于大块晶体的表面，因为合成中使用的配体对表面结构有很大影响。根据共价键分类法，量子点的表面配体包括 L 型 (作为路易斯碱的双电子给体配体)、Z 型 (作为路易斯酸的双电子受体配体) 和 X 型 (单电子给体配体)(图 2-17(a))。迄今为止合成的大多数 MHP 量子点主要依赖于长烷基链配体，其典型例子是油胺 - 油酸对。由于 MHP 量子点的离子性质，表面配体结合属于二元 X 型；表面通常通过油基卤化铵或油基油酸铵进行动态稳定。阳离子和阴离子以离子对的形式结合在 MHP 量子点的表面，铵离子取代表面 A 位阳离子，而卤化物或羧酸盐则附着在表面并保持电荷中性 (图 2-17(b) 中的蓝色结构)。表面配体的大扩散系数意味着高度动态的配体结合，束缚态和自由态之间的交换很快，这可能是 MHP 量子点纯化后易于卤化物交换和配体损失的原因。这种独特的二元结合模式激发了许多 MHP 量子点的新配体 (见图 2-17(b))，其细节将在下面讨论。

周期纯化后 PLQY 的不统一性和频繁消失意味着 MHP 量子点表面存在结构无序。纳米颗粒的表面缺陷比体相更明显，因为它们的表面原子数量更多，尺寸只有几纳米。这种小尺寸使得量子点核心的体缺陷能够向表面移动，如果它们在该区域更稳定的话。由于量子点表面缺陷的化学环境涉及晶格终止、配体、周围溶剂和尺寸引起的固有应变重新分布和对称性破缺之间的复杂相互作用，因此量子点表面缺陷形成的能量学预计也将不同于体材料中的能量学。在表面上形成缺陷的最合理的方案是剥离封盖配体以留下空位。在从量子点表面剥离离子对的同时，从理论上评估了 $[CsPbX_3](PbX_2)_k\{AX'\}_n$(其中 k 和 n 分别是两个最外层原子层上的 PbX2 单元和 {AX′} 配体的数量) 的电子结构演化。即使去除了 75% 的 {AX′} 单元，中隙态仍然不存在，结构完整性也得以保留。

然而，这种缺陷容忍行为不再适用于 PbX_2 端 $[CsPbX3](PbX2)_k$ 或无封盖配体量子点，对于这些量子点，剥离只有 25% 的表面 PbX_2 单元就会导致出现中隙状态并触发结构变形。通过对 $CsPbBr_3$ 量子点表面的填隙缺陷、空位缺陷和反位缺陷进行系统的理论筛选，对 MHP 量子点表面缺陷的电子结构有了更深入的了解，关于这一点已经进行了大量深入的研究。

与块状 MHP 相比，表面配体包覆的纳米颗粒通常在低介电溶剂中形成。因此，点缺陷通常是由离子对产生的，在点缺陷中，表面上离子的添加、移除或替换必须伴随着负离子以中和电荷。因此，纳米颗粒中产生的原子和电子表面特征可以与块体结构不同。图 2-17(c) 比较了不同位置每种类型的点缺陷的缺陷形成能。在缺陷形成能最负的情况下，表面填隙缺陷被确定为能量优势，尤其是在表面边缘。最稳定的 Pb^{2+} 间隙的中隙态来自负离子 (卤化物)，而不是 Pb^{2+} 本身，并且只有当卤化物占据从表面向外指向的表面位置时。虽然元素形式的离子从晶格中排出也会导致中间隙态，但这一过程是强吸热的，这限制了此类表面缺陷的形成。量子点表面上的其他点缺陷要么不产生中间隙态，要么进行构型重建，以产生无缺陷结构或电子良性缺陷。

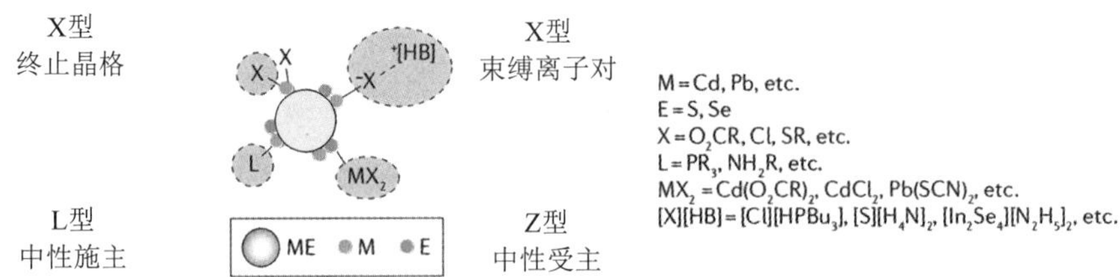

(a) 金属硫系量子点的各种配体结合基序

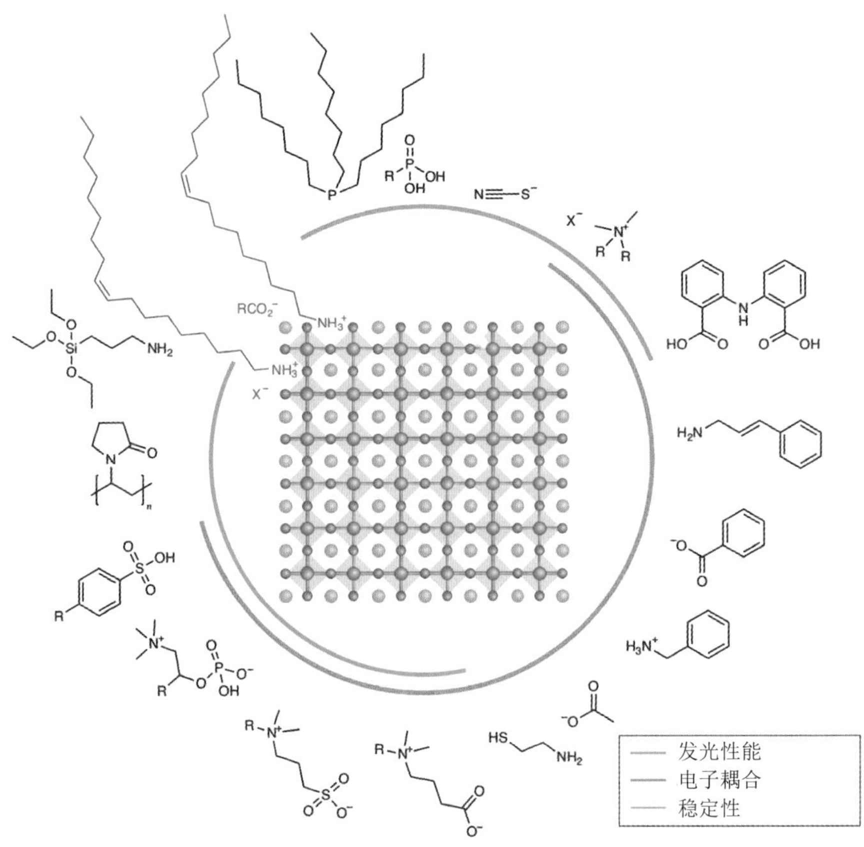

(b) 钙钛矿纳米颗粒的合成采用的各种配体，配体功能可分为三类：改善发光性能、增强电子耦合、增加稳定性

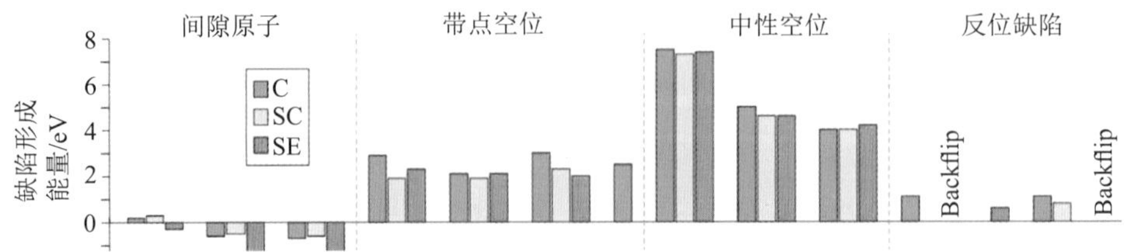

(c) 利用密度泛函理论和 PBE 泛函计算的 $CsPbBr_3$ 量子点表面间隙原子、带电和中性空位以及反位缺陷的形成能（C 是核心，SC 是表面中心，SE 是表面边缘）

图 2-17　钙钛矿量子点的表面特征

2.8 本征点缺陷与掺杂

半导体中的缺陷，尤其是本征缺陷，在决定电子和光学性能方面起着重要作用。与传统的共价半导体相比，铅卤化物钙钛矿的缺陷特性是独特的。在铅卤化物钙钛矿制造过程中可能会引入大量的本征缺陷，然而，尽管存在大量缺陷，即所谓的缺陷容限，铅卤化物钙钛矿仍表现出良好的器件性能。另一方面，性能的进一步改善仍然受到各种缺陷相关机制的限制，例如降解、离子迁移和非辐射复合等。许多先进的策略已被证明能够控制铅卤化物钙钛矿中的缺陷，以将其负面影响降至最低。因此，对缺陷的性质和缺陷相关过程中潜在机制的基本理解对于进一步优化基于铅卤化物钙钛矿的器件性能至关重要。

基于第一性原理密度泛函理论 (DFT) 计算的原子尺度缺陷建模已被证明是一种强有力的方法。经过 30 多年的发展，缺陷形成能和跃迁能级理论研究已经取得了巨大的进展。此外，最近开发了几种复杂的方法，使得第一性原理能够模拟缺陷载流子相互作用。例如，缺陷捕获载流子的速率可以通过电子 - 声子耦合常数计算和多声子发射模型来评估。非绝热分子动力学模拟 (NAMD) 可以模拟缺陷对载流子动力学的影响。通过最先进的理论方法，大量研究为铅卤化物钙钛矿中缺陷相关过程的原子机制提供了宝贵的见解。

1. 本征点缺陷的形成能

晶体中的点缺陷会在单个晶格点周围引入缺陷。如果缺陷不涉及主体材料中所含元素以外的额外元素，则称为固有缺陷 (或本征缺陷)。通常将固有缺陷称为缺陷，将外在缺陷称为杂质。在铅卤化物钙钛矿中，可能有三组本征缺陷，如图 2-18(a) 所示，即空位缺陷、间隙缺陷和反位缺陷。空位缺陷 (V_A、V_{Pb}、V_X) 是缺少原子的晶格位置。间隙缺陷 (A_i、Pb_i、X_i) 是占据晶格间隙位置的原子通常未被占据。反位缺陷 (A_{Pb}、A_X、Pb_A、Pb_X、X_A、X_{Pb}) 是晶格位置上的原子在完美晶体中被不同类型的原子占据。

缺陷的形成能 ΔH_f 描述了缺陷形成的容易程度。在热力学平衡条件下，温度 T 下特定类型缺陷的浓度 n_D 可通过下式计算得出：

$$n_D = N_g \exp\left(-\frac{\Delta_{H_f}}{k_B T}\right) \tag{2-2}$$

其中，N 是主体中可用的晶格位置，g 是简并因子，它取决于缺陷组态和电荷态。因此，形成能越低的缺陷在晶体中越容易存在。ΔH_f 通常不是常数，它的大小取决于基质生长期间的化学环境。在实际计算中，对于一个电荷量为 q 的缺陷 α 来说，其缺陷形成能 $\Delta H_f(\alpha，q)$ 由式 (2-3) 来计算：

$$\Delta H_f(\alpha,q) = E(\alpha,q) - E(host) + \sum_i n_i\mu_i + q[E_{VBM}(host) + E_F] \tag{2-3}$$

其中，E(α，q) 是缺陷结构的总能量，E(host) 是原始基质材料的总能量。$E_{VBM}(host)$ 是 VBM 能量，E_F 是参考 VBM 的费米能级。n_i 是缺陷形成期间与储层交换的原子数。化学环境的影响通常与不同元素 i 的化学势 μ_i 有关。μ_i 通常指纯 i 元素的固体 / 气体所具备的原子能 E_i 的大小，即 $\mu_i = Ei + \Delta\mu_i$。

热力学平衡生长条件对化学势设置了一系列限制，$\Delta\mu_i$ 被限制在有限范围内。首先，为了避免形成单质固体 / 气体，$\Delta\mu_i$ 应小于 0。其次，还应防止竞争化合物 (如 AX、PbX_2 等) 的形成，其次，还应防止竞争化合物 (如 AX、PbX_2 等) 的形成，即 $\Delta\mu_A + \Delta\mu_X < \Delta H_f(AX)$ 和 $\Delta\mu_{Pb} + 2\Delta\mu_X < \Delta H_f(PbX_2)$。最后，为了保持稳定的 $APbX_3$ 化合物，化学势应满足：$\Delta\mu_A + \Delta\mu_{Pb} + 3\Delta\mu_X = \Delta H_f(APbX_3)$。因此，接近于零的 $\Delta\mu_i$ 对应于富 i 元素的生长条件，达到了形成元素 i 固体 / 气体的临界点。因此，$\Delta\mu_i$ 取最小值的情况可以解释为缺 i 条件。将形成能 $\Delta H(\alpha, q) = \Delta H(\alpha, q')$ 时的费米能级 E_F 定义为缺陷电荷跃迁能级 $\varepsilon(q/q')$，即

$$\varepsilon\left(\frac{q}{q'}\right) = \frac{E(\alpha, q) - E(\alpha, q') + (q - q')E_{VBM}}{q' - q} \tag{2-4}$$

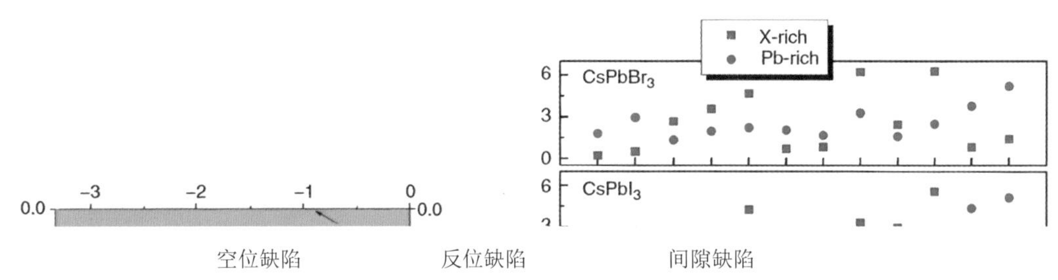

(a) 铅卤化物钙钛矿中的本征点缺陷示意图

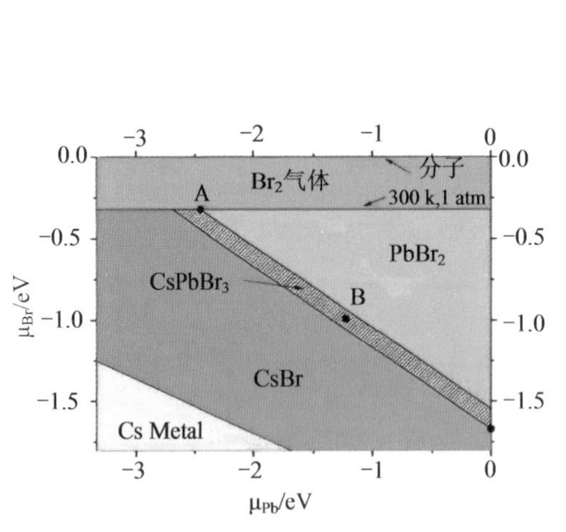

(b) $CsPbBr_3$ 平衡生长的热力学稳定范围

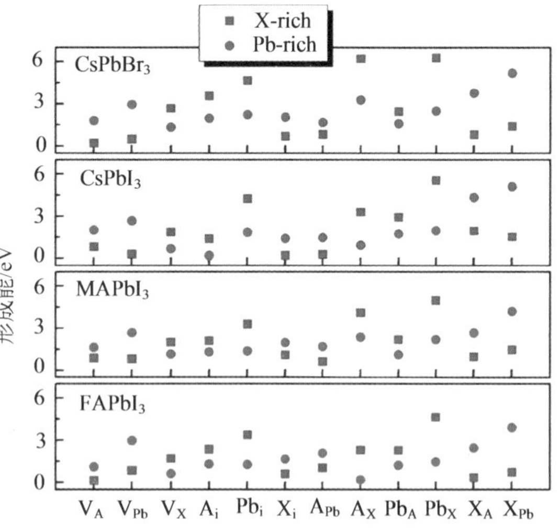

(c) 计算得到的 γ-$CsPbBr_3$、γ-$CsPbI_3$、α-$MAPbI_3$ 和 α-$FAPbI_3$ 中本征缺陷的形成能

图 2-18　铅卤化物钙钛矿的热稳定性及本征点缺陷

图 2-18(b) 显示了 $CsPbBr_3$ 热力学平衡生长的化学势稳定区。其他铅卤化物钙钛矿也

表现出类似的特征。可以看出，化学势稳定区域的宽度非常小，只有 0.25 eV。这一狭窄区域表明 $APbX_3$ 分解为 AX 和 PbX_2 所需的能量较低。特别是对于 $MAPbI_3$，该区域非常窄甚至消失(宽度为负)。这一观察结果与铅卤化物钙钛矿的低稳定性一致。尽管如此，由于该区域横跨大半个化学势范围，因而能够控制生长条件以有效调整缺陷特性。

通过总结各种文献，在图 2-18(c) 中给出了几种典型铅卤化物钙钛矿中本征点缺陷形成能的计算结果。尽管材料规定了形成能最低的缺陷类型，但总体而言，空位的形成能相对较小，在适当的条件下通常小于 1 eV。这表明铅卤化物钙钛矿中的空位缺陷相当集中。同时，许多反位点具有较高的形成能(几个电子伏)，仅从能量的角度来说是难以形成的。这些不同大小的形成能有助于分析铅卤化物钙钛矿中独特的缺陷性质，这将在下一部分讨论。

虽然式 (2-3) 适用于块体材料，但值得注意的是，纳米晶体 (NC) 中缺陷的形成值得进一步讨论。Brinck 等人提出，对于在溶液中制备的 NC，化学势应该与溶液中的分子离子对(如 CsBr 和 $PbBr_2$) 有关，而不是与固体沉淀物有关。此外，由于溶液中的低介电环境，特定缺陷的形成总是伴随着电荷补偿缺陷，然后中性分子离子对分散在溶剂中。例如，铅空位的产生伴随着两个 Br 离子的去除，因此 $PbBr_2$ 物质与 NC 分离。考虑到这种过程，建议使用以下公式计算 NC 中的缺陷形成能量：

$$\Delta H_f^{NC}(\alpha+\alpha') = E\left[NC(\alpha+\alpha')\right] - E(NC) \pm E(s) \tag{2-5}$$

其中，α 和 α' 是电荷补偿缺陷对，$E[NC(\alpha+\alpha')]$、$E(NC)$ 和 $E(s)$ 分别是缺陷 NC、原始 NC 和电荷中性分子的总能量。缺陷形成能取决于 α 和 α' 的位置，例如，在核心或 NC 表面。

2. 缺陷容忍度及其原因

铅卤化物钙钛矿通常通过简单且成本高效的基于溶液的工艺合成，在此过程中，可能很容易引入各种缺陷。由于形成能较低，因此铅卤化物钙钛矿中的缺陷也很丰富。对于传统半导体，缺陷会大大降低性能。尽管通过结构和其他表征技术发现其存在高达数个原子百分比的高密度结构缺陷，然而与传统半导体相比，铅卤化物钙钛矿表现出优异的光学和电子性能(长载流子寿命、高量子产率等)，就好像载流子陷阱和过量掺杂几乎不存在一样。然而，原位 XPS 测量显示，即使 I/Pb 比降至 2.5(表明 I 不足 17%)，$MAPbI_3$ 的电子结构仍保持完整。研究者正在积极研究铅卤化物钙钛矿中缺陷耐受性高的物理原因，并提出了几种可能的机制。

1) 缺陷容限带结构

在理解铅卤化物钙钛矿中的缺陷容限时，首先要关注的是它们的能带结构。对于传统的共价半导体，由于阴阳离子之间的强键－反键相互作用而不能容忍缺陷，CB 和 VB 高于或低于原子轨道水平。如图 2-19(a) 左所示，当原子被移除或移位时，这种性质导致带隙内的深缺陷局域态 (DLS)。铅卤化物钙钛矿的情况完全不同。在图 2-19(a) 右中，给出了铅卤化物钙钛矿电子结构的图示。如上所述，A 位点对带边没有贡献。VB 的顶部源于 Pb 和 X 之间强烈的 s–p 排斥作用，导致 VBM 具有反键特性。这使得 VBM 的能量高于 X p 轨道。铅卤化物钙钛矿的 CB 由空的 Pb-p 态组成。由于 Pb—X 键的离子特性，Pb 和 X

的 p 态之间的共价键 - 反键相互作用较弱。此外，重铅离子引起的强 SOC 相互作用大大拓宽了 CB 的宽度，降低了 CBM。

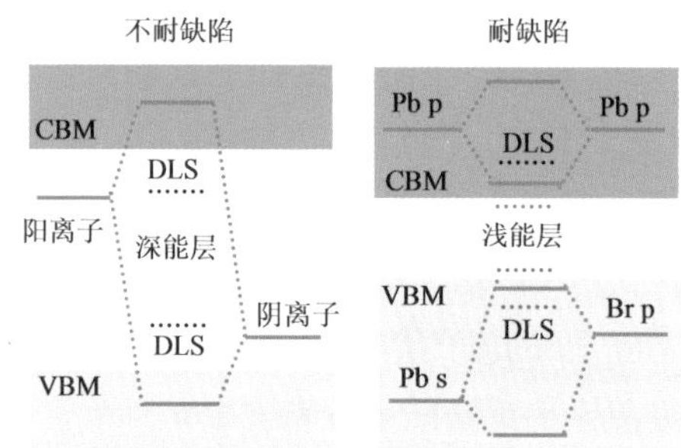

(a) 典型不耐缺陷半导体 (左) 和铅卤化物钙钛矿 (右) 的电子能带结构示意图

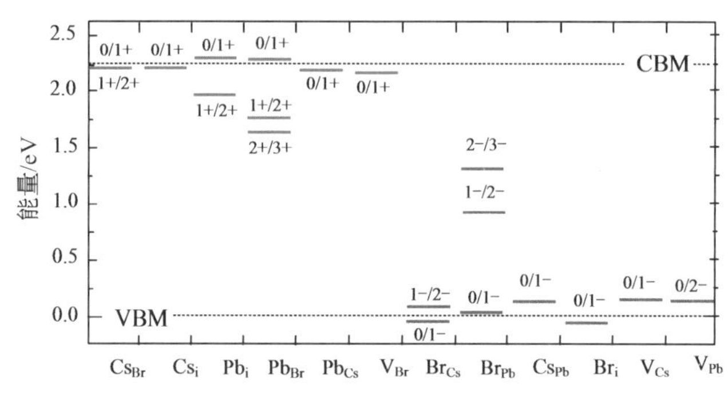

(b) CsPbBr3 的缺陷电荷跃迁能级

图 2-19 缺陷容限带结构及缺陷电荷跃迁能级

因此，Pb p 轨道的原子能量高于 CBM 轨道。由于独特的能带结构，来自阳离子或阴离子悬垂键的空位和许多间隙的 DLS 位于 VB 或 CB 内部，它们只在靠近带边的地方产生浅缺陷能级。然而，对于某些类型的缺陷，例如反晶石，由于 Pb—Pb 或 X—X 错误键的形成，DLS 进入带隙形成深能级。这些特征在铅卤化物钙钛矿的计算态密度和缺陷跃迁水平中可以清楚地看到 (图 2-19(b))。由于空位通常具有较低的形成能，铅卤化物钙钛矿中的大多数缺陷预计较浅，不会显著影响铅卤化物钙钛矿的性能。虽然可能存在深能级缺陷，但大多数缺陷具有高形成能和低浓度。基于这些观点，铅卤化物钙钛矿独特的能带结构被认为是导致其缺陷容限的重要机制。

2) *极化子效应*

极化子的形成是解释缺陷耐受性的另一种机制。在像铅卤化物钙钛矿这样具有强电子 - 声子耦合的离子材料中，多余的载流子可能会被自捕获以形成极化子，极化子是指被形变诱导的核极化 (声子云) 修饰的电子 (空穴)。根据驱动力的有效范围，极化子的大小可以很小 (与单胞相当)，也可以很大 (跨多个单胞)。载流子与变形晶格之间的库仑相互作用力与 $-[1/\varepsilon(\infty)-1/\varepsilon(0)]$ 成正比，其中 $\varepsilon(\infty)$ 和 $\varepsilon(0)$ 分别是高频和静态介电常数。$\varepsilon(\infty)$ 和 $\varepsilon(0)$ 的显著差异有助于形成大极化子。对于铅卤化物钙钛矿，$\varepsilon(0)$ 大于 20，而

ε (∞) 约为 5，这可能会导致形成大极化子。朱凯等人提出，铅卤化物钙钛矿中的载流子被保护为大极化子。极化子的输运是相干的。动态核极化会随着局域载流子的运动而发生，因此载流子会被晶格变形动态屏蔽。然而，一方面，有效屏蔽降低了极化子的库仑势，从而大大减少了极化子与缺陷上陷阱电荷的散射；另一方面，与自由带边载流子相比，它大幅增加了极化子的有效质量。例如，$MAPbI_3$ 中极化子的有效质量约为 10 ～ 300 m_0。因此，一个重极化子以大动量运动，并且只被具有相对小动量的缺陷诱导声子或 LO 声子弱散射。此外，需要移除“保护”屏蔽 (核变形)，以允许两个带相反电荷的大极化子复合，这会引入势垒并减缓载流子复合。理论计算对铅卤化物钙钛矿中大极化子的形成提供了支持，其预测的缺陷形成能为 55 ～ 140 MeV。实验还观察到了大极化子的特征。除了大极化子外，还预测了铅卤化物钙钛矿中小极化子的形成。此外，发现电子极化子和空穴极化子定位在空间上不同的区域。这种局部化使电子和空穴之间的重叠最小化，并能减少它们的复合。

3. 深陷阱的自我抑制

虽然理论研究表明，深能级缺陷的形成能相对较高，但许多计算也指出，这一趋势并不总是正确，尤其是当缺陷带电时。例如，$MAPbI_3$ 中带电 I_i 的形成能和 $CsPbI_3$ 中的 PbI 的形成能可能低于 1 eV，从而产生不可忽略的深陷阱。在实验中，还观察到相当多的深阱 (掺杂浓度约为 10^{16} cm^{-3}) 的存在。为什么这些深阱不能引起有效的非辐射复合？基于多声子跃迁模型的研究表明，由于铅卤化物钙钛矿的声子能量较低，深阱诱导的复合速率强烈依赖于缺陷能级位置。虽然当缺陷能级位于中间带隙时，复合效率最高，但当缺陷能级距离中间带隙仅 100 MeV 时，复合速度会慢几个数量级。由于大多数深缺陷能级并不正好位于中间隙，因此总体陷阱辅助复合率预计较低。

除了低声子能量外，一些研究还提出了一种多电荷态深缺陷的自抑制机制，以合理解释非活动的深陷阱的存在。在铅卤化物钙钛矿中，深缺陷通常具有许多不同的荷电状态，在带隙内引入多个能级，以及多个复合通道。如果不同通道的非辐射复合速率极不平衡 (例如，一些通道是有效的，一些是无效的，这可能是与带边或动能势垒的相对能级位置不同造成的)，那么无效通道将阻塞整个复合循环，从而导致有效通道也停止传输电子。缺陷会以低复合率被固定在带电状态，形成一个不活跃的深阱。

4. 缺陷的自我调节

研究者们预计铅卤化物钙钛矿中高浓度的浅层缺陷将引入大量的掺杂。然而，实际结果恰恰相反，铅卤化物钙钛矿的缺陷耐受性有一个显著特征，其过量掺杂浓度异常低 (10^9 ～ 10^{10} cm^{-3})。多项研究表明，肖特基缺陷 (阴离子和阳离子空位的组合) 的形成导致了自我调节机制，这是导致载流子浓度低的原因。研究发现，铅卤化物钙钛矿中肖特基缺陷的形成能极低 (例如，$MAPbI_3$ 中的肖特基缺陷形成能为 0.08 ～ 0.22 eV)，这归因于晶格位上的静电势降低。杨阳等人进一步证明，由于原子化学势和费米能的纠缠，肖特基缺陷的形成能可以独立于原子化学势，因此缺陷补偿是自我调节的。因此，特定类型的点空位的形成可能会触发相应电荷补偿空位的形成。例如，一个 MA 空位 (V_{MA}) 将由一个 I 空位 (V_I) 补偿，一个 Pb 空位 (V_{Pb}) 将由两个 V_I 补偿。由此产生的肖特基缺陷是满足化学计量比的，因此它既不产生自由载流子，也不产生间隙状态，如图 2-20 所示，并且系统的整体电荷中性保持不变。肖特基缺陷的自我调节性质通过实验证据得到进一步证明，实验证据表明，通过 X 射线辐照产生高浓度 V_{MAI} 后，$MAPbI_3$ 的电子结构完整。

尽管已经取得了上述进展，但尚未对缺陷容忍度高的原因达成明确和完整的解释。理论上，由于铅卤化物钙钛矿的复杂结构和电子性质，其结果在很大程度上取决于计算方案的选择，有时文献中会报告相互矛盾的结论。在实验上，可靠地探测原子尺度下缺陷的细节是一个挑战，因此很难提供一系列直接和可控的实验来验证不同的机制。迄今为止，铅卤化物钙钛矿中缺陷容忍度的原因仍然是一个悬而未决的问题。关于这个话题的深入调查和激烈辩论正在进行中。例如，最近褚维斌等人对有缺陷的 $MAPbI_3$ 和 $CsPbI_3$ 进行了非绝热分子动力学研究。他们得出结论，由于软晶格和缺陷共价性，与理想材料相比，缺陷的存在不会加剧 (有时会抑制) 非辐射复合。Walsh 等人质疑这一结论，并指出，计算条件中可能存在缺陷，导致原始铅卤化物钙钛矿中存在过度的非辐射复合。为了全面理解铅卤化物钙钛矿中缺陷耐受性的奥秘，还需要研究者们进一步展开研究。

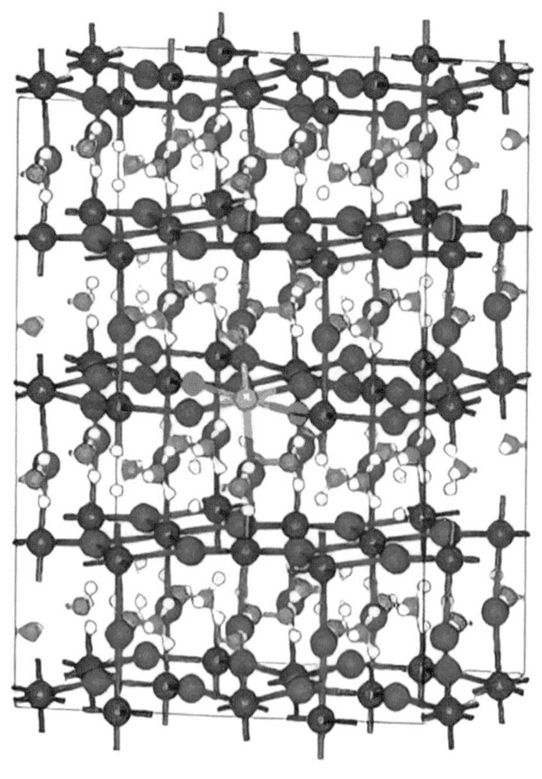

(a) $MAPbI_3$ 中的 PbI_2 肖特基缺陷

(Pb 空位和 I 空位分别用黄色和绿色表示)

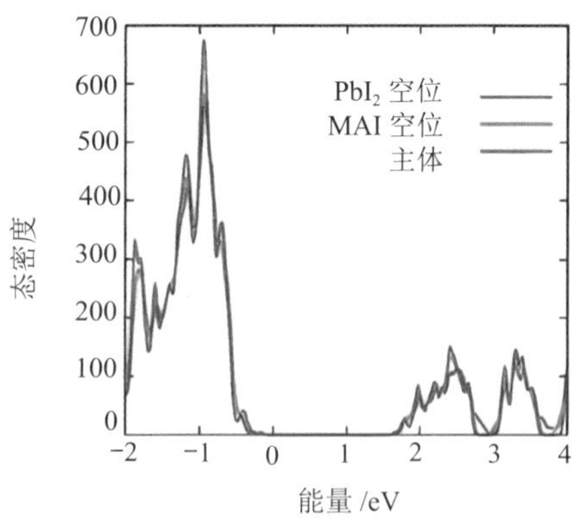

(b) 原始 $MAPbI_3$ 和具有 V_{MAI} 或 V_{PbI_2} 的缺陷 $MAPbI_3$ 的状态密度

图 2-20　$MAPbI_3$ 中肖特基缺陷以及 X 射线辐照对缺陷态密度的影响

2.9 稳 定 性

尽管钙钛矿器件在性能方面取得了巨大进步，但钙钛矿材料缺乏稳定性，尤其是在阳光下。钙钛矿薄膜光致降解的关键问题阻碍了其商业化发展。研究者们为了寻找钙钛矿器件在自然环境下的降解机理，已经进行了大量的研究。多组实验观察到钙钛矿器件性能退化的一个常见原因是可移动离子在薄膜中的迁移。影响离子迁移和整体器件稳定性的因素将在以下章节中讨论。

1. 有机阳离子的作用

已经观察到，由于甲基铵离子的活化能较低，甲基铵－三碘化铅的降解速度比基于甲脒－三碘化铅的钙钛矿器件甚至混合阳离子系统更快。由于器件受热时晶格膨胀，因此离子的迁移速度甚至更快。当加热到 55℃时，$MAPbI_3$ 从四方对称转变为立方对称，晶格的体积明显膨胀，活化能下降。对钙钛矿型太阳能电池的系统研究表明，与暴露在阳光下或高温下的装置相比，在室温下 (无红外成分) 的光降解相对较低。将甲基铵离子替换为更大的离子，如甲脒或铯或三者的组合，可以在黑暗条件下具有更高的稳定性，而且在钙钛矿型太阳能电池中具有光稳定性。这种降解是准可逆的，因为一旦照明关闭，一些迁移的离子就会扩散回铅卤化物八面体容器中。然而，由于离子在晶界以及 ETL 或 HTL 界面被捕获，导致器件效率逐渐下降。

2. 卤化物离子的作用

虽然三碘化铅基钙钛矿在文献中显示出最高的报道效率，但与三溴化铅基钙钛矿器件相比，此类器件的稳定性较差。由于溴化铅的离子半径 (1.96 Å) 比碘 (2.2 Å) 小，因此溴化铅的键比碘化铅短且强。因此，在三溴化铅钙钛矿的情况下，八面体钙钛矿的自由体积较小。此外，$MAPbBr_3$ 在室温下的晶体结构为致密的立方结构，含有 Pm3m 空间群，而 $MAPbI_3$ 为无序四方，I4/mcm 空间群。迁移卤化物离子或有机阳离子所需的活化能可以通过缩短铅－卤化物键的长度而显著增加，离子迁移可用的自由空间较少。

3. 晶体尺寸和纯度的作用

通过超分辨荧光显微光谱可以观察钙钛矿型纳米晶体的光降解。光致发光光谱代表晶体结构及其纯度。钙钛矿材料的光学带隙取决于晶体结构中铅－卤化物－铅的键角。如果角度最大，即 180°，则带隙最小。随着缺陷态密度的增加，键角减小，带隙增大。完全退化的结构的结合角为 120°。通过监测 PL 光谱，可以观察到结构变化。还观察到钙钛矿型纳米晶体在初始阶段的降解速度很慢，光致发光保持不变，直到晶体开始快速降解。然后，三维钙钛矿降解为二维铅卤化物结构，如图 2-21 所示。相应的发射光谱显示出逐渐的蓝移。最初的缓慢降解是由于晶体中缺乏缺陷位置，因此，离子或空位的迁移要慢得多。然而，随着纳米晶体的退化，会产生更多的缺陷位置，主要是空位。缺陷态

密度的增加不仅通过开辟离子迁移的新途径增加了离子迁移率，而且还增加了结构本身快速崩溃的可能性。

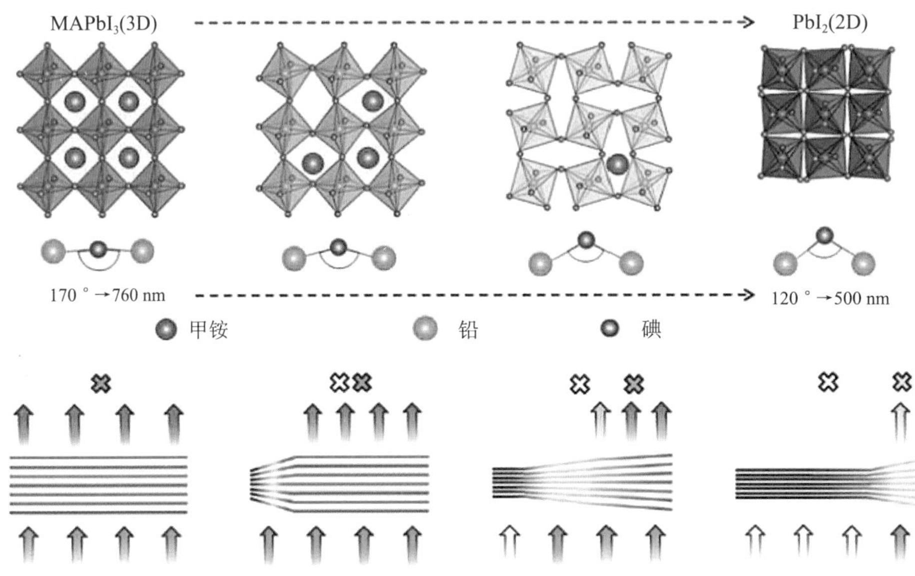

图 2-21　光照下 $MAPbI_3$ 纳米晶体降解的示意图

本章小结

铅卤化物钙钛矿由于其独特的结构、高度的可调谐性和优异的光电性能，已广泛应用于光伏和光电子器件。本章全方位地对铅卤化物钙钛矿的各种特性进行介绍，如大吸收系数、更好的缺陷耐受性、高载流子迁移率、长电子 - 空穴传输长度等。通过用其他有机部分取代 A 位阳离子并在 B 位 /X 位掺杂，不仅可以调节带隙，而且可以改善其在环境条件下的稳定性，从而为卤化物钙钛矿的开发和应用提供更多可能性。此外，独特的钙钛矿结构，例如晶体对称性、有机基团的振动和有序排列，以及 PbX_6 八面体的倾斜，已证明与它们的光伏特性有关。对于所有无机卤化物钙钛矿，如 $CsPbX_3$，已知其具有多个相，因此可能在多个相共存时形成纳米畴结构，这进一步影响其光电性能。化学成分的不均匀性、应变分布、极化、缺陷 (如畴壁、晶界和表面缺陷) 也会影响钙钛矿材料的性能。

第3章 铅卤化物钙钛矿材料的制备方法

3.1 单晶制备方法

3.1.1 STL 生长法

改进了溶液温度的韦伯法，已成为生长金属卤化物钙钛矿单晶的经典方法之一。利用溶液过饱和来析出晶体，从而驱动晶体生长。整个单晶生长是通过逐渐降低溶液温度来实现的，因此，STL 法生长的钙钛矿晶体的溶质溶解度需要随着溶液温度的降低而降低。在 STL 法的第一阶段，首先在相对较高的温度下制备饱和溶液，然后在一定时间 (约 24 小时) 内将溶液逐渐冷却到一定温度，以沉淀小的籽晶。在第二阶段，根据种子晶体的不同固定位置，STL 方法可分为底部籽晶溶液生长 (BSSG) 和顶部籽晶溶液生长 (TSSG) 法，如图 3-1(a)、(b) 所示。总之，STL 方法最初合成毫米级晶体，然后通过种子晶体生长大尺寸块体单晶。

1995 年，Mitzi 等人首次通过 BSSG 法从氢碘酸溶液中沉淀制备了立方钙钛矿 $CH_3NH_3SnI_3(MASnI_3)$。最初，他们在水 / 乙二醇浴中将 $CH_3NH_2 \cdot HI$ 和 SnI_2 溶液缓缓加热至 90℃，然后将热溶液混合在一起。混合热溶液后，将所得黄色溶液冷却至室温。最后，形成黑绿色沉淀，然后在流动 N_2 下过滤，并在 100℃的流动 Ar 气下干燥 5 小时。

2014 年，陶绪堂的团队通过 BSSG 法获得了大量 $MAPbI_3$ 块体单晶。他们将种子籽晶固定在生长室中设计的托盘中间，固定晶种的托盘由电动机转动。然后，将饱和溶液从 65℃缓慢冷却至 40℃。大约一个月后，在烧瓶底部成功获得尺寸为 10 mm × 10 mm × 8 mm 的单晶 $MAPbI_3$，如图 3-1(e) 所示。应该注意的是，采用 STL 法的晶体生长过程中，前体溶液的温度需要保持均匀。为了实现生长过程中前驱体溶液的温度均匀性，可以利用可编程温度控制器来控制溶液的温度。

2015 年，严清峰的团队通过 BSSG 法在 15 天的时间内制备获得了厘米大小的 $MAPbI_3$ 块体单晶。在籽晶生长过程中，他们发现 $MAPbI_3$ 很容易在烧杯底部形成晶核，在溶液冷却过程中很容易黏附在生长的籽晶表面。大量形成的晶核明显阻碍了 $MAPbI_3$ 大体积单晶的生长。为了消除大量晶核的负面影响，他们用铂丝固定并支撑籽晶，将籽晶从烧瓶底部分离出来。后来，陈棋和黄劲松等人的团队注意到，氯离子的加入可以控制多晶钙钛矿吸收体的形态演变和结晶度，从而提高器件的性能。因此，通过使用氯作为溶液生长介质，他们采用 BSSG 法在 5 天内获得了 20 mm × 18 mm × 6 mm 的大 $MAPbI_3(Cl)$ 单晶。氯离子辅助剂不仅使单晶生长速度明显提高，而且晶体质量也更高，同时不影响结晶度、载流子迁移率和载流子寿命。通过添加氯，STL 法的生长周期从几周缩短到了几天，大大降低了晶体制备成本。其他类型的钙钛矿，如 $MAPbBr_3$、$MAPbCl_3$、$MAPb(Cl_xI_{1-x})_3$、$NH(CH_3)_3SnX_3$(X = Cl，Br)、$FAPbI_3$ 和 $FA_{1-x}MA_xPbI_3$ 也已通过 BSSG 法成功制备。

为了消除 BSSG 法晶体生长过程中烧瓶底部产生许多晶核的影响，许多研究人员选择 TSSG 法生长单晶。2015 年，黄劲松的研究小组使用温度梯度 TSSG 法从过饱和的 $MAPbI_3$ 溶液中生长大尺寸 $CH_3NH_3PbI_3(MAPbI_3)$ 多晶 (MPC)，如图 3-1(b) 所示。$MAPbI_3$ 单晶 (MSC) 随着底部小 MSC 的消耗逐渐变大。溶液底部和顶部之间的微小温差产生了小的对流，足以将材料输送到上方的块体 MSC。最终，获得平均尺寸为 3.3 mm 的 $MAPbI_3$ 单晶，最大尺寸约为 10 mm。晶体在空气中稳定，可以保持金属般的光亮表面至少 6 个月。2016 年，陶绪堂的团队首次通过 TSSG 法在大气中获得立方 $CH_3NH_3SnI_3(MASnI_3)$ 和 $CH(NH_2)_2SnI_3(FASnI_3)$ 单晶，单晶尺寸分别达到 20 mm × 16 mm × 10 mm 和 8 mm × 6 mm × 5 mm。

总之，STL 方法为块体钙钛矿单晶的生长提供了一种简单、方便和适用的技术。然而，这种方法十分耗时，通常需要 2 ～ 4 周才能得到尺寸约 1 cm 的单晶。

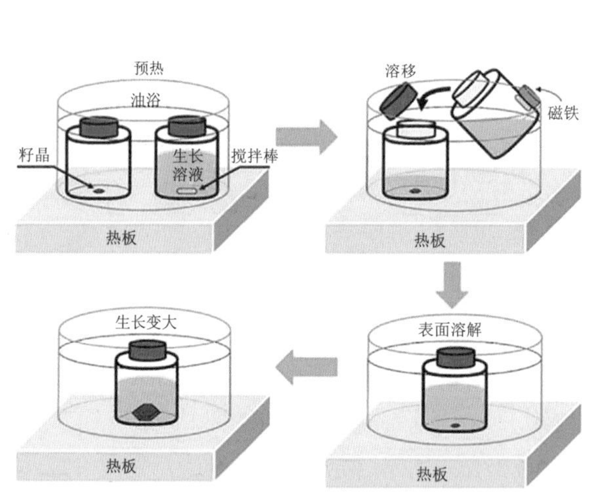

(a) BSSG 法生长块体 $MAPbI_3(Cl)$ 单晶的示意图

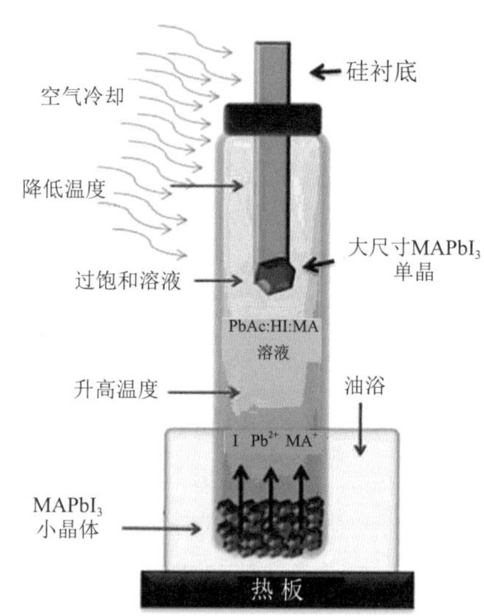

(b) TSSG 法的示意图

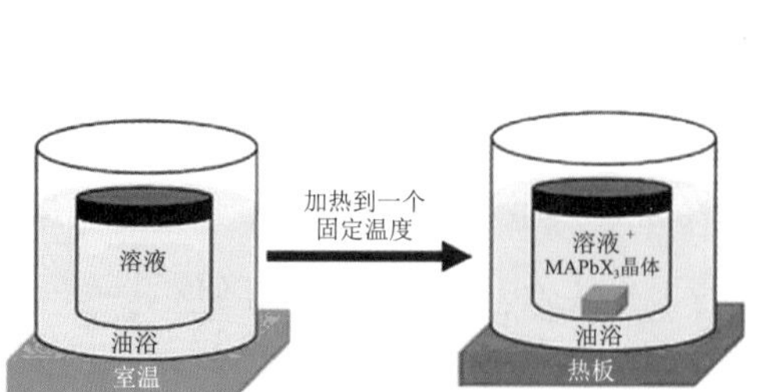

(c) ITC 法装置的示意图，其中结晶瓶浸入加热槽中

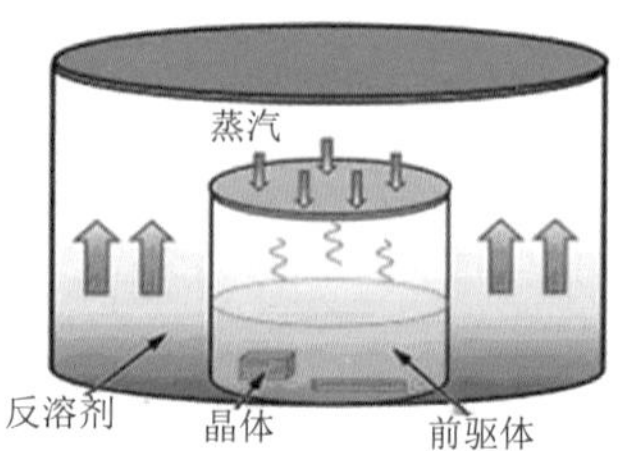

(d) AVC 方法的示意图

(e) STL 法得到的 $CH_3NH_3PbI_3$ 晶体

(f) ITC 法得到的 $FAPbBr_3$ 晶体

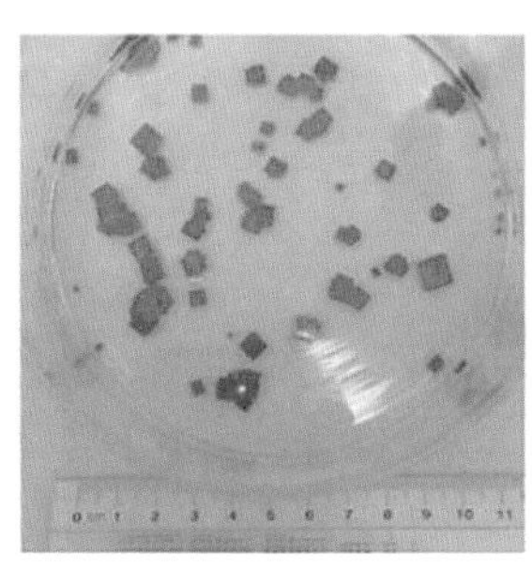

(g) AVC 法得到的 $MAPbBr_3$

图 3-1　钙钛矿单晶的生长方法

3.1.2　逆温度结晶法 (ITC)

通常，前体溶液的溶解度随着温度的升高而增加。然而，在某些溶液中，也会出现溶解度随温度升高而降低的现象。Bakr 等人首次发现了 $MAPbX_3$ 钙钛矿在某些溶剂中的逆温度溶解度行为。根据这种异常现象，他们开发了 ITC 方法来生长 $MAPbX_3$ 单晶 (图 3-1(c))，这是一种快速生长晶体的方法。在 ITC 方法中，可以在热溶液中形成尺寸和形状可控的单晶。仅在 3 小时内就获得了约 5 mm 长的 $MAPbI_3$ 单晶。实验发现 $MAPbBr_3$ 单晶的生长速率在第三个小时达到最快，高达 38 $mm^3\ h^{-1}$。在不同卤素的条件下，晶体中的溶剂和生长温度不同。例如，$PbBr_2$ 和 MABr 在前体溶液中的溶剂为 N，N- 二甲基甲酰胺 (DMF)，而 PbI_2 和甲基碘化铵 (MAI) 的溶剂为 γ- 丁内酯 (GBL)。溴化物溶液通常在室温 (25℃) 下制备，碘化物溶液需要加热到 60℃。Br 基和 I 基单晶的起始生长温度也不同。

在实际应用尤其是商业应用中，需要大尺寸的单晶。刘生忠的团队通过 ITC 法获得了高结晶度的英寸级的 $MAPbX_3$ 晶体。他们最初制备了最大的 $CH_3NH_3PbI_3$ 晶体，其尺寸为 71 mm × 54 mm × 39 mm，超过半英寸。刘生忠的团队不仅生长了一系列大型单卤化物钙钛矿晶体，包括 $CH_3NH_3PbCl_3$、$CH_3NH_3PbBr_3$ 和 $CH_3NH_3PbI_3$，还通过 ITC 方法生长了大型双卤化物钙钛矿单晶，包括 $CH_3NH_3Pb(Cl_xBr_{1-x})_3$ 和 $CH_3NH_3Pb(Br_xI_{1-x})_3$，最大晶体长度高达 120 mm。

总之，大尺寸单晶生长过程主要包括两个步骤: ① 在过饱和溶液中获得籽晶。当前驱体溶液加热到一定的高温并保持 12 小时后，可以从过饱和溶液中获得大量小尺寸的籽晶。② 高质量的晶种在新的前驱体溶液中继续生长。通过选择一个高质量的晶种，将其放入过饱和的前体溶液中并保持一定时间，使得原始晶种生长为更大的单晶。为了制备更大的单晶，需要不断重复上述步骤。

在 ITC 法中，生长良好单晶的关键是选择合适的溶剂。Bakr 团队研究发现特定的溶剂最适合生长特定的卤化物钙钛矿单晶。例如，他们发现 GBL 通常适用于生长 I 基钙钛矿，而更极性的 DMF 是 Br 基钙钛矿诱导逆行溶解的合适溶剂。此外，他们发现二甲基

亚砜 (DMSO) 对 $MAPbCl_3$ 单晶的生长最有效。逆温度溶解度行为和 ITC 法不仅适用于 $MAPbX_3$ 钙钛矿的生长，还可以通过改变溶剂扩展到生长 $FAPbX_3$ 单晶，如图 3-1(f) 所示。当通过 ITC 方法生长 $FAPbI_3$ 晶体时，使用的溶剂为 GBL，需要将温度加热至 115℃。然而，对于 ITC 方法生长 $FAPbI_3$，使用的溶剂为 DMF:GBL 按 1:1 混合的溶液，晶体开始生长的温度为 55℃。

除了有机－无机杂化卤化物钙钛矿外，所有无机卤化物钙钛矿单晶也都可以通过 ITC 方法生长。Kovalenko 的团队通过 ITC 方法在大气中制备了 $CsPbBr_3$ 单晶。他们发现 $CsPbBr_3$ 最容易在 DMSO 中生长。因此，他们将 CsBr 和 $PbBr_2$ 溶解在 DMSO 和 DMF 的混合物中以形成前体溶液，并在小瓶中将其加热至 90℃，随后形成 1 ～ 3 个核。然后将其加热至 110℃，使得晶核进一步生长且无额外成核。在几个小时内，就能得到一个长度约为 8 mm 的扁平、橙色、光学透明单晶。Hodes 的团队还使用 MeCN 和 MeOH 作为溶剂，通过改进的 ITC 法获得了 $CsPbBr_3$ 单晶。为了消除不良沉淀剂 (主要是 Cs_4PbBr_6) 的出现，他们采用了两步加热循环。首先，他们将溶液加热至所需温度并保持 4 小时，然后通过连续搅拌将其降至室温。他们发现，在第二次加热循环中，除了橙色的 $CsPbBr_3$ 单晶外，没有其他逆行可溶化合物。$CsPbBr_3$ 单晶在 MeCN 饱和溶液中仅在约 120℃以上时出现，而在 MeOH 饱和溶液中 $CsPbBr_3$ 晶体会在约 40℃时出现。需要注意的是，只有瓶子底部可以加热，以避免瓶子侧面的晶体生长。

几乎在同一时间，Bakr 的团队使用类似的 ITC 方法制造了大型高质量铯基全无机铅卤钙钛矿单晶。CsBr 和 $PbBr_2$ 的反应容易形成不同的成分，包括 Cs_4PbBr_6、$CsPb_2Br_5$ 和 $CsPbBr_3$。他们指出，$CsPb_2Br_5$ 的结晶温度低于 $CsPbBr_3$。因此，按照 1:2 的摩尔比将 CsBr 和 $PbBr_2$ 溶解在 DMSO 中以形成前体溶液，将其过滤并加热至 120℃。然后，就可以得到的毫米级的矩形纯橙色 $CsPbBr_3$ 单晶。以 DMF 作为溶剂，他们通过类似的方法获得了针状的黄色相 $CsPbI_3$ 单晶。

在 ITC 法中，结晶是由溶解度诱导的，溶解度与温度成反比，在特定的有机溶剂中，整个晶体生长过程在几个小时内完成。ITC 法比 STL 法结晶速度快得多，因此，前者主要用于快速生长较大尺寸的铅卤化物钙钛矿单晶。

3.1.3 反溶剂蒸发辅助结晶法 (AVC)

基于铅卤化物钙钛矿在不同溶剂中的不同溶解度，研究者们开发了 AVC 晶体生长法，将主溶剂与次溶剂 (即反溶剂) 结合使用，从而降低待结晶物在主溶剂中的溶解性。反溶剂与主溶剂结合降低了钙钛矿材料的溶解度，从而使其析出形成单晶。然后从液相中过滤出固体，再分离两种溶剂。据报道，$MAPbI_3$ 薄膜是由含有 Cl 的前驱体通过热蒸发制备的，以金属盐为基础。研究者们发现，薄膜的载流子扩散长度是最佳溶液处理材料的两倍。

为了获得高质量的钙钛矿薄膜，Tidhar 团队于 2014 年首次在样品制备中引入了反溶剂辅助结晶的概念。受这些启发，Bakr 团队首先通过 AVC 法获得了毫米级的高质量

$MAPbX_3$，如图 3-1(g) 所示。图 3-1(d) 展示出 AVC 方法的基本流程。他们将 MAX 和 PbX_2 溶解在 DMF 或 g- 丁内酯 (GBA) 中以制备前驱体溶液，并使用二氯甲烷 (DCM) 作为反溶剂制备 $MAPbX_3$ 晶体。在另一份报告中，杨晔的团队选择 DMF 作为前体溶剂、甲苯作为反溶剂来诱导 $MAPbBr_3$ 结晶。最后，他们通过 AVC 方法获得了橙色块体单晶。Loi 的团队使用 DMF/DCM 作为溶剂 / 反溶剂，用自制的简单装置，通过 AVC 法在几天内生长出几毫米大小的 $MAPbBr_3$ 单晶。廖清的团队以 DMF/DCM 作为溶剂 / 反溶剂，通过改进的 AVC 方法 (称为“一步溶液自组装法”) 首次合成了 $MAPbBr_3$ 的单晶方形微盘 (MD)。得到的 $MAPbBr_3$ 的四边构成了一个内置回音壁模式微谐振器，品质因数达到了约 430。为了理解 $MAPbBr_3$ 晶体的生长机理，徐庆宇团队使用改进的 AVC 方法在滤纸上合成了这些晶体的中间态。Bakr 团队使用 AVC 结晶技术合成了大面积的 $MAPbBr_3$ 单晶薄膜，晶体薄膜的迁移率和扩散长度与单晶相似。其中的关键操作是在改进的 AVC 法结晶过程中向结晶皿中引入搅拌力，该方法可用于制备二维集成钙钛矿单晶。

无机钙钛矿晶体也可以通过 AVC 法生长。Rakita 的团队通过改进的 AVC 方法获得了 $CsPbBr_3$ 单晶。在该方法中，前体溶液由 CsBr 和 $PbBr_2$ 在 50℃下溶解在 DMSO 中形成，选择 MeCN 或 MeOH 作为反溶剂。该方法的关键步骤是添加预饱和步骤，这可以防止不需要的 Cs_4PbBr_6 结晶沿着所需的 $CsPbBr_3$ 侧沉降。经过优化，可以在无籽晶的情况下生长出毫米级、产率 100% 的 $CsPbBr_3$ 钙钛矿晶体。铯铅溴有三种不同的相，包括 $CsPbBr_3$、$CsPbBr_5$ 和 Cs_4PbBr_6。通过 AVC 方法获得高质量的大尺寸 $CsPbBr_3$ 晶体仍然是一个挑战。

在优化的条件下，丁建旭的团队使用 DMSO/MeOH 作为溶剂 / 反溶剂，通过 AVC 方法获得了正交晶系 $CsPbBr_3$ 单晶。反溶剂甲醇的扩散速率和生长温度会影响 $CsPbBr_3$ 单晶的生长过程。通过将温度调节至 40℃并控制甲醇蒸汽在生长溶液中的扩散速率 (调节孔的数量)，成功地得到了具有不同形状的 $CsPbBr_3$ 单晶。在 AVC 法生长无机钙钛矿单晶的过程中，反溶剂起着重要作用。如果选择 DMSO/DE 作为溶剂和反溶剂对，可以在类似条件下获得 Cs_4PbBr_6 微晶。研究人员认为，AVC 法中的最终结晶产物取决于溶剂和反溶剂的相溶性。通过实验可以证明，高混溶性溶剂 (如 DMSO 中的 MeOH) 会先生成 $CsPbBr_3$，然后产生 $CsPb_2Br_5$；而低相溶性溶剂 (如 DMSO 中的 DE) 则会直接生成 Cs_4PbBr_6。

使用 AVC 法，也可以生长钙钛矿薄膜晶体或纳米线阵列。Bakr 的研究小组通过使用改进的 AVC 方法 (空化触发的不对称结晶 (CTAC)) 成功制备并表征了基底上的钙钛矿杂化单晶薄膜。这种方法克服了传统单晶生长方法只能产生独立的钙钛矿单晶的缺点。CTAC 法通过提供足够的能量来克服晶体成核障碍，从而促进异质成核。简单地说，为了获得钙钛矿薄膜，当溶液达到低过饱和度且具有反溶剂蒸汽扩散时，向溶液中引入非常短的超声波脉冲 (约 1 s)，这是 CTAC 法的关键步骤。

潘曹峰的团队通过空间受限的 AVC 方法实现了大面积无机钙钛矿单晶薄膜的制备。无机钙钛矿单晶薄膜生长的示意图如图 3-2(a) 所示。在 2.5 cm × 2.5 cm 亲水性基质上铺展 CsBr 和 $PbBr_2$ 前驱体溶液 (50 μL)。然后，将另一种由十八烷基三氯氢硅 (OTS) 处理过的疏水性底物与前驱体溶液接触，并将两种干净的平面底物夹在一起。将压力均匀地施加在两种基底上。溶液中的气泡通过几秒钟的抽真空消除。然后，将它们放入一个密封的玻璃烧杯中，烧杯中含有乙腈 (CH_3CN)。玻璃烧杯可以放在 40℃的烤箱中，以提高生长速度。由于 CH_3CN 是 $CsPbBr_3$ 的不良溶剂，其介电常数接近 DMSO，CH_3CN 蒸汽缓慢扩散到 DMSO 溶液中会导致 $CsPbBr_3$ 成核 (图 3-2(b))，而不是富 CsBr 的 Cs_4PbBr_6 或富 $PbBr_2$ 的 $CsPbBr_5$，随后在两个夹持基板之间生长 $CsPbBr_3$ 单晶膜。

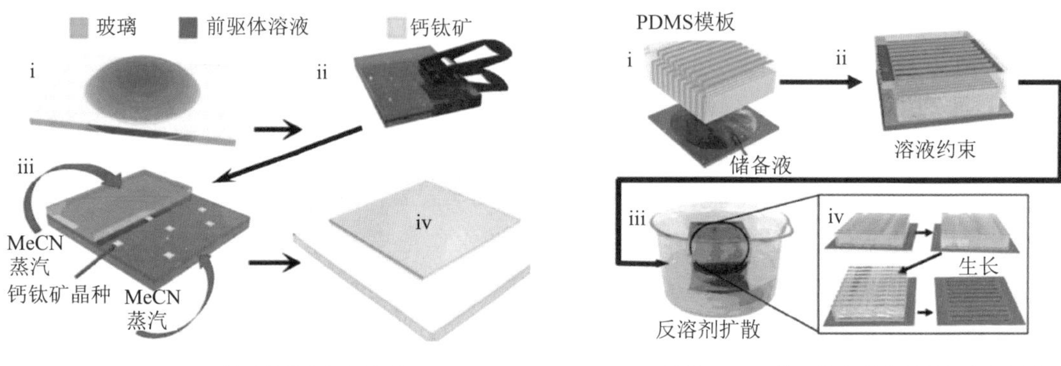

(a) $CsPbBr_3$ 单晶薄膜生长示意图

(b) 使用 PDMS 模板约束反溶剂结晶方法制备 $CsPbBr_3$ MW 阵列的过程示意图

图 3-2　$CsPbBr_3$ 单晶薄膜和 MW 阵列生长方法

在 AVC 法中，DMF、DMSO 和 GBL 通常用作金属卤化物生长期间的良好溶剂，而氯苯、氯仿、苯、二甲苯、异丙醇、甲苯、DE 和乙腈通常用作反溶剂。然而，选择合适的溶剂 / 反溶剂是晶体生长的关键。因此，有必要根据具体的反应体系选择合适的溶剂 / 反溶剂。AVC 方法在晶体生长过程中对温度的依赖性相对较低。与 STL 和 ITC 方法相比，AVC 方法通常难以获得大尺寸的单晶。

3.2　薄膜制备方法

3.2.1　一步旋涂沉积法

在钙钛矿薄膜的制备中通常采用旋涂法。该方法是一种低成本的薄膜生产方法，主要用于溶液处理钙钛矿型太阳能电池。在自旋涂层中钙钛矿晶体的生长涉及三个过程：溶液达到过饱和、成核，然后向大晶体生长。

首先，当前驱体溶液滴到基底上时，溶剂迅速蒸发，然后溶质浓度增加，前驱体溶液可以迅速达到饱和状态 (C_s)。在这一点上，由于临界势垒的存在，成核不可能发生。随着溶剂继续蒸发，当溶液达到过饱和 (C_{ss}) 且吉布斯自由能高于能垒时，新的晶核可以形成。然后，随着溶剂的不断蒸发，更多的晶核形成并逐渐生长。随着晶核的稳定形成和晶体的逐渐生长，将消耗越来越多的溶质。当溶液浓度低于 C_{ss} 时，成核过程会停止，而当溶液浓度低于 C_s 时，新形成的晶体会停止生长。通常，选择 GBL、DMSO、DMF 和 N- 甲基 -2 吡咯烷酮作为铅卤化物和 MAI 的溶剂。然而，尽管旋涂过程中离心力引起的对流扩散有助于溶剂的缓慢蒸发，但简单的旋涂无法在大面积上产生厚度均匀的钙钛矿层。钙钛矿薄膜的质量对钙钛矿薄膜的光伏性能起着关键作用。致密且结晶良好的钙钛矿薄膜是制备高效光伏器件的先决条件。

尹行天的团队通过简单的一步旋涂法和预热过程获得了高质量的 $CsPbIBr_2$ 薄膜。图 3-3(a) 显示了通过预热辅助一步旋涂方法制备 $CsPbIBr_2$ 钙钛矿薄膜的过程。首先，将 SnO_2/ITO 基板放置在热板上 10 分钟。然后在室温下，将 $PbBr_2$ 和 CsI 溶解在 DMSO 中以制备 $CsPbIBr_2$ 前驱体。前驱体溶液以 5000 转 / 分的速度旋涂在预热的 SnO_2/ITO 衬底上。然后，经过两步退火处理，得到了钙钛矿薄膜。基板预热后，基板上的余热可以加快溶剂的蒸发速度，这对提高薄膜质量起到了关键作用。经过工艺优化，$CsPbIBr_2$ 薄膜的高覆盖率和高结晶度有助于产生更多的光诱导载流子，并减少非辐射复合。这种方法为制备高质量的无机铅卤化物钙钛矿提供了有效途径。杨冠军的团队通过一步法获得了 $MAPbI_3$ 钙钛矿。在 $MAPbI_3$ 薄膜的制备过程中，引入气体泵干燥系统来加速溶剂蒸发。对于一步旋涂法，影响成膜的因素有很多，例如基片温度、旋涂 / 退火环境气氛、旋涂工艺参数、退火工艺参数、前躯体浓度、有机溶剂类型等。

3.2.2 两步旋涂沉积法

图 3-3(b) 对两步旋涂程序进行了示意性描述，此方法是依次将 PbI_2 和 CH_3NH_3I 溶液旋涂到基片表面后退火获得 $CH_3NH_3PbI_3$ 薄膜的一种溶液方法。其工艺过程和最终形成的 $CH_3NH_3PbI_3$ 薄膜对 CH_3NH_3I 溶液浓度的依赖性很大。当使用的 CH_3NH_3I 溶液浓度小于 10 mg/mL 时，需要将 CH_3NH_3I 溶液滴加到 PbI_2 表面等待 30 s 左右后再旋涂。此工艺由 J. H. Im 研究组首次报道，制备的 $CH_3NH_3PbI_3$ 薄膜立方体的晶粒随机堆积而成，薄膜粗糙度较大，最终实现了 17% 的器件效率。当使用的 CH_3NH_3I 溶液的浓度大于 30 mg/mL 时，可将溶液直接旋涂到 PbI_2 表面，制备的 $CH_3NH_3PbI_3$ 薄膜表面平整，此工艺由黄劲松研究组首次报道，并实现了 14.5% 的器件效率。

与传统的有机 - 无机杂化钙钛矿不同，金钟的团队提出了一种简便的两步法制备无机钙钛矿的方法，包括 $CsPbBr_3$ 和 $CsPbIBr_2$。大致的制备过程如下：首先，在 80℃下搅拌，将固体前驱体溶解在 DMF 和 DMSO(4∶1，V/V) 的混合溶剂中搅拌 30 分钟，得到 1.0 mol/L 的前驱体溶液。然后，在 FTO/c-TiO_2/m-TiO_2 基底上以 2000 r/min 的转速旋涂 30 s，并在 80℃下退火 30 分钟。之后，将制备的薄膜浸入 15 mg/mL 铯盐甲醇溶液 ($CsPbBr_3$ 对应 CsBr；$CsPbIBr_2$ 对应 CsI)10 分钟。随后，用异丙醇彻底冲洗所得黄色薄膜，然后在空气中退火 10 分钟 ($CsPbBr_3$ 为 250℃；$CsPbIBr_2$ 为 350℃)。

使用类似的两步旋涂法，孟庆波的团队首先将 CH_3NH_3Cl 和 CH_3NH_3I 的混合溶液旋涂

到 TiO_2/PbI_2 薄膜上，以形成可控的 $CH_3NH_3PbI_{3-x}Cl_x$ 薄膜。CH_3NH_3Cl 的存在将导致钙钛矿沿 [110] 方向优先生长，从而增加钙钛矿的结晶度和表面覆盖率，并减少针孔。Sang Il Seok 的团队通过两步方法向有机阳离子溶液中引入额外的碘离子，通过分子内交换过程形成钙钛矿层，从而降低深能级缺陷的浓度。

3.2.3 多步旋涂法

全无机 $CsPbBr_3$ 钙钛矿由于其优异的稳定性，尤其是热稳定性，近年来在光伏领域引起了广泛关注。然而，富含溴的钙钛矿，如 $CsPbBr_3$，总是受到传统两步沉积方法的低相纯度和较差形貌的困扰。Liao 的团队展示了一种简单的多步旋涂工艺，用于制造高质量的 $CsPbBr_3$ 薄膜，如图 3-3(c) 所示。

多步旋涂法的过程如下：首先，将 $PbBr_2$/DMF 溶液旋涂到基底上，并在 90℃下退火；其次，将 $PbBr_2$ 膜浸入保持在 55℃的 CsBr 甲醇溶液中；然后，用异丙醇清洗形成的 $CsPbBr_3$ 膜，并在 250℃下退火结晶；最终，$CsPbBr_3$ 薄膜的表面需要进一步旋涂 CsBr 甲醇溶液。

与传统的两步沉积工艺相比，多步旋涂法制备的薄膜具有更高的均匀性、更高的 $CsPbBr_3$ 相纯度和更大的平均晶粒尺寸 (可达 1 μm)。更重要的是，不仅 $CsPbBr_3$ 钙钛矿型太阳能电池的功率转换效率 (PCE) 显著提高，而且未封装的 $CsPbBr_3$ 钙钛矿型太阳能电池在室温 (25℃) 环境空气中储存 1000 小时以上和在 60℃环境空气中储存一个月后，表现出良好的湿度和热稳定性。多步旋涂法为高效、经济、稳定的全无机钙钛矿的实际应用提供了一条途径。

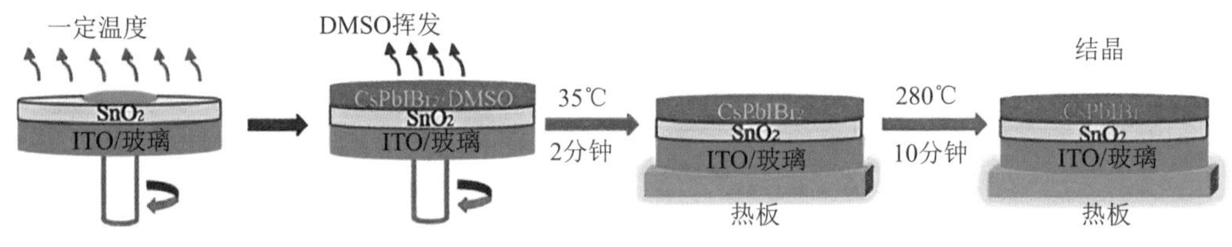

(a) 一步旋涂法

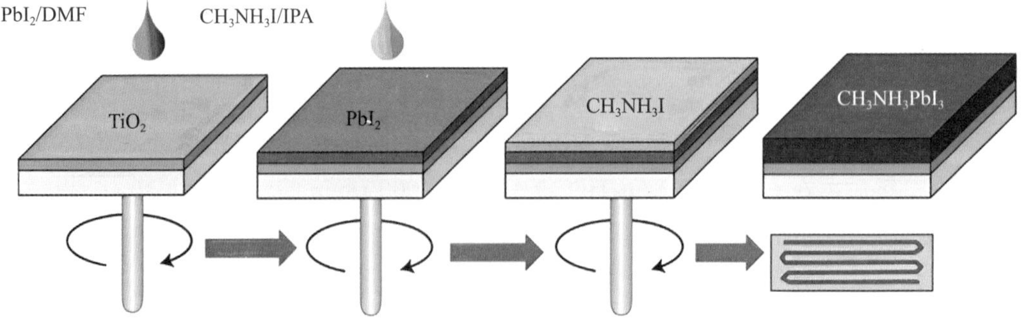

(b) 两步旋涂法

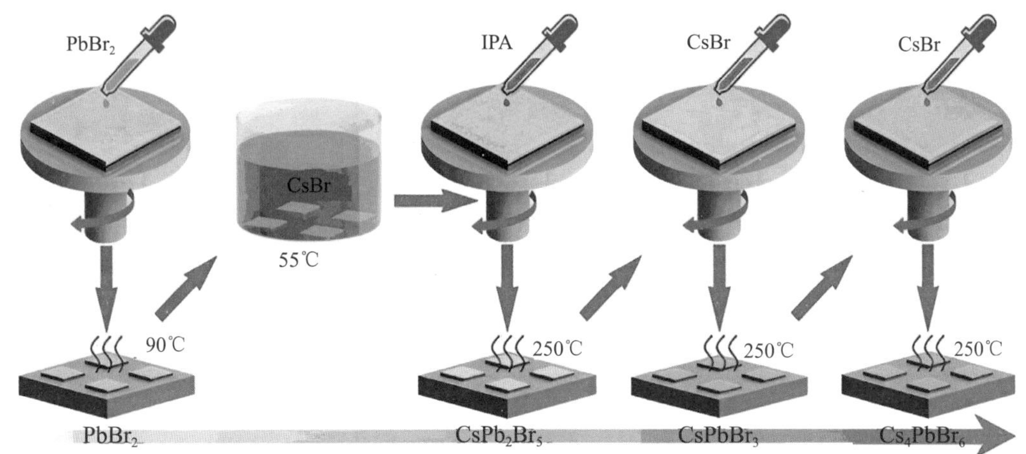

(c) 多步旋涂法

图 3-3　钙钛矿薄膜旋涂制备的三种基本方法

3.2.4　化学气相沉积 (CVD) 法

化学气相沉积 (CVD) 法是一种广泛应用于工业的工艺，是气相沉积钙钛矿的众多方法之一。与溶液法生长的钙钛矿薄膜相比，CVD 法生长的钙钛矿材料具有更少的缺陷和更高的质量。随着 CVD 法生长钙钛矿材料的发展，通过控制生长条件可以生长出不同的形貌，如纳米片、薄膜、微纳米线 (NW)。除了改变反应条件以获得不同质量的钙钛矿材料外，研究人员还设置了不同的反应装置来研究钙钛矿晶体材料。有机 - 无机杂化钙钛矿材料的生长条件与无机钙钛矿材料有很大不同，下面对其进行分类和总结。

有机 - 无机杂化钙钛矿的制备及其潜在应用主要取决于其薄膜沉积技术的可用性。有机 - 无机杂化材料通常会导致有机组分在低于逐步加热过程中无机组分蒸发所需的温度下分解或解离，这使得使用单源蒸发沉积技术制备有机 - 无机杂化钙钛矿材料不可行。1998 年，Mitzi 和他的同事观察到，在加热和冷却过程中，有机 - 无机杂化晶体在原始杂化层中重新组装，这一观察结果表明，如果混合材料加热足够快，可以使用单一蒸发源沉积有机 - 无机薄膜。1999 年，Mitzi 和他的同事使用原型单源热蒸发 (SSTA) 装置 (图 3-4(a)) 制备了几种有机 - 无机杂化钙钛矿，包括 $(C_6H_5C_2H_4NH_3)_2PbI_4$、$(C_6H_5C_2H_4NH_3)_2PbBr_4$ 和 $(C_4H_9NH_3)_2SnI_4$。这些例子表明，该技术可用于制备各种有机 - 无机杂化钙钛矿，具有很强的发光性能。2013 年，Snaith 的团队采用双源气相沉积法制备了混合卤化物钙钛矿 $CH_3NH_3PbI_{3-x}Cl_x$ 的均匀平面薄膜。图 3-4(b) 显示了气相沉积装置。

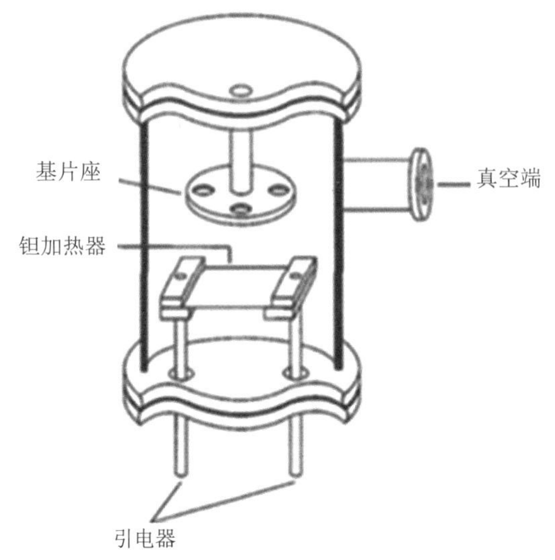

(a) 典型单源热烧蚀室的横截面

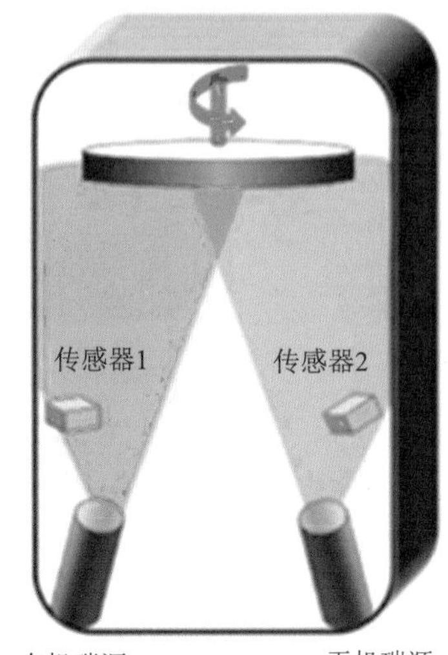

(b) 用于沉积钙钛矿吸收体的双源热蒸发系统

图 3-4　气相沉积装置的演变

根据反应物熔点的不同和产物形貌的不同，有时全无机铅卤化物钙钛矿的制备也能够使用双源单温 CVD 体系。史健的团队通过气相外延 (VPE) 在 NaCl 衬底上制备了 $CsPbBr_3$ 钙钛矿的厘米级单晶薄膜。将溴化铯粉末 (CsBr) 放置在加热炉中，加热炉的温度控制在约 500℃，并将 $PbBr_2$ 放置在距离 CsBr 约 10 cm 的上游，因为其熔点较低。然后，将 NaCl 基质置于加热区下游约 10 cm 处。沉积前将基础压力控制在 0.5 Torr，然后，Ar 气的流速保持在 30 sccm，从而将沉积前的压力保持在 0.7 Torr。将温度从室温升高到沉积温度只需 7 分钟。根据关闭熔炉前薄膜的厚度，沉积时间可保持 5～20 分钟。在移除 NaCl 基板之前，熔炉需要冷却至约 90℃。在生长过程中，NaCl 基板倾斜 45°，以确保 CVD 生长过程中的涂层均匀。吴彤的团队在单加热区炉中通过一步 CVD 在云母衬底上生长 $MAPbBr_3$ 单晶片。在 140 Torr 的压力和 320℃的生长温度下，在 20 分钟内，在云母衬底上生长了方形钙钛矿片。所得片的横向尺寸可达 10 μm，表面均匀光滑。

在众多光伏材料中，有机－无机钙钛矿薄膜因其在高效太阳能电池中的良好性能而受到研究人员的广泛关注。刘政的团队通过简单的两步 CVD 方法，探索了在 SiO_2/Si 衬底上生长 $MAPbI_3$ 钙钛矿纳米片。首先通过物理气相沉积在 Si/SiO_2 衬底上生长高度结晶的 PbI_2 纳米片。然后，在真空中与 CH_3NH_3I 反应，将 PbI_2 晶体转化为钙钛矿。合成的铅卤化物钙钛矿系列纳米片的尺寸和厚度可以通过调节 PbI_2 的生长温度和时间来控制。

戚亚冰的团队结合两步旋涂法和 CVD 法发明了一种新的 HCVD 两步法，该方法可以更容易地重复制备高质量的钙钛矿薄膜。此外，Surya 的研究小组结合两步旋涂法和 CVD 法，在第一步中，将 PbX_2(X = Cl，I，Br) 溶液旋涂到基底上，然后将预处理基板和 MAX 或 FAX(X = Cl，Br，I) 装入熔炉的两个独立温度控制区。MAX 或 FAX(X = Cl，Br，I) 基板的温度需要保持恒定，通常 T_{MAI} = 180℃。预处理基板被放置在 MAX 或

FAX(X = Cl，Br，I) 的下游。升华的 MAX 或 FAX(X = Cl，Br，I) 通过载气输送至预定区域，使 $MAPbX_3$ 或 $FAPbX_3$ 膜结晶。MAX 或 FAX(X = Cl，Br，I) 的扩散分为两个阶段。在 HCVD 方法中，MAX 或 FAX(X = Cl，Br，I) 可以气相扩散到衬底中。

为了与底面上的金属卤化物反应形成钙钛矿薄膜，MAX 或 FAX(X = Cl，Br，I) 必须通过薄膜扩散 (即固体扩散) 方法制备。Surya 的团队发现，较高的温度可以增加气体和固体扩散的速率，以及钙钛矿转化的速率。多区域 HCVD 对压力、载气类型、气体流速、原料和衬底温度具有独立而精确的控制，这有助于提高其再现性和钙钛矿薄膜性能。Cui 的研究小组引入了一种新的 HPCVD 方法来合成高质量的 $CH_3NH_3PbI_3$ 钙钛矿薄膜。与已发表的气相法相比，$CH_3NH_3PbI_3$ 薄膜是在控制良好的真空和等温环境中合成的。为了进一步提高钙钛矿薄膜的质量，研究者们对关键反应参数进行了精确调整，包括蒸气压和反应温度。这种方法与传统的半导体制造方法兼容，通过精确的过程控制可以获得高质量的钙钛矿薄膜。最终，钙钛矿薄膜可以实现低成本、大规模生产。

对于铅卤化物钙钛矿薄膜来说，目前发展相对较成熟的沉积方法主要包括共蒸发沉积法、气相辅助溶液沉积法、一步旋涂沉积法、两步旋涂沉积法、序列浸泡沉积法等几种。

1. 共蒸发沉积法

通过共蒸发方法制备金属有机钙钛矿薄膜最早是由 A. M. Salau 研究组报道的。2013 年，H. J. Snaith 研究组报道了利用双源热蒸发技术沉积全覆盖、表面平整的 $CH_3NH_3PbI_3$ 薄膜的实验工作，实现了 PCE 超过 15% 的平面异质结钙钛矿太阳能电池。这是在钙钛矿电池制备方法方面具有里程碑意义的工作。此方法是将 CH_3NH_3I 和 $PbCl_2$ 放入两个不同的蒸发源中，在高真空条件下加热共蒸发，两种前驱体分子或团簇在蒸发过程中反应形成 $CH_3NH_3PbI_3$ 并沉积在基片表面。此方法存在设备昂贵、可控性较差、制备过程漫长、浪费原料、需要高真空环境等缺点。随后，研究者们在此方法的基础上发展了一些新的途径，其过程更加可控，对实验设备的要求变得更低，更容易制备 $CH_3NH_3PbI_3$ 薄膜。例如，陈棋等通过采用热蒸发技术将 PbI_2 和 CH_3NH_3I 依次沉积到基片表面，然后加热使其反应形成 $CH_3NH_3PbI_3$ 薄膜，实现了 15.4% 的器件效率。Leyden 等先在基片上用旋涂法沉积了一层 PbI_2，然后用 CVD 法制备得到了 $CH_3NH_3PbI_3$ 薄膜，最终实现了 11.8% 的器件效率。

2. 气相辅助溶液沉积法

此方法是杨阳研究组于 2014 年首次引入钙钛矿太阳能电池的制备中的。这种沉积方法是先用溶液旋涂方法把 PbI_2 沉积到基片上，然后将基片转入到氮气氛围保护的温度为 150℃ 的 CH_3NH_3I 蒸汽环境中退火 2 小时，形成 $CH_3NH_3PbI_3$ 薄膜。此方法生长的 $CH_3NH_3PbI_3$ 能够将 PbI_2 薄膜原本存在的结构缺陷填充平整，而且 CH_3NH_3I 蒸汽可以与 PbI_2 充分反应，形成结晶质量较好的薄膜。

3. 序列浸泡沉积法

此方法是在一步旋涂沉积法的基础上改进提出的，由 M. Grätzel 研究组在 2013 年首次报道。这种沉积方法是先利用旋涂法在基片上沉积一层 PbI_2，然后将其浸泡在 CH_3NH_3I

溶液中，以促使 PbI_2 和 CH_3NH_3I 反应，最后经过退火处理就可形成 $CH_3NH_3PbI_3$ 薄膜。相比于一步旋涂沉积法，虽然这种制膜方法的过程稍显繁琐，但制得的薄膜覆盖度得到了明显提高，而且薄膜中的晶粒呈规则的立方体结构，其晶体质量有了很大的改善。

3.3 量子点制备方法

3.3.1 热注入法

热注入法的原理是通过改变温度从而调控量子点成核生长，以获得高质量量子点胶体溶液，这种方法曾在上一代镉基量子点的制备中得到研究，目前也在钙钛矿量子点的制备中获得了广泛应用。其具体过程可以分为几个阶段，首先将配好的前驱体溶液放入烧瓶中，然后进行热注入，随着温度的变化，体系在短时间内迅速成核，生成的核会进一步生长成较大的量子点，当温度剧烈变化到一定值后，量子点停止生长。

Protesescu 等人首次通过高温热注入法制备了 $CsPbX_3$ 量子点。图 3-5 显示了高温热注入法合成 $CsPbX_3$ 量子点的步骤。第一步，将 Cs_2CO_3 与十八烯 (ODE) 和油酸 (OA) 一起放入 100 mL 的三颈烧瓶中，在 120℃下干燥 1 小时，然后在 N_2 环境下进一步加热至 150℃，直到反应完成。在室温下，油酸盐从 ODE 中析出，并在注入前将其预热至 100℃。在第二步中，为了制备 $CsPbX_3$，将 ODE 和 PbX_2 装入一个 25 mL 的三颈烧瓶中，并在真空条件下 120℃干燥 1 小时。然后在 120℃的氮气氛围下注入干燥的油胺 (OLA) 和干燥的 OA。溶解 PbX_2 后，将温度升高至 140 ～ 200℃，并迅速注入第一步制备的少量 Cs 油酸酯。5 秒后，反应混合物在冰浴中冷却。最后，将叔丁醇添加到粗溶液中，离心得到量子点并重新分散在甲苯或己烷中。

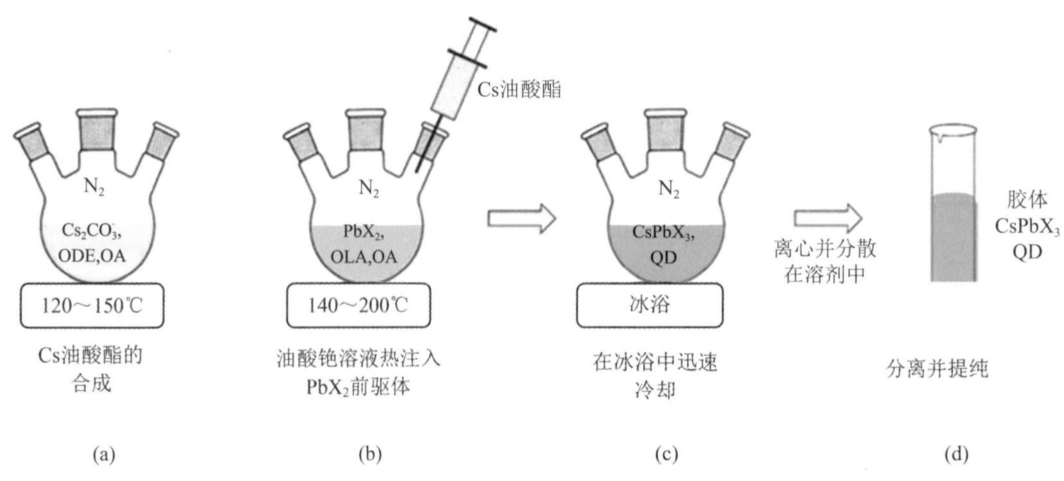

图 3-5　合成 $CsPbX_3$ 量子点 /NC 的热注入技术步骤示意图

这种方法虽然能够制备出理想的钙钛矿量子点，但使用羧基/氨基单齿配体难以获得长期稳定的钙钛矿量子点。因为钙钛矿量子点表面的配体很容易与前驱体溶液中配体发生交换，氨基配体在离开量子点表面时很容易带走带负电的羧基配体或卤素离子，导致在量子点的形成过程中容易发生配体丢失进而形成大颗粒的纳米晶。此外，钙钛矿量子点在许多极性溶剂中并不稳定，导致钙钛矿量子点很容易发生淬灭。因此，研究者们对热注入法进行了改进，通过改变配体的种类来提高钙钛矿量子点的质量和稳定性。

1. 无氨配体

"无氨制备法"，即不使用氨基配体的改进热注入法首先得到了较为深入的研究。2016年，Yassitepe 等人首次展示了一种无胺合成方法，该方法利用四辛基卤化铵 (TOAX) 制备油酸封端的 $CsPbX_3$ 量子点，且无需后阴离子交换方法。这种方法消除了使用氨基配体时容易发生的可逆质子化现象，从而提高了 $CsPbX_3$ 量子点的稳定性，同时引入的大量卤素也在量子点表面形成了"富卤"结构，有效抑制了量子点表面卤素空位的产生。Wang 等人将三辛基膦 (TOP) 作为添加剂加入前驱体溶液中，大幅提高了 $CsPbX_3$ 量子点的光学性能及其对极性溶剂的耐受性。此外，加入 TOP 还能够促进量子点表面的离子迁移，修复量子点表面的缺陷，使得已经发生淬灭的量子点分散液恢复荧光强度。

2. 等效配体

无氨制备法通常需要在原本的体系中引入新的配体，大大增加了工艺成本，因而有研究者提出用新的配体等效替代原本的氨基配体。这种方法仅需要引入一种新配体就可以实现量子点的制备及表面钝化。杨丹丹等人以苯磺酸盐 (DBSA) 为配体，成功制备出能够长期稳定的 $CsPbBr_3$ 量子点。苯磺酸可以与暴露的 Pb 离子结合形成稳定的结合态，并且还可以有效地消除激子俘获溴化物空位的可能性，从而使量子点的稳定性和光电性能大幅提升。

3. 多齿配体

为了进一步提高所制备量子点的稳定性，研究者提出用含有多个基团的小分子或长链分子为配体来制备钙钛矿量子点。这种多尺配体可以与钙钛矿量子点表面发生多点结合，从而使钙钛矿量子点更加稳定。潘俊等人通过使用二齿配体，即 2,2′-亚氨基二苯甲酸 (IDA)，开发了 $CsPbI_3$ 量子点的合成后钝化工艺。经过钝化后的量子点表现出窄红色光致发光，具有出色的量子产率 (接近 1)，而且稳定性也大大提高。

总之，在热注入法中，成核阶段发生在注入后，生长阶段在其终止后开始。这两个阶段之间的分离允许实现 NC 的窄尺寸分布。热注入法的一个特别优点是，高反应温度能够更好地控制量子点的形状并获得更好的相纯度。通过调节工作温度，可以获得具有优异单分散性和光学性能的理想量子点。然而，主要缺点是需要快速注射和随后的快速冷却，不适合大规模合成。而且为了避免氧化，反应必须在惰性环境中进行。

3.3.2 配体辅助再沉淀法

通过混合溶剂辅助，再沉淀合成是一种非常简单且有效的技术，已广泛应用于制备铅卤钙钛矿量子点。通过在沉淀过程中引入长链配体，Yang 的团队开发了一种方便且通用的方法，通过简单地将钙钛矿前驱体溶液与不溶性非极性溶剂混合，制备具有可控尺寸和成分的高发光和颜色可调的 $CH_3NH_3PbX_3$ 量子点，称为配体辅助再沉淀 (LARP) 技术。

图 3-6(a) 示意性地说明了 LARP 技术的详细过程。将离子源 (CH_3NH_3X 和 PbX_2) 和表面配体 (OA 和油胺) 的混合物溶解到良好的溶剂 (二甲基甲酰胺，DMF) 中以形成前体溶液，然后在剧烈搅拌下将上述前体溶液滴入甲苯中。几乎在滴入的瞬间，一种具有非常强荧光发射的胶体溶液就形成了，这表明前驱体非常快速地转变为量子点。用这种方法合成的 $CH_3NH_3PbX_3$ 量子点的平均直径为 3.3 nm(图 3-6(b))，相应的绝对 PLQY 可以达到 70%。通过在前驱体中简单混合 PbX_2，可以制备出一系列组分可调的 $CH_3NH_3PbX_3$ 量子点胶体分散液。如图 3-6(c) 所示，在 365 nm 紫外灯激发下，$CH_3NH_3PbX_3$ 量子点胶体溶液发射出不同颜色的光，覆盖从蓝色到红色的整个可见光谱颜色，通过调节组分可以微调 PL 发光峰。这项技术可能是生产高辐射 $CH_3NH_3PbX_3$ 量子点的最简单、成本最低的方法，能够用于钙钛矿发光器件。

随后，Rogach 的团队对 LARP 方法进行改进，以合成具有不同尺寸和不同发射颜色的 $CH_3NH_3PbBr_3$ 量子点。在他们的工作中，通过改变反应温度 (0℃、30℃和 60℃)，量子点的直径可以很好地控制在 1.8 ～ 3.6 nm 之间。光致发光可以在 470 ～ 520 nm 之间调谐，相应的 PLQY 在 74% ～ 93% 之间。同时，曾海波的团队和邓亚涛的团队也采用 LARP 合成法制备了无机铅卤化物 ($CsPbX_3$，X = Cl，Br，I) 钙钛矿量子点。最近，张秀娟的团队使用支链分子作为封端配体合成了不同尺寸 (2.5 ～ 100 nm) 的 $CH_3NH_3PbBr_3$ 量子点，具有高 PLQY(15% ～ 55%)。与直链配体相比，支化配体修饰的钙钛矿量子点在质子溶剂中表现出很高的稳定性，其归因于这些支化配体强大的空间位阻和水解特性。

吴林忠和他的团队使用绿色溶剂 (水) 和三种非极性溶剂 (环己烷、甲苯和氯仿)，开发了一种新的 $CsPbX_3$ 制造方法。在该方法中，水和非极性溶剂这两种溶剂之间形成界面，并从 Cs_4PbX_6 中剥离出具有过量溶解度的 CsX。与通过热注入制备的量子点相比，这种方法制备的 $CsPbX_3$ 量子点具有可控的尺寸、形态和高质量的发光性能，并表现出更高的抗湿稳定性。张雪峰等人也在水中直接合成了 $CsPbBr_3$ 钙钛矿纳米晶体。低温惰性条件下，在蒸馏水和二十二烷磺酸钠中合成的 $CsPbBr_3$ 量子点显示出 75% 的 PLQY。但是，在制备过程中，对形貌和尺寸的控制非常困难，而且 CsBr 在水中的高溶解度限制了立方 $CsPbBr_3$ 的制备。在油包水乳液 (水相、油相和表面活性剂) 工艺中，得到了高度结晶的 $CsPbBr_3$ 和 $CH_3NH_3PbBr_3$ 量子点，相应的量子点薄膜显示出高效的电致发光性能。杨和伟等人报道了一种利用聚合物凝胶合成 $CsPbBr_3$ 量子点的创新技术。他们用紫外光照射含有 CsBr、PbBr 和钝化剂的丙烯酰胺单体溶液，制备了聚合物凝胶网络。通过控制释放过饱和的 Cs^+、Pb^{2+} 和 Br^- 离子，从凝胶网格中产生了平均尺寸为 1.1 nm 的超纳米 $CsPbBr_3$ 量子点。

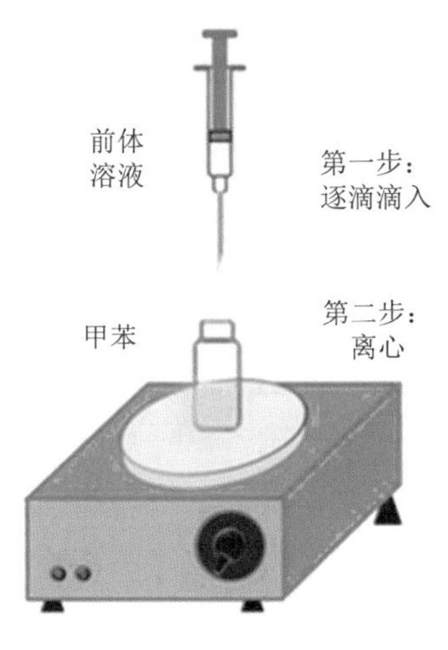

(a) LARP 过程的示意图

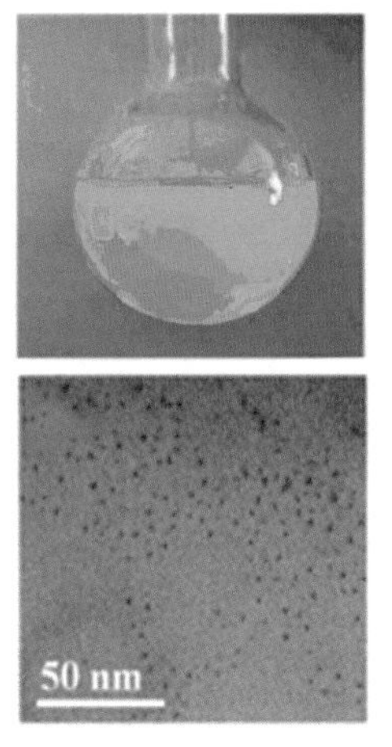

(b) $CH_3NH_3PbBr_3$ 量子点胶体的照片（上）和 TEM 图像（下）

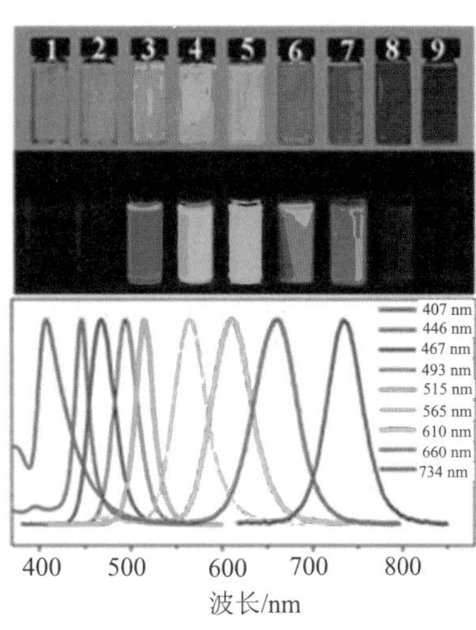

(c) $CH_3NH_3PbX_3$ 量子点胶体照片（上）和荧光光谱（下）

图 3-6　配体辅助再沉淀法的过程及结果

3.3.3　固相制备法

目前大多数铅卤化物钙钛矿量子点都是由溶液法所制备的，为了降低制备工艺的复杂度，削减生产成本，研究者们对低成本的固相制备法也开展了研究。

固相反应法是合成钙钛矿纳米粉末最传统的方法之一。该方法是对起始材料进行称重、混合、研磨，然后在高温下煅烧以形成钙钛矿相。目前，研究者们所提出的固相制备法主要有两种，分别为相转变法和研磨法。

1. 相转变法

Akkerman 等人通过对已制备好的 Cs_4PbX_6 量子点进行处理，使其在空气环境中与 PbX_2 发生反应，发生相转变，从而得到 $CsPbX_3$ 量子点，其尺寸范围为 9 ～ 37 nm。这些纳米晶体的光学吸收光谱呈现出一个尖锐的、高能的峰，这是单个 PbX_6^{4-} 八面体中状态之间的跃迁造成的。这些光谱特征对粒子的大小不敏感，并与相应的大块材料的特征相一致。

吴林忠等人则报道了一种新的 CsX 剥离机制，它可以使非发光的 Cs_4PbX_6(X = Cl，Br，I) 纳米晶体 (NC) 高效地相转化为高发光效率的 $CsPbX_3$ NC。在转化过程中，分散在非极性溶剂中的 Cs_4PbX_6 NC 通过与不同相的水的界面反应剥离 CsX 转化为 $CsPbX_3$ NC。这一过程利用 CsX 在水中的高溶解度以及 Cs_4PbX_6 NC 的离子性质和高离子扩散特性，从而产生单分散和空气稳定 $CsPbX_3$ NC，其卤化物成分可控，可调发射波长覆盖全可见光范围，且具有狭窄的发射宽度和较高光致发光量子产率（高达 75%）。

相转变法虽然不需要借助配体溶液，但是需要提前制备相转变前的 Cs_4PbX_6 量子点，然后在水分作用下得到铅卤化物钙钛矿量子点，整体工艺繁琐，无法一步制备。

2. 研磨法

为了进一步简化铅卤钙钛矿量子点的制备工艺，研究者们提出了更为简单的研磨法。研磨法只需通过简单的研磨即可获得目标产物，大大简化了制备工艺。其基本原理是将反应物机械混合后对其进行高速研磨，在研磨过程中产生的热量为量子点的形成提供反应能量。

2017 年，朱志远等人首次采用研磨法成功制备了高质量的 $CsPbX_3$ 量子点。他们将 CsX 和 PbX_2 的金属盐在常温下直接研磨，使其反应生成所要的 $CsPbX_3$ 量子点。这种方法在常温下即可进行，而且不需要溶解前驱体和惰性气体氛围等苛刻的实验条件。在此之后，陈颖等人对研磨法进一步改进，通过在前驱体中加入少量环己烷，使所制备量子点的量子产率提高到 92%，而且还将这种方法应用于制备 Mn^{2+} 掺杂的 $CsPbCl_3$ 量子点中。刘文勇等人通过改变配体材料进一步完善了研磨法，他们将油酸、油胺等氨 / 羧基配体用三正辛基膦 TOP 和硬脂酸铅 $Pb(St)_2$ 完全取代。$Pb(St)_2$ 中的一个羧基会与 TOP 反应生成 TOPO，另一个羧基则会钝化量子点表面 B 位的金属缺陷，而仅剩一个羧基的 PbSt 残余结构则会与量子点表面的卤素相结合，实现富 Pb 表面的钝化。

虽然研磨法实现了钙钛矿量子点的无溶剂制备，但小批量和很长的加工时间使其不适合大规模工业应用。此外，密集的球磨过程可能会产生研磨介质导致环境污染。

3.4 微 / 纳米结构制备方法

随着研究者们对钙钛矿材料制备方法的不断探索，通过调节反应温度和时间等工艺参数，可以成功制备出具有不同形貌特征的钙钛矿微纳米结构，如纳米立方体、纳米线、纳米片等。本节仅对钙钛矿微纳米结构制备方法的研究进展进行简要介绍，具体制备方法参见前节。

3.4.1 溶液合成法

有机 - 无机铅卤化物钙钛矿的低表面能，导致其很容易沿 (100) 面形成一维树枝状形貌，例如 $MAPbI_3$。Park 等人首次报道了通过溶解 - 再沉淀法制备 $MAPbI_3$ 纳米线 (NW)。具体而言，$MAPbI_3$ NW 是通过将甲基碘化铵 (MAI)/ 异丙醇 (IPA)/DMF 溶液旋涂到预涂的 PbI_2 层上获得的 (图 3-7(a))。极性非质子 DMF 溶剂的存在对形成一维 $MAPbI_3$ NW 结构起着关键作用。在第二步旋涂过程中，少量 DMF 溶剂可以部分溶解预沉积 PbI_2 薄膜的顶面，为与 MAI 反应提供一些活性中心，从而形成具有优先取向的钙钛矿 NW 形貌。

除了溶解 - 再沉淀方法外，还报道了多种溶液处理技术，包括滑动涂层、纳米流体通道、自模板定向和挤压法，以获得高质量的钙钛矿 NW。例如，Horvath 等人通过使用简单的滑动涂层方法制备了 $MAPbI_3$ NW。具体来说，饱和的 $MAPbI_3$/DMF 溶液夹在两个玻片之间，随后，在滑动顶部载玻片的同时，将底部载玻片固定到位，挤出多余的溶液。薄液膜暴露在空气中，导致溶剂蒸发并形成钙钛矿 NW(图 3-7(b))。

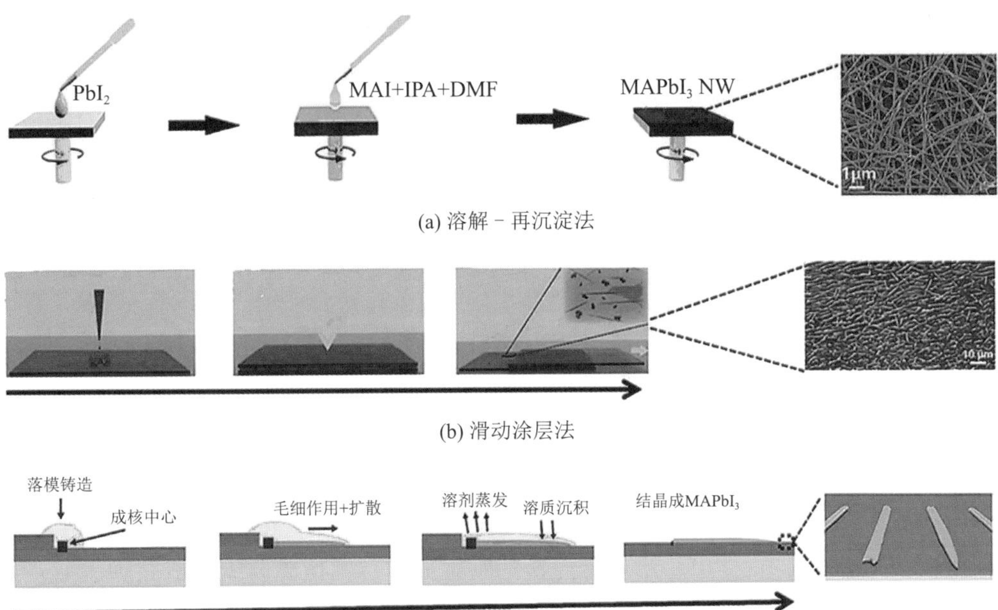

(a) 溶解－再沉淀法

(b) 滑动涂层法

(c) 用于 $MAPbI_3$ NW 的纳米流体通道引导方法

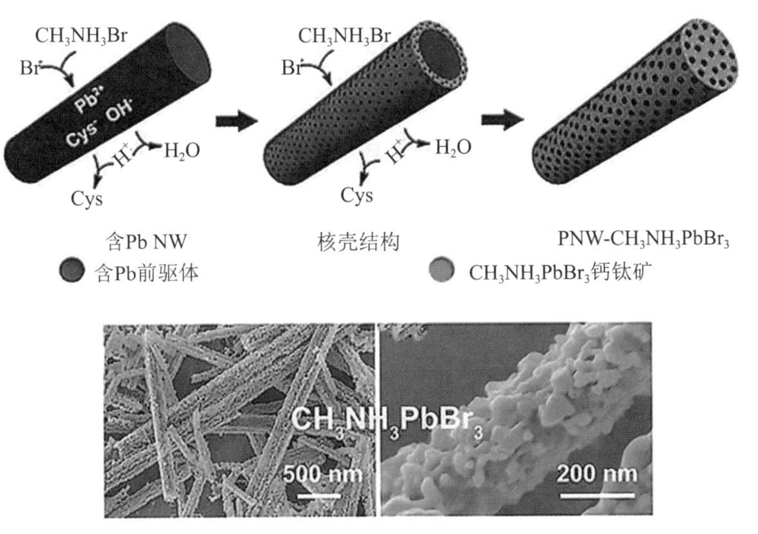

(d) 多孔 $MAPbBr_3$ NW 的自模板定向方法

(e) 配体介导的 2D $CsPbBr_3$ NS 的液相生长方法

图 3-7　1D 钙钛矿 NW 和 2D 钙钛矿 NS 的制造制备方法

Spina 等人使用开放的纳米流体通道制备了厘米级的 MAPbI3 NW。在这些方法中，将饱和的 $MAPbI_3$/DMF 滴在纳米结构 SiO_2 衬底上生长的阵列上。钙钛矿溶液随后被毛细作用力吸引到通道中。在通道入口，触发了稳定团簇和中间相 $MAPbI_3$ DMF 核的出现，从而初始化了通道中 NW 的生长 (图 3-7(c))。$MAPbI_3$ NW 在开放射流通道中的生长遵循“溶剂蒸发诱导过饱和驱动结晶”的经典机制，钙钛矿前驱体浓度、表面张力和温度对钙钛矿纳米线的最终形貌至关重要。

禚司飞等人使用自模板定向法 (图 3-7(d)) 报道了高质量多孔 $MAPbBr_3$ NW。首先制备含铅的 NW 前体，并将其添加到含有过量 HBr 和 MABr 的反应溶液中。前驱体 NW 的外壳部分转化为 $MAPbBr_3$ 钙钛矿，而内核仍然是含 Pb 的固体 NW。前驱体中有机组分的溶解和释放在壳上产生了一些孔隙，这反过来促进了含铅前驱体 NW 向卤化物钙钛矿 NW 的完全转化。Oener 等人通过使用阳极氧化铝 (AAO) 模板挤压钙钛矿溶液制备了 $MAPbBr_3$ NW。在这种方法中，首先将 $MAPbBr_3$ 前体滴铸到放置在 O 形圈上的独立 AAO 模板 (30～50 μm 厚) 上。使用与塑料管连接的注射器促进钙钛矿前驱体填充到 AAO 孔中，这导致钙钛矿前驱体快速通过 AAO 模板底部挤出。最后，通过后退火处理去除 AAO 模板，形成 $MAPbBr_3$ NW。

此外，还可以通过气相生长或化学气相沉积 (CVD) 方法制备独立的钙钛矿 NW(即 $MAPbI_3$ NW 或 $CsPbBr_3$ 钙钛矿 NW)。通过控制生长压力和温度，可以确定生成的卤化物钙钛矿 NW 的形态参数 (即长度、方向等)。廖金凤等人报道了将溶液浸渍法与卤化物交换法相结合分别合成 $CsPbI_3$ 和 $CsPbBr_3$ NW 的方法。该项研究首先将制备好的 $HPbI_3$ 薄膜浸入 CsI 甲醇溶液中，合成 $CsPbI_3$ NW 薄膜。随后，将 $CsPbI_3$ NW 膜浸入 CsBr 甲醇溶液中，实现了 $CsPbI_3$ NW 膜与 CsBr 甲醇溶液之间的卤化物交换，然后在 150℃下退火 10 分钟，得到 $CsPbBr_3$ NW 膜。该项研究提供了一种简单的原位溶液处理方法来合成 $CsPbX_3$ 纳米线，这促进了一维全无机钙钛矿纳米线在光电应用中的发展。

二维钙钛矿材料因其强大的量子限域效应和大的禁带宽度而被认为是最有前途的光电应用材料之一。宋继中等人使用配体介导的溶质相生长方法制备了厚度约为 3.3 nm、边缘长度约为 1 μm 的原子级厚度 2D $CsPbBr_3$ NS(图 3-7(e))。与一维钙钛矿纳米线的制备类似，气相沉积法也被广泛用于制备各种成分的二维钙钛矿 NPL 和 NS 形貌。

3.4.2 化学气相沉积法

随着钙钛矿材料生长方法的发展，CVD 法不断改进，可以生长出不同形貌的高质量钙钛矿材料。具有单一源和温度区的 CVD 装置是纯无机钙钛矿生长最常用的装置。一般来说，热蒸发源区内加热的 CsX 和 PbX_2(X = Cl，Br，I) 混合粉末用于获得 $CsPbX_3$(X = Cl，Br，I) 超薄纳米片、纳米球、定向 NW 和 MW 等。

曾龙辉的研究小组使用范德华外延法生长全无机钙钛矿 $CsPbBr_3$ 超薄片，通过改变生长衬底以获得高质量的材料。蒸发源是摩尔比为 1:1 的 $PbBr_2$ 和 CsBr 混合粉末，将混合源和超薄云母放入单区炉中的石英管中。超薄云母被放置在石英管的下游。将高纯度 Ar(99.99%) 通入石英管，将高纯度 Ar 气的流速保持在 35 sccm。随后，将热蒸发源区在 20 分钟内从室温升高到 575℃，持续沉积 15 分钟。最终，他们获得了 $CsPbX_3$ 超薄纳米片。

金灿英的团队开发了一种配备质量流量控制器和压力控制的 CVD 系统。使用该系统，他们在云母上生长了高密度的高质量水平定向 NW 和 MW $CsPbX_3$(X = Cl、Br 或 I)。这种方法简单且通用。云母和白云母被用作基质，并放置在冷却区的下游。将 10 mmol CsX 和 10 mmol PbX_2 的研磨粉末混合在一起，用作 $CsPbX_3$ 的前体，并放置在热蒸发源区的中心。前体和衬底之间的距离约为 12 cm。氩气用作载气，流速为 12 sccm，CVD 管内的压力保持在 80 mTorr。中央热蒸发源区的温度因卤素的不同而不同。对于 $CsPbI_3$ 的合成，热蒸发源区的中心温度设定为 300℃；对于 $CsPbBr_3$，热蒸发源区的中心温度设定为 325℃；对于 $CsPbCl_3$，热蒸发源区的中心温度设定为 350℃。基板处的温度比热电偶测量的热蒸发源区中心处的温度约低 40℃。根据所需的产物，CVD 反应需要进行 5 分钟到 20 小时。

3.5 异质结制备方法

3.5.1 在异质材料上生长钙钛矿形成异质结

1. 溶液生长法

Miyasaka 及其同事报道了第一批钙钛矿太阳能电池。在他们的光伏器件中，TiO_2 NC 多孔膜上的 $MAPbBr_3$ 和 $MAPbI_3$ 钙钛矿 NC 异质结被用作光敏材料。通过将化学计量的 MABr–$PbBr_2$/DMF 溶液或 MAI–PbI_2/γ- 丁内酯溶液滴到 TiO_2 NC 膜上制备异质结。在干燥过程中，薄膜颜色逐渐变为黄色或黑色，表明分别形成了 $MAPbBr_3$ 或 $MAPbI_3$ 钙钛矿 NC，他们称之为“自组织过程”，并将其归类为一种基板表面结晶 / 液相沉积方法 (图 3-8(a))。Gratzel 和 Park 及其同事将这种异质结构用于制备全固态太阳能电池，效率达到 25.2%。Sargent 团队对该方法进行了修改，将 PbS 量子点添加到含有 MAI 和 PbI_2 的前体溶液中，旋涂混合物，并退火以形成 $MAPbI_3$–PbS 异质结 (图 3-8(b))。$MAPbI_3$ 的晶格与 PbS 的晶格非常匹配，表明存在化学外延界面——在 PbS 量子点上以原子取向生长钙钛矿晶体。两步衬底表面结晶也用于制备薄膜形式的钙钛矿异质结，例如，在 TiO_2 薄膜旋涂 PbI_2 溶液，退火并浸入 MAI 溶液中以生长 $MAPbI_3$。

徐玉峰等人报告了一种制备 $CsPbBr_3$ QD– 氧化石墨烯 (GO) 异质结的反溶剂注入方法，即将 $PbBr_2$、油酸铯 /DMF 混合溶液注入甲苯中 (图 3-8(c))。热注入法也用于合成 $CsPbX_3$@h-BN 纳米片异质结 (X = Cl，Br，I)，通过将 h-BN 纳米片添加到前驱体溶液中来获得所需的异质结器件 (图 3-8(d))。还开发了用 $MAPbBr_3$ 量子点填充胶体 SiO_2/PVDF 空心纳米壳的相反顺序制备方法 (图 3-8(e))。

(a) 沉积在 TiO_2 表面的 $MAPbBr_3$ 颗粒的 SEM 图像

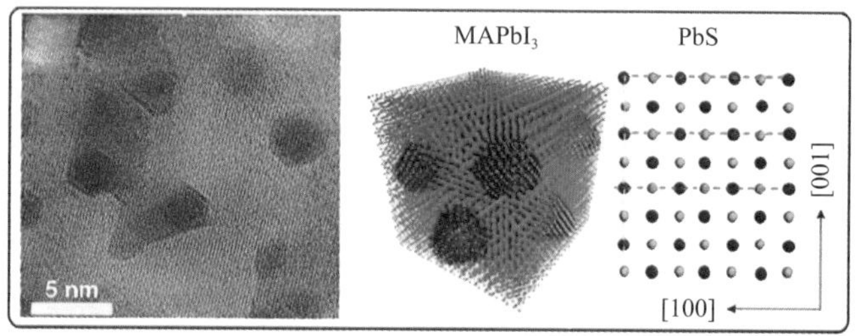

(b) $MAPbI_3$–PbS 异质结，PbS 量子点嵌入 $MAPbI_3$ 基质中

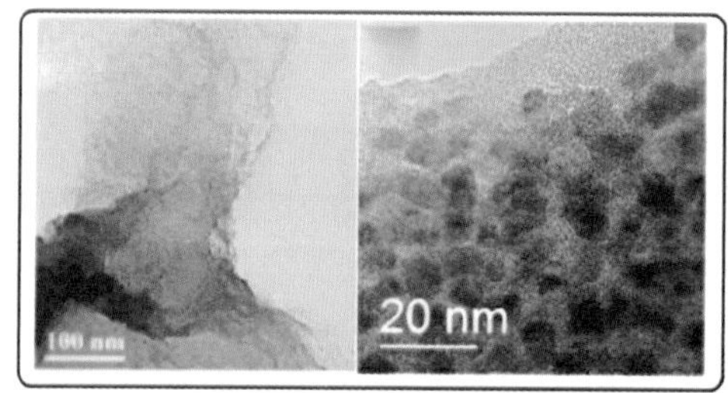

(c) $CsPbBr_3$ QD/GO 异质结的 TEM(左) 和 HRTEM(右) 图像

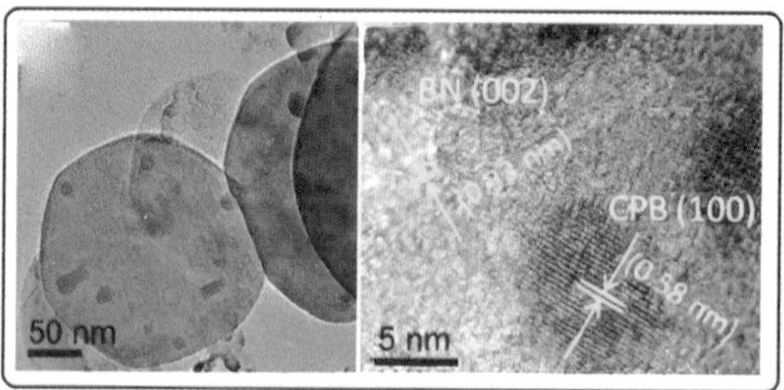

(d) $CsPbX_3$@h-BN 异质结的 TEM(左) 和 HRTEM(右) 图像

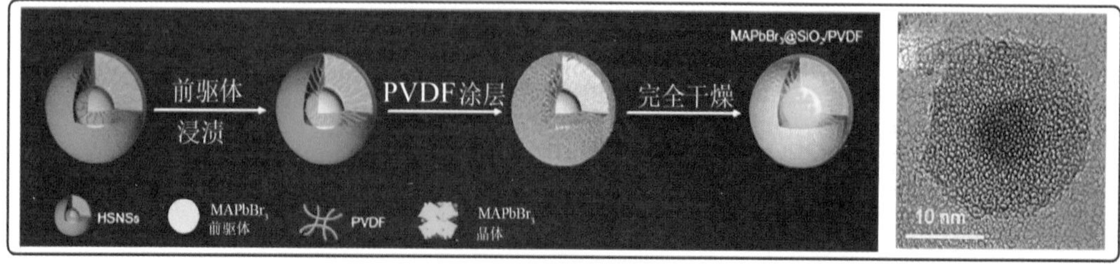

(e) $MAPbBr_3$@SiO_2/PVDF 异质结的合成过程示意图 (左) 和 HRTEM 图像 (右)

图 3-8　钙钛矿异质结的溶液生长方法

2. 范德华异质结的外延生长

由于异质外延结构在电子器件中的成功应用，钙钛矿外延异质结构近年来受到了越来越多的关注。石耀琦及其同事报道了通过双前驱体 (MACl 和 $PbCl_2$) 化学气相沉积 (CVD) 方法在云母上外延生长 $MAPbCl_3$ 钙钛矿纳米片 (厚度小于 10 nm，宽度在几十微米)。他们证明了准 2D 钙钛矿的外延生长是由于弱范德华力的存在。这意味着外延钙钛矿是通过范德华力而不是化学键与衬底接触。在研究结果中，晶面关系分别为云母 (001)- 钙钛矿 (001)、云母 (200)- 钙钛矿 (200)(5° 偏移量) 和云母 (020)- 钙钛矿 (010)(5° 偏移量)(图 3-9(a))。后来，研究者们又制备了各种结构的钙钛矿型范德华异质结，如钙钛矿 / 石墨烯、钙钛矿 /MoS_2 和钙钛矿 /h-BN 异质结等 (图 3-9(b))。钙钛矿 $MAPbBr_3$ NC 在 MoS_2 上的外延生长也是通过溶液途径实现的。对异质结的表征结果显示，(001)MoS_2 纳米片内的钙钛矿外延关系沿 $MAPbBr_3$[100]/MoS_2[100] 方向或 $MAPbBr_3$[110]/MoS_2[210] 方向排列。

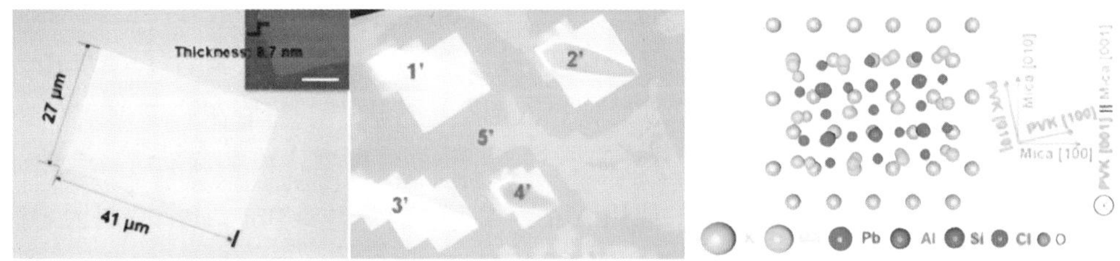

(a) $MAPbCl_3$– 云母范德华异质结的外延生长

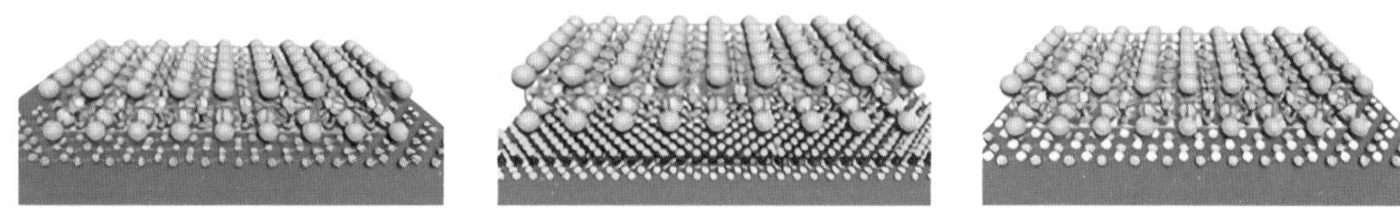

(b) 从左到右分别为 $CsPbBr_3$/ 石墨烯、$CsPbBr_3$/MoS_2 和 $CsPbBr_3$/h-BN 异质结示意图

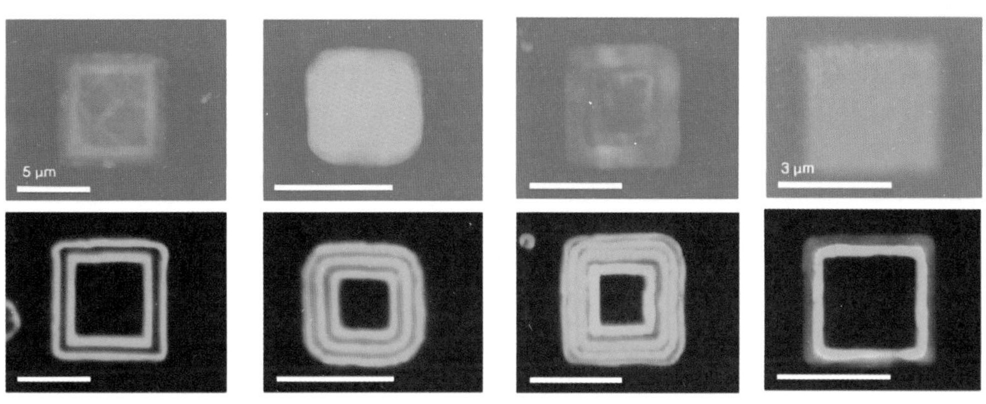

(c) $(2T)_2PbI_4$-$(2T)_2PbBr_{4\times n}$(从左到右，n = 2，n = 3，n = 4) 和 $(2T)_2SnI_4$-$(2T)_2PbI_4$-$(2T)_2PbBr_4$ 构成的横向超晶格多外延异质结构的光学照片 (上) 和对应光致发光光谱谱图 (下)

图 3-9 二维横向异质结的外延生长

3. 二维横向异质结的外延生长

尽管由钙钛矿和 2D 异质材料组成的范德华异质结的外延生长取得了成功，但由于钙

钛矿的本征离子迁移率非常高，在两种卤化物钙钛矿材料之间制备具有原子尖锐界面的外延异质结一直是一个巨大的挑战。人们提出利用快速离子扩散法通过离子交换制备钙钛矿异质结。然而，这种方法也可能导致结宽度的不断增加，这对稳定和小型的器件是不利的。石耀琦等人开发了一种新的策略，使用刚性 π 共轭有机配体和四元溶剂法合成具有近原子尖锐界面、多异质结和超晶格的高度稳定和可调谐横向 2D 卤化物钙钛矿外延异质结 (图 3-9(c))。通过小瓶内的反溶剂减缓钙钛矿溶剂的二次蒸发，以促进 2D 钙钛矿的生长。用不同的钙钛矿前驱体在原二维钙钛矿上重复生长，成功制备了横向异质结。

3.5.2　先合成钙钛矿再生长异质材料形成异质结

与 3.5.1 小节所述情况相反，钙钛矿异质结可以通过先合成钙钛矿，然后在其上生长异质材料来制备。陈薇薇等人用这种方法合成了 $CsPbBr_{3-x}I_x$/ZnS 量子点异质结结构。他们在十八烯 (ODE)、油酸 (OA) 和油胺体系中，通过典型的热注入方法制备了 $CsPbBr_{3-x}I_x$ 量子点。然后将硬脂酸锌和 1- 十二硫醇添加到 $CsPbBr_{3-x}I_x$ 溶液中，随后在 $CsPbBr_{3-x}I_x$ 量子点上生长 ZnS(图 3-10(a))。Roman 等人通过在 $CsPbBr_3$ 纳米异质结上生长 Au-NC 成功合成了 Au–$CsPbBr_3$ 纳米异质结 (图 3-10(b))。使用 $AuBr_3$ 作为金前体，将 $PbBr_2$(Pb^{2+}) 引入溶液中，作为竞争剂，防止 NC 晶格中的金离子发生置换。金颗粒的大小由 Au^{3+} 离子浓度决定。在没有 $PbBr_2$ 的情况下，形成了 Au–$Cs_2Au_2Br_6$ 纳米异质结。金沉积和离子交换同时进行。

在纳米材料表面包覆一层二氧化硅壳是提高纳米材料稳定性和生物相容性的有效途径。通过水解硅烷前体 (如四乙氧基硅烷 (TEOS)) 制备的二氧化硅具有无定形结构，这种结构几乎没有晶面选择性，旨在形成完整的核 / 壳涂层。然而，大多数用二氧化硅壳层覆盖的卤化物钙钛矿 NC 导致大量聚合物或钙钛矿 NC 嵌入一个二氧化硅球体中。唐晓生等人通过引入三辛基氧化膦 (TOPO) 和 2- 甲氧基乙醇 (2-ME)，成功地控制了钙钛矿制备过程中正硅酸乙酯的水解。对于单个 $CsPbMnX_3$(X = Br，Cl)NC，实现了厚度可控在 2 nm 以内的二氧化硅壳 (图 3-10(c))。类似地，在室温下，通过在胶体 $CsPbBr_3$ NC 的甲苯溶液中水解丁醇钛 (TBOT)，制备了非晶态 TiO_x 壳包覆的 $CsPbBr_3$ 异质结。在 300℃煅烧 5 小时后，TiO_x 壳层转变为正交相 TiO_2 壳层 (图 3-10(d))。

何彦杰等人展示了一种非传统的策略，用于制作双壳钙钛矿异质结 (通过聚合物连接的钙钛矿 /SiO_2 核 / 壳纳米颗粒)。其中，星形共聚物被用于控制钙钛矿型核直径、SiO_2 壳厚度和表面化学。因此，得到的聚合物栓系钙钛矿异质结显示出更好的稳定性 (胶体稳定性、化学成分稳定性、光稳定性、水稳定性)，同时具有更好的溶液加工性。唐晓生等人在 150℃温度下，通过向 $CsPbBr_3$ 量子点反应溶液中滴加 Cd- 油酸酯和硫 - 油酸胺，合成了单核 / 壳结构 $CsPbBr_3$/CdS 量子点。这些核 / 壳量子点表现出超高的化学稳定性和非闪烁发光能力和高量子效率。与纯 $CsPbBr_3$ 量子点相比，由于非辐射俄歇复合受到抑制，放大自发辐射 (ASE) 的效率得到了提高。

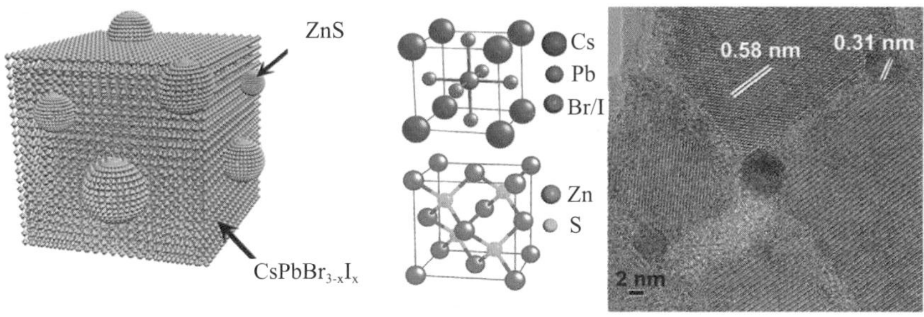

(a) $CsPbBr_{3-x}I_x$–ZnS 量子点异质结

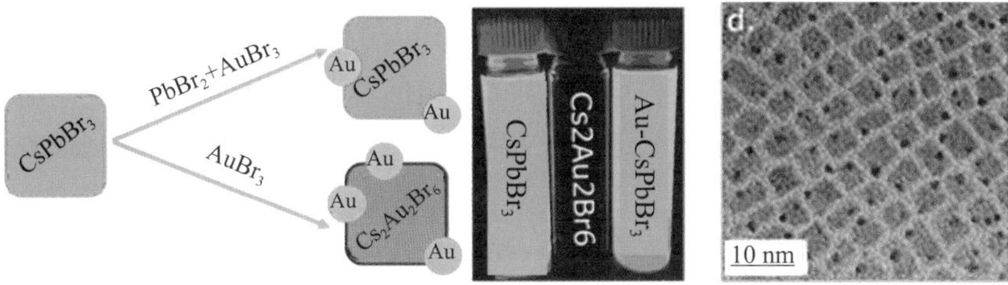

(b) Au–$CsPbBr_3$ 纳米异质结

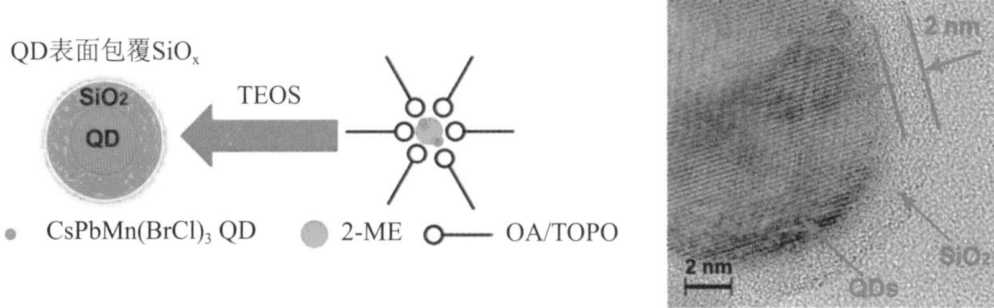

(c) $CsPbMnX_3$–SiO_2 异质结

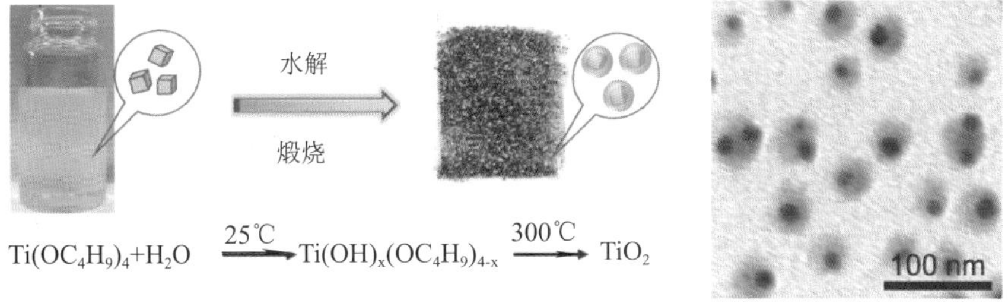

(d) $CsPbMnX_3$–TiO_2 异质结

图 3-10　先合成钙钛矿再生长异质材料所形成的异质结

3.5.3　一步生长法

1. 混合、吸附和沉积

除了在异质材料上原位成核和生长钙钛矿（反之亦然）外，钙钛矿异质结还可以通过一步法制备。一个简单的方法就是先分别制备钙钛矿和异质材料，然后将它们结合形成异质结。可以将钙钛矿沉积到异质材料的目标表面，也可以通过将钙钛矿与异质材料在溶液中混合、旋涂或与基底上的混合物浸涂而形成。这种通用方法已被广泛应用于制造各种器件，例如太阳能电池、晶体管、光电探测器、激光器、发光二极管 (LED) 等。这种方法的优点是，这两个组件的参数都是高度可控的。不足之处在于，可能需要去除多余的表面活性剂或替换配体来提高性能。一种解决方案是在混合溶液中组装异质结，然后通过离心纯化产物，例如 $CsPbBr_3$/ 多孔氮化硼纳米纤维 (BNNFs) 的异质结 (图 3-11(a))。

2. 一锅法

一步合成法的另一条路线叫作一锅合成法。它已被用于合成一种特殊的复合材料 $CsPbBr_3/Cs_4PbBr_6$ 异质结。由于 Cs_4PbBr_6 与 $CsPbBr_3$ 的晶格十分匹配，Cs_4PbBr_6 在纳米 $CsPbBr_3$ 表面的封盖不会引入应变，并阻止 $CsPbBr_3$ 聚集，从而产生强荧光。$CsPbBr_3/Cs_4PbBr_6$ 异质结可以在室温下通过反溶剂注入一锅合成 (图 3-11(b))，或在更高温度下通过溶剂热反应合成。前驱体中 Cs:Pb:Br 的比例是成功形成异质结的关键参数。与纯 $CsPbBr_3$ 的合成相比，通常需要更高的 Cs 比，这与它们的化学计量一致。$CsPbBr_3/Cs_4PbBr_6$ 异质结通常在一个 $CsPbBr_3/Cs_4PbBr_6$ 粒子中嵌入多个或多个 $CsPbBr_3$ NC。一锅法还用于合成钙钛矿金属 - 有机骨架 (MOF) 和 2D 钙钛矿多异质结 (图 3-11(c))。Mollic 等人报道了一种溶胶溶剂定向合成钙钛矿 @MOF 纳米异质结的方法，所得到的异质结由于 MOF 保护而表现出紫外光、溶剂、水和热稳定性。傅永平等人报道了 2D 钙钛矿垂直堆叠 $(PEA)_2(MA)_{n-1}Pb_nI_{3n+1}$ 多异质结结构的制备方法，通过简单地调整 MAI 与 PEAI 的比值 (α) 来调制异质结结构：α 的值越小，异质结结构中的钙钛矿层数 n 就越小。这些异质结结构具有通过范德华外延力维持的原子级尖锐界面，并表现出独特的 PL 图谱 (图 3-11(d))。

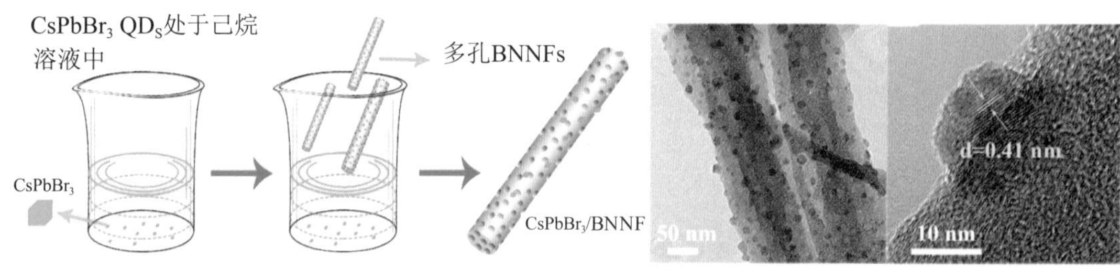

(a) $CsPbBr_3$–BNNFs 异质结的制备和 HRTEM 图像

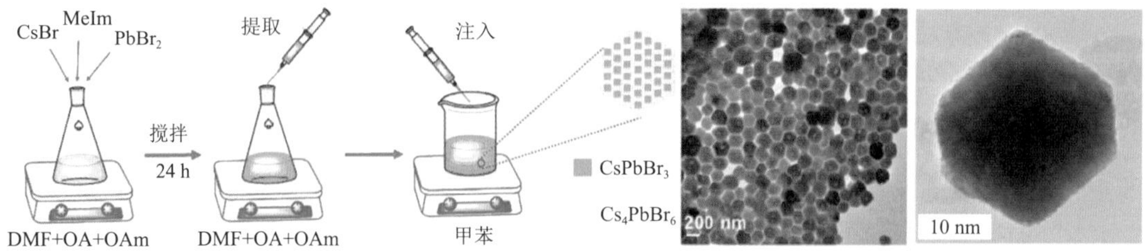

(b) $CsPbBr_3/Cs_4PbBr_6$ 异质结的一锅合成法和 HRTEM 图像

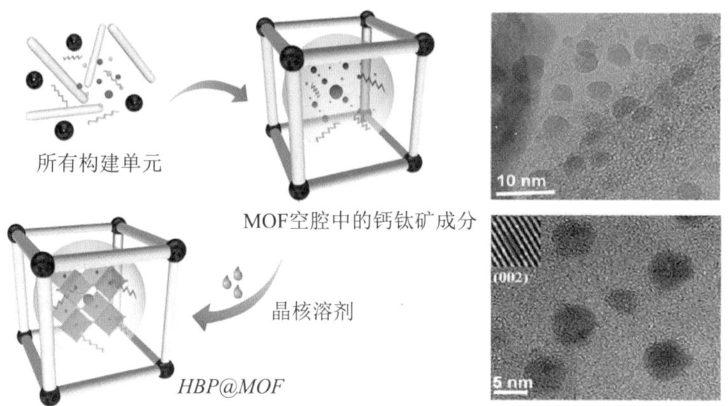

(c) $MAPbBr_3$@ZIF-8 个异质结的一锅合成法和 HRTEM 图像

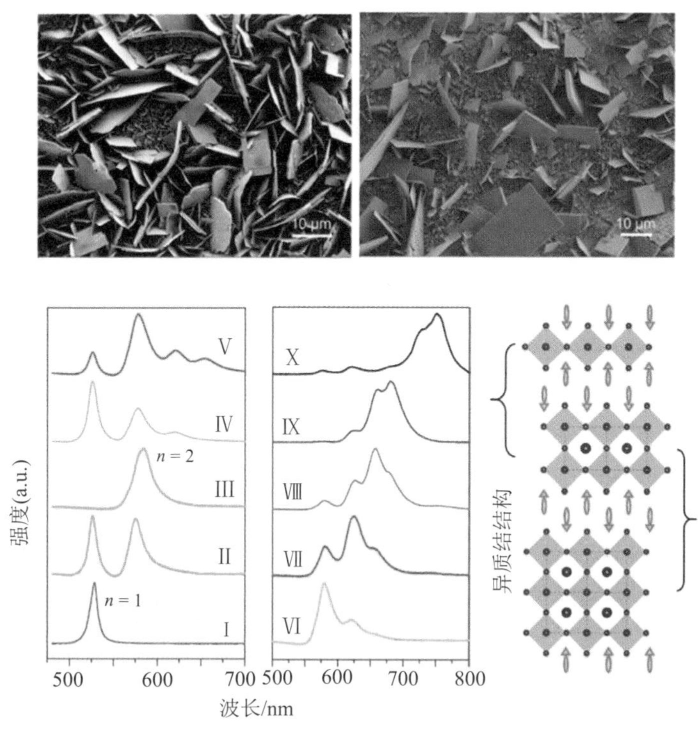

(d) 442 nm 激发下的 $(PEA)_2(MA)_{n-1}Pb_nI_{3n+1}$ 异质结结构及 PL 光谱

图 3-11 一步生长法制备异质结

3.5.4 原位交换法

1. 离子交换

Cl^-、Br^- 和 I^- 之间的阴离子交换被证明是快速且可逆的，这能够持续调节铅卤钙钛矿的光致发光。杨培东等人将阴离子交换与电子束光刻结合起来，成功制备了空间分辨多色 $CsPbX_3$ 纳米线和纳米片异质结 (图 3-12(c))。在制备过程中，将单个钙钛矿 NW 转移到 SiO_2/Si 衬底上。然后旋涂一层薄薄的聚甲基丙烯酸甲酯 (PMMA) 以覆盖 NW。通过高空间分辨率电子束光刻去除钙钛矿表面的部分 PMMA，然后将基底浸入油基卤化铵中进行阴离子交换反应。未被 PMMA 覆盖的钙钛矿发生了阴离子交换，而 PMMA 覆盖的钙钛矿及其组分仍然存在，在 NW 异质结中显示出 PL 图案。这种聚合物掩模辅助的原位转换策略后来被用于在柔性衬底上制备横向结构的钙钛矿薄膜和 $CsPbI_3$-$CsPbBr_3$ NW 阵列异质结，以构建自供电横向光电探测器。Islam 等人基于激光捕获技术，通过聚焦近红外 (NIR) 激光束开发了空间选择性卤化物交换法 (图 3-12(a))。光作用引起的局部浓度增加加速了离子交换反应，这比自发交换快一个数量级。

2. 光和热诱导转换

Li 等人揭示了通过激光照射在 2D 钙钛矿 $Cs_2PbI_2Cl_2$ 基质中形成嵌入的 $CsPbI_3$ NC 异质结。这是一种由激光驱动的高效光热过程。随着激光功率的增加，PL 发光峰逐渐由紫红色变为亮红色。研究表明，快速热淬火对 $CsPbI_3$ 从非钙钛矿黄色相到钙钛矿黑色相的相变是有效的，这也有利于异质结的制备。

3. 电子束诱导转换

电子束不仅可以用来刻蚀钙钛矿表面覆盖的聚合物，还可以直接作用于钙钛矿晶体，导致异质结转变。有研究者指出，电子束辐照诱导制备的钙钛矿中的黑色颗粒是 Pb 颗粒，而一些人认为也可能为 PbX_2。党志雅等人研究了厚度为 3 nm 的 $CsPbBr_3$ 纳米片在高能 (80/200 keV) 电子辐照效应下的影响 (图 3-12(b))。结果表明，$CsPbBr_3$ NC 经历了辐解过程。$CsPbBr_3$ 中的 Pb^{2+} 离子被还原为 Pb^0，经过扩散和聚集形成 Pb–$CsPbBr_3$ 异质结。后来，他们发现温度低于 −40℃的条件下 Pb^0 原子 / 团簇的扩散被彻底抑制。在单个 $CsPbBr_3$ 纳米片中辐照诱导了获得了随机取向的 CsBr、CsPb 和 $PbBr_2$ 晶畴的形核。

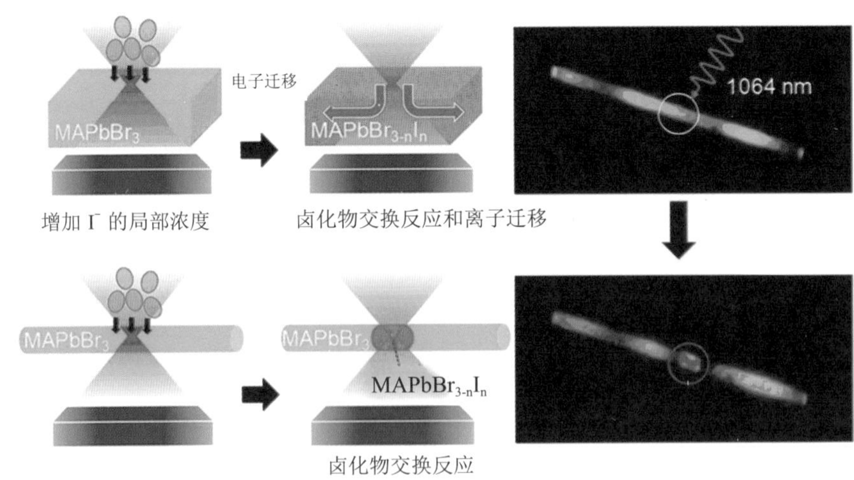

(a) 激光俘获技术通过空间控制的选择性卤化物交换制备钙钛矿异质结

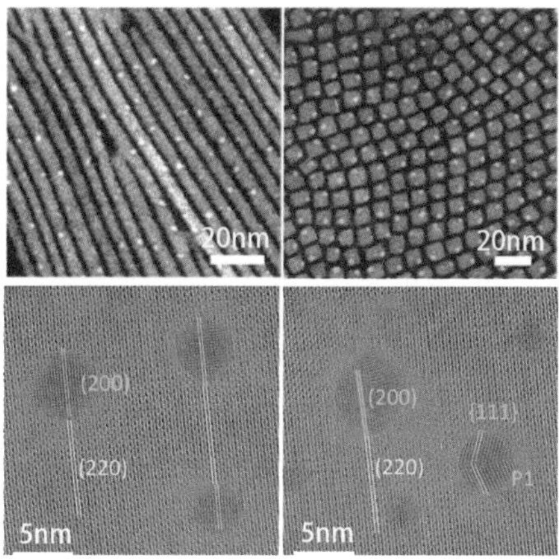

(b) 电子束诱导的 $CsPbBr_3$–Pb 异质结，显示出明确的外延取向

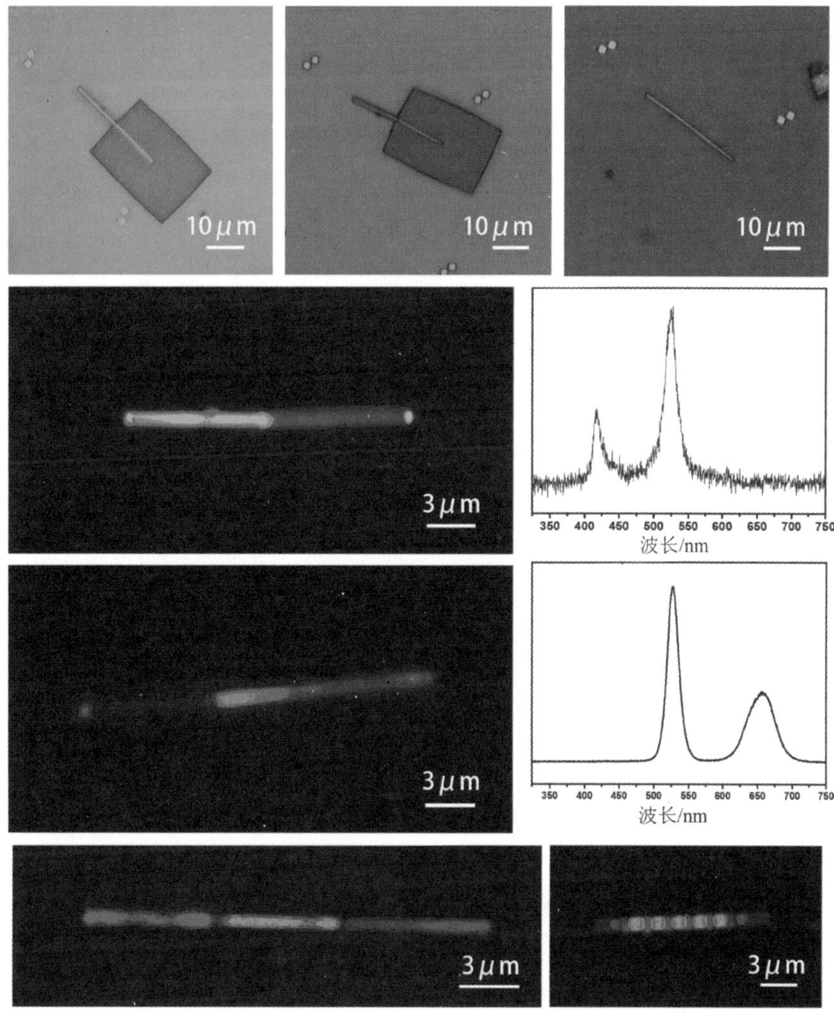

(c) 钙钛矿 NW 异质结的制备和 PL 表征

图 3-12　电子束诱导转换制备钙钛矿异质结

4. 化学反应诱导转化

原位转化也可以通过溶液中的纯化学过程实现。胡慧成等人报道了通过结合水触发法和溶胶－凝胶法制备单分散 $CsPbX_3/SiO_2$ 和 $CsPbX_3/Ta_2O_5$ Janus 异质结。使用热注入法合成的 Cs_4PbX_6 NC 作为前体，向 Cs_4PbX_6 NC 己烷溶液中加入适量的四甲氧基硅烷 (TMOS) 或乙醇钽 (TTEO)。然后注入去离子水并振荡几分钟，溶液在室温条件下保持 12 小时，最后通过离心分离 $CsPbX_3/SiO_2$ 和 $CsPbX_3/Ta_2O_5$ 化合物。提出了一种机制，如图 3-13(a) 所示。当 Cs_4PbX_6 NC 遇到水时，CsX 通过己烷 / 水界面被提取到水中。同时，可以去除油酸和油酸胺的界面上的氧化物。这种原位转化方法也被成功地用于从 Cs_4PbBr_6 NC 和 $Zr(OC_4H_9)_4$ 混合物中制备 $CsPbX_3/ZrO_2$ 纳米异质结。

最近，Wang 等人报道了原位转化法合成胶体 $CsPbX_3$-PbS 异质结 (图 3-13(b))。$CsPbX_3$ NC 本身被用作前驱体，为 PbS 量子点异质结提供铅源。通过将高活性 $(TMS)_2S$ 作为硫源添加到 $CsPbX_3$ NC 溶液中，$(TMS)_2S$ 和 $CsPbX_3$ NC 相结合以形成 $CsPbX_3$-PbS 异质结。PbS 量子点的大小可以通过 $(TMS)_2S$ 的比例和反应时间来调节。因此，$CsPbX_3$-PbS 异质结显示出可调谐的可见近红外双发射特征，分别对应于 $CsPbX_3$ 和 PbS。该方法有望成为形成钙钛矿－硫化物纳米异质结的通用方法。

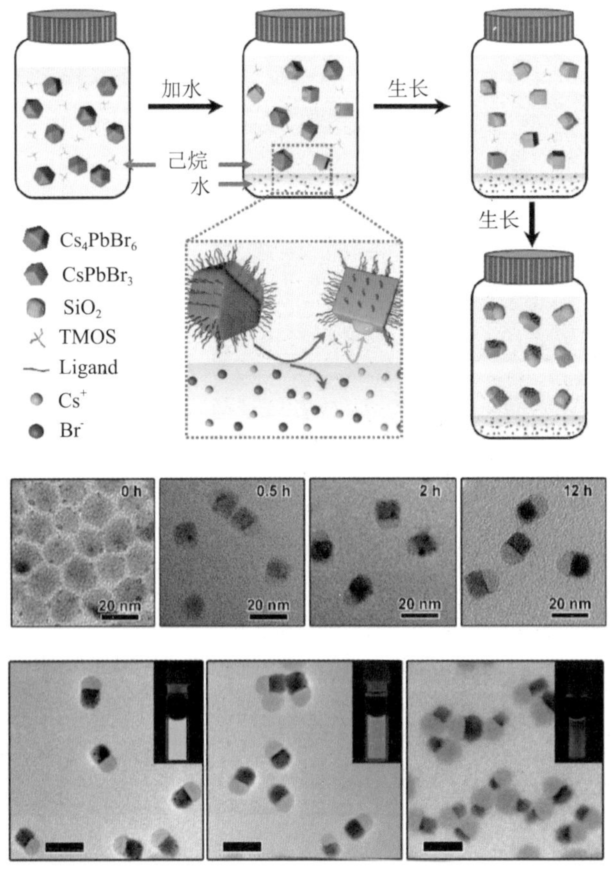

(a) Cs_4PbX_6 纳米晶体转化成 $CsPbBr_3/SiO_2$ 异质结的形成过程示意图 (上) 和 TEM 图像 (下)

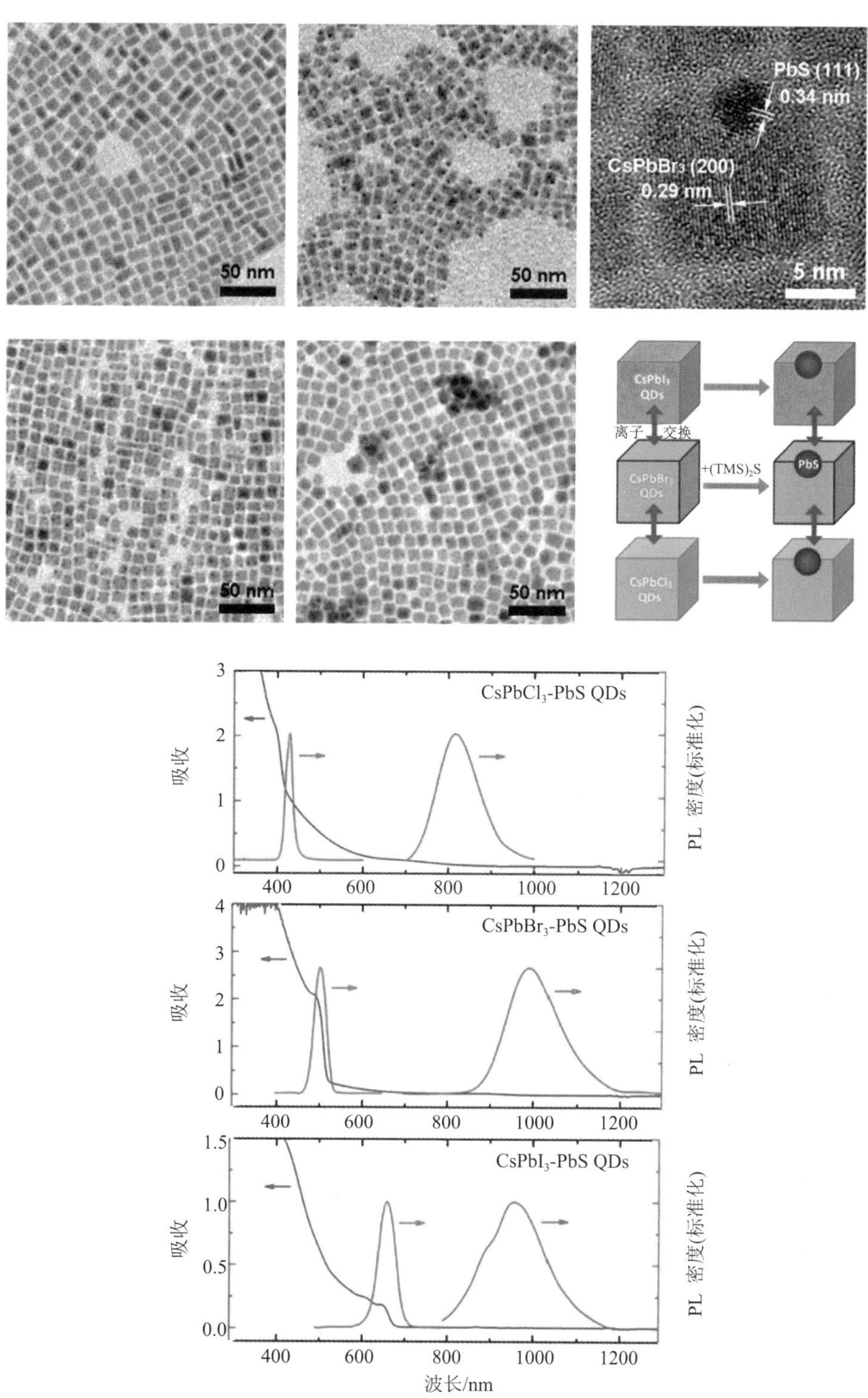

(b) 钙钛矿量子点与 $(TMS)_2S$ 反应形成的 $CsPbX_3$-PbS 量子点异质结的 TEM/HRTEM 图像、示意图 (上) 和 PL 吸收光谱 (下)

图 3-13　化学反应诱导转化制备钙钛矿异质结

本章小结

根据生长过程的不同，现有的钙钛矿生长方法基本上可以分为传统的溶液生长法、旋涂法和化学气相沉积法 (CVD)。其中，传统的溶液生长方法主要包括溶液降温法 (STL)、逆温度结晶法 (ITC) 和反溶剂蒸汽辅助结晶法 (AVC)，旋涂法则是成本最低的成膜方法之一，CVD 法随着技术的不断发展改进，也可以生长出具有不同形貌的高质量钙钛矿材料，如纳米片、薄膜、微丝和纳米线等。在不同的条件下，可以通过不同的生长方法生长不同形貌的钙钛矿，如块体晶体、薄膜、微 / 纳米片、纳米线和微纳米球。

第4章 铅卤化物钙钛矿基光伏器件——钙钛矿太阳能电池

4.1 钙钛矿太阳能电池的结构与工作机理

4.1.1 器件结构

钙钛矿太阳能电池是在染料敏化太阳能电池的基础上演变而来的，其迅猛发展得益于染料敏化太阳能电池和有机聚合物薄膜太阳能电池方面多年所积累的研究基础。钙钛矿太阳能电池的具体演变过程如图 4-1 所示。

经过近三年的探索，目前大家普遍公认基于平面异质结结构和介孔结构均可实现高性能的钙钛矿太阳能电池。其中，平面异质结结构钙钛矿太阳能电池主要包括正型钙钛矿太阳能电池、无电子传输层钙钛矿太阳能电池、反型钙钛矿太阳能电池；介孔结构钙钛矿太阳能电池主要包括介孔钙钛矿太阳能电池和无空穴传输层钙钛矿太阳能电池，具体总结如图 4-2 所示。

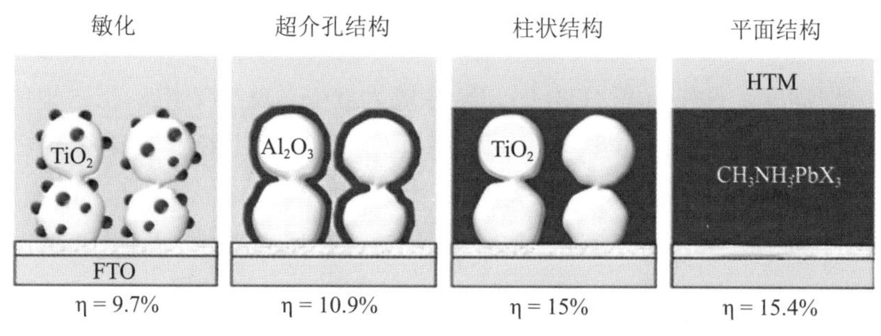

图 4-1　钙钛矿太阳能电池器件结构演变过程

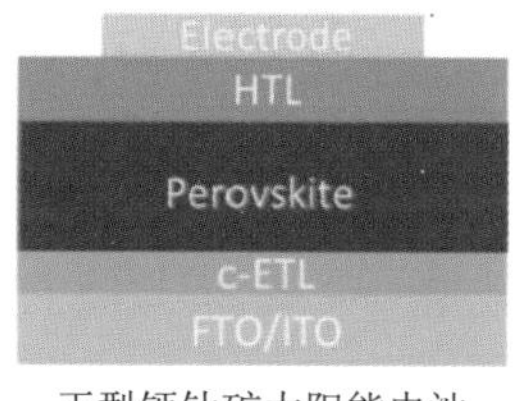

正型钙钛矿太阳能电池

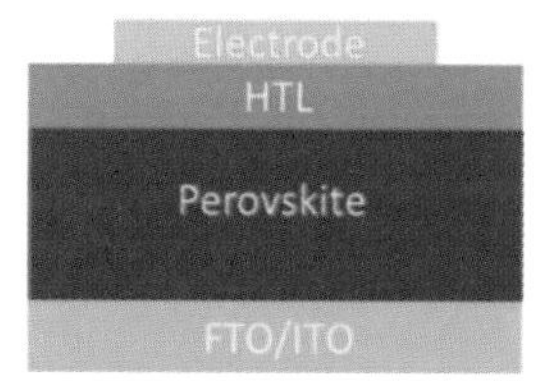

无电子传输层钙钛矿太阳能电池

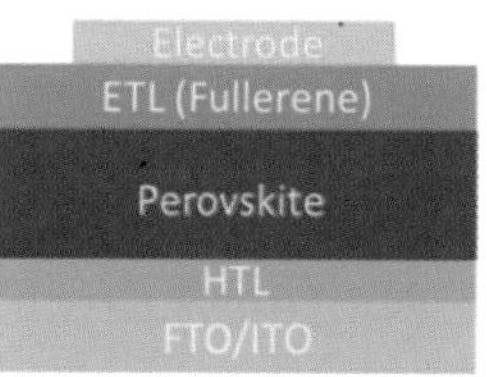

反型钙钛矿太阳能电池

(a) 平面异质结结构钙钛矿太阳能电池

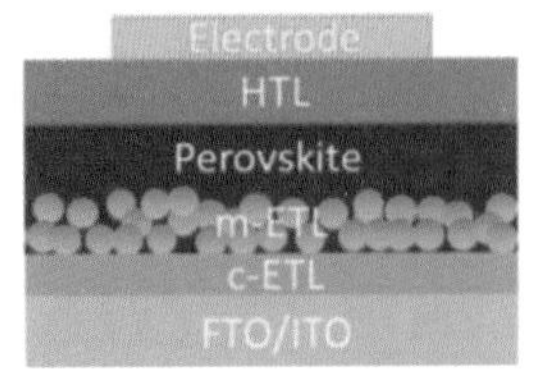

介孔钙钛矿太阳能电池

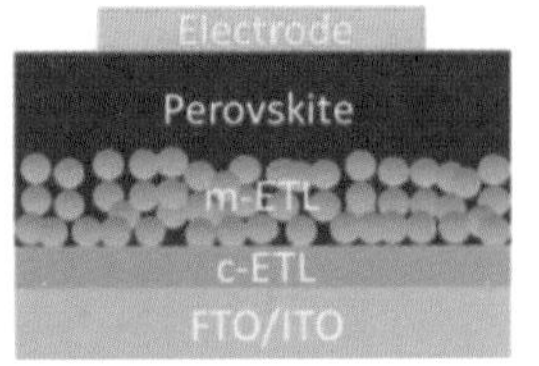

无孔穴传输层钙钛矿太阳能电池

(b) 介孔结构钙钛矿太阳能电池

图 4-2　钙钛矿太阳能电池器件结构总结

介孔 n−i−p 结构是最原始的钙钛矿光伏器件结构。结构依次为致密的 ETL(通常为 TiO_2)、介孔金属氧化物 (mp-TiO_2 或 mp-AlO_3)、钙钛矿层，HTL 多数为有机 spiro-OMeTAD 或者 PTAA，还有部分课题组选用了无机氧化镍 (NiO_x) 等；最后为金属电极 (金或银)。在这种结构中，介孔层的作用为：降低传输距离，增强载流子收集能力，阻止漏电，引起光散射，增加光子吸收。但这些介孔同样会限制晶粒的生长，使得部分钙钛矿处于无序和无定形相，这也会导致相对较低的开路电压 (U_{oc}) 和短路电流密度 (J_{sc})。当然这些问题可以通过调整介孔层厚度以及其他优化方式得到解决，到目前，介孔结构仍然有一定的竞争力。

平面 n−i−p 结构如图 4-2 所示，是介孔结构的自然演化。由于空穴在 HTL 界面的传输效率比电子在 ETL 界面的传输效率更高，因此最初人们认为将 ETL 做成接触面积更大的介孔结构是有积极作用的。然而之后的研究发现，通过控制钙钛矿形成、优化载流子传输层和光吸收层之间的界面等，不需要介孔层也可以实现高 PCE，因此平面 n−i−p 结构被广泛应用。与介孔结构相比，平面结构 HTL、钙钛矿光吸收层等基本保持不变，ETL 多了一些选择，包括氧化锌、氧化锡 (SnO_2) 或者氧化物复合层等，但整体上工艺更加简单，性能和介孔结构相当，甚至更高。

当改变沉积顺序，首先沉积 HTL 时，器件成为 p−i−n 反型结构。在这种情况下，p−i−n 型钙钛矿器件 HTL 一般为聚 3，4- 二氧乙基噻吩掺杂聚对苯乙烯磺酸 (PEDOT : PSS)、PTAA 或者 NiO。钙钛矿层、电极层与正向结构基本相同，ETL 由较薄的有机薄膜构成，包括富勒烯衍生物 (PCBM) 和碳的其他衍生物等。此外还有部分课题组采用了介孔 p−i−n 结构的钙钛矿太阳能电池，其中 HTL 一般为 NiO_x/mp-Al_2O_3 或 c-NiO_x/mp-NiO。但总体上，介孔结构在 p−i−n 结构中并没有明显优势。钙钛矿太阳能电池主要基于前三种结构，并且都获得了良好的性能。

4.1.2　工作机理

钙钛矿太阳能电池的光电转换机理仍然遵循着光生伏特效应，光伏效应 (Photovoltaic effect) 是“光生伏特效应”的简称，由法国科学家 A.E. Becqurel 于 1839 年首次发现。通常是指当材料受到太阳光辐照时，内部载流子分布发生变化，进而在材料不同部位出现电势差的现象。一般而言，在气体、液体和固体中均可观察到光伏效应，但在固体特别是半导体结中这种效应尤为明显。太阳能电池就是利用半导体结的光伏效应实现光能向电能转化的器件。

在理想情况下，如图 4-3 所示，随着太阳光射入电池器件，能量大于钙钛矿层禁带宽度的光子被吸收，从而使其价带中的电子激发到导带，进而产生光生载流子；由于钙钛矿层可近似为本征半导体，所以产生的电子和空穴会很快发生复合；为了产生电流，就需要在产生电子和空穴的瞬间将它们分离。因此，利用电子传输层 - 钙钛矿层 - 空穴传输层构成 n-i-p 结，在 n-i-p 结内建电势差的作用下，光生电子向 n 区漂移，而空穴则向 p 区漂移，实现了光生电子和空穴的分离。随着光生载流子的不断漂移，在 n 区边界积累了大量的电子，而 p 区边界则积累了大量空穴，使得边界区的载流子浓度升高，导致一部分电子和空穴向各自浓度更低的方向发生扩散。如果在外部连接电路，其中产生的电子被电子传输层运输到衬底电极，而空穴则被碳电极收集，构成一个闭合的回路，产生光电流。

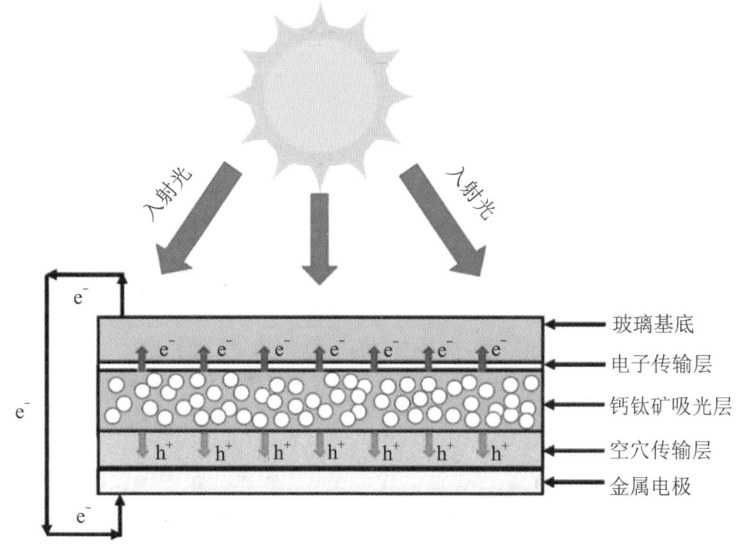

图 4-3　钙钛矿电池工作原理示意图

其中，电子传输层作为电池的负极．其作用是将光吸收层分离出来的电子传输出去，常见的电子传输层 (ETL) 材料为 TiO_2 和 SnO_2。空穴传输层的作用则是将光吸收层分离出来的空穴传输到金属阳极上，空穴传输层 (HTL) 可使用的材料种类较多，常见的为有机材料 Spiro-OMeTAD 等。中间层则是由钙钛矿构成的光吸收层，当有光线照到吸光层时，它会吸收光能，使核外自由电子摆脱原子核的束缚定向移动到电子传输层，从而形成光电流。典型的钙钛矿太阳能电池的吸光层的结构为多孔 TiO_2 上面附着钙钛矿晶体，这样的结构可以增大钙钛矿的受光面积，从而使得吸光层可以充分地吸收太阳光，进而提高了钙钛矿太阳能电池的工作效率。中间层的钙钛矿材料主要可分为全无机铅卤化物钙钛矿和有机 - 无机杂化铅卤化物钙钛矿两大类。关于电子传输层、空穴传输层和光吸收层的材料，后续的 4.4 节中将作详细介绍，不再赘述。

4.2 钙钛矿太阳能电池中的光物理过程

太阳能电池的核心部分由半导体材料构成。当入射光照射到半导体材料上时，由于本征光吸收在其内部会产生大量的电子－空穴对。但是由于热运动和受束缚的特征，电子－空穴对很容易复合，外电路不会有净电流产生。要克服此问题，就必须在电子－空穴对产生的同时，通过特殊的途径使其分离。对此，较为有效的一个途径是在半导体内部构建内建电场，而构建内建电场最常用方法是用 p-n 结。大部分固态太阳能电池均是基于 p-n 的内建电场实现光生电子－空穴对的分离，进而产生光电流，具体如图 4-4 所示。

当太阳光照射到半导体 p-n 结时产生电子－空穴对，由于内建电场的作用，空穴有向 p 区漂移的趋势，电子有向 n 区漂移的趋势，进而实现了电子－空穴对的分离。分离的空穴在 p 区边界附近不断积累，而电子在 n 区边界附近不断积累。积累的结果使 p 区边界附近的空穴浓度高于内部，n 区边界附近的电子浓度也高于内部。这一结果使电子和空穴向其各自的低浓度方向扩散。如果将 p-n 结两端接上回路，就会在回路中产生源源不断的光生电流，完成光电转换。因此，要理解太阳能电池的工作原理，重点在于理解太阳能电池中载流子的产生、复合和输运等基本过程。

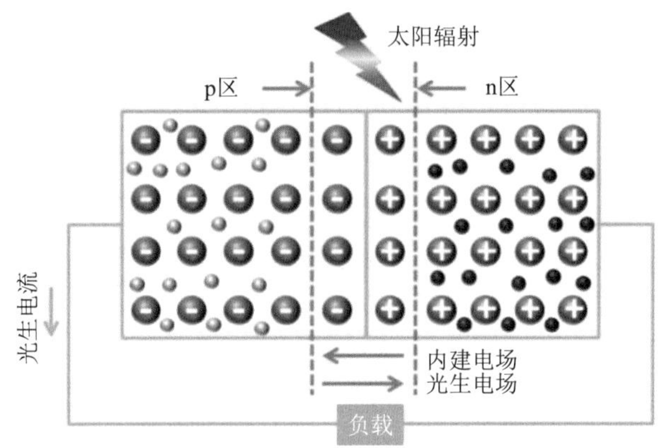

图 4-4　固态太阳能电池光照后通过 p-n 结分离电子和空穴形成外电路电流过程示意图

1. 本征吸收与载流子产生

太阳光照射到太阳能电池表面时，光子与半导体光吸收层中电子发生光吸收、自发辐射和受激辐射等相互作用。对于半导体材料，光吸收包括能带之间的本征吸收、激子吸收、子带之间的吸收、来自同一带内载流子的跃迁的自由载流子吸收、晶格振动能级之间跃迁相关的晶格吸收等。不同的吸收过程对应于电子或声子不同的跃迁机制。能带之间的本征吸收使电子从价带跃迁至导带，产生电子－空穴对。发生本征吸收的条件是入射光子能量必须大于或等于半导体材料的禁带宽度 E_g，即 $h\nu \geqslant h\nu_0 = E_g$ 或 $\frac{hc}{\lambda} \geqslant \frac{hc}{\lambda_0} = E_g$。其中，$\nu_0$

和 λ_0 是刚好能产生本征吸收的光子频率和波长，称为半导体的本征吸收限。太阳能电池的理论 PCE 与光吸收材料的本征吸收波长限密切相关。通常来讲，本征吸收限越大，理论 PCE 越高。

光吸收层薄膜的本征光吸收过程不仅要满足能量守恒关系，还要满足动量守恒关系。如果光吸收层材料的导带底与价带顶所对应的波矢 k 相同，价带中的电子跃迁至导带时，动量不需要发生改变，称为直接跃迁，这类半导体材料被称为直接带隙半导体。如果两者对应的波矢 k 不同，则价带中的电子跃迁至导带时，为了满足动量守恒关系，电子的动量要发生改变。动量的改变过程对应于吸收或发射与晶格振动相关的声子。相应的电子跃迁称为间接跃迁，这类半导体材料被称为间接带隙半导体。由此可知，间接跃迁过程不仅依赖于电子－光子相互作用，还要取决于电子－声子相互作用，这使得间接带隙半导体材料的吸收系数较低。通常来讲，直接带隙半导体的吸收系数要比间接带隙半导体材料的大 2 ～ 3 个数量级，较薄的薄膜就可吸收同样光谱的能量。

产生本征吸收并不意味着光进入吸收层薄膜内部就可以立即被吸收。当光强为 I_0 的一束光垂直进入光吸收层薄膜表面时，在光吸收层薄膜距表面 x 处的光强 I_x 遵循吸收定律，一般为 $I_x = I_0\exp(-\alpha x)$，其中 α 称为吸收系数。光强衰减是光吸收层吸收了一定能量的光子将电子从较低的能态激发到较高能态的结果。

2. 载流子的复合

在没有光照时，光吸收层薄膜中的载流子处于热平衡状态，其中电子不断受到热激发而从价带跃迁至导带。同时，导带中的电子会在晶格中随机移动，当其靠近空穴时就有可能与空穴复合。这种复合过程使电子和空穴同时消失，因此热平衡状态下空穴和电子的产生率等于复合率，净载流子浓度与时间无关。当太阳光照射太阳能电池时，光吸收层薄膜中产生非平衡载流子。当光照撤除后，非平衡载流子并不会一直存在下去，它们要逐渐消失。原来激发到导带的电子又要回到价带中，电子和空穴又成对消失，载流子浓度又恢复到热平衡时的值。

载流子的复合过程可分为直接复合和间接复合两类。直接复合是指光吸收层薄膜导带中的电子先弛豫到导带底，将能量传递给晶格变成热能，然后再直接与价带中的空穴复合。间接复合是指导带底的电子先跃迁到缺陷能级上，然后再跃迁到价带与空穴复合，这种缺陷能级又称为非辐射复合中心。

非平衡载流子的平均生存时间被称为非平衡载流子的寿命，用 τ 表示。相较于非平衡多数载流子，非平衡少数载流子的影响显然处于主导地位。因而，非平衡载流子的寿命通常称为非平衡少数载流子寿命。1/τ 表示单位时间内非平衡载流子的复合概率，称为非平衡载流子的复合率。理论而言，非平衡载流子的复合率越小，太阳能电池的 PCE 越高。

3. 载流子的输运

太阳能电池中载流子的输运主要包括载流子在内建电场作用下的漂移运动、载流子由于浓度梯度的存在而产生的扩散运动以及外部电路中的传输。如果导带和价带中有空的能

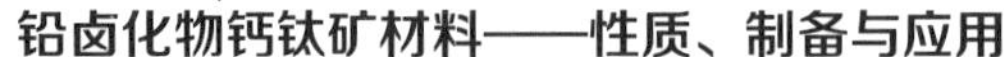

量状态，那么光吸收层薄膜中的电子和空穴在内建电场的作用下将产生净的漂移速度和位移。将载流子在静电场力的作用下的运动称为漂移运动，对应的电流称为漂移电流。当一束光入射到光吸收层薄膜上时，由于光强沿入射方向呈指数衰减，因此，由光吸收层薄膜表面向体内光生载流子的浓度呈现由高到低的不均匀分布。载流子会自发地从浓度高的地方扩散到浓度低的地方，这种现象被称为载流子的扩散运动，产生的电流称为扩散电流。当光照射到太阳能电池时，p-n 结中载流子的扩散运动和漂移运动是同时存在的。当 p-n 结中的漂移电流大于扩散电子电流时，太阳能电池形成净电流输出。

4.3 钙钛矿太阳能电池的性能表征技术

4.3.1 薄膜的表征方法

1. 发射扫描电子显微镜 (FESEM)

FESEM(Field Emission Scanning Electronic Microscope) 是一种用于观察和检测试样微米、纳米级表面特征的分析仪器，它具有分辨本领高、放大倍数可从几十倍到几十万倍连续可调、采集图像景深大，富有立体感、样品制备简单、检测损伤和污染程度小以及适用范围广等特点。

2. 原子力显微镜 (AFM)

AFM(Atomic Force Microscope) 是一种可用来分析包括绝缘体在内的固体材料表面结构的仪器。它通过探测待测样品表面和一个微型力敏感元件之间的极其微弱的原子间相互作用力来研究物质的表面结构及性质。将一对微弱力极端敏感的微悬臂一端固定，另一端的微小针尖接近样品，这时它将与试样表面发生相互作用，作用力将使得微悬臂的形变或运动状态发生变化。扫描试样时，利用传感器检测这些变化，就可获得作用力的分布信息，从而以纳米级分辨率获得试样表面形貌结构信息及表面粗糙度信息。与常规显微镜比较，AFM 的优点是在大气条件下以高倍率观察试样表面，可用于几乎所有试样；同时，几乎不需要进行其他试样预处理就可以得到试样表面结构的三维图像，并可对扫描所得的三维图像进行分析，进而计算出试样表面粗糙度、厚度等信息。

3. X 射线衍射 (XRD)

X 射线衍射即 XRD(X-Ray Diffraction) 的基本原理就是利用晶体对 X 射线的衍射，探测晶体内部原子分布信息的结构分析方法。当 X 射线照射到晶体上时，射线因在晶体内遇到规则排列的原子或离子而发生散射，在某些特定方向上相位得到加强，从而显示与晶体结构相对应的衍射图谱。衍射图谱本质上是晶体微观结构的一种精细复杂的变换，每种晶体结构与其衍射图谱之间都存在一一对应的关系，其特征射线衍射图谱不会因为与其他物质混合在一起而产生变化，这就是 X 射线衍射物相分析的依据。粉末衍射标准联合委

员会 (Joint Co mmittee on Powder Diffraction Standards，JCPDS) 数据库提供了各种标准单相物质的衍射图谱，将待分析物质的衍射图谱与该数据库的标准图谱检索、对照，从而可以确定晶体的组成相，这种分析方法称为 XRD 物相定性分析方法。

XRD 技术还可用于薄膜织构的分析，主要分析方法有择优取向参数法、极图法、反极图法、三维取向分布函数 (ODF) 法和回摆扫描法。本节所采用的分析方法是择优取向参数法。此方法是由 Lotgering 于 1955 年首次提出，可用来定量分析材料中的织构，该参数定义表达式为

$$F=\frac{p-p_0}{1-p_0} \tag{4-1}$$

式中 p_0 和 p 分别是无织构和有织构试样的 (00l) 面衍射强度与全部衍射强度之和的比值，即

$$P_0=\frac{\sum_i I^i(001)}{\sum_i I^i(hk1)},\quad P=\frac{\sum_i I^*(001)}{\sum_i I^*(hk1)} \tag{4-2}$$

式中 I^i 和 I^* 分别表示试样中任何一条 (001) 衍射线在无织构和有织构时试样的衍射强度值。可以看出，F 值的取值范围为 0 到 1，取 0 时表示试样无织构，取 1 时表示试样完全织构。

实验所使用的仪器是日本 Rigaku 公司的 UItima III 粉末射线 X 衍射仪器。具体测试参数：分析 X 射线为 Cu 的 $K_{\alpha 1}$ 线；X 射线光电管管电压为 40 kV，管电流为 40 mA，出射狭缝 DS 为 0.50°，散射狭缝 SS 为 0.50°，接受狭缝 RS 为 0.3 mm，分析角度范围为 10°～60°，扫描步长为 0.02°，扫描速率为 10°/min。

4. X 射线光电子能谱仪 (XPS)

XPS(X-ray Photoelectron Spectroscopy) 是利用 X 射线束照射在试样表面，使试样中原子或分子的内层电子或价电子受激发射出来，利用能量分析器对光电子进行分析，再依照能量守恒定律就可以知道电子的结合能，从而也就知道了试样表面是何物质，它直接反映了价电子结构，所获得的信息一般是试样表面几个到几十个埃厚度内的信息，因而特别适合对试样表面进行分析，既可以研究材料表面分子的价电子体系，又可以研究原子的内层能级。

5. 紫外 - 可见漫反射光谱 (UV-Vis)

UV-Vis(Ultraviolet-Visible Spectroscopy) 是一种反射光谱，主要利用光线在试样表面的反射来获取试样材料的光学信息。当发生漫反射时，光会进入试样的表层，发生多次反射、折射及衍射，并与试样材料表层的分子发生相互作用，然后在材料表面射出。因此，UV-Vis 包含了试样材料的结构和成分信息，可以准确反映试样材料在紫外光和可见光下的色散信息。通过对其进行分析就可得到试样材料的光吸收性能及其表面离子结构、状态等信息。

同时，为了得到样品的吸收光谱，可以通过 Kubelka-Munk 公式将漫反射光谱进行转换：

$$F\left(R_{\infty}\right)=\frac{A}{S}=\frac{\left(1-R_{\infty}\right)^2}{2R_{\infty}} \tag{4-3}$$

式中，$F(R_\infty)$ 为 Kubelka-Munk 函数，A 为吸收系数，S 为散射系数，R_∞为反射系数 R 在样品厚度趋于无限条件下的极限值。

实验中所使用的仪器为日本岛津株式会社 Shimadzu UV-2550 分光光度仪，通过和参比光路进行对比，并用 $BaSO_4$ 的漫反射光谱作为背底，测量得到样品的漫反射光谱。然后根据 Kubelka-Munk 公式，将反射光谱转换为吸收光谱。

6. 光致发光光谱 (PL)

PL(Photoluminescence Spectroscopy) 是指物质内部的电子在激发光的作用下从价带跃迁至导带并在价带留下空穴，然后电子和空穴各自在导带和价带中通过弛豫达到各自未被占据的最低激发态 (在本征半导体中即导带底和价带顶)，成为准平衡态。准平衡态下的电子和空穴再通过复合发光，形成不同波长的光的强度或能量分布的光谱图。PL 测试是一种基本无损的测试方法，可以快速、便捷地表征半导体材料中的缺陷、杂质以及材料的发光性能。

7. 时间分辨光致发光光谱 (TRPL)

材料的荧光发射的强度会随时间衰减，检测其衰减过程，进而得到激发态寿命的方法就是 TRPL(Time-Resolved Photoluminescence)。材料的荧光寿命一般在 $10^{-10} \sim 10^{-7}$ s。实验中常用单光子计数法来进行测量。单光子计数法的基本原理是在某一时刻 t 检测发射光子的概率，其值与该时间点的荧光强度成正比。令每一个激发脉冲最多只得到一个荧光发射光子，记录该光子出现的时间，并在坐标上记录频次，经过大量的累计，即可构建出荧光发射光子在时间轴上的分布概率曲线，即荧光衰减曲线。

单光子计数法仪器中一个重要的部件称作时幅转换器 (TAC)，它可以将两个电信号间的时间间隔长度记录下来。激发光源发射一束短的脉冲光，同时被转换为一个电信号，启动 TAC 的记录；样品被脉冲光激发后，放出的光子同样被转换为一个电信号，终止 TAC 的记录。这样被 TAC 记录下来的时间间隔信号会以电脉冲的形式传达给一个多通道分析器 (MCA)，并在 MCA 对应的时间通道内记录一个点。经过大量的累计，就会形成荧光衰减曲线。

在实际测量完成后，需要对光谱数据进行指数拟合以获取激发态寿命。由于材料中载流子复合过程较为复杂，导致载流子复合的因素很多，可能对应着不同的物理过程，因此一般需要进行单指数或多指数拟合。荧光强度 I(t) 和激发态寿命 τ_i 的关系可以表示为

$$I(t) = \sum_i \alpha_i \exp\left(-\frac{t}{\tau_i}\right) \tag{4-4}$$

8. 傅里叶变换红外光谱 (FTIR)

FTIR(Fourier Transform Infrared Spectroscopy) 的原理是：在一定的温度下，固体中的每一个原子都可以在其平衡位置附近以某固有频率振动；振动的方式及频率的高低与原子的本性及环境有关；当入射光子的能量与被测样品中某一振动模式的固有频率接近时，该光

子就激活这一振动模式而被该样品吸收。检测样品对入射光的透过率随光子能量变化，通常会发现透过率曲线上有一些极小值，这些极小值所对应的频率，就是各种振动模式的固有频率。实验中所使用的仪器为美国 NICOLET 公司生产的 EXUS870 型傅里叶变换红外光谱仪，采用反射模式，在室温大气环境下进行测量，测量波数范围为 400 ～ 4000 cm^{-1}，测量精度为 2 cm^{-1}。为了获得足够强的测量信号，在样品基片的背面需要预先通过热蒸发技术蒸镀一层厚约 100 nm 的 Cu 薄膜作为反射层。

4.3.2 钙钛矿电池性能的表征方法

本小节对太阳能电池常用的性能表征手段进行简要介绍。

1. J-U 特性曲线测试

J-U 特性曲线测试是最基础和核心的用来表征太阳能电池性能的测试手段。模拟一个太阳光照强度下 (AM 1.5 GHz，100 mW/ cm^2)，在器件两端外加一个连续的电压扫描，保持一定的变化步长，同时测量其电流的变化过程，得到电流随电压的变化关系。其中电压的扫描方向可以由开路电压的值向零电压递增，此方向通常称为正向扫描，反之称为反向扫描。通过 J-U 曲线可以直接提取出太阳能电池在稳态工作下的光电转换特性主要参数，如短路电流密度 (J_{sc})、开路电压 (U_{oc})、填充因子 (FF) 和能量转换效率 (PCE)。测试条件稍加改变，还可以得到器件的暗电流曲线及最大功率输出曲线等。

除了需要测得器件 J-U 特性曲线外，还需要测试器件的光电转换效率 (IPCE)、交流阻抗谱、瞬态光电流 (TPC)、瞬态光电压 (TPV) 等来进一步分析钙钛矿太阳能电池的性能和器件内部的载流子传输过程。

2. EIS 测试

电化学阻抗谱 (EIS) 测试是了解器件动力学特性、电阻和电容的一种方法。太阳能电池中使用稳态极化测试，以小振幅正弦波电流 (或电势) 为干扰信号使系统产生响应。测量系统在极宽频率范围得到的阻抗谱，以分析太阳能电池中电荷的传输、复合、积累过程以及一些界面效应，电化学电容、复合电阻、电荷传导率等参数对于分析影响电池性能的因素十分重要，如 U_{oc}、FF 和 J_{sc}。FF 的值和串联电阻 (R_s) 紧密相关，高效太阳能电池的 R_s 都相对较小。

电化学阻抗测试中得到的信息普遍通过两种图进行分析：复平面图和波德图 (Bode Plot)。复平面图展示了阻抗虚部和实部之间的关系，由于虚部一般为负数，因此通常复平面图也取 $-Z''$ 和 Z' 的关系图 (图 4-5)。波德图分为两种：lg |Z| 和 lg f 关系图，以及相位角 ϕ 和 lg f 关系图。对于复平面图而言，制图时实部和虚部坐标轴刻度间隔需要一致，否则图形就会变形。复平面图能够更直观地反映电路模型，图 4-5 给出了几种常用电路模型的电路图和对应的复平面图。

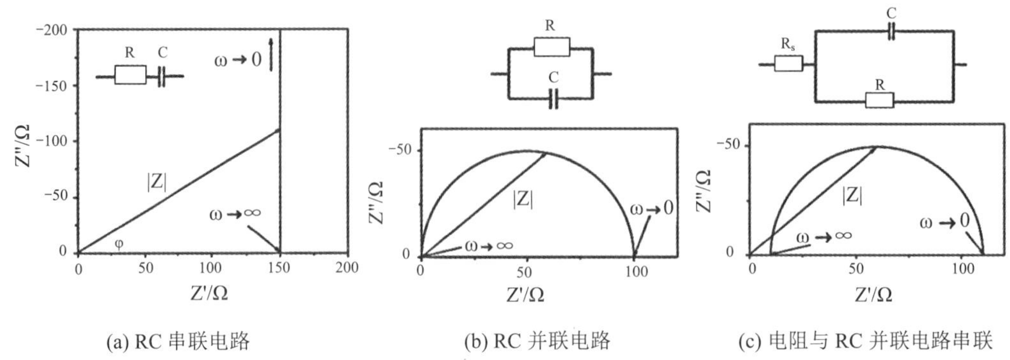

(a) RC 串联电路　　(b) RC 并联电路　　(c) 电阻与 RC 并联电路串联

图 4-5　几种基本模型的电路图和复平面图

一个 RC 串联电路，其阻抗表示为式 (4-5)，因此其复平面图为一个横坐标固定的直线。直流电流无法在这种电路中循环，因为 |Z| 随着频率趋向零总是趋向无穷。RC 并联电路的阻抗谱复平面图为一个半圆，阻抗表示为式 (4-6)。当频率趋向无穷时，阻抗为零；当频率趋于零时，阻抗只剩下实部 Z ＝ R，因此直流电流可流过整个电路。当 $\omega = 1/(RC)$ 时虚部为最大值，RC 称为系统时常数。当电阻 R_s 和一个 RC 并联电路串联时，该电路的阻抗与 RC 并联电路相比实部多一个 R_s 值，表示为式 (4-7)。当频率为无穷大时，阻抗为 R_s，因此相比于 RC 并联电路该电路的复平面图在横坐标方向平移 R_s。

$$\hat{Z}(j\omega) = R + \frac{1}{j\omega C} = R - j\frac{1}{\omega C} \tag{4-5}$$

$$\hat{Z}(j\omega) = \frac{R}{1+(\omega RC)^2} - j\frac{\omega R^2 C}{1+(\omega RC)^2} \tag{4-6}$$

$$\hat{Z}(j\omega) = R_{st}\frac{R}{1+(\omega RC)^2} - j\frac{\omega R^2 C}{1+(\omega RC)^2} \tag{4-7}$$

EIS 由电化学工作站测得，在器件两端外加一个与 U_{oc} 值相近的直流偏压和一个偏置为 10 mA 的交流信号，设置一定的测试频率范围即可得到阻抗谱。为了保证准确的测试结果，测试时需要注意尽量缩短连接线的长度，减少杂散电容和电感影响；测试频率范围要足够宽；所加电势一定要对应所测器件的相应电极。钙钛矿太阳能电池的频率响应可分为三个机制：高密度自由载流子形成的高频响应区 (>10 kHz)，在高掺杂半导体中出现；中频响应 (100 Hz ～ 10 kHz) 由钙钛矿中的载流子传输和浅缺陷态捕获、释放过程主导；100 Hz 以下的低频响应主要来源于深缺陷态捕获和释放电荷、离子传输过程及频率导致的传输层电阻的改变。本小节测试频率范围选取 100 Hz ～ 1 MHz，主要分析中频段材料中电荷传输和复合情况。

将测试阻抗谱信息通过拟合简化等效电路模型得到阻抗谱的复平面图，即 Nyquist 图，用来直观地分析电池各部分的电荷传输情况。Nyquist 图中第一相限的近半圆形状是由电阻和电容并联所产生的，叫作容抗弧，通常有几个容抗弧就存在几个 RC 并联电路，反映电极动力学过程 (电荷传输过程)。

在含有空穴传输层的有机－无机杂化太阳能电池中，通常使用含有两个 RC 并联电路的电路模型进行拟合，图 4-6(a) 为某一正向结构钙钛矿太阳能电池 Nyquist 图，简化传输线电路示意图如图 4-6(b) 所示，R_s 为衬底电极中的等效串联电阻。由于器件结构中电子传输层的厚度远小于光吸收层的厚度，化学电容相对较小，因此在简化电路中可以忽略该电容。尽管空穴传输层的厚度也很小，但是空穴的迁移率太低，所以图 4-6(b) 中第一个 RC 并联电路用来描述空穴传输材料中电荷的传输过程，反应低频特性，其中 C_{tran} 通常采用固定相元 (CPE) 代表材料和界面中的弛豫电容。第二个 RC 并联电路反应钙钛矿层中的载流子传输过程，其中 R_{rec} 为复合电阻，来源于钙钛矿层中电子与空穴传输层界面处空穴复合产生的电荷损失，C_{rec} 为电池中的化学电容。通过比较 R_{rec} 的值能够说明器件中的电荷复合情况，R_{rec} 值越大，意味着钙钛矿材料中的电荷复合情况越少，在一定程度上提升了 U_{oc} 的值。从图 4-6(a) 可以很直观地看出 R_{rec} 容抗弧的直径越大，其复合阻抗值越大，对应器件中载流子的复合过程越不容易实现，更有利于电荷的提取。此外，根据此 RC 电路对应容抗弧弧顶的特征频率 (ω)，按式 (4-8) 可计算出复合过程的响应时间，且由电容 C_{rec} 和式 (4-9) 计算得到器件电荷载流子密度 n，结合复合时间 τ 能够更好地理解电池中的复合现象。本小节主要使用 EIS 测试分析钙钛矿材料中的电荷复合效应，反映 $CsPbIBr_2$ 薄膜质量的改善情况，所以测试范围选取中高频区域 (100 Hz ～ 1 MHz)，拟合时使用仅含有复合 RC 并联电路的等效电路模型，如图 4-6(c) 所示。

$$2\pi\omega = \frac{1}{\tau} \tag{4-8}$$

$$n = \frac{1}{ed}\int_0^{U_{oc}} C_{rec}(U)\,dU \tag{4-9}$$

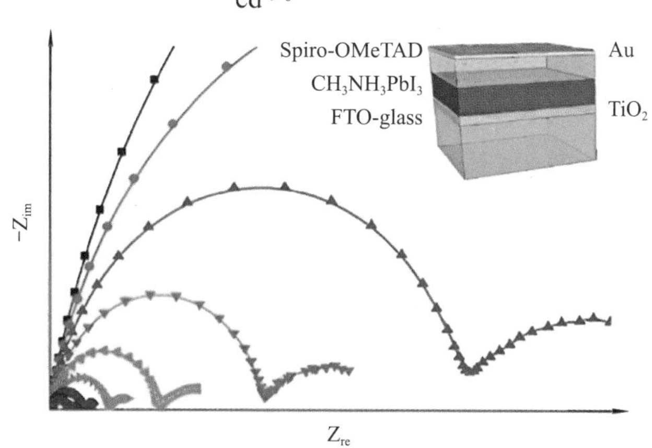

(a) $CH_3NH_3PbI_3$钙钛矿电化学阻抗测试Nyquist图

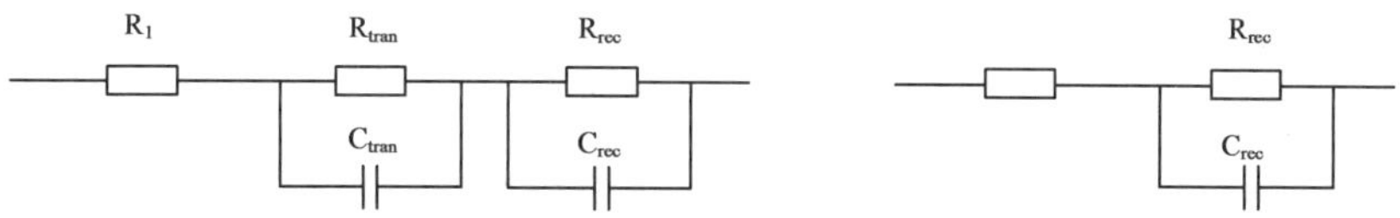

(b) 钙钛矿太阳能电池等效电路模型 (低频)　(c) 钙钛矿太阳能电池等效电路模型 (高频)

图 4-6　$CH_3NH_3PbI_3$ 钙钛矿电化学阻抗测试 Nyquist 图及电池等效电路模型

4.4 钙钛矿太阳能电池的材料

与设计和优化器件结构一样，选择和优化钙钛矿太阳能电池主要功能层(包含电子/空穴传输层、正/负电极以及尤为重要的光吸收层)的材料，也是研究者关注的重点。这不仅对提升器件的性能和稳定性具有重要的实际意义，而且对深入理解器件的工作机理也具有重要的作用。

4.4.1 电子传输层材料

电子传输层处于钙钛矿太阳能电池的负极和光吸收层中间，主要分为致密结构和多孔结构两种类型，它们在形貌和功能上具有明显的差异。致密层兼有传导电子和阻挡空穴的双重作用，也被称为阻挡层。理想的致密层材料应具备如下几个特征：首先，导带位置需适合光吸收层中电子的注入，价带需处于阻挡光生空穴注入的能级位置；其次，应具有较高的电子迁移率；同时，应易于制成连续、致密的薄膜；最后，对于正式结构钙钛矿太阳能电池，还要求其透光性好、不吸收可见光。宽带隙无机半导体 TiO_2 和 SnO_2 基本满足上述要求，已被广泛采用。TiO_2 是使用最早、最为广泛的一种电子层传输材料，而 SnO_2 由于具有更高的电子迁移率和透光率，而且可通过低温溶液法制备，最近也被普遍采用。目前已报道的其他钙钛矿太阳能电池电子传输材料还包括 ZnO、$ZnSnO_4$、WO_x、$SrTiO_3$、Fe_2O_3、CeO_x、In_2O_3 等。关于钙钛矿太阳能电池电子传输层材料的研究进展，可参考 G. J. Fang 研究组发表的综述论文。

反型钙钛矿太阳能电池中所使用的受体材料 PCBM，也可起到类似无机致密层传导电子、阻挡空穴的作用。有机半导体分子不存在连续的能带，电荷传导主要依赖于由碳－碳单键和双键交替形成的 π-π^* 共轭体系，其中包含大量比较自由的去定域化 π 电子。尽管如此，这些 π 电子也是被局域在分子内，分子间的电子传递则是在外电场的驱动下电子发生跳跃而实现的，因此，有机半导体分子的电子迁移率一般要比无机材料低很多。对于 PCBM，其存在不耐高温和有机溶剂的问题，在 PCBM 层上沉积光吸收层薄膜时会受到上述问题的限制。通常情况下，PCBM 不能被应用到正型结构钙钛矿太阳能电池中。

对于多孔层材料的要求与致密层相类似。多孔层的功能主要是收集和传导光生电子，同时，丰富的三维贯穿空隙结构使其和光吸收层具有巨大的接触面积。虽然平面异质结型的钙钛矿太阳能电池也展现出较好的 PCE，但诸多研究发现适当厚度的多孔层不仅可以提升器件的 PCE，还可有效地弱化器件 J-U 曲线测试中的滞回现象，因此多孔层仍然被广泛使用。目前最常见的还是 TiO_2 多孔层，根据多孔层材料的维度可将其分为零维的纳米颗粒，一维的纳米线、纳米管、纳米棒等，二维的纳米片，三维结构四种。关于钙钛矿太阳能电池中纳米结构的电子传输层材料的研究进展，可参考 L. X. Xiao 研究组发表的综述论文。

4.4.2 空穴传输层材料

空穴传输位于钙钛矿太阳能电池的正极和光吸收层中间，其兼具传输空穴和阻挡电子的双重功能。目前报道的空穴传输材料主要包括有机小分子、有机聚合物和无机半导体三大类。

有机小分子类的典型代表是 Spiro-OMeTAD 和 H101。Spiro-OMeTAD 是最早被应用到钙钛矿太阳能电池中的空穴传输材料，其未掺杂时的空穴电导率 (约 10^{-5} S/ cm^2) 和空穴迁移率 (10^{-4} $cm^2/(V \cdot s)$) 均较低。当采用二 (三氟甲基磺酸酰) 亚胺锂 (Li-TFSI) 作为掺杂剂，4- 叔丁基吡啶 (4-tert-butylpyddine，TBP) 作为添加剂后，有效地提高了 Spiro-OMeTAD 薄膜的空穴迁移率和电导率，从而大幅改善了钙钛矿太阳能电池的性能。目前基于 Spiro-OMeTAD 的钙钛矿太阳能电池的 PCE 最高可达 21%。A.C. Grimsdale 研究组报道了将小分子 3,4- 乙烯二氧噻吩 (H101) 作为空穴传输材料，获得了 PCE 为 13.8% 的钙钛矿太阳能电池。L. C. Sun 研究组报道的基于咔唑的小分子化合物 X19、X51 以及基于吩恶嗪 (POZ) 的小分子化合物 POZ1、POZ2，均可获得效率与传统空穴传输材料 Spiro-MeOTAD 相近的钙钛矿太阳能电池。

有机聚合物空穴传输材料大多数都是有机聚合物太阳能电池中发展较为成熟的半导体材料，其中最为典型的就是聚噻吩类材料 (P3HT)。另外，诸如 PTAA 等有机聚合物材料应用到钙钛矿太阳能电池中后，电池器件也展现出优异的性能。例如，目前认证效率最高的器件就是用 PTAA 作为空穴传输材料。在 Sang Il Seok 等研究组的工作中也逐步开始使用 PTAA 作为空穴传输材料，反型钙钛矿太阳能电池所使用的 PEDOT:PSS 也是一类高效的空穴传输材料。根据配方的不同，制得的薄膜的电导率也不同。由于制膜时需要用水溶液旋涂，而且会引起金属有机钙钛矿薄膜的降解，因此，在正型钙钛矿太阳能电池中无法使用 PEDOT:PSS。H. J. Snaith 研究组发现 PEDOT:PSS 对 $CH_3NH_3PbI_{3-x}Cl_x$ 薄膜的稳态荧光淬灭率高达 99.8%，其与 V_2O_5 相同，而优于 NiO(95%) 和 Spiro-OMeTAD(99.1%)，说明 PEDOT:PSS 对空穴的收集更为有效。

相较于有机半导体材料，无机半导体材料成本低廉、稳定性好、空穴迁移率高，具有成为高效廉价的空穴传输材料的广阔前景。2013 年，P. V. Kamat 研究组首次报道了将无机半导体 CuI 用作钙钛矿电池的空穴传输层的实验工作，取得了 6% 的器件效率。随后，越来越多的人开始关注无机空穴传输材料。其中，Cu 基材料如 CuSCN、Cu_2ZnSnS_4、CuO、Cu_2O 等由于具有元素在地球中含量丰富、电导率高、易于溶液加工等特点，取得了诸多重要成果。当然还有一些其他的无机空穴传输材料也在钙钛矿太阳能电池中得到初步的应用，如 NiO、V_2O_5、PbS、MoO_3、GO、黑磷等。关于钙钛矿太阳能电池的空穴传输层材料的研究进展，可参考 S. Ahmad 研究组的综述论文。

4.4.3 电极材料

目前，钙钛矿太阳能电池中所用的电极材料主要分为碳电极、金属电极和透明导电基片几类。电极材料的选择主要根据其功函数 (表 4.1) 是否与电池中其他功能层的能级相匹配。其中，对透明导电基片的选择还要考虑其透光率和方块电阻等因素。

表 4.1　钙钛矿太阳能电池中常见电极材料的功函数

	FTO	ITO	Au	Ag	Cu	Al	C
功函数/ eV	4.4	4.6	5.1	4.26	4.59	4.28	5.0

透明导电基片是通过在玻璃或柔性 PEN 衬底上沉积透明导电氧化物 (TCO) 而制得的，主要包括 FTO、ITO 和 AZO 等几类。FTO 的功函数和 TiO_2 能级匹配较好，有利于电子的传输。同时，FTO 还具有机械硬度高、高温和化学稳定性好等优点，是钙钛矿太阳能电池中应用最为普遍的透明导电基片。然而，FTO 的导电性 (方块电阻约为 7 ～ 20 Ω/sq) 和透光性 (可见光透过率在 80% ～ 90%之间) 均偏小，这在一定程度上限制了器件的性能。ITO 的方块电阻一般小于 3 Ω/sq，可见光透射率大于 90%，因此，是较为理想的 FTO 替代物。目前，ITO 常被用作反型钙钛矿太阳能电池的正极。杨阳研究组发现聚乙氧基乙酰亚胺 (Polyethyleneimine Ethoxylated，PEIE) 修饰 ITO 表面后，其功函数可降低至 4.0 eV，将其应用到正型平面异质结钙钛矿太阳能电池中发现器件的 FF 和 PCE 均有了明显的提升。

沉积金属电极是组装钙钛矿太阳能电池流程的最后一步，通常采用电子束蒸发镀膜或真空热蒸镀技术完成。反型钙钛矿太阳能电池和有机聚合物太阳能电池相似，一般用 Al 作为电极 (正极)。黄劲松研究组最近发现，Cu 也可以作为反型钙钛矿太阳能电池的正极材料，可实现 PCE 高达 18% 的器件。最重要的是器件的环境湿度稳定性得到了大幅改善，在相对湿度为 20% ～ 60%、温度为 25℃大气环境中放置 20 ～ 30 天后，器件性能几乎没有衰退。

大多数正型钙钛矿太阳能电池的背电极 (负极) 材料通常为贵金属 Au 或 Ag。碳材料的价格更为低廉，功函数和导电性与金接近，作为背电极有利于降低钙钛矿太阳能电池的制备成本，因此也得到了研究者的广泛关注。韩宏伟研究组成功开发了系列碳材料并将其用作钙钛矿太阳能电池的背电极，目前器件最高 PCE 可达 15% 以上。此类钙钛矿太阳能电池具有非常优异的稳定性。N. Methews 等研究者将预先用化学气相沉积法制备的碳纳米管 (CNT) 薄膜直接转移到 $CH_3NH_3PbI_3$ 薄膜上作为电池的背电极，取得了 6.87% 的器件效率。另外，Ag 纳米线电极、多孔金电极、Ag/A1 合金电极、氧化的 Ni/Au 电极、石墨烯电极、Ti/Au 等新型电极的使用也有效地提高了电荷的收集效率，对太阳能电池的填充因子 (FF) 和稳定性的提高都起到了积极的推动作用。

4.4.4 光吸收层材料

钙钛矿太阳能电池中的光吸收层均为金属有机钙钛矿材料，其晶体结构为 ABX_3 型。一般为立方体或八面体结构，A 位为有机阳离子，位于立方晶体结构的八个角，B 位为金属离子，位于中心，X 位为卤素，位于面心，如图 4-7 所示。

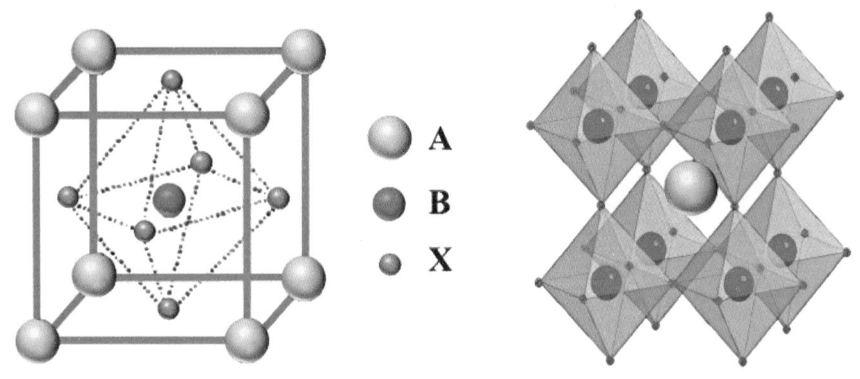

图 4-7 ABO_3 钙钛矿晶胞 (左) 和 3D 钙钛矿晶格的晶体结构 (右)

金属有机钙钛矿材料的晶体结构及稳定性由八面体因子 μ 和容忍因子 t 决定，计算公式为

$$\mu = \frac{R_B}{R_X} \tag{4-10}$$

$$t = \frac{R_X + R_A}{\sqrt{2}\left(R_X + R_B\right)} \tag{4-11}$$

当 t = 1 时：

$$R_X + R_A = \sqrt{2}\left(R_X + R_B\right) \tag{4-12}$$

该钙钛矿的立方相稳定存在，当 t 偏离 1 时，晶胞出现扭曲。金属有机钙钛矿的晶体结构决定了其光学性质。根据容忍因子，PbI_2 的八面体结构会转化形成两种结构的金属有机钙钛矿材料。当 t 偏离 1 时，形成二维网状结构，化学式为 $(RNH_3)_2PbX_4$；当 t = 1 时，形成三维结构，化学式为 $CH_3NH_3PbX_3$。通常来讲，三维结构的金属有机钙钛矿材料要比二维结构的带隙更窄，激子束缚能更小，所以其具有更加优异的光学性质，因此钙钛矿太阳能电池研究中所选用的金属有机钙钛矿材料基本为三维结构，其阳离子 B 通常为 Pb^{2+}、Sn^{2+}、Cu^{2+}，阳离子 A 多为 Cs^+、$CH_3NH_3^+$、$C_2H_5NH_3^+$、$HC(NH_2)_2^+$等，阴离子 X 为卤素，包括 Cl^-、Br^-、I^-。A 位、B 位、X 位的离子基团或元素不同时，对应金属有机钙钛矿材料的能带结构也不同。在设计钙钛矿太阳能电池时，可以根据需要选择适当的光吸收材料和其他功能层材料，如图 4-8 所示。

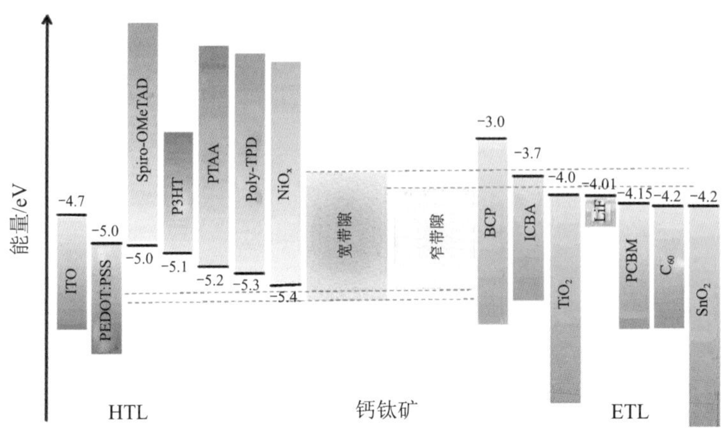

图 4-8　常见金属有机钙钛矿光吸收材料的能级示意图

4.5　钙钛矿太阳能电池的界面工程

4.5.1　界面工程概述

有机无机卤化铅钙钛矿太阳能电池 (PSC) 已显示出作为新一代太阳能可再生能源的巨大潜力。尽管它们的功率转换效率 (PCE) 已提升至惊人的创纪录值，但高效 PSC 的长期稳定性仍然是阻碍其商业化的主要问题。值得注意的是，界面工程已被认为是一种有效的策略，在提高 PSC 的效率和稳定性方面取得了非凡的成就。本节总结了各种接口的界面工程的最新研究进展，分析了界面工程在优化器件性能方面的基本理论和多方面作用。

具有优异光电性能的有机无机卤化铅钙钛矿在太阳能电池应用中引起了极大的关注。钙钛矿太阳能电池 (PSC) 经过十年的发展，迅速达到了 25.5% 的认证记录功率转换效率 (PCE)，从而使其在下一代光伏 (PV) 方面具有竞争力。PSC 的迅速发展不仅源于其具有高光吸收系数的优异光电特性、优异的载流子迁移率和可调谐的直接带隙，而且还得益于其简便且经济、高效的基于溶液方法的制造过程。

有机无机卤化铅钙钛矿具有典型的化学式 ABX_3，其中 A 代表阳离子 (甲基铵 (MA)、甲脒 (FA)、Cs 或其混合离子)，B = Pb，X = Cl、Br、I。最先进的 PSC 可分为两种器件配置，即正常 (n–i–p) 结构和倒置 (p–i–n) 结构。钙钛矿活性层夹在电子传输层 (ETL) 和空穴传输层 (HTL) 之间，因此三个字母 (n、i 和 p) 分别代表 ETL、钙钛矿和 HTL。正常结构进一步包括平面和介孔类型，而 PSC 中的介孔层主要作为钙钛矿层的支架。这些界面的光电特性，例如电极 /ETL、ETL/ 钙钛矿、钙钛矿 /HTL 和 HTL/ 电极不仅会影响器件性能，还会影响器件稳定性 (图 4-9)。值得注意的是，载体提取和注入与界面直接相关，并且界面处的能级排列也决定了界面处的电荷转移 / 传输以及载流子复合。界面上的一些深能级

陷阱 (离子缺陷) 可能会导致严重的电荷积累和复合，从而降低开路电压 (U_{oc}) 和填充因子 (FF) 并最终降低器件的性能。此外，界面处的离子缺陷也会加速器件的退化，损害 PSC 的稳定性。因此，具有适当能带弯曲、良好接触和最小缺陷的界面对于获得高性能和稳定的 PSC 至关重要。

图 4-9 高效稳定的钙钛矿太阳能电池界面工程示意图

为了提高 PSC 的性能，早期的研究主要集中在钙钛矿薄膜技术和针对体相或晶界缺陷的钝化策略，如加工方法、成分和添加剂工程。最近的研究则主要集中于界面工程，这进一步提高了 PSC 的效率和稳定性。它是一种有效的改性策略，可以减少层表面的非辐射复合，阻止异质载流子的不良传输并固定上层和下层。本节对 PSC 各个界面的中间层材料进行了分类，总结了界面材料和高效稳定 PSC 技术的最新进展，特别是在研究中讨论了基于密度泛函理论 (DFT) 和分子动力学 (MD) 模拟的中间层沉积策略和理论计算。

4.5.2 界面工程基础理论

在实际的太阳能电池中，辐射复合、肖克利 - 里德 - 霍尔 (SRH) 复合和俄歇复合可能共存。后两种类型的复合被认为是非辐射复合。在 PSC 中，俄歇复合可以忽略不计，而 Shockley Read Hall (SRH) 复合在非辐射复合中占主导地位，这归因于载流子通过缺陷 / 陷阱和悬空键等进行复合。对于缺陷，深能级缺陷通常位于中间隙，捕获载流子并增加非辐射复合的可能性。相比之下，浅缺陷位于导带和价带的能带边缘附近，对非辐射复合影响不大。非辐射复合会导致 PSC 中的 U_{oc} 损失，如下式所示 (在 AM 1.5G 下)：

$$U_{oc,SRH} = U_{oc,rad} + \frac{k_B T}{q} \text{In}\left(\text{PLQY}\right) \tag{4.13}$$

这里，当 SRH 复合与辐射复合同时存在时，太阳能电池中的 $U_{oc,SRH}$ 是在仅考虑辐射复合时获得的，k_B 是玻尔兹曼常数，T 是温度，q 是基本电荷，PLQY 是光致发光量子产率。

PLQY 与太阳能电池中的非辐射复合密切相关。根据式 (4.13)，高 PLQY 意味着器件的非辐射复合率低且 U_{oc} 高，因此，可以钝化深层缺陷并减少非辐射复合的界面工程有利于 U_{oc} 的增加。

太阳能电池的短路电流密度 (J_{sc}) 由量子效率 (QE) 决定，量子效率定义为收集的电子数与入射光子数的比率。因此，QE 是光吸收和载流子生成、分离、提取和传输 / 转移的混合过程。光吸收取决于吸收层的吸收系数和带隙。与太阳光谱 (1 ～ 1.7 eV) 相匹配的带隙和薄膜中晶体的高质量有利于高光吸收。载流子分离主要由界面处的 p-n 结产生的内建电场或内建电压 (U_{bi}) 决定。载流子提取归因于钙钛矿和传输层之间合适的能带排列。通常，高效的 PSC 在界面处具有两种类型的能带排列，具体取决于导带 (E_c) 和价带 (E_V) 的位置，如图 4-10 所示。

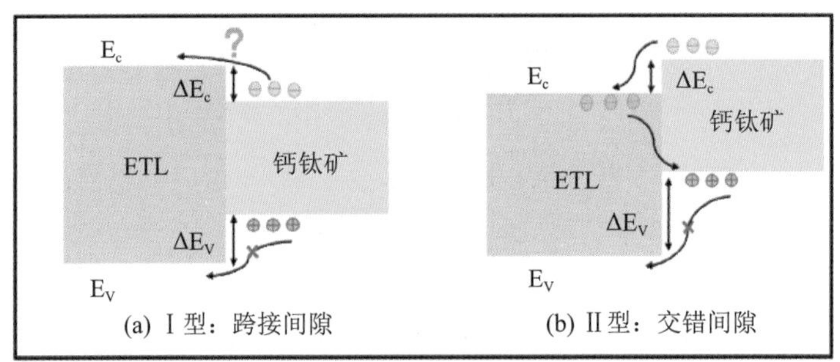

图 4-10　ETL/ 钙钛矿界面的能带排列示意图

这里我们以 ETL/ 钙钛矿界面为例，HTL/ 钙钛矿界面的情况与之类似。I 型能带中是跨越间隙，其中钙钛矿的 E_c 和 E_V 的位置在 ETL 的带隙内 (图 4-10(a))。Ⅱ型能带中是交错间隙，钙钛矿的 E_c 高于 ETL，而钙钛矿的 E_V 的位置在 ETL 的带隙内 (图 4-10(b))。两种材料中 E_c 和 E_V 的差异分别定义为导带偏移 (ΔE_c) 和价带偏移 (ΔE_V)。以钙钛矿为参考，ΔE_c 在 I 型异质结中为正，在Ⅱ型异质结中为负。

基本上，ETL 应该选择性地提取电子并阻止空穴转移。因此，ETL 的价带应远低于钙钛矿的价带，即绝对 ΔE_V 值应足够大，以便为通过界面的空穴传输提供高势垒。至于 ΔE_c 值，情况要复杂得多。Ⅱ型能带排列通常被认为是电子流过界面的最佳能带排列。然而，来自 ETL 的 E_c 中的电子更有可能与钙钛矿的 E_V 中的空穴结合，导致界面复合和 U_{oc} 损失。因此，ΔE_c 值应该足够小以最小化界面复合 (在典型 ETL/ 钙钛矿的界面中观察到 $\Delta E_c < 0.2$ eV)。由于正 ΔE_c 施加的势垒，I 型能带排列通常被认为不适合通过界面电流。然而，当 ETL 层足够薄 (例如小于 5 nm) 时，情况并非总是如此，因为隧道效应可能有助于电流流过界面，因为 I 型异质结在 Cu(In，Ga)Se_2 和 Cu_2ZnSnS_4 太阳能电池中普遍存在。由于 ETL 的 E_c 和钙钛矿的 E_V 之间的距离较大，因此 I 型能带对齐可以有效地防止界面复合。然而，据报道，在 HTL/ 钙钛矿界面原位生长高带隙中间层可以明显地改善 U_{oc}，这主要是由于界面中形成的 I 型能带排列。事实上，使用 PMMA 和 $PbSO_4$ 中间层等绝缘材料也可能导致 I 型异质结 (考虑到绝缘体中的大带隙)，从而使 U_{oc} 显著增加，尽管这一点往往需要进一步的工作来使得能带在界面处准确对齐。

4.5.3 界面工程的作用

由于存在非辐射复合损耗，根据 Shockley Queisser (SQ) 理论，目前单结 PSC 的 PCE 记录仍落后于理论效率 (32%)。为了进一步提高 PSC 的性能和长期稳定性，必须尽量减少所有类型的非辐射复合损失。除了钙钛矿层内的固有缺陷辅助复合和光学损失外，界面诱导复合和能级失配也会影响电荷提取效率，并进一步影响 PSC 的光伏参数。界面工程是调整界面属性以克服界面损失而不破坏体层属性的有效且简单的途径。此外，界面优化可以保护整个设备免于退化，这也可以大大提高设备的稳定性。接口工程的具体作用表现在以下几个方面。

1. 能级排列

钙钛矿 / 载流子传输层 (CTL) 上匹配良好的能级对齐有利于提高器件性能。钙钛矿和接触层之间的能级调整，尤其是两个重要层 (ETL 和 HTL) 可以改善载流子的提取和传输，并最大限度地减少器件内的能量损失。众所周知，E_c 钙钛矿层的厚度应大于 ETL，而 E_c 应低于 HTL。为了调节能级失配，界面工程有望有效地调节能级并减小能隙，进一步最小化界面复合。例如，采用有机小分子 (腺嘌呤) 作为界面 NiO_x 薄膜表面的改性剂。一层薄薄的腺嘌呤使钙钛矿和 HTL 之间的能量偏移减少了 0.1 eV，而 U_{oc} 明显增加。同时，它还提高了器件的水分和光稳定性。此外，3- 氨基丙基三乙氧基硅烷 (APTES) 层也被用作 SnO_2/ 钙钛矿界面的钝化层。APTES 的末端官能团在 ETL 表面形成偶极子并调节 SnO_2 的功函数。因此，界面工程对于调制能带偏移以获得高效和稳定的 PSC 至关重要。

2. 界面电荷动力学的改进

界面中存在的电荷动力学包含几个关键过程：光生电荷提取、电荷转移和电荷复合，这些过程影响 PSC 的性能 (图 4-11)。

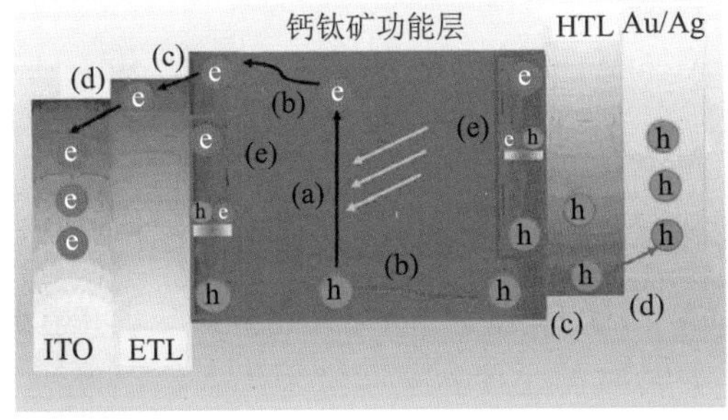

(a)—光生激子和解离；
(b)—电荷扩散；
(c)—电荷提取；
(d)—电荷转移；
(e)—由界面陷阱态诱导的电荷复合

图 4-11　典型的 n-i-p 钙钛矿太阳能电池中的电荷传输图

高界面电荷转移率可以促进超快光电流提取，进一步提高 PSC 效率。深层次缺陷容易出现在 PSC 的界面上，导致载流子重组和 U_{oc} 损失。因此，界面处的低电荷复合对于

PSC 的 U_{oc} 改善至关重要。此外，ETL 或 HTL 的高载流子迁移率对于界面电荷动力学也是必不可少的。值得注意的是，界面改性被认为是一种形成具有电荷分离驱动力的内置电场 (电子和空穴朝向两个相反的界面) 的有效方式。具有官能团和高电导率的中间层可以促进界面电荷动力学，并最大限度地减少界面偶极子的载流子损失。例如，石墨烯墨水被加入到低温处理的 SnO_2 中，该材料具有高陷阱态密度。随着 SnO_2/ETL/ 钙钛矿界面处的电荷复合减少，器件的电子提取效率显著提高。为了促进倒置 (反型结构的)PSC 中 HTL/ 钙钛矿界面处较差的空穴提取能力，采用具有可控电子亲和力的可设计分子进行修饰。这些分子可以大幅调整 HTL 的电导率，并促进 U_{oc} 和 FF，从而获得 22.1% 的高 PCE。

3. 钝化缺陷

钙钛矿表面和界面处的深层缺陷可能会捕获电荷载流子并导致电荷积累、复合损失和滞后，从而进一步降低器件的性能。具体来说，与晶粒内部或晶界处的缺陷相比，钙钛矿表面 (顶部和底部) 的缺陷对电荷载流子寿命的主要影响是具有更高的复合速度。

在界面处进行化学相互作用的界面工程，例如电子耦合和化学结合，可以有效地降低陷阱态并减轻非辐射复合。研究者们已经引入了许多界面策略来钝化这些缺陷并获得出色的性能。例如，PMMA 和 [6,6]- 苯基 -C61- 丁酸甲酯 (PCBM) 混合物的超薄层可以钝化 TiO_2/ 钙钛矿界面处或附近的缺陷，从而显著降低了缺陷态密度，U_{oc} 得到改善 (高达 80 mV)。另一方面，PCBM 用于在 ETL/ 钙钛矿界面处建立自下而上的梯度。PCBM 不仅原位钝化了钙钛矿薄膜的表面缺陷，还减少了晶界的缺陷。由于陷阱钝化效应，优化后 PSC 的 PCE 大大增加，但正反扫描下电流 - 电压曲线滞后减弱。在钙钛矿 /HTL 界面引入三苯氨基衍生物也降低了表面缺陷密度，并随着 U_{oc} 的增加形成了更好的能带排列。因此，可以通过精心设计的多功能分子实现缺陷钝化，这可能是一种实现高效稳定的 PSC 的潜在方法。

4. 减轻离子迁移

离子迁移是在整个 PSC 器件中广泛观察到的普遍现象，这归因于钙钛矿固有的柔软离子晶体结构和电子离子传导特性。由于低活化能，钙钛矿中的各种点缺陷 (例如 MA、I 空位) 可能导致离子迁移。

埃姆斯等人提出了三种空位为迁移路径的 $MAPbI_3$ 迁移途径 (图 4-12(a)、(b))，在光照下可以促进离子迁移。迈尔等人首先使用渗透装置 (图 4-12(c))，$MAPbI_3$ 薄膜底部具有高 I_2 压力和 Cu 基板。他们观察到，在光照下，I^- 可以更快地通过 $MAPbI_3$ 薄膜传输形成 CuI，这归因于电子离子相互作用。由于离子迁移，还经常观察到光浸泡效应、光电流电压滞后和缓慢的开路电压衰减。此外，离子迁移引起的非晶化和相分离引起的降解过程严重限制了 PSC 的长期运行稳定性。为了实现离子迁移的空间位阻，人们已经进行了许多努力。在这些策略中，具有各种分子的界面层被认为是有效的方法。严等人报道，使用苯乙基碘化铵 (PEAI) 进行表面处理可以大大增加离子迁移的活化能，在抑制离子迁移的同时减少了电荷缺陷的积累，从而进一步提高了器件的 U_{oc}(图 4-12(d))，在拉塞尔等人还引入了具有非富勒烯受体的多功能界面层，以实现离子迁移抑制并进一步提高器件性能 (图

4-12(e))。为了确认中间层在阻止离子扩散中的作用，Meng 等人进行了电容电压测量和 X 射线光电子能谱分析，所应用的具有 π-π 堆积的分子可以明显减轻离子迁移并阻碍界面降解，进一步提高器件稳定性 (图 4-12(f))。

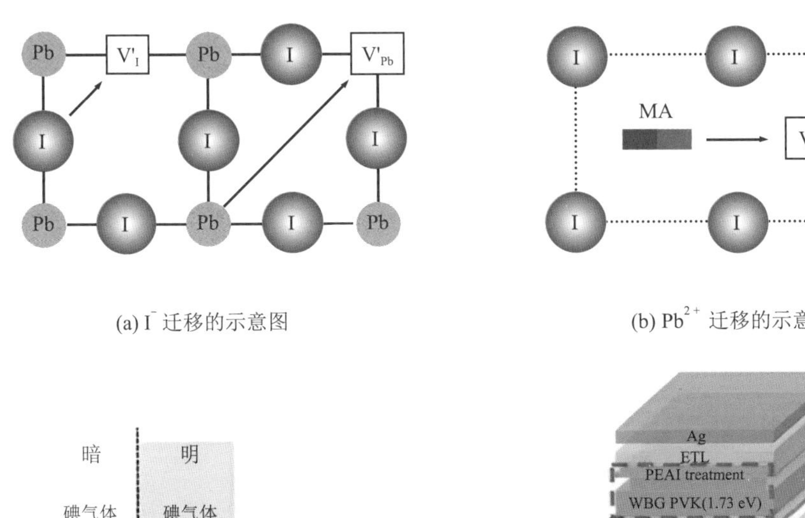

(a) I^- 迁移的示意图　　(b) Pb^{2+} 迁移的示意图

(c) 明暗条件下渗透实验示意图　　(d) 用于离子迁移抑制的 PEAI 表面处理

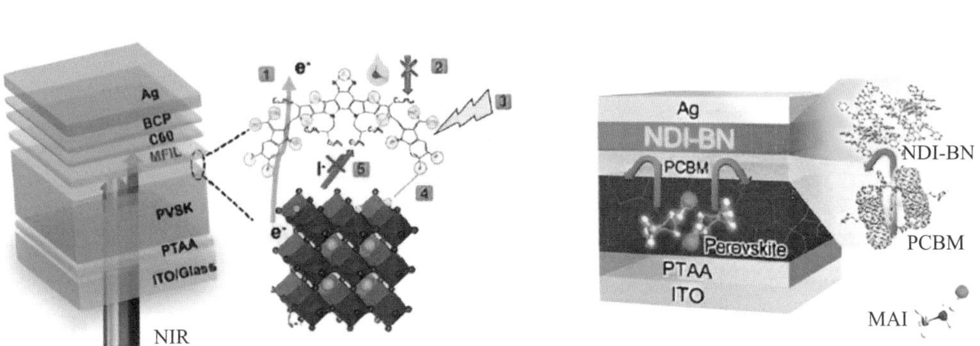

(e) 具有非富勒烯受体层的倒置平面异质结 PSC 示意图　(f) 具有用于抑制离子迁移的萘二亚胺衍生物层的 PSC 示意图

图 4-12　离子迁移机理及各种抑制离子迁移的钙钛矿太阳能电池 (PSC) 结构

5. 水分侵入和电极扩散的屏障

迄今为止，由于混合钙钛矿结构的不稳定性和柔软性，长期稳定性仍然是 PSC 商业化的最大障碍。水分和氧气等外部因素会强烈影响钙钛矿吸收层和其他 CTL 的特性与性能。虽然器件的简单封装可以极大地抑制水分和氧气的负面影响，但它无法减轻 PSC 内的电极扩散 (例如 Au 和 Ag)。此外，水分和氧气仍以低速率渗透通过封装材料。一旦密封剂在现场条件下老化和降解，疏水夹层就可以成为水分侵入的二级屏障，进一步提高 PSC 的湿度稳定性。界面修改现在被认为是通过防止不希望的降解途径来延长器件寿命的有效策略。插入的界面层可以充当阻挡层，以保护敏感层免受外部损坏。

Park 等人报道了聚二甲基硅氧烷 (PDMS) 在钙钛矿 /CuSCN 界面的化学交联可以防止界面降解，并提高基于 CuSCN 的 PSC 的稳定性。与有机小分子相比，PDMS 中间层大大提高了器件对湿度和热的稳定性。低维钙钛矿也被用于提高器件稳定性。使用有机盐 1，8-辛烷二铵碘化物 (ODAI) 通过与钙钛矿表面残留的 PbI_2 原位结合来构建 2D 改性层。未封装的装置表现出优异的长期运行稳定性。在周围环境中储存 120 天后，它仍保持其初始 PCE 的 9.2%。同时，由于其疏水性，碳材料作为界面改性剂也被提议用来提高器件的稳定性。界面工程可以通过以下几个方面促进 PSC 的效率和稳定性走向商业化，如图 4-13 所示。

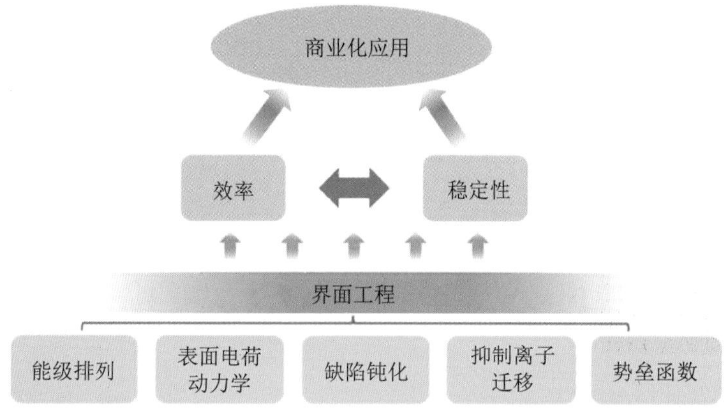

图 4-13　界面工程对高效稳定 PSC 商业化的作用

4.6　叠层钙钛矿太阳能电池

由堆叠的窄带隙和宽带隙子电池组成的串联太阳能电池 (TSC) 被认为是打破单结太阳能电池 Shockley Queisser 极限的最有希望的太阳能电池组合方法。作为光伏界的游戏规则改变者，有机无机杂化钙钛矿具有可调互补的带隙、优异的光电性能和溶液加工性。在本节中，我们提出了一个扩展钙钛矿基 TSC 的钙钛矿材料选择和器件设计进展的观点，包括钙钛矿 / 硅、钙钛矿 / 铜铟镓硒、钙钛矿 / 钙钛矿、钙钛矿 /CdTe 和钙钛矿 /GaAs。此外，具有高热稳定性的全无机钙钛矿 $CsPbI_3$ 因其合适的 1.73 eV 带隙和快速提高的效率而被提议作为 TSC 的顶部子电池。为了最大限度地减少高效 TSC 的光学和电学损耗，本节重点介绍透明电极、复合层和电流匹配原理的优化。

4.6.1　叠层钙钛矿太阳能电池概述

太阳能作为缓解全球能源危机的清洁可再生能源之一，在过去的 60 多年里发展迅速。

到目前为止，已建立的基于晶圆的晶体硅 (c-Si) 太阳能电池主导着光伏市场，并实现了高达 26.7% 的创纪录效率。基于薄膜技术的铜铟镓硒 (CIGS) 和碲化镉 (CdTe) 太阳能电池代表了另外两种商业化的光伏器件，它们分别以创纪录的 23.35% 和 21.1% 的效率蓬勃发展。

然而，太阳能电池的效率受到热力学第二定律和 Shockley Queisser (S-Q) 的限制。也就是说，只有能量高于半导体带隙的光子才能被吸收，而这些被吸收的光子由于电荷载流子的热化作用而不能完全转化为电能。钙钛矿、Si 和 CIGS 太阳能电池的典型光谱利用率分别为 1.5 eV、1.1 eV 和 1.0 eV，将它们的外部量子效率 (EQE) 光谱与太阳辐照度重叠，如图 4-14 所示。其次，不可避免的热力学详细平衡要求光伏器件与其环境保持平衡，这意味着电池中存在自发发光，辐射载流子复合会导致电压损失。第三，最大电源电压 (U_{mp}) 和最大电流密度 (J_{mp}) 总是分别低于 U_{oc} 和短路电流密度 (J_{sc})。

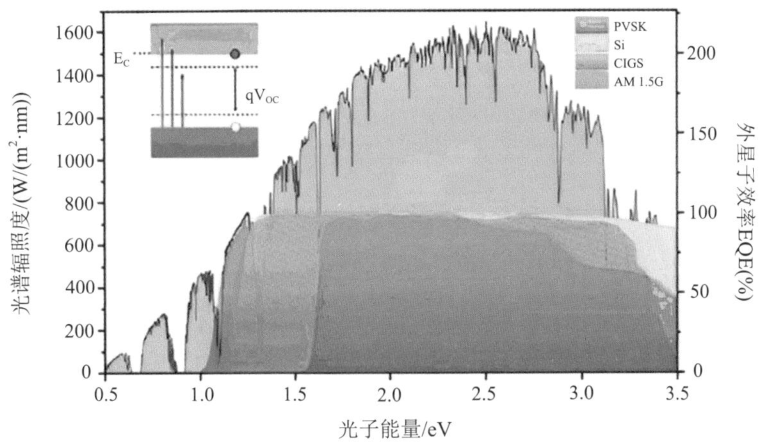

(a) AM1.5G 的光谱辐照度与钙钛矿、Si 和 CIGS 太阳能电池的典型外部量子效率 (EQE) 的重合度

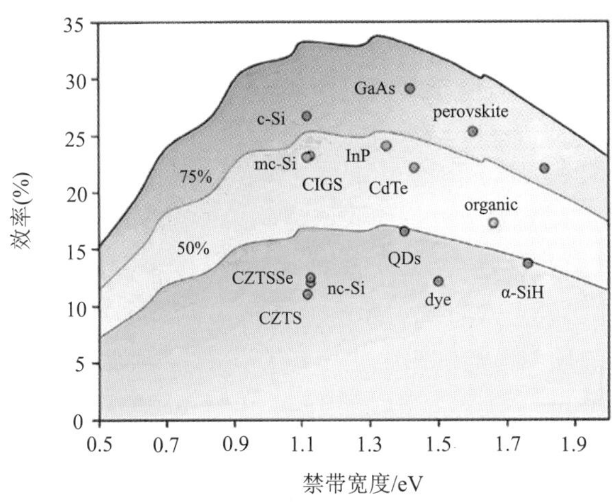

(b) Shockley-Queisser 极限效率和各类太阳能电池实际效率的比较

图 4-14 各类太阳能电池的光谱利用率和 S-Q 极限达成度

考虑到所有这些因素，Shockley 和 Queisser 在 1961 年首次预测了单结太阳能电池的效率极限 (S-Q 极限)，发现带隙为 1.1 eV 的半导体的最大效率为 30%。根据最近基于 S-Q 详细平衡模型的计算，最大光电流密度 J_{max} 可以根据下式计算：

$$J_{max}(E_g)=\int_{E_g}^{\infty}\Phi^i(E)dE \tag{4.13}$$

其中 Φ^i 定义为 AM 1.5G 光谱辐照度的入射光谱光子通量，例如带隙能量。辐射复合电流密度 J_r 表示为

$$J_r(U)=J_r(E_g,U)=f_g q\int_{E_g}^{\infty}\frac{2\pi E^2}{h^3c^2}\frac{1}{\left[e^{\frac{E-qU}{k_BT_c}}-1\right]}dE \tag{4.14}$$

式中 f_g 是几何因子，h 是普朗克常数，c 是光速，E 是光子能量，q 是单位电荷，对应于准费米能级分裂的外部施加电压为 U，k_B 是玻尔兹曼常数，T_c 是太阳能电池温度。基于 J_{max} 和 J_r，单结太阳能电池的其他光伏参数包括 J_{sc}、U_{oc}、U_{mp}、J_{mp} 和填充因子 FF，可以表示为半导体带隙的函数。最后，根据下式计算最大光电转换效率 η：

$$\eta=\frac{U_{mp}J_{mp}}{\Phi^{AM\ 1.5G}} \tag{4.15}$$

通过这一理论计算，单结太阳能电池的效率上限进一步细化为 33.7%，对应带隙为 1.34 eV 的半导体。由于光子吸收、激子解离和非辐射复合的损失，单结太阳能电池的实际 J_{sc}、U_{oc} 和 FF 通常在不同程度上低于它们的 S-Q 极限值。因此，所有太阳能电池的记录效率均低于 SQ 极限值，如图 4-14(b) 所示，并且这种情况在可预见的未来仍将持续。

根据 S-Q 极限模型，具有单个带隙的光伏器件不能吸收能量小于带隙的入射光子，也不能利用超出带隙的高能光子的额外能量。然而，具有堆叠或串联的两个或多个具有不同带隙的子电池的串联太阳能电池 (TSC) 的 S-Q 限制可以超过单结太阳能电池的 S-Q 限制。在串联配置中，顶部电池具有最宽的带隙，并且每个后续电池的带隙都比前一个电池窄。因此，高能光子被顶部子电池吸收，而低能光子可以被后面的带隙较低的电池传输和吸收。这个过程使我们能够最大限度地将光子能量转化为电能，从而大大提高太阳光谱的利用率。仿真结果还表明，TSC 的总 U_{oc} 近似等于子单元各自 U_{oc} 值的叠加。相比之下，一些串联结构电池的总 J_{sc} 由最小的一个子电池电流决定。从模拟结果来看，由两块电池和三块电池组成的串联结构在 1 太阳常数 (单位面积的太阳辐照度通量密度) 下分别可以转换 42% 和 49% 的太阳能。当堆叠子电池的数量变为无限时，堆叠太阳能电池的理想效率有望达到聚光太阳光的 68% 和非聚光太阳光的 86%。为了实现高效的双结 TSC，理论计算表明，带隙为 1.70 ～ 1.85 eV 的顶部电池和带隙为 1.1 eV 的背面电池是最佳搭档。

由化合物半导体 (如 InP、GaAs) 组成的Ⅲ -V 多结太阳能电池已被实验证明非常有效。由Ⅲ -V 化合物半导体制成的六结 TSC 表现出出色的 1 太阳常数下的全局效率，为 39.2%。然而，这些材料的高制造成本和复杂的制造工艺使其难以大规模生产。除了高制造成本外，由Ⅲ -V 化合物半导体和硅组成的串联器件还存在 Si 和Ⅲ -V 材料之间的热膨胀系数不匹配和显著的晶格畸变，这极大地阻碍了该技术的进展。

钙钛矿太阳能电池 (PSC) 的出现为 TSC 的发展走出尴尬局面提供了另一种方向。由于其高效率、低成本、工艺兼容性和可调节带隙，PSC 在光伏界引起了极大的关注。性能最佳的 PSC 的效率从 2009 年的 3.81% 提高到 2019 年的 25.2%，与商用单结太阳能电池相当。自首次报道四端钙钛矿 TSC 以来，4T 配置成为众多研究组的关注焦点，相关课题论文的发表数量猛增。从图 4-15 中可以看出，由于实验室和工业中硅和 CIGS 技术的成熟，钙钛矿 / 晶硅和钙钛矿 /CIGS TSC 分别占总研究工作的 54% 和 28%。虽然钙钛矿 / 钙钛矿 TSC 的研究开展得相对较晚，但由于其前驱体材料便宜且具有完整的溶液可加工性，因此在实现高效率和低成本器件方面显示出巨大的潜力。

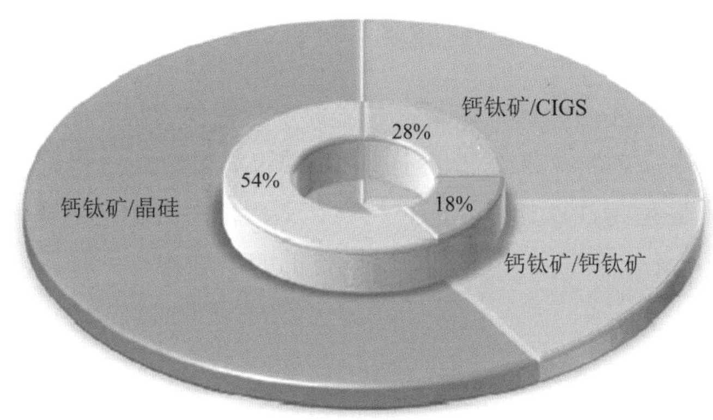

图 4-15　三种行业领先的钙钛矿 TSC 的组成

如图 4-16 所示，所有类型的 TSC 的效率都在短短几年内大幅提升。到目前为止，单片双端 (2T 或单片)TSC 和机械堆叠 4T TSC 的最高效率分别达到了 27.0% 和 27.7%，在消费领域的潜在应用中表现出巨大的潜力。

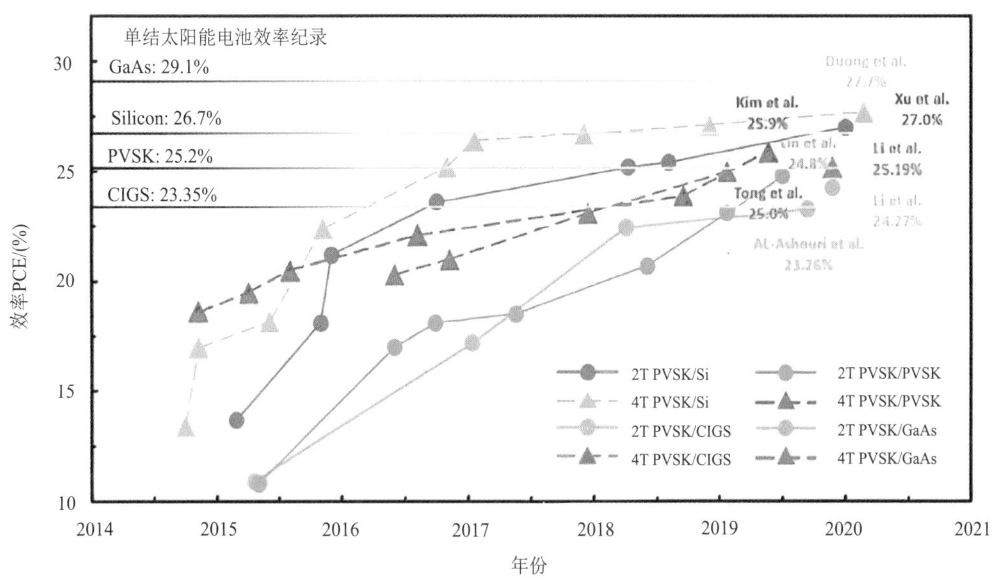

图 4-16　基于钙钛矿的 TSC 的效率演变 (水平梯度线表示目前几种流行的单结电池的最高效率)

在这里，我们关注钙钛矿 TSC 的最新进展和所面临的挑战。本节首先介绍了 TSC 中具有宽带隙或窄带隙的有机无机杂化钙钛矿材料设计的当前趋势，特别是有机阳离子混合钙钛矿和 Pb/Sn 钙钛矿。同时，设想使用全无机钙钛矿 (例如 $CsPbI_3$) 作为 TSC 的顶部电池的可能性。然后简要介绍了串联器件的两种主要器件配置及其显著特征和特性。主要内容是自 2014 年以来业界取得的研究进展，包括钙钛矿 / 硅、钙钛矿 /CIGS 和钙钛矿 / 钙钛矿，并从材料和器件理解的角度对其工作进行了总结。特别强调透明电极、复合层以及电流 / 带隙匹配。

4.6.2 串联光伏器件中的钙钛矿材料

在以下的介绍中会首先回顾钙钛矿基串联器件中常用的有机无机杂化钙钛矿，其组成调谐带隙具有高于 1.55 eV 的宽带隙和低于 1.35 eV 的窄带隙，还将讨论光电特性、带隙可调性和稳定性问题。值得注意的是，无机钙钛矿 (例如具有合适的宽带隙和高热稳定性的 $CsPbI_3$) 将被详细讨论，其有希望作为基于钙钛矿的串联器件中顶部子电池的混合钙钛矿的替代品。

1. 有机 – 无机杂化钙钛矿

有机无机杂化钙钛矿 (ABX_3) 具有以下独特特性，它是 TSC 的理想选择。

首先，杂化钙钛矿具有合适的直接带隙、极高的光吸收、电子和空穴的小而平衡的活性质量、高缺陷容限、长载流子寿命和扩散长度、小的激子结合能和完全良性的晶界。这些出色的光电特性源于钙钛矿材料独特的电子结构，这有助于实现 PSC 的高 U_{oc} 和高效率。

其次，保持相同的钙钛矿晶体结构，通过混合不同的 A 位阳离子 (甲基铵 (MA)、甲脒 (FA)、铯、铷)、B 位阳离子 (Pb、Sn) 和 X 位阴离子 (碘化物、溴、氯化物) 可以将钙钛矿吸收体的带隙精确控制到特定值，从而可以实现带隙匹配的子电池，最大限度地提高串联器件的效率。

第三，杂化钙钛矿的成分基于丰富的元素，价格相对低廉。

此外，它可以在低温下通过溶液工艺在柔性基板上制造，从而能够以低成本进行大规模生产。

1) 宽带隙钙钛矿顶电池

$MAPbI_3$ 的带隙为 1.55 ～ 1.60 eV，吸收起始波长高达 800 nm，是迄今为止 TSC 中使用最广泛的宽带隙钙钛矿，并实现了极高的效率。基于 $MAPbI_3$ 的串联器件在 2014 年以 13.4% 的效率首次亮相，采用 $MAPbI_3$/ 硅异质结 (SHJ) 4T 串联结构，并且其效率在 2020 年飙升至 27.0%，采用 $MAPbI_3$/SHJ 4T 串联结构，其最高效率可达 26.7%，超过了晶体硅太阳能电池。可以合理地说，$MAPbI_3$ 钙钛矿促进了基于钙钛矿的 TSC 的兴起，包括串联结构的设计。然而，$MAPbI_3$ 对外部条件 (如湿度、热、光和氧气) 的内在不稳定性会导致一系列问题，如化学反应、相变、相分离和其他降解过程。当 $MAPbI_3$ 加热到 85℃以上时，即使在惰性气氛中也会发生大幅降解，无法满足国际商用光伏产品法规对 85℃长期稳定性的要求。通过化学调节 $MAPbBr_{3-x}I_x$ 中碘化物和溴化物之间的卤化物成分，可以获得适合串联配置的顶部子电池的 1.70 ～ 1.85 eV 的带隙，带隙可以在 1.55 ～ 2.3 eV 之间调节。然而，当溴化物含量过高时，光不稳定性已被证实会导致 $MAPbBr_{3-x}I_x$ 中的光致卤化物偏析，这会限制可达到的电压，并损害这些混合卤化物钙钛矿器件的操作和可靠性。

另一种单阳离子钙钛矿 $FAPbI_3$ 表现出更好的热稳定性，但其效率低于 $MAPbI_3$。此外，其 1.48 eV 的适中带隙似乎不适用于串联器件。已观察到 $FAPbI_3$ 在环境潮湿的大气中显示出从黑色三角 (α 相) 钙钛矿多晶型到黄色六方非钙钛矿 (δ 相) 多晶型的相变，这意味着 $FAPbI_3$ 的结构不稳定。与 $MAPbBr_{3-x}I_x$ 相比，$FAPbBr_{3-x}I_x$ 的带隙范围更广，为 1.48 ～ 2.23 eV。研究发现，当将 Br 掺入 $FAPbI_3$ 以获得宽带隙钙钛矿 ($FAPbBr_{3-x}I_x$) 时，Br 含量可能导致不希望的结构从立方结构转变为四方结构并形成无定形区域，从而导致较低的电荷载流子迁移率 ($<2\ cm^2 \cdot V^{-1} \cdot s^{-1}$)，因此电荷载流子扩散长度更短。所以，基于 $FAPbBr_{3-x}I_x$ 的太阳能电池的光伏性能通常不如纯 $FAPbI_3$。到目前为止，单阳离子 $FAPbI_3$ 或 $FAPbBr_{3-x}I_x$ 尚未在串联器件中采用。

为了在基于钙钛矿的 TSC 中获得更好的效率和稳定性，研究人员尝试使用混合阳离子卤化物钙钛矿，其阳离子通常由甲基铵 (MA^+、$CH_3NH_3^+$)、甲脒 (FA^+、$CH_3(NH_2)_2^+$) 的混合物和铯 (Cs^+) 组成。已经证明，将 $FAPbI_3$ 中的 FA^+ 部分替换为 MA^+ 制备的 $MA_xFA_{1-x}PbI_3$，由于 MA 阳离子与无机笼之间更强的相互作用以及更高的效率，因此表现出更高的稳定性。然而，这种混合阳离子钙钛矿由两种挥发性有机阳离子组成，它们仍然不够稳定，无法在长时间的热应力和潮湿环境下抵抗降解。

因此，串联器件顶部子电池的另一种广泛使用的宽带隙 (1.60 ～ 1.75 eV) 吸收剂通常是 Cs 掺杂的混合阳离子 / 卤化物钙钛矿，它对限制电池长期稳定性的因素表现出相对更强的抵抗力。换言之，将 Cs^+ 掺入 $MAPbBr_{3-x}I_x$、$FAPbBr_{3-x}I_x$ 或 $MA_xFA_{1-x}PbBr_{3-x}I_x$ 中获得的 Cs 掺杂钙钛矿，既可以满足顶部子电池的最佳带隙要求，又可以提高结构、热和光稳定性。Cs 掺杂的混合阳离子 / 卤化物钙钛矿的稳定性提高可归因于 Cs 对向光惰性黄相转变的抑制作用，导致钙钛矿薄膜更加稳定、均匀和无缺陷，从而显示出更高的耐热性并且对周围变量不敏感，例如温度、溶剂蒸气或加热条件。据了解，Cs 掺杂可以充分调整稳定钙钛矿结构的容忍因子。

同样，半径 (1.52 Å) 小于 Cs(1.81 Å) 的铷阳离子 (Rb^+) 已被探索作为高效 PSC 的替代阳离子掺杂剂，具有较好的热稳定性和光稳定性，因为它能够通过调整容忍因子 (大约 1.0) 来构建所需的稳定钙钛矿结构。更重要的是，少量的 Rb^+ 掺杂能够增加系统的熵并允许更好地平衡阳离子的离子大小。在这种情况下，可以有效地消除宽带隙电池中通常出现的明显滞后现象，同时提高效率。

由于 Cs 和 Rb 掺杂的宽带隙钙钛矿的热稳定性得到改善，因此钙钛矿层顶部的缓冲层 (SnO_2、TiO_2 等) 的工艺条件可以得到拓宽。这些缓冲层在电子提取中发挥了重要作用，并且可以在随后的透明导电氧化物 (TCO) 电极 (例如铟掺杂氧化锡 (ITO) 和铟锌氧化物

(IZO)) 的溅射沉积过程中减少对钙钛矿层的损害。因此，需要更高温度的原子层沉积 (ALD) 技术，其可以用在 TSC 中沉积缓冲层。

2) 窄带隙钙钛矿底电池

钙钛矿 / 钙钛矿 (全钙钛矿) 串联太阳能电池 (APTSC) 是一种很有前途的替代串联结构，可在保持低制造成本、低温工艺以及灵活和轻量化应用的可能性的同时实现高效率。高质量的宽带隙和窄带隙钙钛矿吸收体对于制造高效稳定的 APTSC 至关重要。钙钛矿 /Si 和钙钛矿 /CIGS TSC 的蓬勃发展，使得宽带隙钙钛矿吸收体的研究取得了巨大成功。然而，由于缺乏高性能窄带隙钙钛矿吸收体，全钙钛矿串联器件的发展受到了严重限制。

通常，本质上 Sn 基钙钛矿显示窄带隙低至 1.2 ～ 1.4 eV，接近串联器件底部电池的最佳带隙 1.1 eV。然而，这些钙钛矿表现出较差的稳定性，由于缺陷密度高和载流子寿命低，本征 Sn 基 PSC 的最高效率仅为 12.4%，更重要的是，再现性差和严重的不稳定性问题防止本征锡基钙钛矿被用作有用的太阳能电池材料。这可以归因于 Sn^{2+} 容易氧化为 Sn^{4+}，其中 Sn^{4+} 在称为自掺杂的过程中充当钙钛矿中的 p 型掺杂剂，并且空穴的背景浓度增加会导致快速复合。

为了提高窄带隙钙钛矿中 Sn^{2+} 的稳定性并减轻其氧化，采用了用 Pb^{2+} 代替 B 位特定比例的 Sn^{2+} 等策略。令人惊讶的是，所得的 Pb、Sn 混合钙钛矿与固有的 Sn 和 Pb 钙钛矿相比，在某些特定成分下带隙甚至更低，连续带隙分布从 1.1 eV 到 1.35 eV，即所谓的反常带隙弯曲行为。值得一提的是，大多数 Pb-Sn 钙钛矿具有高光电压和相对较低的 U_{oc} 缺陷，U_{oc} 取决于 E_g/q，其中 q 是单位电荷，E_g 是带隙能量。到目前为止，单结铅锡钙钛矿 ($FA_{0.7}MA_{0.3}Pb_{0.5}Sn_{0.5}I_3$，1.22 eV) 太阳能电池的效率已达到 21.1%，远高于全锡基 PSC(12.4%)，但仍低于所有基于 Pb 的对应物。此外，用 $(FASnI_3)_{0.6}(MAPbI_3)_{0.4}$ (1.25 eV) 窄带隙钙钛矿作为底部电池的吸收剂，由此产生的 4T APTSC 实现了 25.0% 的创纪录效率，接近单结电池 25.2% 的世界纪录效率。更令人鼓舞的是，基于最先进的宽带隙和窄带隙钙钛矿分别作为顶部子电池和底部子电池的组合，APTSC 的可实现效率估计接近 32%。这证明了 APTSC 与钙钛矿 / 硅和钙钛矿 /CIGS TSC 相比具有巨大的潜力。

然而，降低 Sn 含量的策略只会减缓氧化动力学特性而不是消除它，这意味着由 Sn^{2+} 氧化引起的 Pb-Sn 钙钛矿的环境不稳定性仍然存在。p 型自掺杂的存在将导致高电导率 / 迁移率，这是由于在太阳能电池的有源区域之外收集额外的光电流而导致窄带隙 Pb-Sn PSC 的 J_{sc} 值被高估。因此，存在于 Pb-Sn 钙钛矿中的 Sn^{2+} 的氧化问题仍有待解决。

2. 全无机钙钛矿

如上所述，将 Cs 掺入杂化钙钛矿的有机阳离子中可以大幅提高其光稳定性和热稳定性，换句话说，挥发性有机阳离子的存在使这些材料无法保持长期稳定性。因此，获得更好的材料和器件稳定性的有效方法是用无机阳离子如 Cs^+ 完全取代这些有机阳离子。一些研究小组已经证明，$CsPbBr_3$ 和 $CsPb(Br_xI_{1-x})_3$ 表现出优异的光、湿、热稳定性，而 $CsPbI_3$ 表现出很高的热稳定性。然而，除了稳定性之外，材料的带隙和 PSC 的相应效率对于串联应用也至关重要。$CsPbBr_3$ 具有 2.25 eV 的宽带隙，而最先进的太阳能电池的功率转换效率 (PCE) 相对较低，仅为 10.85%，不适合与 Si 或 CIGS 耦合在串联设备中。此外，据报道混合卤化物 $CsPb(Br_xI_{1-x})_3$ 族在 $0.2 < x < 0.4$ 时表现出更好的性能，但其 1.93 eV 的带隙仍然太大，无法达到最佳带隙值。

幸运的是，$CsPbI_3$ 显示出 1.73 eV 的适当宽带隙，使 $CsPbI_3$ 成为与硅、CIGS 和窄带隙钙钛矿构建串联配置的理想选择。尽管光活性黑相 $CsPbI_3$(α-$CsPbI_3$、β-$CsPbI_3$、γ-$CsPbI_3$) 在串联应用中具有高热稳定性和理想的带隙，但在室温环境条件下不稳定，在室温下会转变为光惰性黄相 (δ-$CsPbI_3$，E_g 为 2.8 eV)(图 4-17)。这可以用 Goldschmidt 容差来解释，这是预测钙钛矿材料稳定晶体结构的经验指标。Goldschmidt 容忍因子表示为

$$t = \frac{r_A + r_X}{\sqrt{2}\left(r_B + r_X\right)} \tag{4-16}$$

其中 r_A、r_B 和 r_X 分别是阳离子 A、金属离子 B 和阴离子 X 的半径。只有当 $0.8<t<1.1$ 时，3D 钙钛矿结构才能保持稳定。$CsPbI_3$ 的亚边际容忍因子 (0.81) 表明存在潜在的相位稳定性问题。即使是周围环境中的水分也会引发相变，导致晶格出现空位并降低成核的自由能垒。因此，消除 $CsPbI_3$ 在室温下的相不稳定性是其在太阳能电池中应用的关键前提。

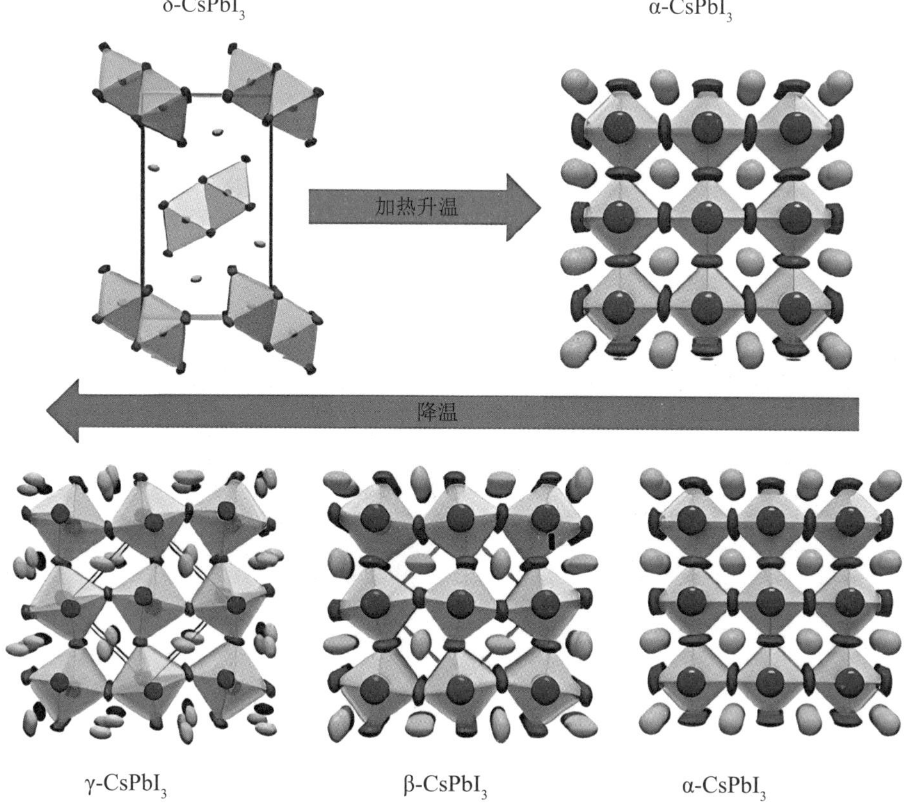

图 4-17 $CsPbI_3$ 中的结构相变与温度的关系

α-$CsPbI_3$ 是被研究最多的黑色相 $CsPbI_3$，相变温度为 310℃。在这里，我们总结了几

种在室温下稳定黑色 α 相以制造 $CsPbI_3$ 太阳能电池的主要方法：

(1) 添加分子添加剂。通过将 4(1H)- 吡啶硫酮 (4-PT) 添加到前体中，实现了 13.88% 的最新 PCE。

(2) 使用 α-$CsPbI_3$ 量子点 (QD)。以 α-$CsPbI_3$ QD 作为吸收剂，实现了 14.32% 的高 PCE。

(3) 维度工程。稳定的 $EDAPbI_4$-α-$CsPbI_3$ 薄膜在室温 (25℃) 条件下静置数月表现出优异的相稳定性，所得太阳能电池的效率高达 11.8%。

(4) 表面终止。苯基三甲基铵 (PTA^+) 封端的 α-$CsPbI_3$ 表面有助于实现更高的防潮性和超过 17% 的高效率。

正如理论计算所预测的，$CsPbI_3$ 的另外两个黑色相，即 β-$CsPbI_3$ 和 γ-$CsPbI_3$，可以在比 α-$CsPbI_3$ 更低的温度下形成更稳定的钙钛矿结构，但关于此类材料的报道很少。β-$CsPbI_3$ 基太阳能电池的最佳效率是在碘胆碱 (CHI) 改性后制成的，PCE 为 18.4%，稳定性高。Zhao 等人还制作了稳定的 γ-$CsPbI_3$ 薄膜。通过质子转移反应控制尺寸相关结晶相的形成。具有 γ-$CsPbI_3$ 薄膜的器件在大气环境中表现出 11.3% 的效率和高稳定性，可在数月和数小时的连续工作条件下保持稳定。尽管到目前为止还没有真正的基于无机钙钛矿的串联器件，但这种利弊分析可能会对将来的研究工作有所促进。

4.6.3 钙钛矿基串联光伏器件的研究进展

1. 串联构型及其表征

尽管串联设备显示出突破 SQ 限制的潜力，但最大的挑战是如何构建具有成本效益的串联配置。两种主要的串联配置，即单片 2T TSC 和机械堆叠 4T TSC 如图 4-18 所示。

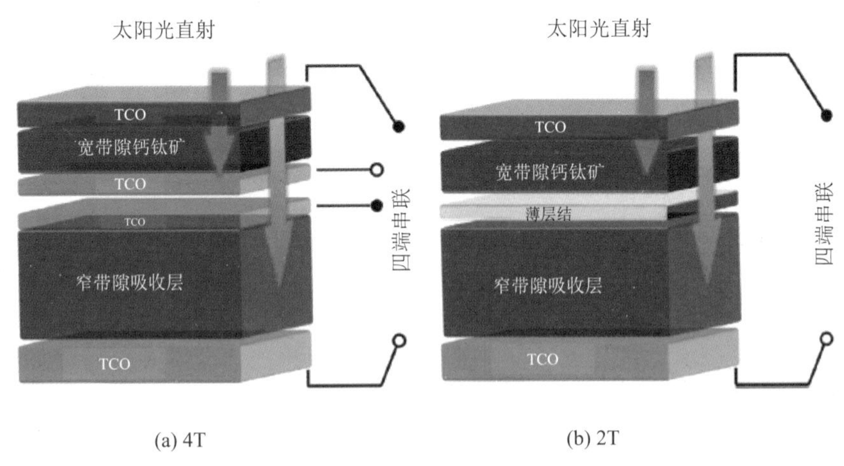

图 4-18　4T 和 2T 串联太阳能电池的结构示意图

在 2T 配置中，顶部和底部电池通过复合层串联连接，在两个子电池之间的表面收集载流子并保护底部电池免受溶剂渗透等损坏。2T 器件具有严格的工艺兼容性要求，因为底部电池不应受到顶部电池制造工艺的影响。由于只需要一个透明电极，因此 2T 配置显示出成本低和寄生吸收损耗小等优点。根据基尔霍夫定律，2T 器件的电压等于两个子电池的电压之和，这有助于产生高电压以降低串联电阻损耗。然而，2T 串联器件的光电流受到电流较小的子电池的限制，因此，电流匹配对于 2T TSC 至关重要，这限制了带隙组合的范围，并且需要对每个吸收层的带隙和厚度进行精确的工程设计。如果光强度发生变化，2T TSC 的这种独特性质将导致更显著的性能波动。众所周知，对于单结电池，电流密度具有亚线性光强度依赖性 (即对数 J_{sc} 与对数光强度呈线性关系)。2T TSC 中的两个双 (光和电) 耦合子电池在光强变化下将独立遵循相同的规则，同时考虑后部子电池的光谱失配。然而，在任何情况下，由于电流匹配原理，2T TSC 的整体 J_{sc} 会受到电流较小的子电池的限制。理论计算表明，由于两个子电池的电流可能不匹配，2T 配置因光强度变化而导致的年度收获效率损失大于 4T 配置。

在 4T 配置中，顶部和底部电池以机械方式相互堆叠并单独接触，无需复合层，从而允许在优化条件下分别制造每个子电池。这提供了很高的操作灵活性，因为两个子电池都可以独立地在其最大功率点 (MPP) 下工作，这使得 4T 串联设备的输出对辐照度的角度变化不太敏感，从而导致效率比 2T 串联设备高了不少。此外，对顶部电池带隙的约束的释放允许更广泛的带隙组合选择。但是，这种配置需要四个电极，其中三个是透明电极。需要注意的是，顶部电池的后电极和底部电池的前电极必须对近红外光透明，以确保足够的红外光子有效传输到底部电池。更多的电极将导致寄生吸收和制造成本增加。在系统层面，4T 串联器件的逆变器等电子设备的系统平衡费用较高。这些额外的成本将对此类光伏组件的产业化构成重大挑战。

串联太阳能电池的电气特性不像单结太阳能电池那么简单，应该取决于连接方法 (4T 或 2T)。由于 4T TSC 的子电池是单独加工并机械堆叠在一起的，因此它们在电气上是独立的，但仅在光学上耦合 (图 4-18(a))。因此，可以分别评估每个子电池的 J-U 和 EQE 特性，两者之和决定了串联配置中器件的效率。顶部子电池可根据 IEC 60904-7 在标准测试条件下进行测量。对于后部子电池的测量，在标准照明下进行 J-U 和 EQE 测量之前，将绝缘荫罩和作为滤光片的半透明顶部子电池顺序堆叠在其顶部。像往常一样，基于 EQE 电流的 J-U 测量需要光谱校正。4T 配置的测量结果可用于指导 2T 配置的子小区优化。

在单片 2T TSC 的情况下，可以测量的整体 J-U 和 EQE 特性与标准条件下的单结太阳能电池相似。然而，不可能单独测量单片 2T TSC 的子电池的 J-U 和 EQE，因为它们生长在一个衬底上并通过隧道结层互连 (图 4-18(b))。因此，为了获得每个子电池的贡献，使用了光偏压和电压偏压。例如，为了测量钙钛矿顶部电池的 EQE，用红外光照射串联装置，使后部子电池饱和。同样，蓝光也可以用来测量背面子电池的 EQE。这样，未测试的子电池会产生过量的光电流，而对子电池的研究则可以实现更好的电流匹配。同时需要整个串联电池上的电压偏置以保持子电池的短路操作。为了促进或简化单片 2T TSC 的准确表征并规避光谱失配问题，研究人员设计了一种三端单片串联配置并给出精确的测量结果。

2. 钙钛矿 / 硅串联太阳能电池

1) 硅太阳能电池

单晶硅太阳能电池以其效率高、成本下降快、长期稳定性好等优点，在光伏市场占据主导地位，占全球光伏总产量的 90%。迄今为止，据报道 c-Si 单结太阳能电池的创纪录效率 (26.7%) 已接近 33.7% 的 Shockley Queisser 极限。在构建串联结构以突破极限方面，最先进的 c-Si 太阳能电池因其高效率、高稳定性和合适的 1.1 eV 带隙而被认为是优秀的底部电池候选者。

(1) 异质结硅背面电池。

大多数钙钛矿 / 硅串联器件使用 SHJ 太阳能电池，其由沉积在 n 型 c- 两侧的本征 (i 型) 和掺杂氢化非晶硅 (a-Si:H) 层组成 Si 晶片。c-Si 晶片和掺杂的 a-Si:H 层之间的 i 型 a-Si:H 有效地钝化了 c-Si 晶片的表面悬空键，导致超过 750 mV 的高 U_{oc}。a-Si:H 也有助于减少吸收损失。不幸的是，当温度高于 200℃时，a-Si:H 的热不稳定性会降低 a-Si:H/c-Si 界面处的钝化效果，从而导致 PV 性能受损。这也限制了 2T 串联器件的钙钛矿吸收体下方的载流子选择性接触，例如常用的介孔和致密的 TiO_2，因为采用 TiO_2 光阳极的 PSC 器件需要在 500℃下烧结。因此，钙钛矿需要低温处理光阳极用于制造钙钛矿 /SHJ 2T TSC 的顶部电池。

阿尔布雷希特等人报道了通过低温处理的半透明钙钛矿顶部电池制成的单片 SHJ/ 钙钛矿 TSC(图 4-19(a) ～ (c))。他们在 SHJ 后电池顶部沉积了 SnO_2，作为 ALD 在 118℃的能带对齐的电子选择性接触。在 ITO 溅射后，SnO_2/ITO 二元层充当连接两个子电池的复合层。由于近红外 (NIR) 区域的高透射率，2T 串联器件实现了 1.76 ～ 1.78 V 的高 U_{oc} 和 18.1% 的稳定 PCE。萨利等人通过等离子体增强化学气相沉积 (PECVD) 在低温 (<200℃) 下在 p 型 a-Si:H 上沉积具有纳米晶氢化 Si(nc-Si:H) 复合结的单片钙钛矿 /SHJ 串联电池，由此产生的串联器件表现出 22.0% 的稳态效率，孔径面积为 0.25 cm^2。这些载流子选择性接触的低温工艺方法可防止 SHJ 底部电池的组件受到热损坏。

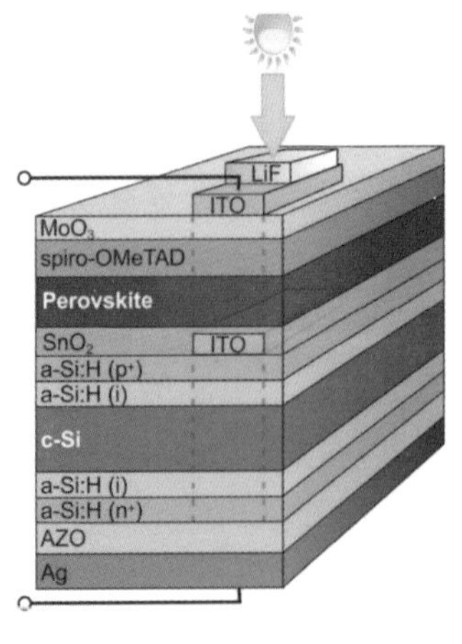

(a) 2T 钙钛矿 /SH TSC 示意图

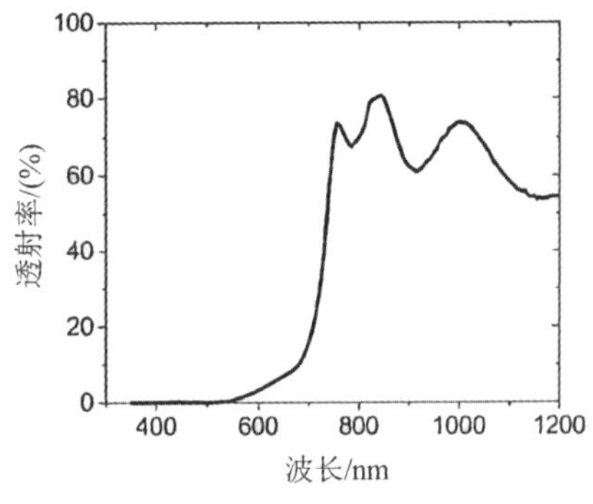

(b) 钙钛矿单结电池的总透射率

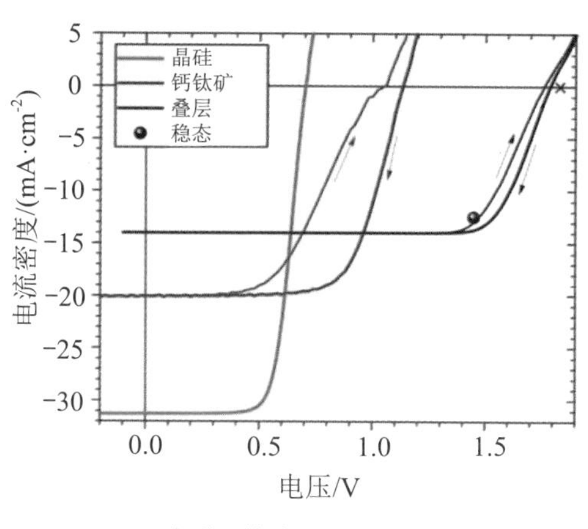

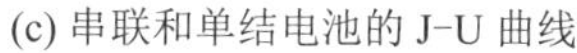
(c) 串联和单结电池的 J-U 曲线

(d) 2T 钙钛矿 /H c-Si TSC 示意图

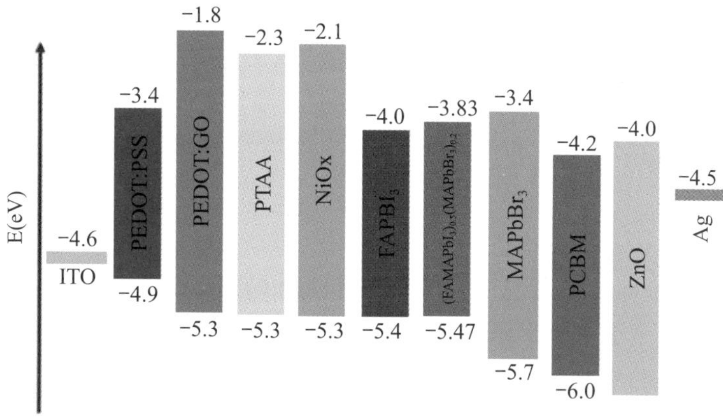

(e) PSC 各功能层相对能级

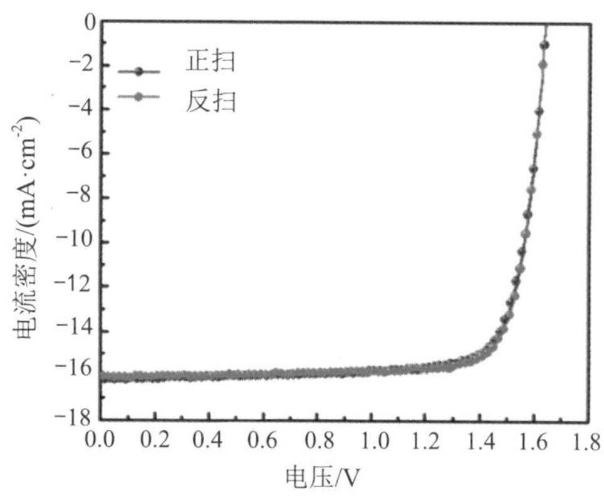

(f) PSC 的 J-U 曲线

图 4-19　2T 钙钛矿叠层电池的结构及性能

(2) 同质结晶硅电池。

相比之下，同质结晶硅 (HJ c-Si) 很少用于钙钛矿 / 硅串联器件，尽管它占据了 90%

的市场份额。值得注意的是，HJ c-Si 虽然表面钝化不如 SHJ，但可以承受高达 400℃的加工温度。因此，顶部电池的载流子选择性接触有更多选择，这意味着基于高温的高效顶部电池加工后的介孔二氧化钛变得可用。它还允许需要更高形成温度的全无机钙钛矿作为顶部电池来构建全无机串联器件。

Mailoa 等人证明了第一个由钙钛矿和晶硅串联而成的单片叠层太阳能电池，其由具有 n^{++}/p^{++} 隧道结的 HJ c-Si 底电池和介观钙钛矿底电池组成，并实现了 13.7% 的稳定 PCE。吴季怀等人使用介观钙钛矿电池和 n 型 HJ c-Si 电池开发了 2T 串联器件。HJ c-Si 具有高温耐受性，它允许串联应用基于致密和介孔 TiO_2 的高效钙钛矿电池。连同 c-Si 子电池的钝化和减少的光学损耗，串联器件实现了 22.5% 的稳态 PCE。最近，为了利用质量较低但成本也较低的 p 型硅太阳能电池 (它比串联器件中常用的 n 型硅太阳能电池更工业化)，Kim 等人应用 p 型 HJ c-Si 设计单片钙钛矿 / 硅串联电池 (图 4-19(d) ～ (f))。他们比较了几种空穴传输层 (HTL)，包括 PEDOT:PSS、PEDOT/ 氧化石墨烯复合材料 (PEDOT:GO)、氧化镍 (NiO_x) 和 PTAA，从中选择 PTAA 作为理想的空穴传输层，因为其对串联器件的更高适用性，可以实现最佳的能带对齐和工艺兼容性。当具有铝背表面场的 p 型 HJ c-Si 电池 (Al-BSF) 与 $(FAPbI_3)_{0.8}(MAPbBr_3)_{0.2}$ 钙钛矿顶部电池组合时，实现了稳定效率为 21.19% 的 2T 串联器件。

2) 透明电极

众所周知，所有子电池中透明电极的光电特性是 2T 和 4T 串联器件的关键因素。首先，透明电极应在可见光至近红外区域具有高透明度，以保证来自整个太阳光谱的光子可以传输到宽带隙顶部电池和窄带隙底部电池。此外，当用作后电极时，所需的近红外透明区域应覆盖 800 ～ 1200 nm。其次，透明电极的薄层电阻应尽可能小。理想的薄层电阻预计小于 10 Ω/sq，该值可以确保高横向电导率，从而最大限度地减少顶部电池的电阻损耗。第三，与钙钛矿层顶部的 HTL 接触的透明电极的制造不应对这些脆弱的底层组织造成损坏，但是，始终需要缓冲层来减轻可能的损害。下面介绍几种功能透明电极。

(1) 银纳米线。

已有研究人员报道了用于 2T 和 4T 串联器件的不同类型的透明电极，其中具有良好导电性和透射率的银纳米线 (AgNW) 表现出接近溅射 ITO 的性能。Bailie 等人采用透明 AgNW 电极并获得效率为 12.7% 的半透明 PSC 作为顶部电池。AgNW 透明电极首先通过喷涂沉积在柔性聚对苯二甲酸乙二醇酯 (PET) 薄膜上，然后通过滚珠轴承压力机将其机械转移到顶部电池的 Spiro-OMeTAD 层上而不会损坏。通过将顶部电池堆叠在低质量的多晶硅底部电池上，整个设备的效率达到了 17.0%，这有望重新定义低质量硅太阳能电池的商业可行性。此外，Quiroz 等人以室温喷涂沉积的 AgNW 作为后电极，展示了一个完全溶液处理的半透明 PSC 和相关的串联装置 (图 4-20(a) ～ (c))。铝掺杂氧化锌 (AZO) 纳米粒子 (NP) 用于将 AgNW 从钙钛矿层中分离出来，以避免钙钛矿中的碘与 Ag 反应形成碘化银而可能对稳定性造成不利影响。在此基础上，通过经典的渗透模型确定了 AgNW 电极的最佳沉积条件。

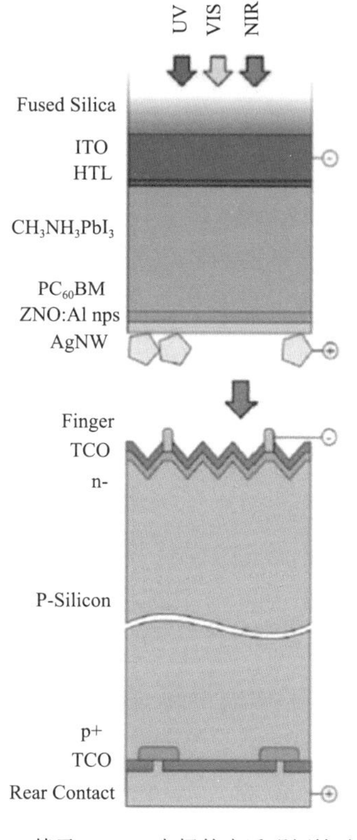

(a) 基于 AgNW 电极的半透明钙钛矿电池（上）和 IBC 电池（下）

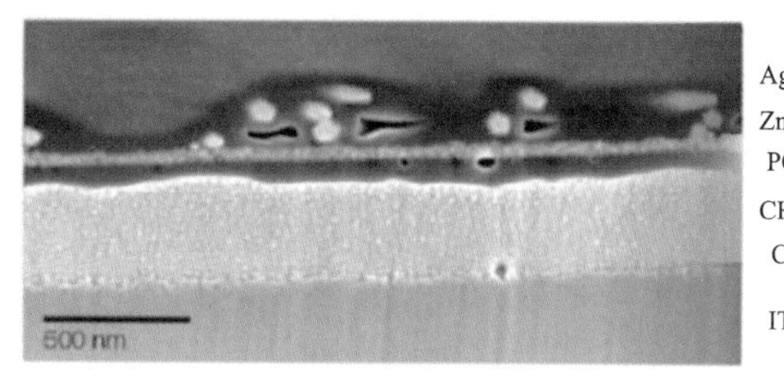

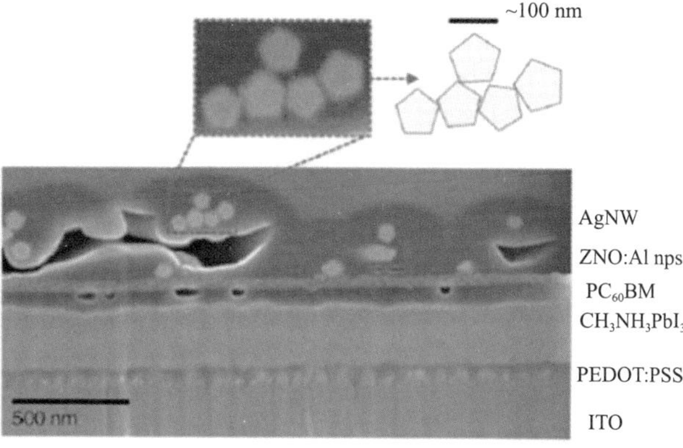

(b) 基于 CuSCN(上) 和 PEDOT: PSS(下) 的半透明钙钛矿电池横截面 SEM 图像

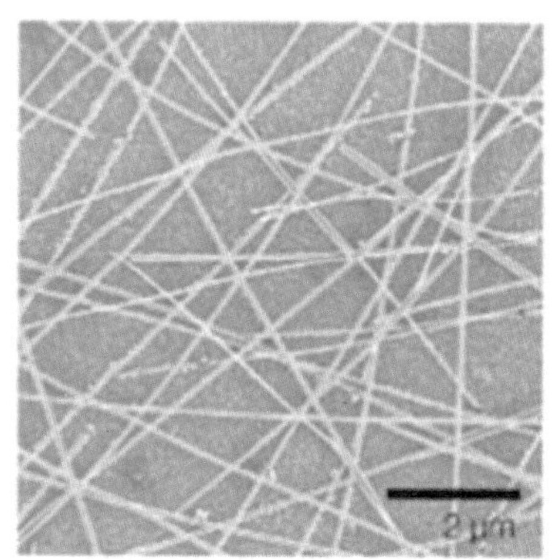

(c) AgNW 电极的俯视 SEM 显微照片

图 4-20　半透明钙钛矿叠层电池的结构及表征

值得一提的是，喷涂 AgNW 电极的薄层电阻可以通过沉积层的数量来优化，所得到的具有低光学损耗和高再现性的半透明 PSC 分别与钝化发射极后局部扩散 (PERL) 硅电池和叉指背接触 (IBC) 硅电池相结合，以实现两种串联器件。相应的 4T 钝化发射极后部局部扩散硅 (PERL-Si)/ 钙钛矿和 IBC-Si/ 钙钛矿串联电池分别表现出 26.7% 和 25.2% 的高效率。

(2) 透明导电氧化物。

TCO 是广泛使用的串联电极材料。必须为 TCO 电极选择合适的厚度，原因在于：一方面，串联器件需要足够厚度的 TCO 以确保横向导电性；另一方面，由于寄生吸收，TCO 的厚度应尽可能减小，寄生吸收是串联器件光损耗的主要原因。ITO 是 TSC 中最常用和最完善的 TCO 材料。洛珀等人开发了一种具有无金属 MoO_x/ITO 透明电极的高效 $CH_3NH_3PbI_3$ 顶部电池 (图 4-21(a))。在近红外区域使用具有高透明度的 MoO_x 层作为空穴收集缓冲层，它还能够防止 Spiro-OMeTAD 层在 ITO 溅射过程中被损坏。这种设计优于具有裸 ITO 背接触的 PSC，导致半透明钙钛矿顶部电池和 4T 串联电池的效率分别为 6.2% 和 13.4%。然而，TCO 相对较高的沉积和退火温度不利于钙钛矿顶部电池中的温度敏感有机材料。

正如从使用 TCO 作为透明电极的报道中看到的那样，通常需要缓冲层来保护下面的有机层免受溅射 ITO 粒子的高动能的损坏。额外的缓冲层不可避免地增加了制造过程的复杂性，导致了额外的光损耗。特别是，普遍采用的 MoO_x 会与钙钛矿中的卤化物离子发生反应，从而破坏了界面处的能级排列。在这种情况下，Lamanna 等人报道了有机 HTM 上 ITO 上层的低功率密度 (小于 $0.40\ W\cdot cm^{-2}$) 沉积条件 (1.1×10^{-33} mbar，Ar) 以制造无缓冲层的双面介观钙钛矿顶电池。他们使用石墨烯掺杂的 TiO_2 作为电子传输材料 (ETM) 来增强钙钛矿顶部电池的性能，最终的冠军串联器件在 1.43 cm^2 的有效面积上表现出 26.3% 的效率 (25.9% 稳定)。这种软沉积技术对于简化双面 PSC 的工艺至关重要。

后来，Werner 等人利用 IZO，一种能够通过射频磁控溅射 (RFMS) 在低功率 (60 W) 和 60℃下沉积的非晶 TCO，作为钙钛矿顶电池的透明后电极，在 800 ～ 1200 nm 波长范围内的平均透射率超过 60%(图 4-21(b))。这种低温、免退火、可扩展且工业上可用的工艺使 IZO 成为高效半透明钙钛矿器件的有希望的候选者。不幸的是，由于 IZO 的带边缘模糊，太阳光谱的紫外部分不可避免地存在寄生吸收，这归因于其无定形性质。另一种 TCO 候选物氢化氧化铟 (In_2O_3:H)，已被证明具有高迁移率和高近红外透明度。维尔纳等人应用 In_2O_3:H/ITO 电极并展示了低温处理的钙钛矿 /SHJ 2T 串联器件，对于 0.17 cm^2 和 1.22 cm^2 的电池面积，效率分别高达 21.2% 和 19.2%(图 4-21(c))。然而，In_2O_3:H 中的氢逸出往往会在 p 型层中引起缺陷，从而降低器件性能。

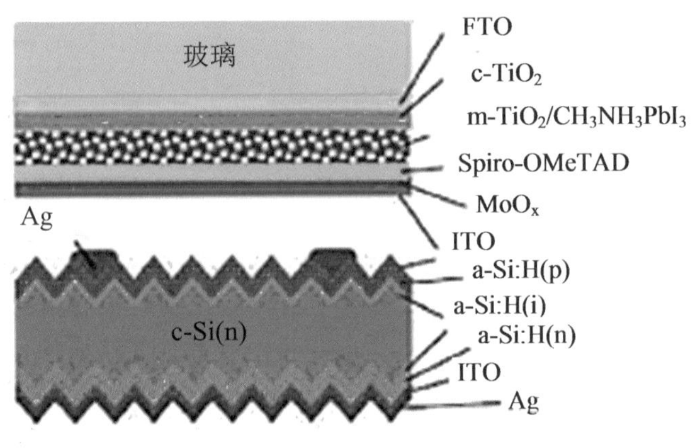

(a) 基于 ITO 电极的 4T 钙钛矿 /SHJ TSC 示意图

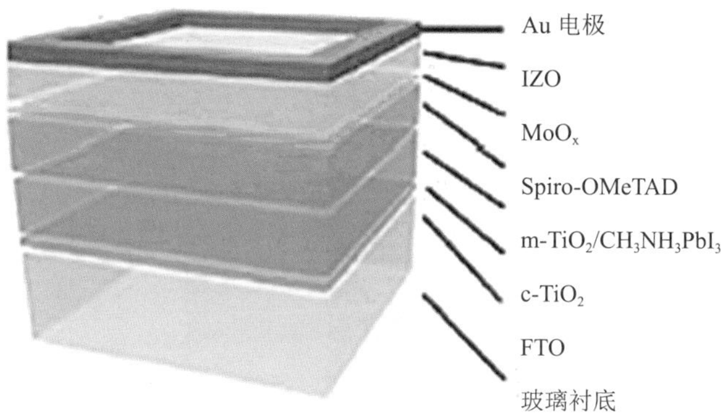

(b) 基于 IZO 电极的半透明 PSC 结构示意图

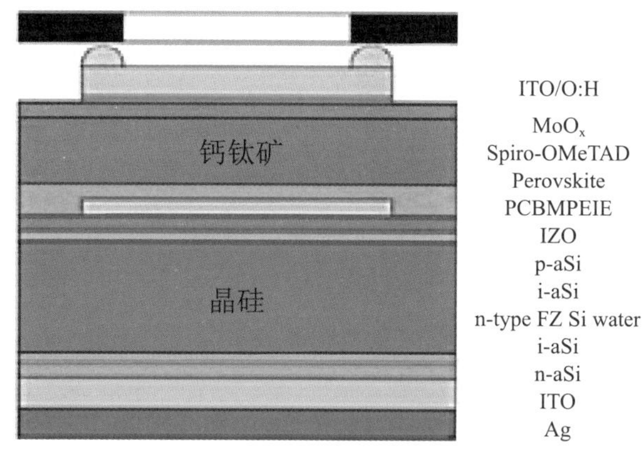

(c) 基于 In_2O_3:H/ITO 电极的 2T 钙钛矿 /SHJ TSC 示意图

图 4-21 透明电极叠层电池的结构示意图

同时，具有宽带隙 (大于 3.5 eV) 和高电导率的锆掺杂氧化铟 (IZRO) 也被提出作为 TCO 电极的理想候选者。由于 IZRO 电极在红外区域具有宽光学带隙和低自由载流子吸收，因此显示出高透明度，特别是在近红外区域，这对于在串联器件中使用透明电极非常有吸引力。艾丁等人使用射频 (RF) 溅射 IZRO 薄膜作为钙钛矿顶电池的前后电极，展示了效率为 26.2% 的 4T 钙钛矿 /SHJ TSC(图 4-22)。为了通过射频溅射在钙钛矿层上轻轻沉积 IZRO 薄膜，他们研究了最佳工艺参数，包括压力 ([$r(O_2)$ + r(Ar)] = 1 mTorr)、氧分压 ($r(O_2)$ = 0.12%) 和薄膜厚度 (100 nm)。在 200℃退火 25 分钟以促进非晶相转变后，获得了具有最低薄层电阻 (18 Ω/sq) 和最高光学透明度的 IZRO 薄膜。根据太阳加权吸收率图，退火后的 IZRO 薄膜仅吸收了 48.9 mW/ cm^2(约 5%) 的光能，远低于退火 ITO 薄膜的 93.8 mW/cm^2 (约 10%)，这意味着退火后的 IZRO 薄膜可以显著降低寄生吸收，提高太阳能电池的效率。与基于 ITO 的 4T 钙钛矿 /SHJ 串联器件相比，基于 IZRO 的 4T 器件的钙钛矿顶部电池和 SHJ 底部电池分别显示出 0.9 mA/cm^2 和 1.8 mA/cm^2 的电流增益，进一步证明了 IZRO 电极可以提高光捕获能力。然而，后电极的工艺让人怀疑 200℃的退火步骤是否会损坏钙钛矿层，导致器件性能受损，这需要进一步研究。

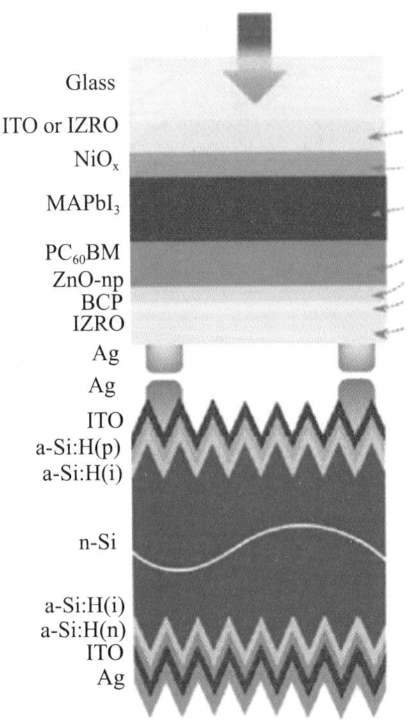

图 4-22　基于 IZRO 电极的 4T 钙钛矿 /SHJ TSC 结构示意

(3) 超薄金属膜。

另一种替代的透明电极是蒸发的超薄金属膜，与带有或不带有溅射缓冲层的透明电极相比，它更具成本效益且对底层的危害更小。杨新波等人采用电介质 / 金属 / 电介质 (DMD) 结构作为透明电极来制造半透明 PSC，其中银层 (10 nm) 和下面的超薄金种子层 (1 nm) 夹在两个 MoOx 层之间 (图 4-23(a) ～ (c))。金种子层的作用是提高 Ag 的润湿性，使 Ag 原子倾向于附着在衬底上而不是相互结合，这有利于 Frank-van der Merwe 生长和连续 Ag 薄膜的形成。与原始银或金相比，金种子银膜显示出优异的导电性和透射率。与常规器件相比，所得半透明钙钛矿顶部电池的效率为 11.5%，而 U_{oc} 和 FF 几乎没有损失。同样，陈东等人引入铜种子层以通过热蒸发形成连续的超薄金膜 (图 4-23(d) ～ (f))。通过优化的 Cu(1 nm)/Au (7 nm) 透明电极和低粗糙度的钙钛矿层，他们展示了一种半透明钙钛矿顶部电池，其效率高达 16.5%，近红外光的透射率达到 60%。当半透明器件堆叠在近红外增强 SHJ 太阳能电池上时，4T TSC 的总效率为 23.0%。然而，水分通过金属电极进入，以及金在超过 70℃的温度下通过 HTL 迁移到钙钛矿层中，将不利于器件的长期稳定性。王康旭等人开发了一种三明治型透明电极，在 MoO_3 层之间具有超薄金纳米网，形成 MoO_3/Au/MoO_3 多层，其中金纳米网层保证了出色的透明度和导电性，顶部的 MoO_3 层用作抗反射层，以减少光学损耗。他们所得到的半透明钙钛矿器件和 4T 钙钛矿 /SHJ TSC 分别表现出 18.3% 和 27.0% 的优异效率，创造了基于超薄金属膜的透明电极串联器件的新纪录。

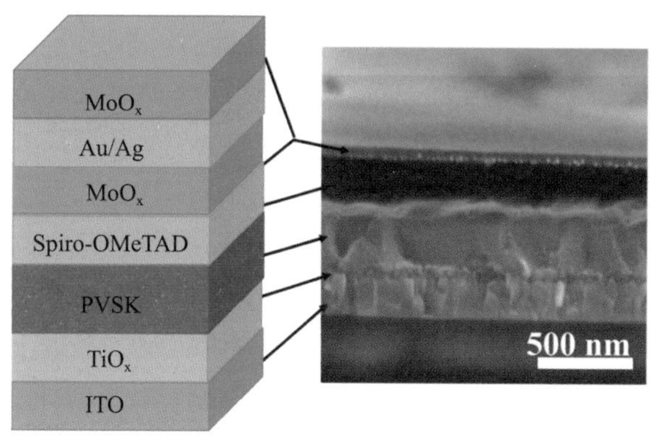

(a) 基于 $MoO_x/Ag/MoO_x$ 电极的 PSC 示意图和 TEM 横截面图像

(b) 相同厚度的原始银、金种银和原始金膜的透光率和电导率

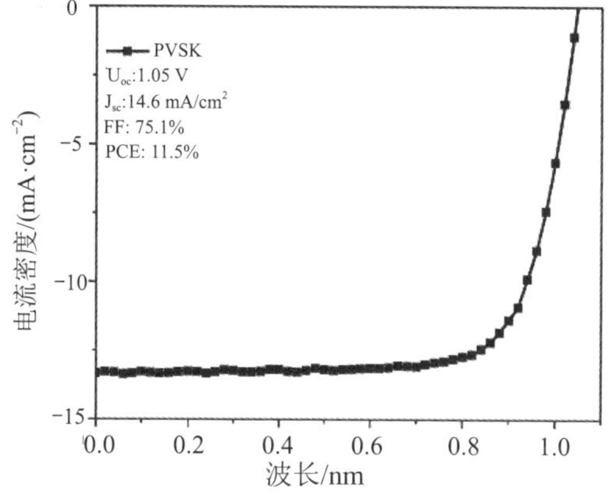

(c) 优化后的 $MoO_x/Ag/MoO_x$ 电极单结器件 J-U 曲线

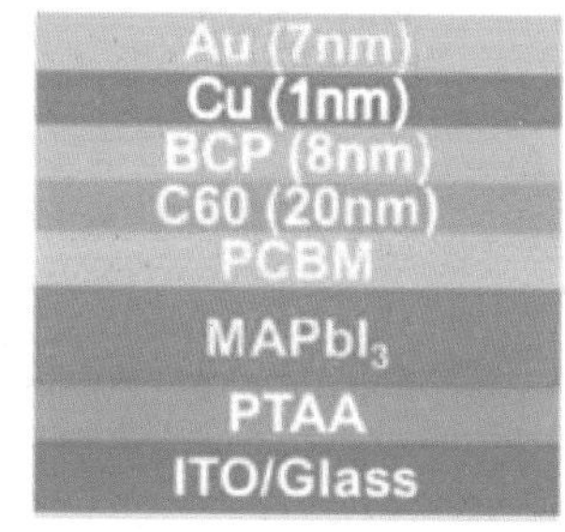

(d) 基于 Cu (1 nm)/Au (7 nm) 电极的半透明 PSC 结构示意图

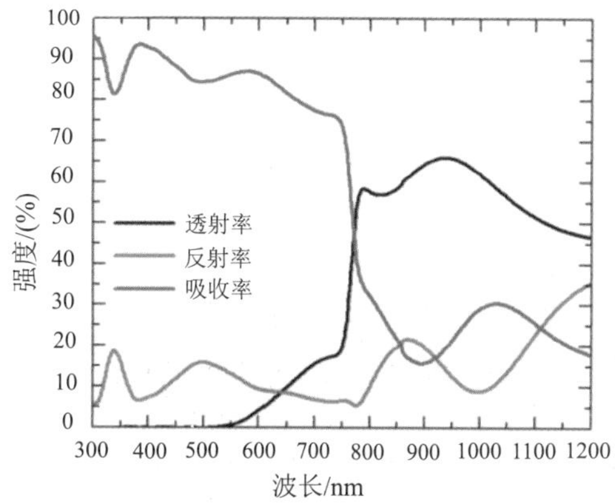

(e) Cu/Au 电极 PSC 透射率、反射率和吸收率光谱

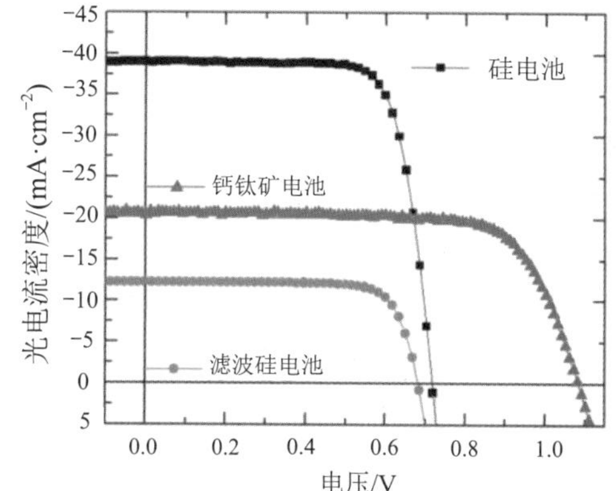

(f) 带有和不带有滤光片的半透明 PSC 和硅电池的 J-U 曲线

图 4-23　两种超薄金属膜电极叠层电池的结构及性能

(4) 石墨烯。

通过化学气相沉积 (CVD) 制造的石墨烯也是透明电极的理想候选者，因为它优于 TCO 和贵金属，表现在机械和化学稳健性、高透明度、导电性以及由于储量丰富而成本低方面。在不使用 PEDOT : PSS 来提高导电性和黏附效果的情况下，Felix Lang 等人开发了一种使用单层石墨烯作为透明电极的半透明钙钛矿顶部电池，能够简化器件结构并实现更高的透明度 (图 4-24(a) ～ (c))。结构相同但基于不同电极 (即单层石墨烯电极和金触点) 的器件表现出相似的 U_{oc}，因此电荷收集效率相同，这证明了单层石墨烯电极可以在 PSC 中成功实施而不影响性能。然而，4T 钙钛矿 /SHJ 串联电池的效率仅为 13.2%。最近，周继祥等人使用双层石墨烯作为透明电极来构建具有氯化物掺杂钙钛矿的 4T 串联器件 (图 4-24(d) ～ (f))。在 3000 rpm 的优化旋涂速度下，当从 FTO 侧照射时，整个串联器件表现出 18.1% 的效率，这是具有石墨烯基电极的钙钛矿 /Si TSC 中最高的 PCE。

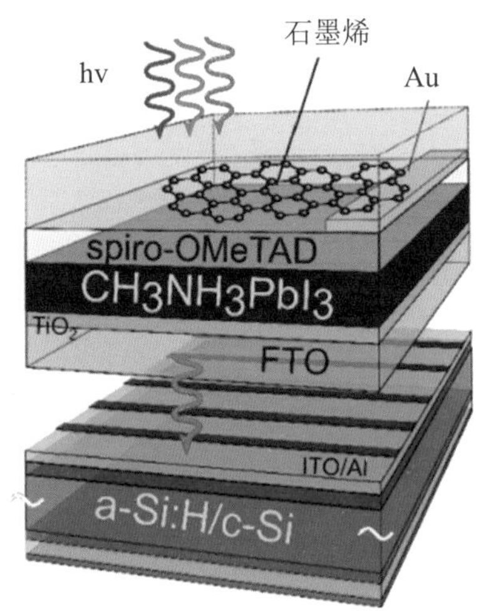

(a) 基于单层石墨烯电极的 4T 钙钛矿 /SHJ TSC 示意图

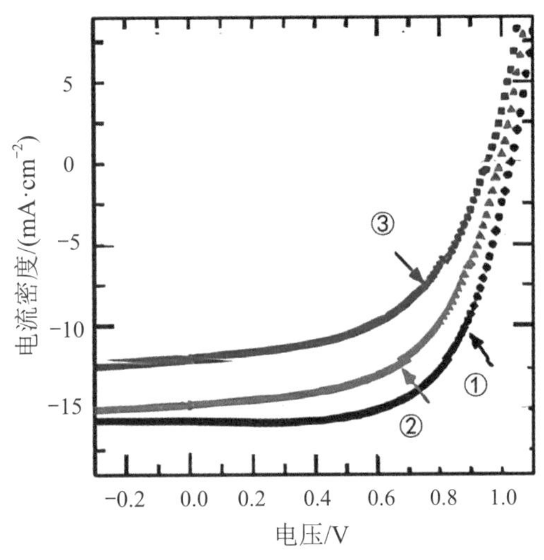

(b) J-U 曲线 (① 为 80 nm Au 接触；② 为石墨烯接触；③ 为石墨烯接触背光)

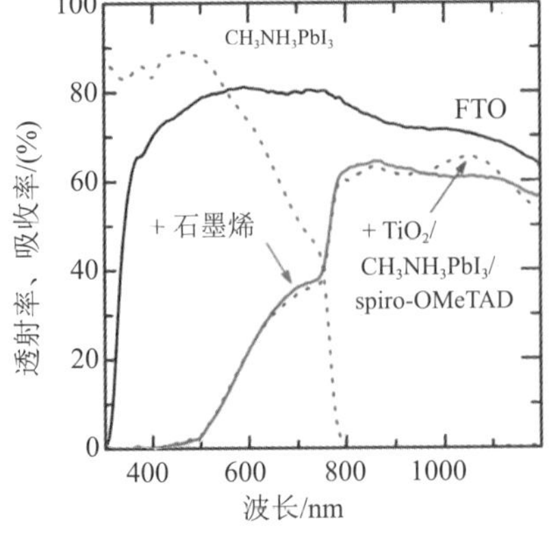

(c) 不同堆叠方式的透射率和吸收率

(d) 基于双层石墨烯电极的 4T 钙钛矿 /SHJ TSC 示意图

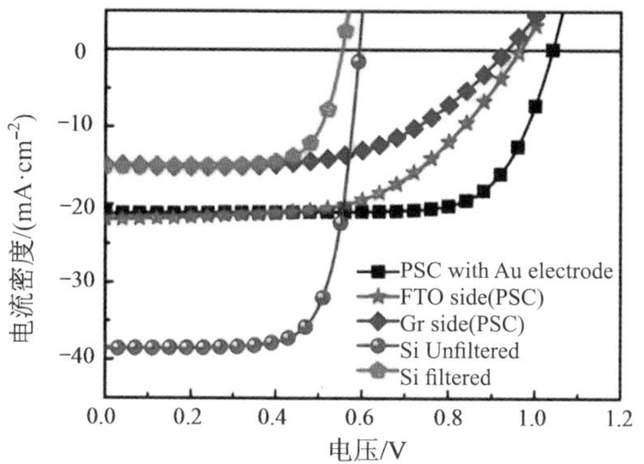

(e) 基于双层石墨烯电极的 4T TSC 的 J-U 曲线

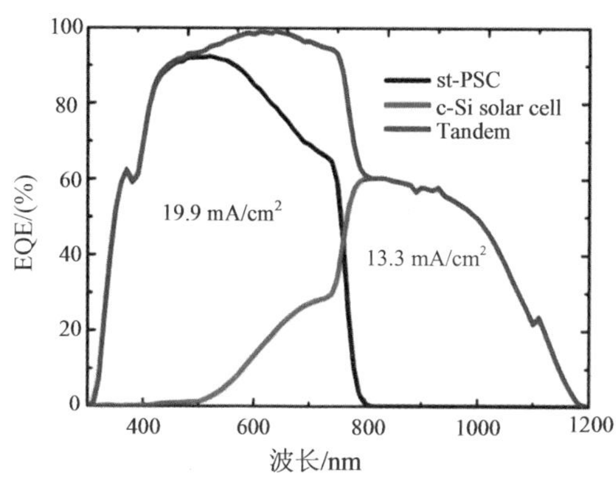

(f) 基于双层石墨烯电极的 4T TSC 的 EQE 光谱

图 4-24 基于单层或双层石墨烯电极的 4T 钙钛矿 /SHJ TSC 结构及性能

3) 复合层

在 2T 串联器件中，复合层在电互连中起着至关重要的作用，以确保两个子电池产生的电子和空穴的有效复合。如果复合过程不能顺利进行，累积的电荷将削弱器件的内置电场并降低其性能。良好复合层的标准包括高载流子复合率、高光学透明度 (尤其是在 NIR 区域)、出色的欧姆接触以及与串联器件中其他组件的生产过程的良好兼容性。

(1) 基于 TCO 的重组层。

一种有效的方法是使用 TCO(如 ITO 或 IZO) 作为重组层，因为它们具有出色的光电特性，已被证明是有机 TSC 中的有效中间层。阿尔布雷希特等人首次开发了用于 2T 钙钛矿 /SHJ 串联的 SnO_2/ITO 复合层，并显示出 1.78 V 的高 U_{oc} 和 18.1% 的稳定效率。需要注意的是，作为介孔 TiO_2 的替代品，原子层沉积 (ALD) SnO_2 电子传输层 (ETL) 在低温下与温度敏感的 SHJ 底部电池兼容，后者在 400℃以上不稳定。Werner 等人使用基于 IZO 的复合层和由聚乙烯亚胺 (PEIE)/ 苯基 -C61- 丁酸甲酯 (PCBM) 组成的 ETL 来制造 2T 钙钛矿 /SHJ 串联器件，其中半透明钙钛矿顶部的低温制造工艺电池保证了 SHJ 底部电池的稳定性。通常，具有创纪录效率的介观 PSC 基于高温 (500℃) 退火的介孔 TiO_2 支架层，这是 ITO 或 IZO 无法承受的步骤。因此，为了利用高效的介观 PSC，Werner 等人使用氧化锌锡 (ZTO) 作为复合层，将介观钙钛矿顶部电池与 2T 串联器件中的同质结硅底部电池连接起来，因为其在高达 500℃的温度下具有高透射率和热稳定性 (见图 4-25)。在这样的 2T 串联配置中，他们发现 ZTO 层的厚度对底部电池中的光学干涉图案的影响比介观层的存在更显著，这是 ZTO 复合层和 ETL 之间的折射率不匹配造成的。孔径面积为 1.43 cm^2 的 2T 串联器件实现了 16.3% 的稳定效率，并且由于串联电阻增加，具有了 64.8% 的低 FF。因此，更好地控制 ZTO 复合层的厚度对于降低串联器件中的界面电阻至关重要。

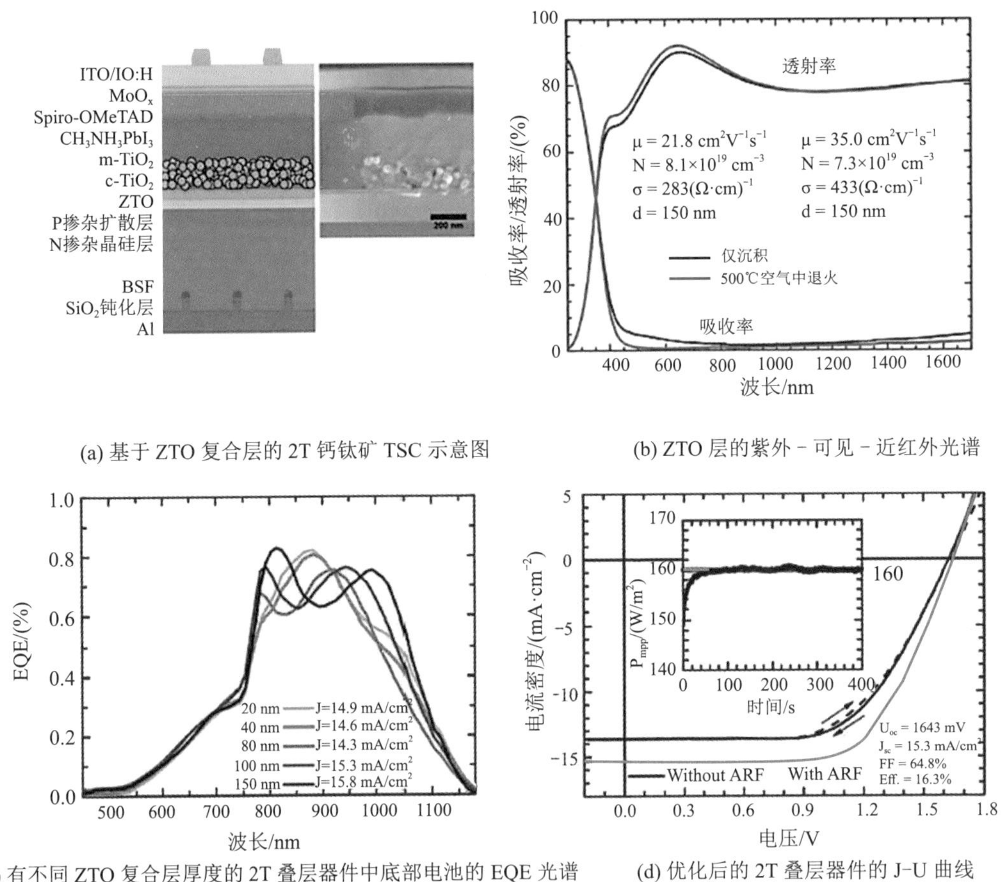

(a) 基于 ZTO 复合层的 2T 钙钛矿 TSC 示意图

(b) ZTO 层的紫外－可见－近红外光谱

(c) 有不同 ZTO 复合层厚度的 2T 叠层器件中底部电池的 EQE 光谱

(d) 优化后的 2T 叠层器件的 J-U 曲线

图 4-25　基于 ZTO 复合层的 2T 钙钛矿 TSC 结构及性能

(2) p/n 复合层。

虽然使用 TCO 作为复合层已经实现了优异的光伏性能，但这种方法仍然存在一些缺点。首先，由于自由载流子吸收，在近红外区域存在不可避免的寄生吸收。其次，TCO 和 c-Si 之间的折射率不匹配导致的反射损失会减少进入底部硅电池的光量。第三，这种具有高横向电导率的复合层使更多的载流子在分流路径中流动，会降低器件性能。因此，需要额外的电阻层来减少太阳能电池组件工业化的横向分流。

鉴于上述问题，p/n 型复合层似乎是一种很有前途的候选材料，它能够有效降低与

TCO 相关的光损耗，已广泛用于Ⅲ-V 和薄膜硅 TSC。2015 年，Mailoa 等人利用 n^{++}/p^{++} Si 隧道结制造了第一个 2T 钙钛矿 / 硅串联器件，如图 4-26(a) 所示。重掺杂的 n^{++} a-Si:H 通过 PECVD 沉积在 p^{++} Si 发射极上，形成具有间接带隙的 n^{++}/p^{++} 隧道结，可以促进两个子电池之间的载流子复合。这种基于硅的带间隧道结具有低寄生吸收，对串联电阻的影响可以忽略不计，成为串联器件中连接子电池的合适选择。使用隧道结，2T TSC 获得了 13.7% 的稳定效率。

在过去几年中，nc-Si:H 复合层已成为 2T 钙钛矿 / 硅 TSC 的热门选择。2017 年，Sahli 等人首次展示了具有 nc-Si:H 复合层的 2T 钙钛矿 /SHJ 串联器件 (图 4-26(b) ～ (e))。在这里，由 n^{+} 和 p^{+} 掺杂层组成的 nc-Si:H 复合层也在低温 (小于 200℃) 下通过 PECVD 沉积，以与热不稳定的 SHJ 太阳能电池兼容。与 TCO 复合层相比，nc-Si:H 复合层有效降低了界面处的寄生吸收和反射损耗，从而使电流密度提高了 1 mA/ cm^2 以上。值得注意的是，nc-Si:H 复合层由于其低横向电导率而表现出更高的分流电阻，导致通过针孔或有缺陷的钙钛矿顶部电池的分流路径更少。串联器件的高 U_{oc} 在低照度下用 nc-Si:H 复合层证实了这一点。

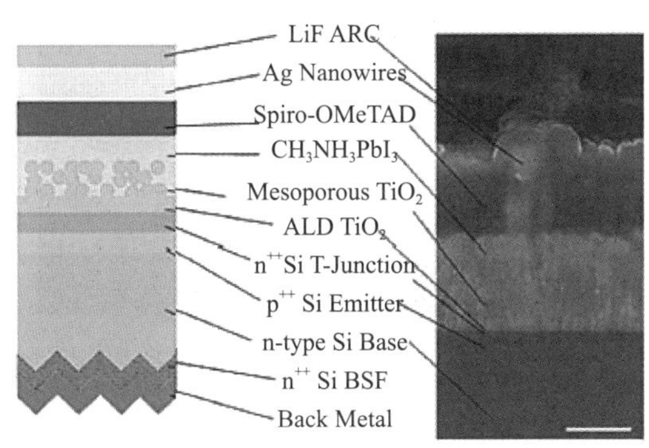

(a) 具有 n^{++}/p^{++} Si 隧道结的 2T 钙钛矿 TSC 的器件结构

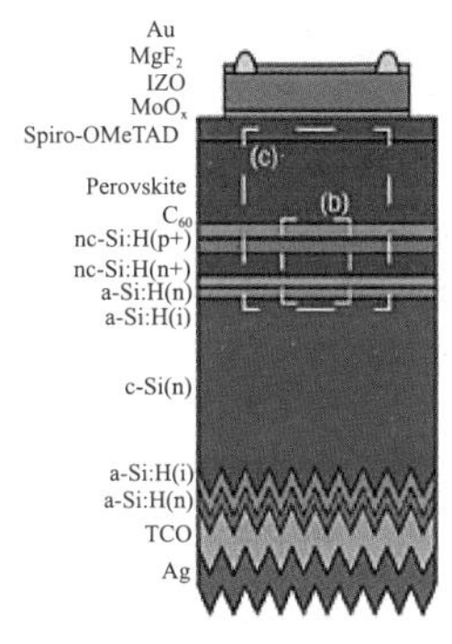

(b) 具有 nc-Si:H 复合层的 2T 钙钛矿 TSC 结构示意图及实物照片

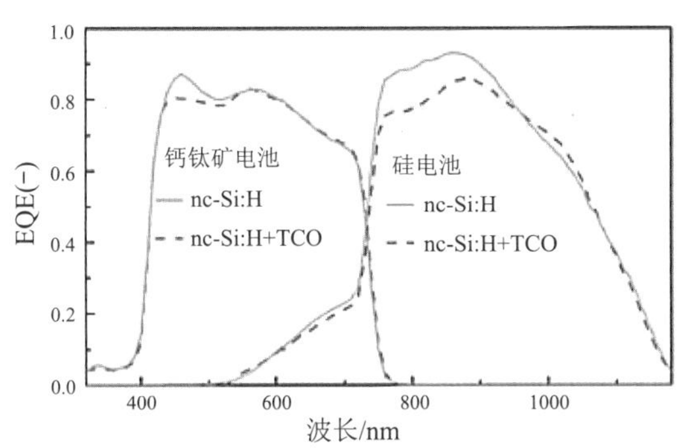

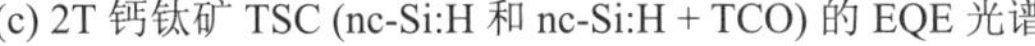

(c) 2T 钙钛矿 TSC (nc-Si:H 和 nc-Si:H + TCO) 的 EQE 光谱

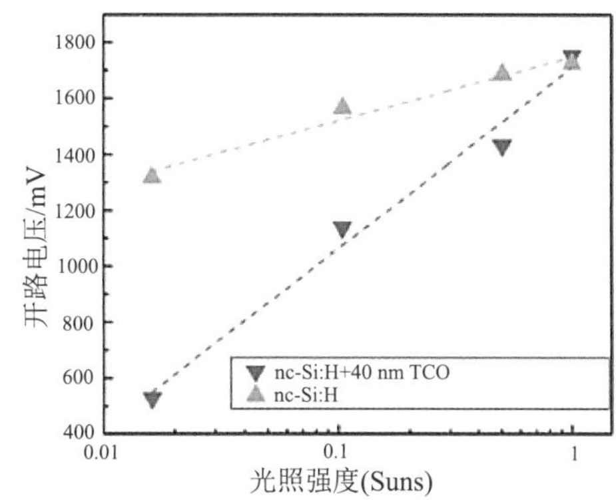

(d) 2T 钙钛矿 TSC (nc-Si:H 和 nc-Si:H + TCO) 在几种光照强度下的开路电压 U_{oc}

图 4-26 具有 nc-Si:H 复合层的 2T 钙钛矿 TSC 结构及性能

此外，nc-Si:H 复合层的低横向电导率使制造高效的大面积钙钛矿 /SHJ 串联电池成为可能，并实现了面积为 12.96 cm^2 和稳定效率为 18% 的 2T 钙钛矿 /SHJ 串联器件。在 2T 钙钛矿 / 硅串联器件中，通常需要对硅底部电池的正面进行抛光，以与溶液沉积的钙钛矿顶部电池兼容。然而，这会导致大量的光反射损失、微不足道的光捕获和高生产成本。为了解决这个问题，Sahli 等人还开发了一种完全纹理化的 2T 钙钛矿 /SHJ 串联器件，其中纹理化 SHJ 底部电池上的保形钙钛矿层是通过以共蒸发和旋涂为特征的两步沉积方法制造的 (图 4-27)，在这种情况下，nc-Si:H 和 ITO 分别用作连接两个子电池的复合层。所得的具有 nc-Si:H 复合层的串联器件表现出更高的 U_{oc}，PCE 为 25.2%。

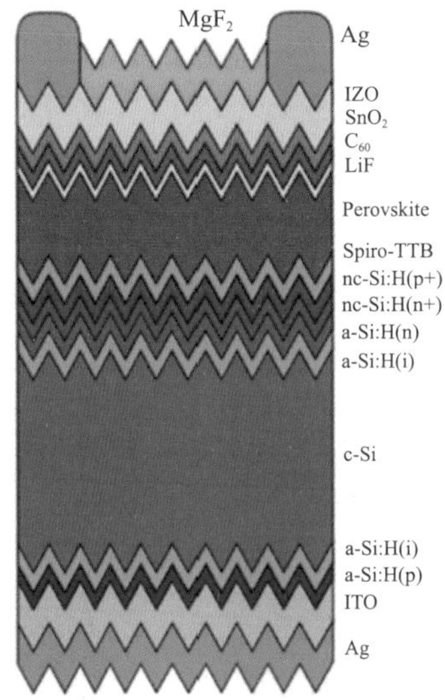

(a) 具有 nc-Si:H 复合层的全纹理化 2T 钙钛矿 /HJ TSC 示意图

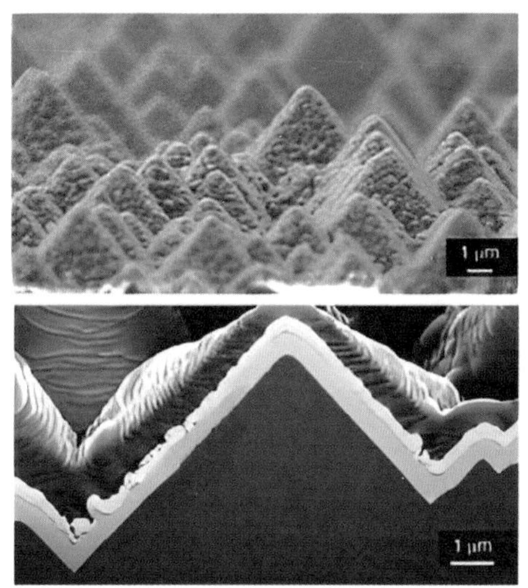

(b) 钙钛矿层的二次电子 SEM 图像及横截面 SEM 图像

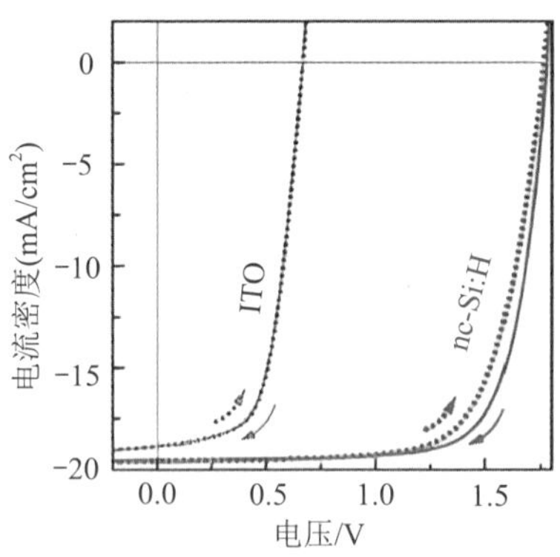

(c) 具有 ITO 或 nc-Si:H 复合层的叠层器件的 J-U 曲线

图 4-27　具有 nc-Si:H 复合层的全纹理化 2T 钙钛矿 /HJ TSC 结构及性能

3. 钙钛矿 /CIGS 串联太阳能电池

1) 典型的 2T 钙钛矿 /CIGS TSC

近年来，薄膜太阳能电池越来越受到关注，它既保证了成本，也保证了转换效率。

CIGS 太阳能电池在各种薄膜太阳能电池中脱颖而出，被认为是迄今为止以晶体硅太阳能电池为主导的光伏市场的有力竞争者。与钙钛矿 /c-Si TSC 相比，钙钛矿 /CIGS TSC 具有以下独特优势：

首先，CIGS 是一种直接带隙半导体，其带隙可以通过调整 Ga/(Ga + In) 比值在 1.00 ～ 1.67 eV 范围内连续调节，因此，可以在钙钛矿 /CIGS TSC 中实现更准确的带隙匹配。其次，CIGS 的吸收系数高达 10^5，可以将所需的吸收层厚度降低到 1 ～ 2 μm，而硅薄膜所需的厚度超过 200 μm。这一特点将减少原材料的使用，制造成本相对较低。第三，CIGS 和 PSC 都提供了溶液处理的可能性，有助于制造高效且廉价的 TSC。CIGS 和钙钛矿具有薄膜特性，可以在柔性基板上制造，从而实现高产量和低成本的卷对卷制造。所制备的全薄膜钙钛矿 /CIGS TSC 具有柔韧性好和重量轻的特点，在一些新兴领域具有广阔的应用前景，包括光伏建筑一体化 (BIPV) 和便携式电子产品。

2015 年，托多罗夫等人展示了第一批 2T 钙钛矿 /CIGS TSC。选择 30 nm ITO 作为复合层来连接两个子电池。它直接沉积在没有固有 ZnO 层的 CdS 上，这通常用于 CIGS 器件，但会在钙钛矿层中降解。他们检查了两种类型的超薄金属透明电极，然后证明具有 Ca 基金属触点的器件与具有 Al 触点的器件相比，具有 70% ～ 80% 的更高透射率和更好的 PV 性能。然而，带隙为 1.04 eV 的 CIGS 底部电池和带隙为 1.72 eV 的钙钛矿顶部电池的串联器件的效率为 10.9%，远低于单个子电池的效率。这种低效率可以解释为：首先，超薄金属电极导致严重的寄生吸收损失；其次，由于缺乏固有的 ZnO，CIGS 器件结构不完整，导致器件性能不可避免地受损；第三，CIGS 和钙钛矿器件之间接触不良导致的高串联电阻以及极低 FF。

韩启峰等人成功解决了这些问题，2018 年，他们应用 100 nm ITO 层作为顶部透明电极来代替超薄金属电极，其高透明度允许在串联器件中实现足够的光传输和低光损耗，如图 4-28 所示。此外，具有 ZnO 纳米粒子的 ITO 透明电极还提供了高抗湿气侵入性，有助于钙钛矿层的稳定。为了保持 CIGS 器件结构的完整性以实现高效率，保留了 TCO 层 (即 i-ZnO 和硼掺杂的 ZnO (BZO) 层)。然而，由于钙钛矿顶部电池的 ITO 电极和粗糙的 BZO 层之间不可避免的电短路路径，CIGS 器件顶部表面粗糙的 BZO 可能不利于钙钛矿顶部电池的性能。在此，另一个 ITO 层用作缓冲层和复合层，首先平整 BZO 层的巨大垂直距离 (VD)，然后为后续通过化学机械抛光 (CMP) 制造钙钛矿顶部电池提供光滑的表面。重要的是，CMP 工艺并未影响 BZO 层，确保了原始 CIGS 太阳能电池的完整结构。此外，抛光的 ITO 复合层能够改变 BZO(4.0 eV) 和 PTAA(5.1 eV) 的功函数之间的能量失配，从而为空穴传输产生更好的欧姆接触。钙钛矿顶部电池的带隙为 1.59 eV，带隙为 1.00 eV 的 CIGS 作为底部电池，单片钙钛矿 /CIGS TSC 的效率达到 22.43%，J_{sc} 大幅提高为 17.3 mA/ cm^2，FF 为 73.1%。此外，未封装的串联器件表现出优异的稳定性，在老化 500 小时后仍保持 88% 的初始效率。

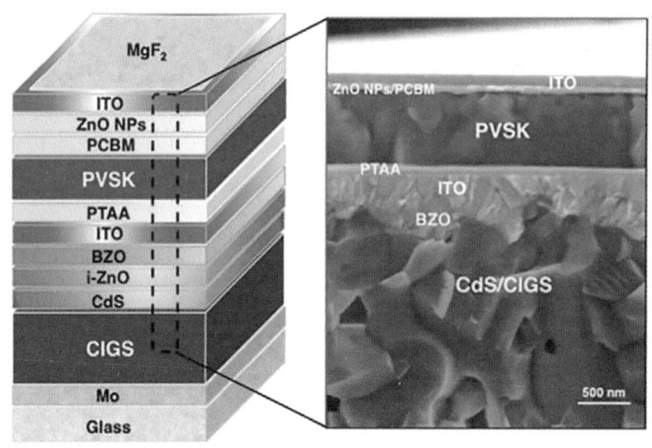

(a) 2T 钙钛矿 /CIGS TSC 结构及横截面示意图

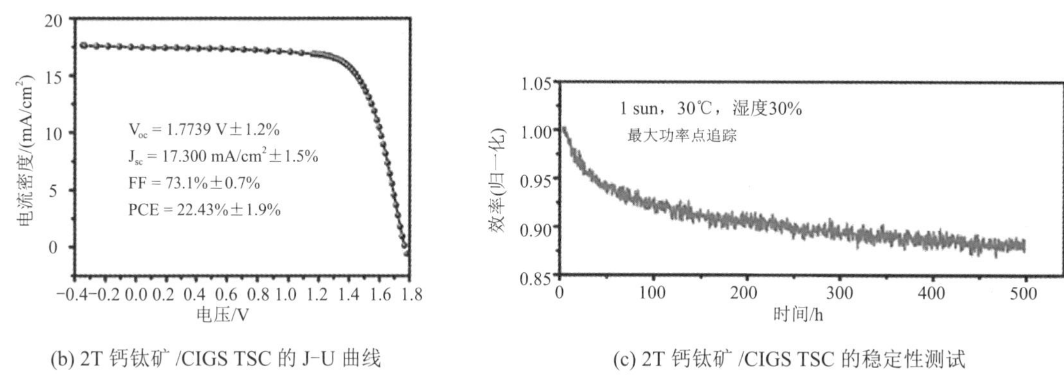

(b) 2T 钙钛矿 /CIGS TSC 的 J-U 曲线

(c) 2T 钙钛矿 /CIGS TSC 的稳定性测试

图 4-28　效率为 22.43% 的 2T 钙钛矿 /CIGS TSC 的结构及性能

2) 柔性衬底上的 4T 钙钛矿 /CIGS TSC

柔性太阳能电池的概念是薄膜光伏研究中一个流行的子分支，它可以降低整个设备的成本并适合曲面。皮索尼等人 2017 年首次展示了 4T 全薄膜柔性钙钛矿 /CIGS TSC(见图 4-29)。柔性 PSC 生长在透明塑料薄膜上，通常用于封装柔性 CIGS 模块。与柔性 PSC 中用作透明基板的 PET 和聚萘二甲酸乙二醇酯 (PEN) 薄膜相比，具有所需涂层的柔性基板表现出更高的透光率和低几个数量级的水蒸气透过率 (WVTR)，有助于获得足够的光捕获和设备稳定性。高度透明且低成本的 AZO 层作为透明后电极沉积在柔性基板上。近红外透明的柔性 PSC 具有柔性衬底 /AZO/ZnO/C_{60}/$MAPbI_3$/Spiro-OMeTAD/MoO_3/In_2O_3:H 的结构，在 800 ～ 1000 nm 之间的平均透射率为 78%，稳定效率为 12.2%。当与柔性 CIGS 底部电池相结合时，它们实现了 4T 柔性钙钛矿 /CIGS 串联器件，PCE 为 18.2%，显示出高效全薄膜柔性串联器件的巨大潜力。

在这里，我们必须强调，石墨基电极是全薄膜柔性钙钛矿 /CIGS TSC 中使用的 In_2O_3:H 透明电极的很有希望的替代品，因为它具有出色的机械强度、方便的制备方法和卷对卷生产的可能性。到目前为止，石墨基电极仅作为透明电极用于钙钛矿 /Si TSC。

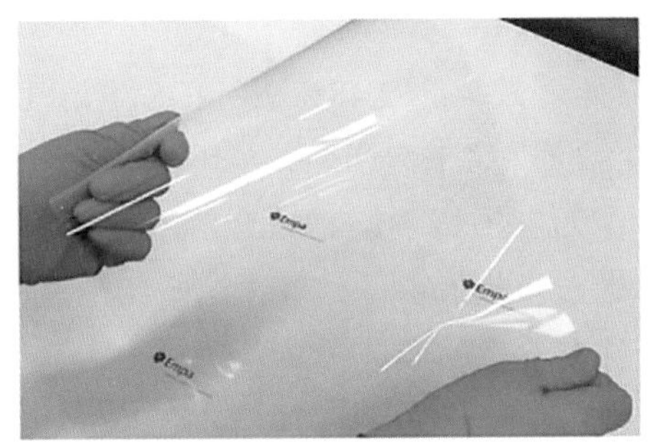

(a) 柔性衬底实物照片

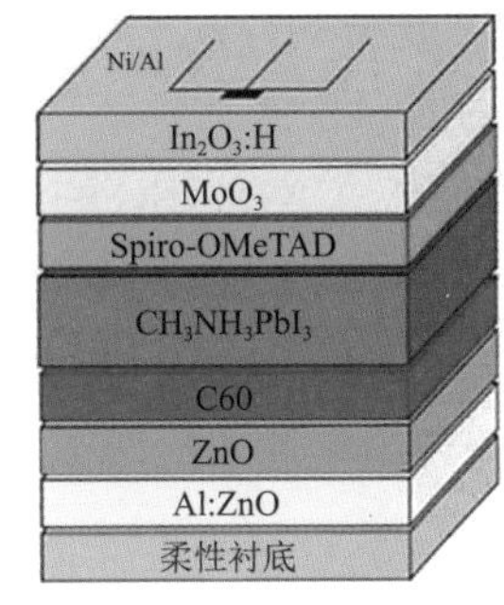

(b) 柔性近红外透明钙钛矿顶电池结构示意图

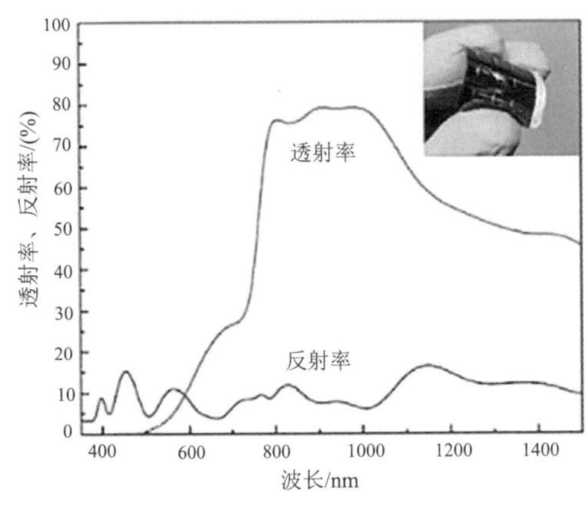

(c) 柔性 PSC 的透射率和反射率光谱

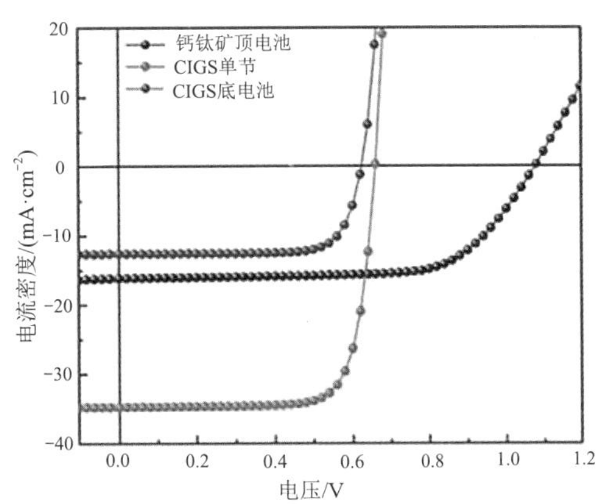

(d) 4T 钙钛矿 /CIGS 柔性 TSC 的 J-U 曲线

图 4-29 4T 钙钛矿 /CIGS 柔性 TSC 的结构及性能

3) 全溶液处理的 4T 钙钛矿 /CIGS TSC

为了实现串联器件的低成本制造，Lee 等人开发了一种 4T 钙钛矿 /CIGS TSC，除了钙钛矿顶部电池中的 FTO 层和 CIGS 底部电池中的 Mo 层之外，大多数组件都是通过基于溶液的成本效益方法制造的。

对于半透明顶部电池，制造方法是将 $MAPbI_3$ 前体旋涂在 TiO_2/FTO 基板上，然后进行热退火步骤。值得注意的是，将前驱体溶解在 N- 甲基 -2- 吡咯烷酮 (NMP) 和 N,N- 二甲基甲酰胺 (DMF) 的混合溶剂中可以提高钙钛矿薄膜的质量。在这里，Ag NW 因其高导电性和透明性而被选为透明电极，将其溶解在异丙醇 (IPA) 中并喷涂到 PET 薄膜上可以形成 Ag NW 层，然后将 Ag NW 层机械转移到 Spiro-OMeTAD 层的顶部，形成顶部电池的后电极。如 Bailie 等人报道的那样，对于底部电池，制造方法是将含有 Cu、In 和 Ga 离子的前体溶液旋涂在涂有 Mo 的玻璃基板上，然后在 300℃下退火以消除溶剂和黏合剂材料中的残留碳杂质。随后在硫和硒的混合气氛下对退火的 CIGS 前体浆料进行硒化以形成 CIGS 膜。通过化学浴法 (CBM) 在 CIGS 薄膜上沉积一层 CdS 作为缓冲层。正如 Kim 等人报道的那样，在制造导电窗口层时，i-ZnO 和 AZO 层是通过基于燃烧反应的溶胶凝胶化学方法制备的。最后，将 Ag NW 嵌入多层 AZO 层中以提高导电性，从而实现底部电池的 AZO/AgNW/AZO 透明前电极。

当效率为 8.34% 的钙钛矿顶部电池与溶液处理效率为 2.48% 的 CIGS 电池相结合时，溶液基 4T 钙钛矿 /CIGS TSC 的总效率达到 10.82%。后来，Uhl 等人开发了一种新型溶液处理的倒置钙钛矿电池，其中 C_{60}/bis-C_{60}/ITO 作为电子传输层。结合溶液处理的 CIGS 太阳能电池，最终 4T 钙钛矿 /CIGS TSC 的效率进一步提高到 12.7%。这些结果表明，基于溶液的串联器件是低成本薄膜太阳能电池的一种有希望的候选者。

4. 钙钛矿 / 钙钛矿串联太阳能电池

由宽带隙和窄带隙钙钛矿子电池组成的 APTSC 不仅是一种概念性的器件，而且是实用的新型高效串联器件。与钙钛矿 /CIGS TSC 的情况类似，全钙钛矿 TSC 还具有全溶液和卷对卷加工性的优势，可实现廉价制造。考虑到这一点，Heo 等人用双夹加压和随后的干燥层压 FTO/TiO_2/$MAPbBr_3$/PTAA (P3HT) 顶部子电池和 PCBM/$MAPbI_3$/PEDOT:PSS/ITO 底部子电池，展示了第一个 2T 钙钛矿 / 钙钛矿 TSC。具有 Li-TFSI 和 t-BP 添加剂的 HTM 层充当高导电复合层。尽管这种简单的层压方法实现了 U_{oc} 高达 2.2 V 的串联器件，但 PCE 受到两个宽带隙吸收层 (2.25 eV 和 1.6 eV) 导致的低电流密度的限制，仅为 10.4%。此外，直接层压的串联器件需要真正的复合层来保持强大的内部电场，并在顶部电池的钙钛矿沉积过程中抵抗溶剂渗透。因此，钙钛矿 / 钙钛矿 TSC 发展的挑战包括开发高质量的窄带隙 Pb Sn 钙钛矿材料，以及具有高透射率、高导电性和加工兼容性 (用于 2T 串联) 的复合层。

1) 低禁带宽度铅锡合金钙钛矿

高性能 APTSC 中，为了抑制后 Pb-Sn PSC 吸收器中 Sn^{2+} 氧化为 Sn^{4+}，同时提高效率，已经有学者投入了大量的研究工作。埃佩隆等人首先使用 Pb-Sn 合金钙钛矿作为 APTSC 的底部吸收剂，其中窄带隙 PSC 使用 $FA_{0.75}Cs_{0.25}Pb_{0.5}Sn_{0.5}I_3$ 作为吸收剂，带隙为 1.2 eV，稳态效率为 14.8%。与 $FASn_{0.5}Pb_{0.5}I_3$ 钙钛矿相比，具有 Cs 掺杂的 $FA_{0.75}Cs_{0.25}Pb_{0.5}Sn_{0.5}I_3$ 钙钛矿表现出显著增强的性能和稳定性，而带隙、形貌、光致发光、晶体结构和电荷载流子扩散长度没有明显变化。此外，$FA_{0.75}Cs_{0.25}Pb_{0.5}Sn_{0.5}I_3$ PSC 的老化测试结果显示其具有优异的热稳定性和空气稳定性。当具有 $FA_{0.75}Cs_{0.25}Pb_{0.5}Sn_{0.5}I_3$ 钙钛矿的窄带隙 (1.2 eV) 底部子电池与具有 1.8 eV 的 $FA_{0.83}Cs_{0.17}$ $Pb(I_{0.5}Br_{0.5})_3$ 或 1.6 eV 的 $FA_{0.83}Cs_{0.17}Pb(I_{0.83}Br_{0.17})_3$ 宽带隙钙钛矿顶部电池组合时，分别获得了效率为 17.0% 的 2T 串联器件和效率为 20.3% 的 4T 串联器件。

后来，杨志斌等人展示了具有 $MA_{0.5}FA_{0.5}Pb_{0.75}Sn_{0.25}I_3$(1.33 eV) 吸收体的窄带隙 Pb-Sn PSC。受先前报道的启发，他们采用溶剂洗涤方法和基于 DMSO 的共溶剂系统来抑制快速结晶过程中 SnI_2 和 MAI 之间的反应，从而获得了均匀、光滑、致密的 Pb-Sn 合金钙钛矿薄膜。该器件表现出优异的稳定性，因为通过将 FA^+ 掺入 MA 基混合 Pb-Sn 钙钛矿中有效抑制了 Sn^{2+} 的氧化，实现了 14.19% 的稳定 PCE，在环境 (30% ～ 40% RH) 条件和氮气氛 (O_2<10 ppm) 下分别储存 12 和 30 天后，可保持其原始 PCE 的 80% 和 94% 以上。结合半

透明 $MAPbI_3$ 顶部电池，4T APTSC 实现了 19.08% 的高效率。

后来，Rajagopal 等人提供了一个集成工艺，包括成分、界面、光学和器件工程，以制造具有小 U_{oc} 损失的 2T 钙钛矿 / 钙钛矿 TSC。为了确保界面能量的匹配，选择富勒烯变体 Indene-C_{60} 双加合物 ($IC_{60}BA$) 作为 ETL，以实现与底部电池中 $MAPb_{0.5}Sn_{0.5}I_3$(1.22 eV) 吸收层的优化界面接触。与 Pb-Sn PSC 中常用的具有 C_{60} ETL 的器件相比，具有 $IC_{60}BA$ ETL 的器件表现出更高的 PCE (14.4%) 和 U_{oc} (0.84 V)、可忽略的滞后、更高的准费米能级分裂和更低的非辐射复合。值得注意的是，窄带隙约为 1.2 eV 的钙钛矿需要 1.80 ～ 1.85 eV 的互补带隙才能在 2T 全钙钛矿串联器件中进行电流匹配。因此，选择宽带隙为 1.82 eV 的 $MA_{0.9}Cs_{0.1}Pb(I_{0.6}Br_{0.4})_3$ 钙钛矿作为顶部电池的吸收层，其中 Cs 的掺入在不影响光电子质量的情况下增强了设备光稳定性。以 C_{60}/Bis-C_{60}/ITO/PEDOT:PSS 的堆叠结构作为复合层来连接两个子电池，实现了效率为 18.5% 的 2T APTSC。

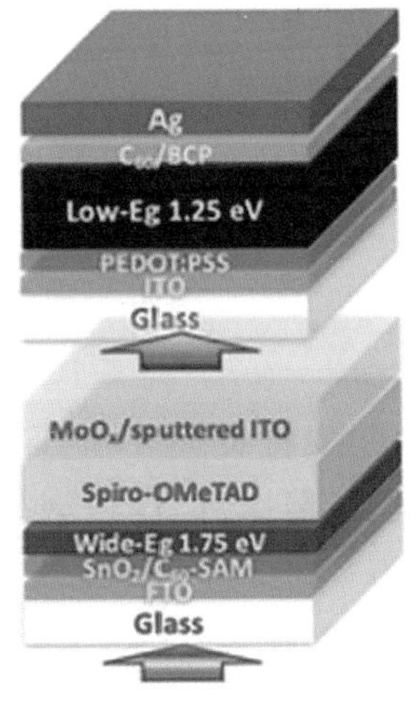

(a) 4T APTSC 结构

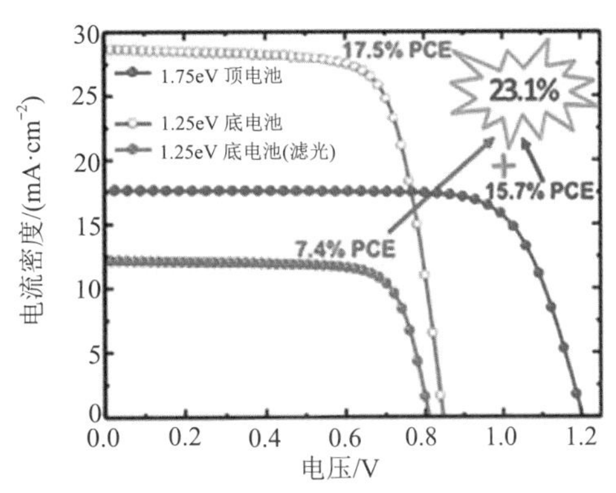

(b) 4T APTSC 的 J-U 曲线

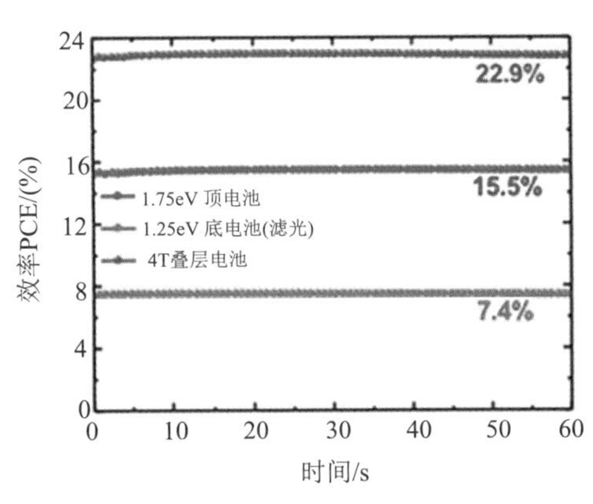

(c) 4T APTSC 的稳态效率

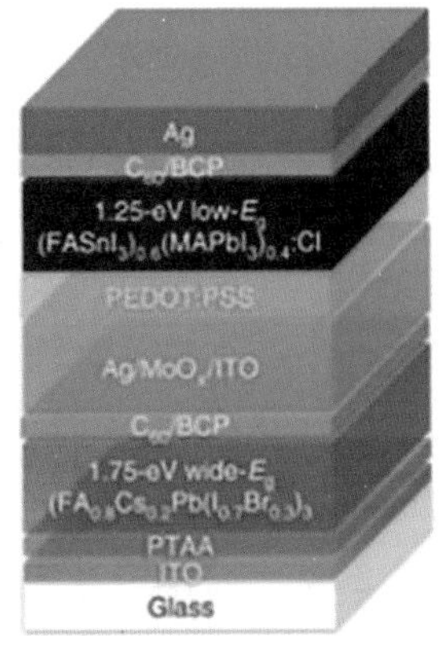

(d) 2T APTSC 结构

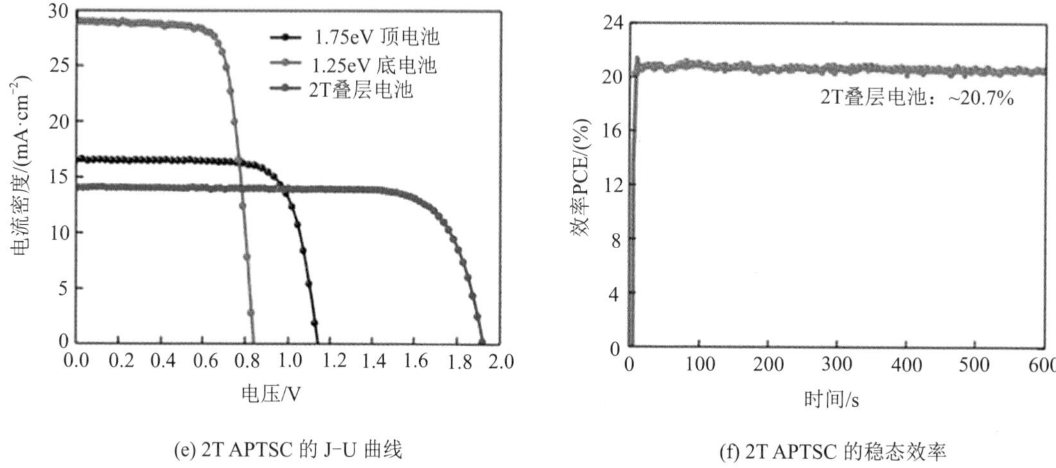

(e) 2T APTSC 的 J-U 曲线

(f) 2T APTSC 的稳态效率

图 4-30　2T 和 4T 锡铅合金钙钛矿 APTSC 的结构及性能

不久之后，鄢炎发及其同事报告了一系列关于具有窄带隙 Sn-Pb合金钙钛矿吸收体的 APTSC 的研究工作。在前人提出的串联器件配置的基础上，$FA_{0.3}MA_{0.7}PbI_3$ (1.58 eV) 的钙钛矿吸收剂和顶部电池中的 MoO_x/Au/MoO_x 透明电极被具有更宽带隙 (1.75 eV) 的 $FA_{0.8}Cs_{0.2}Pb(I_{0.7}Br_{0.3})_3$ 和 MoO_x/ITO 电极替代，前者使更多的红外光能够到达底部电池，后者消除了由薄金属层引起的寄生吸收 (图 4-30(a) ～ (c))。这些改进使宽带隙顶部电池在 700 nm 范围内具有 70% 的高光透明度，并大幅提高了窄带隙 (1.25 eV) $(FASnI_3)_{0.6}(MAPbI_3)_{0.4}$ 底部电池的 PV 性能。此外，将石蜡油用作两个子电池之间的光耦合隔离物，可以降低窄带隙底部电池子电池气隙之间的多次反射而导致的光损耗。结果，4T APTSC 的 J-U 扫描 PCE 超过了 23%。之后，他们通过掺入 2.5% Cl 来优化窄带隙 $(FASnI_3)_{0.6}(MAPbI_3)_{0.4}$ 钙钛矿，以扩大晶粒，提高结晶度和载流子迁移率，减少电子无序并抑制陷阱辅助复合 (图 4-30(d) ～ (f))。这种改进有利于使用 750 nm 的厚吸收层来实现高效的窄带隙钙钛矿器件，由此产生的 2T APTSC 呈现出 20.7% 的稳态效率。

近期，鄢炎发团队的研究取得重大突破，他们利用硫氰酸胍 (GuaSCN) 作为添加剂来改善窄带隙 $(FASnI_3)_{0.6}(MAPbI_3)_{0.4}$ 钙钛矿 (1.25 eV) 吸收剂的结构和光电性能。通过使用 7% GuaSCN 添加剂，窄带隙钙钛矿薄膜表现出更少的能量无序，缺陷密度降低为原来的 10%，载流子寿命增加了 1 μs 以上，载流子扩散长度达到 2.5 μm，表面复合速度降低至 1.0×10^2 cm/s，改善了薄膜形态，减少了晶界和针孔。这些优异的改进是由于在晶界 (GB) 处形成了低维结构，通过钝化 GB 和表面增强了钙钛矿的电子性能，抑制了过多 Sn 空位的形成，并减轻了 Sn^{2+} 的氧化。由 7% GuaSCN 改性的 $(FASnI_3)_{0.6}(MAPbI_3)_{0.4}$ 钙钛矿表现出 20.2% 的稳定效率。通过进一步结合宽带隙 PSC，他们分别获得了 2T 和 4T 全 PSC 串联器件 (PCE 分别为 23.1% 和 25%)，创造了 4T 钙钛矿 / 钙钛矿串联器件的最新效率纪录。

最近，林仁兴等人使单片2T APTSC的认证PCE达到24.8%的新纪录。窄带隙Pb-Sn钙钛矿中Sn^{2+}氧化为Sn^{4+}的致命问题很容易发生在前驱体溶液和SnI_2固体中，为了解决这个问题，林仁兴等人在Sn-Pb合金前驱体溶液中添加了少量金属锡粉，有效地减少了由氧化降解引起的Sn空位。这有助于获得稳定、高质量的Pb-Sn钙钛矿薄膜，其载流子扩散长度为3 μm，进一步提高了APTSC的性能和稳定性。他们使用ALD-SnO_2层而不是常用的TCO作为复合层，从而实现了出色的电子提取，略微提高了宽带隙顶部电池的性能。

2) 有机复合层

具有高透射率、高导电性和加工兼容性的复合层对于2T APTSC至关重要，它主要由软有机/混合材料组成。此处所需的重组层应适应底部电池的脆弱性。江雨童等人提出了一种具有spiro-OMeTAD/PEDOT:PSS/PEI/PCBM:PEI结构的多层有机复合层来桥接两个子电池，并获得了1.89 V的U_{oc}和7.0%的2T APTSC总效率(图4-31(a))。复合层的所有组件都是通过低温下的正交溶剂处理制造的，然后是短时间的退火步骤，以避免可能损坏下面的钙钛矿层。该重组层能够有效地提取和传输子电池产生的载流子，其总厚度超过200 nm，可以在顶部钙钛矿薄膜的沉积过程中提供足够的保护，防止溶剂渗透。后来，Forgács等人将广泛用于串联有机发光二极管和分子有机光伏器件的掺杂有机半导体用作复合层来制造钙钛矿/钙钛矿串联器件。这些有机半导体具有优异的导电性和透射率，以及在真空中低温沉积的可能性(图4-31(b))。尽管$Cs_{0.15}FA_{0.85}Pb(I_{0.3}Br_{0.7})_3$ (2 eV)和$MAPbI_3$ (1.55 eV)之间的带隙匹配不完善，但基于TaTm:F_6-TCNNQ/C_{60}:PhIm的复合层可以有效地收集光生载流子。因此，2T钙钛矿/钙钛矿TSC的J−U扫描PCE为18.1%，稳态PCE为14.5%。

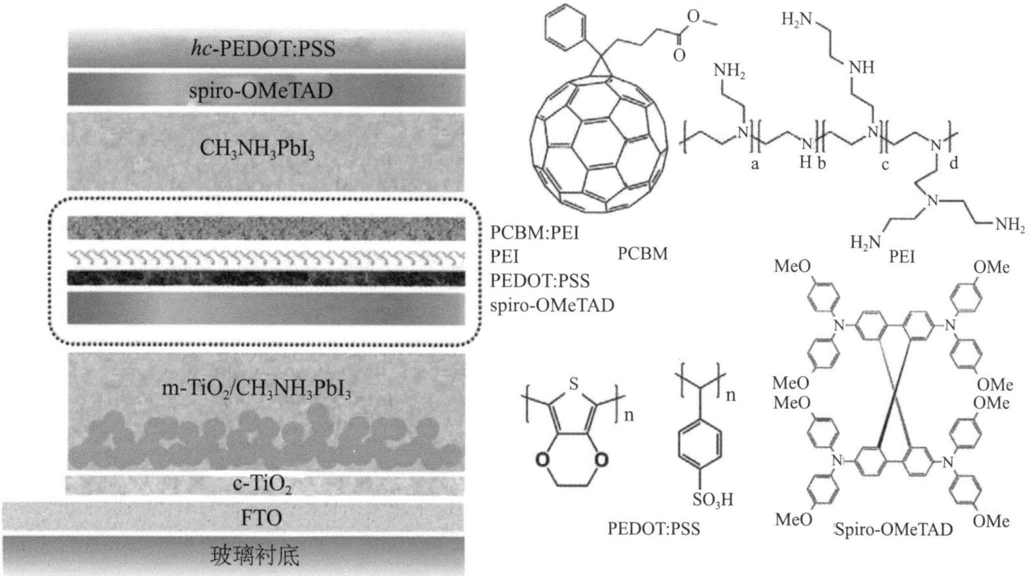

(a) 具有spiro-OMeTAD/PEDOT:PSS/PEI/PCBM:PEI复合层的2T APTSC结构及复合层组分的化学结构

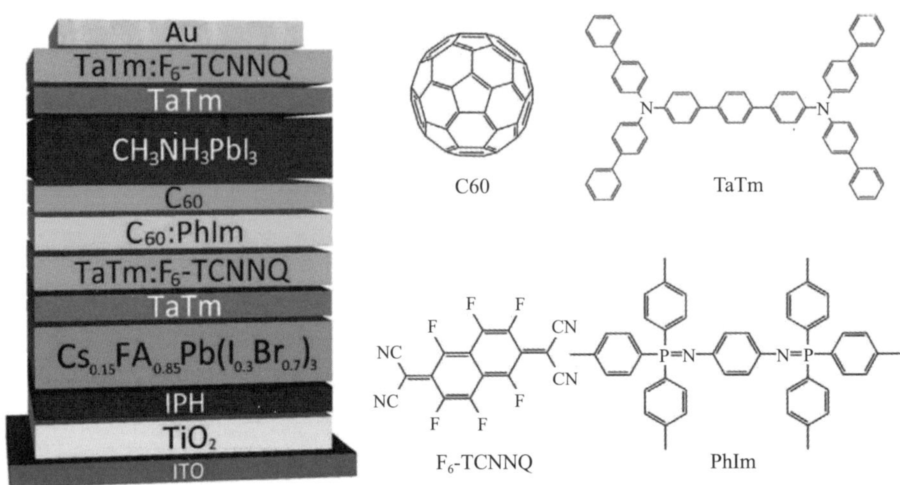

(b) 具有 TaTm:F_6-TCNNQ/C_{60}:PhIm 复合层的 2T APTSC 结构及复合层组分的化学结构

图 4-31　两种具有有机复合层的 2T APTSC

最近，Mcmeekin 等人开发了一种由 PEDOT:PSS 和 ITO 纳米颗粒 (NP) 亚层组成的溶液处理复合层，其中 PEDOT:PSS 层首先旋涂在 spiro-OMeTAD 层上，然后将 ITO NP 依次旋涂到 PEDOT: PSS 层上。PEDOT:PSS 层起到复合层和部分溶剂屏障的作用，而 ITO NP 有助于改善复合过程，以实现更有效的载流子传输。通过这种复合层，2T 钙钛矿 / 钙钛矿串联器件实现了 15.2% 的稳态 PCE。总体而言，与其他两种 TSC 相比，APTSC 起步晚，早年发展缓慢，但在 2019 年效率开始大幅提升，主要是 2T APTSC。

4.7　钙钛矿太阳能电池组件与产业化

目前，钙钛矿太阳能电池的效率 (PCE) 已经超过了传统的薄膜太阳能电池，而且这种效率的增长速度在光伏器件历史上也是前所未有的。此外，水、热稳定性封装材料的发展也提高了钙钛矿器件自身的稳定性。就制备方法而言，实验室中的小面积 (<1 cm^2) 器件通常使用旋涂法制造，然而，这种方法可能并不适用于制备商业化所需的大面积 (>100 cm^2) 基板。为了实现钙钛矿太阳能电池的产业化，仍需要开发用于大面积涂覆的方法。本节将讨论用于制备大面积钙钛矿薄膜的溶液和气相涂层方法。

截至 2019 年 10 月，最先进的钙钛矿电池的 PCE 已达到了 25.2%(图 4-32(a))。然而，几乎所有创造效率纪录的器件都是使用有源面积小至约 0.1 cm^2 的基板实现的。为了商业化，需要大型 (>800 cm^2) 模块来实现如此高的 PCE。截至目前，大多数商业模块的面积仍较小，通常称为子模块 (200 ～ 800 cm^2) 或小型模块 (<200 cm^2)。如何在增加设备尺寸时防止 J_{sc} 的衰减将是一个巨大挑战。

针对 J_{sc} 衰减的问题，早期关于钙钛矿的研究中曾预测：基于钙钛矿的高吸收系数、直接带隙跃迁和出色的外量子效率，器件的 PCE 将增加到大于 20%。根据 Shockley Queisser 极限，带隙为 1.6 eV 的有机－无机碘化铅钙钛的理论 PCE 极限为 30.5%，且具有 1.33 V 的 U_{oc}、0.91 的 FF(填充因子) 和 25.4 mA·cm^{-2} 的 J_{sc}。这个 Shockley Queisser 极限的得出基于理想二极管仅具有辐射复合的假设，然而，当涉及 Shockley Read Hall (SRH) 电荷载流子复合(也称为陷阱辅助非辐射复合)时，计算得到的 PCE 将降低至 23.4%，相应地，U_{oc}、FF 和 J_{sc} 将分别降低至 1.16 V、0.86 和 23.6 mA·cm^{-2}。如果再考虑界面重组，U_{oc} 和 FF 可能会进一步降低至 0.97 V 和 0.80。例如，在与 TiO_2 和 spiro-OMeTAD 形成异质结后，钙钛矿薄膜的 1.16 V 的 U_{oc} 在 0.1 W·cm^{-2}(对应于 1 sun 的光强度，sun 为太阳常数) 光照条件下降到了 0.97 V(图 4-32(b))。

与 U_{oc} 相比，J_{sc} 受界面重组的影响不大(图 4-32(b))。因此，应特别注意设计块状钙钛矿以减少 SRH 复合，这可以将器件的 J_{sc} 进一步增加至 $J_{sc}/J_{SQ} = 0.98$(其中 J_{SQ} 是 Shockley Queisser 极限中的光电流密度)，更重要的是，器件的 $(U_{oc} \times FF)/(U_{SQ} \times FF_{SQ})$ 可增至 0.77(其中 U_{SQ} 和 FF_{SQ} 是 Shockley Queisser 极限中的 U_{oc} 和 FF，见图 4-32(c))。

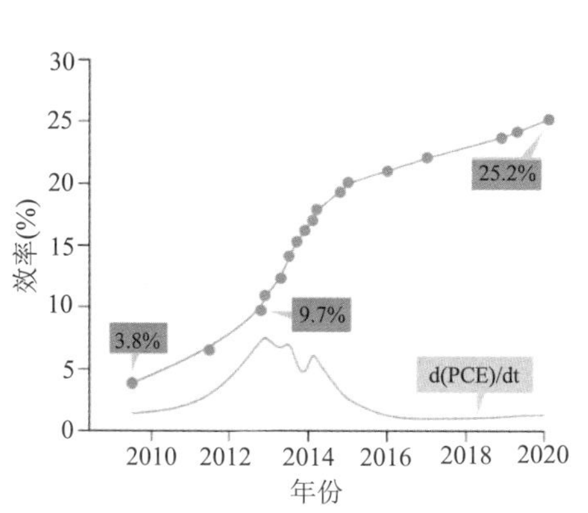

(a) 过去几年钙钛矿太阳能电池的 PCE 的变化及其增长率

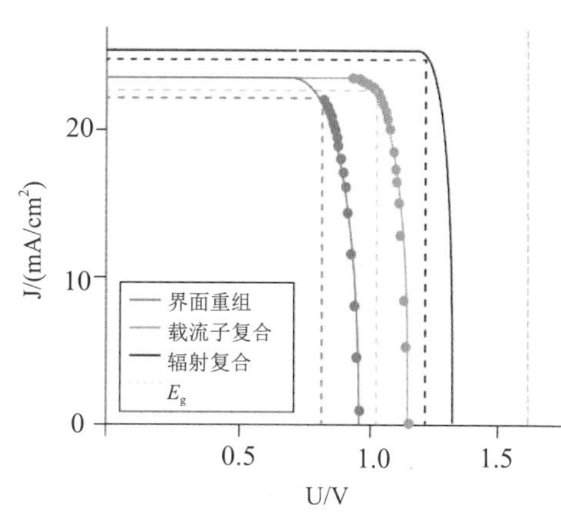

(b) 不同载流子复合机制作用下的理论 J–U 曲线

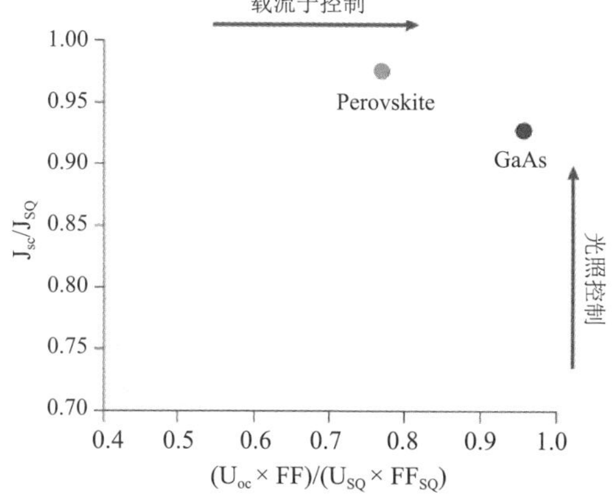

(c) SQ 限制下的 J_{sc} 与 $U_{oc} \times$ FF 的关系

图 4-32 钙钛矿太阳能电池 (PSC) 的效率增长及理论性能

4.7.1 钙钛矿太阳能组件的发展现状

为了推动钙钛矿太阳能电池走向产业化，必须开发高效率、低生产成本和高长期运行稳定性的大面积组件。将钙钛矿光伏器件从实验室规模的电池成功扩大到工业相关模块，首要因素是如何在大面积上均匀地涂覆致密的钙钛矿吸收层，使其具有全覆盖(无针孔)的特点和良好的晶体学特性(例如高结晶材料和大晶粒尺寸)。在过去的几年中，不同的团队已经开发了许多基于溶液的可扩展方法和气相方法，在改善钙钛矿成分、界面接触和模块制造工艺方面也取得了进展。这些努力使得钙钛矿太阳能组件(PSM)的开发取得了一些成效。

刮刀涂层法是最早开发用于可扩展钙钛矿太阳能电池模块制造的有效方法。早期的研究证明：使用溶剂调整策略扩大钙钛矿油墨处理窗口，可防止刮刀涂布期间的反溶剂滴落，最终制备的 12.6 cm^2 模块的 PCE 约为 12%，通过调整钙钛矿成分和优化互连结构，模块效率可进一步提高到 15.6%。在此基础上，有研究者使用表面活性剂来增强刮涂过程中钙钛矿油墨的润湿性和干燥动力学特性，得到了一个 PCE 为 15.3% 的 33 cm^2 模块和一个 PCE 为 14.6% 的 57.2 cm^2 模块。

槽模涂层法(即狭缝涂层法)则可用于生产面积更大的组件，已有研究者利用该方法制备了 PCE 达到 11.2% 的 149.5 cm^2 组件。此外，也有研究者利用该方法制备了 PCE 超过 15% 的 16.07 cm^2 柔性模块，其中，槽模涂层不仅用于钙钛矿层的制备，还用于沉积钾钝化的 SnO_2 层和 D-bar 涂层。包含 TiO_2、ZrO_2 和碳的介观三层电极的最稳定的模块结构之一，则是通过丝网印刷在 49 cm^2 的基底上制造的，组件实现了 10.4% 的 PCE，这种类型的模块结构已经能够连续运行超过 10 000 小时，而效率几乎没有损失。尽管用上述方法制备的模块已表现出不错的 PCE，但制备过程中溶剂的存在不可避免地造成了潜在负面影响，为此，相关研究者们使用无溶剂钙钛矿油墨和非常规的软覆盖涂层工艺生产了一个 36.1 cm^2 的模块，其认证的 PCE 已达到 12.1%。为了彻底消除溶剂的负面影响，最近几年还开发了一种完全基于蒸汽的可扩展沉积方法(气相沉积法)，制备得到的 91.8 cm^2 的模块的 PCE 约为 10%。(以上提及的制备方法将在 4.7.2 小节中详述)

在商业研发方面，2018 年，Microquanta 制造的指定照明面积为 17.277 cm^2 的微型模块的 PCE 为 17.25%。东芝在 2018 年还报告了一个面积为 802 cm^2 的子模块(44 个电池串联)，但其 PCE 较低，仅为 11.6%。此外，上述微型模块和子模块的每个电池的开路电压(U_{oc})均为 1.07 V，而随着尺寸的增加，每个电池的短路光电流密度(J_{sc})却存在着较大差异(从子模块的 20.66 $mA\cdot cm^{-2}$ 降低至微型模块的 14.36 $mA\cdot cm^{-2}$)。尽管用各种方法制备的大面积钙钛矿太阳能电池组件的 PCE 已达到相当不错的水平(>10%)，但相比实验室用旋涂法制备的小面积器件，面积扩展导致的效率衰减仍是相当明显的。为此，仍需对现有的大面积制备工艺进行改进或研发新的制备工艺，以实现大面积成膜质量的不断提升。此外，对于组件来说，封装技术也是影响整体性能的重要因素，尤其是对稳定性的影响，这也是钙钛矿太阳能电池商业应用中亟待解决的一大问题。

4.7.2 制备大面积钙钛矿薄膜的方法

1. 刮刀涂布法

刮刀涂布 (Doctor-Blade Coating) 法简称刮涂法，是一种利用刮刀与基底的相对运动，通过刮板 (半月板) 将钙钛矿前驱体溶液分散到预制备基底上的一种液相制膜方法。其中，薄膜的厚度可通过前驱体溶液的浓度、刮板与基底的缝隙宽度、刮涂的速度和 (或) 风刀的压力大小进行控制。与旋涂法相比，刮涂法在规模化生产时浪费的钙钛矿溶液可大幅减少，而在成膜质量、工艺稳定性等方面均有着明显的优势；此外，刮涂法在工艺控制方面与狭缝涂布法具有很高的相似度，可方便地转移到片对片、卷对卷等连续薄膜沉积工艺中去。与狭缝涂布法相比，刮涂法虽然在涂布液的供给方面自动化程度较低，但对小批量实验室研究而言，其溶液消耗量较少，且设备的清洗维护更简单。图 4-33 为刮涂法制备钙钛矿薄膜的示意图。在涂覆过程中，钙钛矿前驱体溶液不可避免地会经历 Landau-Levich 和溶剂挥发两个过程。

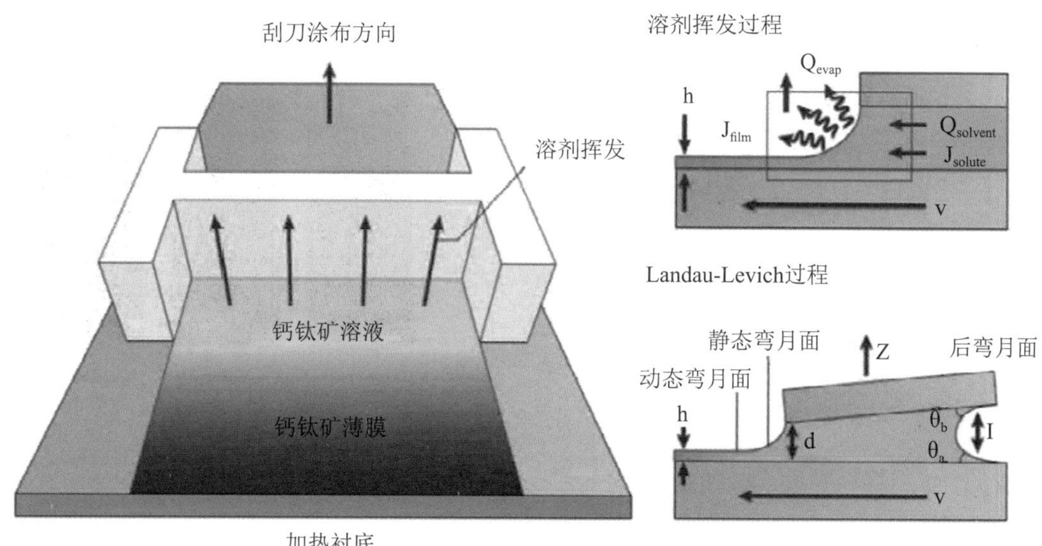

图 4-33 刮刀涂布法示意图

在 Landau-Levich 过程中，由于刮涂方式所限，钙钛矿前驱液在沉积过程中是被溶液黏性力拖拽出来并铺展在相应基底上的，随着溶剂的不断挥发而转向钙钛矿中间态膜。Landau-Levich 过程会影响均匀液膜的形成，沉积的钙钛矿湿膜厚度也随着刮涂速度的增大而增大。在挥发过程中，由于在半月板与基底的移动接触线上前驱液与媒介 (如空气或惰性气体氛围) 之间的对流传质效应，湿膜厚度随着刮涂速度的增大而减小。此外，由于弯月面表面的溶剂挥发，前驱液凝结所产生的固体成分也会逐渐堵塞在接触线附近的半月板表面。针对以上两个过程中存在的问题，诸多课题组已经通过有针对性地设计钙钛矿前驱体墨水组分来制备大面积钙钛矿薄膜。

2. 狭缝涂布法

狭缝涂布 (Slot-Die Coating) 法是一种将钙钛矿前驱体墨水存储在储液泵中，并通过控制系统将其按照设定参数均匀地从狭缝涂布头中连续挤压至基底上，以形成连续、均匀钙钛矿液膜的沉积方法，该方法是工业上液相连续制膜的常用技术。狭缝涂布法与刮刀涂布法相比有以下三大优势：首先，目标钙钛矿液膜的参数可以通过控制系统的参数设定进行精确的数字化设计，例如，沉积液膜的厚度可通过涂布头与基底的缝隙宽度、基底移动速度、储液泵给料速度、风刀压力大小等进行预设定；其次，该方法是一种无接触式液膜制备技术，在涂布过程中可避免基底平整度不好而导致的涂布头与基底的直接刮擦；最后，该技术可以将钙钛矿前驱液密封在一个储液罐中，在前驱液沉积过程中可以保持其浓度不变，保证实验的可重现性，而且，这样的密闭环境可以保证实验人员的安全，有效地隔离人与有机溶剂的接触。

当前，狭缝涂布技术在高效 PSC 的开发应用上还需要进一步优化。例如，钙钛矿前驱体溶液的化学设计、沉积液膜的干燥过程及其对钙钛矿薄膜结晶过程的影响等。狭缝涂布系统的基本结构示意图如图 4-34(a) 所示。通过对狭缝涂布速度和系统泵给料速度的调控，获得了不同厚度的钙钛矿薄膜，如图 4-34(b) 所示。

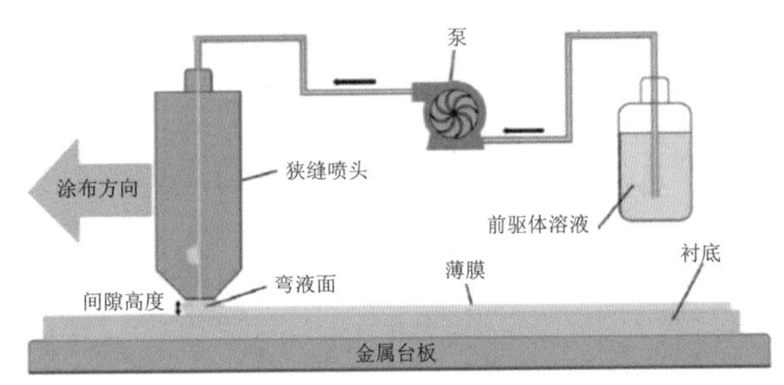

(a) 狭缝涂布法原理

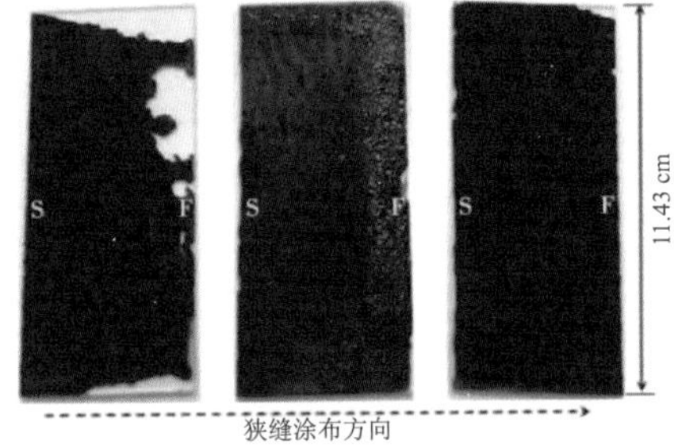

(b) 不同给料和涂布速度得到的薄膜光学照片

图 4-34　狭缝涂布法示意图

3. 喷涂法

喷涂 (Spray Coating) 法是一种通过对喷枪内的钙钛矿前驱液施加压力，使溶液从喷嘴喷出后分散成微小的液滴并均匀沉积到基底上的液相薄膜沉积技术，该方法是一种易于扩展的大面积钙钛矿薄膜沉积技术。典型的喷涂系统包括用于存储钙钛矿溶液的压力罐、气动喷雾嘴和热板。一般来讲，按照喷涂的动力来源可将其分为三类，即气动喷涂 (动力来源：高压气体)、超声喷涂 (动力来源：超声波震动) 以及电喷涂 (动力来源：电斥力)。喷涂法可以通过控制基底的加热温度和喷涂速度等参数来调控沉积钙钛矿薄膜的厚度，其中，电喷涂是一种在钙钛矿薄膜沉积技术中并不常见的方法，而沉积 PSC 中致密层最常用的喷涂法一般是气动喷涂，钙钛矿层的大面积喷涂则通常采用超声喷涂。简而言之，钙钛矿溶液的超细液滴从喷嘴喷出并沉积在目标基材上，在一定温度的电热板上加热以形成钙钛矿薄膜。

在超声喷涂过程中，微米级的前驱体液滴散落位置是随机的，因此需要在一个位置上反复形成多层液滴叠加来确保薄膜的全覆盖。此外，新喷洒的前驱体液滴在沉积过程中可能会溶解已经沉积好的薄膜，这也增加了工艺复杂性。一般通过调节前驱体溶液所用溶剂的挥发性和相应基底的温度来控制溶剂去除和材料的溶解速度，以此来抑制沉积材料的再溶解，因此，钙钛矿溶液的浓度和黏度、基底温度、喷嘴直径和喷雾流速应予以重点考虑。最后，控制薄膜干燥时间和退火条件也是利用该方法沉积高质量钙钛矿薄膜的关键。

总体来说，喷涂过程中液滴大小和沉积位置的不确定性较大，所以在待沉积的某一区域需要有多个液滴重叠才能保证完全覆盖，这是用该方法制备高质量钙钛矿薄膜待解决的难题；同时，该沉积方法的原料利用率低，部分逸散的有毒液体可能造成沉积腔室的污染，这也是其在产业化进程中的一大劣势。图 4-35(a) 为喷涂法沉积 $MAPbI_{3-x}Cl_x$ 薄膜的示意图，衬底退火温度为 120℃，其中 F_{in} 为喷涂速度 (等于前驱体墨水的沉积速度与再溶解速度之和)，F_{out} 为溶剂挥发速度。喷涂沉积过程中晶粒生长如图 4-35(b) 所示。

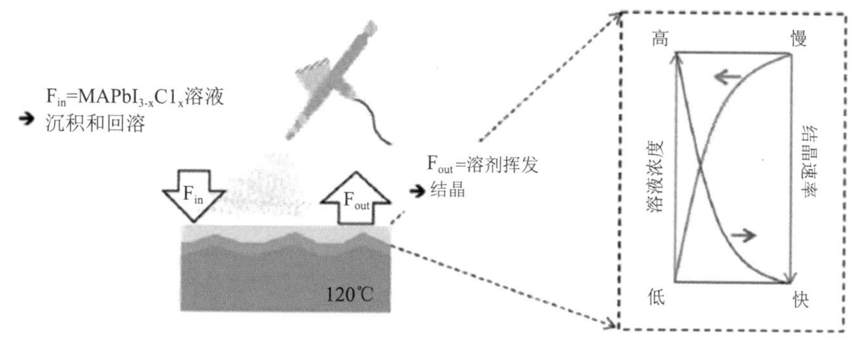

(a) 喷涂法原理及结晶速率和溶液浓度的关系

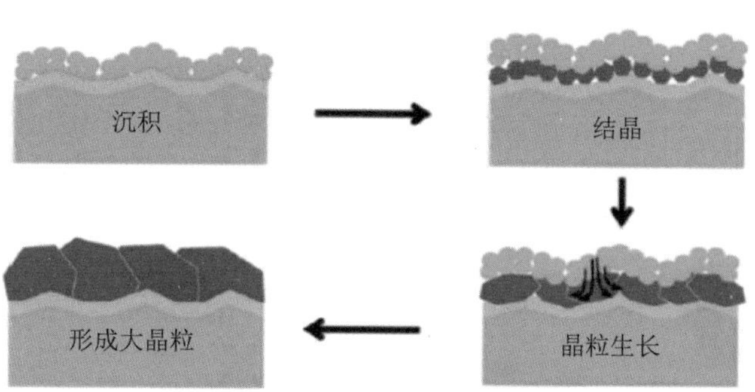

(b) 钙钛矿晶粒生长示意图

图 4-35 喷涂法示意图

4. 喷墨打印法

喷墨打印 (Inkjet-Print Coating) 法是通过控制打印腔内压力的变化将钙钛矿前驱体墨水从打印头喷出并打印到预沉积基底上的一种钙钛矿薄膜沉积方法。该方法也是一种非接触式的薄膜沉积技术，喷嘴与基底之间没有机械应力，而且钙钛矿墨水的黏度要求较低，这极大地提高了该沉积技术本身对基底材料的强度和表面粗糙度的容忍度。当钙钛矿前驱液墨水被喷出时，打印喷头和基板将按照预设程序进行相对运动，并且前驱体墨水会被均匀地打印在相应的位置。这样，沉积前预先设计的图案即被直接印刷在基底上，省去了制版等过程，提高了钙钛矿原料的利用率。在打印过程中，可以通过调节喷头和基底之间的相对运动速度、数字脉冲的频率和幅度等对液滴的大小和运行轨迹进行精细控制。喷墨打印具体的流程如图 4-36 所示。

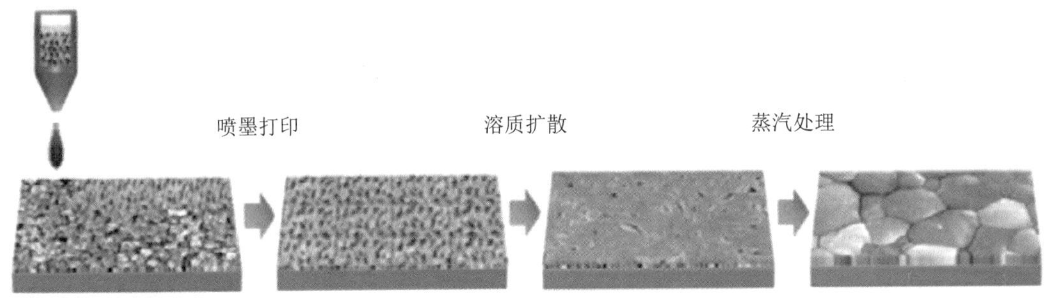

图 4-36　喷墨打印法示意图

5. 软覆盖沉积法

软覆盖沉积 (Soft-Cover Deposition，SCD) 法是一种无需溶剂和真空操作的大面积钙钛矿薄膜沉积方法，在沉积过程中钙钛矿 (前驱体墨水) 的浸润性、溶液的黏度以及热退火结晶的温度等对薄膜的质量有着重要的影响。该方法制备大面积钙钛矿薄膜的典型过程如图 4-37 所示。第一步，在室温下将钙钛矿前驱体溶液滴加至衬底中心位置，并将一块 PI 膜盖在衬底上；第二步，通过气动驱动的挤压板将前驱液均匀分散在 PI 膜下，加载压力为 12 000 kPa，保持时间为 60 s；第三步，将 PI 膜覆盖的前驱液膜在 50℃下加热 2 分钟，并将 PI 膜以 50 mm/s 的速度进行剥离，随即形成钙钛矿薄膜。与旋涂法制备的钙钛矿薄膜结果相比，该方法制备的钙钛矿薄膜致密且均匀，晶体也较大。

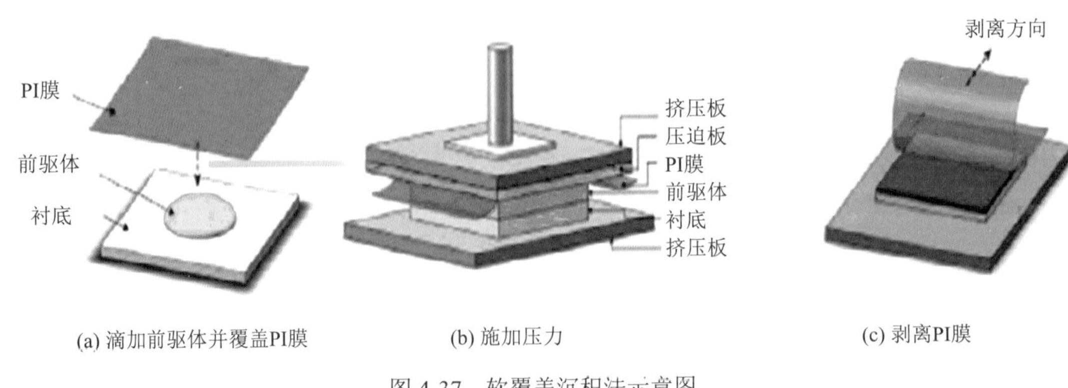

图 4-37　软覆盖沉积法示意图

6. 气相沉积法

气相沉积 (Vapor Deposition，VD) 法是一种不需要使用任何溶剂，通过真空蒸镀的方法来进行钙钛矿 (前驱体) 薄膜沉积的方法，该方法具有薄膜均匀性和实验可重复性好等优势，已被广泛应用。根据相关报道，该方法可以精确地控制钙钛矿薄膜沉积过程中钙钛矿组分的化学计量比，可制备均匀、高质量的钙钛矿薄膜，而且很容易制备大面积钙钛矿薄膜。但是，真空气相沉积需要使用价格高昂的真空设备进行长时间的真空环境控制，薄膜的制备时间因此变长，成本也相应升高，大大限制了其在大面积钙钛矿光伏组件制备中的广泛应用。最近，邱龙斌等人通过杂化化学气相沉积 (Hybrid Chemical Vapor Deposition，HCVD) 法进行大面积 Cs-FA 混合阳离子钙钛矿薄膜的沉积 (制备流程如图 4-38(a)、(b) 所示)。该工艺首先通过双源共蒸发沉积无机 PbI_2/CsBr 薄膜，再通过 CVD 实现有机组分 FAI 与 PbI_2/CsBr 薄膜反应形成目标钙钛矿薄膜。

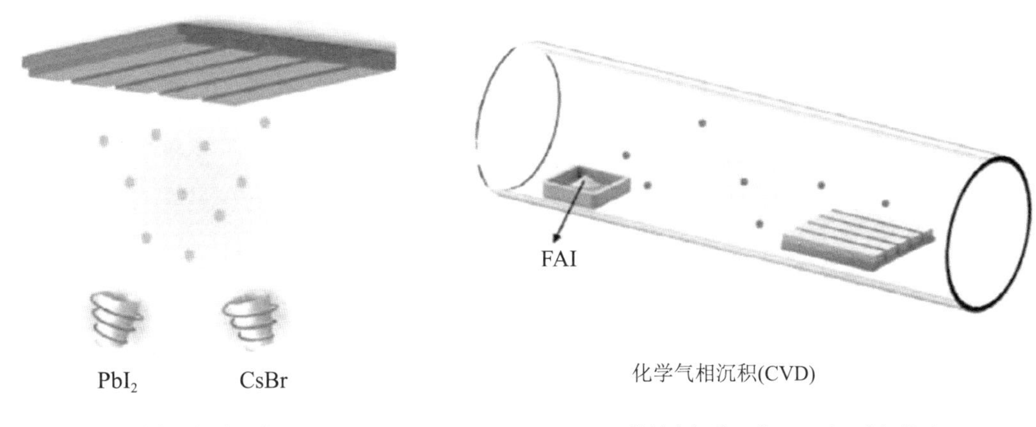

(a) 热蒸发无机前驱体 PbI_2、CsBr　　(b) 蒸镀有机前驱体 FAI 以形成钙钛矿

图 4-38　气相沉积法示意图

4.7.3　模块制造过程

光伏 (PV) 模块通常通过组装许多小型子电池来生产，以避免与大面积吸收器产生的高电流相关的电阻损耗。生产薄膜光伏组件最常见的方法是制造串联 (也称为单片互连) 组件，这也是许多团体最常用于 PSM 开发的方法 (见图 4-38)，可应用于常见的钙钛矿器件堆叠。与单节电池制造相比，模块制造涉及额外的划线步骤，将大面积器件划分为小面积子电池，并在这些子电池之间形成电互连。标准划线方案取自薄膜光伏行业，包括三个基本步骤 (称为 P1、P2 和 P3)，根据单个大面积基板上的子电池数量重复这些步骤。

P1 步骤通常在将背电极涂覆在基板上之后进行。背电极通常是透明导电氧化物 (TCO)，通常是掺氟氧化锡或掺铟氧化锡。薄金属膜也可用作某些应用的背电极。P1 步骤去除背电极的条纹，以在单个基板上对子电池进行图案化。P2 步骤在沉积顶部 (或前) 电极之前进行，该电极通常是另一个 TCO 或金属接触层。对于标准的 n−i−p PSC 堆栈 (见图

4-39)，P2 步骤去除了 ETL、钙钛矿吸收层和 HTL，从而暴露了 P2 内的背电极。随后沉积的顶部电极材料覆盖 HTL 顶部并填充 P2 通道；该涂层步骤将 P1 一侧的顶部电极连接到 P1 另一侧的背面电极，以形成两个相邻子电池之间的串联连接。最后，在顶部电极材料沉积后进行 P3 步骤；此步骤隔离相邻子电池之间的顶部电极以完成单片互连。

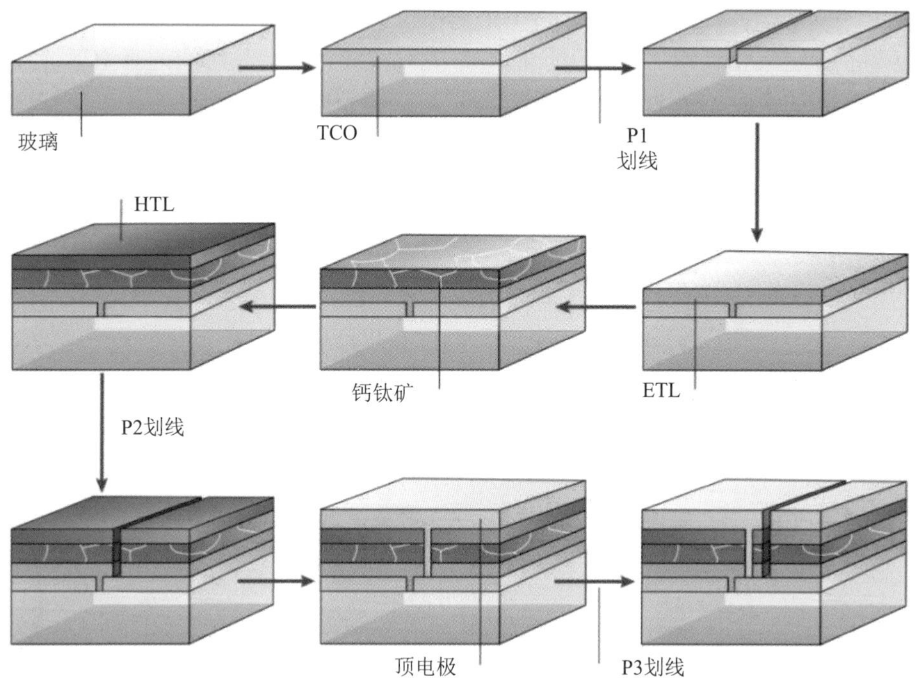

图 4-39　制造钙钛矿太阳能模块所涉及的步骤

P1、P2、P3 步骤可以通过机械或激光完成。然而，机械划线通常不是优选，因为它相对较慢并且会由于重复使用的工具磨损而导致分层、碎裂和不一致。对于激光划线，划线图案的烧蚀宽度和深度可以通过调整特定材料堆栈的激光条件 (例如波长、功率、重复率、划线速度和脉冲之间的重叠) 来改变和控制。与机械划线相比，激光划线可以产生更小的互连接触电阻，浪费的面积更小。此外，由于基板的柔软性，因此通常难以在柔性基板上使用机械划线。

目前，钙钛矿成分和相应的器件堆栈仍在积极发展，以在单电池水平上实现更高的效率和稳定性。这对 PSM 开发提出了挑战，尤其是当多种钙钛矿成分和器件架构可以获得相似的器件性能时。对于溶液处理，每种钙钛矿成分和溶剂系统都会影响可扩展钙钛矿沉积的设计，各种涂层方法的不同加工环境也会影响涂层结果。因此，很难确定扩大 PSC 模块的最佳方法，选择的模块制造步骤也可能会随着实验室规模的 PSC 的进一步发展而改变。由于划线引起的缺陷、材料不相容性和大面积器件上的不均匀性，各种工艺参数的平衡将在模块级变得更为复杂。非理想的划线工艺会导致材料损坏 (例如结构缺陷和相杂质) 和器件级应力条件 (例如不规则的电流收集和发热、局部分流产生的热点和部分阴影引起的电偏压)。P2 和 P3 步骤可使器件堆栈暴露于潜在的副反应。P2 后电极接触材料的沉积可导致钙钛矿与 P2 通道内的接触材料直接接触。卤化物与各种金属 (包括 Al、Ag 和 Au) 的反应是主要的降解途径。在没有封装的情况下，P3 步骤还会将器件堆栈的一侧暴露于操作环境中，这有望加速钙钛矿有机成分的损失和水分吸收，从而更快地降解。

所有这些因素都可能导致或加速组件退化，因此，需要制定特殊战略来解决这些问题。研究者们面临的挑战之一是缺乏专门为钙钛矿器件开发的标准化表征协议，这种标准化对于正确评估各个小组报告的进展至关重要。目前，众所周知，按照为其他光伏技术制定的国际电工委员会 (IEC) 标准来预测设备寿命是不可靠的。此外，经常用于小型电池的 N2 环境下的稳定性测量用于大面积器件时存在问题。开发标准化测试协议以捕获户外压力条件 (如温度、湿度和光照) 下的 PSM 退化因素非常重要。这一工作很复杂，需要钙钛矿研究领域的共同努力，但它对于 PSM 的发展至关重要。

此外，封装对于理解和提高钙钛矿光伏技术的商业化稳定性具有至关重要的作用。迄今为止，与其他领域 (如性能、稳定性和规模化) 相比，该领域的研究还没有得到足够的重视，仅对封装材料进行了少数研究。玻璃封装方案以及使用弹性封装剂 (例如乙烯醋酸乙烯酯或聚烯烃) 和边缘密封 (例如丁基橡胶) 可以大大提高封装的钙钛矿器件在 IEC 测试标准下的稳定性，使设备能够通过 IEC 61646 湿热和热循环测试。然而，封装过程通常在 140℃～ 150℃环境下完成，这对于器件堆栈中的某些层是有影响的。例如，常用的 HTL spiro-OMeTAD 和某些高效钙钛矿组合物 (例如基于 CsFAMA 的钙钛矿) 在此温度范围内不稳定。使用聚氨酯密封剂可以将加工温度降低到 80℃，这导致 100 cm^2 的 PSM 在室外条件下放置 2136 小时降解率低于 3%。需要进一步开发封装材料和工艺，特别是对于具有高效率和良好内在稳定性的器件堆叠和钙钛矿组合物。

铅卤钙钛矿太阳能电池是目前很有竞争力的一种光伏器件，但仍然存在着一些不足。一方面，钙钛矿太阳能电池本身的 PCE 距离极限还有一段距离，并且稳定性也有待提升，因此对钙钛矿太阳能电池各功能层的改性和内部工作机理的深入研究还需继续进行；另一方面，钙钛矿太阳能电池在叠层器件上很有潜力，但过多的光损耗极大地限制了器件在实际工作时的能量输出，因此，对于钙钛矿 / 硅叠层器件的研究也有待进一步发展。总之，未来钙钛矿太阳能电池的商业化是必然的，针对钙钛矿太阳能电池的研究还需要继续深化。相信不久的将来，大面积、高稳定性、低成本的钙钛矿太阳能电池必将在光伏产业中占据一席之地。

第5章 铅卤化物钙钛矿基探测器件

5.1 钙钛矿光电探测器件

光电探测器是各种现代光电检测和成像系统的重要组成部分，在光谱学、光纤通信、cmOS 图像传感、光测距、X 射线成像、生物医学成像等方面有广泛的应用。光探测过程通常包括光子吸收、载波产生和提取、信号存储、数据处理和随后的信号重建，可以将携带调制的光子信息的入射光信号转换为可处理的电信号。

在过去的十年里，随着自动驾驶、环境监测、光通信或生物传感的不断兴起，对优良的光电探测器的需求越来越迫切。人们通常关注的光电探测器性能指标有响应率、外量子效率、比探测率、线性动态范围、响应速度等。半导体材料是光电探测器的关键元件，它们决定着光电探测器的性能。过去，多使用各种类型的半导体光电材料制造光电探测器，如硅、Ⅲ - Ⅴ化合物半导体、有机聚合物和胶体量子点。然而，传统的高温无机半导体材料的制备需要昂贵的设备和复杂的工艺，聚合物和胶体量子点材料比较难以合成，它们往往存在吸收不足和载流子寿命短的问题，严重限制了实际应用。近年来，钙钛矿型光电探测器由于其独特的材料性质，逐渐显示出优异的光电性能，包括直接带隙、大吸收系数、长电子 - 空穴扩散长度等。尤其是低成本的溶液处理钙钛矿型光电探测器，往往具有高响应率、低暗电流、宽探测范围等特点。优异的光学探测能力使其在光通信、医疗近红外成像、军事监测、生物传感、自动驾驶、食品安全监测、机器视觉、生物特征识别、智能农业等领域得到了广泛的应用。

5.1.1 钙钛矿光电探测器的结构与工作机理

通常光电探测器分为三种类型：光电导体、光电二极管和光电晶体管。光电导体通过用光改变器件中载流子的数量来进行光电检测。光电导体的两个电极在同一平面上，与半导体材料形成欧姆接触。这类器件等效为电阻值随入射光变化的光敏电阻，其电流 - 电压曲线为一条通过原点的直线。光电二极管的工作原理类似于太阳能电池，通过在反向工作电压下增加反向电流来探测光。由于其载流子传输距离短，响应速度不依赖于载流子化合物，因此响应速度通常比光电导体快。光电晶体管基于场效应晶体管的三端，增加了光对沟道电导的调制。它可以有效地抑制噪声和放大光电电流信号，并获得优异的光电检测性能。图 5-1 描绘了三种不同类型的光电探测器的结构。

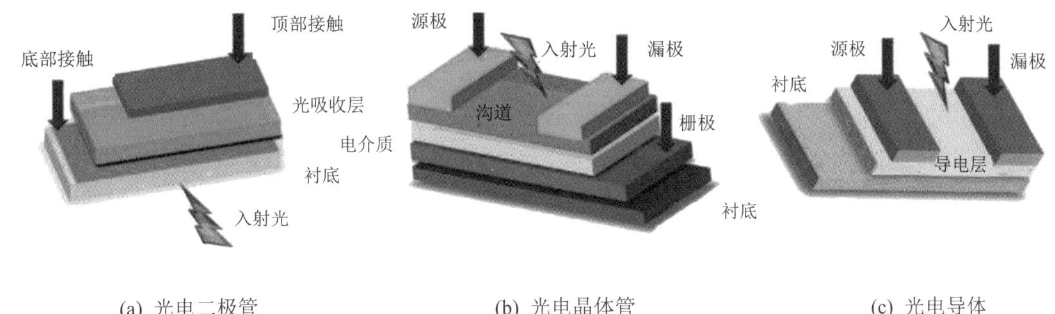

(a) 光电二极管 (b) 光电晶体管 (c) 光电导体

图 5-1 具有不同结构的光电探测器的结构示意图

光电二极管和光电导体是具有双电极的两端器件。钙钛矿型光电二极管总是垂直堆叠，光电导体可根据需要灵活选择和设计为水平或垂直结构。具有源极、漏极和栅极的光电晶体管具有更复杂的结构，它本身具有放大功能，能够实现倍增的内部光电流增益。光电二极管型光电探测器的核心部分是半导体结 (p–n、p–i–n 等)。光电二极管可以吸收入射光，以内置电场或外部电压为原始驱动力，以光生载流子的形式传输电信号。最新的钙钛矿型光电探测器属于这种类型，具有线性度良好、低噪声等特点。在已报道的钙钛矿型光电探测器中，界面工程和缺陷钝化被广泛用于改善多晶钙钛矿层或单晶。更重要的是，光电二极管可以针对不同的探测波长 (紫外线、可见光、红外光、X 射线和伽马射线) 进行调整。

光电导体的工作原理是基于光导效应，即材料的电导率在光照下发生变化。没有 p–n 结的光导体总是需要一个外加电场将光生载流子与电子 – 空穴对分开。由于单个被吸收的光子可以产生更多的可传导电子，因此这种类型的光电探测器与光电二极管型光电探测器相比具有独特的光导增益。除了光生电荷外，电极还可以在外加偏压下注入电荷，从而获得超过 100% 的 EQE 值。根据结构的不同，光电导体可分为纵向型和横向型。钙钛矿型多晶薄膜是一种垂直光导薄膜，它聚集了大量的光生电荷，在较低的驱动电压下通常表现出优异的响应性。钙钛矿型光导体的横向结构以一维 (1D) 纳米线和二维 (2D) 纳米片等低维材料为主，由于传输距离较长，目前需要较大的工作电压。

钙钛矿型光电晶体管由于其固有的放大功能，通常表现出较高的内部光电流增益。其特殊的几何形状可以提供更高的光学响应率，比钙钛矿型光电二极管和光电导体高出几个数量级。

沟道材料的固有特性决定了光电晶体管的光敏增益和其他特性。近年来，人们重点研究了由二维层状材料和钙钛矿结构组成的光敏晶体管。异质结可能有助于电荷转移和光门效应，导致光电导增益和超高响应率。人们还开发了具有纳米级形貌的钙钛矿结构，并可以与石墨烯结合来制备高性能的混合光电晶体管。此外，人们可以通过探索更多的电荷传输层或潜在的钙钛矿 /2D 材料异质结来抑制暗电流，促进电荷分离。

在这些器件中，入射光作为额外的栅极，电栅可以是开路的，也可以用来调制光响应特性。光场效应晶体管和混合光场效应管的光载流子产生机制通常基于光导效应。根据材料特性和器件设计，有时一种类型的载流子被故意固定在器件中，而另一种类型的载流子可以自由移动并贡献光电流，这被称为光门效应，是光导效应的特例。有时，光电晶体管也可以利用光伏效应，其中 p-n 结或肖特基势垒提供一个内置电场来分离光生载流子。对于光电双极结型晶体管 (Photo-BJT)，入射光的作用类似于正常 BJT 中的外加电压，其中少量载流子被注入到基区以触发集电极和发射极之间的大电流流动。下面将讨论不同结构的光电晶体管及各自的工作原理。

1. 光场效应晶体管

在最简单的情况下，光场效应晶体管的结构与传统 FET 相同，后者采用金属氧化物半导体 (MOS) 结构。在光场效应管中，理想的沟道材料应该同时具有优异的迁移率、用于高效产生电荷的高光电转换效率、适合于光吸收的直接带隙。此外，它应该具有薄的轮廓，以便能够通过施加栅极电压来完全耗尽沟道，从而实现超低暗电流。图 5-2 显示了钙钛矿型光场效应晶体管的典型结构。栅偏压和光都可以调制沟道中的载流子密度。当光入射到器件沟道区并被钙钛矿吸收时，通过光电效应产生电子 - 空穴对，并通过施加的漏源电场将其提取到相应的电极。外加栅压可以通过电容耦合有效地隔离载流子，增加载流子的复合时间。有时，沟道主体或沟道周围界面处的电荷陷阱选择性地俘获光生载流子，实现光门效应。从定量上讲，光导增益可以表示为

$$C_p = \frac{t_r}{t_t} = \frac{t_r}{L / v} \tag{5-1}$$

其中，t_r、t_t、L 和 v 分别是载流子复合时间、传输层中的载流子渡越时间、传输层中的沟道长度和载流子的速度。

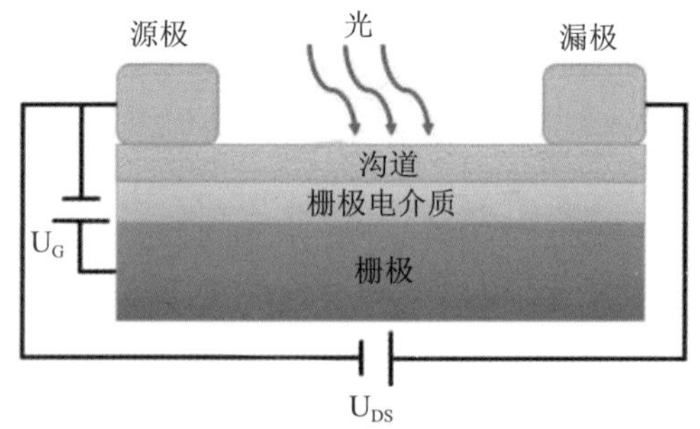

图 5-2　光场效应晶体管的结构

然而，具有这种结构的钙钛矿型光电晶体管也存在缺陷。例如，尽管钙钛矿的本征迁移率与硅和一些Ⅲ - Ⅴ半导体等传统沟道材料相当，甚至更高，但对于研究人员来说，在实验中实现具有竞争力的迁移率值仍然是一个巨大的挑战。实验证明的场效应管迁移率通常比计算值低几个数量级。低迁移率降低了钙钛矿型光场效应管的响应速度和响应度。

2. 混合光场效应晶体管

由于钙钛矿的实际迁移率有限，特别是那些通过溶液合成的钙钛矿，因此科学家们

开发了一种改进的光场效应管的器件结构，即混合光场效应晶体管。该器件的结构如图 5-3 所示，用具有不同功能的两种材料取代了上述光场效应晶体管中的单通道材料，顶部和底部的材料分别称为光活化层和传输层。光活化层用于吸收光信号并产生光载流子，通常被称为光敏层，传输层则有利于载流子在源极和漏极之间移动，实现栅极对电场的调制。通过这种策略，可以将沟道材料的光学和电学性质解耦，这为材料的选择开辟了广阔的空间。

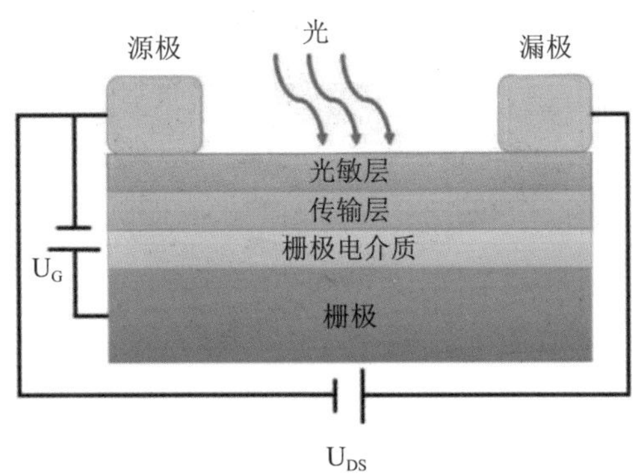

图 5-3 混合光场效应晶体管的结构

钙钛矿型混合光场效应管具有直接带隙可调、光吸收强、光电转换效率高、耐缺陷、载流子扩散长度长等优点。通过限制钙钛矿型光场效应管的光吸收功能，可以克服其实际迁移率低的问题。在这类器件中，既可以通过两层的相对带对齐实现光门效应，也可以通过传输通道的电容耦合来获得高增益。另一方面，由于用具有优异迁移率的材料作为传输层，因此可以获得比普通光场效应管高得多的光导增益。这一说法可以用公式 (5-2) 来验证：

$$C_p = \frac{t_r}{t_t} = \frac{t_r}{L^2}\mu U_{DS} \tag{5-2}$$

其中，μ 表示迁移率，U_{DS} 表示施加的漏源极电压。由此可见，迁移率与光导增益成正比。混合光场效应管可以获得极高的响应率和合理的响应速度，这通常受到电荷注入和复合的限制。总的来说，与光场效应管相比，这种类型的器件架构可以获得更高的品质因数，这主要是由于材料的协同效应。

3. 栅调制肖特基势垒型晶体管

虽然大多数光电晶体管都是基于上述常规设计，但有一种特殊设计可用于不表现出费米能级钉扎效应的 2D 材料，如石墨烯。图 5-4 显示了这类器件的结构。将石墨烯放置在栅电介质 / 栅电极的顶部，可以通过施加不同的栅极电压来有效地调节石墨烯的功函数。因此，结的性质可以在欧姆接触和肖特基势垒之间互换，这使得光电探测器的特性可以是类光电二极管 (肖特基势垒) 或光电导体 (欧姆接触)。当器件工作在光电二极管区域时，光电流是根据光伏效应产生的，有源区是肖特基势垒周围的耗尽区；当器件工作在光电导体模式时，光电流是根据光导效应产生的，有源区是整个受光照射的区域。这些器件也可以归类为光电晶体管，因为它们也表现出栅极电流和光电流。这种设计有时被称为阻抗器。

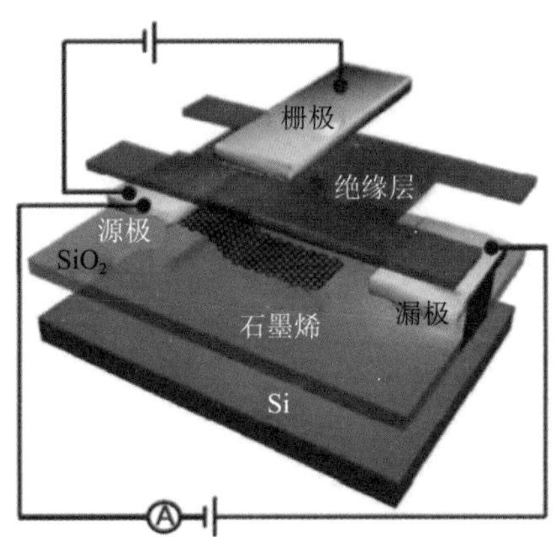

图 5-4　栅调制肖特基势垒型晶体管结构

4. 光电双极结型晶体管

这种类型的光电晶体管在市场上很常见，并得到了广泛的应用。实际上，它只是没有基极引线的 BJT，但有一个窗口 (或透镜) 用于接收入射光，其在基极 - 集电极结处有更宽的耗尽区，在基极集电区产生的光电流就像正常 BJT 的基极电流一样起作用。因此，可以根据光电 BJT 的增益来放大小的光电流。图 5-5 显示了典型的 NPN 型光电 BJT 的示意图，入射到器件上的光通过透明发射器，并被基极、基极 - 集电极耗尽区 (灰色区域) 和集电极吸收。在耗尽区周围的区域，由于光电效应而产生 e-h 对。根据能带排列，空穴将被捕获在基区，而电子将移动到收集器。基区中空穴的积累降低了发射极基区的势垒高度，从而使发射极中具有高动能的大量电子可以通过基区 (只有少量的复合) 到达集电极，并被外部电子吸收，产生大电流。

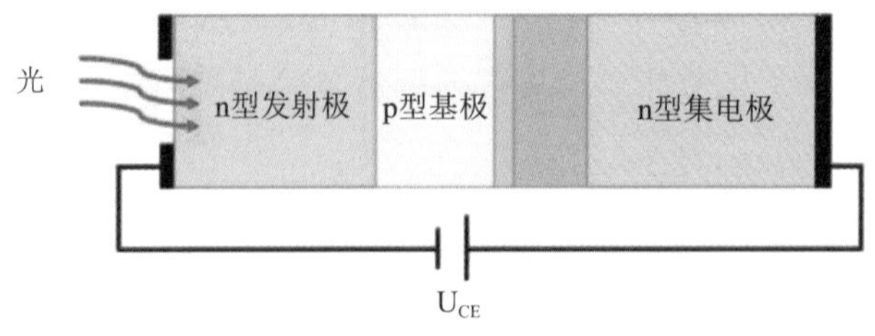

图 5-5　光电双极结型晶体管结构

5.1.2　钙钛矿光电探测器的性能表征技术

图像传感器是由光电探测器阵列形成的，光电探测器的光电性能将直接影响图像传感器的性能。为了定量评价用于图像传感的钙钛矿型光电探测器的光电性能，下面将介绍几个关键的性能参数，包括光谱响应度、外量子效率、亮暗电流比、噪声等效功率、比探测率、LDR 和响应时间。

1. 光谱响应度

光谱响应度 R 定义为单位功率的特定波长辐射产生的光生电流，单位为 A/W，代表光电探测器的光电转换能力。它可以表示为

$$R = \frac{\Delta I}{PS} = \frac{(I_{light} - I_{dark})}{PS} \tag{5-3}$$

其中 ΔI 是光生电流，I_{light} 是光电流 (器件在照明下的输出电流)，I_{dark} 是暗电流，P 为入射光强度 (功率密度)，S 为光电探测器的有效照明面积。

2. 外量子效率

外量子效率 EQE(External Quantum Efficiency) 定义为在特定波长辐射下输出光生载流子数与入射光子数之比。它可以表示为

$$EQE = \frac{\Delta I / e}{PS / hv} = R\frac{hv}{e} \tag{5-4}$$

其中 e 是电子电荷，h 是普朗克常数，v 是入射光子的频率。可以看出，EQE 与 R 成正比。

3. 亮暗电流比

亮暗电流比 (或开 / 关比) 定义为光电流与暗电流的比率 (I_{light}/I_{dark})，反映光电探测器的感光性。一些文章还使用光生电流与暗电流的比率 ($\Delta I/I_{dark}$) 来表示亮暗电流比。通常，亮暗电流比受入射光强度和波长的影响很大，因此，应在相似的测试条件下比较不同光电探测器的亮暗电流比。

4. 噪声等效功率

光电探测器中的噪声水平决定了可以检测到的最小光信号。当信噪比 (SNR) 在 1 Hz 的带宽上为 1 时，NEP(Noise Equivalent Power) 被定义为入射光的光功率，表示光电探测器可以从噪声中识别的最小光功率，单位为 W/ $\sqrt{Hz}$ 。它可以表示为

$$NER = \frac{i_n}{R} \tag{5-5}$$

其中 i_n 是噪声电流。NEP 较小的光电探测器可以检测到较弱的光信号。

5. 比探测率

比探测率 D* 是评价光电探测器探测灵敏度的一个非常重要的性能参数，它与 NEP 成反比，单位为 Jones 或 cm· $\sqrt{Hz}$ /W。表达式为

$$D^* = \frac{(S\Delta f)^{1/2}}{NER} = \frac{R(S\Delta f)^{1/2}}{i_n} \tag{5-6}$$

其中 Δf 是带宽。可以看出，D* 由光电探测器的光谱响应度、有效照明面积和噪声电流决定。光电探测器的噪声包括散粒噪声、热噪声、闪烁 (1/f) 噪声和产生 - 复合噪声。如果暗电流散粒噪声在整个器件噪声中占主导地位，则 D* 公式可简化为

$$D^* = \frac{R}{(2eI_{dark} / S)^{1/2}} \tag{5-7}$$

6. G 参数

G 定义为通过由每个入射光子引起的电极间距的电荷载流子的数量。如果两个电极之间的载流子传输时间 (τ_t) 小于载流子复合寿命 (τ_1)，一个光生载流子能够在复合之前穿过电极间距一次以上。因此 G 可以表示为

$$G = \frac{\tau_1}{\tau_t} = \frac{\tau_1 \mu U}{d^2} \tag{5-8}$$

其中 μ 是载流子迁移率，U 是施加的偏置电压，d 是电极间距。

7. LDR

LDR 是光电探测器描述光强范围的关键指标，单位为 dB，在该范围内，光生电流与入射光强呈线性关系，反射型光电探测器在光强范围内具有恒定的光谱响应度。它可以描述为

$$LDR = 20\ \log \frac{P_{max}}{P_{min}} \tag{5-9}$$

其中 $P_{max}(P_{min})$ 是当入射光强度大于 (弱于) 光生电流开始显示出偏离线性时的光强度。对于图像传感器来说，大的 LDR 是必不可少的，因为光信号的准确强度需要在很大的光强范围内从光生电流中获得，这有利于捕获高保真的图像。

8. 响应时间

为了跟踪入射光信号的变化速度，光电探测器需要具有较快的响应速度。光电探测器的响应速度由响应时间表征，包括上升时间 (τ_r) 和衰减时间 (τ_d)。通常，上升时间 (衰减时间) 被定义为电流从最大光生电流的 10% 上升到 90%(90% 衰减到 10%) 所需的时间。光电探测器的响应速度与载流子捕获 / 解捕获和复合过程密切相关。对于光电探测器在图像传感方面的实际应用来说，快速的响应速度也是不可或缺的。

对于由光电探测器阵列组成的图像传感器，除了上述关键性能参数外，还应考虑像素大小、像素数量和像素间的串扰。显然，像素的大小和数量会影响图像传感器的大小和分辨率。像素之间的串扰包括电串扰 (光生电流泄漏) 和光学串扰 (入射光在相邻像素内的偏转和散射)，将影响图像传感器的颜色和亮度分辨率。通常，像素大小小于 10 μm 是满足商业成像应用要求的必要条件。然而，相邻像素之间的串扰通常会随着像素大小的减小而增加。平衡像素大小和像素串扰的一个简单但有效的策略是分离像素。

5.1.3 钙钛矿光电探测器的材料

钙钛矿材料的光学、光电和电学性能不仅取决于它们的元素组成，而且还取决于它们的维度。例如，在 $CsPbX_3$ 钙钛矿中，从 I^- 到 Br^- 再到 Cl^- 的变化将导致光学带隙的增加和稳定性的提高。同时，由维度约束引起的量子尺寸效应会影响钙钛矿材料的电子能带结构和光电性质。对于 0D 量子点，钙钛矿结构的电子在三个方向上被量子限制，对于一维纳米粒子，电子在两个方向上被量子限制，而对于 2D 纳米薄片，电子在一个方向上被量子限制。与多晶薄膜相比，纳米钙钛矿材料具有更多的优势。例如，由于独特的晶体结构、择优的晶体取向和独特的一维封闭表面，一维纳米线具有较低的缺陷密度、较小的复合速率和较长的光生载流子寿命，最终实现高性能的光检测。虽然经典的 3D 钙钛矿不存在量子尺寸效应，但其纳米结构如颗粒尺寸、薄膜厚度等都会影响其性能。目前，各种结构的钙钛矿材料已经被开发出来用于各种光电子器件。

钙钛矿材料在光电探测器方面的应用十分广泛。例如，全无机卤化物钙钛矿 ($CsPbX_3$，其中 $X = Cl^-$，Br^- 和 I^-) 具有良好的带隙兼容性、优异的热曝光和光曝光稳定性以及平衡的载流子迁移率，被广泛用于各种类型的光电探测器。采用不同的制备方法可以制备出单晶、多晶块体薄膜、纳米片、纳米线、量子点等不同结构的 $CsPbX_3$。这一现象也适用于有机 - 无机钙钛矿材料 $MAPbX_{3-N}Y_N$(其中 $X = Cl^-$、Br^- 和 I^-，$Y = I^-$)。虽然在 $MAPbX_{3-N}Y_N$ 中引入有机部分会在相应的器件中引起一些稳定性问题，但研究人员已经成功地证明了当有机胺的烷基链长被优化时，2D 有机 - 无机钙钛矿具有更好的相稳定性、光热稳定性和湿度稳定性。关于 2D 钙钛矿的研究更多的是以薄膜的形式进行，偶尔也会以纳米线的形式进行。此外，考虑到环境问题，一些科学家开发了无铅钙钛矿材料，如 $Cs_3Cu_2I_5$、$CsBi_3I_{10}$ 和 $FASnI_3$，以薄膜、纳米线、量子点等形式应用于光电探测器。

下面重点介绍基于不同维度材料，即 0D、1D、2D 和 3D 钙钛矿和非钙钛矿材料的 HPPD 的最新进展，其中不同维度钙钛矿和非钙钛矿材料的制备技术包括旋涂、喷墨打印、CVD 等。为了进行对比分析，将具有 0D 材料 (0D 钙钛矿材料或非钙钛矿材料) 的 HPPD 归为一类，其中钙钛矿型材料是光电探测器的关键部件 (因此称为卤化物钙钛矿型光电探测器)。类似地，一维、二维和三维钙钛矿和非钙钛矿材料分别属于一维、二维和三维材料组。在每个部分中，还讨论了基于不同维度结构的 HPPD 的局限性和解决方案，以及 HPPD 的电荷输运、电荷注入和能带弯曲。

1. 零维钙钛矿光电材料

作为典型的零维材料，钙钛矿型量子点 (QD)、纳米粒子和纳米碳管具有较高的光致发光量子产率 (PLQY)、大的光吸收系数、依赖于尺寸的带隙，具有多种功能配体的多样的表面结构以及低成本的溶液处理合成方法，引起了人们的极大关注。零维 (0D) 钙钛矿材料的主要合成方法是热注射和配位辅助再沉淀法，它们可以实现尺寸可调的 0D 钙钛矿材料。此外，0D 钙钛矿材料的带隙和组成也可以很容易地在室温下通过合成阴离子交换反应来调节，如图 5-6 所示。为了获得高性能的光电器件，如光电探测器，钙钛矿材料已经得到了广泛的研究。例如，Ramasamy 等人构建了基于 $CsPbI_3$ 纳米薄膜的无机钙钛矿型光电探测器，其亮暗电流比为 10^5，上升和衰减时间分别为 24 ms 和 29 ms。Kwak 等人在石墨烯 -$CsPbBr_{3-X}I_X$ 钙钛矿 NC 薄膜的基础上制备了一种混合光电探测器，显示了约为 10^8 A/W 的高光谱响应度和约为 10^{16} Jones 的出色的比探测率。董宇辉等人制备了一种基于离心浇注的 Au-NC 等离子体增强的 $CsPbBr_3$ 纳米薄膜的钙钛矿型光电探测器，该探测器具有优良的亮暗电流比 (大于 10^6) 和高的等离子体增强因子 (238%)。

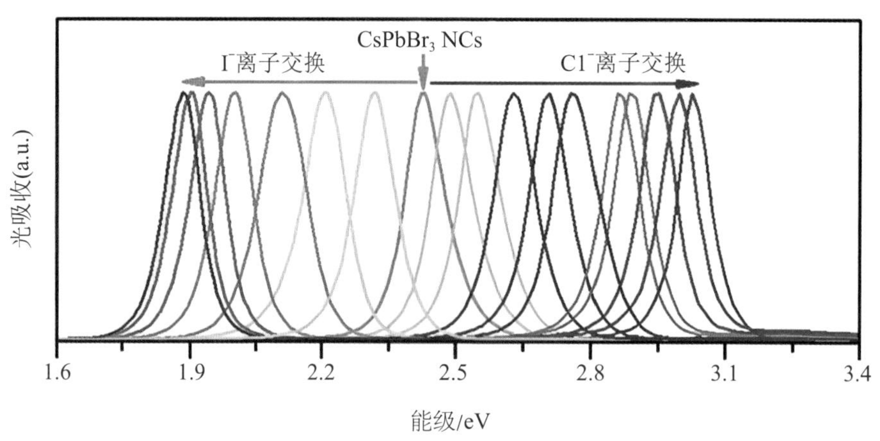

图 5-6　卤化物阴离子交换 $CsPbBr_3$ 纳米晶得到的 $CsPb(Br:X)_3$(X = Cl 或 I) 纳米晶的光致发光 (PL) 光谱

对于在图像传感中的应用，张峰等人首次报道了利用 $MAPbBr_3$ 钙钛矿型量子点嵌入复合薄膜 (PQDCF) 作为降速材料来提高硅基图像传感器的紫外线 (UV) 响应。采用旋涂技术在多晶硅表面制备了透明的 $MAPbBr_3$，并在真空中进行了低温热处理。

图 5-7(a) 为 PQDCF 涂层硅基光电探测器的光转换机制示意图。大部分入射的可见光子可以穿过透明的 PQDCF 到达硅基光电探测器，而入射的 UV 光子可以被 PQDCF 吸收并作为可见光光子下移。转换后的可见光光子可以被硅基光电探测器重新吸收，但有一部分反射损失，导致硅基光电探测器的紫外光响应增加。图 5-7(b) 的插图中显示了涂覆 PQDCF 的 EMCCD 的光学图像。与未涂覆 PQDCF 的 EMCCD 图像传感器 (黑色) 相比，涂覆 PQDCF 的 EMCCD 图像传感器 (蓝色) 的 EQE 在 240 ～ 400 nm 的波长范围内大幅增加，而在可见光 - 近红外区域没有明显降低。此外，在紫外光 (360 nm)、可见光 (620 nm) 和近红外 (960 nm) 辐射下，涂覆 PQDCF 的 EMCCD 图像传感器的输出强度与入射光功率呈良好线性关系 (图 5-7(c))。通过结合紫外线滤光片，使用涂覆 PQDCF 的 EMCCD 图像传感器来检测电晕放电装置产生的放电火花，以演示 UV 成像 (图 5-7(d))。图 5-7(e) 显示了紫外线滤光片过滤前后放电火花的光谱曲线，插图是 UV 滤镜的光谱曲线。图 5-7(f) 显示了运行中的电晕放电装置的宽带图像和相应的 UV 图像。从获得的紫外光图像中可以清

楚地识别出电晕放电装置产生的放电火花，表明涂覆 PQDCF 的 EMCCD 图像传感器具有优异的紫外光成像性能。

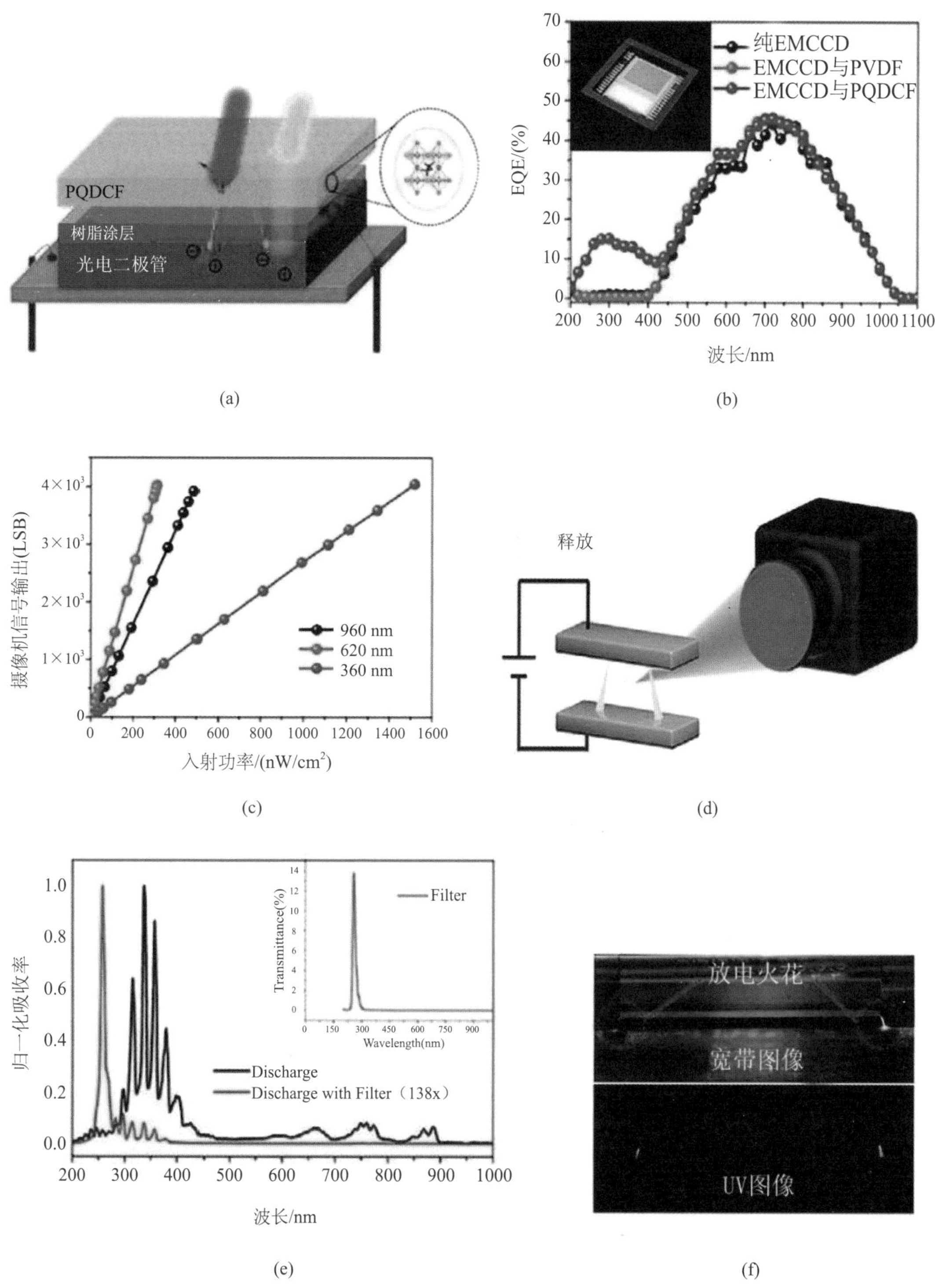

图 5-7 PQDCF 涂层硅基光电探测器的相关测试结果

2. 一维钙钛矿光电材料

一维半导体材料具有较大的表面积比，易于实现表面功能化，尺寸较小，与德拜屏蔽层的长度相当，通常表现出比体相和薄膜更优异的光学性能。此外，由于具有高深宽比的一维几何结构，一维半导体材料表现出优异的机械柔韧性，有利于制造柔性器件。因此，一维钙钛矿型材料，如 MW 和 NW，也被广泛研究并作为光电探测器中的光敏材料。由于图像传感器是由光电探测器阵列形成的，因此一维钙钛矿网络或阵列的制备对于图像传感的应用非常重要。

1) 一维钙钛矿网络

要获得钙钛矿型 MW/NW 网络，一种简单的方法是将其分散在适当的溶剂中，然后将 MW/NW 溶液滴或旋涂在衬底上，最后，通过溶剂挥发得到钙钛矿结构的 MW/NW 网络。这种方法已被广泛应用于制备图像传感的无机半导体纳米线网络。得益于钙钛矿的低温溶液制备工艺，钙钛矿型 MW/NW 网络也可以在衬底上原位合成。邓辉等人通过控制钙钛矿的结晶，在聚对苯二甲酸乙二酯 (PET) 基片上合成了均匀、半透明的 $MAPbI_3$ 钙钛矿分子网络。

图 5-8(a) 显示了 $MAPbI_3$ 钙钛矿 MW 网络的扫描电子显微镜 (SEM) 图像。如图 5-8(b) 所示，合成的钙钛矿型微波网络被进一步应用于柔性光电探测器阵列，其光谱响应度为 0.1 A/W，比探测率为 1.02×10^{12} Jones。利用 7 × 7 柔性光电探测器阵列作为图像传感器来检测光源的光强分布，成功地获得了清晰的空间光强分布的输出光电流图 (图 5-8(c))，表明了 $MAPbI_3$ 钙钛矿型毫米波网络在图像传感方面的潜在应用。

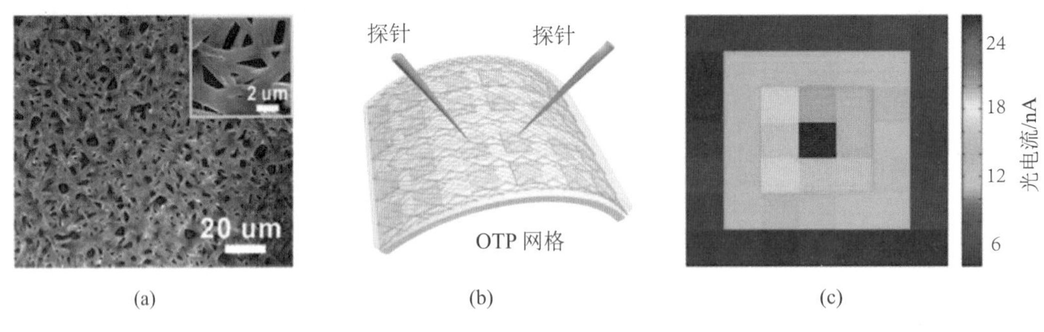

图 5-8　$MAPbI_3$ 钙钛矿 MW 网络

2) 一维钙钛矿阵列

与一维钙钛矿网络相比，一维钙钛矿阵列在提高器件阵列的性能均匀性和减少相邻器件之间的串扰方面具有明显的优势。在过去的几年中，人们开发了许多合成一维钙钛矿阵列的方法，如蒸发诱导自组装法、刀片包覆法、模板引导自组装法和纳米包覆法。

邓辉等人报道了通过蒸发诱导自组装过程制备的定向 $MAPbI_3$ 钙钛矿纳米粒子 (图 5-9(a))。在该合成过程中，NW 生长的衬底以小于 15° 的小角度倾斜，以引导钙钛矿溶液的流动方向。由于表面较粗糙，溶剂挥发速度较快，钙钛矿型晶核首先在基片的顶缘形成。由于钙钛矿四方结构的低对称性和钙钛矿分子间的强相互作用，钙钛矿晶核倾向于择优生长为 NW 形态。随着溶剂的连续蒸发，重力和蒸发作用下的接触线 (液 / 基界面) 沿基片的倾斜方向移动，有助于诱导纳米颗粒的生长方向形成定向的钙钛矿型纳米颗粒。由定向钙钛矿型纳米粒子制成的光电探测器的光谱响应度为 1.3 A/W，比探测率为 5.2×10^{12} Jones，响应时间约为 0.3 ms，进一步提高了一维钙钛矿阵列的有序度。

邓辉等人通过刀片包覆法合成了单晶 $MAPbI_3$ 钙钛矿型 MW 阵列。在刀片包覆过程中，$MAPbI_3$ 钙钛矿 MW 阵列的生长方向由刀片的涂层方向决定 (图 5-9(b))。图 5-9(c) 显示了用刀片包覆法合成的 $MAPbI_3$ 钙钛矿 MW 阵列的扫描电子显微镜图像。基于微波阵列的光电探测器具有 13.5 A/W 的高光谱响应度，在空气中的稳定性大于 50 天。还在 PET 衬底上构建了带有 21 × 21 光电探测器阵列的柔性图像传感器，用于在弯曲条件下检测字母“e”的光学图像，并获得了清晰的字母“e”的输出光电流图 (图 5-9(d))。此外，图像传感器中一个像素的上升和下降时间分别为 80 μs 和 240 μs，比人眼的时间分辨率 (约 42 ms) 更快。随后，胡巧等人报道了一种用大面积微凹印和刮刀工艺合成的大面积有序的 $MAPbI_3$ 钙钛矿 NW 阵列，这可能会进一步加速一维钙钛矿阵列在图像传感中的应用。

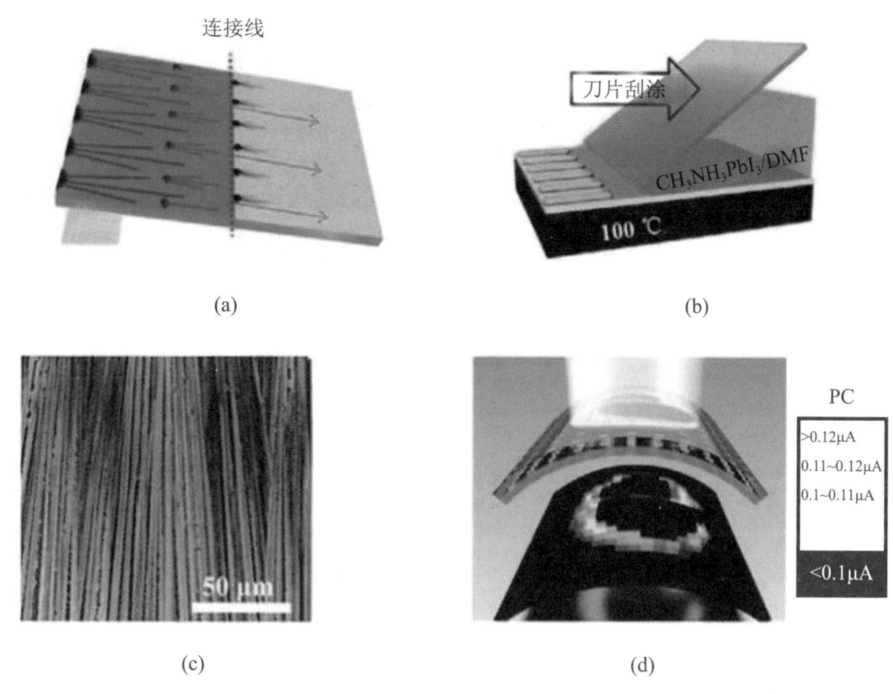

图 5-9　两种纳米结构的合成方法和表征图像

3. 二维钙钛矿材料

二维钙钛矿材料具有可调谐的光学带隙、较强的量子限制和较高的荧光量子产额，引起了人们的极大关注。目前，根据实现二维量子限制的策略，二维钙钛矿材料可以分为两类，即形态的二维钙钛矿和本征的二维层状钙钛矿。二维形态钙钛矿是通过合成单个或几个晶胞厚度的二维纳米钙钛矿来实现二维量子限制，这类似于传统的二维材料如石墨烯和过渡金属二卤化物 (TMD)。由于具有二维纳米结构，形态二维钙钛矿通常具有较大的比表面积和良好的机械柔韧性，这有利于制备高性能的柔性光探测器。本征二维层状钙钛矿则是通过在“A”位插入长链有机阳离子来阻断 $[BX_6]^{4-}$ 层之间的相互作用，以实现二维量子限制。本征二维层状钙钛矿可表示为 $(RNH_3)_2A_{N-1}B_nX_{3n+1}$，其中 RNH_3^+ 是长链有机阳离子，n 是相邻绝缘有机阳离子层之间的 $[BX_6]^{4-}$ 八面体的层数。通过改变相邻绝缘有机阳离子层间 $[BX_6]^{4-}$ 八面体的层数，可以进一步调节本征二维层状钙钛矿的激子结合能和带隙。长链有机阳离子层可以通过阻止水分渗透来增加固有的二维层状钙钛矿的稳定性。

Lim 等人开发了具有降维准 2D(Q-2D) 光活性层的侧向型钙钛矿光电二极管，以提高钙钛矿的物相和环境稳定性。他们将苯基铵有机阳离子 (PEA^+) 嵌入 $MAPbI_3$ 的 3D 对应物中，形成层状 Q-2D 杂化钙钛矿。插入的 PEA^+ 将三维钙钛矿骨架重构为 Q-2D 钙钛矿结构，疏水的 PEA 位于表面。对于通式，当 n = 1 时，晶体结构形成理想的量子阱，其中单个无机原子层被 PEA 有机链隔开。从 AFM 结果 (图 5-10(a)、(b)) 来看，由于有机和无机物种之间的强烈相互作用，Q-2D 钙钛矿显示出更好的环境稳定性。适当调节 n 值可以使钙钛矿层更稳定。

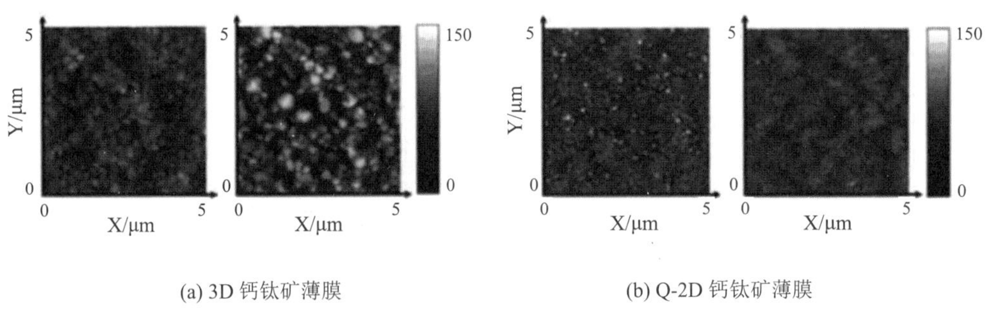

(a) 3D 钙钛矿薄膜　　(b) Q-2D 钙钛矿薄膜

图 5-10　不同钙钛矿薄膜的 AFM 图像

4. 三维钙钛矿材料

1) 三维钙钛矿型多晶薄膜

在不同维度的钙钛矿型材料中，由于通过典型的旋涂工艺可以很容易地制备出高质量的三维钙钛矿型多晶薄膜，因此首先将三维钙钛矿型多晶薄膜应用于制备钙钛矿型光电探测器。胡巧等人于 2014 年首次报道了基于 $MAPbI_3$ 多晶薄膜的横向结构柔性钙钛矿型光电导体，其光谱响应度为 3.49 A/W，EQE 为 $1.19 \times 10^3\%$，并且光响应波长范围覆盖整个 UV-Vis 区域。随后，窦乐天等人在 $MAPbI_{3-x}Cl_x$ 多晶薄膜的基础上构建了垂直结构的钙钛矿型光电二极管，表现出高的比探测率，低噪声电流小于 1 pA/$\sqrt{Hz}$，线性动态范围大于 100 dB，上升时间和衰减时间分别为 180 ns 和 160 ns。之后，为进一步提高钙钛矿型多晶薄膜光电探测器的光电性能，人们做了大量的工作。在图像传感应用方面，制备大面积、高质量的钙钛矿型薄膜或薄膜阵列对于制备钙钛矿型薄膜图像传感器是非常重要的。

朱璐等人报道了一种基于高结晶质量的锡铅钙钛矿薄膜的垂直结构光电二极管。为了合成高质量的锡铅钙钛矿薄膜，首先通过室温晶化获得致密的锡铅钙钛矿纳米晶薄膜，然后进行热处理。由于锡铅钙钛矿薄膜具有较低的陷阱密度和较高的择优取向，因此所制备的钙钛矿型光电二极管具有较低的暗电流和较高的性能均匀性，并且在 940 nm 处具有 0.2 A·W^{-1} 的合理光谱响应度，快速下降时间为 2.27 μs，线性动态范围为 100 dB。

与基于整个钙钛矿多晶薄膜的图像传感器相比，基于分离的钙钛矿多晶薄膜阵列的图像传感器在减少像素间的串扰方面具有很大的优势。然而，由于钙钛矿在传统光刻溶剂中的极端不稳定性，传统的光刻工艺很难制备出高分辨率的钙钛矿薄膜阵列。为了解决这个问题，Lyashenko 等人发现 $MAPbI_3$ 钙钛矿薄膜在高氟化氢氟醚 (HFE) 溶剂中具有良好的稳定性，这可以用于正交光刻工艺来制备 $MAPbI_3$ 钙钛矿薄膜阵列。

除了上述方法外，亲水－疏水表面诱导的自组装图案化策略也被广泛研究以制备钙钛矿型薄膜阵列。Lee 等人报道了一种用于制备高分辨率图案化钙钛矿薄膜阵列的自旋图案化 (SOP) 工艺。

2) 三维钙钛矿型单晶薄膜

与三维钙钛矿型多晶薄膜相比，三维钙钛矿型单晶薄膜具有更高的载流子迁移率、更长的载流子扩散长度、更低的陷阱密度，以及更好的对湿、热和光照射的稳定性。此外，钙钛矿型单晶在黑暗中通常具有较低的载流子浓度，这有利于光电探测器获得低的暗电流和高的亮暗电流比。因此，三维钙钛矿型单晶在制造高性能光电探测器方面显示出巨大的潜力。到目前为止，制备低陷阱密度的钙钛矿型单晶的方法有几种，如经典冷却法、顶籽液生长法、反溶剂气相辅助结晶法、逆温结晶法。此外，还报道了许多基于钙钛矿型单晶的高性能光电探测器。

在图像传感应用中，制备大面积、高结晶质量的钙钛矿型单晶是制备光电探测器阵列的必要条件。刘渝域等人通过低温度梯度结晶 (LTGC) 工艺合成了面积为 34 × 38 mm^2、结晶质量高的 $MAPbBr_3$ 钙钛矿单晶 (图 5-11(a))。合成的 $MAPbBr_3$ 钙钛矿单晶的载流子迁移率为 81±5 $cm^2/(V·s)$，陷阱密度为 6.2±2.7 × $10^9/cm^3$，载流子寿命为 899±127 ns。进一步设计和制造了 729 像素的 $MAPbBr_3$ 钙钛矿型单晶图像传感器 (图 5-11(b))，该图像传感器具有 10^5(60 mW/cm^2，525 nm) 的高亮暗电流比，16 A/W 的出色光谱响应度，3900% 的 EQE，6 × 10^{13} Jones 的出色比探测率和 40 μs 的快速响应速度。如图 5-11(c) 所示，可以从对应的输出光电流映射中清楚地识别蝴蝶的图案。然而，考虑到材料利用率、器件尺寸和灵活性，$MAPbBr_3$ 钙钛矿型单晶块太厚，不适合图像传感的实际应用。与钙钛矿型单晶块相比，钙钛矿型单晶片或薄膜更适合于图像传感实际应用。

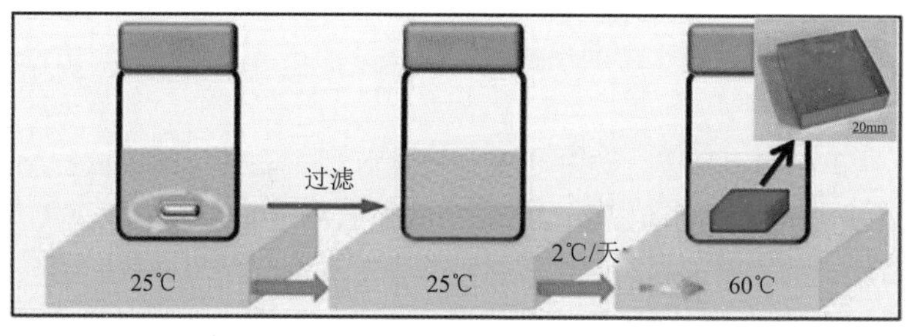

(a) LTGC 法合成 $MAPbBr_3$ 单晶的过程示意图

(插图是 $MAPbBr_3$ 单晶的光学图像)

(b) 以 34 mm × 38 mm 的 $MAPbBr_3$ 单晶为基础的图像传感器的光学图像（插图是图像传感器中四个像素的放大光学图像）

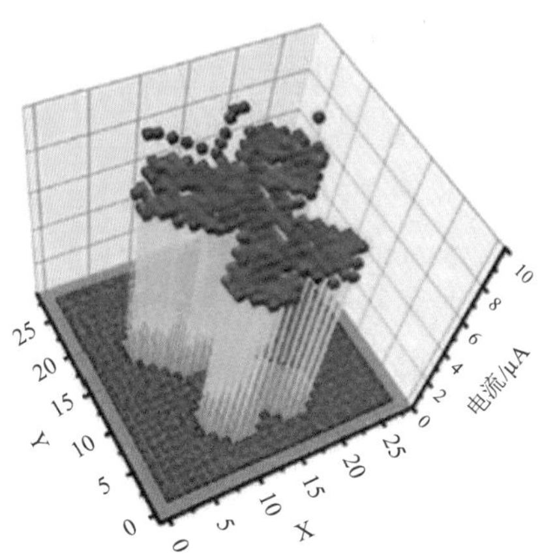

(c) 基于 $MAPbBr_3$ 单晶图像传感器的蝴蝶光学图像的输出光电流映射

图 5-11　$MAPbBr_3$ 单晶图像传感器

5.1.4　钙钛矿光电探测器的发展现状与前景

不同形貌的金属卤化物钙钛矿由于其优异的光电性能、可调的带隙和低成本的溶液制备工艺，已被广泛研究以制备高性能的光电探测器，并在图像传感领域显示出巨大的应用潜力。在不同维度的钙钛矿材料中，0D 钙钛矿材料可以很容易地与其他材料集成在一起，可增强图像传感器紫外线响应或扩大其光谱响应范围。通过与商业化的硅基图像传感器集成，0D 钙钛矿材料在实现快速商业应用方面具有巨大的优势。

对于一维钙钛矿材料，一维钙钛矿网络和阵列都可以用来制作图像传感器。然而，考虑到器件的性能、性能的一致性和相邻器件之间的串扰，基于一维钙钛矿阵列的图像传感器由于具有高的结晶质量、相同的尺寸和间距而具有更大的优势。此外，一维钙钛矿结构材料具有优异的机械柔性，因此非常适合制作柔性图像传感器。

对于 2D 钙钛矿材料，超薄的 2D 钙钛矿纳米片可以通过喷涂方法或自组装工艺形成大面积无裂纹的 2D 纳米片薄膜，由于比表面积大、吸收系数高、机械柔韧性好，也可以用于制备高性能柔性图像传感器。本征的 2D 层状钙钛矿型薄膜也可以很容易地通过旋涂方法制备，由于长链有机阳离子层的保护不会被水分渗透，所以用这种方法可以制造具有更高稳定性的图像传感器。

对于 3D 钙钛矿型多晶薄膜，与基于整个钙钛矿型多晶薄膜的图像传感器相比，基于分离的钙钛矿型多晶薄膜阵列的图像传感器在减少像素之间的串扰方面具有很大的优势。此外，亲水－疏水表面诱导的自组装图案化技术在制备高分辨率钙钛矿薄膜阵列图像传感器方面显示出了巨大的潜力。对于三维钙钛矿型单晶，尽管钙钛矿型单晶图像传感器具有更高的光响应性能和更快的响应速度，但随着像素间距的减小，像素间的串扰显著增加仍然是一个严重的问题，需要进一步解决。

目前报道的钙钛矿型图像传感器大多只是一个像素较高、分辨率较低的粗略器件演示，这意味着要实现高分辨率的钙钛矿型图像传感器还有很多工作要做。幸运的是，一维钙钛矿阵列和三维钙钛矿多晶薄膜阵列在制作高分辨率、低串扰、性能均匀的图像传感器方面显示出了巨大的潜力，这还需要进一步的研究和开发。其次，大规模、低成本的钙钛矿型光电探测器阵列是实现钙钛矿型图像传感器工业化生产的必要条件。虽然已经开发了许多低成本的制备方法，如喷墨打印法、刮刀涂布法、滚筒式打印法和喷涂法，但所制备的钙钛矿型光电探测器阵列的结晶质量仍然较差，像素之间的串扰也是一个问题，需要进一步改善。

此外，模板引导自组装方法和亲水－疏水表面诱导自组装图案化方法在钙钛矿型图像传感器工业化生产中的应用也需要进一步开发，因为它们在制造高分辨率钙钛矿型图像传感器方面具有巨大的潜力。其一，彩色图像传感对于钙钛矿型图像传感器的实际应用也具有非常重要的意义。尽管目前已经实现了性能优越的无滤光型钙钛矿型窄带光电探测器，但基于钙钛矿型材料的彩色图像传感器仍需要进一步研究和开发。在没有带通滤光片的情况下，如何将红、绿、蓝三色无滤光片的窄带钙钛矿型光电探测器阵列集成在一起，形成高分辨率的彩色图像传感器仍然是一个挑战。其二，长期稳定性也是钙钛矿型图像传感器实际应用的一个非常关键的因素，它决定了器件的寿命。然而，钙钛矿材料，特别是有机－无机杂化钙钛矿材料，在潮湿和氧气充足的大气环境中很容易降解，这也是许多其他基于钙钛矿材料的光电子器件的主要问题。然而，封装只是一种后处理方法，钙钛矿的降解可能发生在封装之前。因此，提高钙钛矿自身的稳定性也很重要。与传统的有机－无机杂化钙钛矿相比，全无机钙钛矿和本征的 2D 层状钙钛矿在有水有氧的空气中表现出了更好的长期稳定性。对于钙钛矿型图像传感器的实际应用，还需要制定新的策略来进一步提高钙钛矿型图像传感器的稳定性。

卤化铅钙钛矿中重金属铅的毒性也限制了钙钛矿型图像传感器的实际应用。为了降低重金属铅对环境和生物可能造成的危害，环保型无铅钙钛矿材料势在必行。一些元素如锡、铜和锗已经被用来代替铅，从而实现无铅钙钛矿。然而，无铅钙钛矿型器件的光电性能仍然远远不能令人满意，还需要付出更多的努力。此外，有效回收卤化铅钙钛矿型器件中的重金属铅也可以部分解决这一问题。随着进一步的研究和开发，我们相信上述挑战将被一一攻克，金属卤化物钙钛矿将在未来的图像传感技术中得到广泛的应用。

5.2 钙钛矿紫外－可见－红外光探测器件

5.2.1 窄带光谱探测器

窄带探测在机器视觉、生物荧光成像、人工智能、火焰或气体分子监测等诸多领域都有着迫切的应用需求。然而，受限的识别区域和复杂的集成阻碍了窄带光电探测器的发展。近年来，以钙钛矿为吸收层的窄带光电探测器因其优异的窄带探测性能和覆盖宽光学范围的可调谐窄带吸收峰而备受关注。本节重点介绍了钙钛矿窄带光电探测器的最新研究进展，强调了将钙钛矿用于窄带光电探测器的策略以及存在的问题。

林倩倩等人首先报道了窄带红色、绿色和蓝色光电二极管，其半高宽 (FWHM) 小于 100 nm。随后，关于有机卤化物或混合卤化铅钙钛矿中电荷收集窄化 (CCN) 的几个重要策略相继出现。研究者通过改变钙钛矿中卤族元素的比例，并向薄膜中掺杂有机 (宏观) 分子，用作载流子复合中心。图 5-12(a) 显示了结型光电二极管 (500 nm) 的红色窄带光电二极管中四种波长的光场分布：Beer-Lambert 区域中的 350 nm、450 nm 和 550 nm 以及腔区域中的 650 nm。图 5-12(b) 显示了在 −0.5 V 时具有不同结厚的红色窄带光电二极管的 EQE。根据以上描述，光电二极管的光学和电学传输特性可以得到精确控制，因此光电探测器可调节的窄带响应覆盖了整个可见光谱 (Vis)，并进入近红外 (NIR) 光谱。蓝色、绿色和红色光电二极管因其各自的特点而有不同的应用。

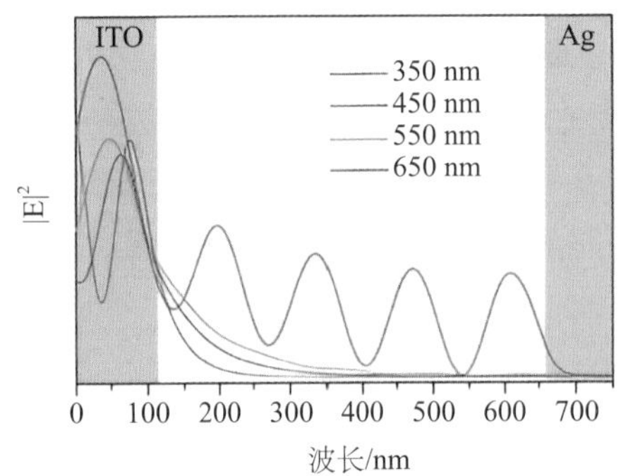

(a) 四种波长的红色窄带光电二极管 (fidi 厚度为 500 nm $CH_3NH_3PbI_2Br$ 和 60 nm C_{60}) 中的光场分布

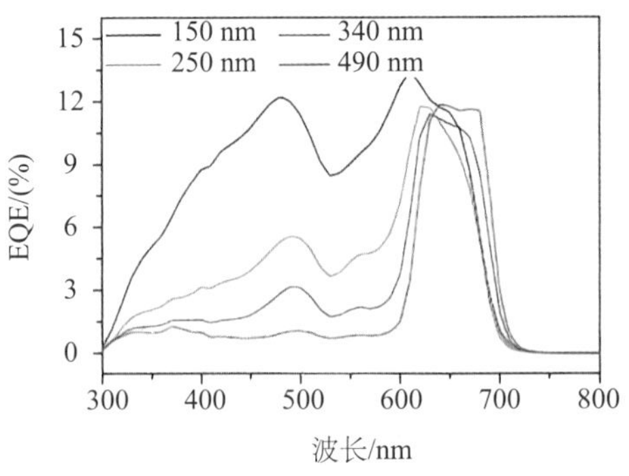

(b) −0.5 V 反向偏压下不同结厚的红色窄带光电二极管的 EQE

图 5-12　不同结厚的红色窄带光电二极管的光学特性

此外，最先进的窄带光谱探测器性能指标应该是低暗电流、高频率检测率、大 LDR 和快速的频率响应。在实际应用中，这些性能指标可能是随时间而变化的，而不是固定的。至关重要的是，在设计亮度可变的窗口时，所有光电二极管都具有高度的可调变性。这对于纯色光的独立识别和对比度非常重要。这一发现进一步证明了卤化物钙钛矿和相关材料用于新一代光电探测器的可能性。

相比之下，方彦俊等人专注于钙钛矿型单晶光电探测器。他们报道了用单卤化物生长钙钛矿单晶，并获得了 $MAPbB_{r3-x}Cl_x$ 和 $MAPbI_{3-x}Br_x$ 从蓝色变为红色的边界吸收 (见图 5-13(a))。如图 5-13(b) 所示，这些基于单晶的钙钛矿光电探测器显示出不同的 EQE 峰值和可调谐窄带响应。此外，该单晶还被用作光探测器中的光活性材料，以实现从蓝色到红色的窄带光探测，光谱响应可调。为了评估窄带光电探测器的性能，可以使用 $MAPbBr_3$ 单晶 (1.2 mm) 测量窄带光电探测器的设备性能 (图 5-14)。

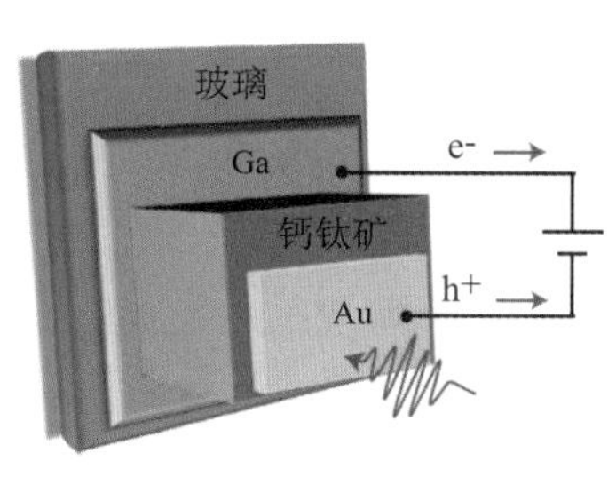

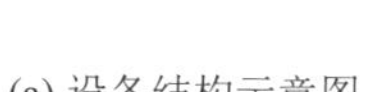
(a) 设备结构示意图

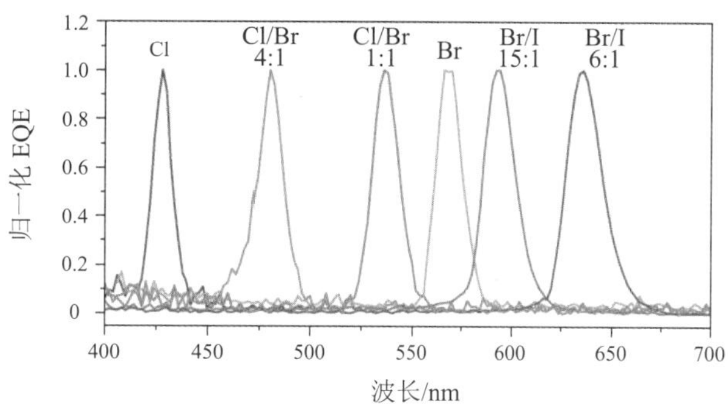

(b) 具有不同卤化物成分的单卤化物和混合卤化物钙钛矿单晶光电探测器的归一化 EQE 光谱

图 5-13　$MAPbBr_{3-x}Cl_x$ 和 $MAPbI_{3-x}Br_x$ 设备结构示意图和可调谐的光谱响应

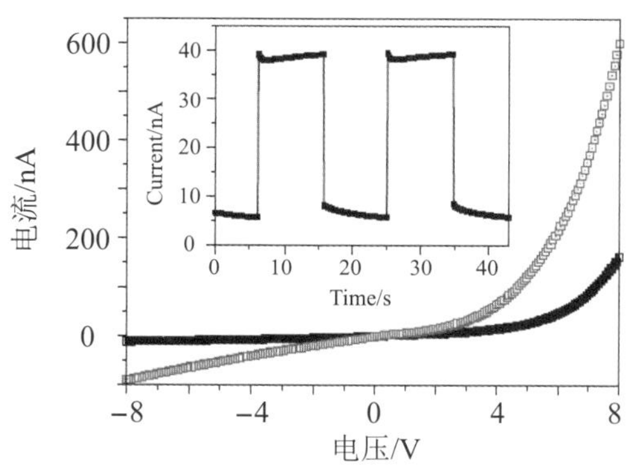

(a) 0.4 mW· cm^{-2} 白光照明下 1.2 mm 厚 $MAPbBr_3$ 单晶光电探测器的暗电流和光电流（插图为光电探测器开关响应）

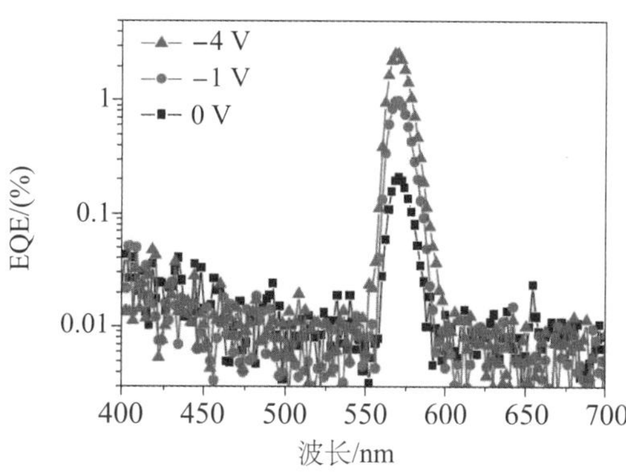

(b) 偏差为 0、−1、和 −4 V 时的 EQE

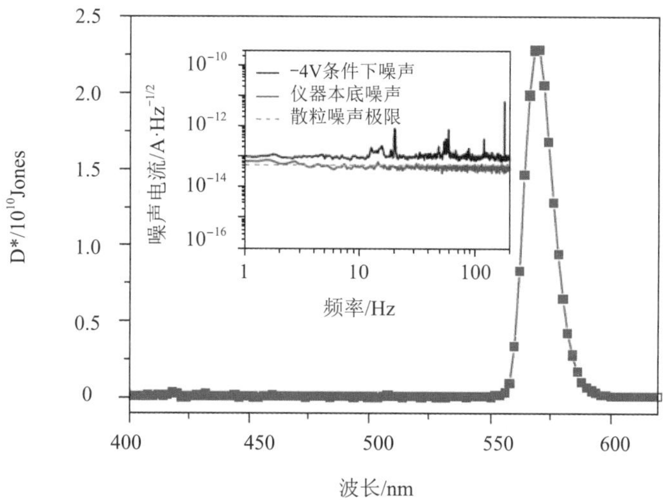

(c) −4 V偏置下的比探测率(D^*)谱(插图为−4 V条件下测量的总噪声、计算的散粒噪声极限值和仪表噪声下限)

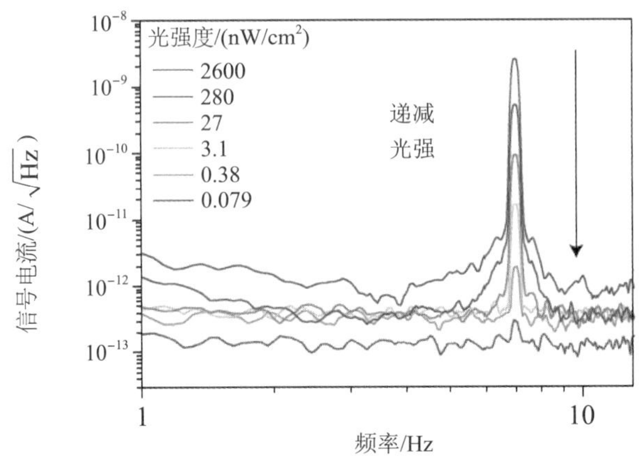

(d) 用于NEP测量的不同光强，调制频率为7 Hz的570 nm LED照明下的电流谱

图 5-14　$MAPbBr_3$ 单晶光电探测器的表征结果

根据上述原理，他们改变了卤化物在单晶中的组成，实现了反应光谱在可见光范围内的连续调制。通过将器件建模结果与测得的 EQE 谱进行比较，得到了由表面电荷复合引起的短波激发抑制电荷收集的结果，从而实现了窄带光谱探测。此外，为了进一步改善器件的性能，采用增益机制提高器件的响应速度，并通过缓冲工程抑制噪声。这两种方法都被证明可以显著提高钙钛矿探测器的灵敏度。总的来说，这种最新设计结构为非光学紫外、可见和红外窄带光谱检测提供了一种替代方法。

目前开发的卤化物钙钛矿对近红外光的灵敏度较弱。研究者们将窄禁带共轭聚合物或 PbS 量子点结合到钙钛矿中，以增强近红外区域的吸收。最近的研究结果表明，纳米上转换晶体可以吸收低能光子，并将其转换为高能光子，然后将能量转移到具有匹配带隙的能吸收可见光的半导体材料上，这可能是未来可见－红外光探测器的研发策略之一。

5.2.2　宽带光谱探测器

如上节所述，对光电探测器的研究大多集中在特定波长或窄带光谱上，包 括 紫外线探测器、可见光探测器和红外光探测器。窄带光谱光电探测器只能满足特定的光检测需求。宽带光谱光电探测器可以实现从紫外线 (UV) 到可见光 (Vis) 甚至近红外 (NIR) 的光检测，因此单个器件可以同时满足宽带和窄带光检测。然而，具有良好光电性能的宽带吸收材料却很少见，这极大地限制了宽带光电探测器的发展。为了获得宽带光电探测器，研究人员通常使用混合多种材料的方法来获得宽带光响应，例如平面异质结、体异质结和混合平面体异质结。尽管这些方法已经获得了不错的效果，但同时，它们无疑会增加制备过程的复杂性，降低器件的可靠性。

如 5.1.3 小节所述，各种形式的钙钛矿，包括多晶和单晶、低维纳米结构和复合材料，已被探索作为光活性材料。铅卤化物钙钛矿通常具有较宽的带隙，因此只能吸收 UV–Vis 区域的光子，这阻碍了整个光谱中光子的有效捕获。拓宽钙钛矿基光电探测器的光谱响应通常有两种策略：一种是通过调制卤化物成分来调节带隙，到目前为止，已经获得了850 nm 以下的带隙；另一种方法是将钙钛矿层与其他窄带隙半导体结合，从而将光谱响应扩展到 1100 nm。

有研究者发现，窄带隙共轭聚合物只能感知近红外光。因此，通过将钙钛矿与窄禁带共轭聚合物作为光敏剂进行集成，可以获得宽带光电探测器。陈珊等人报告了一种基于 $MAPbI_3$ 和 PDPP3T 复合膜的柔性宽带光电探测器，该探测器能够在 UV–Vis–NIR 的宽光谱范围内工作，如图 5-15 所示。与纯 $CH_3NH_3PbI_3$ 光电探测器相比，该光电探测器可以在低驱动电压下工作，不仅在近红外区域显示出灵敏的光响应，而且在紫外 - 可见区域也显著提高了光谱响应度 (R) 和比探测率 (D^*)。此外，它还表现出良好的光响应辐射功率依赖性、良好的光开关特性、优异的机械灵活性和耐久性以及环境稳定性。

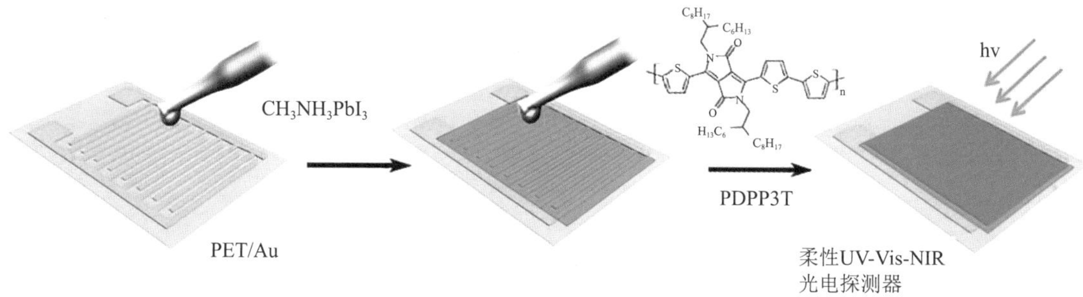

(a) 用 $CH_3NH_3PbI_3$/PDPP3T 复合光传感层制造柔性光电探测器的示意图

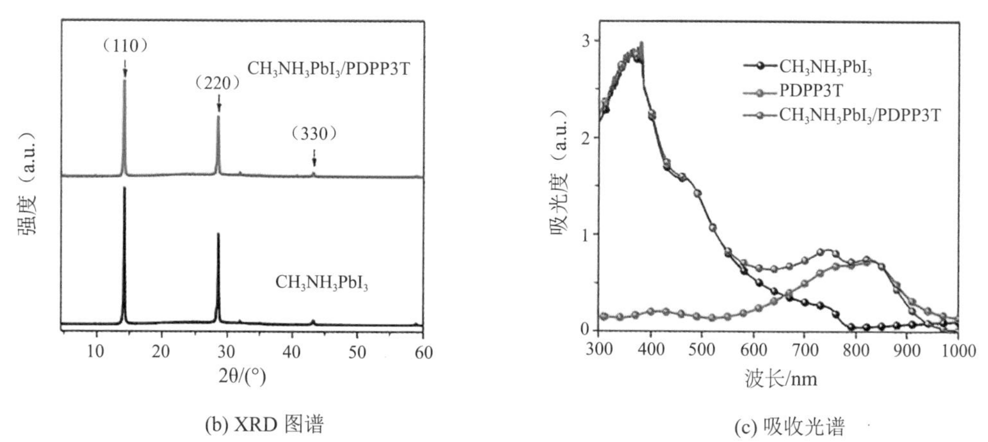

(b) XRD 图谱

(c) 吸收光谱

图 5-15　$CH_3NH_3PbI_3$ 和 $CH_3NH_3PbI_3$/PDPP3T 复合膜制备流程及薄膜表征结果

最近，潘根才等人展示了一种钙钛矿型稀土纳米片混合光电探测器。该工作制备了一种单晶硅酸铒镱 (EYS) 纳米片，它可以在近红外光的照射下发出高效的 UC 可见光，同时作为高质量的微尺度波导腔来限制和传播发射的 UC 光。将获得的 EYS 纳米片与高质量钙钛矿薄膜结合，首次制备了一种新型钙钛矿 -EYS 纳米片混合波导光电探测器结构，该结构在近红外通信波长下表现出较大的光响应强度 (≈ 1.54 μm)，这是由于从 EYS 波导腔到钙钛矿薄膜的有效能量转移。与原始钙钛矿相比较，这种混合器件的近红外光响应得到了明显改善 (见图 5-16)，即使在低驱动电压下，其光响应率也与广泛报道的微尺度硅基光电探测器一样高。更重要的是，其光响应速度 (≈ 900 μs) 比以往报道的电信波长热电子硅基光电探测器快五个数量级。

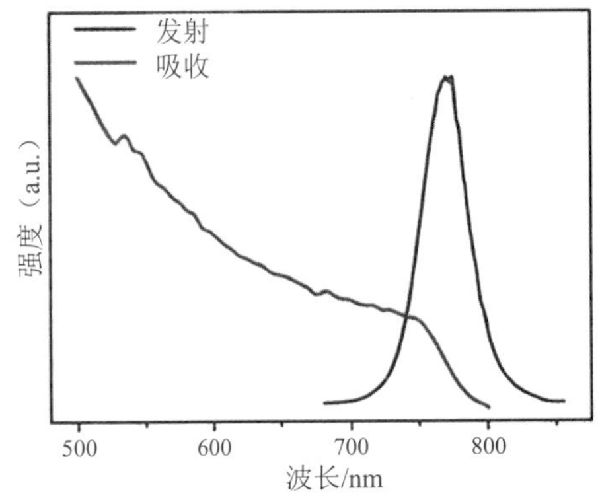

(a) 钙钛矿薄膜的发射光谱和吸收光谱

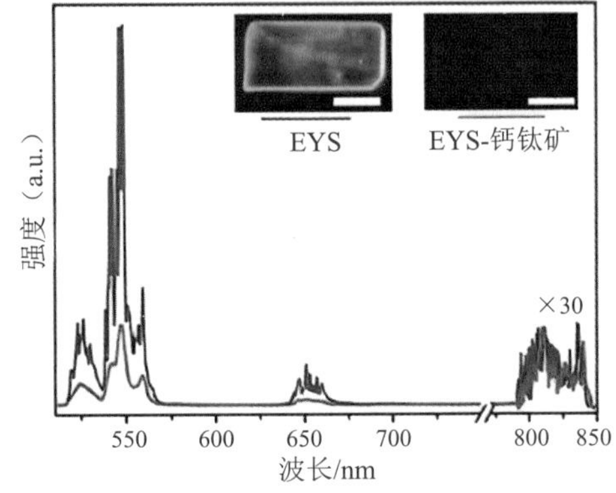

(b) 原始 EYS 纳米片和 EYS- 钙钛矿杂化物的发射光谱

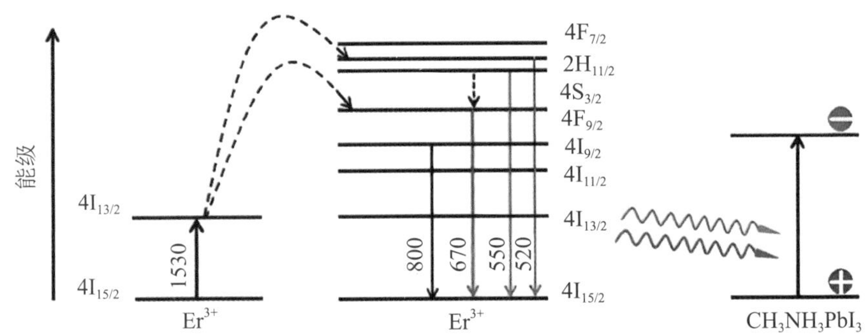

(c) 能级和辐射能量传递示意图

图 5-16　EYS- 钙钛矿混合光电探测器

张艳峰等人提出了一种基于新型三层异质结构的自供电紫外 - 可见 - 近红外光电探测器结构，该结构由 n 型硅片、TiO_2 中间层和钙钛矿薄膜组成 (见图 5-17)。通过原子层沉积 (ALD) 在商用 n 型硅晶片上沉积 TiO_2 薄膜，并在 TiO_2 层上旋涂钙钛矿层。这是首次将钙钛矿与硅集成，以拓宽钙钛矿光电探测器的光谱范围。通过精确控制 TiO_2 中间层的厚度，实现了对异质结中载流子转移和复合的控制。与原始钙钛矿基光电探测器相比，这种新型异质结结构的光电探测器具有低操作电压和自供电能力，且性能得到了极大的提高。结果表明，该器件的光探测范围扩展到 1150 nm，响应时间为 50 ms，比探测率高达 6×10^{12} Jones。该研究表明，硅和钙钛矿的集成是开发高性能宽带光电探测器和其他先进的片上光电器件的一条有希望的途径。

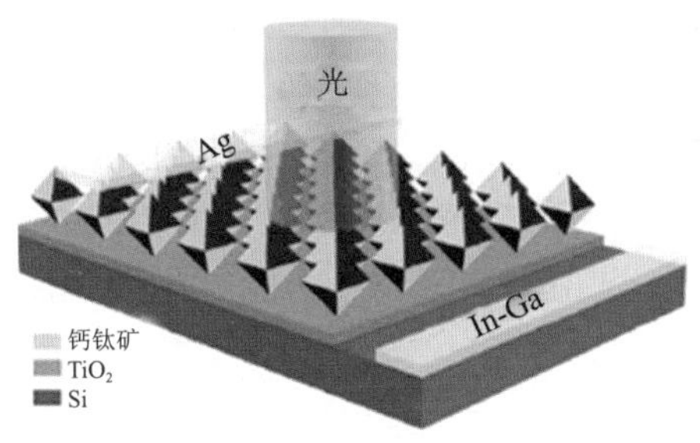

(a) 光电探测器示意图

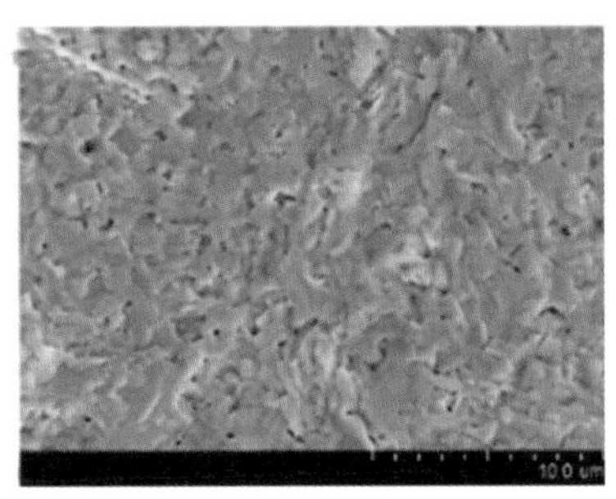

(b) 钙钛矿薄膜的 SEM 图像

图 5-17 钙钛矿 /TiO_2/Si 三层异质结光电探测器

黄劲松人则提供了一种将从紫外到红外的宽光谱响应与高光导率相结合的 $CH_3NH_3PbI_3$ 光电探测器方案。如图 5-18(a) 所示，这是一种层状倒置结构，其中铟锡氧化物 (ITO) 为阴极，$CH_3NH_3PbI_3$ 为活性层，TPD-Si_2 为空穴传输 / 电子阻挡层，三氧化钼 (MoO_3) 用于修饰阳极功函数，银 (Ag) 为阳极。由于黑暗环境下陷阱孔会诱导电子注入，因此 $CH_3NH_3PbI_3$ 光电探测器起到了光电二极管的作用，同时，在光环境下显示出巨大的光电导增益。在极低的驱动电压 (−1 V) 下，最大器件增益为 489±6。获得高增益的关键是高温层表面高密度 Pb^{2+} 阳离子引起的孔隙率。有机金属三卤化物钙钛矿 (OTP) 光电探测器需要非常低的偏压，并使用微型按钮电池与现有的低压电路紧密结合。

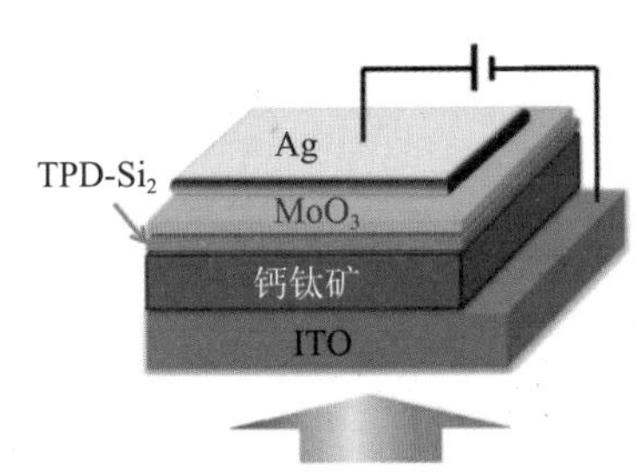

(a) $CH_3NH_3PbI_3$ 光电探测器的器件结构

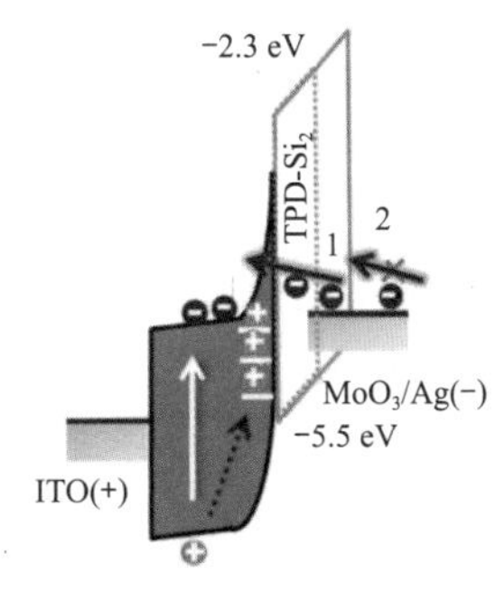

(b) 照明下反向偏压下 $CH_3NH_3PbI_3$ 光电探测器的能级示意图

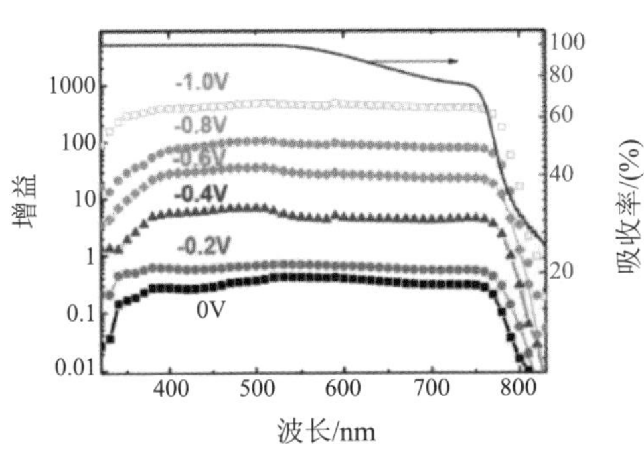

(c) $CH_3NH_3PbI_3$ 薄膜的吸收光谱 (0 ～ −1 V 偏压下的波长相关增益，实现为基准器件的吸收光谱)

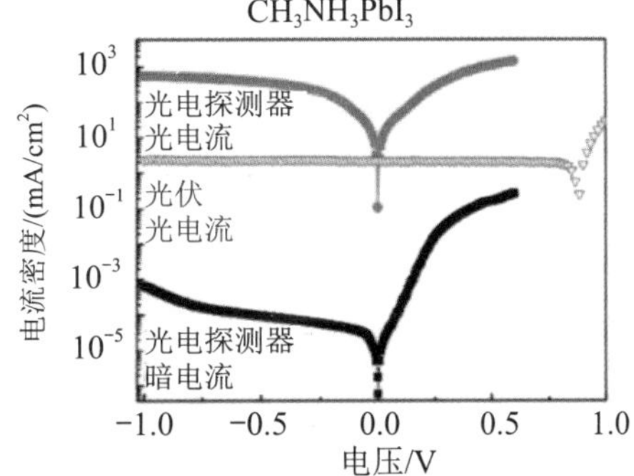

(d) $CH_3NH_3PbI_3$ 器件的光电流密度 − 电压和暗电流密度 − 电压曲线

图 5-18 $CH_3NH_3PbI_3$ 光电探测器示意图及相关测试结果

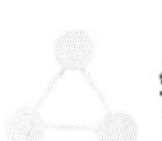

如今，钙钛矿紫外 - 可见 - 红外光探测器件在各种工业和科学领域中有很广泛的应用价值，如可见光成像、光通信、工业自动控制、环境监测和化学 / 生物传感器等。目前紫外 - 可见 - 红外光探测器件的种类已经基本覆盖紫外波段 (10 ～ 400 nm)、可见光波段 (400 ～ 760 nm) 和红外波段 (760 ～ 2500 nm)。随着光电探测器制造技术工艺的不断发展，钙钛矿紫外 - 可见 - 红外光探测器件终将取代传统半导体材料制备的光电探测器。

5.3 钙钛矿 X 射线探测器件

X 射线探测在医学成像、安检、科学研究等领域有着广泛的应用。如图 5-19 所示，0.25 keV 到几千电子伏的光子能量被称为“软”X 射线，而高于 5 ～ 10 keV 的光子能量则属于“硬”X 射线。能量为 284 ～ 543 eV (也称为“水窗口”) 的光子可以穿透水并在碳中被衰减，已被用于 X 射线显微镜的活体样品。能量在 1 ～ 10 keV 的 X 射线可以用于 X 射线衍射，因为它们的波长与晶格大小相似。乳房 X 光检查使用能量为 25 ～ 50 keV 的 X 射线，能量为 80 ～ 130 keV 的 X 射线光子用于射线照相和计算机断层扫描 (CT)。安全检查使用能量为 100 keV ～ 1 MeV 的 X 射线光子。用于肿瘤治疗的医用直线加速器使用能量高达数十兆电子伏的 X 射线光子。

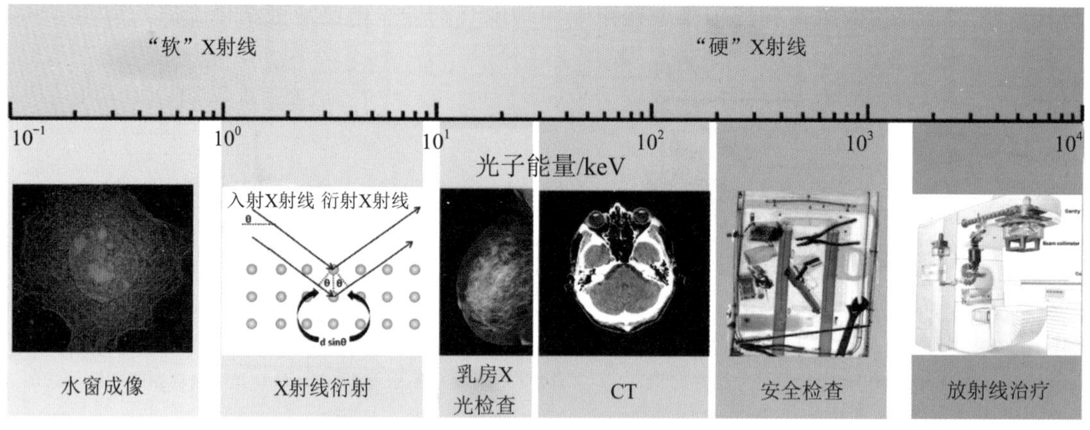

图 5-19　基于能量的 X 射线分类及其应用

目前，商用 X 射线探测器要么基于间接转换方法，要么基于直接转换方法。间接转换方法利用闪烁体 (如掺铊的碘化铯)，首先将 X 射线转换为光，然后通过光电探测器将光转换为电信号。直接转换方法利用光导体 (例如非晶态硒) 将 X 射线直接转换为电子信号。间接 X 射线探测器中的闪烁体会不可避免地引起光散射，这损害了输出图像的空间频率。相比之下，直接 X 射线探测器可以最大限度地减少有害的散射效应，并简化转换过程以获得更高的分辨率，具有显著的竞争优势。

对于 X 射线直接探测的应用，要求材料具有较强的阻挡能力、较高的迁移率和寿命，以及较大的电阻。目前，用于直接检测的半导体薄膜主要有硅 (Si)、非晶态硒 (α-Se)、碘化汞 (HgI_2) 和碲化锌镉 (CZT)。尽管人们针对传统半导体的性能提升做了大量研究工作，但传统半导体仍然存在一些缺陷，阻碍了它们的进一步应用。具体来说，硅的原子序数较小 (Z = 14)，因此阻挡能力较弱，探测效率有限；α-Se(Z = 34) 是 X 射线探测器中最成熟的半导体，其阻挡能力是 Si 的 10 倍，但它的迁移率 – 寿命积 (μτ 为 10^{-7} cm^2/V) 较低，施加偏置电压可以增加其迁移率，但由于噪声，必须牺牲检测的灵敏度；HgI_2 有毒且存在严重的漏电流；而 CZT 在制备过程中需要高温。因此，开发用于直接探测器的新型半导体材料来克服这些问题迫在眉睫。

最近，卤化物钙钛矿成为了 X 射线探测器制备的最佳候选材料之一，它的原子序数相对较高，密度适中，禁带宽度可调，性能优于一些传统的材料 (Si 等)。作为传统 X 射线探测器的替代材料，钙钛矿材料以其低成本、低陷阱密度、高载流子迁移率和长载流子寿命等优异性能引起了光电子领域研究人员的关注。钙钛矿 X 射线探测器被认为是一种很有前途的半导体 X 射线探测器，可以克服传统材料存在的问题，在直接 X 射线成像中表现出良好的光导性能，包括在溶剂中对 X 射线的高效衰减和电荷传输。到目前为止，通过各种策略 (如调整化学成分、减小材料尺寸、控制晶体取向等) 设计的单晶和多晶钙钛矿都被提出用于直接 X 射线检测。经过短短 5 年的开发，其灵敏度已达到 1.2×10^5 $\mu C\cdot Gy_{air}^{-1}\cdot cm^{-2}$，比 α-Se 的 20 $\mu C\cdot Gy_{air}^{-1}\cdot cm^{-2}$ 高几个数量级，最低可探测剂量率 (0.64 $nGy_{air}\cdot s^{-1}$) 远低于 α-Se 的 5500 $nGy_{air}\cdot s^{-1}$，满足医学成像的一般要求。

5.3.1 钙钛矿 X 射线探测器件的结构与工作机理

X 射线光子可以通过几种机制与物质相互作用。就前面应用中使用的 X 射线能量而言，初级相互作用包括光电效应、瑞利 (相干) 散射、康普顿 (非相干) 散射和成对产生。图 5-20 显示了四种相互作用模式的基本特征。光电效应在固体 X 射线探测器中具有重要意义，在这个过程中，光子被原子完全吸收，一个光电子被抛出。瑞利 (相干) 散射是指光子与整个吸收原子相互作用，并被原子中受束缚的电子轻微散射。在康普顿散射过程中，光子会改变路径，将部分能量转给电子 (反冲电子)。当光子能量大于 1.02 MeV，等于 $2m_ec^2$(m_e 是电子的静止质量，c 是光速) 时，就会产生电子 – 空穴对。光子在原子核或轨道电子的库仑场下产生电子 – 正电子对。

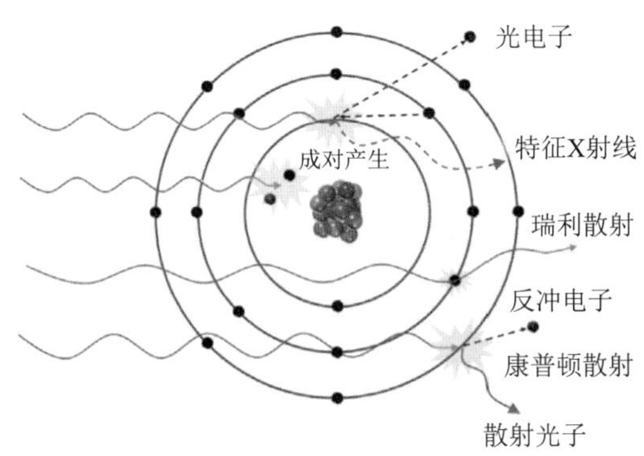

图 5-20 光子相互作用的基本特征：光电效应、瑞利散射、康普顿散射和成对产生

在光电效应和康普顿散射中，初级光子与半导体原子相互作用，产生高能次级电子，如光电子、俄歇电子和反冲电子(见图5-21)。喷出的电子穿过半导体，通过电离释放出许多低能自由电子。自由电子上升到导带，在价带上留下一个空穴。空穴迁移到价带的顶部，导致电子连续跃迁到价带中的较低能级。上升到导带的自由电子通过单独的碰撞或集体运动松弛到导带的底部。因此，X射线产生了半导体中的电子－空穴对。在这里，电子－空穴对可以在电场下收集或重新组合以发射闪烁光。对于直接检测(DD)，电子和空穴可以在外部偏压的引导下直接采集为电信号。对于间接检测(ID)，这些分光光电信号通过跟随的光电倍增管或光电探测器转换成电信号。

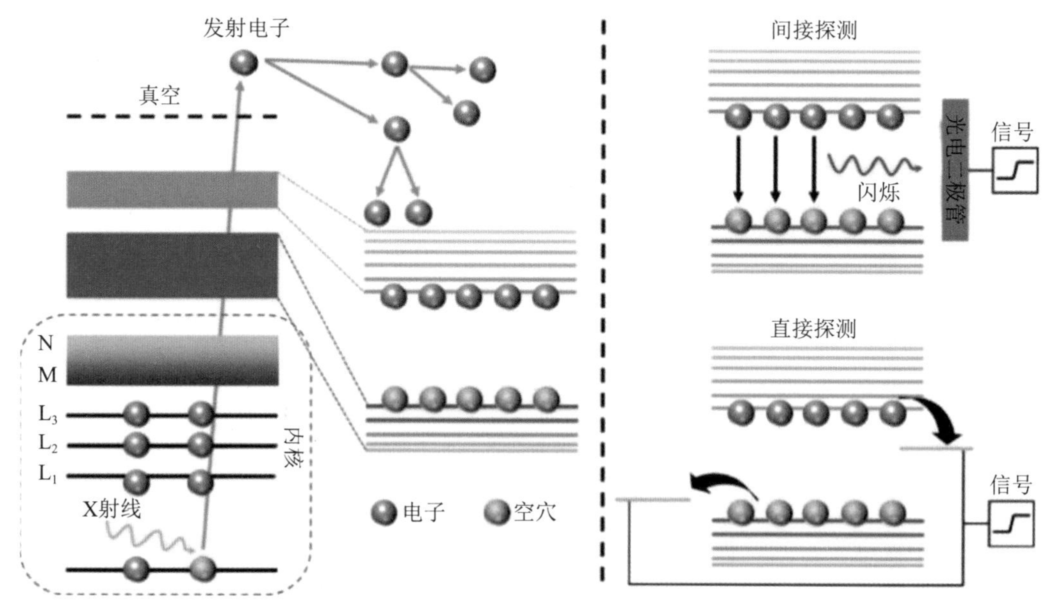

图5-21　X射线辐照下半导体中电子－空穴对的产生机理及ID和DD的检测机理

1. 直接X射线探测

直接X射线半导体探测器由于其良好的吸收性、高灵敏度、快速响应和优异的能量分辨率，近年来成为一个很有吸引力的研究领域。通过X射线与半导体材料的相互作用，电子从价带激发到高能态，产生大量的二次电子。这些高能电子被迅速热化成导带底的电子对和空穴对。在半导体上施加偏置电压，使这些电荷载流子移动，X射线信号在半导体中产生电子－空穴对(EHP)所需的能量通常为2～10 eV，大大低于在空气中产生电离所需的能量，因此，每个被吸收的光子产生相对较多的电荷载流子。如图5-22所示，半导体X射线探测器有两种工作模式：电流模式和电压模式。前者用于剂量率测量或成像对比度的产生，后者用于X射线的光子计数器或能谱。

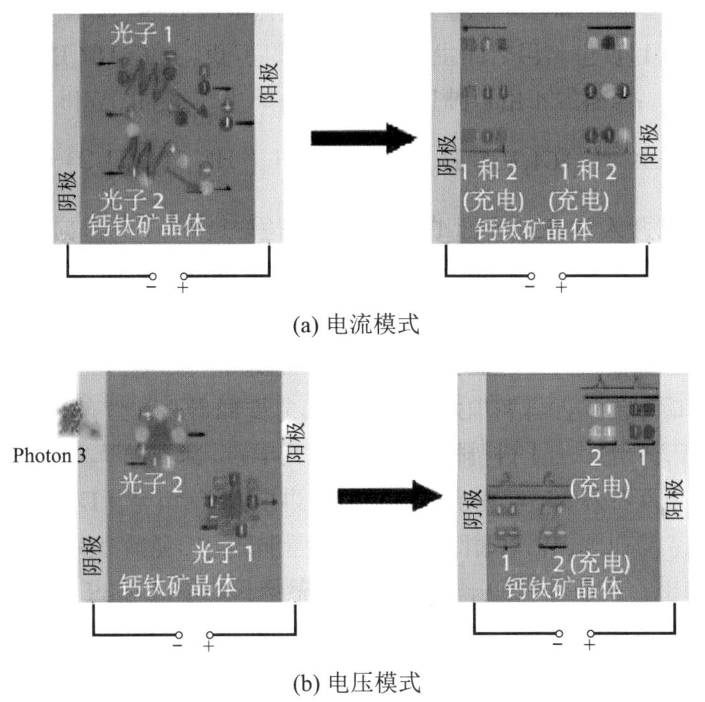

(a) 电流模式

(b) 电压模式

图 5-22 半导体 X 射线探测器的两种工作模式：电流模式和电压模式

基于 CdZnTe、α-Se 和卤化物钙钛矿等半导体的直接辐射探测经历了相当快速的发展，最终实现了多种应用，包括 X 射线成像、单光子发射计算机断层扫描和粒子 (α 粒子、中子) 探测。DD 的成功是由于几个独特的优势，例如具有高灵敏度和高能量分辨率，含有读出集成电路，以及具有更好的 X 射线成像的空间频率。

DD 的典型设备配置如图 5-23(a)、(b) 所示。X 射线光子被半导体吸收，在体内产生电荷云。受激发的电子 (空穴) 会被缺陷态捕获，然后空穴在复合之前可能会在电极之间多次穿过，导致收集到的电荷需要储存并处理成信号，这时需要一个薄膜电晶体或互补金属氧化物半导体 (CMOS) 阵列。基于 TFT 的平板探测器 (FPD) 广泛应用于 X 射线成像、数字放射照相和乳腺摄影。图 5-23(a) 显示了 TFT 读出电路的单个像素结构，该结构由一个存储电容 (C_{st}) 和一个晶体管组成。像素电极收集电荷并存储在 C_{st} 中。所述 TFT 门连接到公共行门信号线，扫描时钟发生器对所有行进行发送。在读出过程中，一排 TFT 开关通过时钟发生器的门线被激活，当一排读完时，电荷在下一行将被收集。电荷被一个电荷放大器转换成电压信号 ($U_{out} = Q_{st}/C_{fb}$，Q_{st} 为电容 C_{st} 中存储的电荷量)，然后通过读出集成电路 (ROIC) 进行快速处理。

图 5-23(b) 显示了一种具有 4 管有源像素 (4T-APS) 结构的 CMOS 读出电路的单像素结构。4T-APS 阵列结构采用相关双采样技术，降低了读出噪声。在感光前，T_{RST} 和 T_x 都打开，U_{RST} 施加在储存电容器上，关闭 T_{RST} 和 T_x 开始探测 X 射线。在感光阶段之后 T_x 打开前，第一次读取噪声开始通过源跟随器 (T_{SF})。第一次读取后，T_x 打开，X 射线感应载体被读取。这两个读数相减得到最后的信号。类似于 TFT 阵列，行选信号控制 T_{SEL} 以实现

可控的读出过程，输出的电压信号最终由运算放大器处理。Parsafa 等人在 CMOS 4T-APS 阵列上放置 α-Se FPD 实现了 37 lp/mm 的高空间频率，调制传递函数 (MTF) = 0.5。

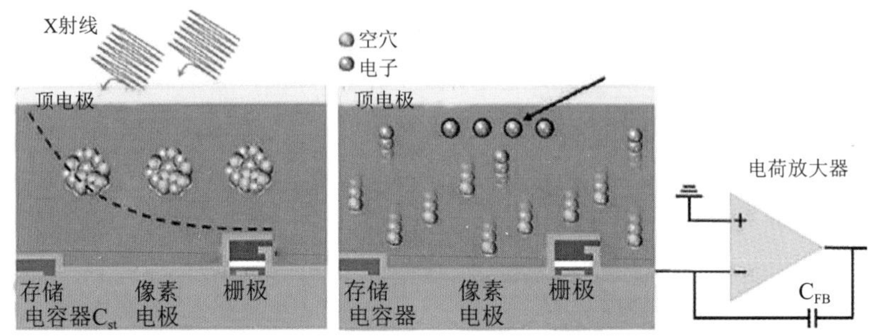

(a) 基于 TFT 的 DD 和 ROIC 的典型设备配置

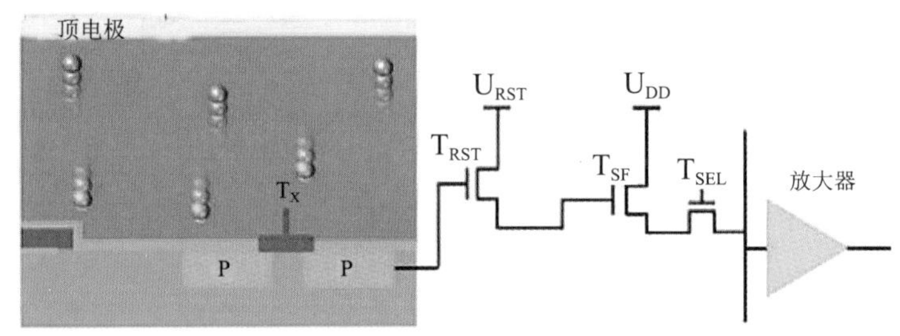

(b) CMOS 读出阵列的器件配置

图 5-23　直接 X 射线探测器典型配置

2. 间接 X 射线探测

X 射线与物质的相互作用通过一系列物理过程实现，包括光电效应、康普顿散射、汤姆逊散射和成对产生。当一个原子吸收入射的 X 射线光子时，原子内壳层的电子将被激发并“逃离”原子，使原子电离，这一过程称为光电效应。当入射光子能量低于几百千电子伏时，它主导了 X 射线探测机制；当入射光子能量从几百千电子伏上升到几兆电子伏时，由康普顿散射主导，这是一种非弹性和非相干的相互作用，入射的高能光子被外层电子散射。相比之下，汤姆逊散射是一种弹性和相干的相互作用，X 射线光子与整个原子发生碰撞，能量和动量转移可以忽略不计。

无机闪烁体的闪烁过程包括三个主要阶段 (转换、传输和发光)，如图 5-24 所示，在转换阶段，入射的 X 射线辐射 (能量介于 100 eV 和 100 keV 之间) 与材料的晶格原子相互作用产生热电子以及深空穴，主要作用机制是辐射能量低于 1 MeV 时的光电效应和康普顿散射效应。当辐射能量大于 1.02 MeV 时，该机制对载流子的产生也有部分贡献。通过电子与电子的散射和俄歇过程，产生了大量的二次电子，导致了动能较低的电荷载流子的产生。随后，这些电荷载流子的能量通过与声子的相互作用而热消散。在这个过程中，许多低动能电子和空穴逐渐分别聚集在导带和价带。应该注意的是，整个转换阶段发生在亚皮秒时间尺度上。

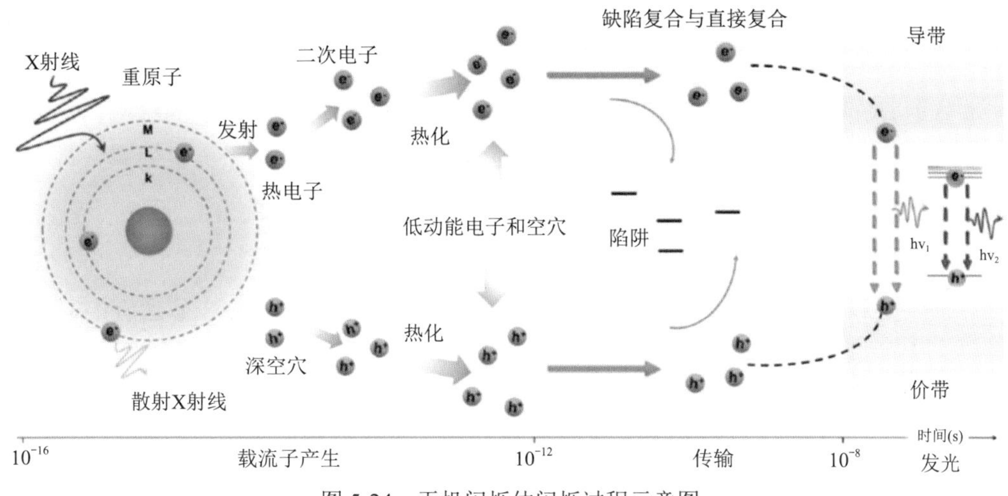

图 5-24　无机闪烁体闪烁过程示意图

然后大量的电子和空穴向发光中心传输，这个过程通常发生在 10^{-12} ～ 10^{-8}s 的时间范围内。在传输阶段，迁移的电荷载流子会被闪烁体中的缺陷所俘获，如晶格中的离子空位、晶界或自陷，从而导致无辐射损耗和可能的辐射复合延迟。必须通过优化闪烁材料的晶体生长或表面形貌来有效地抑制这些缺陷。在最后的发光阶段，X 射线发光是由电子－空穴对的陷阱和辐射复合产生的，在紫外 / 可见区域发光。值得注意的是，上述闪烁过程的机制主要适用于无机闪烁体，有机或非晶体闪烁体的闪烁机制则更为复杂。

基于间接 X 射线探测器的闪烁体具有响应时间快、比 TFT 或 CMOS 阵列易于集成等优点，是目前市场上的主流产品。最近的研究表明，金属卤化物钙钛矿也有潜力作为有效的闪烁体。通过调整 B/X 位点，微波电子有可调的带隙，可以匹配光电探测器的响应波长。以往的研究表明，卤化物钙钛矿纳米晶除了快速发光衰变过程外，其光致发光量子产率也接近 100%，这些特性使得由它制备的钙钛矿闪烁体具有低余辉的 X 射线成像能力。

与 DD 不同，X 射线诱导的电子－空穴对在闪烁体中进行辐射复合并发射光子，如图 5-25 所示。在 X 射线平板探测器中，光子进一步被 p-i-n 光电二极管探测到并转换成信号电荷。电荷读出是将 p-i-n 光子转换成电荷的过程。

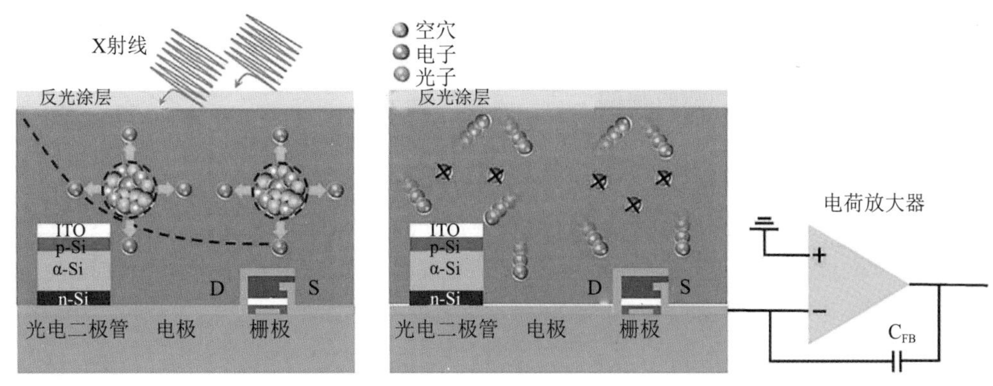

图 5-25　间接 X 射线探测器读出电路的典型设备配置

5.3.2 钙钛矿 X 射线探测器件的性能表征技术

本节主要介绍 X 射线探测器和成像仪的一些关键参数。性能优越的探测器应具有高灵敏度、低噪声 / 噪声电流、低检测剂量率、响应速度快和高载流子捕集效率。对于 X 射线成像仪来说，它应该具有高对比度和高空间频率，以便清晰成像。

1. 暗电流

暗电流是指在没有 X 射线照射的情况下流过探测器的电流，这是固有的，需要仔细考虑。大的暗电流会导致很大的噪声，淹没部分或全部 X 射线产生的电子信号，从而降低灵敏度，提高检测的最低限度。通常用于医学成像的探测器可接受暗电流不应超过 0.1 nA/cm^2，这是迄今为止报道的钙钛矿基直接 X 射线探测器难以实现的。

钙钛矿型探测器的高暗电流主要源于钙钛矿型吸收体本身的缺陷和电极的载流子注入。一方面，在恒定电场下，暗电流与钙钛矿的载流子迁移率和本征载流子浓度的乘积成正比。由于有效的载流子提取需要高的载流子迁移率以获得高灵敏度，因此需要降低本征载流子浓度。不幸的是，由于钙钛矿的无意自掺杂 (缺陷和杂质)，钙钛矿显示出固有的高载流子浓度，这导致相对较小的电阻率 (例如，$MAPbI_3$的电阻率为$10^7\ \Omega\cdot cm$) 和较大的暗电流。同时，由于钙钛矿的弱离子键性质，离子会发生电迁移，从而导致离子导电性，进一步增加了暗电流，最终导致基线漂移。由于离子迁移是通过缺陷和晶界来调节的，所以在具有丰富的缺陷和晶界的钙钛矿中，离子迁移将更加严重。由于大体积阳离子的位阻效应和缺陷的高形成能，低维钙钛矿的离子迁移受到明显的抑制。此外，位于禁带中的缺陷态有利于热激活载流子的产生，从而也有助于暗电流的产生。

另一方面，由于钙钛矿探测器的界面能垒低，载流子可以很容易地从电极注入钙钛矿中，这被广泛认为是大暗电流的另一个来源。因此，要使钙钛矿型探测器具有理想的低暗电流，就必须合理地控制钙钛矿型探测器的本征性质，同时对器件界面进行设计。

2. 灵敏度

灵敏度是 X 射线探测器的一个关键参数，特别是在药物治疗中，因为高灵敏度可以缩短人体在辐射下的暴露时间，从而降低电离辐射的风险。另外，高灵敏度表明在一定的 X 射线剂量率下产生较大的 X 射线感生电流，这与成像质量有很大关系。通常，灵敏度定义为在辐射照射下单位面积收集的电荷。灵敏度评估公式为

$$R_S=\frac{I_R-I_d}{D\times A} \tag{5-10}$$

其中 R_S 是灵敏度，I_R 是感生光电流，I_d 是暗电流，D 是辐照剂量率，A 是 X 射线探测器的有效面积。因此，为了追求高灵敏度，辐照剂量率和 I_d 应足够小，而 I_p 应较大。还可以通过减少载流子复合 (增加 I_p) 来提高灵敏度。

3. 噪声

噪声的强度与探测器的灵敏度有很大关系，因为噪声是可检测信号的最低电平，通常

源于固有的不确定性或波动。通常情况下，噪声通过噪声电流对光电器件产生影响，它由四种不同类型的噪声组成：散粒噪声 (i_{shot})、热噪声 ($i_{thermal}$)、闪烁噪声 ($i_{1/f}$) 和产生－复合噪声 (i_{g-r})。相应的公式如下：

$$i_{noise} = \left[i_{shot}^2 + i_{thermal}^2 + i_{1/f}^2 + i_{g-r}^2 \right]^{1/2} \tag{5-11}$$

$$i_{shot} = \sqrt{2eI_d B} \tag{5-12}$$

$$i_{thermal} = \sqrt{\frac{4kTB}{R_{sh}}} \tag{5-13}$$

$$i_{1/f} = i(f,B)_{\frac{1}{t}}^2 \tag{5-14}$$

$$i_{g-r} = i(f,B)_{g-r} \tag{5-15}$$

式中，e 代表基元电荷，B 代表带宽，T 代表绝对温度，k 代表玻尔兹曼常数，R_{sh} 代表探测器的分流电阻，f 代表频率。如图 5-26 所示，散粒噪声和热噪声都是频率无关的白噪声，而闪烁噪声和产生－复合噪声取决于频率。此外，潘等人也提出了自己的观点。报道称，较大的电阻率会导致较小的散粒噪声，而较大的带隙会导致较小的热噪声。这就是研究人员致力于增加电阻和修改带隙的原因。通常情况下，钙钛矿中暗电流值的可接受值为 10 nA/ cm^2，低于商用探测器的要求 (小于 50 nA/ cm^2)。

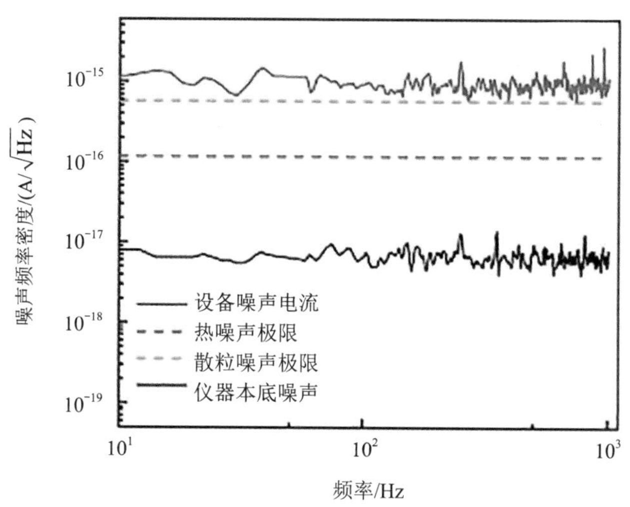

图 5-26 “白噪声”随频率的变化

4. 信噪比 (SNR)

噪声不仅通过噪声电流影响探测器的灵敏度，而且还决定最低可探测剂量率 (Limit of Detection，LoD)。LoD 是评价检测性能的基础，因为它定义了潜在的应用范围。对于 X 射线诊断，LoD 为 5.5 $\mu Gy_{air} \cdot s^{-1}$，而放射治疗需要较高的值 (总剂量最高可达 5 Gy_{air})。国际纯应用化学联合会 (IUPAC) 将检测极限定义为产生的信号值是噪声的三倍，因此研究人员使用信噪比 (Signal to Noise Ratio，SNR) 值为 3 来定义 X 射线探测器中的 LoD。信噪比公式如下：

$$SNR = \frac{J_s}{J_n} \tag{5-16}$$

$$J_s = J_p - J_d \tag{5-17}$$

$$J_n = \sqrt{\frac{1}{N}\sum_{i}^{N}(J_i - J_p)^2} \tag{5-18}$$

其中 J_s 表示信号电流密度，J_i 为各项互不相关噪声电流密度，J_n 代表噪声电流密度均方根值，J_p 和 J_d 分别代表平均光电流密度和平均暗电流密度。与 SNR 有很大关系的两个因素是来自每个接触界面的注入载流子和本征的热激活载流子。

5. 电荷收集效率 (CCE)

CCE(Charge Collection Efficiency) 用来评价 X 射线探测器的电荷收集效率。通常，载流子被捕获，然后在界面处复合，这将产生电子－空穴 (e–h) 复合，从而降低 CCE。CCE 可按如下公式计算

$$CCE = \frac{I_R}{I_p} \tag{5-19}$$

其中 I_R 和 I_p 代表 X 射线照射下的感生光电流和理论光电流。I_R 可以在实验中得到，而 $I_p = \varphi\beta e$，其中 φ (光子吸收率) 定义为 $\varphi = \varepsilon Dm_s/E_{ph}$，$\beta$(每个 X 射线光子下的激发载流子数) 定义为 $\beta = E_{ph}/w_{\pm}$。值得注意的是，e 表示电荷，ε 代表样品中的光子分数 (典型的样品为 100%)，D 代表剂量率，m_s 代表样品质量，E_{ph} 代表光能量。$w_{\pm}$ 是 e–h 对的产生能，在不同的计算模式下显示出不同的值。

在此基础上，有两种策略通常被用来提高 CCE。首先，施加高偏压以增加载流子的漂移长度，避免电荷陷阱；第二，提高钙钛矿材料的质量 (降低陷阱密度)。随着剂量率的变化 (7 ～ 36 $\mu Gy_{air} \cdot s^{-1}$)，CCE 的变化趋势如图 5-27 所示。随着剂量率的增加，CCE 从 66.2% 下降到 52%，因为载流子往往位于较浅的陷阱中，导致较小的增益。因此，对于较高的 CCE，应加大电场强度，降低剂量率。

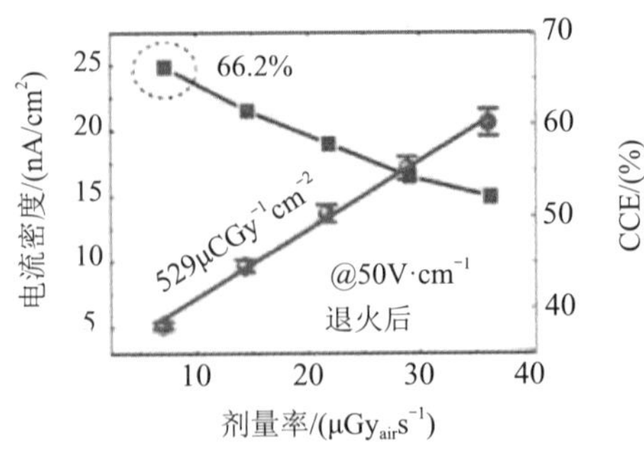

图 5-27　在 50 V/ cm 退火后不同剂量率对应的 CCE

6. 响应速度

响应速度被定义为探测器对外部刺激作出反应所花费的时间。这在 X 射线探测器中意义重大，因为响应速度快可以缩短曝光时间，并在成像过程中实现更高的帧速率。通常，使用 −3 dB 带宽来定义探测器的时间响应。

光电探测器的 −3 dB 带宽 (f_{-3dB}) 定义为输入光调制频率，在该频率照射下获得的信号比在连续波照射下获得的信号低 −3 dB。公式如下：

$$f_{-3dB}^{-2} = \left(\frac{3.5}{2\pi\tau_{tr}}\right)^{-2} + \left(\frac{1}{2\pi RC}\right)^{-2} \tag{5-20}$$

其中，τ_{tr} 表示载流子传输时间，R 表示总串联电阻 (例如探测器的串联电阻、负载电阻和接触电阻，C 表示总串联电容)。

根据庄和他的合作者的工作，X 射线照射下的 3 dB 截止频率与设备的平行或垂直结构有关。垂直方向的器件比平行方向的器件厚度小，因此响应速度更快。他们指出，垂直结构在获得具有低检测极限和可接受的灵敏度的探测器方面更具潜力。

此外，还采用响应时间来估计探测器的响应能力，其定义为稳定输出从脉冲峰值的 10% 上升到 90%(上升时间为 τ_1)，然后从脉冲峰值的 90% 下降到 10%(衰减时间为 τ_2) 所需的时间。通常，它与陷阱状态的数量和晶体的质量密切相关。

7. 对比度

对比度是成像中的一项基本指标，用于区分衰减长度相似的紧密结构。它可以通过比较正弦光栅中最亮部分和最暗部分的调制来计算。公式如下：

$$CR = \frac{I_b - I_0}{I_b + I_0} \tag{5-21}$$

其中，I_b 和 I_0 分别表示背景和对象的不同发光强度。

成像过程中，较低的 CR 值会导致边缘更平滑，但检测到的细节较少，而较高的 CR 值会获得更锐利的边缘和更多的细节。图像的对比度通常受到各向同性光的产生、吸收层和光学串扰的限制。光学串扰可能是光在相邻像素内的偏转和散射，这将降低颜色和亮度分辨率。此外，像素的大小也限制了对比度。通常情况下，像素尺寸应小于 10 μm，以便在商业影像检查中应用。对于较小的对象，需要较大的对比度。

8. 调制传递函数 (MTF)

调制传递函数 (Modulation Transfer Function，MTF) 是 X 射线成像仪的关键参数，通常用来描述 X 射线探测器的空间频率，它代表了输入信号调制的空间频率的传输能力 (单位：lp/ mm)。当 MTF 为 0.2 时，空间频率越大，探测器图像越清晰。通常，医学成像的空间频率应大于 10 lp/mm。MTF 的公式可以表示为

$$MTF(f) = T_w(f) + T_{tr}(f) + T_a(f) \tag{5-22}$$

$$T_w(f) = P_{Pe}T_{Pe} + P_kT_k \tag{5-23}$$

其中，T_{Pe} 和 T_k 代表初级光电子和 k- 荧光重吸收的概率，P_{Pe} 和 P_k 表示从初级光电子释放载流子的概率和 k- 荧光重吸收，$T_w(f)$ 是加权 MTF，它源于初级光电子和 k- 荧光重吸收，$T_{tr}(f)$ 表示电荷载流子捕获影响的 MTF，$T_a(f)$ 表示像素电极引起的 MTF。

通常，用斜边法来测量定量分辨率值中的 MTF。如图 5-28 所示，MTF 随空间频率的增加而减小。当 MTF = 0.2 时，对于钙钛矿基直接 X 射线探测器，在 $Cs_2AgBiBr_6$ 晶片上获得了较高的空间频率 (4.9 lp/ mm)，低于商用的掺 Tb 的 GOS 基探测器 (6.2 lp/ mm)。

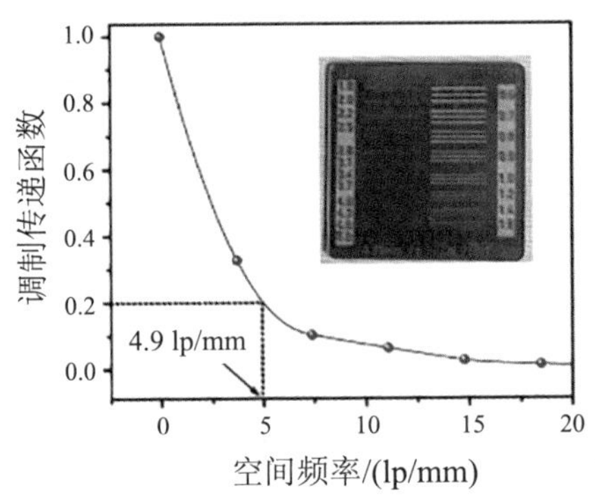

图 5-28 计算 MTF 的斜边法

总之，一个非常好的 X 射线探测器应该具有高灵敏度、高对比度、有效的电荷收集效率和低噪声。值得注意的是，为了减少 X 射线辐射暴露 / 中毒，并获得用于诊断的清晰图像，它还应具有在较短的 X 射线曝光时间内获得高空间频率 X 射线图像的能力。

5.3.3 基于不同钙钛矿材料的 X 射线探测器件

1. 基于有机 – 无机杂化钙钛矿的 X 射线探测器

1) 三维有机 – 无机杂化钙钛矿 X 射线探测器

有机 – 无机杂化钙钛矿 (OIHP) 单晶的研究已经取得了很大的进展，但由于 OIHP 单晶的质量差和合成不当，其性能仍然受到限制。传统的单晶制备方法是反转结晶法，可以控制生成的高质量 SC 的形状和尺寸。此外，它还被用于制造质量优良和性能更好的 X 射线探测器。

徐卓利用反向低温结晶法制备了基于 $MAPbBr_3$ SC 的肖特基结构 X 射线探测器。该器件的灵敏度为 356 $\mu CGy^{-1}\cdot cm^{-2}$，最低可探测剂量率 (LoD) 为 22.1$\mu Gy_{air}\cdot s^{-1}$。尽管如此，传统的单晶反向低温结晶制备方法在晶体生长过程中不可避免地引入了杂质，导致钙钛矿型 SC 和晶种之间的界面结构不匹配，并破坏了钙钛矿 SC 的质量。此外，应准确控制温度以保持相同的生长速度。

随后，研究人员通过种子溶解 – 再生长的方法制备了用于有效 X 射线探测的高质量 $MAPbI_3$ 晶体，以解决这些问题。研究人员发现，不饱和前体中的杂质是由同时溶解和收缩引起的，并将其去除。在 13 V 的偏压下，长方体 $MAPbI_3$ SC 的灵敏度超过 6000 $\mu C \cdot Gy^{-1} \cdot cm^{-2}$。

经典的低温结晶方法的另一个悬而未决的问题是无法控制所需的面，并且机械切割或锯切得到的 SC 不适合用于 X 射线检测。宋金梅等人提出了一种非化学计量离子馈入方法来创建 [110] 面的 3D $MAPbBr_3$ SC(图 5-29(a)、(b))。在器件结构中用作 X 射线探测器 $MAPbBr_3$ 时，SC 具有低陷阱密度 ($2.3 \times 10^9/cm^3$)、良好的迁移率 μ 和载流子寿命 τ(图 5-29(c))。图 5-29(d) 证实了 SC $MAPbBr_3$ 在 [110] 面上的灵敏度高达 3928.3 $\mu C \cdot Gy^{-1} \cdot cm^{-2}$。

(a) 3D 混杂钙钛矿 $MAPbBr_3$ 的晶体结构

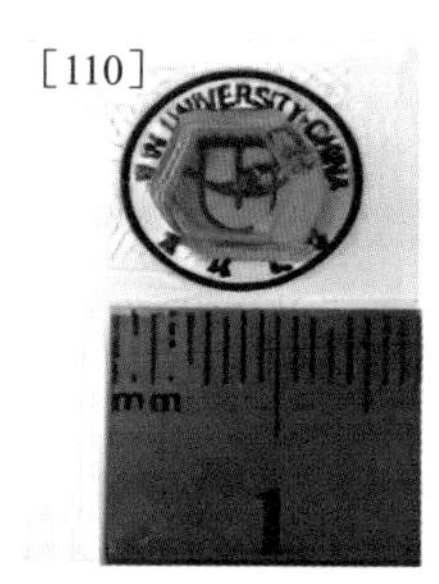

(b) $MAPbBr_3$ SC 的照片

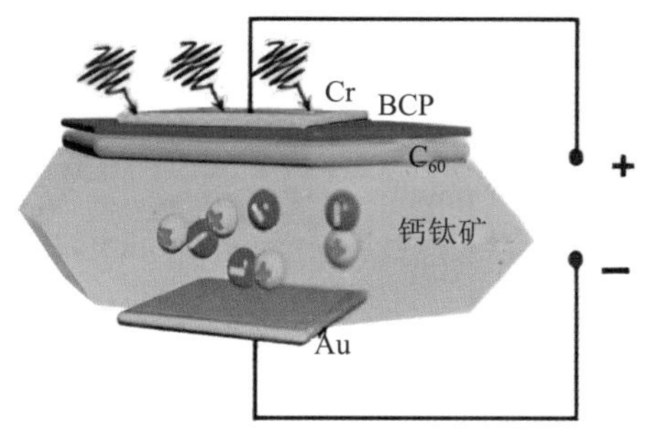

(c) 以 $MAPbBr_3$ SC 为 X 射线探测器的器件结构

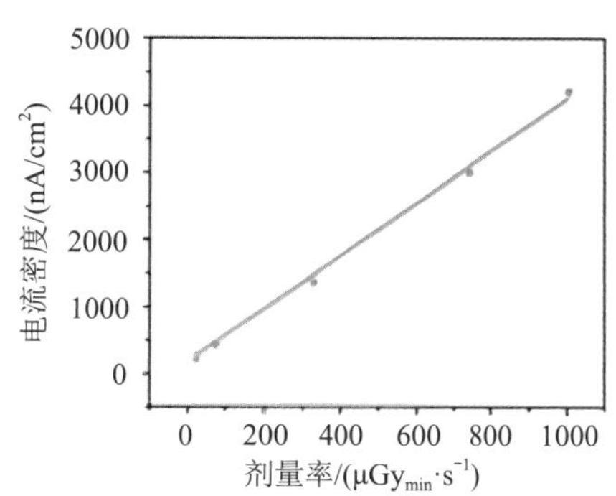

(d) 装置在不同 X 射线剂量率下的电流密度

(其灵敏度是通过拟合斜率得出的)

图 5-29 $MAPbBr_3$ X 射线探测器

2) 二维有机－无机杂化钙钛矿 X 射线探测器

三维钙钛矿材料可以利用带隙中的浅电子和空穴陷阱捕获自由载流子。当施加偏置电压时，俘获的电荷可能被释放，并诱导出驱动离子迁移的电场。因此，暗电流将不可避免地破坏钙钛矿的稳定性。此外，最近在二维混合钙钛矿中实现了 X 射线探测性能。结构维度的降低可以增加热激活能，抑制离子迁移，从而有效地防止了钙钛矿的分解。同时，通过引入有机大分子将三维钙钛矿的维度降低到二维结构，可以提高钙钛矿的稳定性和性能。值得注意的是，有机分子不仅在 2D 钙钛矿结构中形成疏水层，还会诱导空间位阻。无铅钙钛矿 $Cs_2AgBiBr_6$ 通过引入正丁基铵有机大分子制备具有二维量子限制结构的 (正丁基铵 $)_2CsAgBiBr_6$(图 5-30(a))。SC 的电阻率达到 1.5×10^{11} $\Omega \cdot cm$(主要是由于有机正丁基铵离子的引入)，在 10 V 的恒定偏压下获得了 4.2 $\mu C \cdot Gy_{air}^{-1} \cdot cm^{-2}$ 的灵敏度(如图 5-30(b)、(c) 所示)。因此，沈亮建议使用二铵离子来调节相邻无机层之间的距离，使结构更稳定，DJ 型 $(NH_3C_4H_8NH_3)PbI_4$ SC 转移电荷更有效；结合改进的温度结晶方法，制备了厘米级的 DJ 型 $(NH_3C_4H_8NH_3)PbI_4$ SC。随后，基于 DJ SC 的先进的 X 射线探测器达到了 242 $\mu C \cdot Gy_{air}^{-1} \cdot cm^{-2}$ 的灵敏度和 430 $nGy_{air} \cdot s^{-1}$ 的 LoD(图 5-30(d))。此外，使用简单的低温方法制备具有各向异性的 2D 层状 $(NH_4)_3Bi_2I_9$ 钙钛矿 SC。值得注意的是，虽然平行方向 8.2×10^3 $\mu C \cdot Gy_{air}^{-1} \cdot cm^{-2}$ 的灵敏度远高于垂直方向的 803 $\mu C \cdot Gy_{air}^{-1} \cdot cm^{-2}$，但检测下限更大(即平行方向 210 $nGy_{air} \cdot s^{-1}$，垂直方向 55 $nGy_{air} \cdot s^{-1}$)。他们将这些差异定义为各向异性暗电流，这会影响信噪比，进一步放大 LoD。

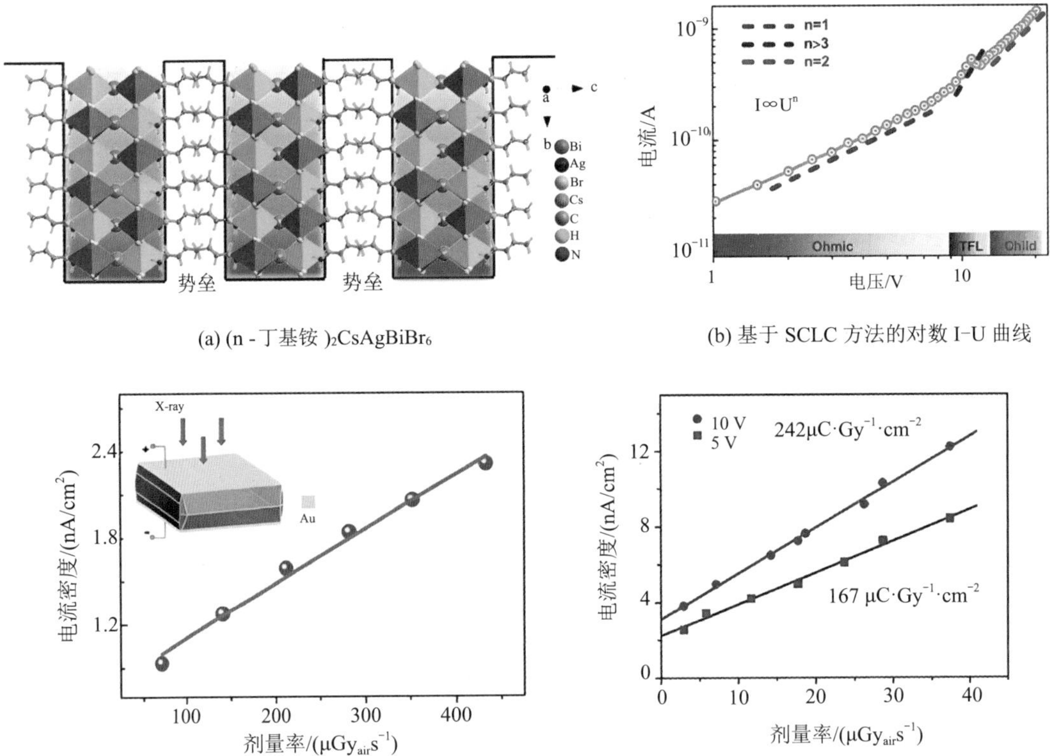

(a) (n-丁基铵)$_2$CsAgBiBr$_6$

(b) 基于 SCLC 方法的对数 I-U 曲线

(c) 偏置电压为 10 V 时不同剂量率下 X 射线产生的光电流

(d) 不同剂量率下的 X 射线响应电流

图 5-30 (n-丁基铵)$_2$CsAgBiBr$_6$ X 射线探测器

3) 一维有机-无机杂化钙钛矿 X 射线探测器

由于结构特殊，研究人员在一维钙钛矿结构的 SC 中发现了各种物理性质。陶续堂发现，无铅杂化化合物 (N-甲基-1,3 二氨基丙烷)BiI_5 SC 具有一维金属-卤素骨架(图 5-31(a))。此外，它还具有良好的物理性能，如 1.42 $cm^2/(V \cdot s)$ 的高迁移率和 $3.6 \times 10^{11}/cm^3$ 的低陷阱密度，这保证了相应的 X 射线探测器的灵敏度为 1 $\mu C \cdot Gy_{air}^{-1} \cdot cm^{-2}$，如图 5-31(b)、(c) 所示。

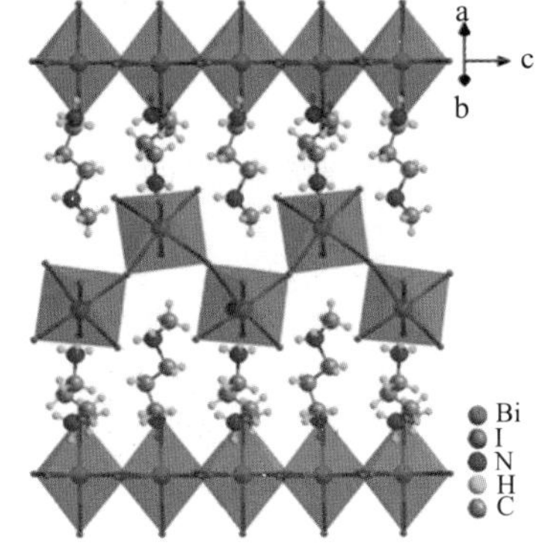

(a) (N - 甲基 -1,3 - 二氨基丙烷)BiI_5 在 200 K 时的结构透视图

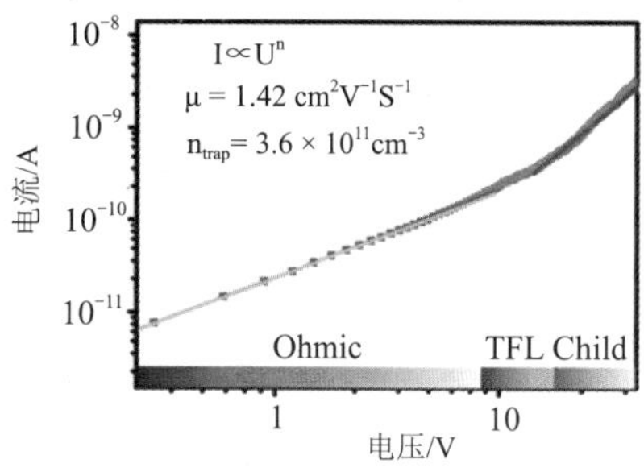

(b) (N - 甲基 -1,3- 二氨基丙烷)BiI_5 的对数 I-U 曲线

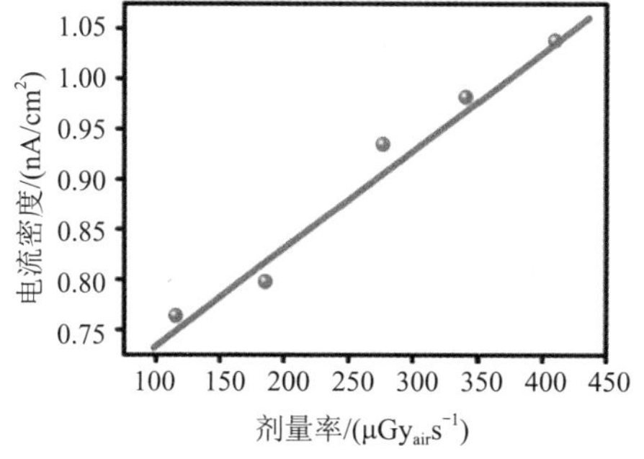

(c) 不同剂量率下 X 射线的光电流

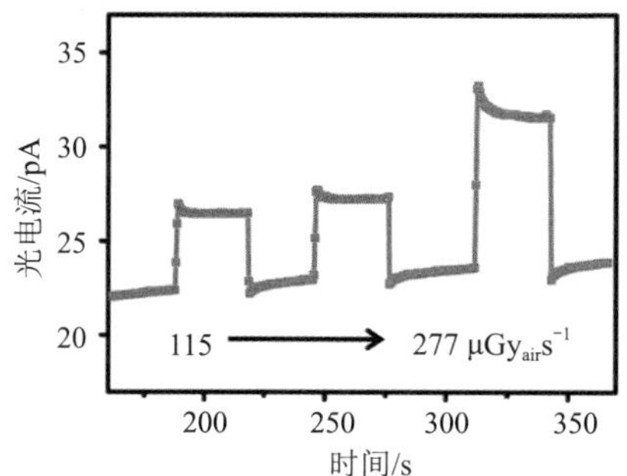

(d) 不同剂量率下的时间分辨光电流

图 5-31 (N- 甲基 -1，3- 二氨基丙烷)BiI_5 X 射线探测器

4) 零维有机 - 无机杂化钙钛矿 X 射线探测器

最近，郑霄永等人缩小了卤化物钙钛矿的尺寸，并制备了基于 0D 卤化物钙钛矿材料的 X 射线探测器 ($MA_3Bi_2I_9$ SC，图 5-32(a))。他们使用种子晶体辅助恒温蒸发方法生长了六方形的 $MA_3Bi_2I_9$ 晶体 (图 5-32(b))。为了研究 $MA_3Bi_2I_9$ 的各向异性电学性质，他们将晶体沿 c 轴切割成一个矩形 (图 5-32(c))。基于 0D 卤化物钙钛矿材料的 X 射线探测器具有良好的探测能力、较好的工作稳定性、高灵敏度和低探测剂量率。0D $MA_3Bi_2I_9$ SC 具有比 3D $MAPbBr_3$ SC 更高的离子激活能 (0.46 eV)，因此具有更高的灵敏度 (10 620 $\mu C \cdot Gy_{air}^{-1} \cdot cm^{-2}$)(图 5-32(d))。

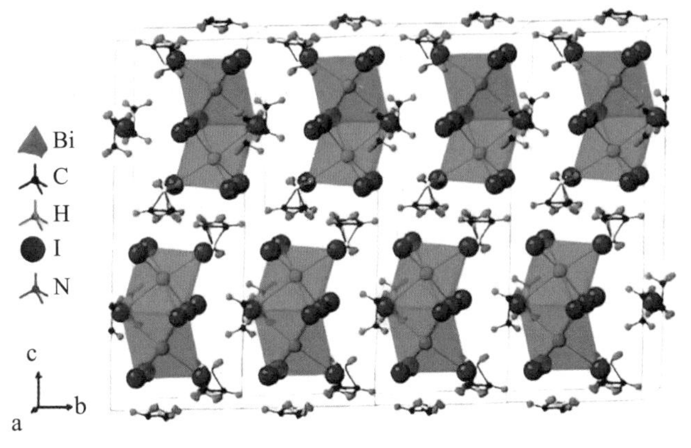

(a) 零维 $MA_3Bi_2I_9$ 的晶体结构

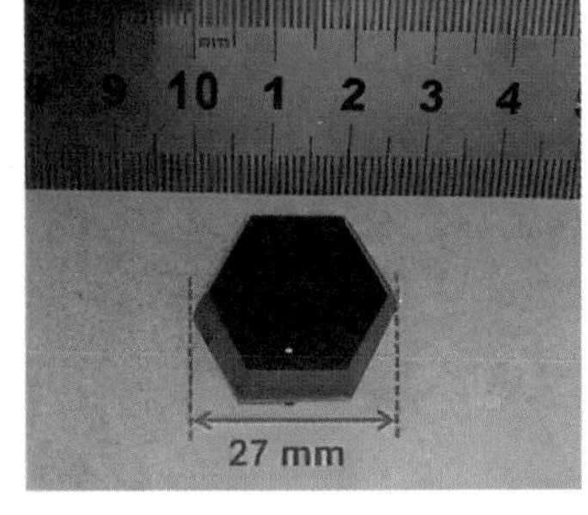

(b) $MA_3Bi_2I_9$ 晶体的照片

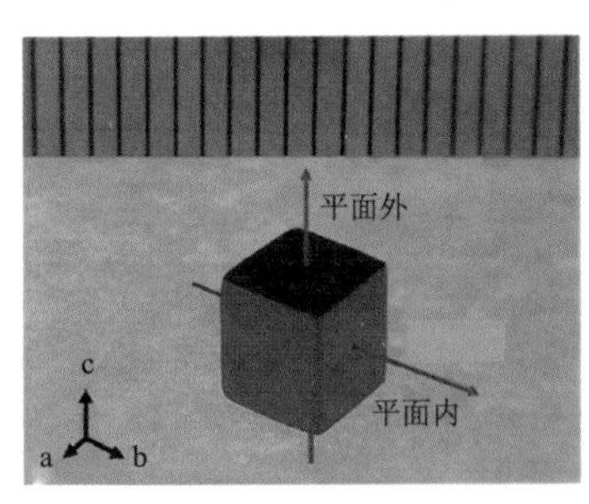

(c) $MA_3Bi_2I_9$ 单晶的各向异性电学性质

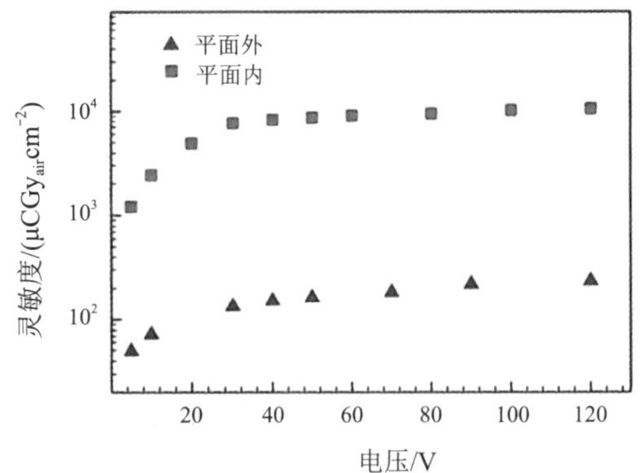

(d) 面内和面外器件的偏置相关的 X 射线灵敏度

图 5-32　零维 $MA_3Bi_2I_9$ X 射线探测器

2. 基于全无机钙钛矿的 X 射线探测器

1) 三维全无机钙钛矿

与 OIHP 相比，无机钙钛矿具有优异的稳定性。OIHP 的 A 位有机阳离子具有挥发性和吸湿性，而无机钙钛矿依靠稳定的 Cs^+ 作为 A 位阳离子。与杂化钙钛矿相比，无机钙钛矿显示出更高的离子迁移激活能，可以减少暗电流，改善 X 射线探测器的功能。此外，无机 Cs^+ 离子的原子质量高于 MA^+ 和 FA^+ 离子，表明具有相同 B 和 X 离子的有机钙钛矿比相应的无机钙钛矿具有更低的吸收容量。无机钙钛矿的高检测灵敏度意味着它具有用作 X 射线探测器材料的潜力。李俊驰通过在前驱体 $CsPbBr_3$ XPS 中加入少量 Rb^+ 制备了 $Cs_{1-x}Rb_xPbBr_3$ SC。XPS 分析表明，将 Cs^+ 部分改变为 Rb^+ 后，提高了 $Br(3d_{5/2})$ 和 $Pb(4f_{7/2})$ 之间的芯能级能量，改变了 Br 和 Pb 原子之间的轨道耦合，进而影响了电子和空穴的有效质量，从而改变了带边结构或带散。在 20.1 V/mm 电场下，优化的 $Cs_{1-x}Rb_xPbBr_3$ X 射线探测器的灵敏度达到 8097 $\mu C \cdot Gy_{air}^{-1} \cdot cm^{-2}$。然而，铅被认为是溶于水的，对健康有严重的危害。因此，用无毒的铋或银元素制备无铅钙钛矿 $Cs_2AgBiBr_6$ 已被广泛探索。斯蒂尔

研究了 $Cs_2AgBiBr_6$ SC 在 77 K 和 300 K 下的光物理性质，并提出了其电阻率与温度有关，从 3.6×10^{12} Ω·cm(77 K) 下降到 5.5×10^{11} Ω·cm(300 K)(图 5-33)。在 77 K 和 300 K 时的灵敏度分别为 988 μC·Gy_{air}^{-1}·cm^{-2} 和 316 μC·Gy_{air}^{-1}·cm^{-2}。这在两个方面改进了 X 射线探测器：首先是低温降低了电子－声子散射的概率，延长了载流子的寿命，其次是减少了总的自由电荷，抑制了 X 射线产生的电荷复合。它通过降低暗电流的强度来提高信噪比。

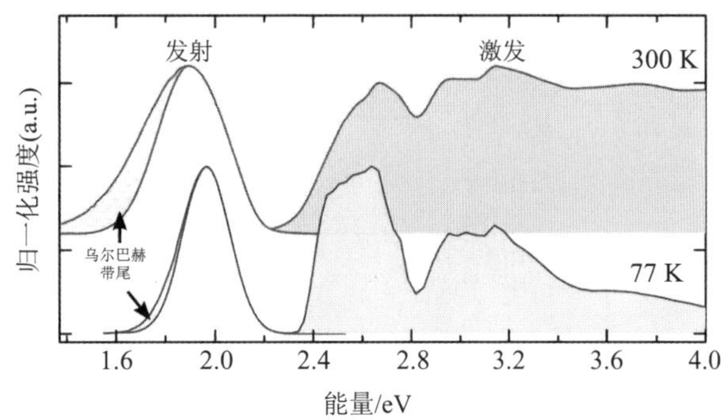

(a) 300 K 和 77 K 下记录的归一化激发和发射光谱

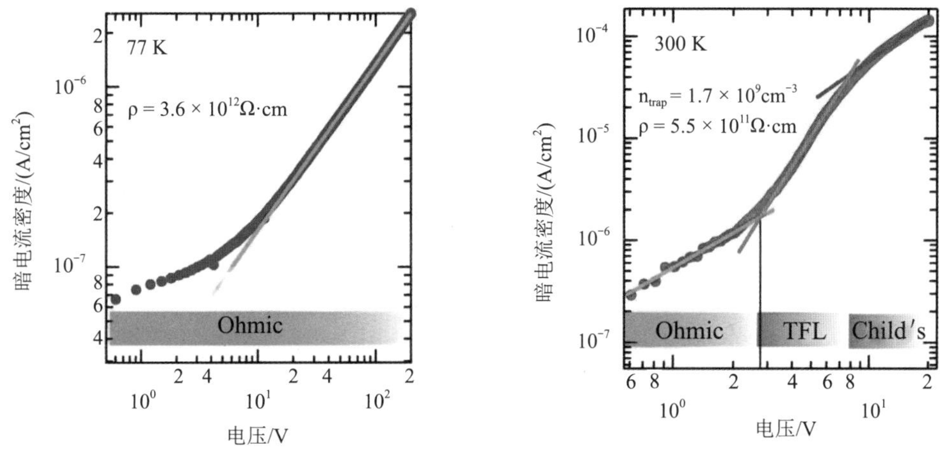

(b) 77 K 和 300 K 下单晶 $Cs_2AgBiBr_6$ 光伏器件的暗 I–U 特性

图 5-33 $Cs_2AgBiBr_6$ 器件特性

2) 二维全无机钙钛矿

将无机钙钛矿用于直接 X 射线探测器，具有检测下限低、灵敏度高等优点。铋钙钛矿有望用于 X 射线检测。夏梦玲等人最近利用混合溶剂溶解前驱体并制备了高质量的 2D $Rb_3Bi_3I_9$ SC，它具有 2.3×10^9 Ω·cm 的高电阻率和 8.43×10^{10} cm^{-3} 的低陷阱密度 (图 5-34(a)、(b))。如图 5-34(c) 所示，$Rb_3Bi_2I_9$ 单晶 X 射线探测器在 1 V 偏置电压下的灵敏度为 42.5 μC·Gy_{air}^{-1}·cm^{-2}。基于 Au/$Rb_3Bi_3I_9$/Au 结构的器件的灵敏度和检测限 LoD 分别为 159.7 μC·Gy_{air}^{-1}·cm^{-2} 和 8.32 nGy_{air}·s^{-1}。需要强调的是，$Rb_3Bi_3I_9$ 具有比 $MAPbBr_3$(228 MeV) 更高的激活能 (561 MeV)，从而导致更低的离子迁移率、更低的暗电流和更低的检测下限。通过这项工作加深了对晶体结构的理解，有助于新型辐射探测器的 2D 钙钛矿的合理设计。

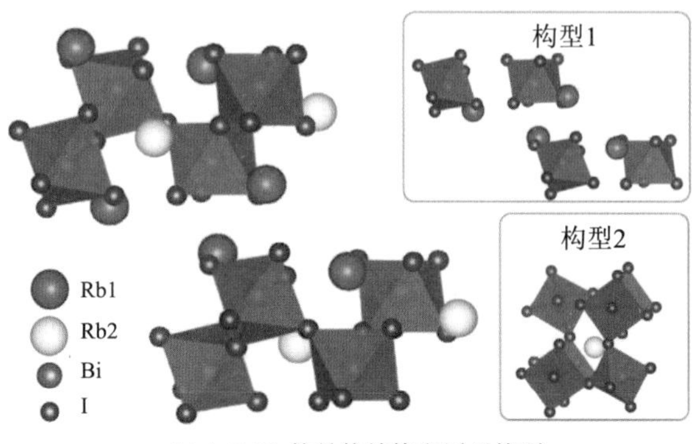

(a) $A_3B_2X_9$ 的晶体结构和原子构型

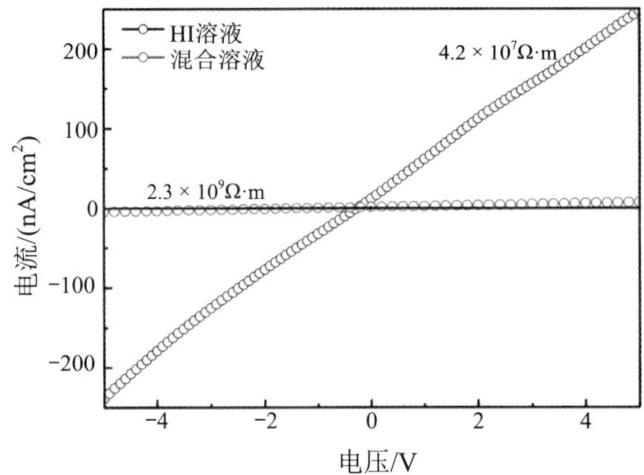

(b) 用 HI 溶剂和混合溶剂测量了 $Rb_3Bi_2I_9$ 单晶的电阻率

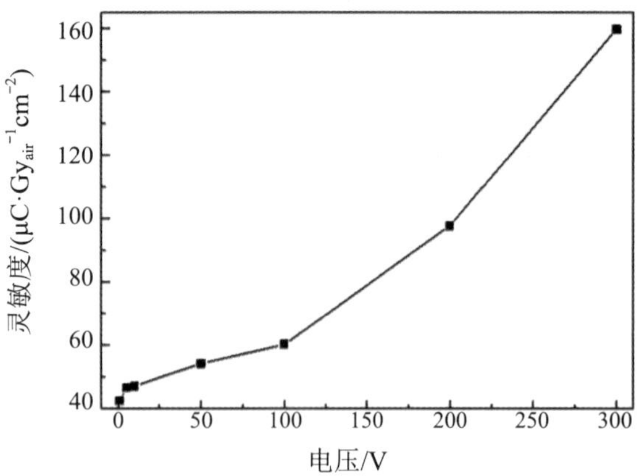

(c) 优化后的 $Rb_3Bi_2I_9$ 单晶在不同电压下的 X 射线灵敏度

图 5-34　$Rb_3Bi_2I_9$ X 射线探测器

3) 一维全无机钙钛矿

在 X 射线探测器的应用中，三维卤化物钙钛矿因其对 X 射线的吸收能力强、载流子寿命长和迁移率高而被认为是一种良好的 X 射线探测材料。然而，它们在极端条件和环境下的检测灵敏度和稳定性仍然需要优化。研究人员报道了用于稳定 X 射线探测的一维无机钙钛矿型 $CsPbI_3$ 晶体。由一维无机钙钛矿 $CsPbI_3$(图 5-35(a)) 制成的 X 射线探测器的灵敏度比以前报道的使用3D卤化物钙钛矿的探测器高一个数量级。$CsPbI_3$ 晶体的高灵敏度X射线探测归因于它的大载流子迁移率-寿命乘积和高电阻率。如图5-35(b)所示，一维 $CsPbI_3$ 晶体探测器的X射线探测灵敏度至少比报道的材料大一个数量级。

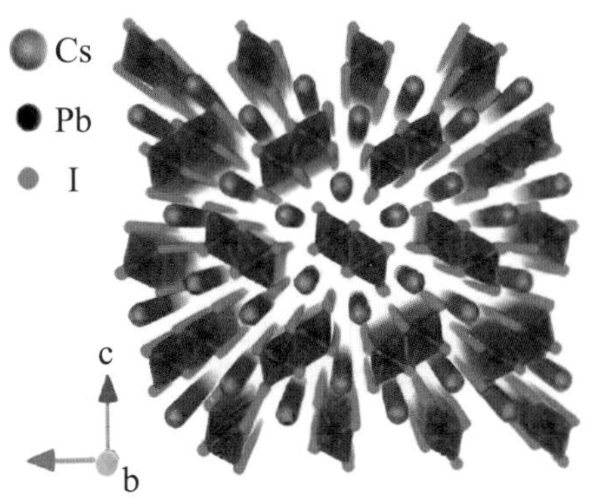

(a) 一维 $CsPbI_3$ 晶体结构示意图

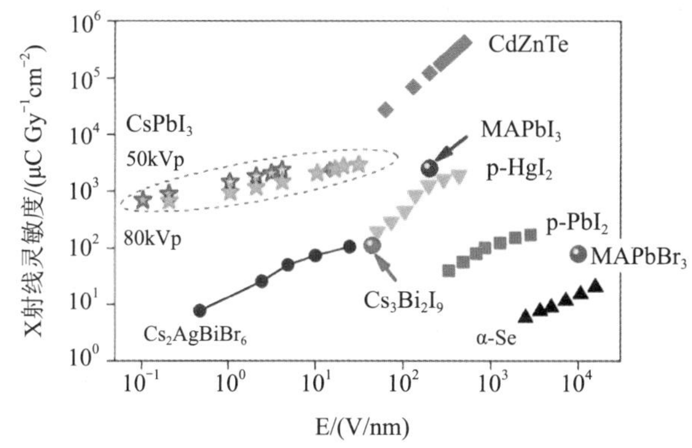

(b) X射线探测材料在各种电场下的灵敏度统计

图5-35　一维 $CsPbI_3$ 晶体结构及各种X射线探测材料在不同电场下的灵敏度统计

4) 零维无机钙钛矿型X射线探测器

零维(0D)量子点/纳米晶体(QD/NC)已被描述为成像技术中柔性或大面积平板探测器的理想候选材料，因为其厚度易于控制，并且溶液可用作制造过程中的墨水。王昕使用静电辅助喷射沉积技术在低温下合成具有优异物理性能的0D Cs_2TeI_6 薄膜，整个过程如图5-36(a)所示。图5-36(b)显示了用电喷法制备的 Cs_2TeI_6 薄膜样品和组装的装置。考虑到钙钛矿的高电阻率($4.2 \times 10^{10}\ \Omega\cdot cm$)，该制备方法简单，可重复使用，沉积面积大，沉积均匀。此外，基于0D Cs_2TeI_6 薄膜的X射线探测器在小电场(250 V/cm)下的灵敏度为 $19.2\ \mu C\cdot Gy_{air}^{-1}\cdot cm^{-2}$。如图5-36(c)所示，为了进一步提高零维 Cs_2TeI_6 薄膜X射线探测器的灵敏度，他们详细研究了该方法的关键参数，包括电场、溶剂和衬底温度。研究表明，电场决定了溶液的分散质量和液滴大小，而溶剂影响与基质的接触角，这与最终薄膜的形貌、生长方式和成核有关。此外，衬底温度会影响溶液的蒸发速度，从而影响初始阶段的成核速度。由于 $CsPbBr_3$ 量子点溶液的可加工性，他们能够在柔性的聚对苯二甲酸乙二醇酯衬底上通过喷墨打印制备出灵活的 $CsPbBr_3$ 量子点 X 射线探测器，获得了在 0.1 V 偏置时 17.7 $\mu C\cdot Gy_{air}^{-1}\cdot cm^{-2}$ 的高灵敏度。当施加偏置电压时，具有较高 X 射线能量的二次电子被收集在电极上，从而提高了探测器的灵敏度，这可能是增强机制的来源。

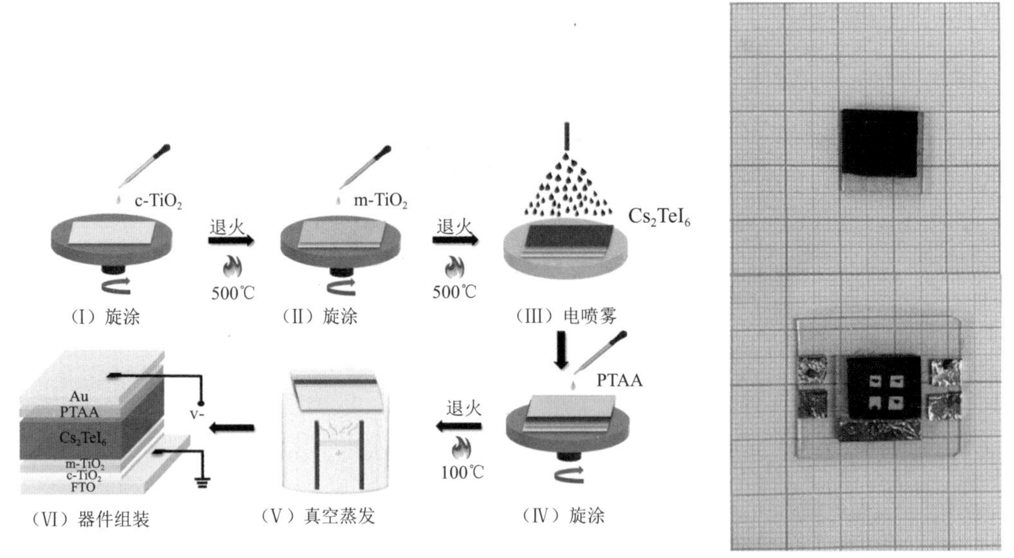

(a) 钙钛矿薄膜的生长机理和器件组装示意图

(b) 用电喷法制备的 Cs_2TeI_6 薄膜和使用碳糊、铜导体和导电银浆组装的器件照片

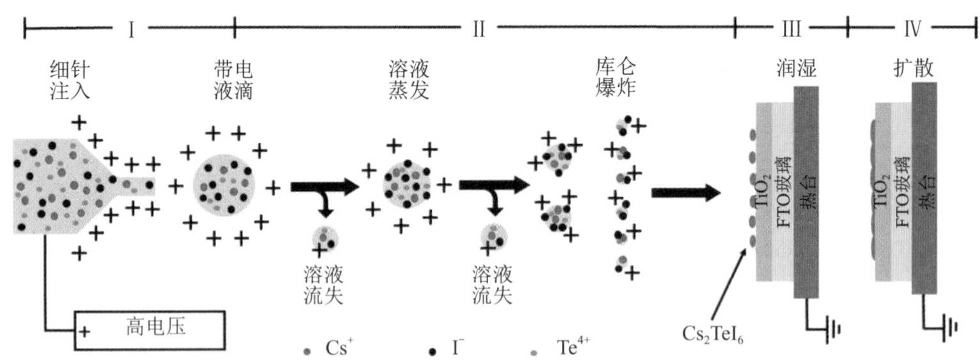

(c) 电喷雾过程和在玻璃 /FTO/ 致密 TiO_2/ 介孔 TiO_2 衬底上形成厚的钙钛矿膜的示意图

图 5-36　电喷法制备的 Cs_2TeI_6 X 射线探测器

5.3.4　钙钛矿 X 射线探测器件的发展现状与前景

针对用于 X 射线探测器的钙钛矿已经开展了一些有意义和代表性的工作。例如，可以抑制离子迁移的 0D 钙钛矿在消除基线漂移方面具有优势，此外，具有定向晶体生长的二维钙钛矿材料因晶面的不同而表现出明显不同的光电性质，这使得它们在双功能 X 射

线探测器中具有广阔的应用前景。然而，对于进一步的商业应用，仍然有一些挑战需要面对，如离子迁移无法控制，钙钛矿的质量不理想，稳定性较差，厚度不足，面积较小。

钙钛矿 X 射线探测器件的发展前景如下：

(1) 高质量钙钛矿的可重复生长。钙钛矿的质量对 X 射线探测器的性能有很大影响。钙钛矿的电阻率在 $10^7 \sim 10^{12}\,\Omega\cdot cm$ 之间，不适合制作灵敏度高、重复性好的 X 射线探测器。值得注意的是，高灵敏度对于缩短常规体检期间人体在 X 射线下的暴露时间从而降低健康风险尤为重要，这也与材料的质量有关。

(2) 提高钙钛矿材料的稳定性。尽管近年来钙钛矿材料的研究取得了非凡的进展，并且正在重新考虑将其作为下一代能源，但其固有的不稳定性是 X 射线探测器的主要障碍。对于有机 - 无机混合钙钛矿，有机 A 位阳离子 (FA+、MA+ 及其混合物) 具有挥发性和吸湿性，导致钙钛矿在极端环境 (高温、高湿等) 下分解。对于无机钙钛矿，虽然它们表现出比杂化钙钛矿更好的热力学稳定性，但仍然存在相变问题。因此，要使其在光电子器件中得到进一步的应用，必须克服稳定性问题。

(3) 结构设计和制作方法的优化。获得小 LoD 和高灵敏度的最大障碍是暗电流，它不可避免地产生噪声，影响 X 射线探测器的性能。如前所述，LoD 对应信噪比为 3。因此，获得小 LoD 主要有两个方法：一个是直接降低暗电流和噪声；另一个是通过不断优化工艺来提高信号强度，以制备高质量的钙钛矿 SC、薄膜或晶片。

(4) 将低维钙钛矿材料与二维材料相结合。纳米管和量子点足够小，可以加载到二维材料上，以改善其物理性能。将 $CsPbBr_3$ 纳米粒子与还原石墨烯氧化物 (RGO) 进行复合，对其载流子性质进行了修饰。RGO 的引入降低了发射峰，表明 $CsPbBr_3$ 纳米粒子与 RGO 之间存在有效的载流子分离和快速的载流子传输。

(5) 在发展钙钛矿 SC 的同时，更加关注钙钛矿薄膜和钙钛矿晶片的势垒。与钙钛矿薄膜和钙钛矿晶片相比，钙钛矿 SC 具有无晶界、更好的载流子特性和更低的可探测剂量率。$GAMAPbI_3$ SC 的 LoD 在医疗诊断领域显示出巨大的潜力。但由于其成本高、加工面积大、工艺复杂，在工业应用中仍需加以考虑。此外，具有柔性性质的钙钛矿膜可以满足一些特殊的检测要求，并且可以制备出足够厚度的钙钛矿晶片。这两种材料都可以大面积制造，以满足商业需求，因此，应努力克服它们在与钙钛矿 SC 合作方面的缺点。

(6) 制备低维钙钛矿材料。尽管二维钙钛矿材料具有低密度 (低阻挡能力和低载流子性能)，但它仍然具有用于商业 X 射线探测器的潜在价值。一个原因是，降低维度增加了激活能，从而抑制了卤化物钙钛矿中的离子迁移；另一个原因是，低维钙钛矿具有更对称的晶体结构和更低的表面能。这两点都可以提高设备的寿命和性能。可以在二维钙钛矿中引入大分子有机分子来降低其三维结构，从而提高探测器的体积电阻，避免噪声，进一步提高探测器的灵敏度。量子点 / 纳米碳化物可以作为油墨来制备足够厚、大面积的钙钛矿薄膜。然而，由于有机配体的引入，量子点 / 纳米核材料的传输问题仍有待解决。

(7) 开发大原子序数钙钛矿，优化薄膜沉积工艺。在旋涂法制备钙钛矿薄膜的过程中，很难将大面积和厚度结合在一起。一般情况下，钙钛矿膜的厚度如果达不到要求的值 (几百微米)，就不能完全吸收 X 射线。一个有希望的解决方案是增加原子序数，因为大的原子序数会以很大的阻挡力阻挡 X 射线。此外，开发一些新颖而成熟的薄膜沉积技术，如凹槽模具镀膜，也是一个很有前途的方向。

5.4 钙钛矿放射线闪烁体

闪烁体通常由高密度重元素组成。然而，传统闪烁体通常是一种大型无机晶体，只能在高温环境中生长，这大大增加了生产成本和制备难度。此外，由于低效率或余辉效应的限制，大多数传统闪烁体的发光很难在可见光谱中调节。随着传统闪烁体性能达到极限，对 X 射线成像和探测技术的要求越来越高，探索和研究新型闪烁体已成为一个迫在眉睫的问题。

卤化物钙钛矿具有高的光致发光量子产率 (PLQY)、宽的色域以及简单的制造工艺，是一种优良的发光材料 (达到了国家电视系统委员会 (NTSC) 标准的 150%)。尤其是，它们具有高原子序数的元素，如 Pb、Br 和 I 原子。卤化物钙钛矿的横截面配位数 Z = 4，使其自然具有良好的电离辐射吸收能力。此外，卤化物钙钛矿固有的高载流子迁移率、长载流子寿命、高截止功率、低探测极限和多色辐射发光 (RL) 使它们具有辐射探测能力。得益于这些优异的性能，卤化物钙钛矿被认为是最有前途的闪烁体材料。

在上一节中，我们已经对间接 X 射线探测器有了一定了解，间接探测器涉及一种辐射敏感材料，该材料将入射光束向下转换为 UV/Vis 光，然后由一系列敏感的光电探测器 (如 PIN 二极管或光电倍增管) 收集。这种发射材料被称为闪烁体，电离辐射激发产生的光称为辐射发光 (RL)。由于没有远程电荷收集要求，当材料厚度超过毫米级时，闪烁体可以保持探测性能，从而能够在整个 X 射线和伽马射线光谱中使用。间接检测过程分为两个不同的步骤，可以分别对每个步骤进行优化。快速闪烁体发射适用于高速应用和高成像帧率，可实现的亚纳秒 RL 衰减时间远远超过直接探测器中的电荷收集时间。因此，间接探测器在一些领域中占主导地位，从医学射线照相到粒子对撞机热量计。然而，典型的商用闪烁体如 CsI:Tl 具有高生产成本和固定发射波长，限制了其与光敏衬底构成的间接探测器的功能与应用。此外，各种各样的应用使得几乎不可能生产出一种适合所有领域的闪烁体。开发更高性能的新型探测器非常重要，尤其是在医学成像领域，必须仔细平衡 X 射线探测器带来的好处与患者辐射暴露导致的患癌症风险的增加。

闪烁体是一种磷光材料，可将各种高能辐射 (例如电磁辐射 (X 射线、γ 射线) 以及粒子辐射 (α 射线、β 射线、电子射线、质子射线、重粒子射线、中子射线等)) 转换为紫外 - 可见光 (UV-Vis)。闪烁体有很多种，如有机晶体 (如二苯乙烯和蒽)、有机液体 (如 2,5-二苯基恶唑 (PPO))、无机晶体 (如碘化铯、硅酸钆和硫氧化钆 (GOS))、气体 (如氙和氦) 和塑料闪烁体 (如聚乙烯甲苯和聚苯乙烯)。可以根据辐射类型和应用目的，有选择地使用这些闪烁体。基于半导体的传统 X 射线直接探测器可以将 X 射线光子转换为电子，其分辨率比闪烁体高得多。不幸的是，使用非晶硒的直接探测器时，由于其 X 射线隔绝能力较低和电荷传输能力不足，需要更长的时间来收集图像。然而，闪烁体成像仪比直接X射线成像仪更灵敏。在这种情况下，由于转换效率较低和散射诱导的光学串扰，X射线图像质量较差。传统闪烁体的典型合成需要高温烧结，产生难以加工用于器件制造的团聚粉末或大块晶体，因而以相对简单的溶液法制备闪烁体非常有前景。

铅卤化物钙钛矿最早是在20世纪90年代被提出作为闪烁体的，在过去几年中，由于铅卤化物钙钛矿具有高光致发光量子效率，并且可以通过带隙和维度调谐进行颜色控制，已经成为了一种成功的光发射器，重新得到了应用。最近，闪烁现象已在一系列铅卤化物钙钛矿中得到证实，从块体晶体到纳米晶体，都能够提供高光产率的亚纳秒级发射。铅卤化物钙钛矿闪烁体的发展速度已经超过了一些商业材料，再加上间接探测器在实际探测器应用中的主导地位，引发了工业界对这种材料的关注。

本章剖析了铅卤化物钙钛矿在间接探测器中的运行机制和优势，强调了它们可以替代传统材料或开辟新的应用领域。讨论了铅卤化物钙钛矿的局限性，提出了利用从其他铅卤化物钙钛矿光电器件的并行开发中获得的持续知识进一步改进材料的途径。最后，概述了铅卤化物钙钛矿可能具有的独特的商业用途。

5.4.1 钙钛矿放射线闪烁体的结构与工作机理

尽管闪烁体辐射发光的确切机制复杂且依赖于材料，但一般过程可以简化为三个关键步骤：电荷载流子的产生和弛豫、载流子到发射中心的传输、载流子的发射(图5-37)。通过式(5-24)可以预测最大发射光子数 N_{ph}：

$$N_{ph}=B\times S\times Q \tag{5-24}$$

$$B=\frac{E_{in}}{E_{BG}\times\beta} \tag{5-25}$$

其中，B表示每个入射光子产生的载流子数，是入射光子能量 E_{in}、带隙 E_{BG} 和 β 的函数，S和Q分别代表载流子传输和辐射复合过程的量子效率。

高能光子的衰减是由光电效应、康普顿散射和电子对产生引起的。发生光电吸收的概率近似为 $Z^5/E_{in}^{3.5}$ 的函数，发生康普顿散射的概率则为 Z/E_{in} 的函数，这意味着实现高效衰减需要高原子序数的元素。光电效应是低能级光子(低于几百千电子伏)衰减的主要机制，然而，康普顿散射在能量高于几百千电子伏时占主导地位。在这种情况下，入射的高能光子只传递其能量的一小部分，其余部分被外壳电子散射。光电效应产生热电子和空穴，通过二次X射线、俄歇复合和进一步的康普顿散射(时间尺度为1～100 fs)导致载流子级联产生。一旦低于进一步电离的阈值，载流子就会被激发(时间尺度为1～10 ps)到带边。β 参数是由材料类型确定的，可以使用现有模型进行预测。半导体的 β 值约为3，对于离子晶体 $2<\beta<3$，这导致在CsI:Tl中每兆电子伏光子产生约65 000个载流子。载流子随后被转移到发射中心，通过辐射复合步骤被发射。

1. 电荷载流子的产生和弛豫

在电磁辐射与闪烁体的相互作用中，涉及三种基本机制：光电吸收、康普顿散射和电子－空穴对的形成。在光电吸收使原子电离过程中，形成一个空穴和一个自由电子。下一步是电子和空穴的倍增，它涉及各种复杂的过程，包括二次 X 射线、非辐射衰变 (俄歇过程) 和非弹性电子 / 电子散射。正负离子对形成的机制通常发生在 1.02 MeV 的阈值以上。除了光电吸收和康普顿散射外，电子－空穴对的形成也有利于获得高 Z 材料。在低于电子－空穴对形成阈值的情况下，电子主要通过库仑散射持续损失能量。这些过程会产生大量动能低于电离阈值的电荷载流子。在此阶段，电子和空穴分别热作用于 CB 的底部和 VB 的顶部。整个载流子散射过程在亚皮秒级进行。

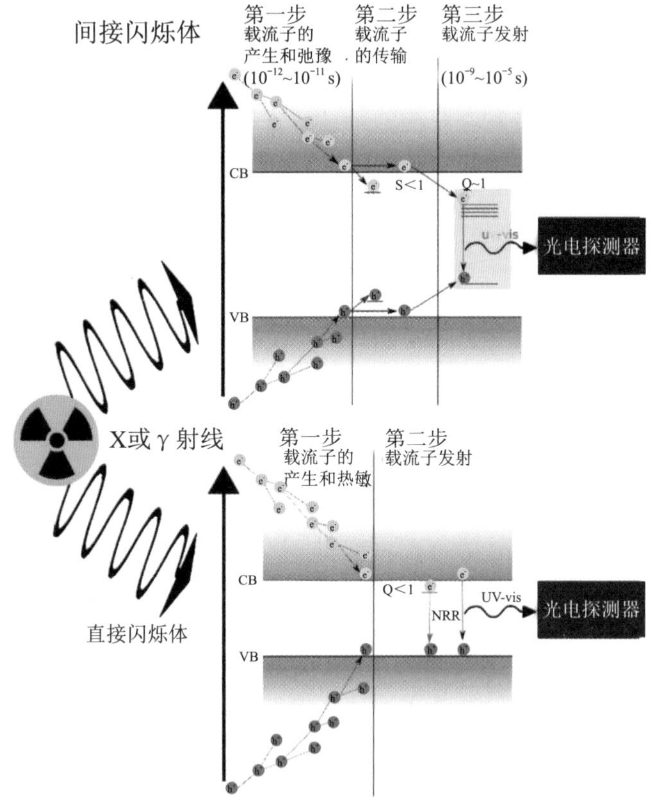

图 5-37　间接和直接闪烁体系机制的示意图

2. 载流子到发射中心的传输

在入射辐射吸收和最终发射的位置，辐射产生的电子和空穴不会相互作用或重新组合。在电子和空穴转移到发光核心之前，它们会经历 10^{-12} ～ 10^{-8} s 的运输过程。陷阱态在这一过程中至关重要。如果闪烁材料中有许多陷阱态，闪烁过程的效率就会降低。迁移电荷载流子可能会被闪烁体材料中的离子空位和晶界等缺陷捕获，或在晶格中自陷，从而导致传输阶段产生的非辐射损耗和可能的辐射复合。通过改善闪烁材料的晶体生长和 / 或表面形态可以有效抑制这些缺陷。因此，大型无裂纹 SC 能够有效增强闪烁性能。

3. 发光离子从激发态辐射回基态的发射过程

发射过程是最后一个阶段，在这个过程中，闪烁光子被发射出来。储存在激发发射中心的能量可以通过发射光子或通过非辐射复合过程释放。辐射光子发射可以通过电子和空穴的复合或高能次电子与发光离子的相互作用来实现。二次电子色散的空间尺寸约为 100 nm。在 100 nm^3 的体积内，1 MeV 的入射辐射量子中约有 10^9 个原子，二次电子数约为 10^5。直接电子 – 空穴复合在 ZnO 和铅 HP 等半导体闪烁体中很常见。另一方面，激活型闪烁体，如掺铈材料，严重依赖发光离子的激发。根据入射粒子的能量产生的光子数 N_{ph} 决定了整体转换效率。需要注意的是，上述闪烁机制仅适用于无机闪烁体，有机闪烁体或非晶体闪烁体的闪烁机制可能更复杂。

直接带隙半导体 (包括铅卤化物钙钛矿和其他新兴材料，如 HgI_2、PbI_2 和 II - VI半导体) 的本征发射发生在带间或激子态 (图 5-37)。其本征发射允许更窄的带隙，以增加最大光产率。而钙钛矿中没有传输步骤，使得闪烁时间尺度受到发射步骤的限制，导致带间或激子衰变时间可以小于纳秒级。这使得铅卤化物钙钛矿可能比传统的直接带隙材料更亮、更快；$MAPbI_3$ 材料理论上每兆电子伏最多可产生约 27 万个载流子，是 CsI:Tl 的 4 倍多。再加上关键成分的高原子序数，包括铅 (Z = 82)、铯 (Z = 55) 和碘 (Z = 53)，使得铅卤化物钙钛矿非常适合应用于间接辐射探测器。

5.4.2 钙钛矿放射线闪烁体的性能表征技术

最近，单晶 (SC)、多晶材料和纳米晶体 (NC) 形式的铅卤化物钙钛矿闪烁体和直接探测器因其可调谐的发射波长、较低的探测极限、较高的阻止能力、易于制造的工艺以及铅的高原子序数引起了研究者们的极大兴趣。

1. 射线阻挡能力

PVK(聚乙烯基咔唑) 由于其高 Z 分量而具有高质量衰减系数。在 100 keV 下，$MAPbI_3$ 的质量衰减系数为 3.1 cm^2/g，远高于 CsI:Tl 的 2.0 cm^2/g^1(图 5-38(a))。然而，闪烁体的阻止能力取决于材料的质量密度，而不仅仅是质量衰减系数。光子在固体中的衰减可以使用比尔 – 朗伯定律获得，该定律显示了透射光子的强度 I 与材料密度 ρ 的依赖关系：

$$I = I_0 e^{-\left(\frac{\mu}{\rho}\right)\rho x} \tag{5-26}$$

其中，I_0 是入射光子的强度，μ 是线性吸收系数，x 是材料厚度。由于质量衰减系数 μ/ρ 不依赖于材料密度，因此无论相或晶体结构如何，都可以使用它进行比较。然而，$PbWO_4$ 和 BGO($Bi_4Ge_3O_{12}$) 材料的质量密度超过 7 g/ cm^3，PVK 单晶的质量密度一般小于 4 g/ cm^3，由于部分卤化物离子占据了很大的体积 (图 5-38(a))，氧化物钙钛矿闪烁体的质量密度会达到更高的值 ($LuAlO_3$ 为 8.3 g/ cm^3)。尽管在传统闪烁体中观察到密度接近 PVK 单晶的值 (NaI 和 CsI 晶体的质量密度分别为 3.7 g/ cm^3 和 4.5 g/ cm^3)，但一些更高性能的 PVK 材料的质量密度甚至更低。例如，通过低维 PVK 得到了迄今为止最高的光产率。

2D 材料包含交替的无机层和大的有机间隔物，与 3D 类似物相比，这些有机部分密度进一步降低 (图 5-38(b))，其中 $(NH_3(CH_2)_2O\text{-}(CH_2)_2O(CH_2)_2NH_3)PbCl_4((EDBE)PbCl_4)$ 的质量密度仅为 2.2 g/cm^3。类似地，尽管 PVK 纳米晶体 (如 $CsPbBr_3$) 表现出明显的 RL，但通常使用纳米晶体的聚合物基质，进一步降低了密度 (图 5-38(c))。基质的低 Z 有机成分增加了衰减长度，对聚合物提供的薄膜质量或环境稳定性进行的优化必须与闪烁体中穿透深度的增加小心地平衡。在图 5-38(d)、(e) 中可以看到低维结构中射线阻挡能力降低了，以医用 CT 扫描仪中使用的 150 keV 光子衰减为例，其中 2D 钙钛矿所需的材料几乎是 3D 钙钛矿的两倍。这降低了探测器的图像分辨率，因为闪烁体内部的光散射增加，从而产生了光学串扰。

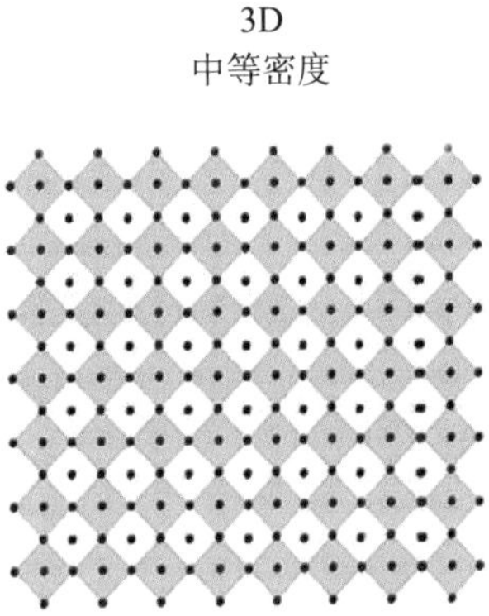

(a) 3D 晶体结构示意图

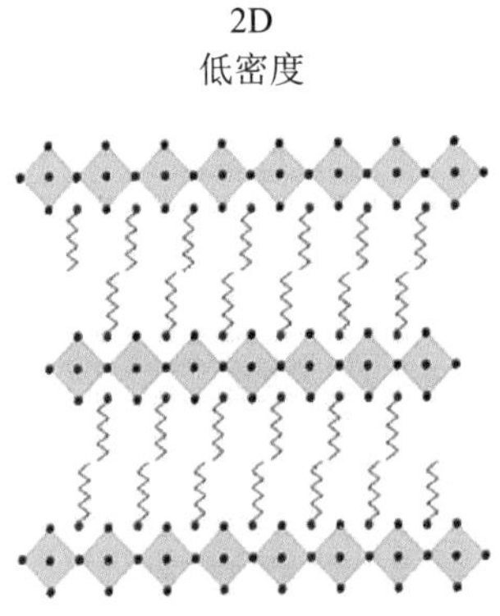

(b) 引入低 Z 有机成分作为 A 位阳离子结构示意图

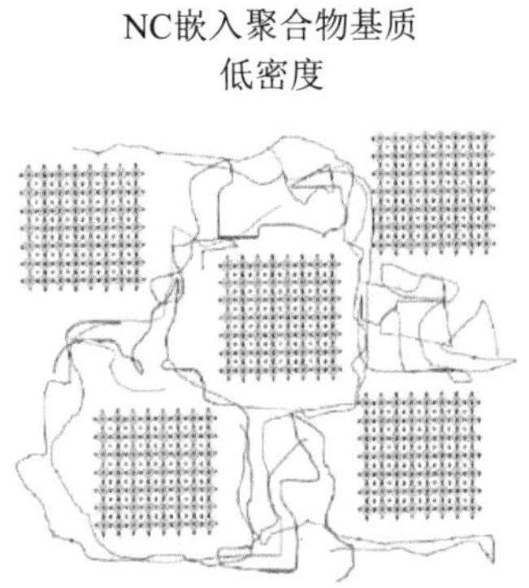

(c) 将纳米晶体嵌入聚合物基质结构示意图

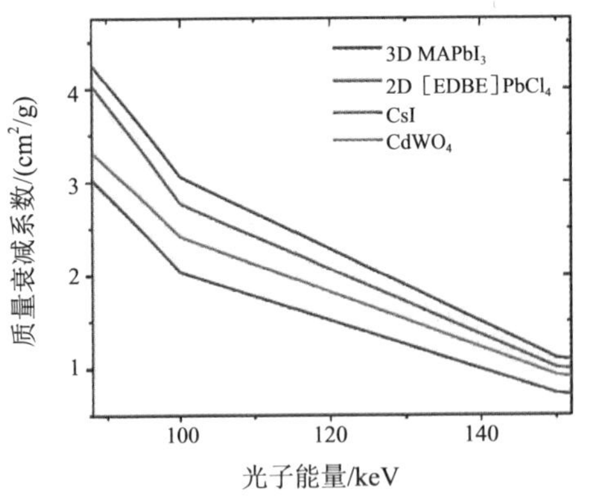

(d) PVK 和商用 CsI 和 BGO 闪烁体材料的质量衰减系数随医学成像相关光子能量的变化

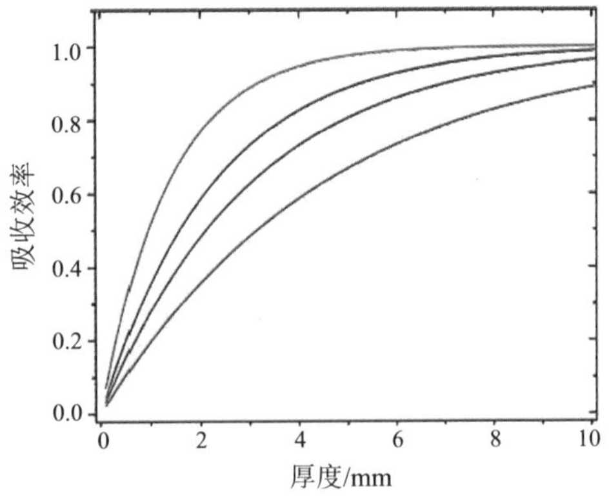

(e) 射线能量为 150 keV 时相应的吸收效率

图 5-38　钙钛矿和商用 CsI 和 BGO 闪烁体材料之间的对比以及不同维度钙钛矿闪烁体的结构示意图

2. 光产率和整体转换效率

光产率 (或闪烁产额) 是闪烁体吸收每单位的电磁辐射或粒子辐射能量所发射的光子

数 (N_{ph})。可以使用以下公式计算：

$$N_{ph} = N_{eh}SQ = \frac{E_\gamma}{E_{eh}}SQ \tag{5-27}$$

其中，N_{eh} 是电子－空穴对的数量，E_γ 是闪烁体吸收电磁辐射或粒子辐射所产生的能量，E_{eh} 是产生一个 e–h 对所需的平均能量，S 是 e–h 对能量到发光中心的传输 / 转移效率，Q 是最终发光过程的量子产率。

闪烁产额的组成部分 (转换效率、传输、发光产率和光收集) 在某种程度上都取决于晶格的结构质量。通过光产率可以计算出闪烁体的整体转换效率，其计算公式如下：

$$\eta = \frac{E_{vis}N_{ph}}{E} \tag{5-28}$$

其中 E_{vis} 表示生成的 UV/vis 光子的能量，E 表示电磁辐射或粒子辐射在闪烁体中损失的总能量。

到目前为止，关于室温下铅卤化物钙钛矿光产率的研究仅限于通过组分或物理限制的低维闪烁体，这是由于激子结合能的增加阻止了室温下发射态的热猝灭。2D 铅卤化物钙钛矿 $(C_6H_5(CH_2)_2NH_3)_2PbBr_4$ 和 $(EDBE)PbCl_4$ 光产率分别为每兆电子伏产生 10 000 和 9000 个光子。同样，全无机 $CsPbBr_3$ 纳米晶体 (NC) 的发射强度是 YAlO3:Ce 闪烁体的五倍。相比之下，诸如 $MAPbBr_3$ 单晶之类的块状 3D 闪烁体，其生长成大面积厚层在室温下尚未显示任何明显的闪烁，在相同条件下，块状 $CsPbBr_3$ 发射强度比 $CsPbBr_3$ NC 低约 4 个数量级。

与 3D 铅卤化物钙钛矿闪烁体 ($<$ 15 MeV) 相比，NC 具有更大的激子结合能 (高达 120 MeV)，以防止发射状态的热猝灭。研究者发现，铅卤化物钙钛矿材料的光产率对温度有很强的依赖性，即在低温下，3D 闪烁体也能发出明亮的光。$MAPbBr_3$ 单晶在 77 K 和 8 K 下的光产率 (每兆电子伏产生的光子数) 分别为 90 000±18 000 和 116 000±23 000 photons·MeV^{-1}，这一结果也证实了上述推断。

3. 辐射发光光谱

辐射发光 (RL) 是介质受到电离辐射激发时闪烁光的波长 (λ_{sc}) 或频率 (ν_{sc}) 分布。它主要由一系列发射带组成，每个发射带的特征是在给定温度下的最大 λ_{sc} 或 ν_{sc} 和半宽 $\Delta\lambda_{sc}(\Delta\nu_{sc})$。

4. 能量分辨率

闪烁探测器的能量分辨率 (R) 是区分不同类型辐射的最重要参数之一。能量分辨率值 (ΔE/E) 的计算方法是将脉冲幅度谱中总峰值最大值的一半 (ΔE) 处的峰值宽度除以峰值位置最大值 (E)。因此，R 可以定义为各种能量贡献的函数：

$$R^2 = R_{np}^2 + R_{lim}^2 + R_{inh}^2 \tag{5-29}$$

其中，R_{np} 是非比例因子，在少数闪烁体中，发射光子的数量与导致光产率分布的吸收能量不成正比，这会降低 R 的值；R_{inh} 与晶体的不均匀性相关，能够引起光效率的局部变化，因此，合成具有更好反射性能的无缺陷晶体至关重要；R_{lim} 是理想检测器的极限分辨率，由泊松定律确定：

$$R_{lim} = 2.35\sqrt{\frac{1+\nu(PMT)}{N_{phe}}} \tag{5-30}$$

式中，ν(PMT) 表示光电倍增管 (PMT) 增益的方差，N_{phe} 表示由于闪烁体阴极的吸收使得 PM 发射的光电子数。

5. 光子探测效率 (PDE)

光子探测效率 (PDE) 是指探测到的光子数量与入射光子数量的比值。光电倍增管的光子探测效率受入射光波长、外加过电压和微器件填充因子的影响。具体而言，量子效率 (QE)、雪崩起始概率 (ε) 和微器件填充因子 (FF) 的乘积决定了光电倍增管的 PDE，如下所示：

$$PDE(\lambda, V) = QE(\lambda, V) \times \varepsilon(v) \times FF \tag{5-31}$$

串扰和寄生脉冲会使直接测量光电倍增管的 PDE 变得更加困难。为了解决这一问题，通常使用传感器的响应度 (R) 来估计 PDE，响应度定义为特定波长下测量的光电流与入射光功率的比率 (不同于式 (5-29) 中的能量分辨率)。可使用以下公式计算 PDE：

$$PDE = \frac{Rhc}{e \times \lambda \times G}(1+P_{XT})(1+P_{AP}) \tag{5-32}$$

其中，R 是响应度，h 是普朗克常数 (6.626×10^{-34} m^2kg/s)，c 是光速 (2.998×10^8 m/s)，e 是基本电荷 (1.602×10^{-19} C)，k 是入射光的波长，G 是增益，P_{XT} 是串扰概率，P_{AP} 是寄生脉冲概率。

6. 光致发光量子产率

分子或物质的光致发光量子产率 (PLQY) 被定义为发射光子的数目与所吸收光子数目的比值。钙钛矿闪烁体的这一特性对于理解它的分子行为和分子相互作用具有重要意义。光致发光量子产率由配备积分球的光谱仪测定，将钙钛矿量子点分散在有机溶剂中，光电倍增管 (PMT) 通过积分球中的全内反射检测激发和发光。PLQY 根据 $PLQY = P_{sample}/(S_{ref}-S_{sample})$ 计算，其中 S_{ref} 和 S_{sample} 分别是溶剂和样品未吸收的激发光强度，P_{sample} 是样品的综合发射强度。

7. 激子结合能

激子结合能是指将电子 - 空穴对拆分为两个自由粒子所需的能量。激子结合能 (E_a) 是通过测量随温度变化的辐射发光强度来估算的。用阿伦尼乌斯公式拟合钙钛矿闪烁体的积分发光强度：

$$I(T) = \frac{I(T_0)}{1+CT\exp\left[-E_a/(k_B T)\right]} \tag{5-33}$$

其中，$I(T_0)$ 是低温极限 (T_0) 下的辐射发光强度，k_B 是玻尔兹曼常数，C 是常数，T 是温度。

5.4.3 钙钛矿放射线闪烁体的材料

近年来，具有优异光电性能的钙钛矿材料被证明是潜在的闪烁体材料。在本章中，我们回顾了钙钛矿及其在单晶 (SC)、二维和纳米晶体 (NC)/ 量子点 (QD) 探测器和成像中的应用。

1. 钙钛矿单晶闪烁体

使用传统的高温炉生长 SC 闪烁体的方法不仅成本高，而且会产生掺杂梯度，导致光产率不均匀，从而降低分辨率，不利于大面积闪烁体器件的发展。此外，折射率的差异限制了晶体光学耦合的选择。利用钙钛矿 SC 闪烁体制备了一些性能优异的器件。然而，它们本身具有吸湿性，需要封装处理，这限制了它们的应用。卤化物钙钛矿闪烁体中存在重原子，因此具有更短的 X 射线吸收长度和良好的探测效率。钙钛矿型 SC 闪烁体由于厚度大、质量密度高、能量响应好、吸收截面大，在 X 射线探测方面具有巨大潜力。

李阳等人采用反溶解度析出法在低温下生长高质量的掺 Br CH_3NH_3X($X = Br$，Cl)SC。他们研究了钙钛矿型 SC 的发光特性，并给出了不同 Br 掺杂浓度下的发射光谱。记录了不同厚度钙钛矿 SC 的 X 射线激发发射光谱，如图 5-39(a) 所示。他们发现，厚晶体可以增强自吸收诱导的再发射，同时抑制近频带之间的发射。此外，徐强等人使用简单的低温溶液生长方法，将钙钛矿 SC 直接集成到硅光电倍增管的窗口中。由于溴离子的掺杂，$MAPbBr_{0.05}Cl_{2.95}$ SC 表现出更高的透射率和较弱的自吸收效应，从而改善了闪烁体发射的发光特性，如图 5-39(b) 所示。通过测量，他们发现闪烁体的衰减时间为 0.14 ± 0.02 ns，光产率为 18 000 photons·MeV^{-1}，662 keV 时的能量分辨率为 $10.5 \pm 0.4\%$。这表明钙钛矿型超晶格在下一代低成本、快速、高能量分辨率闪烁体辐射探测器应用领域具有巨大潜力。

虽然卤化铅钙钛矿闪烁体在 X 射线探测中显示出巨大的应用潜力，但由于铅元素的毒性，它在应用中有一定的限制。为了避免铅元素毒性的限制效应，赵雪等人报道了一种基于 Rb_2CuCl_3 金属卤化物的新型无铅自吸收钙钛矿闪烁体。他们比较了典型 $Lu_{1.8}Y_{0.2}SiO_5$-Ce(LYSO)、CsI-Tl 和 Rb_2CuCl_3 闪烁体的吸收系数，如图 5-39(c) 所示。由于 Rb_2CuCl_3 闪烁体中存在较重的元素和较高的密度，Rb_2CuCl_3 的吸收低于 LYSO 和 CsI-Tl。Rb_2CuCl_3 显示出 16600 photons·MeV^{-1} 的光产率和 48.6 nGy_{air}·s^{-1} ～ 15.7 μGy_{air}·s^{-1} 的大闪烁响应范围。值得注意的是，检测极限低至 88.5 nGy_{air}·s^{-1}，因此在进行医疗和安全检查时，辐射对人体的影响可以大大降低。此外，它在空气环境、连续紫外线和 X 射线照射下表现出良好的稳定性。Rb_2CuCl_3 的低毒性、良好的闪烁性能和稳定性使其成为一种很有前途的 X 射线闪烁体。

近年来，钙钛矿 SC 闪烁体除了广泛应用于探测器中外，在 X 射线成像领域也受到了越来越多的关注。在 X 射线成像过程中，需要低辐射量和高对比度以减少不必要的电离辐射，这成为 X 射线成像技术面临的关键挑战之一。徐强等人通过简单的溶液处理方法制备了用于 X 射线成像的高灵敏度 $MAPbCl_3$ SC 钙钛矿闪烁体。值得注意的是，他们在实验中使用了未抛光的原始晶体。在随后的实验中，他们在 40 keV 的条件下，测量了厚度为 3.5 mm 的 $MAPbCl_3$ SC 上 X 射线光子的衰减效率，如图 5-39(d) 所示。结果表明，闪烁体在这种情况下表现出完全衰减。此外，在 50 keV 的 X 射线强度下，闪烁体的灵敏度最高，最低探测率为 114.7 nGy_{air}·s^{-1}。最终实现了高对比度 X 射线成像。以上结果表明，价格低廉的钙钛矿 SC 闪烁体材料非常适合 X 射线成像。

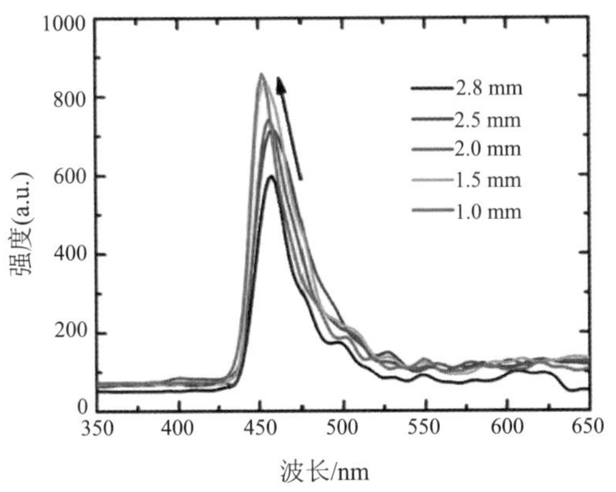

(a) 不同厚度 $CH_3NH_3PbCl_{2.85}Br_{0.15}$ 的 X 射线激发发光光谱

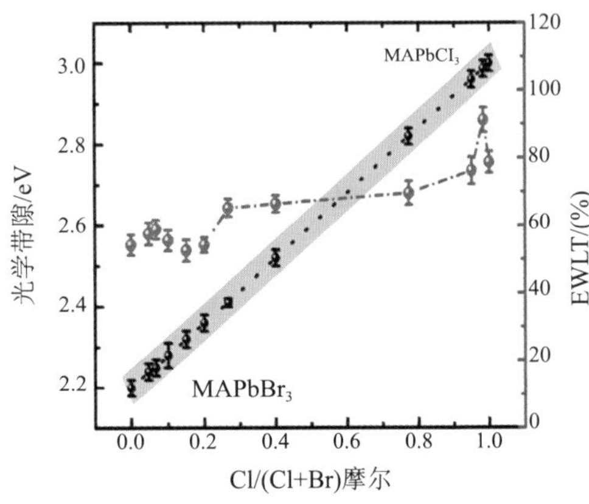

(b) 光学带隙和发射加权纵向透射率 (EWLT) 与 Cl/(Br + Cl) 摩尔比的函数

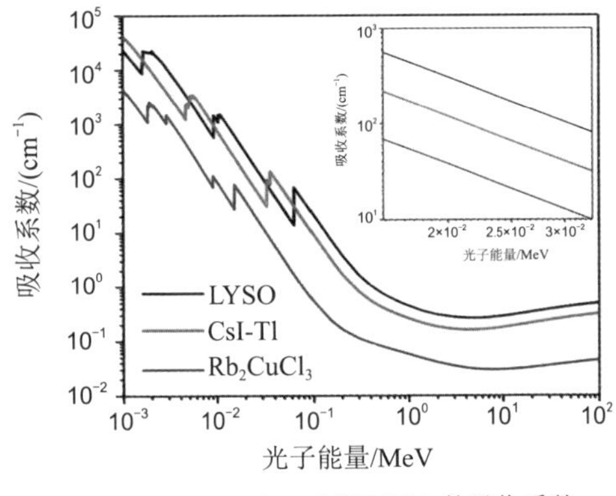

(c) Rb_2CuCl_3、CsI-Tl 和 LYSO 的吸收系数关于光子能量的函数

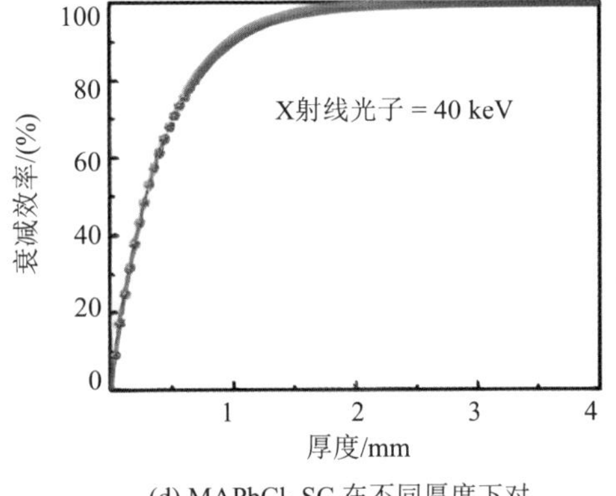

(d) $MAPbCl_3$ SC 在不同厚度下对 40 keV X 射线光子的衰减效率

图 5-39 不同钙钛矿闪烁体的研究进展

2. 二维钙钛矿闪烁体

二维卤化物钙钛矿的光学特性也使其成为潜在的闪烁体材料。Asai 等人首先提出，层状钙钛矿可以克服大多数闪烁体的缺点。例如，TOF 技术中要求闪烁体 PET 具有快速响应时间。二维卤化物钙钛矿的极短激子发光寿命使其具有巨大的应用潜力。Asai 等人发现，在脉冲电子束辐照下，$(C_6H_{13}NH_3)_2PbI_4$ 的荧光衰减分为三部分，衰减时间分别为 390 ps(28%)、3.8 ns(29%) 和 16 ns(43%)。值得注意的是，这里衰减快的部分是由于自由激子复合，而衰减慢的部分是由于缺陷处激子的影响。重要的是，390 ps 的衰变时间是目前已知最快的，甚至超过了大多数报道的短寿命有机闪烁体。

与三维系统 (体) 中的激子结合能相比，二维系统 (量子阱) 中的激子结合能相应更高。热波动对这些材料效率的影响显著降低。此外，随着电子和空穴波函数之间重叠的增加，激子的强度增加，激子的辐射寿命随着尺寸的减小而降低。由于这些效应，被限制在 2D 结构中的激子表现出快速衰减和高光产率。基于这些特性，Shibuya 等人比较了 $(C_3H_7NH_3)_2PbBr_4$(2D) 和 $MAPbBr_3$(3D) 钙钛矿的闪烁效率。在 25 K 时，由于没有足够的热

能分离 $MAPbBr_3$ 的弱束缚激子，3D 钙钛矿的效率 (约为传统 NaI:Tl 闪烁体的 140%) 远远超过 2D 材料 (约为传统 NaI:TL 闪烁体的 26%)。然而，在室温下，三维材料中的激子很容易分离，二维材料中的激子则保持束缚状态。因此，2D 材料的效率 (6.5%) 与其他常用闪烁体材料 (如 BGO) 相当，后者的效率远高于 3D 材料 (0.075%)。

2016 年，Birowosto 等人对比了 $MAPbI_3$(3D)、$MAPbBr_3$ 和 (EDBE)$PbCl_4$(2D) 混合钙钛矿晶体的 X 射线闪烁特性，如图 5-40 所示。他们发现，通过 X 射线诱导热释光测量可以得出深阱不存在，相反，浅阱态的密度非常小，从而降低了余辉效应。在低温条件下，所有钙钛矿晶体都表现出较高的 X 射线激发光产率 (>120 000 photons·MeV^{-1})。虽然在室温下热猝灭效应明显，但 2D(EDBE)$PbCl_4$ 的大激子结合能可以大幅降低热效应，即使在室温下也可以获得相当大的光产率 (9000 photons·MeV^{-1})。上述结果表明，二维金属卤化物钙钛矿闪烁体在大面积、低成本的 X 射线探测应用中显示出巨大的潜力。

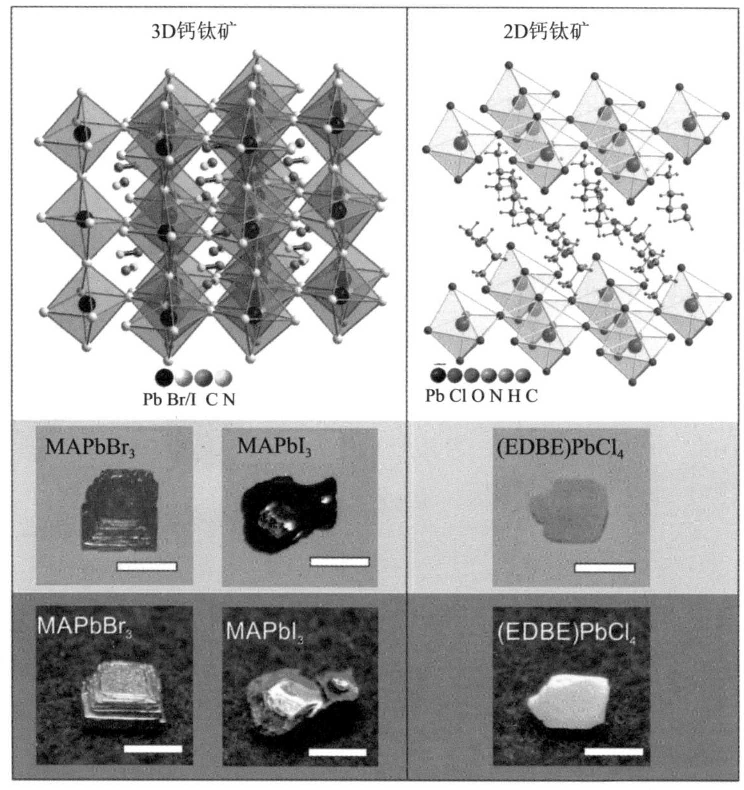

(顶行是 $MAPbX_3$(X = I，Br)3D 钙钛矿 (左) 和 (EDBE)$PbCl_4$ 2D 钙钛矿 (右) 的晶体结构；中间行是混合卤化铅钙钛矿大单晶的照片；底行是紫外线灯激发下的发光晶体，比例尺为 5 mm)

图 5-40 晶体结构和外观

2D 钙钛矿的一些其他特性也使其非常适合闪烁体应用。例如，2D 钙钛矿相对稳定，能够承受电离辐射。此外，重铅原子 (以及卤化物原子，以碘钙钛矿为例) 的存在使得强烈吸收 X 射线成为可能。闪烁体可以以相对较薄的厚度制造，这有助于抑制不利影响，例如由自吸收效应引起的效率损失和响应时间变慢。由于材料光产率的理论极限与带隙成反比，2D 卤化物钙钛矿的小带隙相对于其他常见闪烁体材料也占主导地位。此外，由于其在可见光范围内发光，因此与光电倍增管 (量子效率 40% ～ 50%) 相比，高效雪崩 PD 更适合检测发射，因为其效率较高 (量子效率 90% ～ 100%)。

此外，二维钙钛矿闪烁体已广泛应用于 X 射线成像。例如，曹继涛等人首次使用 2D 卤化锡钙钛矿 ($(C_8H_{17}NH_3)_2SnBr_4$) 闪烁体进行 X 射线成像，其量子产率接近 100%，发光衰减时间长 ($\tau = 3.34$ μs)，如图 5-41(a) 所示。这种无毒、无铅、有机－无机混合钙钛矿闪烁体是在酸性水溶液中低温合成的，具有良好的发射性能和辐射发光强度，在紫外光的激发下产生近 98% 的光致发光量子产率。此外，钙钛矿闪烁体毒性较小，可进一步减小对环境和人体的不利影响。更重要的是，钙钛矿闪烁体可以嵌入聚合物主体和均匀柔性复合膜中，这是一种用于 X 射线成像应用的高效闪烁屏。

为了进一步确定 X 射线成像系统的良好成像条件和空间频率，他们组装了一个由五个不同宽度的狭缝组成的条形模型，然后在不同的电流和电压条件下使用 X 射线成像仪获得 X 射线图像，在 40 kV 和 20 mA 的条件下，获得了由 $(C_8H_{17}NH_3)_2SnBr_4$ 闪烁体提供的性能良好的条形模型的 X 射线图像。此外，在图像中清晰地观察到 0.2 mm 宽的间隙，并提供了有关棒模型轮廓的更多细节，如图 5-41(b) 所示。此外，他们开发的 $(C_8H_{17}NH_3)_2SnBr_4$-PMMA 薄膜 X 射线成像系统的分辨率可以大致识别为 200 μm 的尺度。从这个角度来看，获得的 $(C_8H_{17}NH_3)_2SnBr_4$ 钙钛矿闪烁体薄膜和铅基钙钛矿闪烁体薄膜可以在 X 射线成像中实现相同的空间频率。最后，使用廉价的标准 CCD 相机，通过使用闪烁体胶片获得的设备图像的灵敏度为 104.23 $\mu Gy_{air} \cdot s^{-1}$。这项工作为基于二维钙钛矿闪烁体的低成本、无毒、高分辨率 X 射线成像应用奠定了基础。

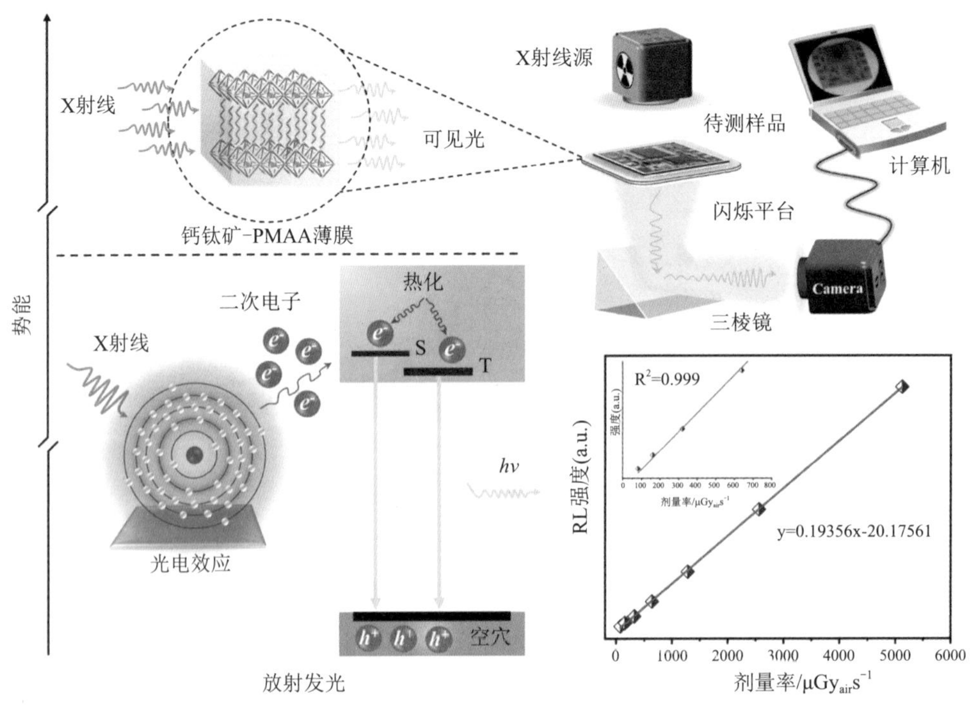

(a) X 射线成像系统和 $(C_8H_{17}NH_3)_2SnBr_4$-PMMA 薄膜的 X 射线能量转换机理研究

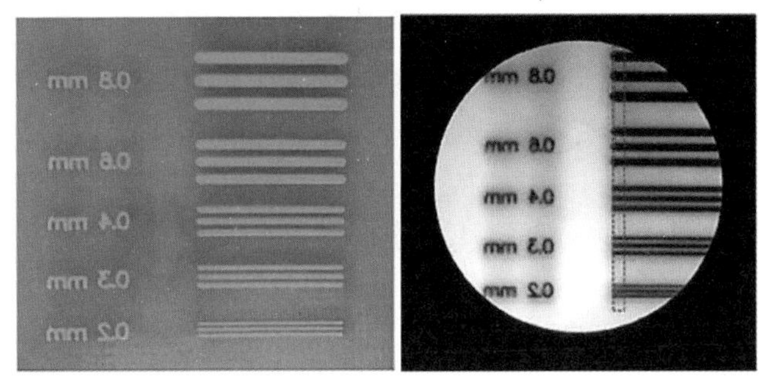

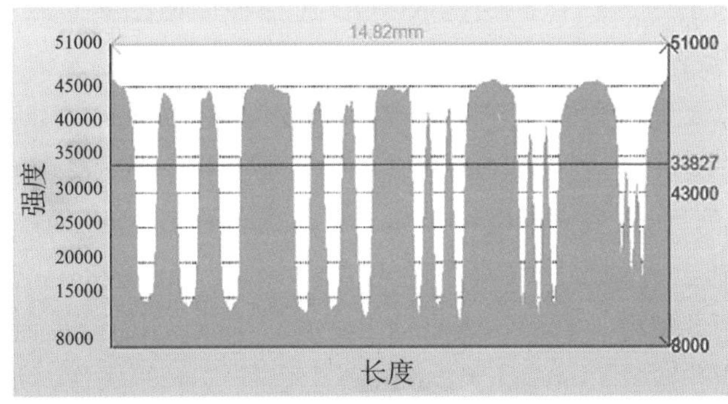

(b) $(C_8H_{17}NH_3)_2SnBr_4$-PMMA 薄膜的 X 射线成像性能

图 5-41 钙钛矿闪烁体 X 射线成像系统和 X 射线能量转换机理研究

3. 钙钛矿 NC/QD

卤化物钙钛矿结构 NC/QD 具有独特的电子结构，使其在激发态处于高发射三重态，从而导致异常快的发射率。此外，由于量子限域的影响以及电子和空穴波函数重叠的增加，发光中心和 X 射线产生的激子的空间分布被限制在 NC/QD 的玻尔半径内。近年来，卤化物钙钛矿型 NC/QD 闪烁体由于其易于制备、可在可见光范围内调节的电子带隙以及超灵敏的 X 射线探测能力，在大面积、灵活的 X 射线领域得到了广泛的关注。

这些纳米晶体闪烁体在可见光波段表现出强烈的 X 射线吸收和强烈的辐射发光。与大块无机闪烁体不同，这些钙钛矿纳米材料可在相对较低的温度下进行溶解处理，并可产生 X 射线诱导发射，通过在合成过程中调整胶体前体的阴离子成分，很容易在可见光谱范围内进行调谐。这些特性使我们能够制造出灵活、高灵敏度的 X 射线探测器，其探测极限为每秒 13 nm，约为典型的医学成像剂量的四百分之一。研究表明，这些颜色可调钙钛矿纳米晶体闪烁体可以为 X 射线照相提供方便的可视化工具，因为相关图像可以由标准数码相机直接记录。

尽管钙钛矿型 NC/QD 闪烁体在探测和成像方面得到了广泛的应用，但要实现实际应用还有很长的路要走，还有许多技术问题亟待解决，如结构优化、探测效率的提高和成本的降低。一般来说，只有较厚的活性材料才能有效吸收 X 射线光子，但载流子收集效率低会导致设备灵敏度降低。此外，尽管钙钛矿型 NC/QD 闪烁体可以与硅探测器结合使用，但它们之间存在强烈的重吸收现象，这导致硅探测器的有效率较低。

为了克服这一困难，李晓明等人通过管理载流子，提出了一种全钙钛矿高灵敏度集成 X 射线探测器，大大提高了 X 射线探测器的灵敏度。他们发现，$CsPbBr_3$ NC 中高效的超快激子传输导致更大的斯托克斯位移，大大提高了 PL 量子产率 (>50%) 和发光效率 (>3 倍)。其次，制备的钙钛矿探测器的响应大于 0.4 $A \cdot W^{-1}$。该集成探测器充分利用了工程 $CsPbBr_3$ NC 高 X 射线发射效率和高钙钛矿高光电响应性的优点，在 8.8 μGy^{-1} 的辐射率下实现了 54 684 $\mu CGy_{air}^{-1}\ cm^{-2}$ 的高灵敏度。这为钙钛矿型 NC/QD 闪烁体的 X 射线探测奠定了坚实的基础，该闪烁体具有更好的性能和更高的空间频率。

此外，值得注意的是，钙钛矿结构 NC/QD 对各种环境因素 (如光、高温和湿度) 十分敏感，会发生载流子聚集和相变等明显问题，这使得它们在 X 射线照射下不太稳定，为了解决这些问题需要更合理的闪烁体结构。因此，曹继涛等人利用从商用闪烁体中提取的“发射矩阵”原理，制造了 $CsPbBr_3@Cs_4PbBr_6$ 闪烁体。他们发现，Cs_4PbBr_6 闪烁体不仅增强了 X 射线衰减，而且最大限度地提高了嵌入式 $CsPbBr_3$ NC 闪烁体的耐热性。其次，宽带隙 Cs_4PbBr_6 有利于 X 射线信号高效的光输出、稳定和灵敏的闪烁响应，以及良好的线性度和超高的时间分辨率。最后，它显示出巨大的实际应用潜力，通过简单的非真空刀片涂层技术，在大面积胶片 (360 mm×240 mm) 上进行 X 射线成像，从而获得人眼看不见的内部结构高质量图像。这表明钙钛矿型 NC/QD 闪烁体将在具有良好灵活性、重复性和较低成本的设备中显示出巨大的应用潜力。

此外，在典型的闪烁体材料中，X 射线入射光子可以通过光电效应与重原子 (如 Pb、Tl 或 Ce) 相互作用，产生大量热电子。同时，这些载流子迅速被激发，形成低能激子，然后这些激子可以被传输到缺陷中心或激活剂原子处进行辐射。然而，在钙钛矿型 NC/QD 中，能量较低的入射 X 射线光子在初始转换阶段主要通过光电效应与钙钛矿型 NC/QD 的晶格原子相互作用。在这个过程中，产生了大量高能电子和空穴，钙钛矿结构 NC/QD 中发生了电子输运。然后，在导带 (CB) 和价带 (VB) 的边缘快速激发热电子和空穴。最后，电子 - 空穴对的俘获和辐射复合可以通过调节带隙能量来控制，以产生所需的可见光颜色。因此，可以推断，在卤化铅钙钛矿结构 NC/QD 中，高能 (千伏)X 射线光子可以通过直接带隙发射转化为大量低能可见光子。

为了解释这一理论，陈秋水等人通过热注入法制备了一系列全无机钙钛矿 NC/QD (CsPbX3，X = Cl、Br 或 I) 的多色 X 射线闪烁体，并展示了它们在超灵敏 X 射线传感和低辐射 X 射线技术中的应用，如图 5-42 所示。他们发现这些 NC 闪烁体在可见光区域有更强的 X 射线吸收和辐射。与传统的无电极闪烁体不同，钙钛矿型 NC/QD 闪烁体在合成过程中可以在较低的温度下溶解，通过调节阴离子成分以产生 X 射线的诱导辐射。值得注意的是，在 X 射线激发下，钙钛矿结构 NC/QD 发生窄带隙和可调谐辐射。他们使用自制的原型设备，以 15 μGy 的低辐射量 X 射线对电子电路和苹果 iPhone 的内部结构进行成像。钙钛矿结构 NC/QD 对 X 射线 (44.6 ns) 的反应非常快，非常适合动态实时 X 射线摄像。这也为大面积、柔性和超灵敏 X 射线探测器的大规模生产和应用奠定了基础。

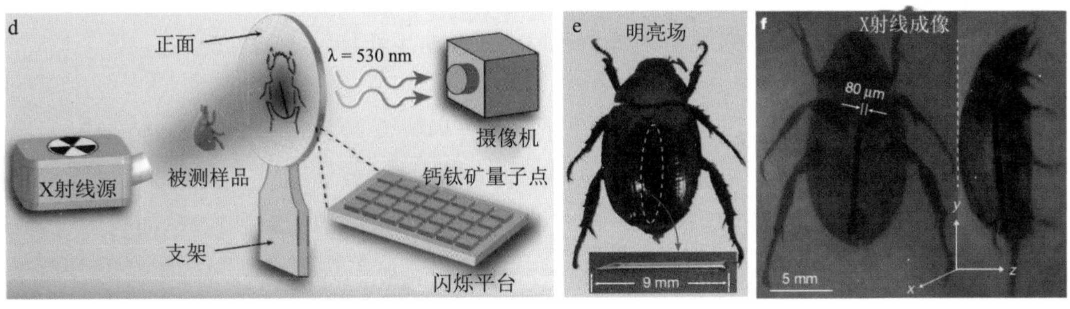

图 5-42 用于生物样本实时 X 射线诊断成像的实验装置示意图

5.4.4 钙钛矿放射线闪烁体的发展现状与前景

近年来，随着市场对辐射探测材料需求的不断增加，对闪烁体的研究也越来越深入。钙钛矿材料因其优异的性能已被证明是一种潜在的闪烁体材料，但其应用很少。本小节主要总结了闪烁体研究目前的挑战，并对未来的发展进行了简单的展望。

1. 挑战

1) 低稳定性

虽然已经有很多关于钙钛矿闪烁体的研究，但钙钛矿材料本身的稳定性直接影响到器件的性能。吉布斯自由能是评估钙钛矿材料热力学稳定性的有效途径。对于作用于材料表面和晶体内部的总吉布斯自由能，当尺寸减小时，晶体结构逐渐趋于对称。调整吉布斯自由能的另一个有效方法是适当减小具有较小表面能的对称结构的尺寸。然而，由于钙钛矿闪烁体对光、热、湿度等环境因素和相变问题具有固有的高灵敏度，钙钛矿 NC/QD 闪烁体具有明显的聚集性，导致其失去限制并形成载流子陷阱，使其在 X 射线条件下不稳定。尽管关于克服低稳定性的研究在过去几年中取得了令人满意的进展，但在保持优异光电性能的同时实现钙钛矿闪烁体的高稳定性仍然是一个困难的挑战。

2) 严重的自吸收效应

自吸收是闪烁体中激活剂发射的光子被晶体自身重新吸收的过程。卤化物钙钛矿的自吸收现象是影响其闪烁体性能的一个非常重要的因素。近年来，卤化物钙钛矿闪烁体以其优异的性能得到了迅速发展。然而，其光产率低于传统闪烁体，这主要是由于卤化铅钙钛矿的斯托克斯位移小和内部的自吸收效应导致其光耦合效率较低。为了弥补这一缺陷，许多团队采取了有效措施。例如，闪烁体可以相对较薄，这有助于将自吸收效应和响应时间效率损失降至最低。此外，适当掺杂卤素元素可以提高透射率，降低自吸收效应。尽管如此，钙钛矿闪烁体自吸收之后，光产率降低，能量分辨率也随之降低。抑制卤化物钙钛矿的自吸收效应还需要很长的时间。

3) 钙钛矿型 SC 闪烁体在常温 / 高温下的低闪烁性能

随着工作温度的升高，钙钛矿型单晶闪烁体的使用效率通常会大幅降低，这使其使用条件变得复杂，必须将其冷却到低温 (<130 K) 以实现最佳闪烁性能，这不利于其应用和推广。因此，迫切需要提高钙钛矿闪烁体在常温 / 高温工作环境下的性能。

4) 光散射导致低分辨率

闪烁体发射的光从产生点开始各向同性，这会导致像素之间的光串扰 (光散射)，导致低分辨率。因此，必须通过有效的手段来控制光散射现象，以提高分辨率。为此，许多研究小组都有效地控制了晶粒尺寸，以防止光散射现象，实现有效输出，从而大大提高了分辨率。除此之外，电荷捕获引起的像素大小变化和电荷串扰也会限制探测器的分辨率。要提高钙钛矿闪烁探测器的分辨率还有很长的路要走。

5) 毒性

钙钛矿闪烁体在 X 射线照射下具有很强的转换能力，因此被广泛应用于 X 射线成像。与传统闪烁探测器相比，它具有更高的灵敏度、更高的空间频率和更短的响应时间。然而，铅的毒性对人类生活和环境造成了严重影响，限制了其商业应用。由于类似的特性，低毒或无毒元素 (如 Sn、Bi、Sb、Cu 和 Ge) 可以取代铅形成无铅钙钛矿。无铅钙钛矿是一种很有前途的闪烁体材料，其结构多样性非常适合与 X 射线探测和医学成像相关的各种应用。多样性结构与 A、B 和 X 离子的三个重要成分 (离子半径、离子价和配位类型) 密切相关。基于这些关键因素，一些研究小组提出了多维无铅钙钛矿材料的设计规则。通过合理的结构工程，可以实现性能优异甚至多种功能的多维无铅钙钛矿。除了结构的大小，电子的大小对于确定光电特性 (如带隙、载流子迁移率和缺陷水平) 也至关重要。在大多数情况下，它们的电子尺寸和结构尺寸密切相关。我们相信，无铅卤化物钙钛矿将朝着 X 射线探测和医学成像相关领域的实际应用迈出有意义的一步。然而，大多数关于无铅钙钛矿的最新研究都处于材料开发阶段。需要多学科研究人员的共同努力，以了解其物理特性并提高其设备的性能。

6) 吸湿性

大多数金属卤化物复合钙钛矿是吸湿的，我们必须找到适当和有效的解决办法来弥补这一缺陷。经过研究发现，合适的封装技术可以将闪烁体材料与环境隔离，防止材料在器件运行过程中退化。矿油广泛用于闪烁晶体的制造和表征，例如，可以用作晶体切割和抛光的润滑剂。同时，它提供了一种简单方便的解决方案，使晶体与环境绝缘，并用作晶体材料临时和长期储存的包装材料。但矿油通常不用于探测器应用材料的最终包装。降低钙钛矿闪烁体吸湿性的研究还有很长的路要走。

2. 展望

1) 提高光产率

闪烁体的光产率是决定 X 射线转换效率和探测对比度的重要指标之一。其固有的小斯托克斯位移和强大的自吸收效应，导致卤化铅钙钛矿结构 NC/QD 相对较低的光学成品率，并大大降低了光学耦合效率。在钙钛矿闪烁体中，较重元素的替代进一步增加了晶体不均匀性的弹性散射速率和能量松弛速率，导致其热化空穴和相邻电子之间的距离缩短。在这种情况下，将发射长度移动到更长的波长并增加斯托克斯位移可能会导致自吸收的减少。更重要的是，俘获电子或空穴数量的减少有助于闪烁体的电子－空穴复合和激活剂激发态数量的增加，从而导致光产率的增加。在钙钛矿闪烁体中，较大的斯托克斯位移、较小的自吸收效应和较高的 PLQY 是获得高光产率的关键。

2) 二维钙钛矿闪烁体材料

在二维钙钛矿闪烁体中，激子的小斯托克斯位移会引起自吸收效应，光产率和能量分辨率降低，发射寿命更长。值得注意的是，经过研究，2D (EDBE)$PbCl_4$ 可以减少自吸收现象。然而，由于发射机制的不同，(EDBE)$PbCl_4$ 闪烁体表现出较低的光学产率和较长的响应时间。因此，2D 钙钛矿闪烁体在未来的 X 射线探测和成像应用中还有很长的路要走。

3) 钙钛矿闪烁体探测器的小辐射量测量

目前，大多数探测器的辐射量相对较大，用于放射治疗的小辐射量测量是主要挑战之一，例如探测器的空间分辨率不足、剂量分布不准确以及能量依赖性不足。此外，报告的卤化铅钙钛矿材料的最佳检测限为 0.036 $\mu Gy_{air} \cdot s^{-1}$，这仍然不符合目前医学检测所需的最佳条件，因为在医学检测中降低辐射剂量可以显著降低 X 射线和致癌风险，这也为进一步优化提供了可能性。更重要的是，X 射线安检系统还需要一个低检测限的探测器 (每次检查的 X 射线剂量为 0.25 μGy)。此外，最佳检测极限可以最小化电荷的横向扩散，并提高成像应用的空间分辨率。结合钙钛矿闪烁体材料的优良性能，小辐射剂量钙钛矿闪烁体探测器的研究是未来医学领域的一个重要课题。

4) 大面积和柔性的器件

卤化物钙钛矿闪烁体以其优异的性能得到了不断的开发和应用。然而，目前它仅限于小面积和实验室研究，尚未投入大规模生产。在钙钛矿闪烁体器件的未来研究中，大规模制备、柔性器件和器件产业化是未来发展的最终目标。

5) 工作机理研究

到目前为止，对不同尺寸卤化物钙钛矿闪烁体探测器工作机理的研究尚处于未知阶段。首先，对于钙钛矿量子点缺陷密度的作用和 0D 钙钛矿闪烁探测器的工作机理，有两种不同的观点。值得注意的是，量子点表面可以完全钝化，因此可通过改进量子点表面端盖配体，以获得优秀的量子点闪烁探测器。为了匹配大晶粒和无针孔的钙钛矿薄膜，量子点尺寸的选择也尤为重要。其次，一维和二维卤化物钙钛矿闪烁体中缺陷的数量和类型取决于其成分、晶粒或厚度、生长和 / 或加工方法，这对材料的光电性能有很大影响，使得钙钛矿闪烁体中的缺陷对一维和二维材料性能的影响仍需系统研究。使用 3D 材料提高钙钛矿闪烁体增益的工作机制也存在争议。在未来的工作中，对不同尺寸的钙钛矿闪烁体材料在 0D、1D、2D 和 3D 进行更多的理论计算和巧妙的实验研究还有很长的路要走。

6) 厚晶片闪烁体

虽然钙钛矿单晶、2D 和 QD 闪烁体的研究已经取得了很多进展，但用传统方法 (旋涂、刮涂、喷墨打印和真空沉积) 仍然难以制备数百微米厚的大面积钙钛矿薄膜。为了解决这个问题，可以开发一种新型钙钛矿 (晶圆形状) 闪烁体材料，以平衡当前钙钛矿闪烁体的厚度和面积。这也是钙钛矿闪烁探测器发展的一个主要主题。

7) 提高钙钛矿闪烁体薄膜质量

钙钛矿闪烁体 X 射线探测器的性能在很大程度上取决于钙钛矿活性层薄膜的形态和结晶度。首先，在通过溶液法制备钙钛矿薄膜的过程中，无论是一步法还是两步法，都需要热退火过程来诱导钙钛矿薄膜的结晶和晶粒生长。此外，量子点薄膜制备过程需要一定的溶剂来促进薄膜的形成。因此，为了获得高质量的钙钛矿薄膜，通常需要调整热退火处理的温度、所需的溶剂量和清洗时间。非极性溶剂可以快速诱导钙钛矿薄膜的结晶，以获得非常平坦和均匀的表面，覆盖率为 100%。此外，低结晶度限制了钙钛矿闪烁体 X 射线探测器的性能。因此，寻找更好的处理方法来进一步提高钙钛矿的晶粒尺寸和结晶度也是提高薄膜质量不可或缺的一部分。

本章小结

卤化物钙钛矿材料因其优异的性能而被证明是最有前途的探测器材料。本章对卤化物钙钛矿在光电探测、X 射线探测和放射线闪烁体领域的研究进展进行了简要介绍。虽然研究者们在这些领域已经取得了很多成果，但是未来的发展仍面临很多问题，例如低稳定性、自吸收效应、铅毒性等问题。

第6章 铅卤化物钙钛矿基发光器件

6.1 钙钛矿发光二极管

发光二极管(LED)是一种将电能转换为光能的器件，与早期白炽灯和荧光灯相比，LED因其发光效率高、能耗低、使用寿命长等优点而逐渐步入商业化进程。

铅卤化物钙钛矿除了具有优异的光电性能外，还具有优异的发光性能，与砷化镓、氮化铟镓等传统无机半导体相比，金属卤化物钙钛矿是直接带隙半导体材料，具有低温溶液处理能力、较窄的半峰全宽(FWHM≈12～40 nm)和高的光致发光量子产率(PLQY)，达到100%。金属卤化物钙钛矿通过简单的卤化物成分调节，可以在可见光范围内实现全光谱范围的可调，因此相关的宽色域(≈140%)比国家电子视觉系统委员会(NTSC)的CIE色度图标准更宽，远高于有机LED(OLED)和量子点LED(QLED)，这些性能使其在高性能发光二极管中具有很好的应用前景。

在过去的几年中，钙钛矿发光二极管(PeLED)的研究取得了显著的进展，绿光、红光和波长小于800 nm近红外发射PeLED的EQE均超过20%，低维钙钛矿薄膜和钙钛矿纳米晶实现了高辐射复合率；有效的钝化降低了非辐射复合和接近统一的PLQY；复杂的界面工程导致了无障碍电荷注入。然而，PeLED仍然面临着光谱稳定的纯红、纯蓝器件效率低下、高亮度条件下EQE下降以及设备寿命不足的挑战。本章将对钙钛矿发光二极管的结构和工作原理、性能及表征技术、材料、发展现状和前景等方面进行介绍。

6.1.1 钙钛矿发光二极管的结构和工作原理

1. 钙钛矿发光二极管的结构

现有的PeLED器件结构通常被分为正向结构和反向结构。正向结构如图6-1(a)所示，由透明导电阳极ITO/空穴传输层、钙钛矿发光层、电子传输层、阴极修饰层、金属阴极组成；反向结构如图6-1(b)所示，由透明导电阴极ITO、电子传输层、钙钛矿发光层、空穴传输层、阳极传输层、金属阳极组成。

有文献对PeLED的结构进行了详细分类和介绍，共得出四种典型器件结构，如图6-2所示。分别是：Ⅰ型，无CTL的PeLED；Ⅱ型，带有有机聚合物/小分子制成的CTL的PeLED；Ⅲ型，带有无机CTL的PeLED；Ⅳ型，带有有机－无机混合CTL的PeLED。

金属阴极
阴极修饰层
电子传输层
钙钛矿发光层
空穴传输层
透明导电阳极ITO

(a) 正向结构

金属阳极
阳极修饰层
空穴传输层
钙钛矿发光层
电子传输层
透明导电阴极ITO

(b) 反向结构

图 6-1　两种钙钛矿 LED 器件结构图

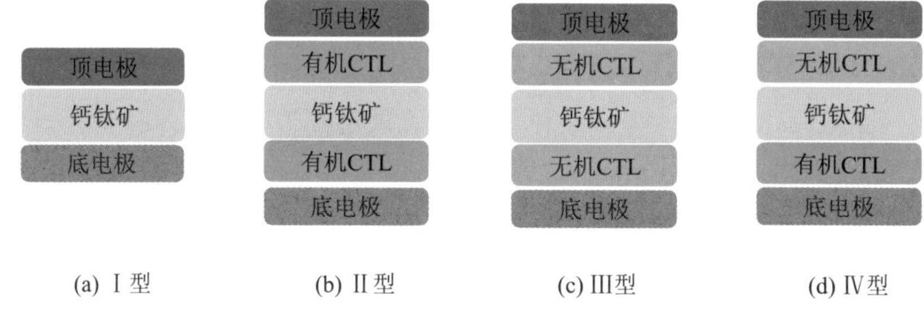

(a) Ⅰ型　(b) Ⅱ型　(c) Ⅲ型　(d) Ⅳ型

图 6-2　四种钙钛矿型 LED 器件结构示意图

于洪涛和同事们制备了 ITO/$MAPbBr_3$-PEO/In/Ga 的Ⅰ型单层 PeLED，尽管器件结构简单，但它们具有 3 V 的低开启电压和 4064 cd/m^2 的合理高亮度，他们使用银纳米线 (Ag NW) 作为电极进行进一步优化，制备出全印刷玻璃 /ITO/$MAPbBr_3$/Ag NW 结构的 PeLED，实现了 1.1% 的最大 EQE、2.6 V 的较低开启电压和 21 014 cd/m^2 的亮度。碳纳米管 / 聚合物基板上的高柔性 PeLED 可以弯曲而不影响器件性能。该小组随后使用由 $CsPbBr_3$、聚环氧乙烷 (PEO) 和聚乙烯吡咯烷酮 (PVP) 组成的混合物，获得了开启电压为 1.9 V、EQE 为 5.7%、极高亮度为 591 197 cd/m^2 的 PeLED。Ⅱ型结构是 PeLED 中最常见的。几年来，使用 ITO/PEDOT:PSS/PFI/$MAPbBr_3$/TPBI/LiF/Al 和 ITO/poly-TPD/$CsPb(Br/I)_3$QD/TPBI/Liq/Al 的Ⅱ型器件结构的 PeLED 的效率从 0.125% 提高到 21.3%。

与Ⅱ型 PeLED 的有机 CTL 相比，Ⅲ型和Ⅳ型带有无机 CTL 的 PeLED 具有更好的载流子传输特性和更高的设备稳定性，因此这两种结构应用广泛。第一个利用Ⅳ型结构的 PeLED 基于 ITO/TiO_2/$MAPbI_{3-x}Cl_x$/F8/MoO_3/Ag 结构，该器件性能非常差，EQE 仅为 0.76%，亮度仅为 346 cd/m^2。然而，基于 ITO/ZnO/PEIE /$FAPbI_3$/TFB/MoO_x/Au 的Ⅳ型结构的 PeLED 的 EQE 已达到 20.7%，并且采用简单的玻璃环氧树脂封装的器件显示出相当好的稳定性 (在 100 mA/cm^2 的恒定电流密度下，20 小时后 EQE 降至初始值的一半)。基于所有无机 CTL 的Ⅲ型器件与Ⅳ型器件相比具有更好的稳定性，近年来这种类型的 PeLED 发展迅速。例如，史志锋等人报道了一种溶液处理的全无机异质结 PeLED，器件结构为 ITO/NiO/$CsPbBr_3$ QD/ZnO/Al，实现了最大 EQE 为 3.79%、CE 为 7.96 cd/A、亮度为 6093.2 cd/m^2 的绿光发射。更为重要的是，这种无包膜的器件在空气中表现出合理的工作稳定性：在湿度为 75% 的高湿环境下，在 8.0 V 偏压下连续工作 12 小时，其发射强度仅下降 29%，说明无机 CTL 可以起到相当高效的阻湿作用，保持钙钛矿量子点的发射特性。同时他们利用 In/ZnO/Mg ZnO/$CsPbBr_3$ QD/NiO/Au 的器件结构进一步提高了性能，获得了更高的 EQE(4.6%)，CE 为 8.736 cd/A，亮度为 10 206 cd/m^2。这些未封装的 PeLED 在外加偏压为 8.0 V 时可连续工作 60 小时，发射衰减为 14%。

2. 钙钛矿发光二极管的工作原理

典型的 PeLED 由阳极、p 型空穴传输层 (HTL)、钙钛矿发射层、n 型电子传输层 (ETL) 和阴极组成，如图 6-3 所示。为了限制注入载流子并实现更强的发光，钙钛矿发射体被夹在 HTL 和 ETL 之间，形成双异质结结构。在外加电压下，空穴和电子从阳极和阴极注入，并通过 HTL 和 ETL 注入钙钛矿层，形成激子，然后发射光子。

对于钙钛矿型 NC 基发光二极管，有两种可能的复合过程，包括图 6-3(a) 所示的直接电荷注入和图 6-3(b) 所示的电荷传输后的 Förster 共振能量转移 (FRET)。在后一个过程中，不受钙钛矿发射体限制的空穴 (或电子) 可以转移到 ETL(或 HTL)，在 ETL(或 HTL) 中形成激子。然后，激子能量通过偶极 - 偶极耦合非辐射跃迁到钙钛矿层中，在钙钛矿层中产生激子，随后发生重新组合和光子发射。这两个过程也可以同时发生而不互相影响。

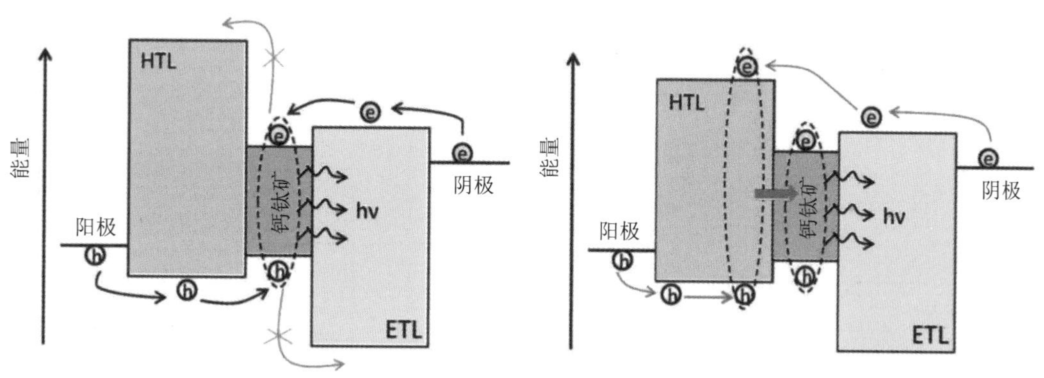

(a) 直接电荷注入和复合　　(b) 通过 Förster 共振能量转移进行电荷传输和复合

图 6-3　PeLED 的两种工作机制

在钙钛矿发光二极管 (PeLED) 中，发射极层可能包括三维的、层状的或纳米结构的钙钛矿，夹在电子传输层和空穴传输层和注入触点之间，如图 6-4 所示。PeLED 可以将电能高效地转化为光子。其核心结构是电致发光半导体活性层，当器件工作时，电子与空穴由发光层两侧注入，随后被限制在发光层中形成激子并复合，从而产生辐射。LED 发射的光子能量取决于发光层材料的光学带隙。

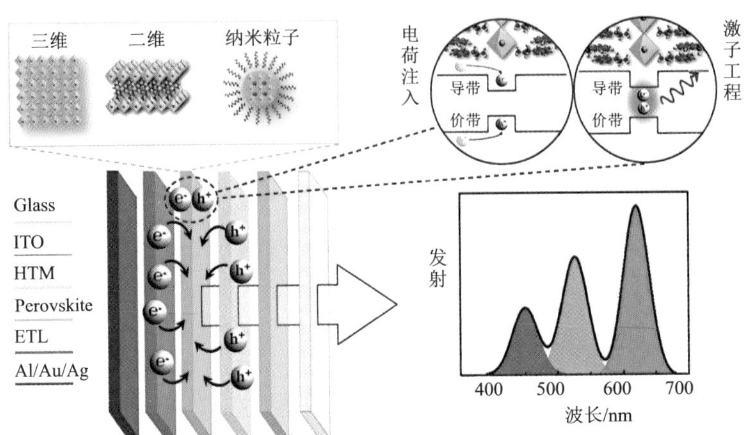

图 6-4　PeLED 器件示意图

下面我们将基于同质结和异质结结构对 LED 的工作原理进行详细介绍。

20 世纪初，Round 发现了基于碳化硅 (SiC)/ 金属肖特基结的电致发光现象，其后，早期基于同质 p-n 结 (下文简称同质结) 的 LED 被加工出来并迅速发展。同质结 LED 的结构和工作原理分别如图 6-5(a)、(c) 所示。图 6-5(c) 为 p 型和 n 型半导体接触后达到热平衡和工作状态的能级。量子 qV_D 表示载流子通过平衡态结的势垒高度。当施加正向偏压时，势垒高度降低，电子和空穴分别从 n 型和 p 型半导体注入。这些少数载流子的注入会引起辐射复合，并伴随着光子的释放，这是传统同质结 LED 的工作原理。

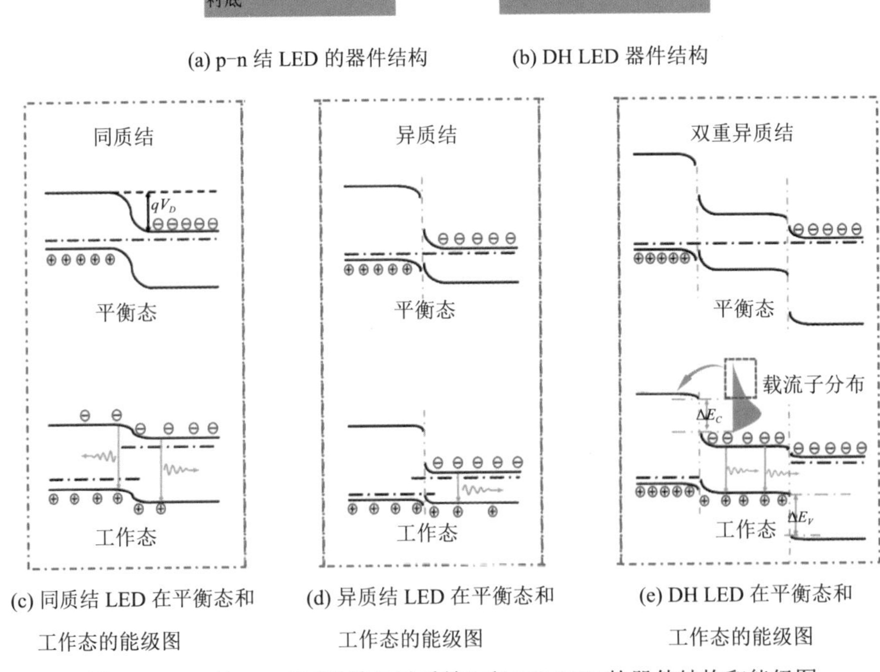

(a) p-n 结 LED 的器件结构　(b) DH LED 器件结构

(c) 同质结 LED 在平衡态和工作态的能级图　(d) 异质结 LED 在平衡态和工作态的能级图　(e) DH LED 在平衡态和工作态的能级图

图 6-5　p-n 结 LED(同质结及异质结) 和 DH LED 的器件结构和能级图

同质结结构是一种早期结构，由于 p 型和 n 型半导体具有相同的带隙，因此会产生光子重吸收损耗。为避免光子的再吸收，研究人员开发了一种由两种不同带隙半导体构成的异质 p–n 结 (以下称为异质结)。在异质结 LED 中，宽禁带半导体用作电荷注入源，窄禁带半导体用作发光源。图 6-5(d) 所示为平衡态和工作态下异质结的能级图，从中可以看出电子和空穴通过异质结后具有不同的势垒。如图 6-5(d) 所示，异质结 LED 中的光发射仅发生在合适工作电压下的窄带隙半导体中。由于窄带隙半导体发射的光子能量较低，不会在宽带隙半导体中引起吸收，因此，使用宽禁带半导体作为 LED 的出光窗口可以有效地降低光子重吸收损失。早在 1957 年，Kroemer 就提出异质结比同质结具有更高的载流子注入效率，这为异质结 LED 的发展提供了理论基础。

异质结的高载流子注入特性可以用扩散模型来解释。假设 p 型和 n 型半导体分别具有宽带隙和窄带隙。注入比定义为空穴电流密度与电子电流密度之比，用下式表示：

$$\frac{J_p}{J_n}=\frac{D_{p2}P_{10}L_{n1}}{D_{n1}n_{20}L_{p2}}\exp\left(\frac{\Delta E}{k_0 t}\right) \tag{6-1}$$

其中，D_{p2} 和 D_{n1} 分别为 p 型和 n 型半导体的扩散系数；P_{10} 和 n_{20} 分别为 p 型半导体空穴浓度和 n 型半导体电子浓度；L_{n1} 和 L_{p2} 分别为电子扩散长度和空穴扩散长度；ΔE 表示 p 型和 n 型半导体之间的带隙差。对于同质结，$\Delta E = 0$；对于异质结，$\Delta E>>k_0T$。

异质结的载流子注入效率明显大于同质结。由于低光重吸收和高载流子注入效率，LED 的性能取得了质的突破。然而，异质结和同质结 LED 都有一个固有的致命缺点：对注入载流子的利用不足，即载流子的扩散长度大于活性层厚度；一些注入的载流子直接通过活性层到达电极表面而没有复合，从而以漏电流的形式造成效率损失。因此，载流子将被限制在活性层内，以提高利用率。

这一想法启发了双异质结 LED(DH LED) 的出现，其具有三明治结构，如图 6-5(b) 所示。宽禁带 p 型和 n 型半导体分别用作空穴传输层 (HTL) 和电子传输层 (ETL)，窄禁带半导体用作有源层 (图 6-5(e))。在 DH LED 的工作过程中，空穴和电子分别从 HTL 和 ETL 注入有源层，光子通过电子 – 空穴对的辐射复合而发射。DH 结构中存在 ΔE_C 和 ΔE_V，注入载流子被限制在活性层中，其中 ΔE_C 表示 HTL 和活性层之间导带 (CB) 的差异，ΔE_V 表示 ETL 和活性层之间价带 (VB) 的差异。DH 结构可以提高注入载流子的利用率，这是所有最先进的 LED(包括 PeLED) 都基于 DH 结构的主要原因。值得注意的是，由于 CB 中的自由电子服从费米 – 狄拉克分布 (图 6-5(e) 中的紫色)，少量高能电子不可避免地从势垒中逃逸 (高于 ΔE_C)，从而导致载流子损耗。在这种情况下，选择 n 型和 p 型半导体作为电荷层时，为了降低载流子损耗，首选最大的 ΔE_C 和 ΔE_V。

6.1.2 钙钛矿发光二极管的性能和表征技术

铅卤化物 PeLED 可以克服传统 LED 颜色质量欠佳、基于量子点的新兴 LED 响应时间长和有机发光二极管最大亮度低的局限性，获得明亮、经济和高颜色纯度的 LED。衡量 LED 发光性能优劣程度的主要性能参数如下：

(1) 开启电压 (U_0)：当钙钛矿 LED 器件亮度为 1 cd/m^2 时的工作电压。一般情况下，钙钛矿 LED 器件发出的光波长越短，U_0 越大。

(2) 电流密度 (J)：钙钛矿 LED 器件在工作区域中单位面积所通过的电流。一般电流 - 电压曲线是三段式结构，第一阶段是当工作电压小于 U_0 时，电流随着电压的增大而缓慢增大，这段电流被称为漏电流；第二阶段和第三阶段是当工作电压大于 U_0 时，电子和空穴开始通过辐射复合发出光子，电流先随着电压的增大急剧上升，当器件中电子和空穴输出达到饱和状态时，电流基本保持不变。国际通用单位是毫安 / 平方厘米 (mA/cm^2)。

(3) 亮度 (L)：钙钛矿 LED 器件单位面积的发光强度。国际通用单位是坎德拉 / 平方米 (cd/m^2)。

(4) 光通量 (Φ)：钙钛矿 LED 器件单位时间发出的光量之和。一般情况下，电流越大，器件的 Φ 越大。国际通用单位是流明 (lm)。

(5) 内量子效率 (IQE)：钙钛矿 LED 器件中钙钛矿发光层产生的光子数和电流注入的电子数之比。它可以表示为

$$IQE = \eta_I \cdot \eta_R \tag{6-2}$$

其中，η_I 为注入效率，表示注入电流重组后与泄漏电流相关的部分；η_R 为辐射效率，表示每个电子 - 空穴对的辐射复合分数。

影响 IQE 的一个因素是 PLQY，其定义为发射的光子数除以吸收的光子数，也可以表示为辐射复合事件 (导致光子发射) 与总复合的比率。

(6) 外量子效率 (EQE)：钙钛矿 LED 器件向外辐射出的光子数和注入器件的电子数之比。这是衡量 LED 效率最重要的参数之一。它可以表示为

$$EQE = IQE \cdot \eta_o \tag{6-3}$$

其中，η_o 是光学外耦合系数，表示可以将多少发射光子从 LED 提取到自由空间。IQE 是内部量子效率。

(7) 功率效率：输出的光功率与输入的电功率之比，是衡量器件功耗的重要指标，国际通用单位是流明 / 瓦特 (lm/W)。表达式为

$$PE = \frac{P}{IU} \tag{6-4}$$

其中，P 是发射到自由空间的功率，I 和 U 分别是 LED 的电流和电压。当电流恒定时，在较低的电压下可以获得较高的 PE，这表明 LED 具有较低的电荷注入势垒。

(8) 电流效率：器件运行时，单位发光面积上的亮度与电流密度的比值，单位为 cd/A。

$$CE = \frac{L}{J} \tag{6-5}$$

其中，L 是 PeLED 单位面积的发光亮度，J 是通过器件的电流密度。

我们需要防止泄漏电流，增加辐射复合的比例。此外，已知 LED 的半高宽与晶粒尺寸和缺陷状态的分布有关。事实上，所有制造高效率 LED 的策略都基于对器件物理特性的基本理解。

(9) 寿命：在恒定电流驱动下，钙钛矿 LED 器件的亮度衰减至初始亮度的一半时所经

历的时间。一般情况下，器件的寿命在恒定电压或者恒定电流条件下测试，器件的初始亮度在 100 cd/m^2 左右。器件寿命表示的是器件的稳定性，寿命越长，器件越稳定。为了获得高效的 PeLED，需要减小其漏电流，增加电子 - 空穴对的辐射复合，使用 PLQY 较高的钙钛矿型发射极。绿光和红光发光二极管的 EQE 在短短 4 年时间里已经迅速从不足 0.1% 发展到超过 20%；此外，PeLED 的功率效率 CE 和亮度 L 已经接近 OLED 和 QLED 各自的值。PeLED 器件的性能仍有很大的提高空间，这可以通过对钙钛矿材料的适当改性和器件结构的优化来实现。

6.1.3 基于不同钙钛矿材料的发光二极管

钙钛矿材料广泛应用于铁、压电、磁阻、半导体、催化等领域。钙钛矿是最有吸引力的发光材料之一，最初被用作太阳能电池的可见光敏化剂。钙钛矿具有优越的发光性能，其在电致发光领域也具有相当的应用前景，对此，研究者们针对各钙钛矿材料的可控合成开展了深入的研究。按照空间维度分类，钙钛矿一般可分为四类：0D(量子点 QD)、1D(纳米线、纳米棒、纳米柱等)、2D(层状薄膜)和 3D(体相薄膜)。由于 1D 纳米钙钛矿材料在结构上的局限性，故研究主要集中在 2D、3D 钙钛矿薄膜和 0D 钙钛矿 QD 方面。

1. 三维钙钛矿 LED

目前常见的钙钛矿发光材料主要是 3D 钙钛矿薄膜，通式为 AMX_3，该结构由可能占据 A 位的大量大型二价阳离子(例如 Ca^{2+}、Sr^{2+}、Ba^{2+}等)、M 位的较小四价阳离子(例如 Ti^{4+}、Zr^{4+}等)以及占据 X 位的氧构成，如图 6-6 所示，可以实现丰富的性质多样性。有机 - 无机(杂化)钙钛矿不同于其经典氧化物对应物，在 A 位引入单价有机部分，在 M 位引入二价金属阳离子，通常在 X 位引入卤化物。AMX_3 杂化钙钛矿结构由三维(3D)网络形成，有机 A 位阳离子占据四个相邻角共享 MX_6 金属卤化物八面体之间的空位。(例如，M = Pb^{2+}、Sn^{2+}、Ge^{2+}、Cu^{2+}、Eu^{2+}、Co^{2+}等，X = Cl^-,Br^-,I^-)。

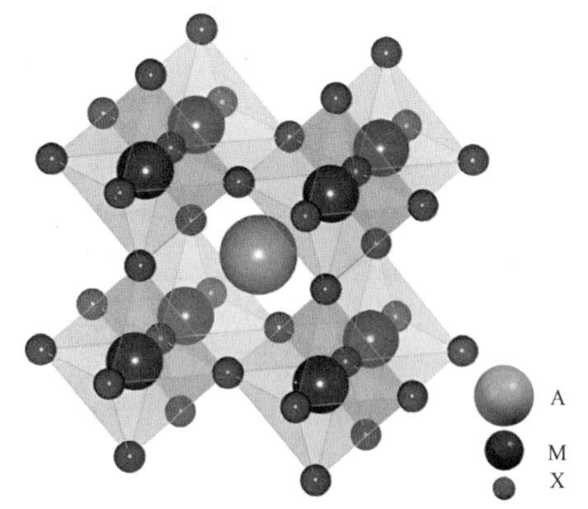

图 6-6 三维钙钛矿晶体结构的示意图

形成(或不形成)钙钛矿结构的概率可以使用哥德施密特公差因子(t)和八面体因子(μ)进行估计。其中哥德施密特公差因子 $t = (r_A + r_X)/[\sqrt{2}(r_M + r_X)]$，八面体因子 μ 可以依据 r_M/r_X 得出。根据容限系数，只有加入少量阳离子才能形成钙钛矿 ($t \approx 1$)。根据经验发现，在 $0.80<t<0.90$ 和 $0.40<\mu<0.90$ 时，可以形成立方钙钛矿。通过改变不同位点的元素，尤其是卤素阴离子，可以大幅调节金属卤化物钙钛矿的光学带隙，进而覆盖从紫外到近红外的光谱范围。这一特性为金属卤化物钙钛矿材料的光电应用提供了重要支撑。

2014 年 9 月，Friend 等人使用一步溶液旋涂法制备了 $CH_3NH_3PbBr_3$ 绿色发光层，器件电流密度为 123 mA/cm^2，获得了 0.1% 的绿光 EQE 和 0.4% 的 IQE。他们通过调节前驱体溶液摩尔比得到混合卤化物发光材料 $CH_3NH_3PbBr_2I$，该器件呈红色发光。游经碧等人在甲胺分子中掺入 Cs^+，以 $Cs_{0.87}MA_{0.13}PbBr_3$ 作为发光主体，并且在电子传输层与钙钛矿层间引入亲水性绝缘材料聚乙烯吡咯烷酮 (PVP)，得到器件的 EQE 为 10.4%，并且获得了 91 000 cd/m^2 的亮度，见图 6-7。这项工作为后期将其他阳离子作为钙钛矿的混合阳离子提供了思路。

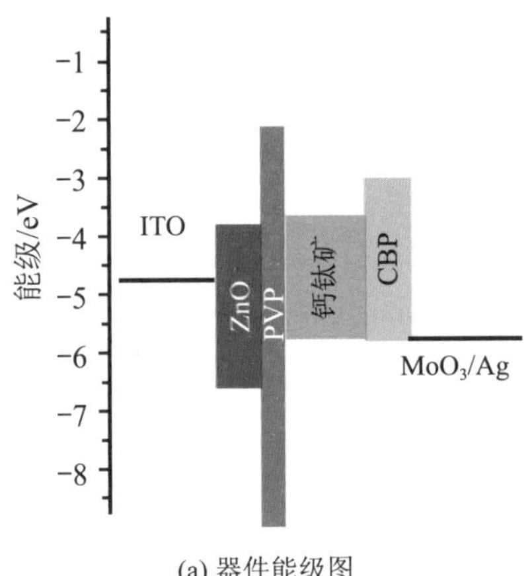

(a) 器件能级图

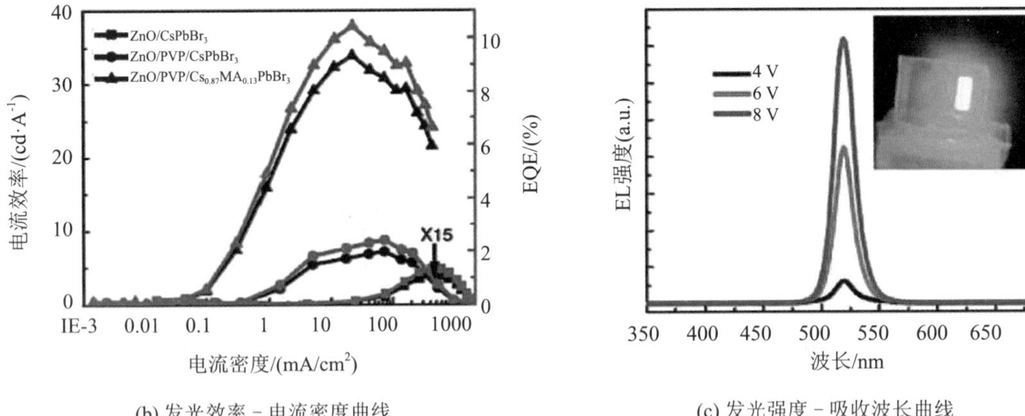

(b) 发光效率 - 电流密度曲线

(c) 发光强度 - 吸收波长曲线

图 6-7　$Cs_{0.87}MA_{0.13}PbBr_3$ 三维钙钛矿 LED 的器件性能

2. 二维钙钛矿 LED

与 $3DAMX_3$ 钙钛矿相比，低维钙钛矿的晶体结构一般为层状的单层或多层铅卤八面体，其一般表达式为 $(RNH_3)_2A_{n-1}M_nX_{3n+1}$，其中 n 为铅卤八面体层数，当 n 为 1 时，钙钛矿材料为二维钙钛矿；当 n 为无穷时，钙钛矿材料为三维体相钙钛矿；当 n 为某一个较小的数值时，则为准二维钙钛矿。低维钙钛矿的结构形成是将较大的有机胺分子嵌入八面体之间的空隙中，使得八面体层被有机胺大分子分割，形成不连续的铅卤八面体片层，其结构如图 6-8 所示。

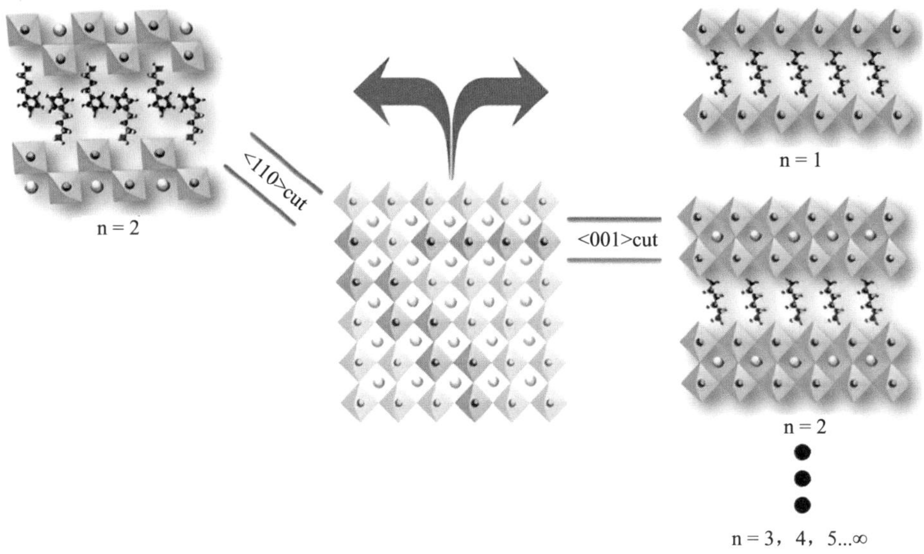

(a) 二维与准二维钙钛矿晶体结构

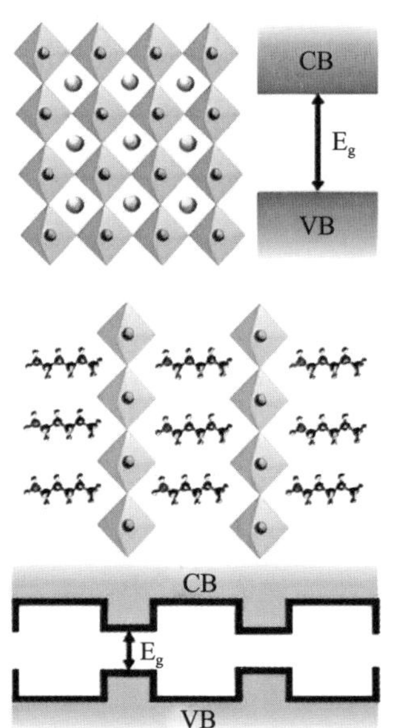

(b) 二维钙钛矿的能带结构

图 6-8 2D 钙钛矿的晶体结构和能带结构

根据八面体网络分离的取向，低维钙钛矿可以为 (100) 与 (110) 取向。以典型的铅碘八面体为例，其中铅离子的半径为 0.119 nm，碘离子的半径为 0.220 nm，因此当 A 的一价阳离子半径大于 0.260 nm 时，八面体之间将无法形成共顶点连接，此时钙钛矿的结构表达式变为 A_2MX_4。层状八面体结构可以被理解为天然的量子阱，其中无机的铅卤八面体为势阱，非共轭的有机长链胺基分子为势垒。由于“阱”和“势垒”的介电常数不同，电子－空穴相互作用增强，它们具有非常大的结合能 (数百兆电子伏)，而对称性的降低会减少被禁止的电子跃迁，并有助于提高光致发光强度或量子产率。这些层状钙钛矿在二维上具有强耦合性和广泛的组成灵活性，是发光应用的理想材料。

2D 钙钛矿材料是最早应用于 LED 中的钙钛矿材料。1994 年，Era 等人制备了第一个基于 2D 层状 $(C_6H_5C_2H_4NH_3)_2PbI_4$ 材料的 PeLED，其发射峰值为 520 nm，高亮度为 10 000 cd/m^2，但仅在液氮温度下，因为这种器件中的声子在较高温度下具有较大的散射率，从而抑制了电子和空穴的辐射复合。Sargent 的研究小组使用多层准 2D 钙钛矿，将苯乙基铵 $(PEA = C_8H_9NH_3)$ 结合到 $MAPbI_3$ 中，形成的 $PEA_2(MA)_{n-1}Pb_nI_{3n+1}$ 具有多个能量漏斗的结构。这些能量漏斗可以通过改变 MA 和 PEA 阳离子的摩尔比方便地调节，其合适的能级保证了载流子被有效注入到最低能级区，从而提高了辐射复合速率，其 EQE 达到 8.8%，最大辐射亮度达 80 W/(Sr·m^2)。黄国斌等人报道了一系列具有优越器件性能的二维层状 PeLED，例如，以 $NFPI_6B$ 为发射极，实现了基于自组织多量子阱 (MQW) 的溶液处理 PeLED，其 EQE 高达 11.7%，最大辐射亮度达 82 W/(Sr·m^2)。这些优异的器件性能归功于量子阱中的快速能量转移，避免了激子的猝灭，并产生了有效的辐射复合。

但是 2D 钙钛矿材料中的有机绝缘层会阻碍载流子运输，从而影响器件的性能。为了在保证量子限制效应的同时提高载流子迁移率，准 2D 钙钛矿材料被用于 PeLED 中。2018 年，Friend 等将准 2D 钙钛矿材料 $(NMA)_2FAPb_2I_7$(其中 NMA 为萘甲胺基团，FA 为甲脒基团) 制备成近红外 LED 器件，并且发现非辐射俄歇复合导致的发光猝灭是 PeLED 中效率滚降的主要原因，他们通过调节钙钛矿前驱体溶液中大分子和小分子有机阳离子的比例，增加了钙钛矿量子阱的宽度，从而抑制其发光猝灭效应，而且由于降低了有机绝缘层的比例，载流子迁移率得以提升。该 PeLED 器件的 EQE 高达 20.1%，并且表现出了合理的稳定性，在连续工作下 EL 半衰期为 46 小时。

基于纯 2D 或准 2D 钙钛矿材料的 PeLED 不仅发光亮度高、宽谱颜色可调，而且色纯度好。其性能普遍优于 3D PeLED 器件，主要原因是其具有的“量子阱”结构使得激子结合能明显增加，电子和空穴可以被有效地限制在较小的空间内，从而大幅度提高 PLQY。同时，较大的激子结合能使其在较小的光激发或电激发功率下，就能实现高效的电子 - 空穴复合发光。通过对 2D 钙钛矿材料中有机阳离子成分比例进行研究或者用溶剂蒸汽处理等手段控制钙钛矿薄膜生长，器件的发光性能得以大大提高。

3. 零维钙钛矿 LED

目前，合成钙钛矿 QD 时通常用有机物作为主体钙钛矿材料的表面配体，从而限制钙钛矿的生长，形成尺寸较小的 QD。其尺寸在所有空间维度都受限，正是由于量子限域效应的影响，其 PLQY 相对较高。

用于 PeLED 中的钙钛矿 QD 一般是全无机钙钛矿材料 ($CsPbX_3$，X = Cl,Br,I)，因其具有 PLQY 高且可调谐的荧光发射波长等优点，在 LED 中展现出较大的发展潜力。Loredana 等人首次用简单的胶体单分散合成法制备了 $CsPbX_3$ QD，通过调控成分和量子效应，可在整个可见光谱区域内调谐其带隙能量和发射光谱，PLQY 高达 50% ～ 90%。Liu

等人在钙钛矿前驱体溶液中加入三辛基膦 (TOP) 作为配位溶剂，由于磷原子上存在孤对电子，硒和硫粉易溶于 TOP 中，因此，可方便地制备出油溶性阴离子前驱体 TOP-X。实验结果表明，热 TOP 溶液易溶解 PbI_2 粉体，形成稳定、高活性的 TOP-PbI_2 络合物，可用于合成高质量的 $CsPbI_3$ 量子点。并且，TOP 与生成的量子点表面协调，更好地钝化了量子点表面。

相较于 2D 和 3D 钙钛矿 LED，虽然钙钛矿 QD LED 的研究起步较晚，但是研究者通过对其进行后期洗涤、改进合成方案和改变阴离子交换溶剂等方式制备出具有高质量的钙钛矿 QD，使其在 LED 器件中表现优异。但是钙钛矿 QD LED 器件中所用的电荷传输层一般为聚合物，由于聚合物自身的绝缘性，不利于电流密度的增大，从而影响了器件发光效率。

6.1.4 钙钛矿发光二极管的发展现状与前景

自 20 世纪 60 年代诞生以来，LED 在日常生活中的重要性不断提高。与传统光源相比，LED 的能源利用效率更高，具有更长的工作寿命和多功能性，有望取代所有灯具和显示器。金属卤化物钙钛矿的 LED 于 20 世纪 90 年代首次被提出，但是当时的电致发光只能在低温下实现，不利于器件的广泛研究和实际应用。

2014 年，谭振坤等人报道了第一种可以在室温下工作的电致发光 PeLED，他们利用 $CH_3NH_3PbX_3$(X 为 Br 或 I) 作为发光层，虽然该器件的外部量子效率 (EQE) 仅为 0.1%，但钙钛矿已成为 LED 的活性层。由于三维钙钛矿较大的介电常数，注入的电子、空穴一般以激发态自由载流子形式存在，致使辐射复合效率较低。该报道中的 PeLED 是利用厚度只有 15 nm 的三维钙钛矿结构活性层实现的，但是，如何避免漏电并制备均一覆盖的钙钛矿发光层成为一项挑战。为了弥补钙钛矿薄膜成膜特性不足的缺点，将三维钙钛矿材料与聚合物混合形成均一无孔洞的活性层是一种理想的策略。为此，研究者通过在钙钛矿前驱体溶液中加入聚酰亚胺、聚环氧乙烷等聚合物有效提升了三维 PeLED 的能量转化效率。

此后，钙钛矿发光器件的研究获得快速发展。王恺和 Friend 的团队随后成功地提高了 PeLED 的效率。此外，王恺、Sargent 以及高峰等人分别通过准二维钙钛矿发光层或采用改性的三维钙钛矿活性层策略进一步提升了近红外 PeLED 的效率。Lee 等人相继通过钙钛矿发光层的设计与改性将绿光二极管器件的外量子效率提升至 20% 以上。Kido 等人于 2018 年成功采用卤素离子交换与配体改性策略有效改善了钙钛矿纳米晶发光层的光电特性并将红光 PeLED 的外量子效率提升至 20% 以上。自此，绿光、红光与近红外金属卤化物 PeLED 的转化效率已经接近光学理论极限。

然而，天蓝至深蓝 PeLED 的外量子效率依旧有待突破。Bakr 等人利用溴基单卤素准二维钙钛矿发光层首先将天蓝光器件的外量子效率提升至 1.9%，此后廖良生与 Sargent 等人相继利用准二维钙钛矿与混合卤素钙钛矿发光层将深蓝至纯蓝光 (470 ～ 475 nm) 器件的转化效率提升至 5% 以上。廖良生等人通过对混合卤素钙钛矿纳米晶表面配体改性成功将深蓝与纯蓝光器件的外量子效率分别提升至 1% 与 6% 以上。2019 年，Jin 等人通过反溶剂工艺成功将天蓝光器件的外量子效率提升至 9%。近期，游经碧等人利用 A 位阳离子改性将蓝光 PeLED 的效率提升至 12%。蓝光钙钛矿电致发光器件近来得到了广泛的研究与探索，相信其外量子效率将进一步提升。PeLED 具有优异的光电性能，易于加工，在光电应用中特别有前途。

然而，PeLED 也面临多个挑战和困难。开发纯蓝 (450 ～ 470 nm) 和纯红 (620 ～ 640 nm) 高性能 PeLED 是一个挑战，同时，PeLED 的不稳定性也限制了它的应用和发展。此外，铅卤化物钙钛矿的毒性也会对环境造成危害。这些问题的解决不仅是 PeLED 商业可行性的关键，也是 PeLED 未来发展的主流方向。

1. 开发纯红、纯蓝光高性能 PeLED

目前，纯红色和纯蓝色 PeLED 的性能仍然达不到标准，表现在效率低、稳定性差方面。考虑到 PeLED 的商业化，全面了解这些局限性以及制定提高纯蓝色和纯红色 PeLED 性能的策略是很重要的。纯蓝色的峰位位于 467 nm，对应的能带隙约为 2.66 eV。宽带隙材料增加了带间态出现的可能性，带间态的存在容易导致非辐射复合，导致光发射效率降低。此外，子带隙之间的辐射复合也会影响光的纯度。纯蓝色 PeLED 中的钙钛矿有一个深的 VB 边缘，导致钙钛矿和 HTL 之间有一个很大的能量屏障。这减慢了空穴的注入和输运，导致钙钛矿与 HTL 界面的电子积累，降低了光发射效率。

近年来，天蓝 (480 ～ 490 nm) 发光器件在 EQE(>10%) 和亮度 ($>4000\ cd/m^2$) 方面都有明显提升，但纯蓝 (455 ～ 475 nm)PeLED 的 EQE(<6%) 和亮度 ($<1000\ cd/m^2$) 仍然要低得多。混合卤化物 (Br 和 Cl) 组成和量子限制工程被认为是获得纯蓝色 LED 的有效方法。Br/Cl 混合卤化物钙钛矿的发射峰很容易调节，从而获得纯蓝色波段。然而，混合卤化物钙钛矿始终面临着相分离的致命缺点，导致其发光光谱红移。此外，由于生成能量低、能级深，Cl 空位的缺陷特性使得 Br/Cl 混合卤化物钙钛矿的非辐射复合较大，导致其发光性能较差。虽然 Br/Cl 混合卤化物 PeLED 的性能通过掺杂、缺陷钝化和器件结构设计得到了一定程度的提高，但在有效商业化之前仍有很长的路要走。

更重要的是，Br/Cl 混合卤化物钙钛矿的相分离问题一直没有得到有效解决。钝化策略可以减轻卤化物相分离，提高光谱稳定性。例如，用氯化钇 (Ⅲ) 钝化 3D/2D $CsPbBr_3$:PEACl 多晶钙钛矿，将 PLQY 从 1.1% 提高到 49.7%。这导致天蓝色 PeLED 的 EQE 为 11%(峰值发射为 482 nm)。通过精确控制 3D 钙钛矿中的卤化物成分，在蓝色 PeLED(发射波长为 477 nm) 中也获得了类似的 EQE。基于纯 Br 钙钛矿量子约束效应的蓝光发射 PeLED 研究也取得了一些进展，如准 2D 钙钛矿、超小纳米晶体和纳米片。虽然纯净的 Br 钙钛矿完全没有相分离，但大比表面积 (单位质量物料所具有的总面积) 的低维钙钛矿增加了缺陷密度，限制了发光性能。此外，准二维钙钛矿的相分布和超小纳米晶体尺寸分布的均匀性仍然是一个挑战。

使用与纯蓝光相同的策略，例如 Br/I 混合卤化物和低维纯 I 钙钛矿，可以获得纯红光发射。同样，纯红光也面临着与纯蓝光相同的缺点，混合卤化物存在相分离的可能，小尺寸纳米晶体缺陷密度高。最近，Yang 等人利用 KBr 钝化 $CsPb(Br/I)_3$ 量子点的缺陷，实现了纯红色 PeLED，其 EL 峰位于 637 nm，EQE 为 3.55%。通过钝化卤化物空位缺陷可以减少相分离，但不能完全避免。基于量子约束的低维纯 I 钙钛矿可以避免纯红色 PeLED 加工过程中的相分离。不幸的是，准 2D 纯 I 钙钛矿的不可控相分布导致了近红外发射。基于低维纯 I 纳米晶体的钙钛矿可以通过小尺寸纳米晶体的自组装或表面钝化来制备高性能的纯红色 PeLED。

简而言之，虽然通过操纵组成 (混合卤化物 :Br/I，Br/Cl) 很容易得到纯红色和纯蓝色的钙钛矿，但基于这些混合卤化物钙钛矿的 PeLED 的相分离是不可避免的，导致发光效率和亮度大大降低，稳定性较差。基于量子约束的低维钙钛矿，如纳米晶体、量子阱和准二维钙钛矿，被认为是避免相分离的有效途径，但其缺点是钙钛矿的尺寸减小导致其表面缺陷密度高得多。需要设计一些策略，例如通过表面钝化或小尺寸纳米晶体的自组装，来实现高性能的纯发射 PeLED。

2. 钙钛矿 LED 的稳定性问题

目前，以钙钛矿为活性材料的光电器件已经取得了显著的进展，但稳定性仍然较差。PeLED 材料和器件的长期稳定性是一个公认的挑战，阻碍了其实际应用。钙钛矿太阳能电池在 60℃的连续太阳光照射下 1000 小时后仍保持 95% 以上的效率，但迄今为止，基于钙钛矿的 LED 在运行中的持续时间不到 50 小时，远远落后于最先进的无机量子点 LED 和有机 LED(最长 100 万小时)。

从活性层材料的角度来看，钙钛矿稳定性的降低归因于钙钛矿的环境敏感性 (湿度、光照和温度) 和固有不稳定性 (相变和缺陷介导的离子迁移)。从器件的角度来看，这种不稳定性可能是由于载流子传输材料的亲水性，或者在 LED 的运行过程中由于电荷积累导致界面接触的恶化和钙钛矿的加速降解。图 6-9 简要描述了钙钛矿材料和 LED 不稳定的原因。

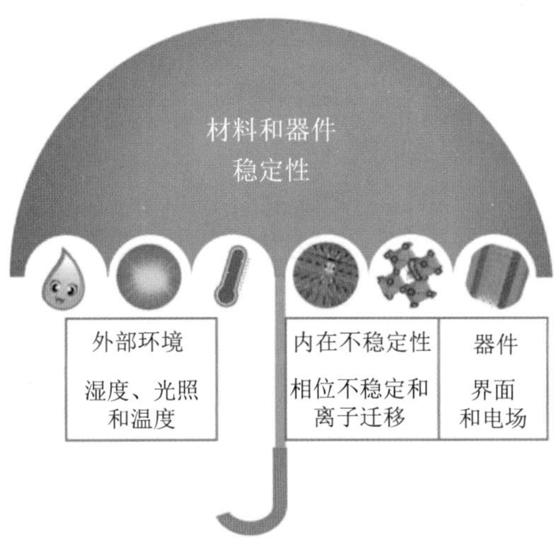

图 6-9 引起钙钛矿材料和 LED 降解的因素

众所周知，铅卤化物钙钛矿的稳定性会受到水分、温度和光降解的影响。例如，$MAPbI_3$ 由于其有机阳离子 (MA^+) 的吸水性，在潮湿环境中可以分解为 CH_3NH_2、PbI_2 和 I_2。这种分解过程可以在高温或光照下加速。光诱导产生超氧 O^{2-} 会导致 $MAPbI_3$ 分解为 CH_3NH_2、PbI_2 和 I_2。钙钛矿材料的不稳定性包括晶体结构的不稳定性和表面 / 界面的不稳定性。温度或化学环境的改变都会引起体相和薄膜相的转变；钙钛矿 NC 在纯化过程中可能会失去表面配体，导致纳米颗粒团聚。为了提高金属卤化物钙钛矿的稳定性，如上所述，已经尝试了 A 位和 B 位掺杂，这有助于调节容忍因子接近 1，从而产生更稳定的相位。为防止环境诱导降解，可以通过表面包覆具有较大空间位阻的材料 (例如 POSS 或 APTES) 或通过适当的聚合物包覆 (如使用 PS 或 PMMA) 来提高钙钛矿的稳定性。但这种绝缘性即使是保护性的，表面涂层也不可避免地会降低钙钛矿的导电性，从而阻碍其在高效率 PeLED 中的应用。

在连续工作电压下 (产生焦耳热时)，钙钛矿发射体的离子迁移和热降解也会导致器件的不稳定性。电场诱导的离子迁移会破坏钙钛矿晶格，产生缺陷，导致界面上不必要的电荷积聚，降解 CTL，腐蚀电极。离子迁移是一个温度激活的过程，因此降低设备的工作温度将是防止离子迁移的最有效方法，但这与 PeLED 的实际应用不兼容。引入离子阻挡层是抑制离子迁移的可行策略，它们还可以钝化界面和晶界的缺陷，从而提高器件的稳定性和性能。然而，PeLED 的操作性能退化尚未被完全了解。最近的一项研究表明，正常运行时，PeLED 会释放气体降解化合物，导致阴极局部分层，从而降低器件的 EL。另一方面，在混合卤化物 PeLED 中观察到离子在界面上的不可逆累积，导致电荷载流子注入势垒和非辐射复合。钙钛矿材料的低形成能 (小的离子结合能致使其易于分解) 和器件界面的复杂电化学过程仍然是商业发光应用面临的主要问题。

利用钙钛矿层中合适的卤化物阴离子可以决定 PeLED 的发光颜色，混合卤化物钙钛矿的固有相不稳定性会导致操作器件中卤化物的分离，进而引起发射颜色的变化。例如，基于 $CsPbBr_{1.88}I_{1.12}$ NC 的 PeLED 最初具有 558 nm 的黄橙色发光，当器件的电压缓慢增加到 5 V(开启电压) 时，在 650 nm 处呈现红色发射。在 7 V 电压下，单个初始发射峰分裂为两个峰，一个在 665 nm($CsPbBr_{0.5}I_{2.5}$ 的发射)，另一个在 518 nm($CsPbBr_3$ 的排放)；器件在 7 V 电压下连续工作，红光发射强度降低并最终消失，绿光发射强度增加。

PeLED 的另一个不稳定因素可能与 CTL 的不稳定性密切相关。与有机 CTL 相比，所有无机 CTL(如 ZnO、NiO 或 TiO_2) 通常具有更好的稳定性，这就是为什么它们经常被用于提高 PeLED 的设备稳定性。然而，由于器件不稳定性的根源主要来源于材料相关问题，因此开发坚固的钙钛矿材料是确保 PeLED 适当稳定性的首要任务。

然而，要实现 PeLED 的长期稳定性，首先需要通过设计具有更高结构抗电应力能力的钙钛矿发射层，将器件离子迁移中性能退化的主要原因降至最低。与纯 3D 或随机组装的 2D/3D 钙钛矿相比，纯 2D 层状钙钛矿表面 2D/3D 钙钛矿，和钙钛矿聚合物复合薄膜在恒定偏压下的工作时间是纯 2D 层状钙钛矿的 10 倍以上。这些结果暗示了改善 PeLED 设备稳定性的途径。引入离子阻挡层或使用防腐传输层和电极可以进一步延长 PeLED 的寿命。

3. 铅卤化物钙钛矿的毒性问题

一般来说，PeLED 中使用的钙钛矿是卤化铅化合物。如果钙钛矿装置处理不当或处置不当，铅离子的水溶性会导致铅在环境和食物链中积累。因此，无铅钙钛矿具有相当大的实际应用潜力。元素周期表中靠近铅的元素 (Sn、Bi 和 Sb) 以及过渡金属，主要用于取代钙钛矿中的铅。早在 2012 年，卤化锡钙钛矿就因其潜在的强红外发射能力而被提出作为卤化铅钙钛矿的替代品。

最近，最先进的 Sn 基 PeLED 的 EQE 达到了 5%，大大低于 Pb 基 PeLED。这是由于 Sn^{2+} 易氧化导致发光猝灭大。此外，Pb 的 6p 轨道对钙钛矿的能带结构至关重要，而 Sn^{2+} 的 5p 轨道较浅，不能满足要求。铋基钙钛矿是一种双钙钛矿结构，具有一定的稳定性，但其发光性能仍远远落后于铅基钙钛矿。这可能与铋基钙钛矿的自捕获激子发光模式和高表面缺陷态有关。近年来，基于铜的 PeLED 研究取得了前所未有的进展。由于独特的 0D 电子结构诱导了一个较大的 E_b(≈490 MeV)，铜基钙钛矿具有高发光性能的潜力。例如，$Cs_3Cu_2I_5$ 单晶和薄膜的 PLQY 分别达到 90% 和 60%。此外，铜基 PeLED 还实现了橙光和蓝光的发射。虽然这些材料具有较高的 PLQY，但其电致发光效率远低于铅基钙钛矿。无铅钙钛矿可以避免铅基钙钛矿的毒性，表现出较高的稳定性，但有许多问题难以解决，如自捕获激子发光方式和间接带隙结构诱导的低 PLQY，以及亚带隙诱导的宽 FWHM 光发射。

尽管目前无铅 PeLED 的器件特性不如卤化铅钙钛矿基器件，但作为环境友好型 PeLED 的可行替代方案，它们仍然具有很广阔的前景。通过探索和改善无铅钙钛矿材料的光电性能，它们的性能还有很大的提高空间。

6.2 钙钛矿微型激光器

激光是现代科技研究的焦点，激光器是一种能发射出强度大、方向性好的相干光的器件。激光器基本上是通过受激辐射的光放大过程来工作的。激光自 1960 年问世以来，已广泛应用于各种科技和军事领域，如生物成像、制造、光谱学、光通信等。随着纳米科学和纳米技术的突飞猛进，小型固态激光器，即一个或多个维度的物理尺寸相当于或小于衍射极限的激光器，在高密度数据存储、光学集成和高分辨率生物成像等需求的驱动下，已经引起了相当多的关注。

2014 年，研究者在 $MAPbX_3$ 钙钛矿薄膜中观察到了受激辐射光放大 (ASE) 现象，与光学谐振腔结合获得了激光出射。随着研究的深入，研究者在不同的钙钛矿微纳结构中实现了激光出射，并在品质因子、稳定性、输出模式及非线性光学特性等方面取得了重要进展。近年来，铅卤化物钙钛矿材料由于具有高光学增益、易于带隙工程、大吸收系数和低缺陷态密度等优点，已被广泛用于激光材料。特别是包括纳米片、纳米线和量子点在内的低维钙钛矿结构，对于开发用于光学芯片的微米或纳米激光源和高分辨率成像设备等至关重要。本节将对钙钛矿微型激光器的结构和工作原理、性能和表征技术、材料以及发展现状和前景等进行介绍。

6.2.1 钙钛矿微型激光器的结构和工作原理

1. 钙钛矿微型激光器的基本结构

激光器一般由三个部分组成：增益介质、谐振腔和能量泵浦源，如图 6-10 所示。增益介质是能够吸收泵浦源提供的能量实现受激发射光放大的物质。谐振腔提供光学反馈，增大光的相干性。能量泵浦源将能量选择性地泵浦到增益介质的合适能级，是实现粒子数反转和光信号放大的必要条件。

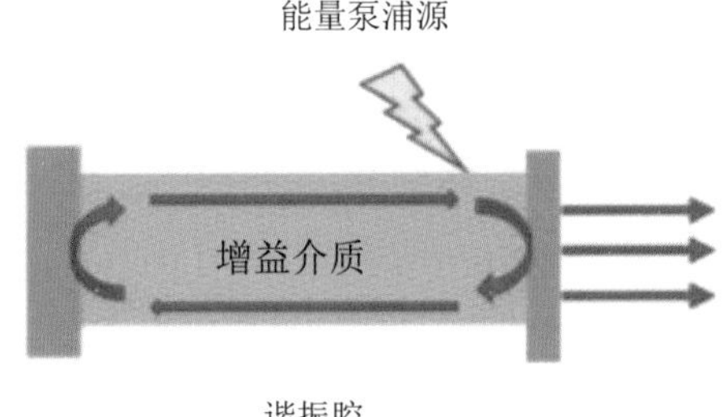

图 6-10　激光器的基本结构

半导体微纳晶体具有规整的形貌，除了作为增益介质外还能形成一个高品质的光学微腔实现激光发射，因此半导体微纳晶激光受到了广泛关注。然而，传统的Ⅱ－Ⅵ族和Ⅲ－Ⅴ族化合物半导体微纳激光器具有制备困难、成本高、与硅基底的晶格不匹配等缺点，难以实现紧密结合。此外，无机半导体微纳激光高阈值、俄歇复合等问题使得电致激光难以实现。

2014 年，Sum 等人首次报道了钙钛矿薄膜的受激发射现象，当泵浦光能量超过阈值时，荧光发光峰的半峰全宽 (FWHM) 急剧变窄，发光强度迅速增强，发光峰积分强度非线性增大，这些都表明钙钛矿薄膜受激辐射光放大。钙钛矿薄膜在室温下实现了低阈值放大自发辐射 (ASE)，为其在发光领域开拓了一个新的重要研究方向。钙钛矿微纳晶体具有较高的折射率、平整光滑的界面，可以形成高品质的光学微腔，有利于实现低阈值的激光发射。从近红外到蓝光波段的激光带隙可调谐的特点，使得钙钛矿材料在微纳激光器领域具有极大的发展前景。铅卤化物钙钛矿材料仅通过简单的化学替代便可低成本合成，其较小的缺陷密度可以提高光致发光量子产率，这两点都有助于其用作激光材料，因此，钙钛矿微型激光器在近几年间迅速发展。

自从在用溶液法制备钙钛矿薄膜的过程中观察到 ASE 以来，室温钙钛矿激光器已在纳米线 (NW)、纳米颗粒 (NP) 和量子点 (QD) 中实现，如图 6-11(a) 所示。钙钛矿纳米结构的组成、晶体结构和形貌可以通过不同应用的制备工艺来控制。单晶钙钛矿纳米结构具有均匀的形状、光滑的表面和高的折射率，NW 和 NP 可以自然形成高品质、低阈值的法布

里 - 珀罗 (FP) 和回音壁 (WGM) 微腔，如图 6-11(b)、(c) 所示。除了 F-P 腔的几何形状之外，多边形纳米片或球体也可以自然地形成 WGM 腔，并提供全内部反射，从而产生优越的光约束。在 WGM 空腔中，光可以被捕获在折射率比环境更高的球状或环形增益材料中，从而提供一个相对 F-P 腔更高的空腔品质因数 (Q)。除有源半导体腔外，钙钛矿纳米结构只能作为增益介质，并与其他无源光学腔 (包括布拉格反射器 F-P 腔和光子晶体腔) 耦合形成激光器件，如图 6-11(d) 所示。铅卤钙钛矿多晶薄膜则需结合分布式布拉格反射镜及金反射镜等外加谐振腔结构实现激光发射。激光器根据泵浦源也可分为连续激光泵浦和多光子泵浦的钙钛矿激光器。下面我们对几种典型的钙钛矿微纳结构激光器进行介绍。

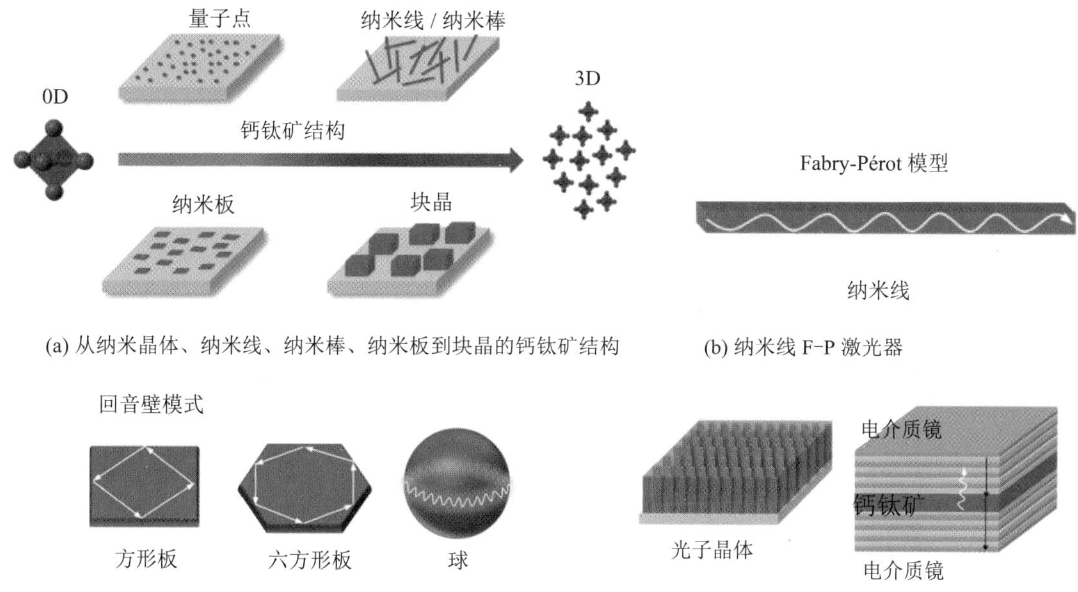

(a) 从纳米晶体、纳米线、纳米棒、纳米板到块晶的钙钛矿结构　(b) 纳米线 F-P 激光器

(c) 基于方形 / 六角形片和钙钛矿包覆球形成的 WGM 腔激光器　(d) 光子晶体和分布布拉格反射 (DBR) 腔激光器

图 6-11　几种典型的钙钛矿微纳结构激光器

1) 钙钛矿 WGM 激光器

WGM微腔模型体积小，品质因数 (Q) 高，集成尺寸小。在球形、多边形或圆形谐振器中，光受到沿谐振器周围界面的全内反射的限制，从而提供有效的光反馈。WGM 谐振器中的光共振条件为 $2\pi nR = a\lambda$，其中 n 是谐振器的有效折射率，R 是谐振器半径，a 是一个整数，给出了谐振器往返行程中的波长数，λ 是光波长。钙钛矿结构如 NP 和微盘 (MD) 已被证明具有优异的 WGM 激光性能。

在 ASE 和激光化钙钛矿薄膜之后，2014 年，通过两步气相沉积法制备的高质量多边形 $MAPbI_{3-x}(Cl/Br)_x$ NP 实现了第一个钙钛矿微激光器。由于 PbX_2 具有固有的六角形晶体结构，因此首先获得三角形或六角形的 PbX_2 纳米片，然后在原位转化为 $MAPbX_3$ 钙钛矿晶体。生长得到的钙钛矿晶体的形状保持不变，起到了 WGM 谐振腔的作用。如图 6-12(a) 所示，当阈值≈ 37 μJ/ cm^2(脉宽≈ 120 fs，重复频率为 1 kHz) 的飞秒 (fs) 脉冲激光对定义良

好的 $MAPbI_3$ NP 进行泵浦时，在室温下产生大约 780 nm 的激光。通过半峰全宽 (FWHM) 计算得到的激光光谱相干性为 0.9 ～ 1.2 nm。

与 $MAPbI_3$ 相比，$MAPbBr_3$ 具有更高的量子产率、更好的稳定性和更大的光学增益，具有更低的激光阈值。例如，廖良生等人使用一步法生长方形单晶 $MAPbBr_3$ MD，获得 557 nm 的激光。激光阈值为 3.6 μJ/ cm^2(脉冲宽度为 120 fs(图 6-12(b))。它们的四个侧面构成了一个内置的 WGM 微谐振腔，在室温下具有 1.29 nm 的光谱相干性。

王恺等人利用气相外延成功地在层状石英上一步合成了超薄、大规模的二维单晶钙钛矿薄膜，相比之下，无机钙钛矿 $CsPbX_3$ 不仅具有良好的稳定性，而且具有较高的量子产率。用化学气相沉积法 (CVD) 通过范德华力外延在石英基板上合成了方形 $CsPbX_3$ 纳米颗粒，表面光滑，沿石英晶轴排列。在室温下，显示出较强的激子吸收峰，其半峰宽约为 10 ～ 12 nm，表明无机 $CsPbX_3$ 钙钛矿具有较大的激子结合能。如图 6-12(c) 所示，激光发射可以在整个可见光区域进行调谐。激光半波高宽大约为 0.14 ～ 0.16 nm，是目前报道的纳米结构半导体激光器中最高的，可与商业激光器相媲美。$CsPbX_3$ NP 激光器也显示出约 2 μJ/ cm^2 的低阈值，与其他 II － V 半导体微激光器相当，且小于相同尺寸的 $MAPbX_3$ NP。$CsPbX_3$ 具有优异的激光特性，在集成激光源领域具有重要的发展潜力。

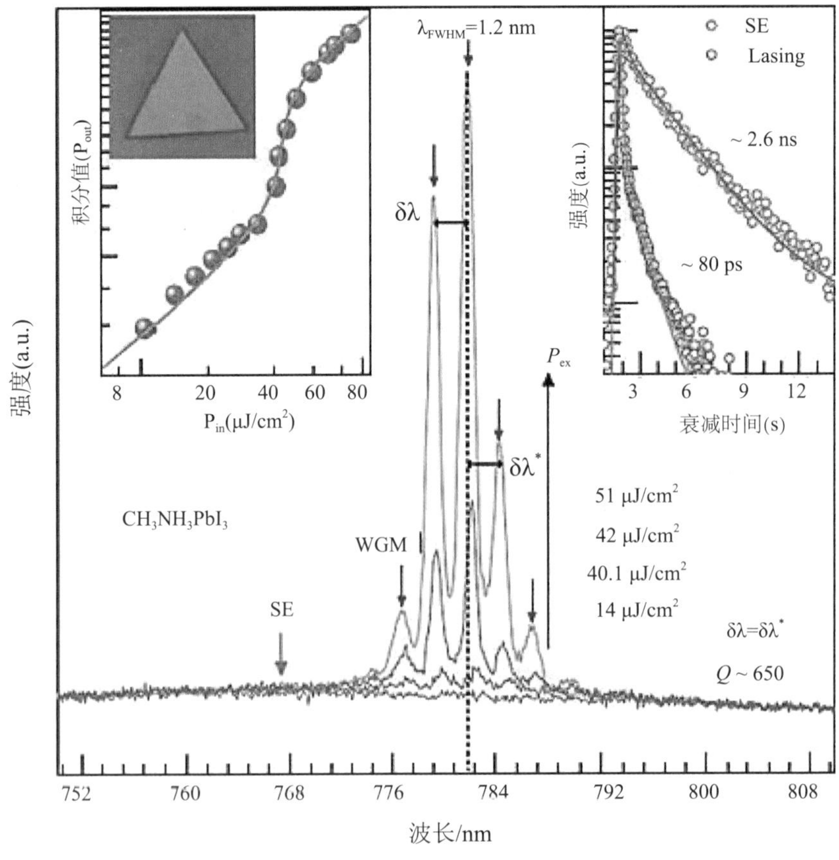

(a) 三角形 $CH_3NH_3PbI_3$ 纳米片

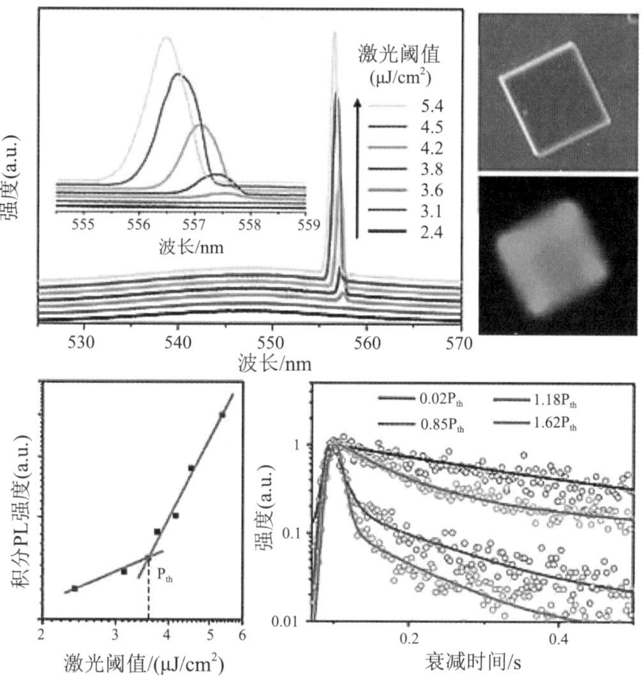

(b) $CH_3NH_3PbX_3$ WGM 激光器

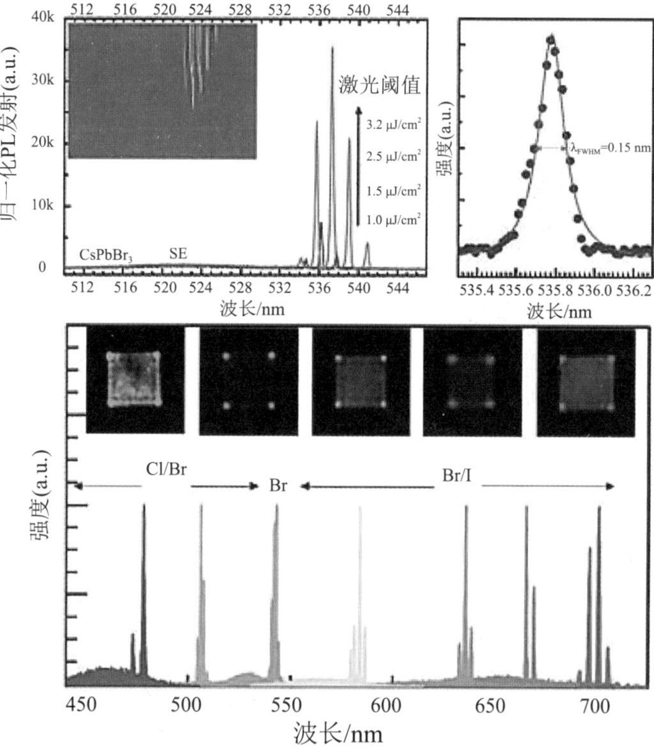

(c) 方形 $CsPbX_3$ 薄片激光器

图 6-12 三种钙钛矿 WGM 激光器的激光光谱

2) 钙钛矿 F-P 激光器

基于一维结构、光滑的表面形貌和单晶体结构以及较少的陷阱态密度，半导体 NW 激光器具有实用的光学微腔、较高的折射率、高度局部化的相干输出和高效的波导，有望成为完全集成纳米尺度光子和光电子器件的构建模块。限制半导体 NW 激光器潜在应用的主要障碍之一是激光所需的高阈值载流子密度。因此，预计钙钛矿 NW 激光器将通过整合钙钛矿和一维材料的各种优势，显示出比传统激光器更优异的特性。如图 6-13(a) 所示，朱海明等人首次报道了钙钛矿纳米线激光器，他们采用单步溶液沉积法，制备了高质量的 $MAPbX_3$ 钙钛矿 NW F-P 腔，具有极低的激光阈值 (220 nJ/ cm^2)、高相干性 (激光脉冲宽度为 100 fs，重复频率为 250 kHz；线宽为 0.24 nm，中心波长为 750 nm) 和覆盖近红外到可见波长区域的宽可调谐性。这种优异的激光性能得益于矩形钙钛矿 NW 的长载流子寿命和低的非辐射复合率。

在此之后，邢军等人通过两步气相合成法合成了自支撑钙钛矿纳米线，如图 6-13(b) 所示，该器件的近红外波长为 777 nm，低阈值为 11 nJ/ cm^2，激光光谱相干性为 1.9 nm (激光脉宽为 120 fs) 的光泵浦激光。尽管混合钙钛矿纳米线表现出了优异的性能，但它们的本征不稳定性仍然是一大关注点。

为了解决钙钛矿 NW 激光器的光学和热稳定性问题，傅永平等人报道了一种单晶 $FAPbX_3$ NW 的低温溶液生长，如图 6-13(c) 所示，室温下所制备的中心波长约为 820 nm 的红外激光器可稳定产生超过 10^8 个脉冲激光束。同时，Eaton 等人报道了在环境和真空条件下工作的超稳态纯无机 $CsPbBr_3$ 钙钛矿 NW 激光器，如图 6-13(d) 所示。其经过高达 10^9 次循环激发测试后，阈值仍然低至 5 μJ/ cm^2，表现出优异的激发辐射性能。

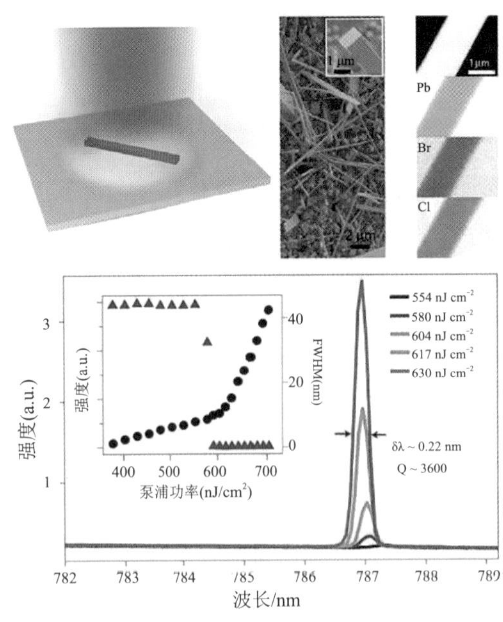

(a) $CH_3NH_3PbI_3$ 和 $CH_3NH_3PbBr_3$ 纳米线 F-P 激光器

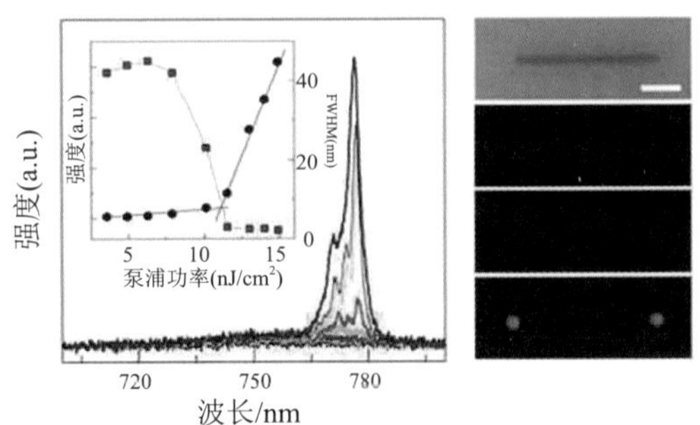

(b) $CH_3NH_3PbX_3$ 纳米线激光器

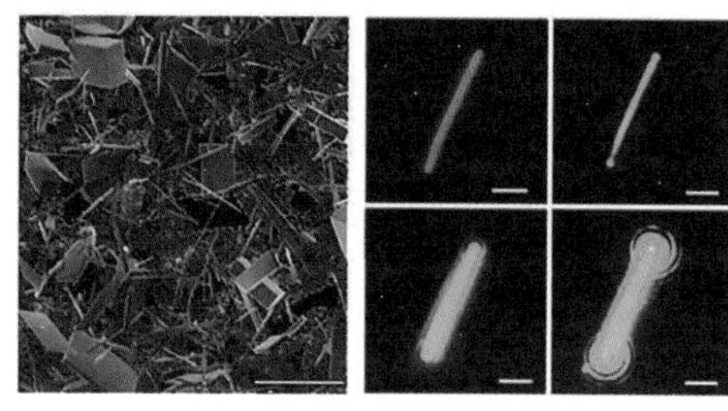

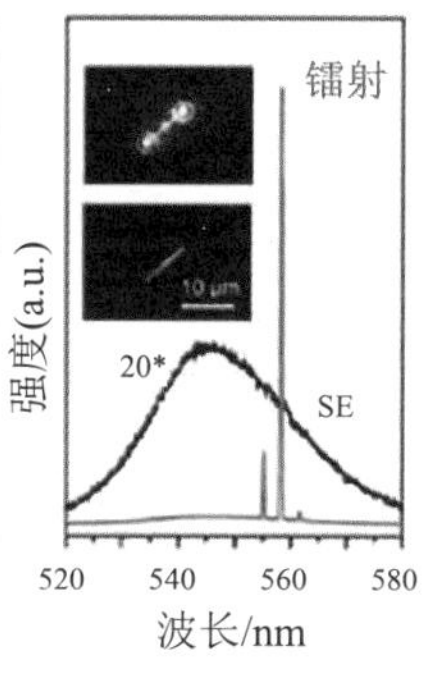

(c) $FAPbX_3$ 纳米线激光器

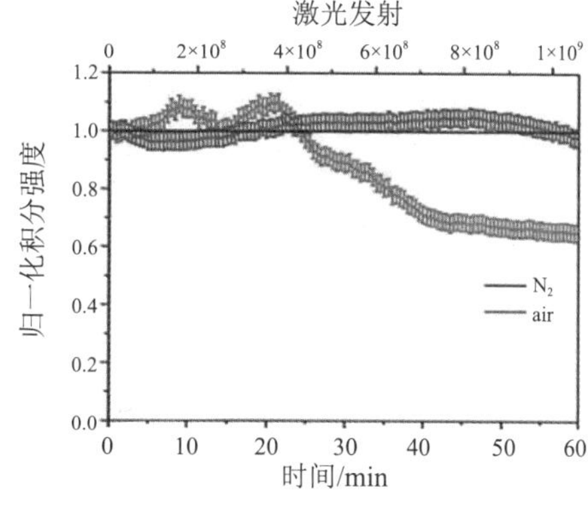

(d) 稳定的 $CsPbX_3$ 纳米线激光器

图 6-13 各种钙钛矿 F-P 激光器的激光光谱

3) 钙钛矿量子点激光器

半导体量子点是一种比体量子点更好的光学增益材料。由于三维量子限制效应，量子点具有可调谐的发射波长、分离良好的 delta 函数态密度和较大的光学振荡器强度，以及胶体合成所提供的灵活性，这使得量子点具有较低的阈值和温度不敏感的光学增益。特别是钙钛矿量子点，如 $CsPbX_3$，将钙钛矿材料的优势引入了量子约束领域。钙钛矿量子点在半峰全宽 (FWHM) 处表现出窄的全宽度和非常高的 PLQY(大约超过 70%)，并且在很宽的光谱窗口内发射可调，如图 6-14(a) 所示。由于量子点的尺寸在紫外到近红外光谱区域远低于光的衍射极限，单个量子点无法形成单独的光腔来支撑光波导，进而产生光反馈。

到目前为止，钙钛矿量子点通常被用作增益介质，并与另一个光学腔耦合形成激光器件。例如，$CsPbBr_3$ QD 薄膜的净增益系数约为 450 cm^{-1}，这在激光器件中很有前景。以平均粒径约为 9 ～ 10 nm 的立方型胶体 $CsPbX_3$ 量子点为例，孙汉东的团队利用 $CsPbX_3$ NQ 薄膜 (470 ～ 620 nm) 在可见光光谱范围内进行了自发发射的室温放大，如图 6-14(b) 所示。图 6-14(c) 所示为 Yakunin 等制备的以油胺和油酸为配体覆盖的 $CsPbX_3$ 量子点。通过将量子点涂覆在二氧化硅球上，可以获得 440 ～ 700 nm 的 WGM 激光，激光的发光阈值低至 5 μJ/ cm^2，中心波长为 400 nm，脉冲宽度为 100 fs。潘军等人利用无机 - 有机 - 杂化离子对作为盖层配体合成了 $CsPbBr_3$ 量子点。这种钝化方法为钙钛矿量子点带来了高 PLQY(高达 70%)，在环境条件下 (60±5% 的实验室湿度) 具有前所未有的操作稳定性。

更重要的是，钝化钙钛矿 QD 薄膜在环境条件下连续脉冲激光激发至少 34 小时 (对应 1.2×10^8 次激光) 下表现出了显著的光稳定性，大大超过了其他观察到 ASE 的胶体 QD

系统的稳定性。尽管量子点具有良好的特性，但其极短的光增益寿命却阻碍了其在激光领域的应用，这一寿命受到非辐射多载波俄歇复合的限制。因此，控制俄歇复合是发展高性能量子点基激光器的关键。Park 等人通过在核壳结构中采用“界面工程”，提供了抑制俄歇复合过程的实用策略，显著提高了光学增益，从而降低了自发辐射放大的阈值。这些方法对实现高性能量子点激光器件具有重要的技术意义。

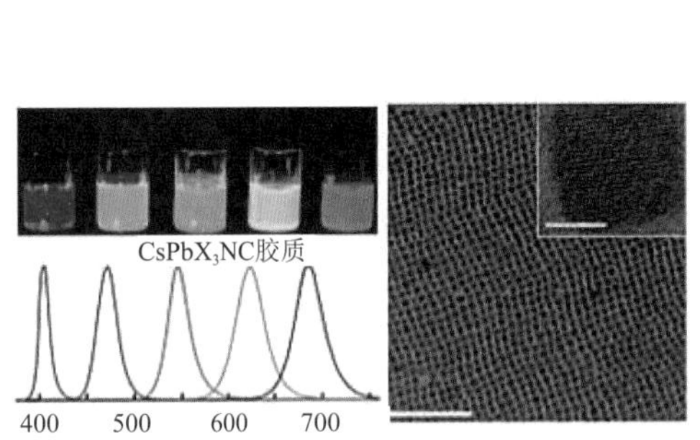

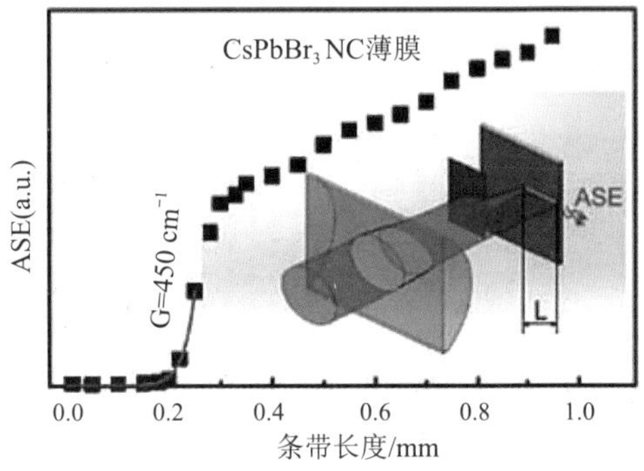

(a) 溶液法制备的 $CsPbX_3$ 量子点

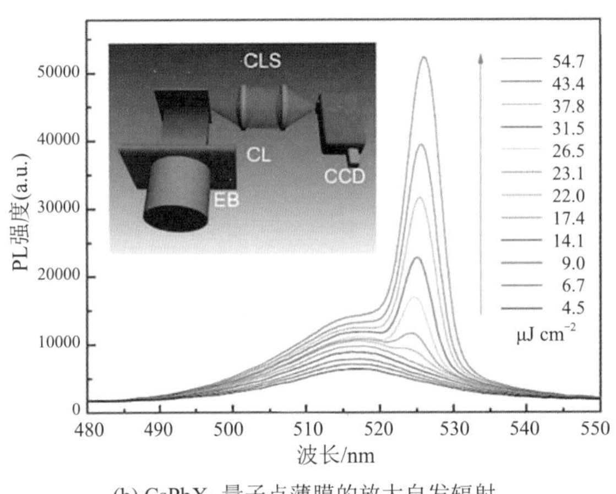

(b) $CsPbX_3$ 量子点薄膜的放大自发辐射

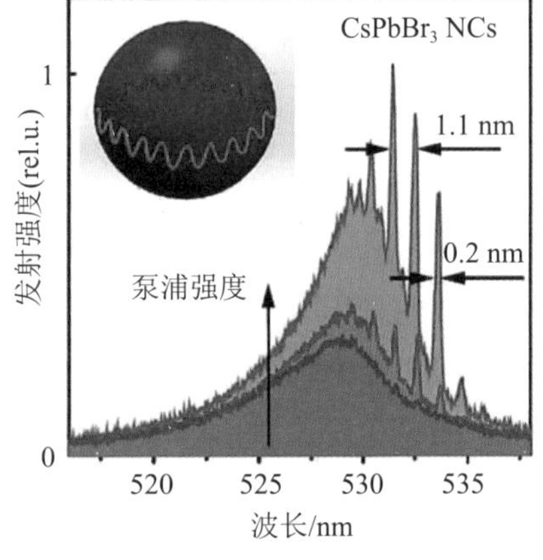

(c) 利用 $CsPbX_3$-QD 包覆的硅微球谐振器实现 WGM 激光器

图 6-14　钙钛矿量子点激光器的制备方法与性能

4) 钙钛矿薄膜激光器

除了上述具有有源腔的钙钛矿纳米结构激光器外，无腔溶液处理的具有大光学增益的钙钛矿薄膜可以直接集成到各种腔的腔谐振器中，为实现片上相干光源提供了很好的机会。同时，制造的简易性大大降低了对激光器的要求。它们的低温溶液处理性能与各种衬底如硅基电子器件和柔性聚合物衬底高度兼容。

低温溶液处理钙钛矿多晶薄膜的光学增益特性是由邢军等人首次报道的，如图 6-15(a) 所示。在 $CH_3NH_3PbX_3$(X = Cl，Br，I 及其混合物) 中发现了 400 ～ 800 nm 范围内可调、稳定、放大的自发辐射，其阈值约为 12 μJ/cm^2。它们的高性能源于 $CH_3NH_3PbX_3$ 的低体积缺陷密度。在这项工作之后，Deschler 等人利用低温溶液处理的方法获得了高质量的

$CH_3NH_3PbI_{3-x}Cl_x$ 薄膜，其光致发光量子效率为 70%，如图 6-15(b) 所示。通过在介质镜之间嵌入多晶 $CH_3NH_3PbI_{3-x}Cl_x$ 薄膜，蒸发金顶镜，实现了室温垂直腔激光器，阈值为每脉冲 0.2 μJ。除了这种垂直 FP 腔的钙钛矿激光器外，WGM 钙钛矿激光器还可以通过将钙钛矿活性介质耦合到一个回音壁谐振腔上来实现。Suther-Land 等人利用原子层沉积技术在二氧化硅球上沉积了一层薄的 $CH_3NH_3PbI_3$ 薄膜，并成功实现了 80 K 的 WGM 激光，如图 6-15(c) 所示。利用纳秒脉冲激光激发测试了钙钛矿薄膜的激发辐射特性，证实了钙钛矿具有较强的光学增益特性。

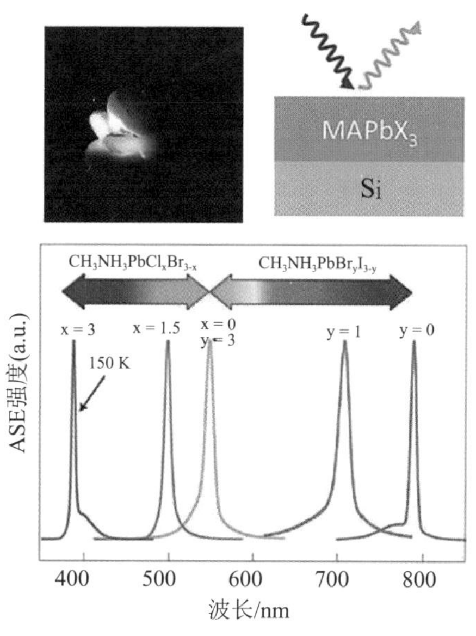

(a) Si 衬底上旋涂 $CH_3NH_3PbX_3$ 薄膜的低温放大自发辐射 (ASE)

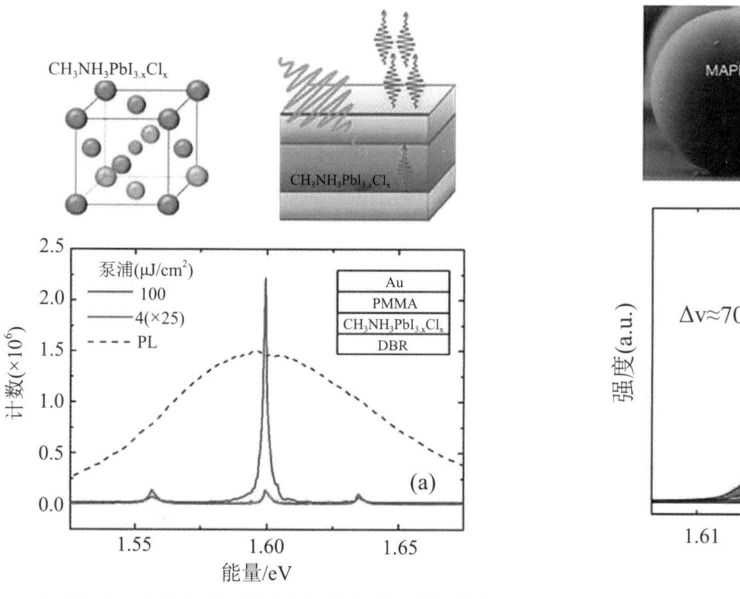

(b) 在两个分布布拉格反射镜中嵌入的薄膜中发射激光

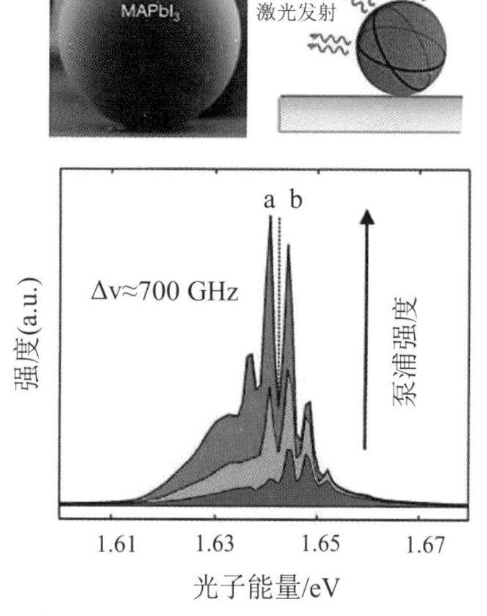

(c) 二氧化硅球表面 $CH_3NH_3PbX_3$ 薄膜的激光效应

图 6-15 钙钛矿薄膜激光器的结构及性能

除了无源 FP 谐振器和 WGM 谐振器外，光子晶体可能是实现用溶液处理钙钛矿薄膜高性能激光的另一种理想谐振器。然而，溶液处理的钙钛矿薄膜通常具有多晶性质，且量子效率低，这极大地限制了钙钛矿被动腔激光器的性能。提高溶液处理薄膜的质量可能是实现高性能、大面积和低成本激光器的关键一步。

2. 钙钛矿微型激光器的工作原理

激光器是一种能够发出强度强、方向性好的相干光的装置。正如 Samuel 等人所指出的，激光现象应满足四个标准：窄的发射线宽；与发射强度和线宽有关的清晰阈值；与激光腔和增益介质有关的可调谐光发射器；类光束输出。重要的是要确保所有这些标准都得到有效的填补，以消除发光微腔和导波效应中具有相似特征的现象，这些现象可能被误认为是激光。

激光阈值是激光输出强度由受激发射而不是自发发射 (SE) 主导的最低激发水平。低于阈值时，光会发射到不同的空间方向和波长范围内。随着泵注量的增加和接近激光阈值，腔损耗最低的一些模式优先于其他模式。受激发射将迅速建立并取代自发发射，表现为输出强度对激发强度的斜率急剧增大，发射线宽减小。阐明自发发射和受激发射的定义对我们来说是很重要的。

SE 是量子力学系统 (如原子、分子或亚原子粒子) 从激发能态 (E_2) 过渡到低能态 (如基态 E_1) 并以光子形式发射量化能量的过程，如图 6-16(a) 所示。SE 是一个普遍存在的过程，我们看到的大部分光，比如发光，都是由 SE 产生的。另一方面，受激发射是一个特定频率的入射光子在激发态 (E_2) 扰动电子，导致电子跃迁到较低的能态 (E_1) 的过程，如图 6-16(b) 所示。受激发射释放的能量转移到电磁场中，产生一个新的光子，其相位、频率、偏振和传播方向都与入射波中的扰动光子相同。这与自发辐射相反，它是在不考虑周围电磁场的情况下，以随机间隔发生的。ASE 是当增益材料被泵浦以产生粒子数反转 (即通过受激发射过程放大) 时的自发辐射过程。当光达到激光阈值时，光学腔对 ASE 的反馈可能会产生激光操作。激光的相干性 (时间和空间相干性) 远高于 ASE，尽管 ASE 可能会更强烈。因此，ASE 的论证是评价材料增益适宜性的关键和基础步骤，由于 ASE 是实现无腔构型增益的根本现象，因此研究者主要关注 ASE。ASE 提供了一个适用的基准，用于比较不同材料集对增益应用的内在适宜性。随着外腔的进一步调制，钙钛矿中的激光可以通过适当设计的腔谐振器实现 (例如微球 (MS) 作为 WGM 激光或光栅作为分布反馈激光)。

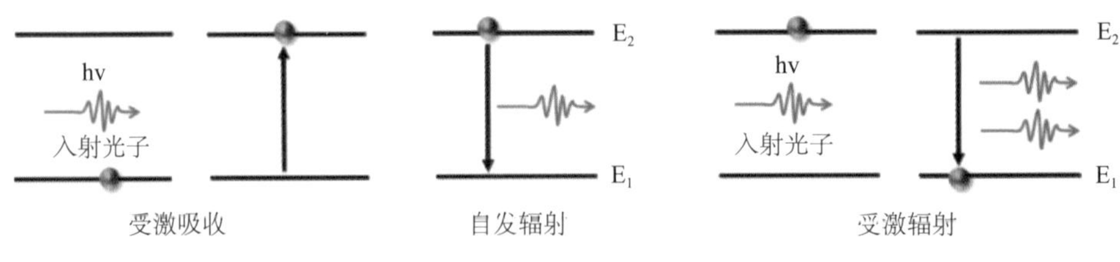

(a) 受激吸收和自发辐射示意图　　(b) 受激辐射示意图

图 6-16　微型激光器的工作原理

钙钛矿激光器的器件示意图如图 6-17 所示，在该器件中，激子是由电子和空穴组成的束缚态，被库仑力吸引。它是最重要的基本激发之一，在半导体的光发射和输运行为中起着关键作用。作为电中性粒子，激子可以与光子、等离子体子杂交，产生新的量子态，这对量子信息非常重要。激子能量不仅由固有带隙决定，而且高度依赖于材料的尺寸、缺陷、掺杂和环境，这为实现彩色发射源提供了新的可能性。激子结合能 (E_b) 是激子共振能以外的一个重要特征，它极大地改变了激子的复合动力学和输运特性。当束缚能小于热涨落能时，激子很容易错位成自由载流子；否则，电子和空穴就以激子的形式束缚在一起。因此，在需要自由载流子的太阳能电池器件中，需要结合能小的半导体；相反，对于强发射或量子器件的开发，具有大激子结合能的半导体是更合适的选择。

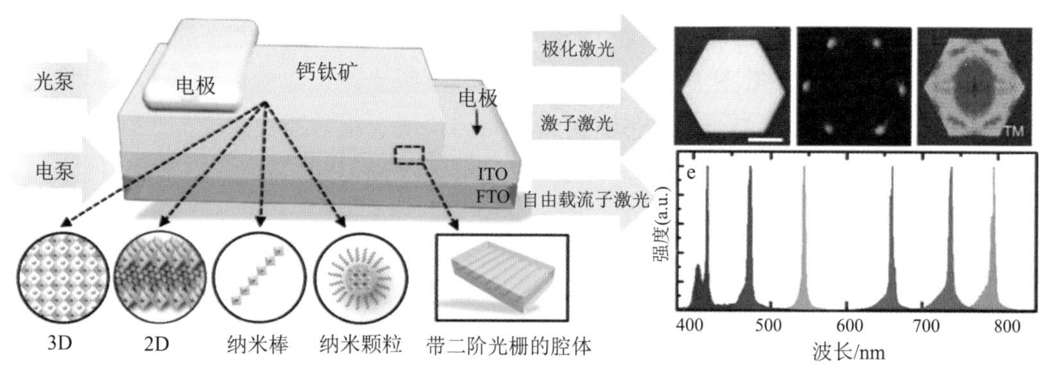

图 6-17 钙钛矿激光器器件示意图

杂化钙钛矿系统中激子的行为很难用无机或有机半导体来解释。考虑到 $MAPbX_3$ 薄膜在太阳能电池器件中的重要性，人们对其激子结合能进行了大量的实验和理论研究。实验表明，在大多数钙钛矿中，在室温下可以分解一个清晰的激子吸收峰，这表明激子结合能很大。但由于测量方法的特殊性，对于 $MAPbI_3$ 薄膜的实际激子结合能的大小仍存在一些争议。使用光吸收、发射和电学方法，不同组测量的值约为 2 ～ 80 MeV。相比之下，在纯无机 $CsPbX_3$ 等更简单的体系中，不同基团的 E_b 值与理论结果吻合较好。卤化物元素从氯到碘，钙钛矿的激子结合能降低，能隙减小。例如，$MAPbCl_3$、$MAPbBr_3$ 和 $MAPbI_3$ 薄膜与单晶的激子结合能分别为 50 ～ 120 MeV、40 ～ 100 MeV 和 2 ～ 80 MeV。$CsPbCl_3$、$CsPbBr_3$ 和 $CsPbI_3$ 激子结合能分别约为 72 MeV、38 MeV 和 20 MeV。激子结合能也可以通过改变有机阳离子来调节。由于电子和空穴的有效质量较小，所以 $CsPbX_3$ 比 $MAPbX_3$ 具有更高的激子结合能。尽管如此，钙钛矿的激子结合能可以通过堆叠、结构和阳离子等的改变而从几兆电子伏到数百兆电子伏。这为高性能器件和强光物质耦合体制下的定制发射提供了巨大的机会。具有较大结合能的钙钛矿，如 $CsPbX_3$、$MAPbBr_3$、$MAPbCl_3$、$FAPbBr_3$ 和 $FAPbCl_3$，具有成为相干和非相干光子源的潜力。另一方面，具有小结合能的钙钛矿，如 $MAPbI_3$ 和 $MAPbI_xCl_{3-x}$，是需要自由载体的太阳能电池器件的良好候选材料。

在激子或自由载流子的受激发射过程中，单个光子通过电子－空穴复合产生两个光子的发射，这是半导体中光学增益的来源。半导体光学增益 g 的单位为 cm^{-1}，描述半导体材料单位长度的光放大率。当光波沿着光波导传播时，强度通过光学增益的放大随传播长度呈指数增长。一般情况下，半导体的增益取决于费米能级附近的偶极跃迁矩以及电子和空穴的态分布，这一点和光学吸收非常相似。这意味着像钙钛矿这样的半导体具有较大的吸收系数，也可能具有较大的光学增益。另一方面，传播的光波可以通过吸收、散射和泄漏来衰减，这就是所谓的光损耗。在半导体微腔中，光损耗主要来自声子散射、非辐射复合、传播过程中的边缘散射和腔面场泄漏。钙钛矿内部的缺陷态密度极低，保证了钙钛矿波导中相对较低的光学损耗。

为了达到激光状态，微腔的模态光学增益需要克服光损耗。净光学增益由增益和损耗之间的偏移量来描述，可以用变条纹长度技术来测量。在这种方法中，使用圆柱形激光光斑作为激励源，并测量发射强度作为激励激光光斑“条纹长度”的参变量。通过瞬态吸收光谱首次观察到钙钛矿的激发发射过程，其吸光度在带隙附近为负。据报道，由于吸收系数大，$MAPbI_3$ 钙钛矿薄膜的光学增益或净模态增益的上限约为 3200 cm^{-1}，接近单晶 GaAs 的增益。利用可变条纹长度技术，测量出 $MAPbI_3$ 薄膜、$MAPbI_3$ 纳米晶体和 $CsPbBr_3$ 纳米晶体在阈值附近的净模态增益分别约为 250 cm^{-1}、120 cm^{-1} 和 450 cm^{-1}。虽然没有确定的值，但预计 $MAPbBr_3$ 的增益会高于 $MAPbI_3$。用这些方法得到的光学增益值优于胶体量子点和共轭聚合物薄膜。钙钛矿的巨大光学增益和低缺陷态数量为高性能激光器件的发展提供了有力的支撑。

6.2.2 钙钛矿微型激光器的性能和表征技术

钙钛矿光电器件的性能从根本上取决于单个载流子的动态过程。在金属卤化物钙钛矿中，光激发可以产生两种准粒子。它们是自由电子－空穴对和自由激子。这两种粒子表现出非常不同的动力学性质，对应用有深远的影响。

衡量激光器性能优劣程度的主要性能参数和表征技术如下。

1. 性能参数

1) 波长

波长指激光器工作的波长，例如为 405 nm、532 nm、650 nm、670 nm 等。

2) 阈值电流 I_{th}

阈值电流是指激光器开始产生激光振荡的电流，对小功率激光器而言其值约在数十毫安。

注入电流逐渐增大的过程，实际上经历了三种类型的发光过程：

(1) 电流较小时，注入载流子较少，辐射复合不足以克服吸收的作用，此时发出的光为荧光，光强较弱，带宽较宽，增益 $G < 0$。

(2) 电流增大后，注入载流子增多，最终导致 $G > 0$，受激辐射起主导作用，发出很强的光，但仍属于荧光，没有建立一定模式的振荡，所以带宽仍较宽，这种现象称为超辐射。若电流进一步增大，使得G值满足阈值条件，这时发出的光才称为激光，带宽较窄，光强更强。

(3) 当电流超过阈值时，会出现从非受激辐射到受激辐射的突变，光功率－激励电流曲线的斜率急速突变，如图6-18所示。

3) 线宽

线宽是指激光某一单独模式的光谱宽度，如图6-19所示。该参数与激光本身的波长有关系。可以表达为

$$\Delta v = \frac{c}{\lambda^2}\Delta\lambda \tag{6-6}$$

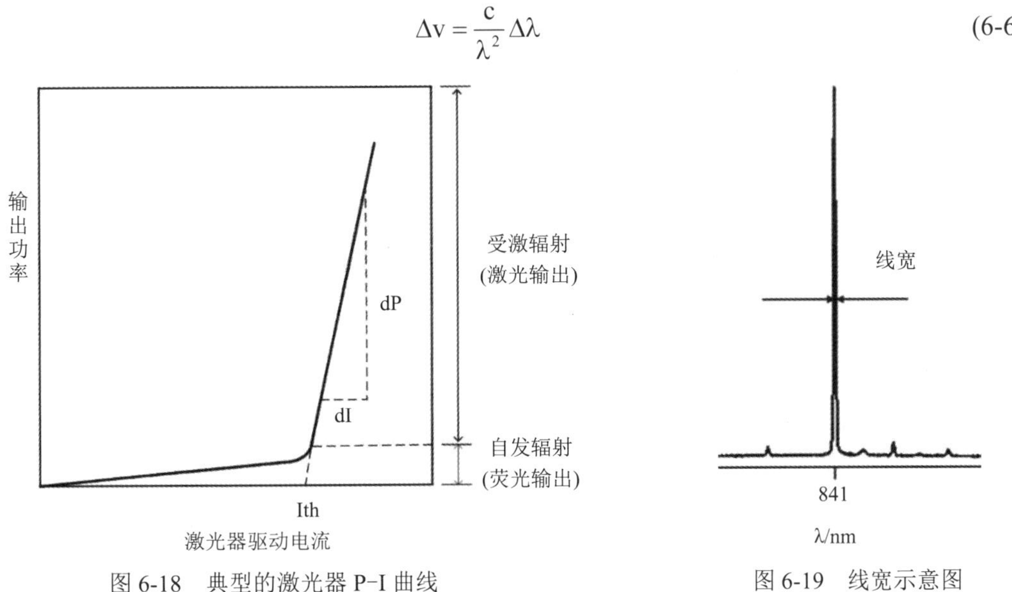

图6-18 典型的激光器P-I曲线

图6-19 线宽示意图

4) 工作电流 I_{op}

工作电流是指激光器达到额定输出功率时的驱动电流，此值对于设计调试激光驱动电路较重要。

5) 垂直发散角 $\theta_{\perp}$

垂直发散角是指激光器的发光带在与PN结垂直方向张开的角度，一般为15°～40°。

6) 水平发散角 $\theta_{//}$

水平发散角是指激光器的发光带在与PN结平行方向张开的角度，一般为6°～10°。

7) 监控电流 I_m

监控电流是指激光器在额定输出功率时PIN管上流过的电流。

8) 功率效率

功率效率是指加于激光器上的电功率转化为输出光功率的效率，可以表示为

$$\eta_p = \frac{p}{IU + I^2 r_s} \tag{6-7}$$

降低 r_s，特别是制备良好的低电阻率的欧姆接触是提高功率效率的关键。改善管芯散热环境、降低工作温度也有利于激光器功率效率的提高。

9) 内量子效率

内量子效率的定义为

$$内量子效率\ \eta_i = \frac{激光器有源区每秒产生的光子数}{每秒注入有源区的电子-空穴对数}$$

由于有源区内存在杂质缺陷及异质结界面态的非辐射复合和长波长激光器中的俄歇复合等因素，因此注入有源区的每一个电子－空穴对不能 100% 地产生辐射复合，即 η_i 总是小于 1，但一般也在 95% 左右，所以钙钛矿激光器是转换效率很高的激光器件。

10) 外量子效率

外量子效率的定义为

$$外量子效率\ \eta_{ex} = \frac{激光器每秒发射的光子数}{有源区每秒注入的电子-空穴对数}$$

η_{ex} 是考虑到有源区内产生的光子并不能全部发射出去，腔内产生的光子遭受散射、衍射和吸收，以及反射镜端面损耗等。因为激光器有激射的阈值特性，所以当 $I<I_{th}$ 时，η_{ex} 很小；当 $I>I_{th}$ 时；P 直线上升，η_{ex} 变大。

11) 电流的增益 G

电流的增益 G 可以表示为

$$G = G_{tr}\left(\ln\frac{J}{J_{th}} + 1\right) \tag{6-8}$$

其中 J_{th} 是注入电流密度，当注入电流达到阈值时增益为

$$G_{th} = \alpha_i + \frac{1}{2L}\ln\left(\frac{1}{R_1R_2}\right) = G_0\ln\left(\frac{J}{J_{th}}\right) + G_0 \tag{6-9}$$

此时，注入电流能够采用线性 (1/L) 将 $\ln(J_{th})$ 拟合。拟合的直线和注入电流的截距被称为阈值电流。斜率的大小和反射镜的损耗成正比。其中 R_1、R_2 为两腔镜反射率，L 为谐振腔的长度。

12) 品质因子 Q

品质因子用来描述谐振腔中光子被约束的时间，一般可以定义为

$$Q = \frac{\lambda}{\Delta\lambda} \tag{6-10}$$

其中，λ 和 Δλ 分别为激光波长和纵模线宽。品质因子越高，意味着谐振腔内损耗越小，光子寿命也越长，相应纵模的线宽就越窄。微盘激光器尺寸很小，所以有源区面积也很局限，因此品质因子的高低对激光器性能有明显影响。微盘谐振腔的品质因子主要由谐振的本征损耗决定，如辐射损耗、材料吸收损耗、散射损耗等。

13) 模式体积 V_m

模式体积用来描述激光器谐振腔在空间上对光子的约束程度，定义为

$$V_m = \int \frac{v\varepsilon(r)\left|E(r)\right|^2}{\max\left[\varepsilon(r)\left|E(r)\right|^2\right]} d^3r \tag{6-11}$$

模式体积强烈依赖于微腔大小。对于 F-P 腔激光器，模式体积约为腔的体积；对于微盘激光器的环形谐振腔，模式的横截面积的量级可以到波长的平方数，相应的模式体积为微盘周长与横截面积的乘积。

2. 表征技术

1) 扫描电子显微镜

为得到制备样品的微观表面形貌，需要使用扫描电子显微镜 (SEM) 进行拍摄。SEM 中聚焦加速后的电子束对样品表面进行扫描，进而得到样品的外部形貌。SEM 主要由真空设备、电子束扫描系统和成像系统三个部分组成，后两者均放置在真空系统中。真空设备用来在一个密闭的柱形容器内产生真空，电子束系统释放出的电子群经高压电场加速，由磁线圈聚焦，形成一束能量均匀且稳定的电子束，在磁场力的作用下，对所测晶体形貌开展光栅式图案扫描运动；再由成像系统中的特殊检测器检测样品原子发射的二次电子，检测到的信号结合光束的位置产生图像。它还可以呈现出高分辨率三维图像以粗略鉴定样品的外部形貌。若被测样品外表材质不导电，需外镀金使其表面具备良好的导电性能。光波的衍射效应使得普通的光学显微镜无法深入观测，SEM 使用电子束曝光扫描巧妙地克服了这一弊病，可以很好地测量到纳米级的样品表面形貌。

2) X 射线能谱仪

能量散射 X 射线谱 (EDS) 也称为能量散射 X 射线分析，是一种分析物质化学元素组成和比例的技术手段。由 X 射线机发射出的射线 (电子束或者质子束) 含有很高的能量，激发出基态原子的内层电子，该电子被激发后会形成相应的空穴位。处于激发态的高能级的电子基于能量最低原理填充这些空穴时，以 X 射线的形式向外发射能量。该技术利用不同化学元素原子结构的差异映射出的射线的发射谱不同，收集 X 射线机作用于样品上的 X 射线谱并进行分析可以辨别样品的元素成分。

3) 分光光度计

分光光度计可以测量材料的反射和透射特性随入射光波长不同发生变化的特性。光在传播的过程中，其强度会随着在介质中穿透距离的增加而发生衰减，这是因为介质中产生了对光的吸收。分光光度法就是利用样品在某波长或波段对光的吸收度，对样品进行测量并分析的一种测量方式。按照波长范围可分为紫外光 (波长 200 ～ 380 nm) 分光光度计、可见光 (波长 380 ～ 780 nm) 分光光度计和近红外光 (波长 780 nm 以上) 分光光度计。常见的光源有钨灯所发出的可见光连续色谱作为可见光光度计的光源、氘灯作为紫外分光光度计的光源。分光光度计基于分光光度法，使用一个或者多个能够辐射出不同波段的光源，利用分光装置分离出特定波段的光，利用穿透待测样品后的光强和入射前的光强关系可计算出物质的吸光度，吸光度可以用式 (6-12) 表示：

$$A = -\lg \frac{I}{I_0} \tag{6-12}$$

其中，A 表示吸光度，I 表示透射光的强度，I_0 表示入射光的强度。

4) X 射线衍射仪

X 射线衍射仪 (XRD) 是利用光衍射原理对物质的内部结构深入分析并且不会破坏其原理结构的一种仪器，它是可以在原子尺寸范围内同时研究晶体和非晶体结构的主要仪器。它提供物质的晶体结构、晶相和其他结构参数 (例如平均晶粒尺寸、结晶度、应变和晶格缺陷) 信息。由于 X 射线波长与原子之间的间距长度接近，在 X 射线束入射到样品表面时，最外层的原子队列会构成 X 射线的空间衍射光栅，对入射的 X 射线束进行散射，形成的散射波互相干涉形成衍射波。衍射波相对于入射的 X 射线束在不同方向上出现增强或者减弱。晶体衍射满足布拉格方程：

$$2d\sin\theta = n\lambda \tag{6-13}$$

其中，d 表示晶体内部原子面与面之间的距离，λ 表示入射 X 射线的波长。当原子面与面之间的射线光程差 2dsinθ 是入射光波长 λ 的整数 n 倍时，散射波出现干涉现象。当入射的 X 射线束与样品原子面呈现不同的角度时，会出现不同强度的衍射峰，满足布拉格衍射的特征峰就会被检测出来。若衍射波出现了干涉即满足布拉格衍射条件，此时衍射峰最强。

5) 飞秒激光器

飞秒激光器指的是可以发射出时间周期在飞秒 (fs) 量级的激光脉冲的激光器，也称为超快激光器或者超短脉冲激光器，其较多采用被动模式锁定的技术来激发出这种超短脉冲激光。由于钛宝石晶体相比于其他晶体具有更宽的激光谱线，因此常被用来制造飞秒激光器的激光晶体。飞秒脉冲激光不是特定波长的光，而是围绕某一中心波长，左右两侧小范围内的独立波段的光，通过这段波长范围内的光波的空间相干缩短时间间隔，进而得到飞秒量级的光脉冲。

6) 光谱仪

光谱仪又称为分光仪，是利用棱镜或者衍射光栅组成的科学仪器，可以将多个波段的复合光分解为清晰明了的光谱线。光谱仪由入射光狭缝、色散系统、成像系统和出射光狭缝组成，使用光电倍增管等光探测仪器在各个波段测量入射光束的强弱。

当光子或者电磁波激发样品时，样品吸收光子能量发生跃迁，而后以光波的形式释放出能量，称之为光致发光。处于较低能级的电子受到光子的激发被激发到高能级上的激发态，这个过程叫作光激发。此时系统处于非平衡态，激发态的电子状态不稳定，会自发地向低能级跃迁，并向外辐射光子。光致发光谱是测量材料的重要手段，一般可应用于晶体质量和缺陷检测、带宽检测、载流子复合机制以及材料品质鉴定方面。

7) 条纹相机

条纹相机又称为像转换管条纹相机，它能将脉冲光强度随时间变化的信息转换为空间变化，是综合了半导体学、光学、电子学和纤维光学等成果发展起来的新型精密仪器。条纹相机是目前唯一可以同时在时间尺度和空间尺度进行高精度精密测量诊断的仪器。它常被用来测量一些超快激光系统的脉冲持续时间，并用于时间分辨光谱和激光雷达等应用。

条纹相机按照结构分为机械型和光电子型两种。前者主要通过调整机械镜片和狭缝大小位置进行操作，扫描速度和分辨率不高。而在光电子型结构中，入射光脉冲透过狭缝经由透镜聚焦成点，然后去轰击条纹管的光电阴极条，产生的光电子通过阳极电场的吸引，在阴极射线管中加速入射进偏转场，并利用电场光学结构实现电子的轨迹偏转，最终以光信号的形式将条纹图案成像于荧光屏上，被探测器接收的信号经由图像增强技术显示出光脉冲的波形。光脉冲进入仪器后在垂直方向上发生偏转，这样最先到达的光子与后来到达的光子就会在不同的位置撞击探测器，所得到的图像形成了光的“条纹”，从中可以推断光脉冲的持续时间和强度以及其他属性。

6.2.3 基于不同钙钛矿材料的微型激光器

钙钛矿材料具有低载流子速率、吸收光谱可调节、高载流子迁移率和低缺陷密度等优异的特性；而且易生长、成本低、发光阈值低、发光转换效率高，其应用于激光领域最大的优势便是它可以通过改变不同离子，实现禁带宽度调节，同时材料的结构和性质可得到调整，这使其具有可调的发光光谱 (覆盖整个可见光谱) 和可调节的光学特性。这些特点为传统激光器目前发展遇到的瓶颈提供了突破口。

微型激光器所用的基于 ABX_3 卤化物钙钛矿材料的结构与发光二极管基本相同，可以用不同尺寸的纳米结构控制形貌，例如 0D 量子点、1D NW、2D NP 和 3D MS，如图 6-20 所示。由于不同的纳米结构会在纳米尺度上产生不同的结构 - 性质关系，因此人们报道了各种策略来控制钙钛矿 NC 的形状和大小，包括在合成过程中改变反应温度、反应时间和配体组合。下面对不同维度的钙钛矿材料进行详细介绍。

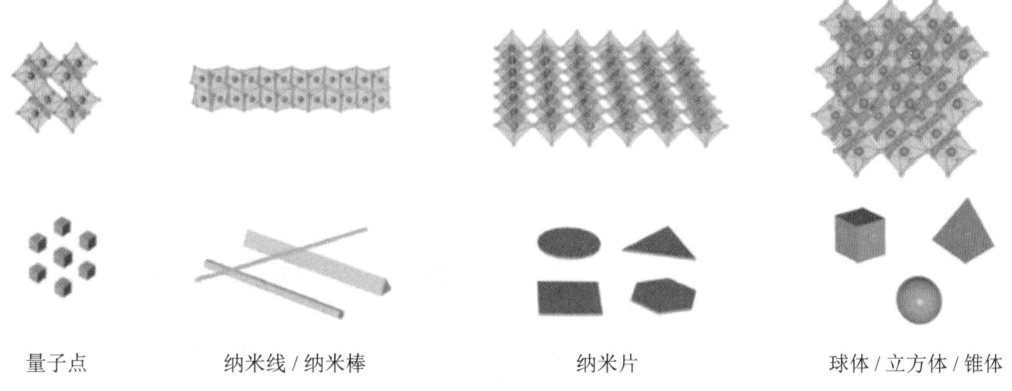

图 6-20 不同尺寸的卤化物钙钛矿的形貌

1. 零维钙钛矿微型激光器

众所周知，传统的半导体量子点具有量子尺寸效应。在钙钛矿量子点的情况下，也可以通过对卤化物成分的调节来调节带隙。张峰等人开发了一种配体辅助再沉淀 (LARP) 方法，在室温下制备 $MAPbBr_3$ 量子点，该器件的 PLQY 达到了约 70%。他们将 PbX_2 盐混合到前驱体中，可在 407 ～ 734 nm 范围内调谐发射。在全无机量子点的情况下，高温法制备的 $CsPbX_3$ 量子点的发射光谱可调谐在 410 ～ 700 nm 之间，半峰全宽为 12 ～ 42 nm，辐射寿命为 1 ～ 29 ns(图 6-21(a)、(b))。随后，他们提出了一种阴离子交换工艺，通过与不同化合物的合成反应来调节胶体 $CsPbX_3$ 量子点的发射 (图 6-21(c)、(d))。

除了热注入技术，人们还研究了钙钛矿量子点的室温合成。2016 年，曾志和同事开发了一种室温法，通过超晶格重结晶制备 $CsPbX_3$ 量子点。在此过程中，Cs^+、Pb^{2+}、X^- 离子在无惰性气体的情况下，在几秒钟内从可溶性溶剂向不溶性溶剂转化，发生结晶过程，如图 6-21(e)、(f) 所示。虽然在室温下结晶，但这些 $CsPbX_3$ 量子点在 PLQY 超过 70% 时仍具有优异的光学性能，并且在空气中老化 30 天后 PL 可以保持在 90% 左右。

钙钛矿型量子点的带隙除了可以通过改变组成来调节外，还可以通过量子点的尺寸来调节。陈威威等人通过改变温度制备了平均直径为 7.1 ～ 12.3 nm 的 $CsPbBr_3$ 量子点，相应的发光峰可在 493 ～ 531 nm 之间调谐。方昕等人通过改变表面活性剂的添加量合成了平均直径在 2.82 ～ 5.29 nm 之间可调的 $MAPbBr_3$ 量子点，由于量子限制效应，相应的 PL 发射峰可在 436 nm ～ 520 nm 间移动。最近，人们通过成分工程对钙钛矿量子点进行了更多的研究，以获得更广泛的光电应用。

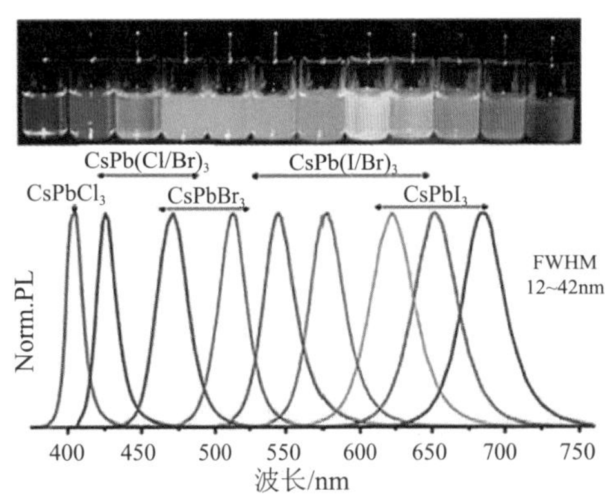

(a) $CsPbX_3$ 量子点的 PL 光学图像和 PL 光谱

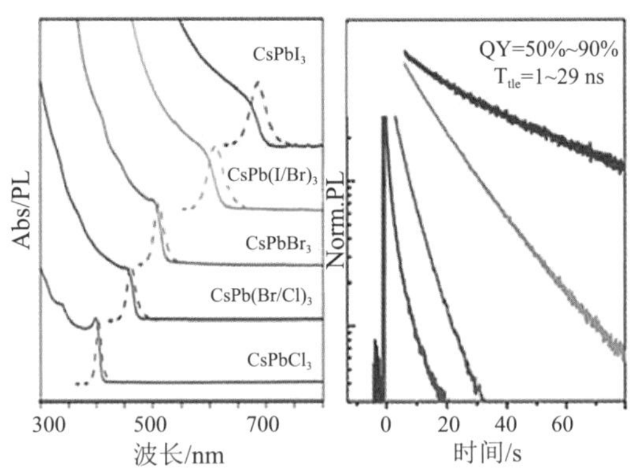

(b) $CsPbX_3$ 量子点的时间分辨 PL 衰减

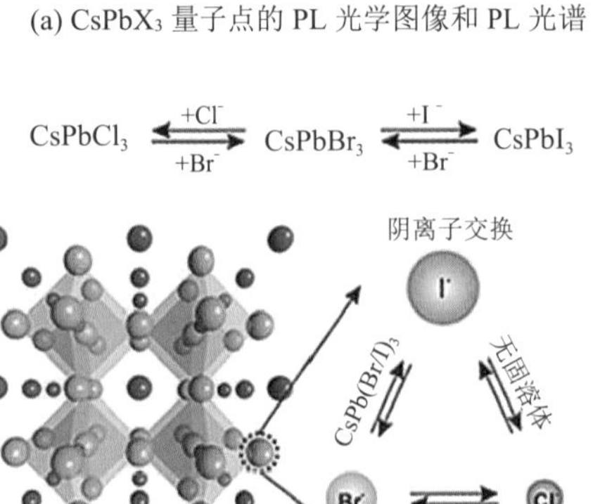

(c) $CsPbX_3$ 阴离子交换原理图

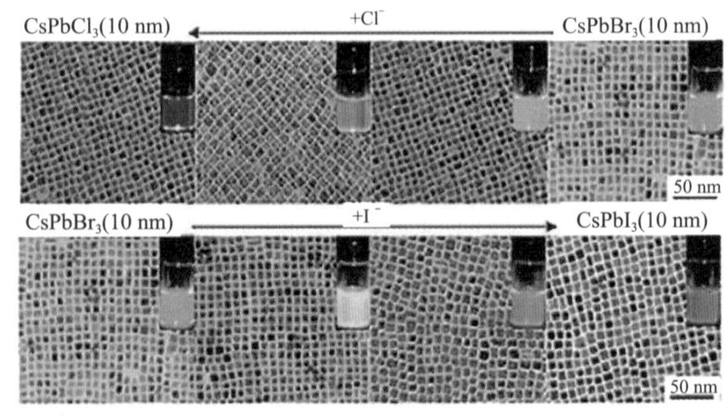

(d) 不同 PL 的 $CsPbX_3$ 量子点的 TEM 图像

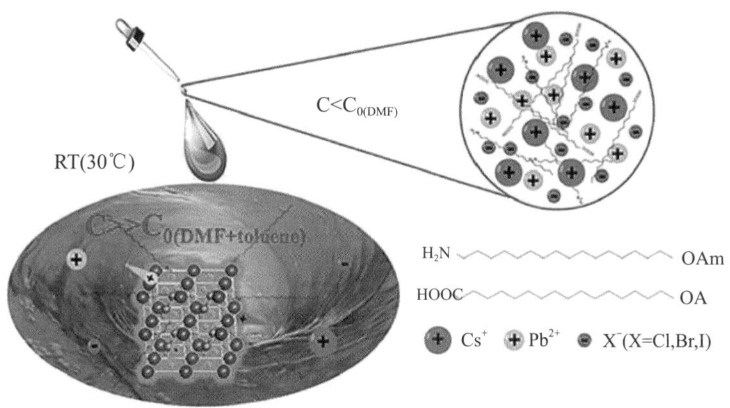

(e) $CsPbX_3$ 量子点的室温制备示意图

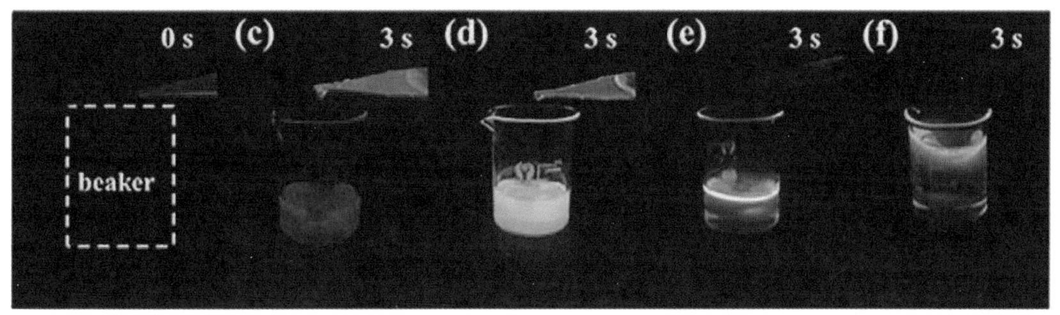

(f) 加入前驱离子溶液 3 s 后 $CsPbX_3$ 量子点的光学图像

图 6-21 钙钛矿量子点微型激光器

2. 一维钙钛矿微型激光器

钙钛矿一维纳米线 (NW) 和纳米棒 (NR) 由于其特殊的各向异性结构，在光电子领域有着广泛的应用。在一维钙钛矿结构的生长中，反应温度、反应时间和有机配体是结晶的关键因素。邓辉等人首先通过一步溶液法制备了 $MAPbI_3$ 纳米线。在此过程中，先将含有 PbI_2 和 CH_3NH_3I 的前驱体溶液滴加到基底上，然后在不同温度下加热。最后，在 80℃下加热 10 分钟，得到了均匀的 $MAPbI_3$ 纳米线。2017 年，他们通过两步溶液法制备了 $Cs_x(MA)_{1-x}PbI_3$ 纳米线。如图 6-22(a) 所示，PbI_2 粉末最初在 75℃水中溶解，待溶液冷却至室温后，PbI_2 析出。随着 CsI 和 MAI 的加入，振荡几秒后可形成钙钛矿型 NW。得到的钙钛矿纳米线的长度和直径分别可以达到 10 μm 和几百纳米。而且，钙钛矿 NW 的量与从水溶液中析出的 PbI_2 的浓度有关。

朱鹏臣等人通过再结晶过程将 $MAPbI_3$ 薄膜直接转化为纳米线 (图 6-22(b))。第一步是由 $PbCl_2$ 和 CH_3NH_3I 的混合物形成钙钛矿薄膜，然后，将含有 DMF 和异丙基的混合溶液滴加到所生长的钙钛矿薄膜上。随着溶剂的蒸发，可以形成 NW(图 6-22(b))。进一步，他们发现异丙基中 DMF 的含量、转速会影响制备的 $MAPbI_3$ NW 的尺寸。

对于全无机钙钛矿，2015 年，Samuel 等人首先采用溶液法合成了单晶 $CsPbX_3$ NW，反应温度设定为 150℃～250℃。他们发现反应时间对 NW 的生长至关重要，不同反应时间制备的 $CsPbBr_3$ 的 SEM 图显示，初始形成钙钛矿纳米立方体，90 分钟时形成 NS 和 NW(图 6-22(c))。

在 Cs 基钙钛矿 NW 的形成过程中，表面配体会影响宽度和尺寸。Imran 等通过调节辛胺与油胺的比例和改变反应时间，将 $CsPbX_3$ 纳米线的宽度从 10 nm 调至 20 nm。他们发现，通过引入短脂肪链的羧酸，可以使 NW 的宽度减小到 5 nm 以下。相应地，$CsPbBr_3$ 纳米线的发射光谱可以从 524 nm 调谐到 473 nm(图 6-22(d))。

Amgar 等发现，各种氢卤酸 (HX，X = Cl，Br，I) 对 $CsPbBr_3$ NW 的长度有明显的影响。随着 HX 用量的增加，NW 长度会缩短 (图 6-22(e))。利用该方法，$CsPbBr_3$ 纳米线的发射可以在 423 ～ 505 nm 范围内可调 (图 6-22(f))。Dong 及其小组在聚合物基体中制备了尺寸可控的 $CsPbBr_3$ 钙钛矿 NR。然后，刘东等人在室温下制备了无惰性气体的单晶 $CsPbBr_3$ NW。通过增加反应时间，纳米线的长度可以从纳米增加到微米，直径可以从 2.5 nm 调整到 32.0 nm。此外，使用这种方法，$CsPbX_3$ NW 的发射光谱可以从 434 nm 调谐到 681 nm。

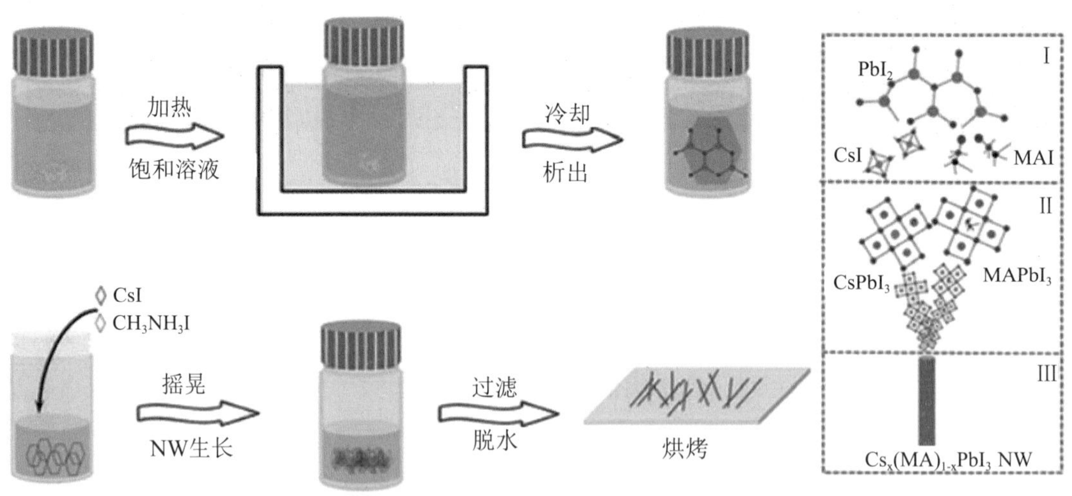

(a) $Cs_x(CH_3NH_3)_{1-x}PbI_3$ NW 的制备工艺示意图

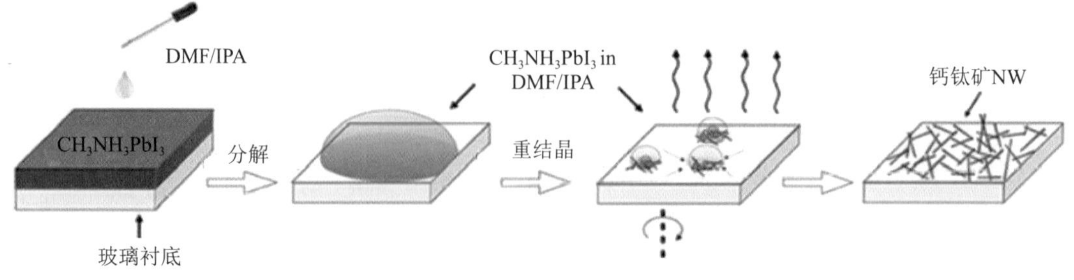

(b) 重结晶过程形成 $MAPbI_3$ 纳米线的示意图

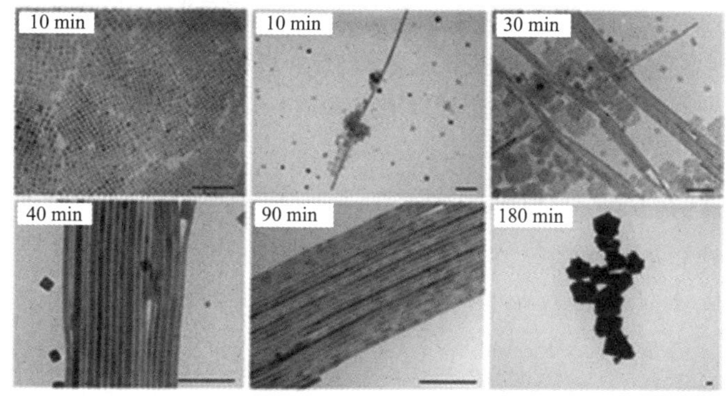

(c) 生长的 $CsPbBr_3$ NC 随时间增加的 TEM 图像

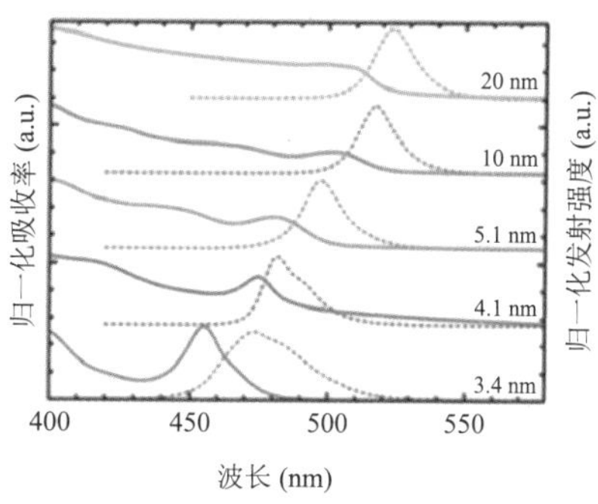

(d) $CsPbBr_3$ NW 的吸收光谱和 PL 谱

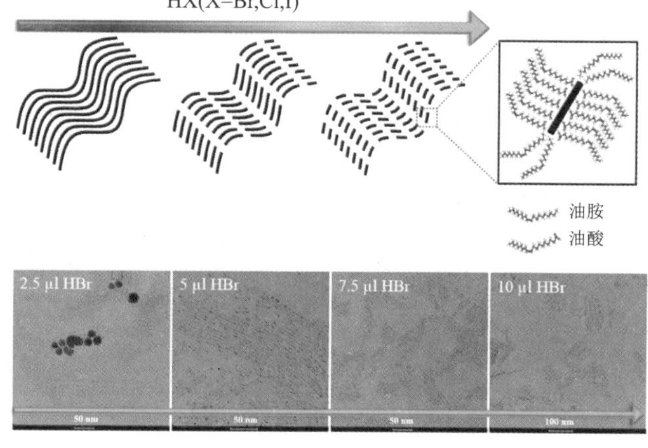

(e) HX 对 $CsPbX_3$ 纳米线长度钝化效应示意图和合成的 $CsPbX_3$ NW 的 TEM 图像

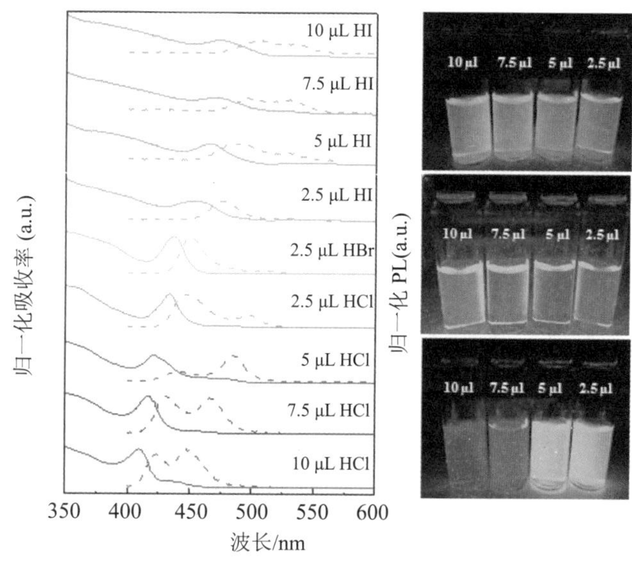

(f) $CsPbX_3$ 纳米线的归一化吸收、PL 光谱和照片

图 6-22 一维钙钛矿 NW 微型激光器的制备方法、结构及光谱

除上述湿法加工外，利用气相生长法合成钙钛矿纳米线和 NR 的研究也有很多报道。相比之下，气相法可以有效地控制钙钛矿纳米晶的形貌和晶相。已有研究表明，生长温度和衬底对钙钛矿 NW 在气相生长中的取向至关重要。邢军等人利用气相技术制备了钙钛矿型纳米线。首先，采用化学气相沉积 (CVD) 法在 SiO_2 衬底上沉积 PbI_2 NW (图 6-23(a))。PbI_2 经 CVD 与 MAX 反应后转变为 $MAPbX_3$。如图 6-23(b) 所示，所制备的 $MAPbI_3$ 纳米线长度约为几十微米，直径约为 500 nm。图 6.23(c) 和 6.23(d) 表明 $MAPbI_3$ NW 沿 [100] 方向生长。由于有机杂化钙钛矿在高温下容易发生热分解，因此直接气相生长杂化钙钛矿更具挑战性。气相法对于具有较好热稳定性的全无机钙钛矿材料是一种很有吸引力的方法。Zhou 等人通过气相沉积法制备了结晶质量高、三角形形貌规则的 $CsPbX_3$ NR(图 6-23(e))。图 6-23(f) 的 SEM 图表明，制备的 $CsPbX_3$ 纳米棒横截面呈三角形，表面光滑，长度为 2 ～ 20 μm。结果表明，在三角形 $CsPbBr_3$ NR 的生长过程中，反应温度对钙钛矿型 NC 的控制至关重要。此外，通过卤化物成分调节，这些生长态 $CsPbX_3$ NR 的发射也可以从 415 nm 调节到 673 nm (图 6-23(g))。

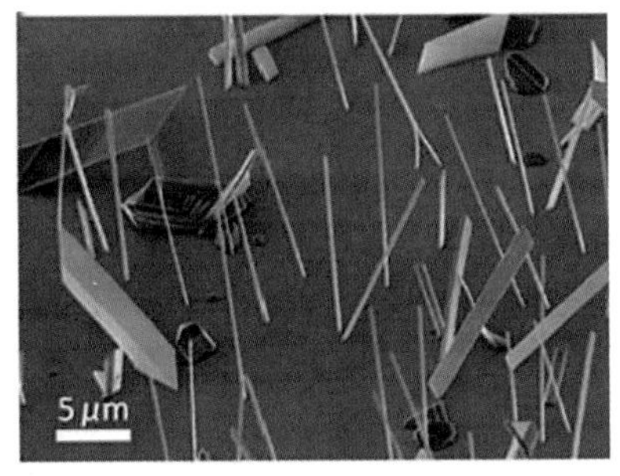

(a) PbI_2 NW 的 SEM 图像

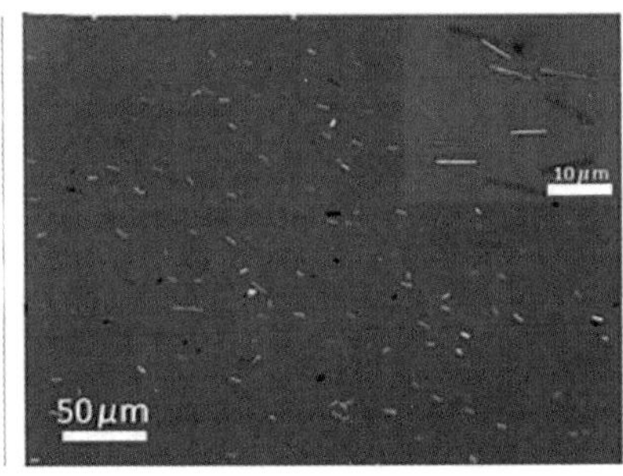

(b) $MAPbI_3$ NW 光学显微镜图像

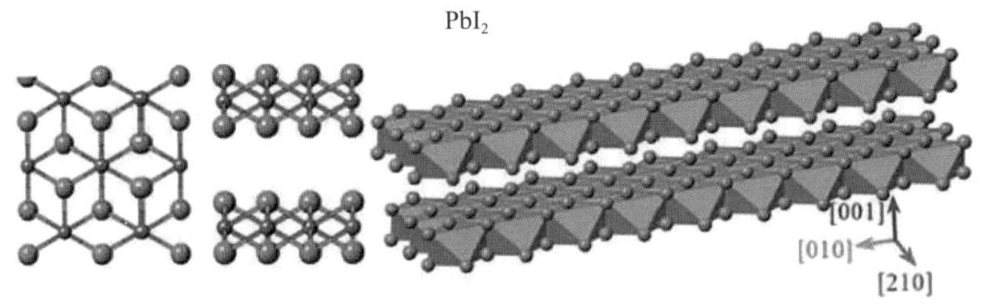

(c) PbI_2 NW 的结构模拟图像

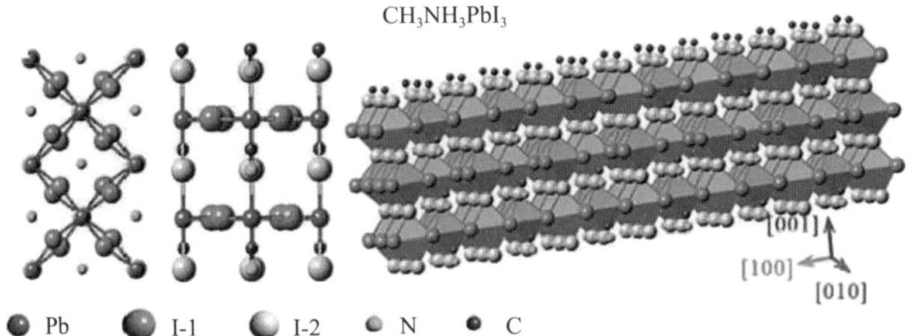

(d) $MAPbI_3$ NW 的结构模拟图像

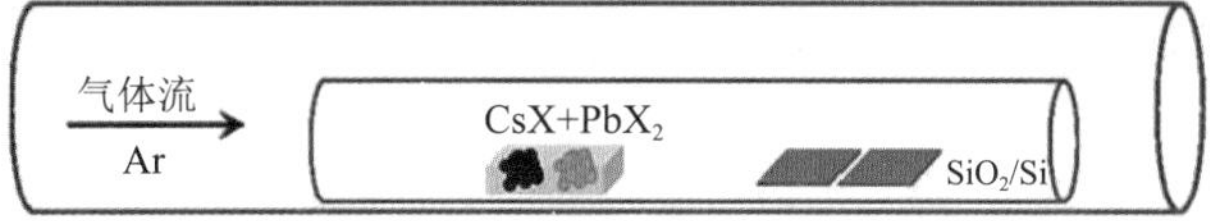

(e) $CsPbX_3$ 三角 NR 的制备方法示意图

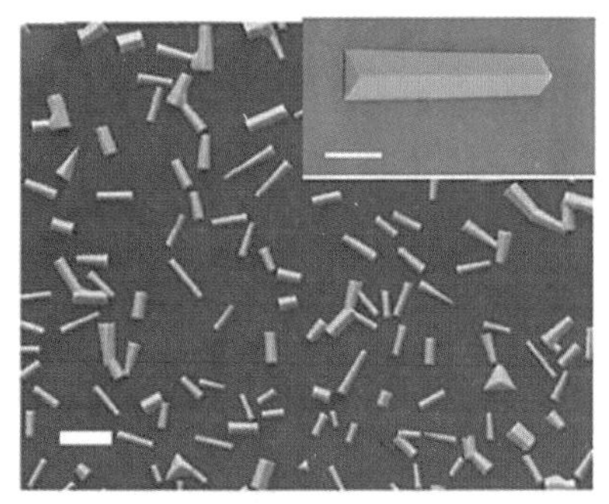

(f) $CsPbBr_3$ 三角棒的 SEM 图像

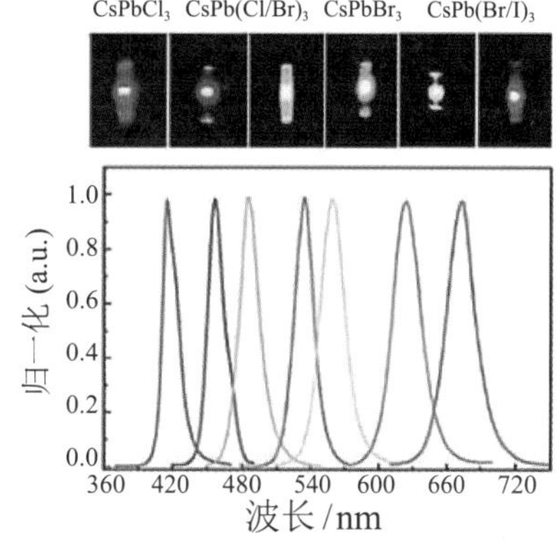

(g) $CsPbX_3$ 三角棒的实色图像和 PL 光谱

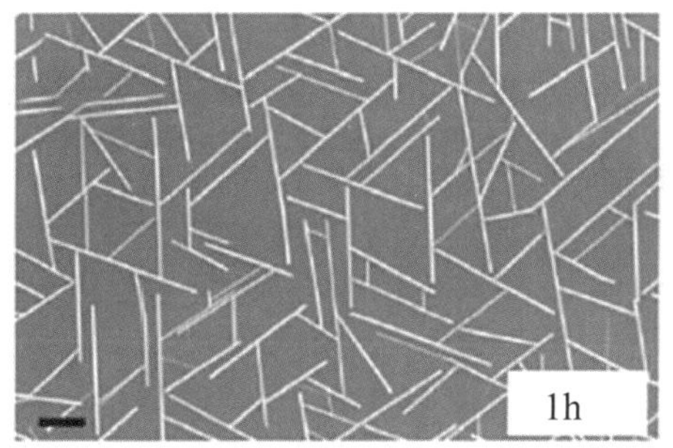

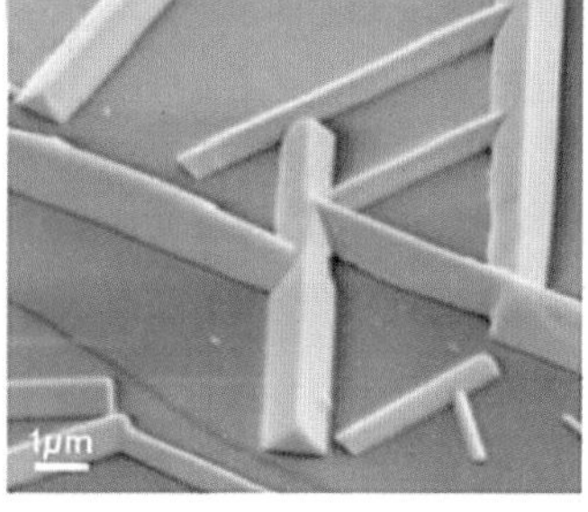

(h) CsPbBr3 NW 的 SEM 图像

图 6-23 各种钙钛矿 NW 的结构及 SEM 图像

此外，已经证实衬底可以影响钙钛矿纳米线的晶粒取向生长。陈杰等人通过 CVD 方法在云母上制备了 $CsPbX_3$ NW。在 $CsPbBr_3$ 纳米线的生长过程中，$CsPbBr_3$ 纳米线与云母衬底的界面发生了异质外延匹配。然后，NW 的形成是与云母衬底的不对称晶格失配引起的。如图 6-23(h) 所示，得到的 $CsPbBr_3$ 线排列表面结合良好，形成了长度约为几十微米、宽度约为 1 μm 的纳米线。此外，通过控制沉积时间可以形成各种纳米结构，例如单个 NW、Y 形分支和互连的 NW 或 MW 网络。

3. 二维钙钛矿微型激光器

二维结构钙钛矿如 NS、NP 和微盘 (MD) 独特的优异性能使其有望成为潜在的光电子器件。Sichert 等人合成了 $MAPbBr_3$ NP，并通过溶液法研究了 NP 的量子尺寸效应。他们发现，$MAPbBr_3$ NP 的厚度随着 OA 含量的增加而减少，如图 6-24(a) 和 6-24(b) 所示。相应地，PL 发射从绿色区域调谐到紫色区域 (图 6-24(c))。

秦翔等人通过两步溶液法制备了 $MAPbI_3$ NP。首先是将 PbI_2/DMF 溶剂旋涂到基底上，形成 PbI_2 薄膜。然后，将形成的 PbI_2 薄膜浸入 MAI 溶液中，形成 $MAPbI_3$ 单 NC。Bekenstein 等人通过热注入法制备了 $CsPbBr_3$ NP。他们证明，反应温度对 $CsPbBr_3$ NP 的形状和厚度至关重要。随着温度从 150℃降至 130℃，$CsPbBr_3$ NC 的形状从纳米立方体演变为 NP。相应地，PL 发射从 512 nm 移动到 405 nm(图 6-24(d)、(e))。当温度降至 90℃和 100℃时，获得了长度约为 200 ～ 300 nm 的薄型 $CsPbBr_3$ NP(图 6-24(d))。

除反应温度外，表面配体也会影响 $CsPbX_3$ NP 的形成，潘爱钊等人在 2016 年证明了这一点。在 NP 生长过程中，$CsPbX_3$ NP 在相对较低的反应温度 (120℃～ 140℃) 下获得。他们获得了更薄的 $CsPbX_3$ NP，其中含有较短的胺链。此外，还发现反应时间对钙钛矿型 NP 的形成至关重要。通过增加 $PbBr_2$ 浓度并将反应时间增加到 1 小时 (135℃) 以上，可以获得具有微米级尺寸和规则端面的 $CsPb_2Br_5$ 微孔板 (MP)(图 6-24(f))。

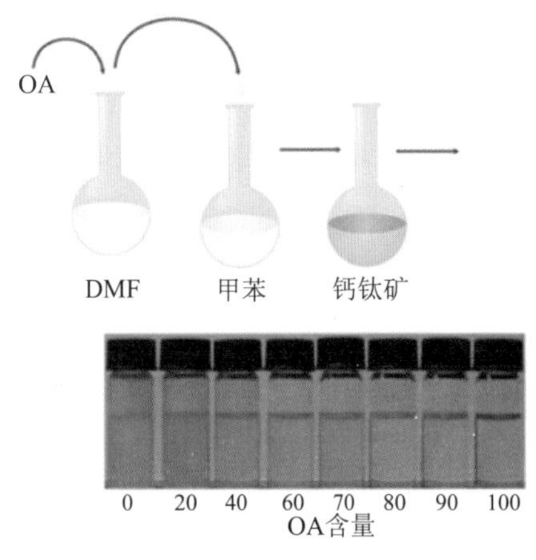

(a) $MAPbBr_3$ NP 的合成示意图

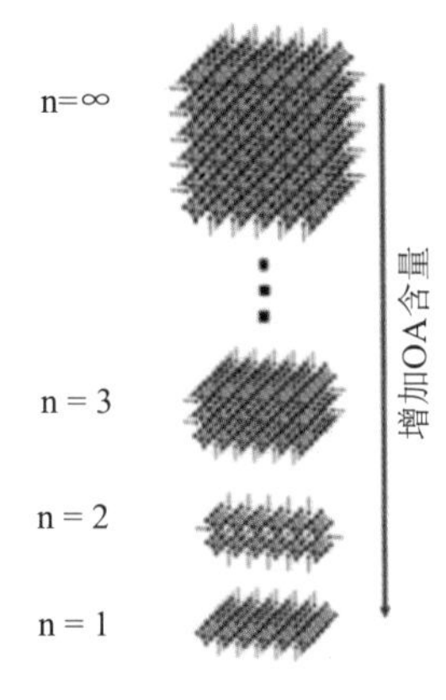

(b) $MAPbBr_3$ NP 的量子尺寸效应

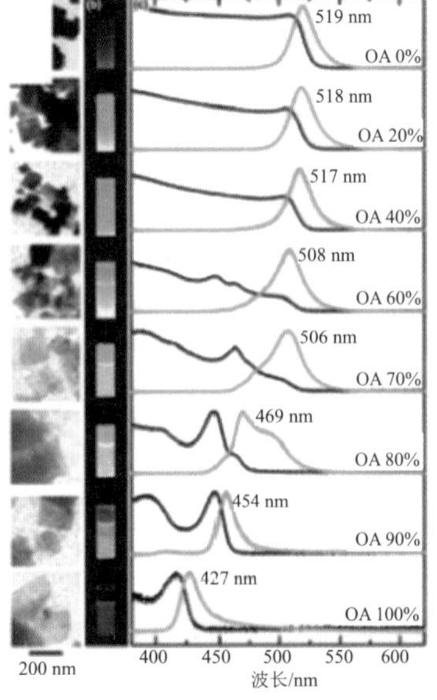

(c) $MAPbBr_3$ NP 和 NR 带隙调控

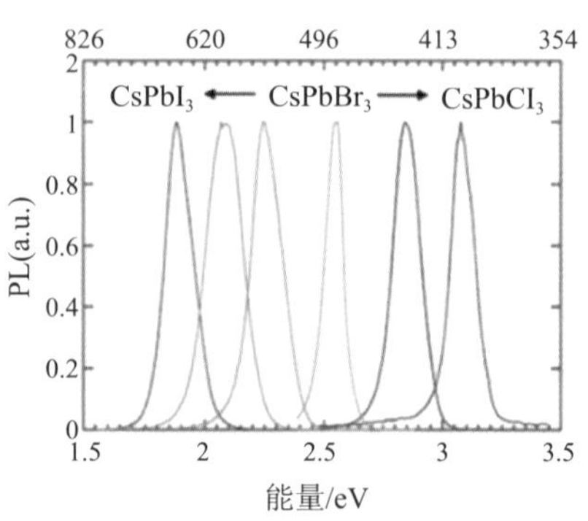

(d) 卤化物－阴离子交换的 $CsPbX_3$ NP 的 PL 光谱

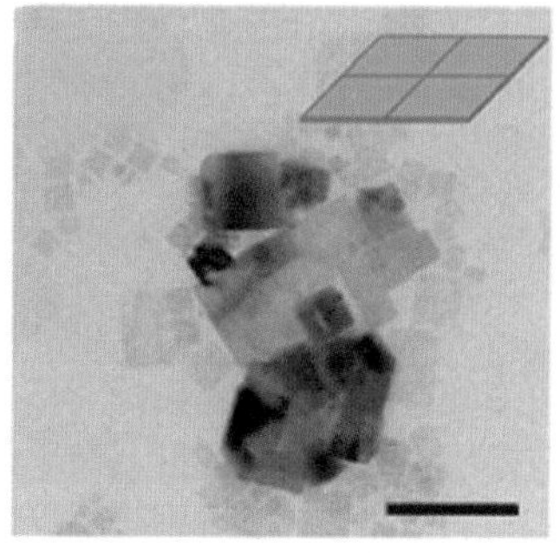

(e) 2D $CsPbBr_3$ NS 的 SEM 图像

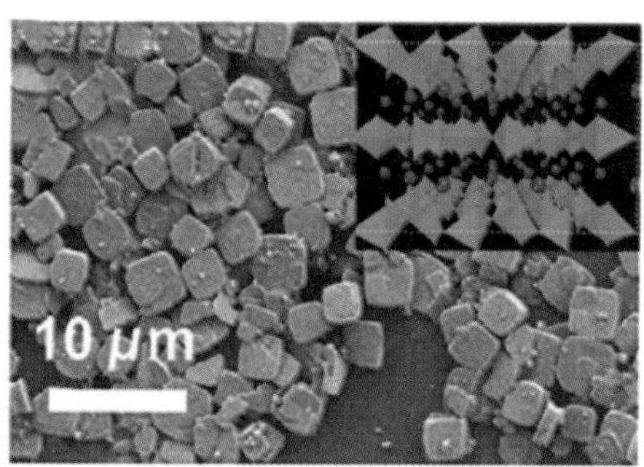

(f) $CsPb_2Br_5$ MP 的 SEM 图像

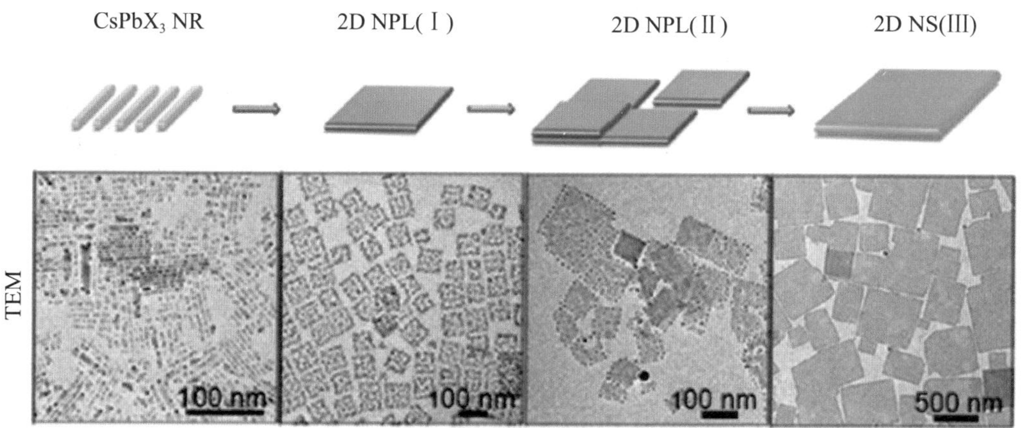

(g) 从 $CsPbX_3$ NR 到 2D $CsPbX_3$ NP 和 NS 的生长示意图 (上)，不同阶段 $CsPbBr_3$ NC 的 TEM 图像 (下)

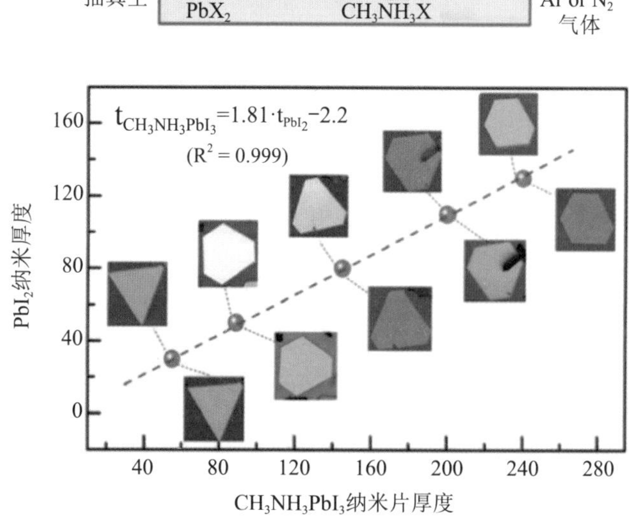

(h) 基于蒸气传输系统制备 $MAPbI_3$ NC(上)，转化为 $MAPbI_3$ 前后 PbI_2 纳米片的厚度

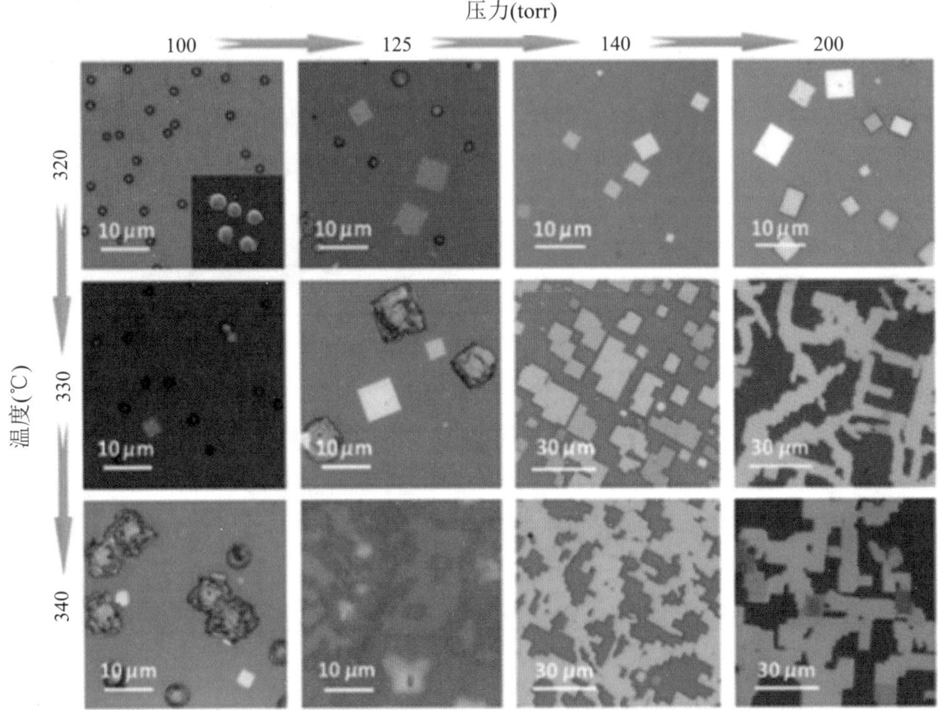

(i) 不同温度和压力下生长的 $MAPbI_3$ NC 的光学图像

图 6-24　二维钙钛矿 NP 的制备

2018 年，郑伟威团队证明，可以通过改变反应时间获得 2D $CsPbX_3$ NP 和 NS(图 6-24(g))。厚度可控制在 3 ～ 6 nm 范围内，宽度可控制在 0.1 ～ 1 μm 范围内。黄阳等人报道了一种在非极性有机溶剂中通过混合前驱体配体配合物实现钙钛矿 NC 自发结晶的方法，无需任何热处理。通过改变一价离子与 Pb^{2+} 配体配合物的比例，可以将 NC 的形状从三维纳米立方体演变为二维纳米片。

与 NW 类似，钙钛矿 NP 也可以通过蒸汽合成法形成。熊启华等人报道了 $MAPbI_3$ NP 的 CVD 增长。这些纳米颗粒呈三角形或六角形片状，厚度为 10 ～ 300 nm，横向尺寸为 5 ～ 30 μm(图 6-24(h))。PbX_2 片晶首先通过范德华外延生长在云母上，然后在存在 MAX 的情况下转化为 $MAPbX_3$ NP。2016 年，Bao 等人开发了一种溶液过程和气相转化过程的组合方法来制备 $MAPbI_3$ NS。首先，将 PbI_2 薄片滴在二氧化硅衬底上，然后加热。在这个过程中，温度对 2D PbI_2 NS 的成核和生长起着至关重要的作用，因为成核位点的数量受温度控制。随后，在与 MAI 的转化反应后形成 $MAPbI_3$ NS。

在气相生长过程中，生长压力和温度都会影响钙钛矿型纳米晶的形成。吴韬等人通过 CVD 方法制造了 2D $MAPbBr_3$ 片晶 (001)。如图 6-24(i) 所示，由于生长压力和温度较低，方形片晶无法形成。通过增加压力，可以观察到 2D 血小板和 3D 球体。随着压力从 140 Torr 增加到 200 Torr，$MAPbBr_3$ 片晶的平均厚度从 29 nm 增加到 73 nm，横向尺寸从 6 μm 增加到 10 μm。

对于全无机二维钙钛矿 NC，曾海波等人通过加热 $PbBr_2$ 和 CsBr 混合物，在云母基底上通过范德华外延法合成了超薄的 $CsPbBr_3$ NP(厚 148.8 nm)。郑志等人通过空间受限气相外延生长法合成了质量高、形貌可控、超薄(6.0 nm)的 2D $CsPbI_3$ 钙钛矿纳米晶。2020 年，杨培东等人提出了一种简单的方法，用晶粒大小(200 ～ 1 μm)和间距(2 ～ 20 μm)对 $CsPbX_3$ 平板阵列进行图形化。这些平板阵列被预先图形化的疏(亲)水表面限制。该方法避免了钙钛矿与衬底之间晶格匹配的限制，实现了具有优异结晶质量的二维钙钛矿纳米晶的大面积生长。

超表面是由亚波长尺度的单元组成的二维光学元件，在入射电磁场的电、磁分量之间产生共振耦合。在所有电介质超表面上展示了几种功能，如光学编码、光学波前成型、偏振分束器和增强 PL。钙钛矿基超表面具有非线性吸收和光学编码的潜力。超表面结构可以通过纳米图案化薄膜来实现。许多传统的纳米制造技术已被用于钙钛矿超表面的制造，如纳米压印、电子束光刻(EBL)、聚焦离子束铣削(FIB)和电感耦合等离子体刻蚀(ICP)。

Gholipour 等人首先使用 FIB 技术制造 $MAPbI_3$ 超表面(厚度约 200 nm)，由纳米光栅和纳米发光超分子组成。此外，他们还证明了通过改变光栅周期可以调节反射共振的发射和品质因数。Makarov 等人开发了用于图案化 $Cs_{\alpha}FA_{\beta}MA_{\gamma}Pb(I_xBr_y)_3$ 亚表面的纳米压印技术，能够增强其线性和非线性 PL(图 6-25(a) ～ (c))。将厚度约为 200 nm 的钙钛矿薄膜旋涂后，用纳米柱和纳米条带模具对钙钛矿薄膜进行纳米压印，形成超表面。他们证明，这些超表面可以将线性 PL 增强 8 倍，非线性 PL 增强 70 倍。Jeong 等人提出了一种用于制作大面积 $CsPbX_3$ 纳米图案的聚合物辅助纳米压印方法。如图 6-25(d) 所示，在其纳米压印过程中，先将前体溶液旋涂在基底上，然后通过热处理将纳米压印模具压在前体膜上。因此，$CsPbX_3$ 在模具范围内结晶(图 6-25(e))。这种方法可以很容易地推广到不同衬底上的大面积钙钛矿图案。

此外，范宇斌等人使用 EBL 流动 ICP 技术制备近红外 $MAPbBr_3$ 钙钛矿超表面(图 6-25(f))。基于这些超表面，可以观察到许多类型的非线性过程和增强的 PL(图 6-25(g))。他们还介绍了钙钛矿超表面在光学加密中的应用。钙钛矿超表面也可用于光学相位控制，张晨等人在 2019 年证实了这一点。他们还使用 EBL 流动 ICP 技术在金属基板上制备 $MAPbX_3$ 切割金属丝超表面(图 6-25(h)、(i))。他们发现，这些 $MAPbX_3$ 超表面可以产生从 0 到 2π 的全相位控制，以及高效率和宽带极化。最后，基于钙钛矿超表面的独特性质，他们证明了其在全息图像中的潜在应用。

(a) 具有增强发射能力的钙钛矿超表层

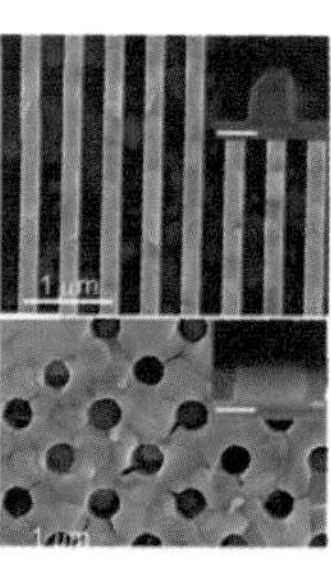

(b) 具有纳米条(上)和纳米孔(下)结构的钙钛矿的 SEM 图像

薄膜
条状
孔状
MPL(a.u.)
波长/nm

(c) 不同结构钙钛矿超表面的增强 PL 光谱

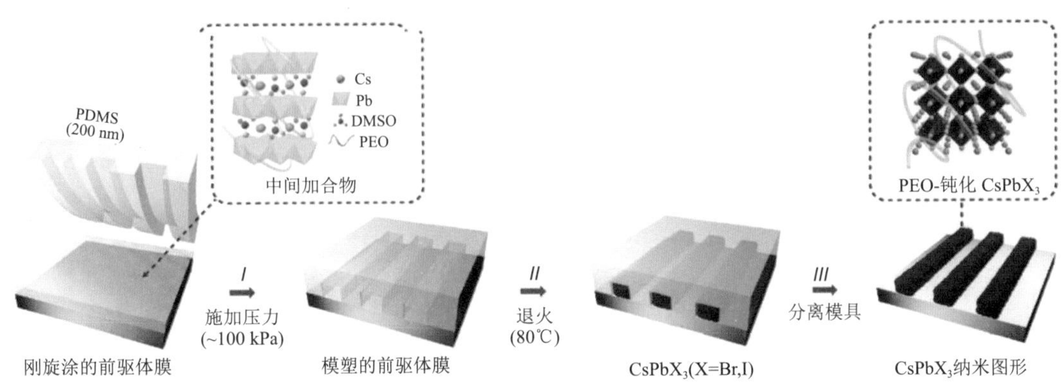

(d) 钙钛矿纳米图案的聚合物辅助纳米压印工艺示意图

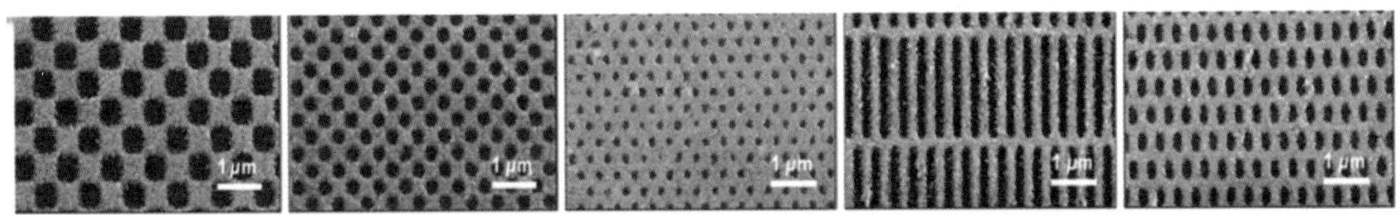

(e) 不同钙钛矿纳米图形的 SEM 图像

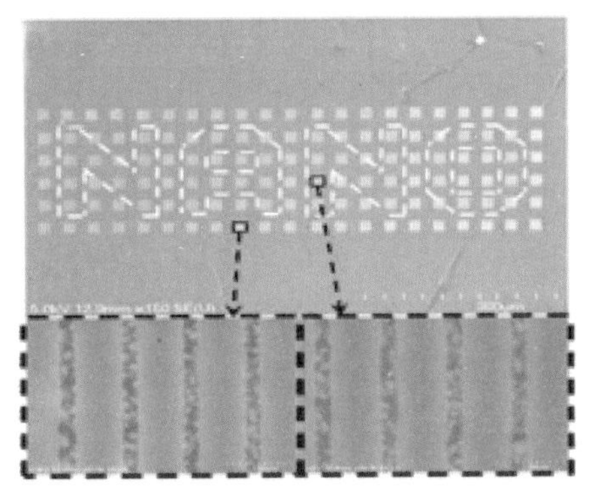

(f) $MAPbBr_3$ 超表面的 SEM 非线性成像

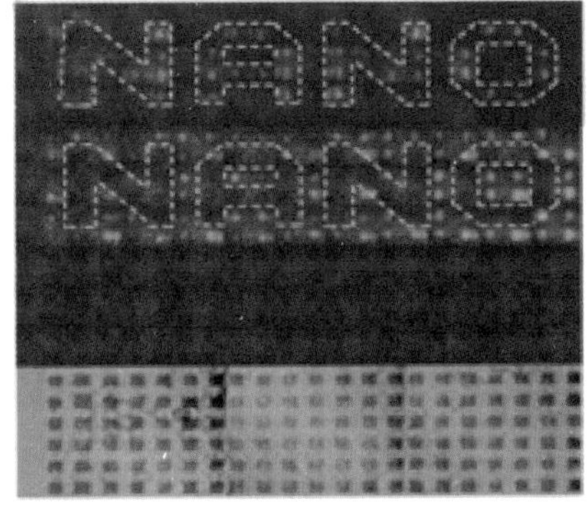

(g) $MAPbBr_3$ 超表面的非线性 PL 和 PL 图像

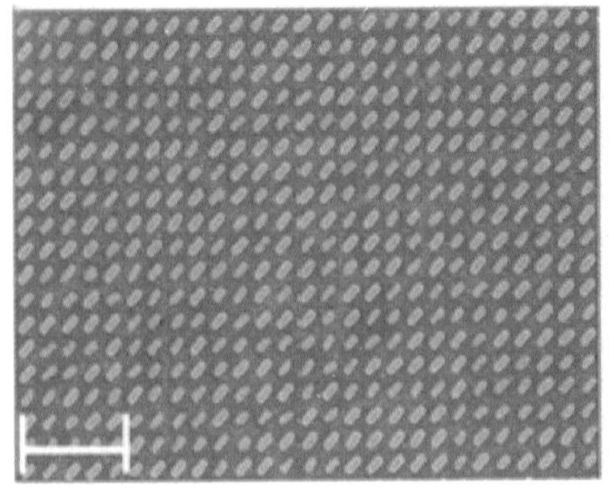

(h) $MAPbBr_3$ 超表面的 SEM 图像

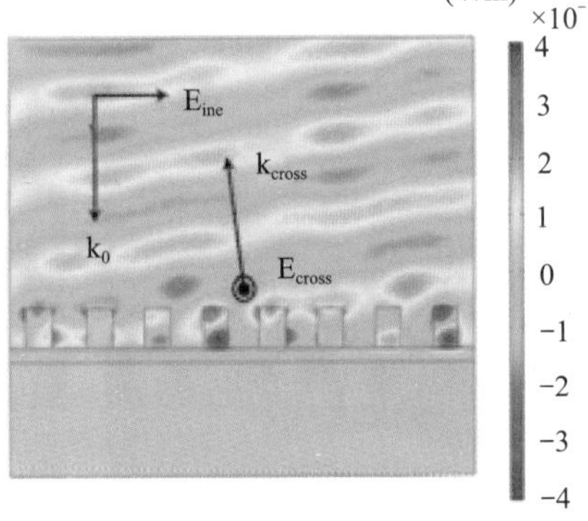

(i) $MAPbBr_3$ 钙钛矿超表面的场分布

图 6-25 纳米压印技术制备钙钛矿超表面及其光学性能

4. 三维钙钛矿微型激光器

除了一维和二维钙钛矿结构外，还研究了钙钛矿基三维结构。2017 年，胡智萍等人提出了两步法制备亚波长尺寸的 $CsPbX_3$ 微立方体。这些 $CsPbX_3$ 微立方体具有规则的立方体形状和光滑的端面，在环境条件下表现出可调谐发射和长达几个月的结构稳定性。同年，张龙等人在制备的 $CsPbX_3$ MS 上使用 CVD 方法，控制生长了直径约为 1 μm 的纳米微球，并得到了 425 ～ 715 nm 范围内的可调谐光致发光 (图 6-26(a)、(b))。魏崭等人开发了一个自动微反应器系统，用于在流动聚焦微流体中通过 UV 光引发聚合制备无机钙钛矿 NC 球体 (图 6-26(c)、(d))。获得的 $CsPbBr_3$ 球体的直径较大，约为 100 μm，并且直径可能受到流速的影响。Mi 等人使用 CVD 方法在云母衬底上制备了高质量的单 $MAPbBr_3$ 晶体，其具有立方棱锥形状，横向尺寸为 2 ～ 10 μm(图 6-26(e))。随后，杨柳等人还利用 CVD 法在 Si/SiO_2 衬底上制备了 $CsPbI_3$ 三棱锥，其室温自发辐射为 719 nm(图 6-26(f))。

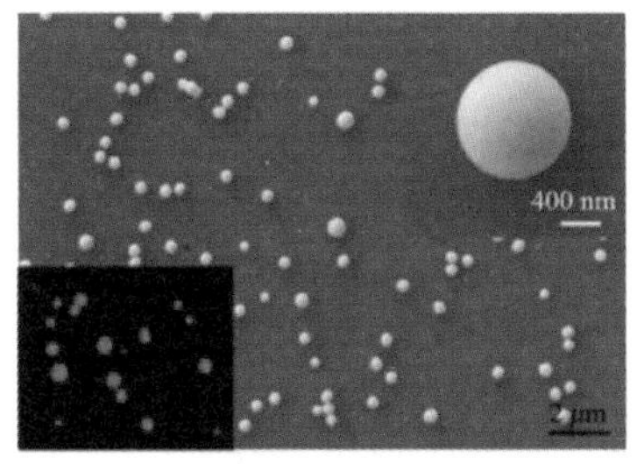

(a) $CsPbI_3$ MS 的 SEM 图

强度(a.u.)
400 500 600 700 800
波长/nm

(b) $CsPbCl_3$、$CsPbBr_3$ 和 $CsPbI_3$ 质谱的 PL 谱

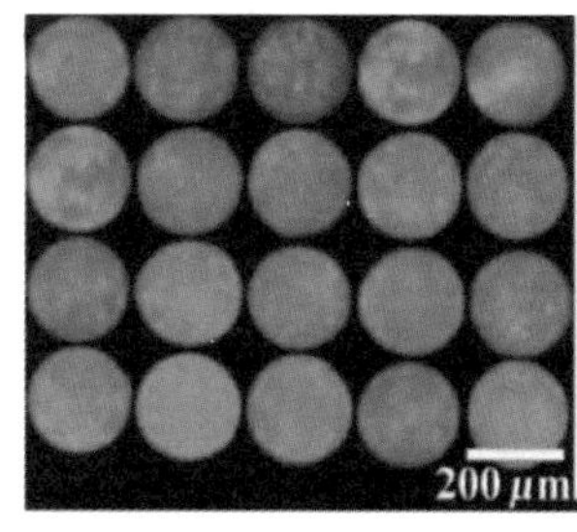

(c) 紫外光激发下的单分散 $CsPbBr_3$ 球体

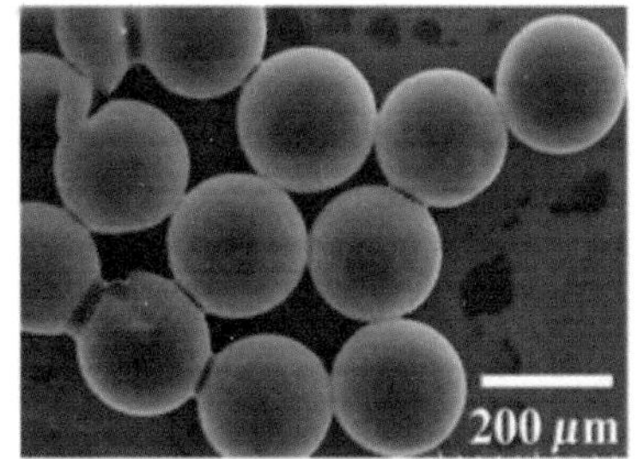

(d) 单分散 $CsPbBr_3$ 微球 SEM 图

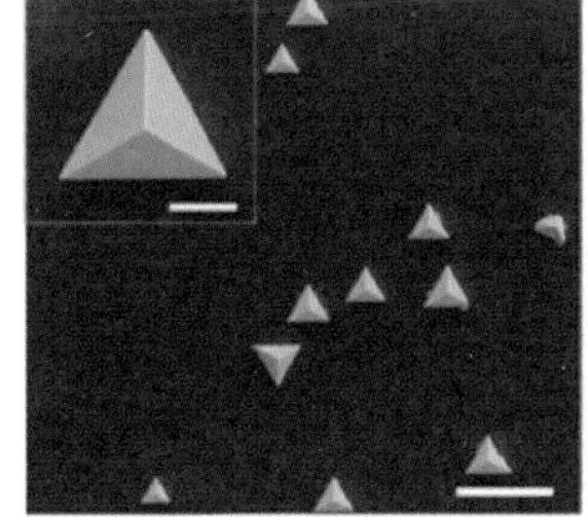

(e) $MAPbBr_3$ 三棱锥的 SEM 图像

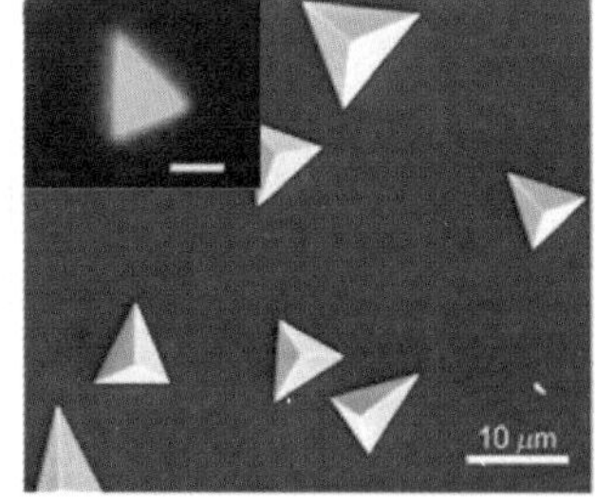

(f) Si/SiO_2 衬底上 $CsPbI_3$ 三棱锥的 SEM 图像

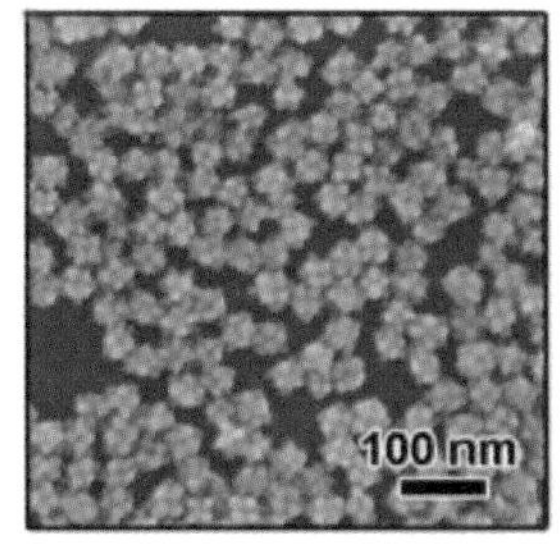

(g) $CsPbX_3$ 纳米花的 SEM 图像

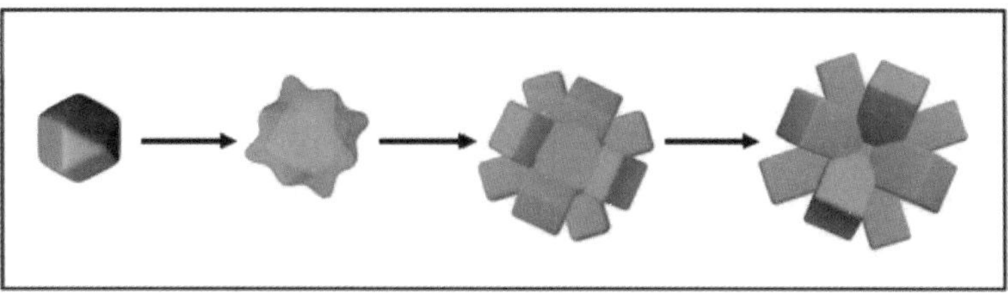

(h) $CsPbX_3$ 纳米花形成示意图

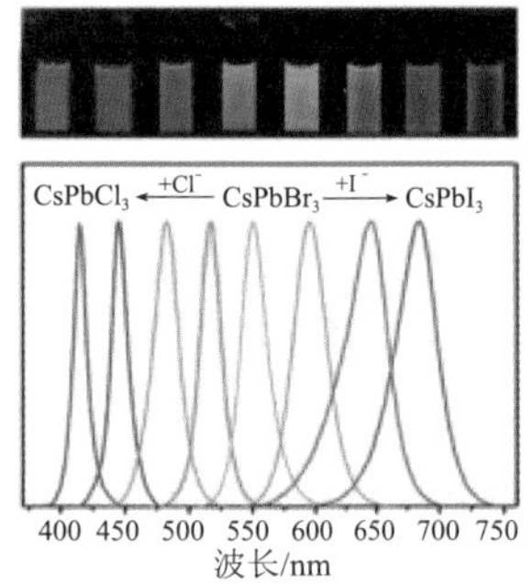
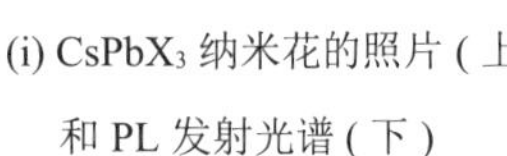

(i) $CsPbX_3$ 纳米花的照片 (上) 和 PL 发射光谱 (下)

(j) $MAPbBr_3$ 立方晶体的生长和不同反应时间下 $MAPbBr_3$ 的 SEM 图

图 6-26　三维钙钛矿微型激光器的微观结构

除了规则的形貌外，还研究了复杂的钙钛矿结构。陈敏等人使用种子介导的溶剂热方法来制备具有纳米花形态的单分散 $CsPbX_3$ NC(图 6-26(g) ～ (i))。图 6-26(h) 显示了 $CsPbBr_3$ 纳米花的生长过程，该过程是由 Cs_4PbBr_6 到 $CsPbBr_3$ 的结构转变形成的。得到了含有 $CsPbX_3$ 的化合物 12 个定义良好的分支，PLQY 约为 50%。此外，PL 发射可以从 415 nm 调谐到 685 nm。他们制备了基于 $CsPbBr_3$ 纳米花的白光 LED 器件，其 PLQY 达到了国家电视系统委员会 (NTSC) 标准的 135%。2019 年，李方涛等人在 120℃下通过溶剂热方法制备了单晶微立方体 -$MAPbBr_3$ 和多步骤 -$MAPbBr_3$ NC。在这个过程中，最初形成了微立方体 $MAPbBr_3$，然后在长时间反应后蚀刻表面中心，诱导了多步骤的形成。通过调节反应温度和时间，可以调节微管 -$MAPbBr_3$ 的形态和大小 (图 6-26(j))，在钙钛矿纳米激光器和其他光电器件中具有潜在的应用。

6.2.4　钙钛矿微型激光器的发展现状和前景

我们已经介绍了高性能光学驱动钙钛矿激光器的出现，其工作范围从紫外到近红外。一般来说，金属卤化物钙钛矿材料作为光子源具有成本低、结构灵活、吸收系数高、发射可调等显著优势。钙钛矿激光器的实际应用已成为一个富有成效的研究领域。在钙钛矿的结构工程、光学性质和器件发展方面的研究已经在相干和非相干光源中获得了各种有前途的研究成果。

2010 年，程子勇等人报道了层状有机 - 无机杂化钙钛矿的光学性质，通过采用合成薄膜制备，用图案化方法研制新型 [110] 和 [111] 取向的钙钛矿结构，并对这种混合钙钛矿的光电性能进行了分析。这种具有自然形成层状结构的独特材料可以被用作模板产生新的衍生物并具有独特的物理性质。研究发现，二维钙钛矿的激发吸收和光辐射与金属卤化物密切相关，通过不同的卤素取代，观察 $(C_5H_4CH_2NH_3)_2PbI_4$、$(C_5H_4CH_2NH_3)_2PbBr_4$、$(C_5H_4CH_2NH_3)_2PbCl_4$ 的吸收和光致发光，发射光由绿光变为蓝光再变为紫外光，从而验证了钙钛矿材料可以同时被一个波长激发发射出多种颜色的可见光。

2016 年，Michael Saliba 等人将波纹结构纳米压印到聚合物模板上，随后蒸发共形钙钛矿层，首次实现了钙钛矿分布反馈腔 (DFB)；涂覆在玻璃基板上的紫外可固化聚合物抗腐蚀剂可承受激发波长为 370 ～ 440 nm，并通过改变光栅的周向度实现了波长从 770 ～ 793 nm 之间可调节、低阈值的激光输出。这一报道为制备钙钛矿薄膜的 2D 光学结构提供了一种较为通用的方法，可以扩展到任何可行的 2D 图案。而 DFB 结构具有高度通用性，可以进一步优化，例如实现更低的阈值、不同的输出能量、广泛的可调节性。因此这项研究进一步拓宽了多晶钙钛矿材料的应用前景。2017 年，何先雄等人通过溶液生长法研制出了全无机钙钛矿 $CsPbX_3$(X = Cl，Br) 微盘 (MD) 大面积阵列，最大可达 1 cm×1 cm，并对其激光特性进行了研究，通过调整卤化物的取代，结合回音壁式光学谐振腔实现激光振荡，成功获取了从深蓝光到绿光，425 nm、460 nm、500 nm 到 540 nm 的一系列激光输出，最小激光阈值为 3 $\mu J/cm^2$，425 nm 附近品质因子值最高。

从以上报道可以看出，制备钙钛矿材料结构的方法呈现多样性，钙钛矿激光器也已由有机－无机杂化钙钛矿材料向全无机钙钛矿材料过渡，而多晶钙钛矿激光器是全无机钙钛矿材料实现较宽范围谱线可调谐输出的主要途径，因为多晶钙钛矿激光器更易于制备多种谐振腔，而单晶钙钛矿激光器在获得高质量因子、高激光量子产率方面具有明显优势。钙钛矿激光器的波长调节范围已经实现从红外波段向深蓝波段覆盖。这些研究上的进展，都是为了获得更大波长范围的可调谐输出、更低的阈值、更高的激光输出稳定性，从而拓宽钙钛矿激光器的应用方向。然而，钙钛矿材料在激光应用领域的发展还处于起始阶段，因此也存在许多问题有待解决。

首先，最为明显的就是目前应用于激光领域性能较好的钙钛矿材料多数含有铅金属阳离子，而铅有毒性，对环境和人体多有不利，因此开始陆续提出采用 Sn、Bi、Ge 等无毒金属阳离子作为替代剂。2016 年，邢贵川等人用 Sn 取代了钙钛矿材料中的 Pb，在 $CsSnI_3$ 钙钛矿中也获得了光学增益，观察到了激光作用，虽然光学性能较差，却也使无铅钙钛矿激光器在解决环境污染问题上显示出良好的前景。但在钙钛矿材料中 Sn 二价阳离子易被氧化成四价阳离子，Bi 离子导电率偏低，因此对于无铅钙钛矿材料的综合性能还有影响，在今后的研究工作中需要进一步完善。

其次，钙钛矿材料虽在结构上具有独特的优异性，但稳定性一直是钙钛矿基微型激光器面临的主要挑战之一。钙钛矿在空气、水分和普通溶剂中的不稳定性仍然限制了其实际应用。长期以来，离子化学键是影响钙钛矿结构稳定性的关键，可以通过容忍因子 (t 因子) 和八面体因子 (μ 因子) 来估计。t 因子可以通过改变形成 ABX_3 钙钛矿晶体的元素或有机离子来控制。事实上，这种稳定性已经通过铯和甲脒交替置换有机阳离子而得到优化。另一种解决方案是控制钙钛矿的形态，使其成为低维的网络结构，在保证钙钛矿结构优异性不变的基础上提升晶体的稳定性。此外，用水和空气隔离基质封装钙钛矿、用稳定的配体覆盖钙钛矿碳纳米管和表面钝化也是解决稳定性问题的有效策略。钙钛矿材料所面临的光浸泡、偏压应力均匀性仍是影响其稳定性的主要瓶颈。进一步提高钙钛矿材料的稳定性，是促进钙钛矿材料从实验室走向激光领域以及其他各个实际应用领域的关键。

第三，钙钛矿材料在激光应用领域也存在待改善的问题。目前钙钛矿材料可以实现光泵浦激励输出宽波长范围可调节激光，但强场激励下器件稳定性差，抗损伤性不好，光学增益性容易被破坏。激励光源的选择和输出激光谱线等光学性能，仍然受到谐振腔、所需晶体生长方法以及钙钛矿材料光物理性的限制。合理地选择钙钛矿材料和结晶策略，深入了解钙钛矿材料的基本光激发机理，对于进一步优化钙钛矿材料的光学性能都至关重要。

钙钛矿作为电驱动激光的潜在候选者具有说服力。作为比较，共轭聚合物面临着来自双分子湮灭的内在损失的挑战，以及要求具有高载流子迁移率 (要求 π- 电子系统重叠) 和大受激发射 (要求发色团很好地分离) 的矛盾。钙钛矿在克服电驱动激光器中共轭聚合物遇到的障碍方面具有巨大的潜力。以上列出的标准是杂化钙钛矿相对于现有溶液可处理的增益介质 (如共轭聚合物) 的真正优势。在目前的情况下，在室温下以较低的阈值和较少的热激活非辐射过程运行连续激光对实现电泵浦激光至关重要。在主 – 客体类 $MAPbI_3$ 单晶的相变温度附近已经证明了连续泵浦激光，后来关于卤化物钙钛矿 NW 的报道在实验上证明室温下的连续激光。这也表明钙钛矿在电泵应用方面有很大的潜力。钙钛矿连续激光的这些鼓舞人心的突破无疑代表了电泵装置的重要进展。

对于钙钛矿激光器的发展，目前的任务是设计新型钙钛矿结构，如量子阱结构和其他。对于 2D 钙钛矿，它提供了一系列有趣的电光性质，2D 钙钛矿中的激子被更强烈地束缚，并且已经发现，对于这些三重态，只有微弱的允许辐射跃迁。最近，从低维到高维的电荷转移和激子能量转移的基础阐明，这种混合钙钛矿自然形成一系列异质结构，这有利于实现上述章节中提到的连续激光。另一方面，在纯单相 RP 钙钛矿中发现它们的引擎光物理对于未来的光电应用尤为重要。新型全无机钙钛矿 1D $CsPb_2Br_5$ 和 0D Cs_4PbBr_6 微孔板具有诱人的性能，包括优异的结晶性、增强的稳定性和可调谐的光学性能。通过溶液法合成的 2D $CsPb_2Br_5$ 微片显示出较大的光学增益和相应的发射。在单光子和双光子激发下，它表现出稳定的低阈值 ASE，带隙为 2.44 eV。$Cs_4PbBr_6/CsPbBr_3$ 杂化钙钛矿及其类似物可能适合连续激光应用，但仍缺乏对其载流子动力学的深入研究。关于 $CsPb_2Br_5$ 是否真的具有辐射性的争论在当今相当重要。

最后，胶体钙钛矿量子点在多粒子俄歇损耗和电荷输运方面面临挑战。目前，在钙钛矿量子点中实现连续激光的挑战仍然存在。对连续波激光的努力应旨在制定策略，有效地传递和调节重要的双激子 / 多激子俄歇复合。与此同时，建立一个新的、成熟的载流子动态示意图，而不是在传统的量子点中使用该示意图，是另一个悬而未决的问题。

本章小结

钙钛矿发光二极管和钙钛矿微型激光器对现有光纤系统、光学芯片的集成、光通信、传感器、成像等领域的发展非常重要，钙钛矿材料具有高的量子产率、窄的发射、高的激子结合能、颜色可调性以及在低温下易于溶液处理等优异性能，可以预见，钙钛矿材料发光器件的应用前景光明。钙钛矿的光学和光电了研究是一个富有挑战的研究领域，需要世界各国的研究者付出更多的努力。

第7章 铅卤化物钙钛矿的其他应用

7.1 钙钛矿阻变存储器件

早在 1971 年，Leon Chua 就从对称性悖论的原则出发，提出了有区别于电阻、电容、电感三大电路基本元件的第四个基本电路元件——忆阻器 (记忆电阻器)，2008 年，Hewlett Packard 实验室证明的电阻转换 (RS) 效应更是引发了关于阻变式存储器件的研究热潮，以各式新型材料作为存储介质的阻变器件被纷纷提出，其中，铅基卤素钙钛矿因兼具成本低、带隙可调、载流子扩散长度长、载流子迁移率高、离子迁移速率快等优点，在阻变式存储器领域引起了广泛关注。

7.1.1 阻变式存储器概述

1. 阻变式存储器 (RRAM) 的基本原理

忆阻器，顾名思义，是一种具有记忆功能的非线性电阻器件，其电阻值随偏置电压的变化而变化，典型的记忆电阻元件的电流 - 电压 (I-U) 关系曲线如图 7-1(a) 所示。忆阻器的关键特征是能够“记住”流过其自身的电荷量，也就意味着它们能够记忆过去发生的事件。这种记忆不仅仅限于“0”和“1”两个状态，而是从“0”到“1”的所有灰色状态，此类模式与人类大脑收集和理解信息的方式十分类似。正是凭借这一特性，忆阻器不仅可用作存储数据，也可以替代一部分的数字逻辑电路，更进一步，通过布尔逻辑运算函数选取 0 ～ 1 之间的不同灰度状态，还能构造基于忆阻器的硬件以模拟大脑功能。

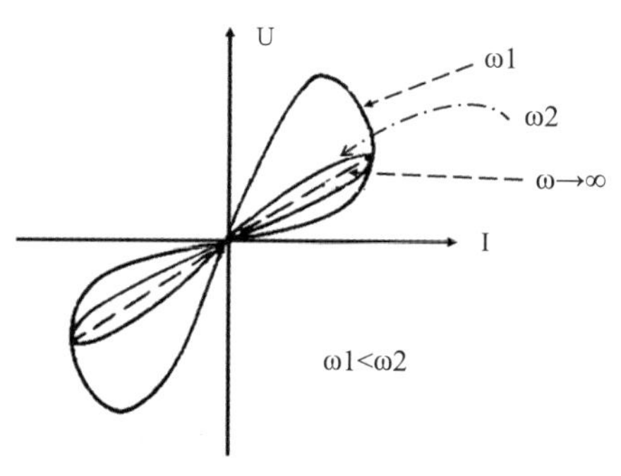

(a) 忆阻器 I-U 特性曲线

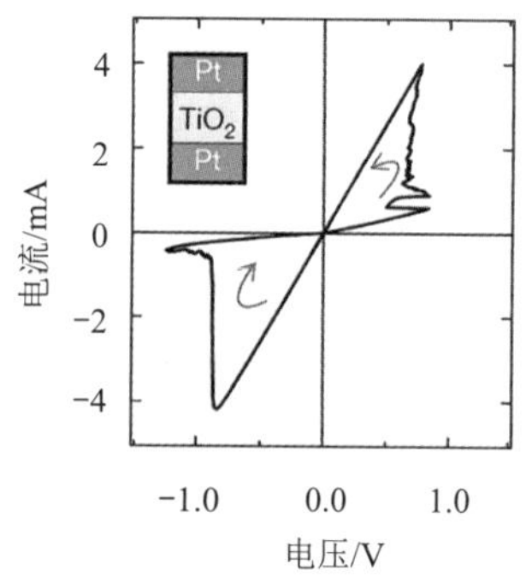

(b) 实验得到的 $Pt/TiO_{2-x}/Pt$ 器件 I-U 特性曲线

图 7-1 忆阻器的 I-U 特性

自忆阻器的概念被提出以来，一系列的忆阻器实现方式被相继提出，这些实现方式无不采用了两端有机聚合薄膜内嵌纳米颗粒的结构。在过去几十年出现的各种忆阻器件中，阻变式存储器 (RRAM) 因其尺寸限制小、非易失性存储容量大而成为忆阻器件最简单的应用，也被认为是未来纳米级存储器的发展方向之一。同其他所有忆阻器件一样，阻变式存储器 (RRAM) 也是导体－绝缘体 (或半导体)－导体的三明治结构，中间层作为离子传输和存储介质，基本结构如图 7-2(a) 所示。就中间层而言，虽然不同的材料会在实际作用机制上带来巨大的差异，但本质上几乎是一致的，即通过施加外部刺激 (如偏置电压) 引起存储介质内的离子运动和局部结构变化，从而改变介质层的电阻值，实现数据的存储。为了提高器件的可控性，可在三明治结构的双端 RRAM 基础上，引入三端 RRAM 结构，这种结构非常类似于金属氧化物半导体场效应管 (MOSFET)，如图 7-2(c) 所示。

就 RRAM 而言，它可以被理解为一个可逆的电阻开关 (RS)。在外部电压的作用下，器件可以自由激发到高阻状态 (HRS 或 OFF) 和低阻状态 (LRS 或 ON)。从逻辑上看，器件的 HRS 和 LRS 分别对应数字“0”和“1”。器件从 HRS 到 LRS 的过程称为置位 (SET) 过程，对应的阈值电压称为置位电压，相应地，复位过程和复位电压则指的是 LRS 到 HRS 的操作过程及其阈值电压，图 7-2(b) 描述了器件在置位和复位时的 I−U 关系。为了防止流过器件的电流过大造成击穿，在置位和复位过程中，通常应设置极限电流 (即合规电流 I_c) 来保护器件。此外，相比广泛使用的动态随机存储器 (DRAM)，RRAM 可以在启动时回到上次关机前的状态，从而实现数据的断电保存，而相比闪存 (Flash)，RRAM 又具有更快地记忆信息、消耗更少的电力和占用更少的空间的优点。

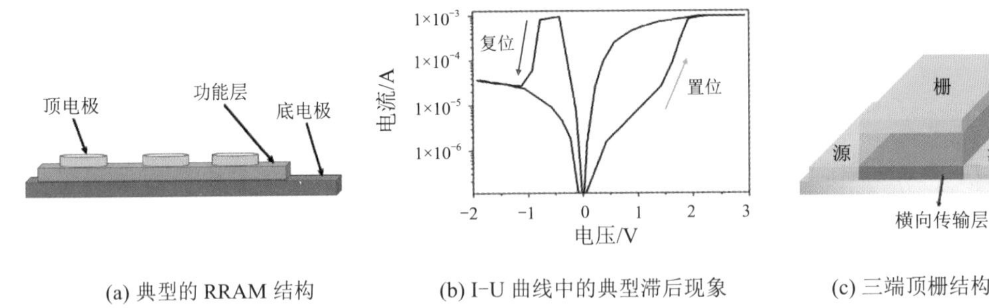

(a) 典型的 RRAM 结构　(b) I−U 曲线中的典型滞后现象　(c) 三端顶栅结构 RRAM

图 7-2　RRAM 结构及其滞后现象

2. RRAM 的关键参数

1) 持久性

持久性是指 RRAM 器件在高阻状态和低阻状态之间可逆转换的最大次数 (即器件的工作寿命)。该参数反映了设备的可重复读写性。目前 Flash 的最大可读写次数在 10^3 到 10^7 之间，作为新一代的存储设备，RRAM 的持久性可以达到 10^{12} 以上。

2) 保持时间

保持时间是指数据可以在 RRAM 中留存的时间。这个参数应该尽可能长。且无论是否通电，对于大多数商用产品来说，数据保持时间至少应为 10 年。对于 RRAM，该参数还需考虑温度和连续读取操作时电压信号的影响。

3) 电阻比 (R_{HRS}/R_{LRS})

电阻比是指 RRAM 器件中高阻态 (HRS) 阻值与低阻态 (LRS) 阻值的比值，电阻比越高，则开关 (ON/OFF) 电流比越高，这意味着更快的读取速度、更小的误差以及更低的功耗。通常情况下，为了减轻存储器外围放大器的负担，简化放大电路结构，要求 RRAM 器件的电阻比 R_{HRS}/R_{LRS} 大于 10。对于金属卤化物钙钛矿构成的 RRAM 而言，电阻比更可高达 10^9。

4) 操作电压

操作电压即驱动 RRAM 到相反阻态的电压 (从 LRS 到 HRS 或从 HRS 到 LRS)。考虑到器件的功耗，操作电压应尽可能低。

5) 转换速率

存储器读 / 写脉冲的宽度反映了其读 / 写速度，越窄的脉冲意味着越快的读 / 写速度。目前，动态随机存储器 (DRAM) 拥有最快的转换速率，单次读 / 写操作的时间小于 10 ns(即脉冲宽度为 10 ns)。对于 RRAM，脉冲宽度应该小于 100 ns 甚至 10 ns，与 DRAM 大致相当。

上述的主要性能参数彼此之间看似是相互独立的，实则存在相互制约的关系。因此，寻找高密度、低功耗的理想 RRAM 器件往往需要综合考虑所有主要参数，根据实际需求，寻求最优解。

7.1.2 基于钙钛矿的 RRAM 工作原理

尽管 RS(电阻开关) 效应很早就被发现和报道，但其开关机制在当时仍存在争议。一种可能的解释是假设电荷运输是由材料体内某些种类的电荷陷阱主导的，从而在某种程度上实现了电流的调节。另一种可能的解释则是基于金属 - 半导体界面的接触电阻的变化。然而，这些都仅仅只是推测。随着制造技术和纳米材料表征技术的发展，关于磁致伸缩材料机理的研究在过去十年中取得了很大的进展。Waser 等人根据诱导原因对 RRAM 的开关机制进行了粗略的分类，主要包括热迁移、电迁移和离子迁移三个方面。功能层和电极的选择导致了 RS 机制的多样性，随着研究的进展，这些机制也被一一阐明。氧化还原反应中伴随的物质 (主要是有机物) 化学状态的变化、活性电极 (如 Ag) 的电化学金属化以及离子迁移的价态变化均会在功能层中形成导电丝并产生 RS 现象。此外，边界迁移模型、电子自旋阻塞模型、铁磁材料或电子隧穿效应等都是 RRAM 中 RS 现象的形成机制。下面将重点讨论钙钛矿基 RRAM 的电阻开关机制。

RRAM 的 I-U 特性与迟滞效应密切相关。值得注意的是，在进行 I-U 测量时，光伏钙钛矿器件无论在介观层面和薄膜层面都表现出了明显的迟滞效应。对此，Snaith 等人证明，钙钛矿太阳能电池的 I-U 特性中经常存在滞后，而且特定的器件结构对滞后程度有较大影响。然而，在钙钛矿太阳能电池领域中研究者们试图消除的滞后现象恰恰是其作为 RRAM 应用的天然优势。此外，卤化铅钙钛矿固有的灵活性、高灵敏度的光电特性和易于溶液加工的特点使其成为 RRAM 应用的理想候选材料。

为了揭示钙钛矿材料的迟滞机理，研究者们进行了大量理论和实验研究，提出了各种电阻开关效应的物理模型，大致可以分为区域效应 (导电丝模型) 和界面效应 (肖特基势垒的电场诱导调制)。最近的证据一致表明，离子迁移在钙钛矿太阳能电池的迟滞行为中起着至关重要的作用，这同样也给基于钙钛矿的 RRAM 的研究工作带来了巨大的灵感。下文将对这些机制进行逐一阐述。

1. 区域效应

区域效应即导电丝模型，如图 7-3 所示。在一定的外部激励条件下，器件主体内部形成导电丝，此时器件处于低阻态 (LRS)，电流主要通过导电丝流动。相反，当外部激励变化时，体内的导电丝断裂，电流被限制在一个高导电性的局部区域内，器件转向高阻态 (HRS)。对于基于钙钛矿的 RRAM，它包含两种导电丝：其一是金属阳离子诱导的导电丝，其二则是体内离子迁移诱导的导电丝。

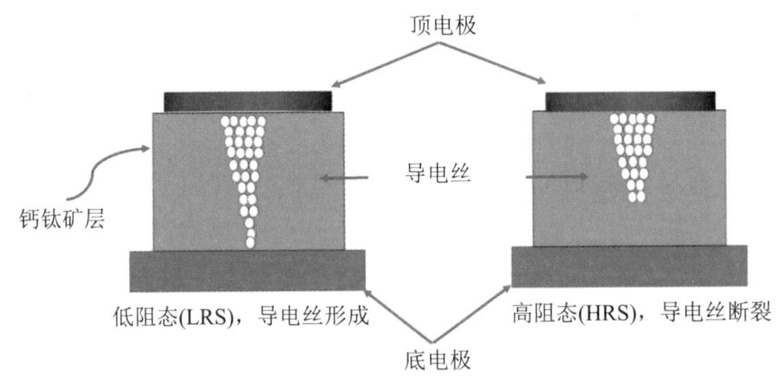

图 7-3 导电丝原理图

过往的研究证明，金属电极对氧化物基忆阻器的滞回性起到一定作用，从而影响到器件的 RS 特性，且惰性金属电极对 RS 特性的影响较小，而活性金属电极对 RS 特性的影响较大。事实上，在基于有机无机铅卤化物钙钛矿的 RRAM 中也是如此。在用不同金属电极制备钙钛矿基 RRAM 的实验中，只有与电化学活性金属结合才能使钙钛矿表现出记忆性能 (图 7-4(a))。此外，不同活性金属电极的 RRAM 的 I-U 曲线也存在显著差异 (图 7-4(b))。复位电压值随钙钛矿膜厚度的减小而减小。

此外，根据 w/D 参数是否接近 1 (w 是由功能层中的金属阳离子诱导的导电丝的长度，D 是功能层的厚度)，器件由高阻态 (HRS) 切换至低阻态 (LRS) 的过程将随之变化，参数越接近 1，则切换过程越接近于瞬间完成。当电极为 Ag、Cu 或 Ti 时，开关过程是渐变的，对于 Al 和 Zn 等活性更高的金属则是瞬时的，这一现象揭示了金属阳离子在 RS 机制中起到的作用。

另一个值得注意的细节是，低阻态下电阻与温度的系数与金属电阻 - 温度系数的实验值非常接近 (图 7-4(c))。王连洲和他的同事也得出了同样的结论，他们以双对数坐标重新绘制了 Ag/$CH_3NH_3PbI_{3-x}Cl_x$/ 氟掺杂氧化锡 (FTO) 器件的 I-U 曲线，并关注了曲线斜率的变化。如图 7-4(d) 所示，当偏置电压在正电压扫描区减小时，斜率为常数，约等于 1.1。这一结果也支持了 Ag 导电丝在低阻状态下形成的假设 (图 7-4(e))。王连洲等人还制备了 Ag/

AgInSbTe/$MAPbI_3$/FTO 结构的忆阻器，并测量了低阻态 (LRS) 时电阻随温度的变化，得出的结论是温度系数的确与金属银相似，呈现典型的金属性。该研究为金属阳离子诱导的导电丝理论提供了直接证据，然而，由于导电丝为纳米尺寸，目前还没有研究者实际观察到导电丝。

此外，孙一鸣等人采用不同厚度 (90 ～ 300 nm) 的钙钛矿层制备了一系列 Ag/$MAPbI_3$/FTO 器件 (图 7-4(f))，实验证明了器件内部存在一种竞争机制，且该机制与功能层 $MAPbI_3$ 的厚度有关，当厚度小于 90 nm 时，导电丝以 Ag 离子迁移为主，反之则以 I 离子迁移为主，这意味着实际器件工作时两种导电丝均起作用，且钙钛矿功能层往往较厚，体内离子迁移形成导电丝的作用不可忽视。

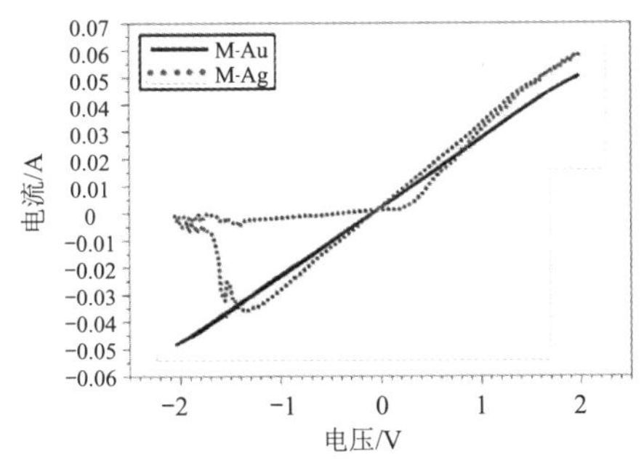

(a) FTO/ 钙钛矿 /Au 和 FTO/ 钙钛矿 /Ag 器件的 I-U 特性

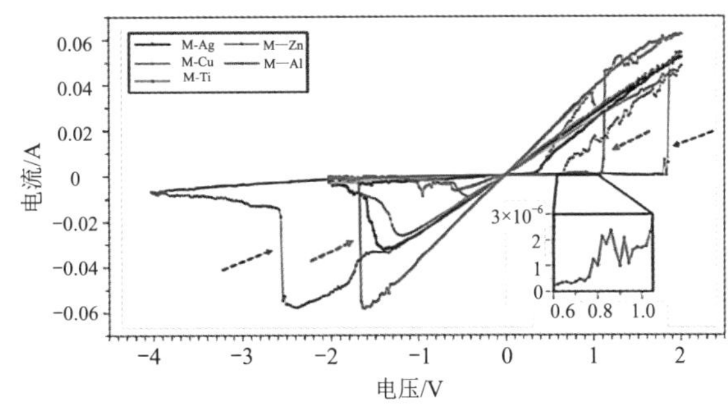

(b) 以 Ag、Cu、Ti、Zn 和 Al 为金属电极的器件的 I-U 特性

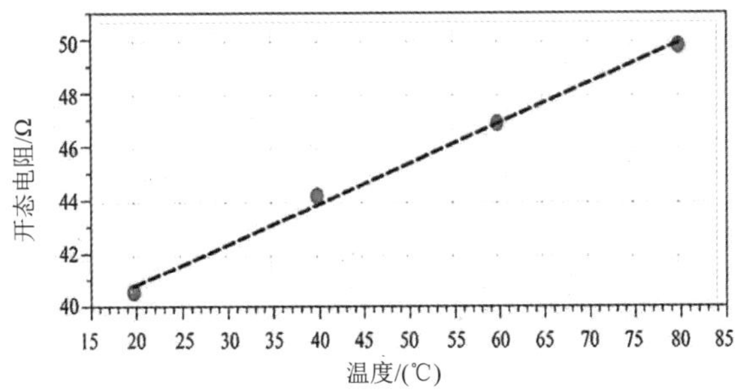

(c) 不同温度下 Al/$CH_3NH_3PbI_{3-x}Cl_x$/TiO_2/FTO 器件的通态电阻

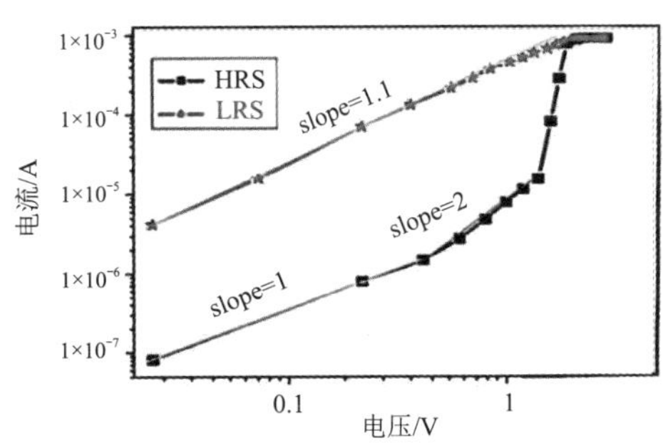

(d) Al/$CH_3NH_3PbI_{3-x}Cl_x$/TiO_2/FTO 器件正电压扫描区域以对数刻度重新绘制的 I-U 曲线

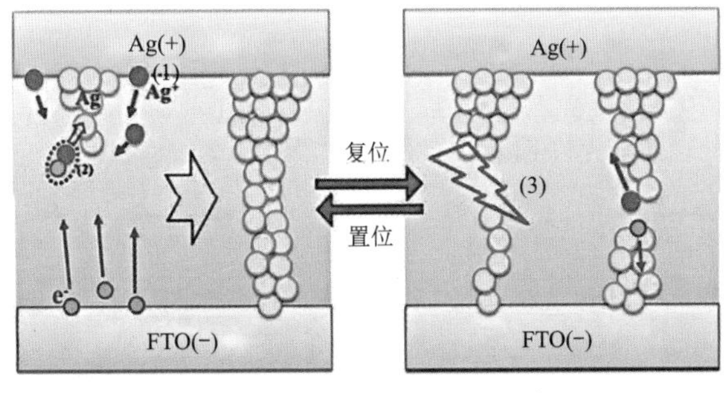

(e) 银导电丝的形成 (左) 和破裂 (右) 过程图

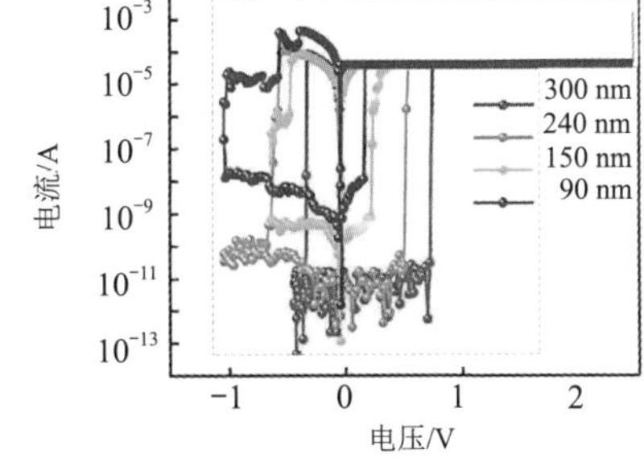

(f) 不同功能层厚度的 Ag/$MAPbI_3$/FTO 器件的 I-U 曲线

图 7-4　导电丝机理及基于导电丝模型的各种不同结构 RRAM 器件的性能

研究表明，有机铅卤化物钙钛矿器件在关闭入射光时，其渐进衰减电流可以持续 10 s 以上，如图 7-5(a) 所示，可以推断出此时器件内部的载流子浓度很高。这种现象可能是材料中的离子迁移引起的，原因是钙钛矿体内不可避免地存在缺陷，如空位或间隙缺陷。此前的研究表明，全无机卤化物钙钛矿 ($CsPbCl_3$ 和 $CsPbBr_3$) 在特定温度 (>200℃) 下是良好的卤化物离子空位导体，这也同样可能发生在有机－无机杂化卤化物钙钛矿中。以 $CH_3NH_3PbI_3$ 为例，根据尹万建等人的研究结果，这些可能的内在缺陷，如 I 间质 (I_i)、CH_3NH_3 空缺 (V_{MA})、Pb 空缺 (V_{Pb})、CH_3NH_3 间隙层 (MA_i) 和 I 空位 (V_I) 均具有较低的生成能和较浅的过渡能，其中 V_I 的活化能一般仅为 0.58 eV，这些空位可以被外部电场驱动到相反的电极，形成导电丝，而在高压反向偏压下，导电丝则被“熔断”，这些传导通路的形成和破坏分别对应器件的低阻和高阻状态。黄劲松及其同事则用原位显微镜观察了离子的运动，直接证实了离子在材料中的迁移。他们发现，极化后，器件在光照下可以输出持久的光电流，这不能简单地用陷阱机制来解释，通过原位显微镜，黄劲松及其同事观察到了离子迁移引起的阳极侧钙钛矿损失 (图 7-5(b))。袁永波等人则研究了 $MAPbI_3$ 横向结构太阳能电池，在 330 K 高温和 3 V/μm 电场条件下观察了“PbI_2 线”的形成和迁移 (图 7-5(c)、(d))，并验证了 RS 过程中 I^- 离子的迁移。此外，理论研究也表明，Br^- 离子迁移的活化势垒要低于 I^- 离子，而 Lee 和 Le 等也在实验中证实了 $CH_3NH_3PbI_{3-x}Br_y$ 器件的工作电压比 $CH_3NH_3PbI_3$ 器件低。

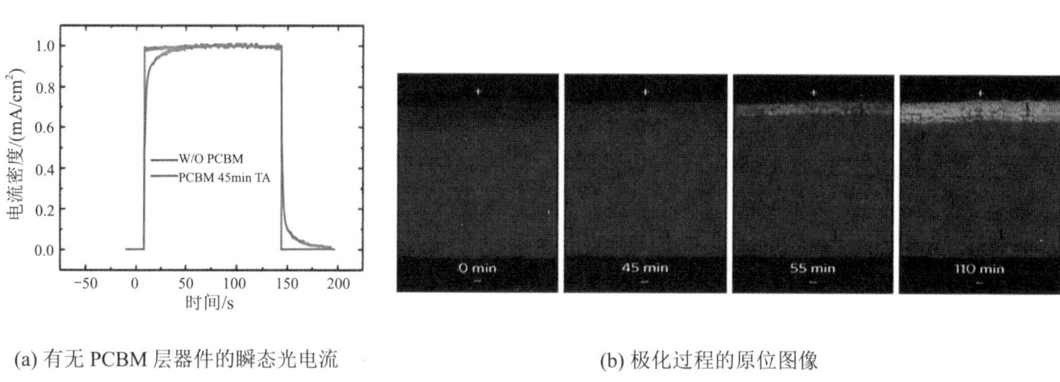

(a) 有无 PCBM 层器件的瞬态光电流

(b) 极化过程的原位图像

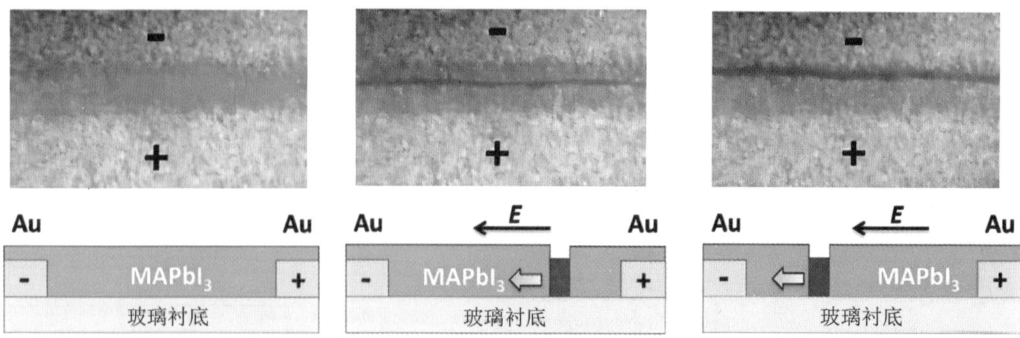

(c) $MAPbI_3$ 电极化前 (左)、电极化后 100 s(中) 和 200 s(右)MA^+ 分布的光热诱导共振 (PTIR) 图像

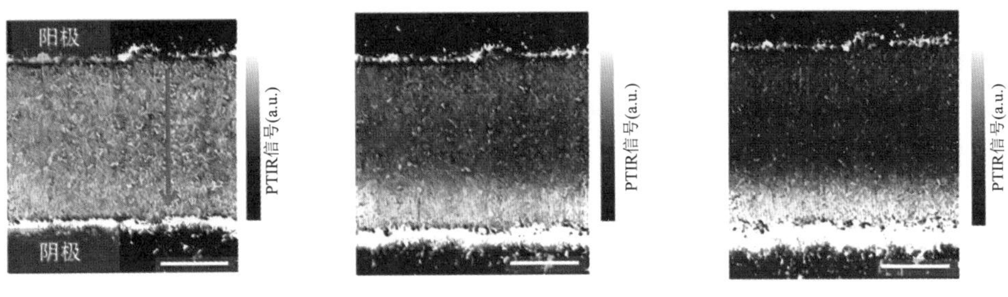

(d) 具有可移动 PbI_2 线的钙钛矿太阳能电池的横向光学图像

图 7-5 有机铅卤化物钙钛矿 ($MAPbI_3$) 中的离子迁移

2. 界面效应

界面效应即对肖特基势垒的电场诱导调制，可以使阻抗变化区域位于器件结构的平面上并平行于电极平面。但一般情况下，这种器件存储数据的时间较短，速度较慢，且阻变区域对器件性能影响较大。袁永波等人利用光热诱导共振 (PTIR) 显微镜证明了 $MAPbI_3$ 太阳能电池中 MA^+ 离子在体内的迁移和再分配，在 1.6 V/μm 的电场作用下，从 100 s 和 200 s 后的图像可看出，MA^+ 从阳极和中间部分开始耗尽 (变暗)，并在阴极附近积累 (变亮)，这与最初的均匀颜色明显不同 (图 7-5(d))。吴韬团队假设，在 Au/$MAPbBr_3$/ITO 器件中，MA 空位在外部激发的作用下迁移，离子在 MA/ITO 形成的肖特基结处重新分布，导致电阻发生变化。

通过将 $MAPbBr_3$/ITO 界面区域考虑为二极管可极大地简化问题。当对 ITO 施加正电压时，二极管发生偏转，电流迅速增加。当电压增加到一定程度时，MA^+ 离子在物质体中迁移，这相当于 MA 空位的漂移，空位在 $MAPbBr_3$/ITO 界面上逐渐积累，由此产生的界面效应导致电流减小。此时，若对 ITO 施加负电压，由 MA 空位形成的界面将逐渐消失，随着界面效应消失，电流逐渐增加，但由于二极管反偏，电流较小，当负电压增加到一定水平时，MA^+ 离子迁移到界面并累积后，电流逐渐减少，整个过程如图 7-6 所示。值得注意的是，RRAM 器件中的 RS 机制随着功能层 $MAPbBr_3$ 的厚度变化而变化，当厚度较薄 (350 nm) 时 RS 是由导电丝引起的，而当厚度较厚 (1 μm) 时，则是由 MA^+ 迁移引起的界面效应导致的。

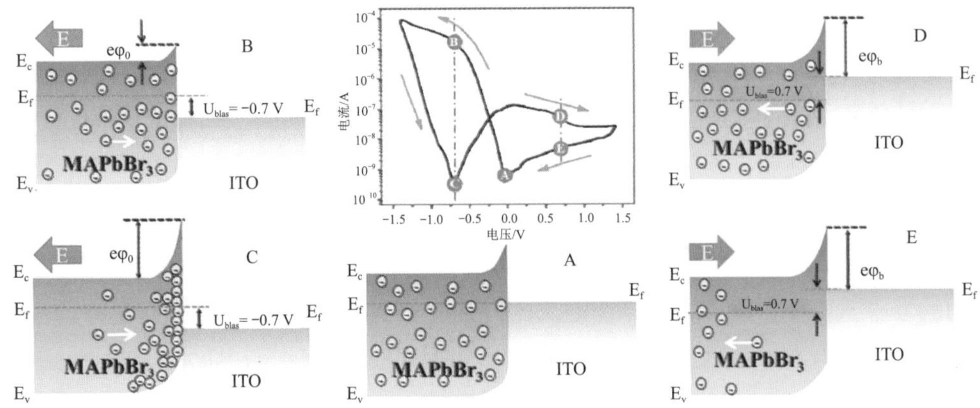

图 7-6 电阻开关 (RS) 过程中钙钛矿 /ITO 界面附近的动态离子迁移示意图

7.1.3 基于钙钛矿的 RRAM 工作特性

1. 基于有机 - 无机杂化钙钛矿的 RRAM

经过多年的发展，基于有机 - 无机杂化钙钛矿的 RRAM 的性能已经获得了极大的提升。王微及其同事首先报道了一种基于 $CH_3NH_3PbI_{3-x}Cl_x$ 钙钛矿材料的新型 RRAM，该器件采用 Au/MA/FTO 结构 (图 7-7(a))，中间层为一步法制备的钙钛矿层。在室温下，经过 100 次重复测量后，器件的 I–U 特性 (图 7-7(b)) 几乎没有变化，显示出良好的耐久性和保持性。

一个值得注意的细节是，器件的工作电压与钙钛矿层的厚度有关。在该器件中，钙钛矿层的初始厚度为 2.5 μm，随着钙钛矿层的厚度减小到 1 μm，工作电压从 1 V 下降到 0.5 V。此外，王微和同事还用 Ag 取代了 Au 电极，使得该器件显示出了一些新的特性，如模拟开关特性和突触行为，这一点激发了相关研究人员在神经形态计算上应用此类器件的兴趣。虽然这些器件的性能并不突出，但至少为有机铅卤化物钙钛矿 RRAM 的研究开辟了道路。

孙宝云等人则采用两步法制造了 $CH_3NH_3PbI_3$ 功能层，并将其置于 PEDOT: PSS 处理的 ITO 衬底和铜 (Cu) 电极之间。由于 PEDOT: PSS 与钙钛矿之间的势垒，置位 (SET) 过程发生在负电压时，复位 (RESET) 电压则为正电压 (图 7-7(c)、(d))，这证明了通过改变器件结构和钙钛矿材料组分，可以调整置位电压、复位电压、开关比等参数，以提高器件性能。实现忆阻器改进的通用方法包括嵌入金属团簇、材料掺杂、引入多孔层等，这些同样也可用于开发高性能的钙钛矿基 RRAM。

根据 7.1.2 小节中介绍的钙钛矿 RRAM 的工作原理，钙钛矿层的体内和表面都发生了离子迁移和电荷捕获 / 释放，这与钙钛矿薄膜的尺寸有关。Jo 和 Shin 报道了 $MAPbI_3$ 薄膜的晶体晶粒尺寸对钙钛矿基 RRAM 性能的影响。实验结果表明，随着晶粒尺寸的减小，置位电压、复位电压以及开关比都略有增加。

此外，优异的器件性能也取决于钙钛矿薄膜的光滑度，因此在制备过程中许多细节都是至关重要的。在制备 $CH_3NH_3PbI_3$ 薄膜时，通常采用等摩尔比的 PbI_2 和 CH_3NH_3I 混合溶液。然而，由于 PbI_2 在 DMF 中的溶解度有限，很难获得准确的摩尔比。Ho Won Jang 等人在有机铅卤化物钙钛矿前驱体溶液中加入氢碘酸 (HI) 作为添加剂，制备了耐久性增强的钙钛矿基 RRAM 器件。在前驱体溶液中加入低磷酸 (含 6% 的氢碘酸) 可以大幅提高 PbI_2 在前驱体溶液中的溶解度和成膜质量，从而使钙钛矿膜更加光滑。具有 $Ag/CH_3NH_3PbI_3/Pt$ 结构的器件具有 10^6 数量级的开关电流比，且在 1290 个读写循环中具有更好的耐受性。在电压脉冲宽度为 640 μs 时，器件也显示出快速的电阻切换行为 (图 7-7(e)、(f))。

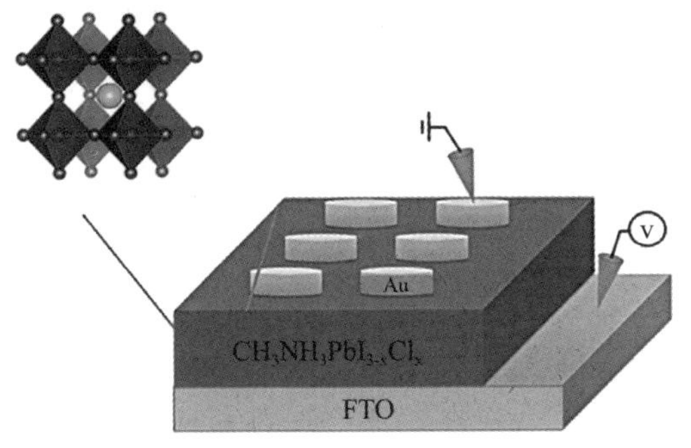

(a) Au/$CH_3NH_3PbI_{3-x}Cl_x$/FTO 器件结构

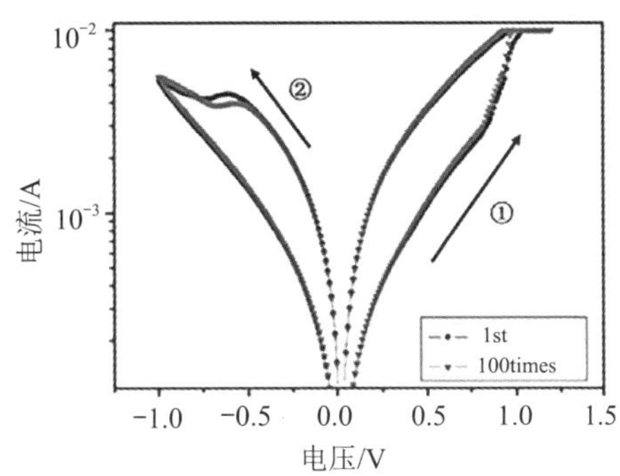

(b) Au/$CH_3NH_3PbI_{3-x}Cl_x$/FTO 器件第一次测量和扫描 100 次后的 I-U 特性

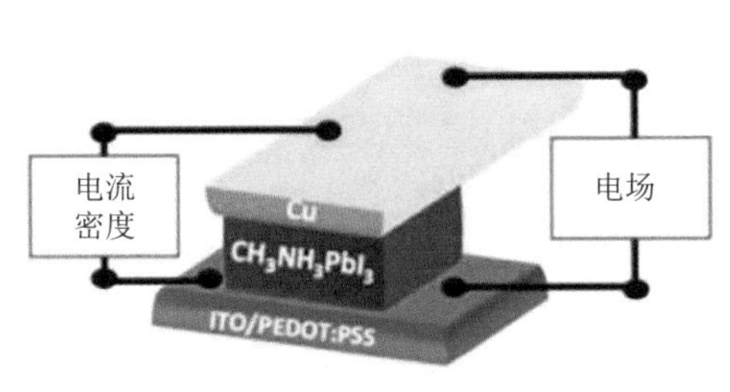

(c) ITO/PEDOT:PSS/$CH_3NH_3PbI_3$/Cu 器件结构

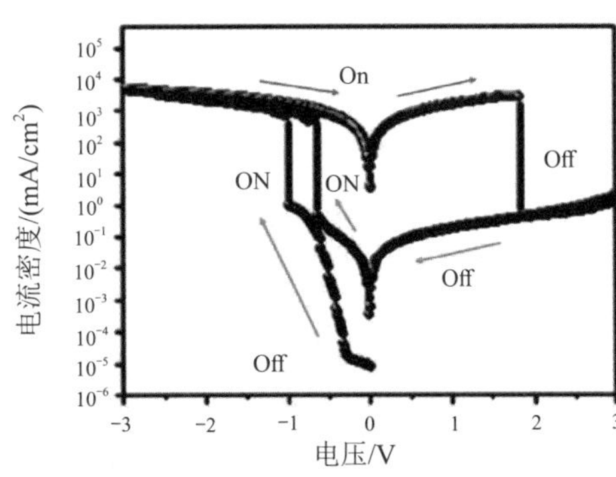

(d) ITO/PEDOT:PSS/$MAPbI_3$/Cu RRAM 的 I-U 特性

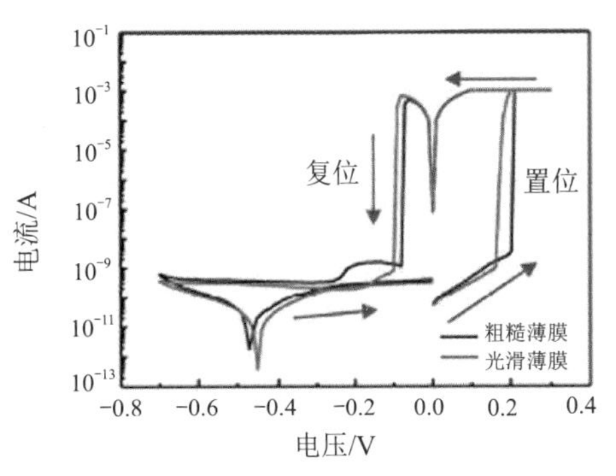

(e) Ag/$CH_3NH_3PbI_3$/Pt 器件的典型 I-U 特性

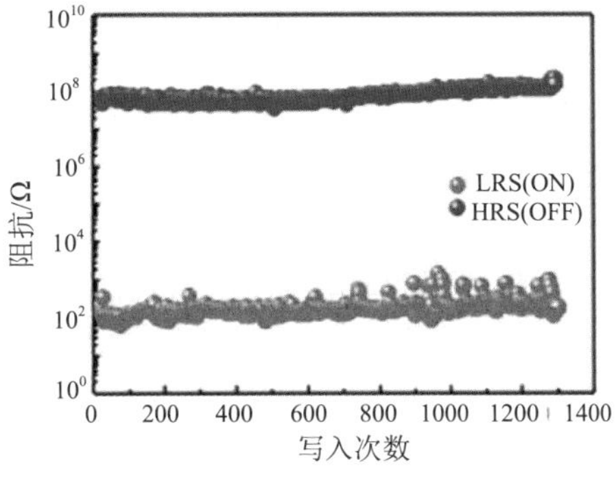

(f) 用电压脉冲测量 Ag/$CH_3NH_3PbI_3$/Pt 器件耐久性

图 7-7 基于有机－无机杂化钙钛矿的 RRAM 结构及性能

2016 年，Nam 和 Jang 报道了有机铅卤化物钙钛矿 RRAM 的研究进展。该器件由 400 nm 厚的 $CH_3NH_3PbI_3$ 薄膜夹在银 (Ag) 电极和疏水铂 (Pt) 电极之间。通过较高的 HRS/LRS 比值 (电阻比)，将设备的工作电压降低到了 0.15 V。此外，他们还报告了不同合规电流下的多级电阻开关效应 (图 7-8(a)、(b))。这一结果证实了钙钛矿 RRAM 在存储密度方面的优势和潜力。任天令等人则开发了一种 Au/$(PEA)_2PbBr_4$(PEA：苯乙基铵)/基于剥离二维层单晶 OHP 的石墨烯结构(图 7-8(c))，该器件可以在非常低的编程电流下运行，通过将电流设置为不同的值(1 nA、100 nA、2 μA)，可以实现多级存储(图 7-8(d))。

此外，程雪峰等人采用旋涂法制备了 2D 的 $MA_2PbI_2(SCN)_2$，I-U 曲线分别在 1.59 V 和 3.20 V 的负压扫描时产生了两个突变，这意味着该器件有三种不同的电阻水平，它们分别对应三种状态："0""1"和"2"。另外值得一提的是，钙钛矿材料的柔性性能也是其突出的特点之一。Lee 及其同事在具有 ITO 涂层的聚对苯二甲酸乙二醇酯(PET)基底上合成了 $CH_3NH_3PbI_3$ 钙钛矿层，并测量了其在弯曲条件下的电学特性。他们观察到了均匀的 RS 效应，且钙钛矿层没有明显的降解。

以上的研究大多集中在单个器件的性能表征上，而传统器件中钙钛矿层的制备工艺(溶液法)其实并不利于高密度信息存储的应用。Hwang 和 Lee 首次报道了在大型纳米器件应用中使用有机卤化物钙钛矿存储器的可行性。他们使用连续的气相沉积技术将均匀的电阻开关层沉积到纳米模板中，并实现了基于 $CH_3NH_3PbI_3$ 的交叉点阵列结构(图 7-8(e)～(f))。除了优异的耐性和保持性外，该设备的切换速度仅为 200 ns，远快于 Flash 的切换速度。

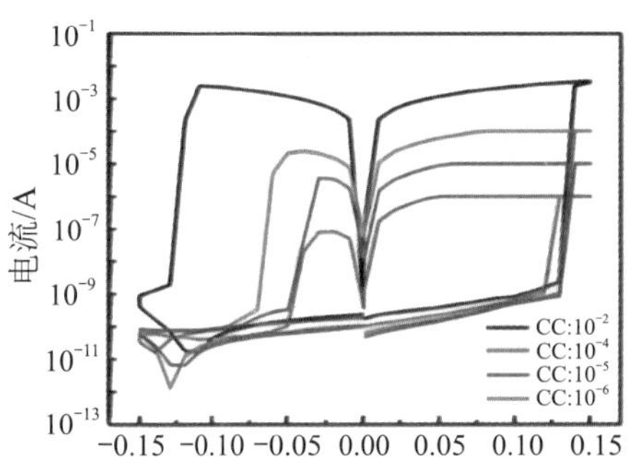

(a) $Ag/CH_3NH_3Pb_3I_3/Pt$ 器件在三种不同合规电流(10^{-4}A、10^{-5}A、10^{-8}A)下的 I-U 特性

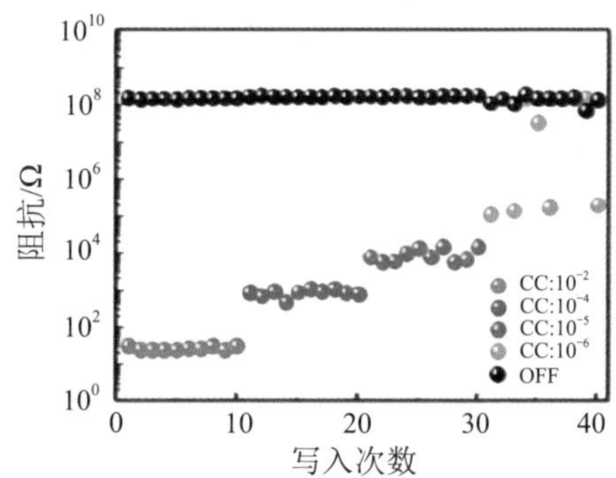

(b) $Ag/CH_3NH_3Pb_3I_3/Pt$ 器件在不同合规电流下循环 40 次可逆电阻开关过程得到的阻抗

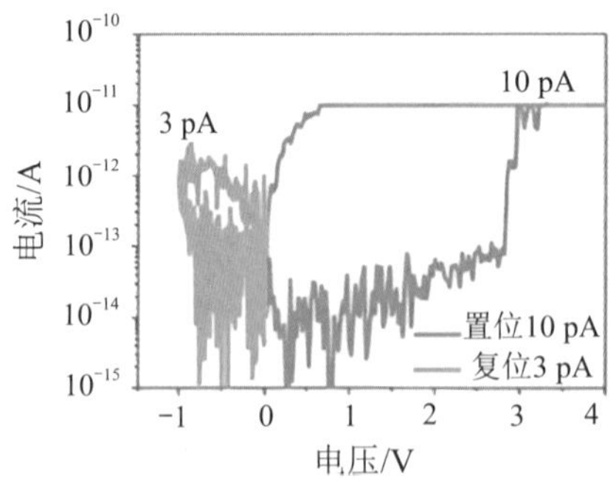

(c) $Au/(PEA)_2PbBr_4/OHP$ 器件置位和复位过程的典型 I-U 曲线

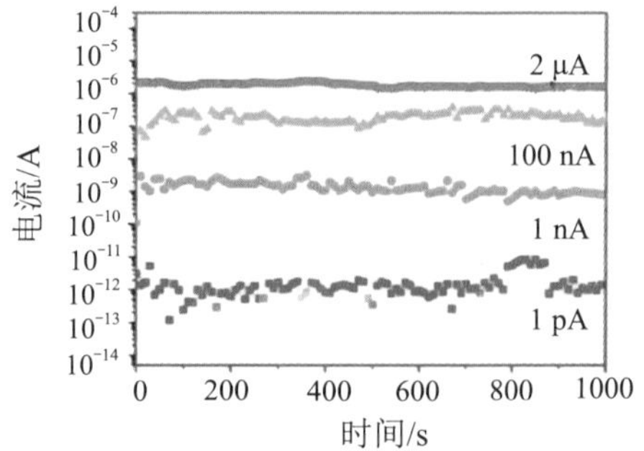

(d) $Au/(PEA)_2PbBr_4/OHP$ 器件在 1000 s 条件下的多级存储数据稳定

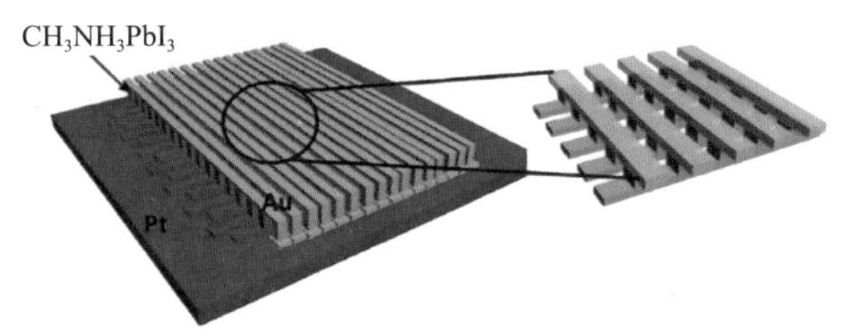

(e) 有机－无机杂化钙钛矿 RRAM 的 16 × 16 交叉点阵列结构示意图

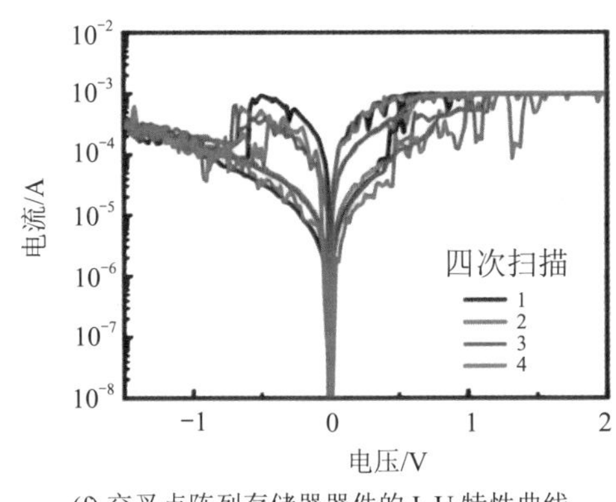

(f) 交叉点阵列存储器器件的 I-U 特性曲线

图 7-8　基于有机－无机杂化钙钛矿的 RRAM 和存储阵列

2. 基于全无机钙钛矿的 RRAM

已有的研究表明，碘化甲基铵铅钙钛矿 ($CH_3NH_3PbI_3$) 热降解为碘化铅 (PbI_2) 的温度在 85℃以上，而基于 Cs^+ 离子的全无机钙钛矿在 100℃以上仍具有结构稳定性和热稳定性。提高钙钛矿设备在潮湿条件和大气环境下稳定性的方法之一是采用铝有机卤化物钙钛矿材料。相较有机－无机杂化钙钛矿，全无机钙钛矿构成的 RRAM 器件往往具有更高的工作温度和更好的结构稳定性。

在全无机钙钛矿存储器方面，李晓明和曾海波首先报道了基于全无机铅卤化物钙钛矿 $CsPbBr_3$ 的 RRAM，该器件表现出非易失的双极 RS 特性和记忆行为，且具有较大的开关比 ($>10^5$) 和长时间的数据保持能力 ($>10^4$ s)(图 7-9(a)、(b))。特别值得注意的是，该器件具有较高的环境稳定性，即使在空气环境下保存 20 天后，仍然具有很大的开关电流比。刘应良等人则将全无机钙钛矿 $CsPbBr_3$ 应用在了柔性 RRAM 上，并采用了 Al/$CsPbBr_3$/PEDOT:PSS /ITO/PET 的结构。该器件显示出了典型的双极 RS 特性。经过 100 次弯曲循环后，器件仍然保持了原有的开关比 ($>10^2$)，这表明其具有良好的灵活性 (图 7-9(c)、(d))。

除 $CsPbBr_3$ 以外，常见的全无机钙钛矿还有 $CsPbI_3$，不过，$CsPbI_3$ 钙钛矿在室温和空气环境条件下并不稳定。尽管如此，对基于 $CsPbI_3$ 的 RRAM 的研究也还是取得了一定的进展，韩素婷等人采用了 Ag/PMMA/$CsPbI_3$/Pt/Ti/SiO_2/Si 的结构，使器件的性能和稳定性都得到了一定程度的提高 (图 7-9(e)、(f))，该器件具有超低的工作电压 (<0.2 V)、较高的开关电流比 ($>10^6$) 和较短的开关速度 (640 μs)，这是目前在数量较少的该类全无机钙钛矿 RRAM 器件中表现出的最佳性能。

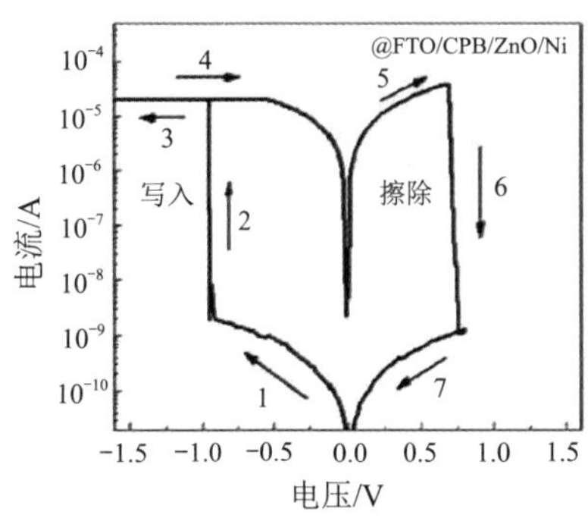

(a) Ni/ZnO/CsPbBr$_3$(CPB)/FTO 器件的 I-U 曲线

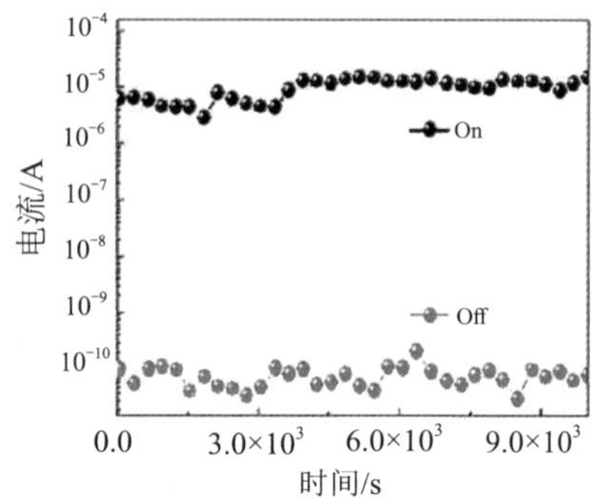

(b) Ni/ZnO/CsPbBr$_3$(CPB)/FTO 器件的阻抗定性

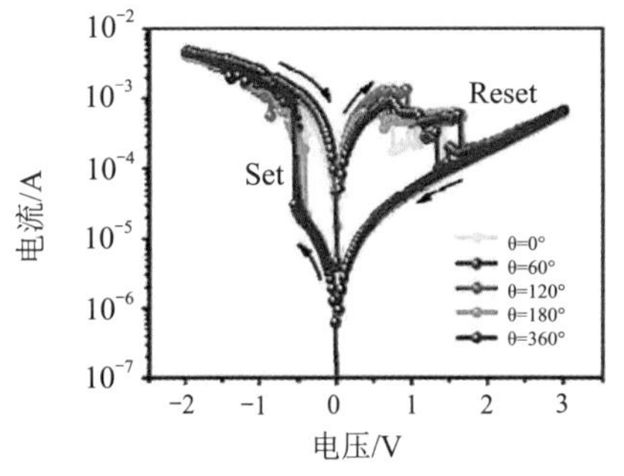

(c) 柔性 Al/CsPbBr$_3$/PEDOT:PSS/ITO 器件的 I-U 特性

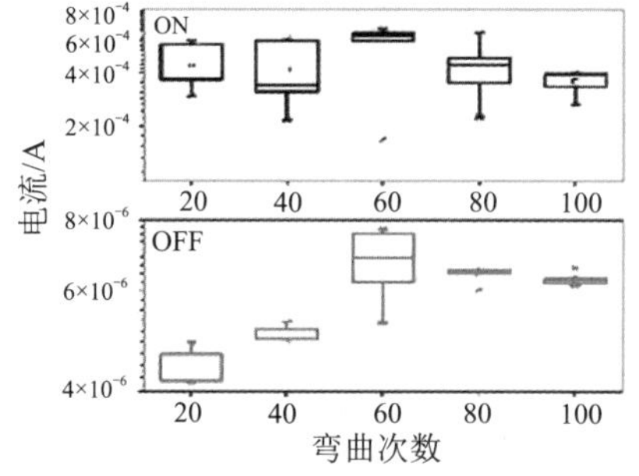

(d) Al/CsPbBr$_3$/PEDOT:PSS/ITO 柔性器件在不同的弯曲周期下的稳定性

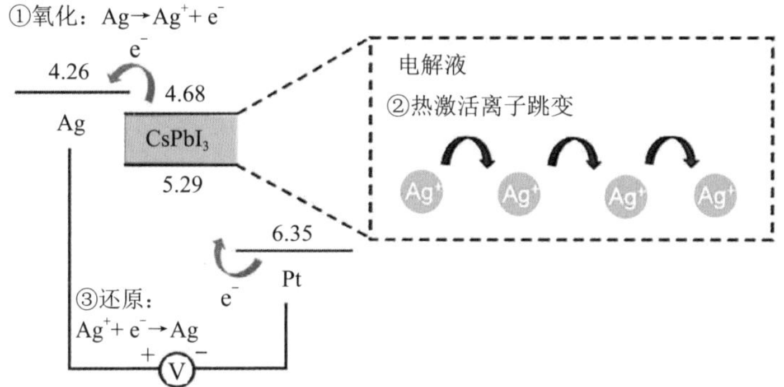

(e) Ag/PMMA/CsPbI$_3$/Pt 器件的能带图和电解液中热激活离子跳变的示意图

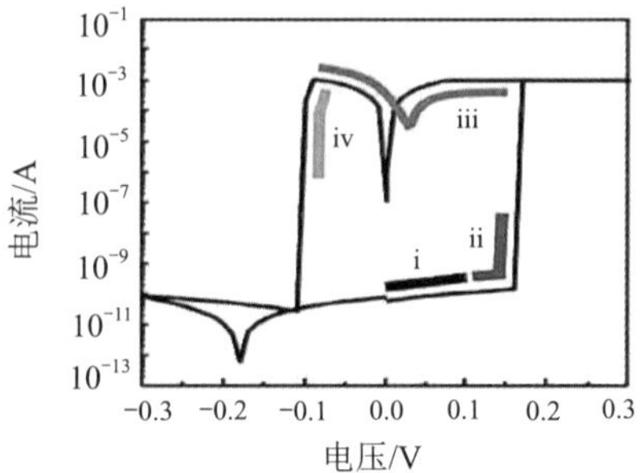

(f)Ag/PMMA/CsPbI$_3$/Pt 器件的典型 I-U 特性

图 7-9 基于全无机钙钛矿的 RRAM

7.2 钙钛矿晶体管

在过去的十年中，金属卤化物钙钛矿半导体在光电领域内的应用研究（如太阳能电池和发光二极管）取得了长足进展，这得益于材料自身优越的特性。通过基于第一性原理的理论计算和对钙钛矿材料内部的电荷传输行为进行实验研究，研究者们证明了金属卤化物钙钛矿可以表现出较高的载流子迁移率 (10 ～ 100 $cm^2/(V\cdot s)$)，同时也为研究金属卤化物钙钛矿半导体中的载流子输运和结构 - 性质关系提供了良好的范例。然而，尽管钙钛矿材料具有较高的固有载流子迁移率，其在场效应晶体管 (FET) 中的应用却仍处于初步探索阶段。

7.2.1 钙钛矿晶体管发展概述

最早的钙钛矿场效应晶体管 (FET) 并不基于铅卤化物钙钛矿，而是采用了二维 (2D) 层状钙钛矿苯基乙基碘化铵锡 $(PEA)_2SnI_4$ 作为沟道层。$(PEA)_2SnI_4$ FET 具有典型的 p 沟道特征，μ 约为 0.6 $cm^2/(V\cdot s)$。直到 2013 年，一种三维 (3D) 的金属卤化物钙钛矿半导体（甲基氨基碘化铅 $MAPbI_3$）才被研究用于 FET。最初，三维钙钛矿 FET 中严重的离子迁移现象掩盖了钙钛矿材料的电荷输运物理学特性，从而导致 FET 的栅调制只能通过低温条件下抑制离子迁移来进行。随着钙钛矿薄膜和器件的改进，迁移离子缺陷的浓度随之降低，室温下进行有效的器件电流调制才成为可能。

与 3D 铅基钙钛矿相比，2D 锡基 $(PEA)_2SnI_4$ FET 由于其独特的层状结构，具有本质上抑制沟道层中离子迁移的优势，此外，其有机阳离子太大，不易移动。在过去的五年里，一些研究小组试图更好地理解 $(PEA)_2SnI_4$ FET，并试图提高它们的电学性能。近年来，有机分子工程也已被用于提高二维锡基钙钛矿 FET 在空气中的化学稳定性。相较 2D 锡基钙钛矿 FET，3D 铅基钙钛矿 FET 拥有更高的电子迁移率，具有更强的双极性的载流子输运特性。

在 7.2.2 和 7.2.3 小节，将对金属卤化物钙钛矿半导体进行介绍，包括其结构以及铅基和锡基钙钛矿的典型能带，并阐明了为什么铅基钙钛矿 FET 主要表现出双极性特征，而锡基钙钛矿则表现出更强的 p 沟道行为。

7.2.2 钙钛矿沟道层的结构及性质

三维金属卤化物钙钛矿半导体的典型晶体结构可以用结构式 ABX_3 表述。A 是一种一价阳离子，例如 MA^+、FA^+、Cs^+ 或 Rb^+；B 是一种二价金属阳离子，例如 Pb^{2+} 或 Sn^{2+}；X 是一种卤化物阴离子，通常是 I^-、Br^- 或 Cl^-。最近，多重阳离子和阴离子体系也被研究过。其他的衍生物，例如层状钙钛矿，可以通过插入大的间隔阳离子，沿着晶体平面切割三维钙钛矿得到。间隔离子可以是单价芳香族 / 脂肪族烷基铵基，如丁铵 (BA^+) 或苯乙铵

(PEA$^+$)，或是二价芳香族 / 脂肪族烷基铵基，如 1,3- 丙烷二胺 (PDA^{2+})、3- 氨基甲基哌啶 (3AMP^{2+}) 或 1,4- 苯二甲基铵 (PDMA^{2+})。

层状钙钛矿可分为 $A'_2A_{n-1}B_nX_{3n+1}$ 的 RP 结构和 $A''A_{n-1}B_nX_{3n+1}$ 的 DJ 结构，两者都称为二维钙钛矿。由于层状结构中的范德华力，二维钙钛矿比其对应的三维材料具有更高的形成能，因此二维结构应该比三维结构更稳定。此外，有机阳离子工程还可提高二维钙钛矿的环境稳定性，但在其中插入绝缘的有机间隔层会影响其载流子输运 (特别是沿垂直方向)。

在 ABX_3 中，B 位点的金属阳离子通常是铅 Pb 或锡 Sn。这些元素具有相似的离子半径 (Pb:1.19 Å 和 Sn:1.18 Å)、相似的光电特性 (即可见光谱中的直接带隙)，以及相对较低的有效电子和空穴质量。然而，铅基钙钛矿和锡基钙钛矿的电子能带结构还是略有不同，铅具有较强的镧系收缩效应，Sn 5s 中核电荷对电子的吸引力要小于 Pb 6s 中核电荷对电子的吸引力，因此 Sn 5s 的能级低于 Pb 6s(Sn 5s 的能级为 −10.1 eV，Pb 6s 的能级为 −11.6 eV)。因此，在 $MAPbI_3$ 中，价带最大值 (VBM) 由 I 5p 轨道主导，Pb 6s 轨道有一定的贡献，而导带最小值 (CBM) 由 Pb 6p 态主导，I 5p 态有轻微的杂化。

有机阳离子的电子特征位于 VB 的深处，这种状态意味着有机部分只是稳定钙钛矿结构和平衡静电电荷，而不直接影响电子性质。相比之下，在基于 SnI_2 的钙钛矿中，VBM 由杂化的 Sn 5s 和 I 5p 轨道组成，而 CBM 以 Sn 5p 态为主，I 5p 态的贡献较小 (图 7-10(a))。这些性状的差异使得两种钙钛矿具有不同的优势：基于 PbI_2 的钙钛矿比基于 SnI_2 的钙钛矿表现出更好的电子传递性，因为铅的大尺寸和质量引入了强自旋轨道耦合 (SOC)，这使得 Pb 6p 轨道比 Sn 5p 轨道更深、更色散。相比之下，由于 SnI_2 钙钛矿在 VBM 中的 Sn 5s 和 I 5p 态以及锡空位的形成能较低，因此比 PbI_2 钙钛矿具有更强的空穴载流子输运性能。两者电子能带结构的比较表明，铅基钙钛矿适用于双极性 FET，而锡基钙钛矿更适用于 p 沟道 FET(图 7-10(b))。7.2.3 小节将着重对铅基钙钛矿 FET 进行介绍，对 2D 锡基钙钛矿 FET 感兴趣的读者可自行查找并参阅相关文献。

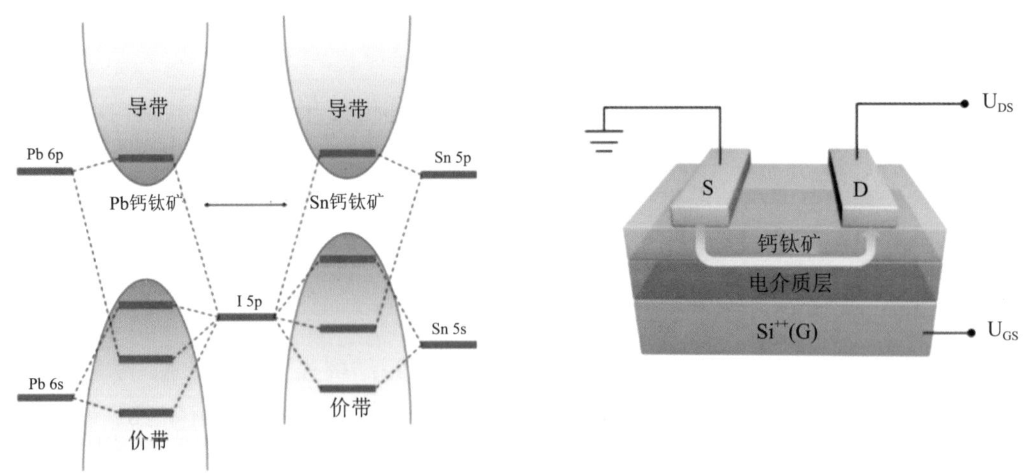

(a) 铅基、锡基钙钛矿的典型能带图

(b) 钙钛矿场效应晶体管的典型器件结构

图 7-10　钙钛矿场效应晶体管的器件结构及钙钛矿能带

7.2.3 基于铅卤化物钙钛矿的 FET

在使用 $MAPbI_3$ 薄膜作为沟道层的第一个底栅－顶接触 FET 中，钙钛矿薄膜表现为双极性半导体，空穴迁移率 $\mu_h = 10^{-5}\,cm^2/(V{\cdot}s)$，低空穴迁移率被认为是钙钛矿 FET 中离子迁移和积累引起的栅场屏蔽效应的结果。之后，随着薄膜工艺的改进，$MAPbI_3$ FET 显示出更高的空穴迁移率 $\mu_h = 2.1 \times 10^{-2}\,cm^2/(V{\cdot}s)$ 和电子迁移率 $\mu_e = 7.2 \times 10^{-2}\,cm^2/(V{\cdot}s)$。这些结果表明，通过降低工作温度 T_{OP}，可以有效地降低与离子迁移相关的屏蔽效应。

此外，在以二氧化硅作为介电层的底栅－顶接触结构的 $MAPbI_3$ FET 中，还观察到与温度相关的电学行为 (图 7-11(a))，在具有不同器件结构和介电层的 $MAPbBr_3$ FET 中也发现了类似的行为 (图 7-11(b))。随着 T_{OP} 的增加，μ 显著下降，栅调制效应在 T_{OP}>240 K 时彻底消失。$MAPbI_3$ 薄膜内离子迁移的介电损失谱表明，在 T_{OP}>240 K 时，载流子输运受到离子迁移和负电荷碘离子的栅电场屏蔽的影响 (图 7-11(c))。而随着晶粒尺寸的减小，薄膜中 μ 与 T_{OP} 的相关性显著增加 (图 7-11(d))。

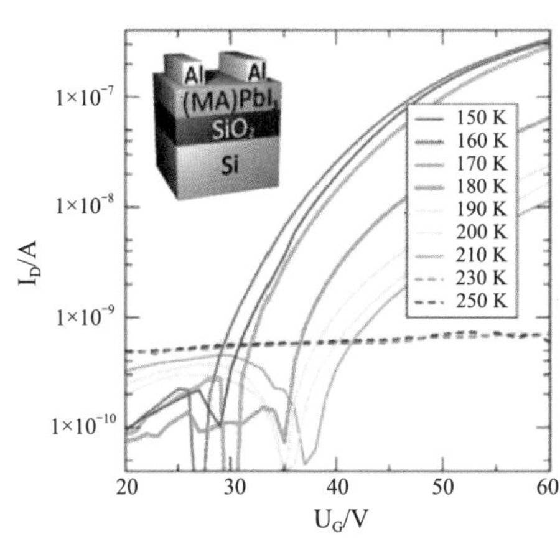

(a) 具有底栅－顶接触结构的 $MAPbI_3$ FET 相对于其工作温度 (T_{OP}) 的转移特性

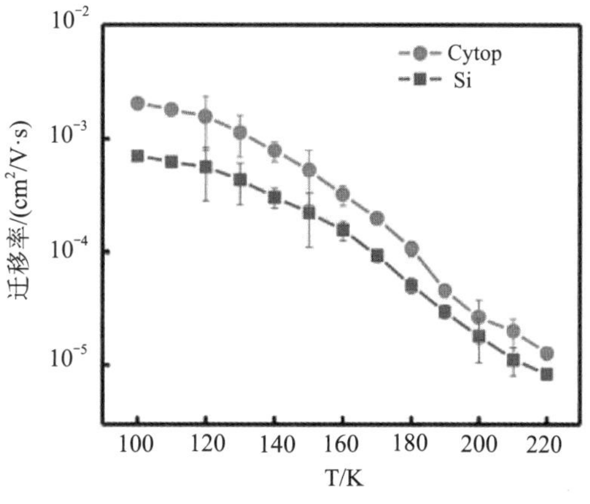

(b) 以 Cytop 为介电层的顶栅－底接触 $MAPbBr_3$FET 中载流子迁移率的温度依赖性

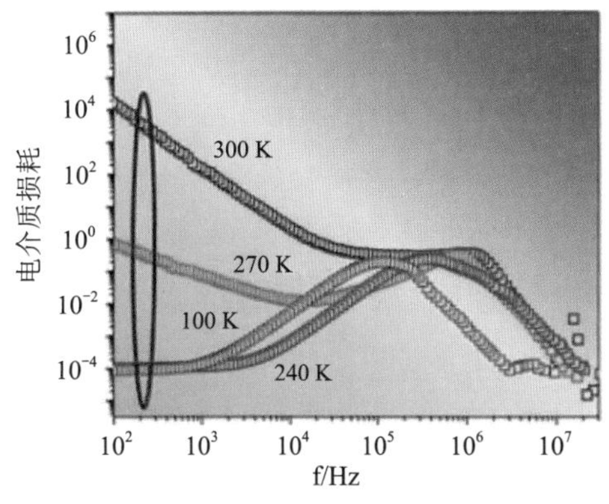

(c) $MAPbI_3$ 薄膜电介质损耗与工作频率 f 和工作温度 T_{OP} 的关系

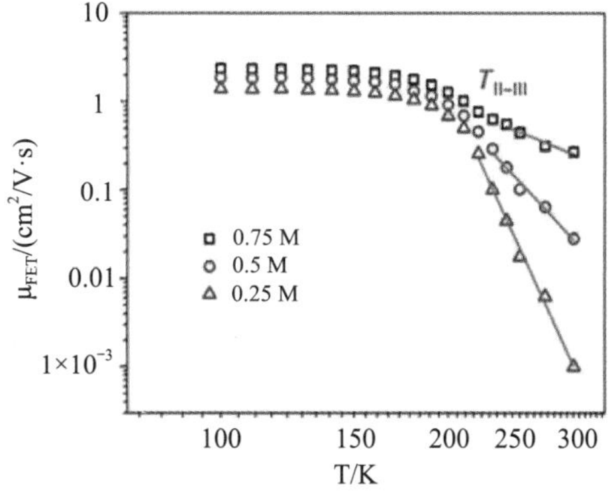

(d) 不同浓度的钙钛矿前驱体溶液制备的 $MAPbI_3$ FET 的迁移率 μ 与工作温度 T_{OP} 的关系

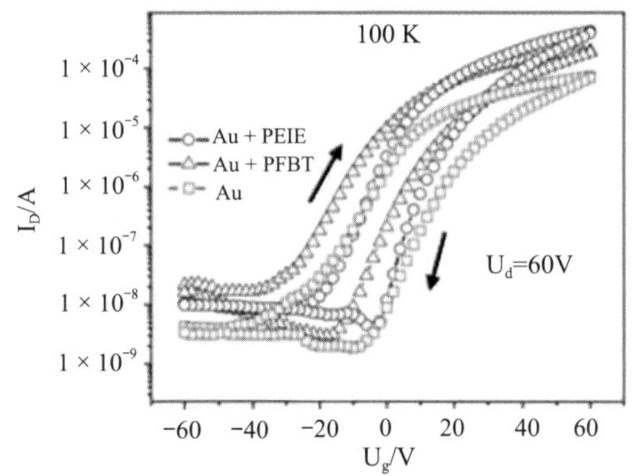

(e) 在 100 K 下，不同 S-D 接触修饰的 $MAPbI_3$ FET 的转移特性

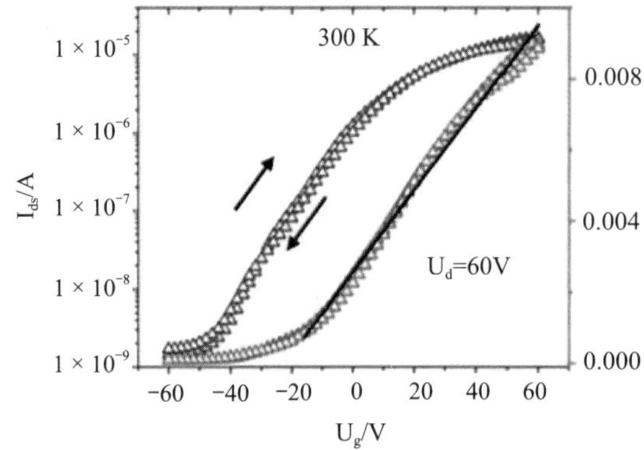

(f) 在 300 K 下，PEIE 修饰的金 Au 接触 $MAPbI_3$ FET 的转移特性

图 7-11　不同介电层和修饰方法得到的 $MAPbBr_3$ FET 性能

通过将前驱体浓度提高到 0.75 M，可以获得高粒度的高质量薄膜，从而在 RT 下观察到了良好的 FET 电流调制能力。若对器件表面进行进一步修饰，金 (Au) 与五氟苯硫醇 (PFBT) 薄层的 S-D 接触增加了金 (Au) 的功函数 (WF)，而与聚乙酰亚胺乙氧基化物 (PEIE) 薄层的接触则降低了金的功函数。经过 PEIE 处理的 Au 接触的 $MAPbI_3$ FET 的特性表明，100 K 时 $\mu_e > 2\ cm^2/(V{\cdot}s)$(图 7-11(e))，300 K 时 $\mu_e \approx 0.5\ cm^2/(V{\cdot}s)$(图 7-11(f))。

在 $MAPbI_3$ 的基础上，使用多阳离子 / 阴离子的体系制备场效应晶体管也可以产生在 RT 下可检测的电流调制效应。事实上，杂化卤化物 $MAPbI_{3-x}Cl_x$ 钙钛矿表现出优异的薄膜形貌，其电导率和载流子扩散长度相较 $MAPbI_3$ 均有所增加。将顶栅 - 底接触的 $MAPbI_{3-x}Cl_x$FET 与处理过的金进行 S-D 接触，器件显示出了平衡的电子 - 空穴传输特性 (μ 约为 1 $cm^2/(V{\cdot}s)$)，S-D 电极用 TTFB 处理。然而，FET 器件的电场和操作稳定性仍受到限制。

通过使用三阳离子体系 $Cs_x(MA_{0.17}FA_{0.83})_{1-x}Pb(Br_{0.17}I_{0.83})_3(0 \leqslant x \leqslant 0.3)$，可进一步提高双极型顶栅 - 底接触钙钛矿 FET 的稳定性。三阳离子钙钛矿薄膜几乎无缺陷，具有更好的热稳定性和结构稳定性。基于这些薄膜的双极性钙钛矿场效应晶体管均具有平衡且良好的电子 - 空穴输运特性 (μ_e 和 μ_h 大于 2 $cm^2/(V{\cdot}s)$)(图 7-12(a))。采用该钙钛矿体系制备互补的钙钛矿逆变器件，得到其输出增益大于 20(图 7-12(b))。

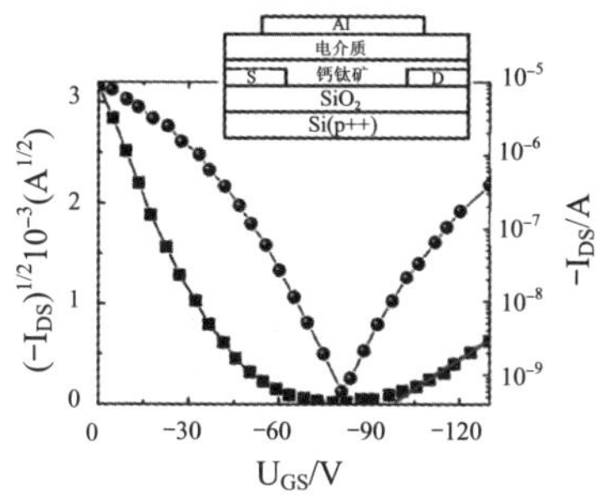

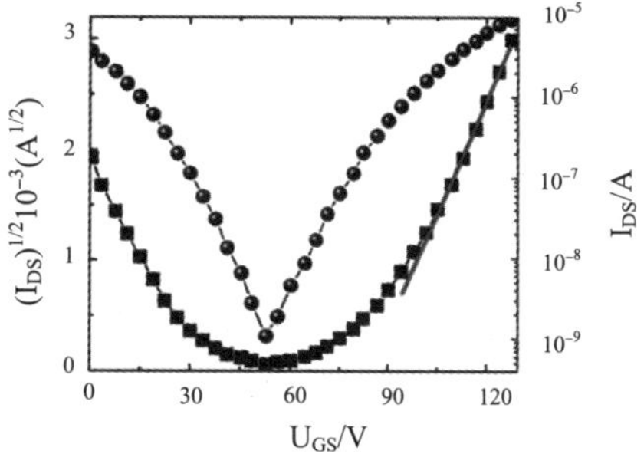

(a) $Cs_x(MA_{0.17}FA_{0.83})_{1-x}Pb(Br_{0.17}I_{0.83})_3$ FET 在 p 沟道（左）和 n 沟道（右）中的转移特性

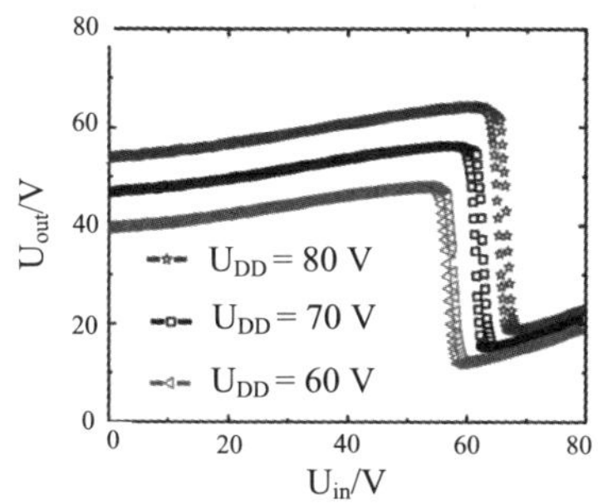

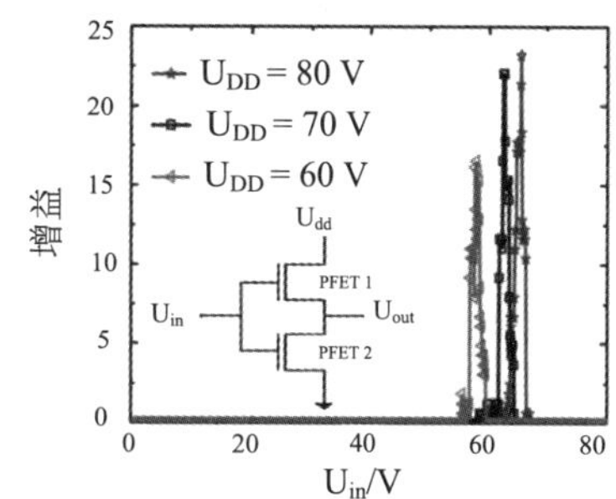

(b) $Cs_x(MA_{0.17}FA_{0.83})_{1-x}Pb(Br_{0.17}I_{0.83})_3$ FET 的电压传递特性（左）及其构成的类 CMOS 反相器的增益（右）

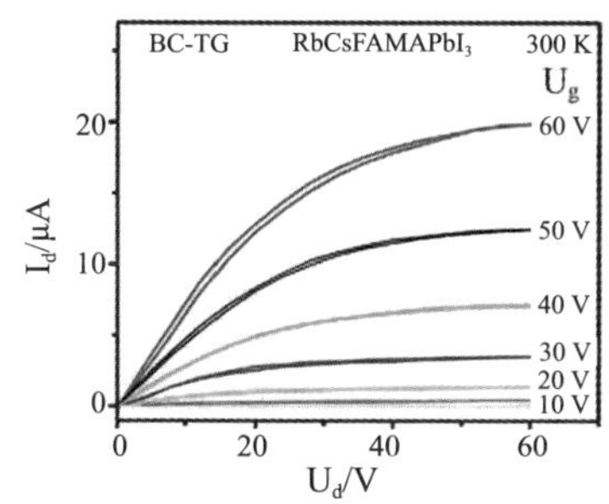

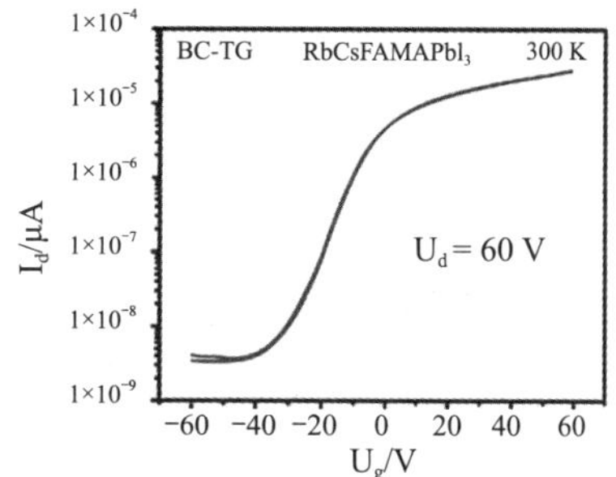

(c) 用乙醚处理的 $RbCsFAMAPbI_3$ FET(L = 100 μm 和 W = 1 mm) 的输出特性（左）和转移特性（右）

图 7-12　多阳离子体系钙钛矿 FET 的性能

自始至终，制约铅基钙钛矿 FET 发展的一大因素就是缺陷导致的离子迁移。消除缺陷后得到的钙钛矿 FET 显示出了低滞后性和高阈值电压稳定性 (ΔU_t<2 V 超过 10 小时)，且迁移率 μ>1 $cm^2/(V\cdot s)$(图 7-12(c))。研究表明，Cs 和 Rb 可作为钝化 / 结晶改性剂，降低空位浓度以及离子迁移量；而用作为刘易斯碱或酸的正极性共沸物溶剂处理钙钛矿薄膜，可进一步降低迁移离子缺陷的密度。

通过监测二极管工作模式下 ($U_{GS} = U_{DS}$ = 60 V) 沟道电流随时间的变化和器件的光学特性，可以直接比较 $MAPbI_3$ FET 和多阳离子钙钛矿 FET 中的离子迁移情况。在器件开始工作几十秒后，电流的异常增加表明存在离子迁移，电流增加原因主要是横向离子缺陷运动导致碘空位愈合，或金属 / 钙钛矿界面上的离子积累而导致的接触电阻降低。对于 $MAPbI_3$ FET 器件而言，沟道长度为 20 μm 时，离子迁移开始的特征时间尺度为 8 s；沟道长度为 100 μm 时，离子迁移开始的特征时间尺度为 38 s。对于 $RbCsFAMAPbI_3$ FET 而言，离子迁移开始的特征时间尺度往往具有 10^3 s 的数量级。这些结果与 PL(光致发光) 定位作图数据一致，图 7-13(a) 表明在偏置条件下，钙钛矿 FET 中碘耗尽时光诱导的亮化。简单地说，偏置前后的亮度差异与离子迁移的程度有关，$RbCsFAMAPbI_3$ FET 的离子迁移比 $MAPbI_3$ 器件的要低得多 (图 7-13(b))。

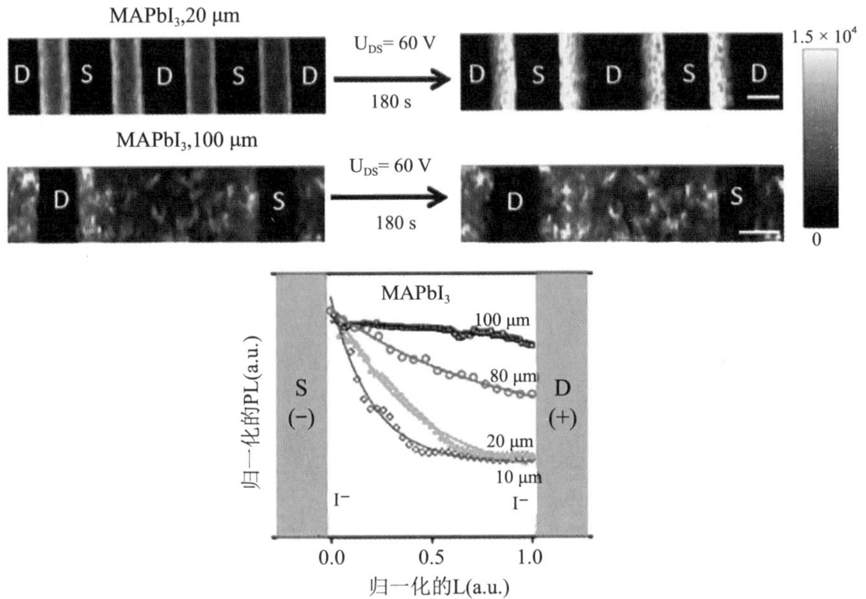

(a) 不同沟道长度 (20 μm 和 100 μm) 的 $MAPbI_3$ 器件的侧向沟道进行光致发光 (PL) 定位以及 PL 线轮廓与沟道位置 L 的关系 (归一化)

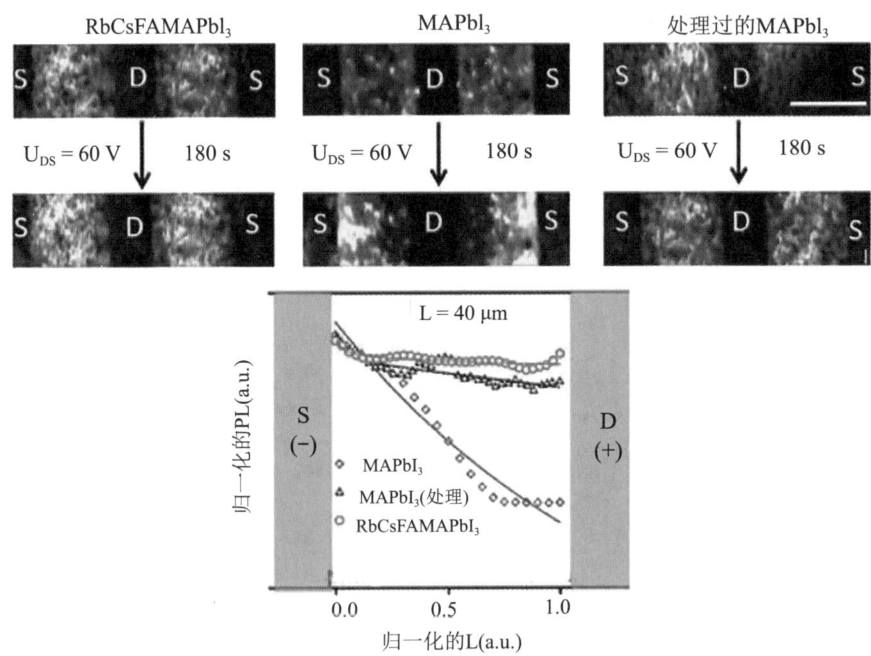

(b) $MAPbI_3$、Lewis 碱处理的 $MAPbI_3$ 和 $RbCsFAMAPbI_3$ 器件的横向 PL 映射及归一化的 PL 剖面

图 7-13 $MAPbI_3$ 和多阳离子钙钛矿 FET 的光致发光定位 (PL)

7.3 钙钛矿光催化器件

以铅卤化物钙钛矿为代表的金属卤化物钙钛矿材料因其优异的光电转换性能，成为了目前光电材料领域的研究重点，并展现出了广阔的应用前景。受太阳能电池的启发，铅卤钙钛矿材料优良的光生载流子分离与传输性能使其在光催化领域也显示出良好的发展潜力。本节将对金属卤化物钙钛矿材料的结构特性以及光电性质进行概述，并从光催化反应的机理和铅卤化物钙钛矿的电子结构出发，总结铅卤化物钙钛矿材料在光催化方面的应用。

7.3.1 铅卤化物钙钛矿的光学性质和环境稳定性

关于铅卤化物钙钛矿的基本结构及性质，本书的第 2 章中已进行了详尽的介绍，在此仅针对光催化领域的应用，对铅卤化物钙钛矿的光学性质和环境稳定性作适当补充。

1. 铅卤化物钙钛矿的光学性质

光催化材料的带隙与吸光系数对其光电性能来说至关重要。铅卤化物钙钛矿材料中的光跃迁主要依赖于直接带隙中的 p–p 轨道跃迁，因此具有较高的吸光系数。以 $MAPbI_3$ 为例，近乎理想的带隙 (1.5 ～ 1.6 eV) 以及直接带隙 p–p 跃迁，使其光吸收范围可达 800 nm，在波长小于 600 nm 时吸光系数甚至可达 10^4 ～ 10^5 cm^{-1}，此吸光系数可以与传统的半导体如 GaAs、CdTe、Cu(In,Ga)Se_2(CIGS) 等相媲美，因此，铅卤化物钙钛矿在光催化领域拥有良好的应用前景。

半导体材料的吸光性能主要受两个因素影响，一个是价带与导带间的跃迁矩阵元 (影响光电跃迁的可能性)；另一个则是价带与导带的联合态密度 (决定了可能的光电跃迁的数量)。比较传统半导体 GaAs 与钙钛矿 $MAPbI_3$，前者导带中的较低能级主要是分散的 s 轨道，而后者导带中的较低能级主要是简并的 Pb 的 p 轨道，因此后者的联合态密度会明显高于前者。此外，$MAPbI_3$ 的光电跃迁主要是从 Pb 的 s 轨道与 I 的 p 轨道的杂化能级跃迁至 Pb 的 p 轨道能级，而在原子内部，Pb 的 s 轨道到 p 轨道的跃迁可能性更大，因此，$MAPbI_3$ 中 VBM—CBM 跃迁的可能性更大。以上两点共同作用，使得 $MAPbI_3$ 的吸光系数要比 GaAs 更高，尤其是在可见光部分可以高出一个数量级。众所周知，太阳光中可见光占比达 40% 以上，即大部分能量蕴藏在可见光波段，钙钛矿材料优良的可见光吸收能力，可以更大程度地利用太阳光中的能量，并通过光催化反应实现太阳能—化学能的转化。

2. 铅卤化物钙钛矿的环境稳定性

正如本书第 1 章中所述，铅卤化物钙钛矿在具有优异的光电特性的同时，也具有较差的环境稳定性。以 $MAPbI_3$ 为例，环境中的水蒸气会诱导 $MAPbI_3$•H_2O、$MAPbI_3$•$2H_2O$ 等水合物的生成，将 $MAPbI_3$ 与液态水直接接触则会发生不可逆的降解反应并生成 PbI_2，且该降解过程在光照条件下将更加严重，这一点严重制约了其在光催化领域的应用与发展。

$MAPbI_3$ 钙钛矿抗水性较差的原因在于 MA 和无机框架间氢键作用较弱，MAI 终端界面更易溶剂化，在界面处水分子会对游离的碘离子进行亲和取代，而邻近 MA 阳离子的溶剂化作用又促进了这一过程的进行。除了水分的影响，$MAPbI_3$ 在光照和氧气的作用下会因超氧自由基的生成及其与质子化的 MA^+ 间的相互作用而发生降解，相应地，Cs^+ 没有酸性质子，因此基于 Cs 的钙钛矿材料在光照条件下对氧气的耐受性更高。此外，诸多理论和实验研究表明，全无机金属卤化物钙钛矿材料内只有卤素离子的迁移，而有机－无机杂化型钙钛矿材料中有机阳离子和卤素离子均会发生迁移，因此理论上前者的晶体结构应该更加稳定。然而对于全无机卤化物钙钛矿，以 $CsPbI_3$ 为例，其性能最佳的晶型是容忍因子仅为 0.80 的 α 相，导致其在室温下极易转化为热力学上更为稳定的非钙钛矿 δ 相多晶结构，尤其在存在水分的情况下更易发生这种钙钛矿向非钙钛矿结构的转化。

为了提升金属卤化物钙钛矿材料的环境稳定性，在光催化反应中尤其注重材料的抗水性能。目前主要对策包括：通过组分工程制备稳定性更高的钙钛矿材料，例如使用全无机铅卤化物钙钛矿材料；利用油酸 / 油胺、丙酸 / 丁胺、己酸 / 辛胺等疏水配体制备钙钛矿量子点光催化剂，可以在一定程度上提高光催化剂的耐水性；构建异质结构，加速载流子迁移的同时对钙钛矿纳米晶体起到钝化作用，常用的半导体材料包括金属氧化物、石墨烯、氮化碳以及金属有机框架材料；选择合适的非极性或低极性有机溶剂乙酸乙酯、乙腈、异丙醇以及甲苯等来避免钙钛矿材料与水分的接触。

7.3.2 铅卤化物钙钛矿在光催化反应中的应用

光催化是利用光来激发半导体，利用其产生的光生电子和空穴来参与氧化－还原反应，因此经常被称为“人工光合作用”。光催化反应的机理在过去几十年已经得到深入研究，其在光电能源和环境污染物治理等方面也得到了广泛的应用。图 7-14 比较了典型的生物光合作用过程和光催化型的人工光合作用过程。近年来，铅卤化物钙钛矿作为新型光催化剂在光催化水解反应、光催化 CO_2 还原反应、光催化有机物合成反应等方面得到了广泛应用。下文将从这几方面对各类钙钛矿光催化器件进行逐一介绍。

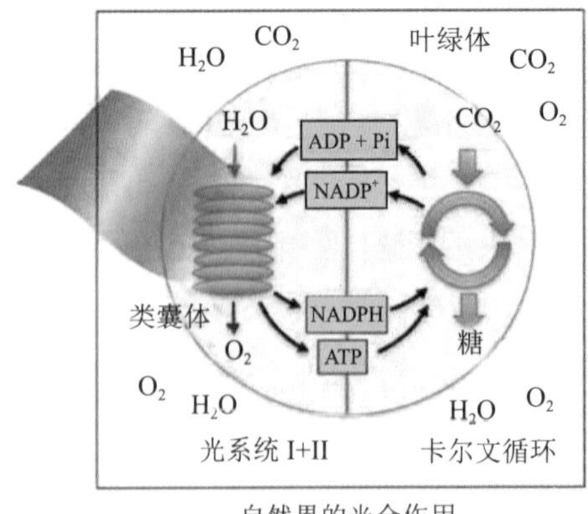

自然界的光合作用

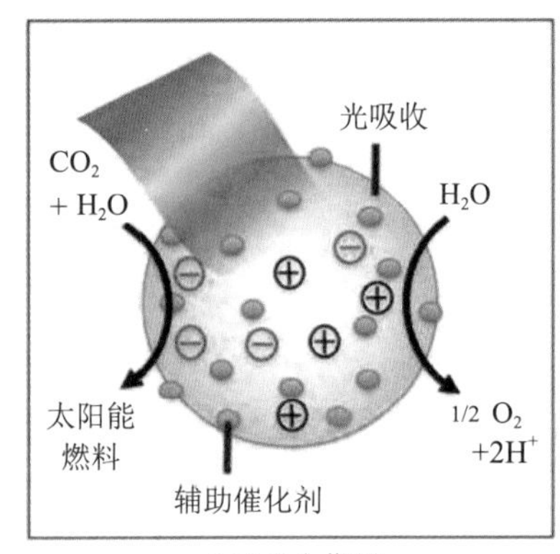

人工光合作用

图 7-14　自然界光合作用和人工光合作用

1. 光催化水解反应

铅卤化物钙钛矿具有强大的光电转换能力，使用具有 n–i–p 结构的钙钛矿 $MAPbI_3$ 作为光阳极来进行光催化水解将具有较高的效率。图 7-15(a) 为整套装置的示意图，其中钙钛矿器件构成阳极可直接用于光催化析氧反应 (OER)，且光生电子可从电子传输层 (ETL) 转移至金属铂 (Pt) 电极对并发生析氢反应 (HER)。

如图 7-15(b) 所示，在 1.23 V 条件下，与裸钙钛矿光阳极和纯 Ni 层相比，该结构的钙钛矿器件产生的光电流为 17.4 mA/ cm^2。图 7-15(b) 还表明，在光照下钙钛矿阳极的活性区迅速出现 O_2 气泡。然而，由于钙钛矿自身的不稳定性，阳极不可避免地会被水或其他电解质所破坏，因此，制备保护层对提高钙钛矿阳极的稳定性具有重要意义。为了保护钙钛矿阳极不被电解质腐蚀，SeongSik Nam 等人制造了一层场金属和镍层来封装钙钛矿光阳极，这有助于增强光阳极在碱性电解质中的长期光催化的稳定性。Isabella Poli 等人还使用了商用热石墨片和介孔碳支架来防止基于全无机钙钛矿 $CsPbBr_3$ 的光阳极在水电解质中降解，并记录了在光照条件下钙钛矿阳极在水电解质中 30 小时的稳定性 (U_{RHE} = 1.23 V 条件下电流超过 2 mA/ cm^2)。

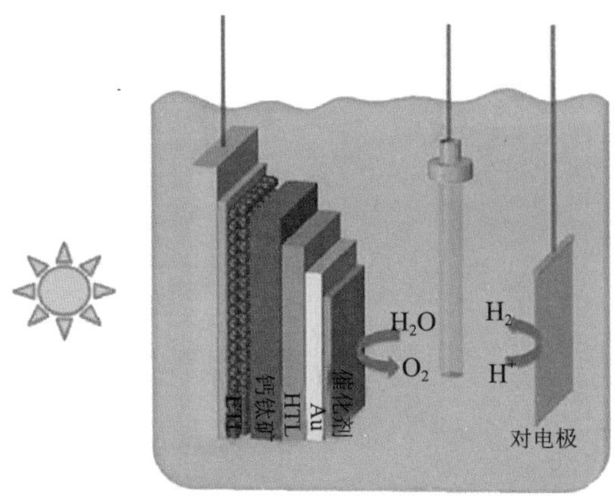

(a) 以钙钛矿材料作为光阳极的集成光电解器件结构示意图

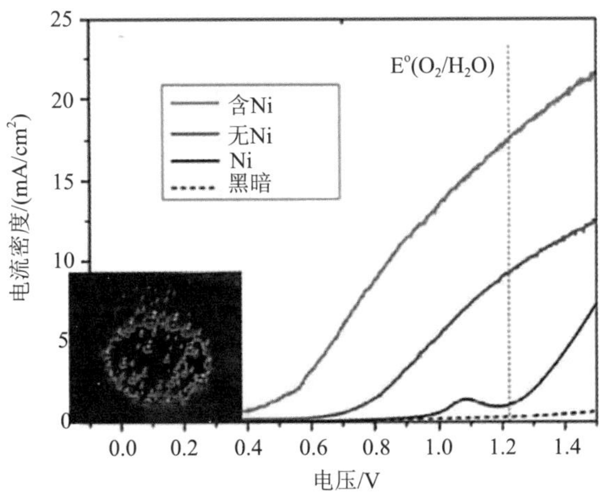

(b) 含 Ni 催化剂、无 Ni 催化剂和金属 Ni 电极的钙钛矿光阳极以及黑暗条件下的伏安图（插图为光阳极活跃时的照片）

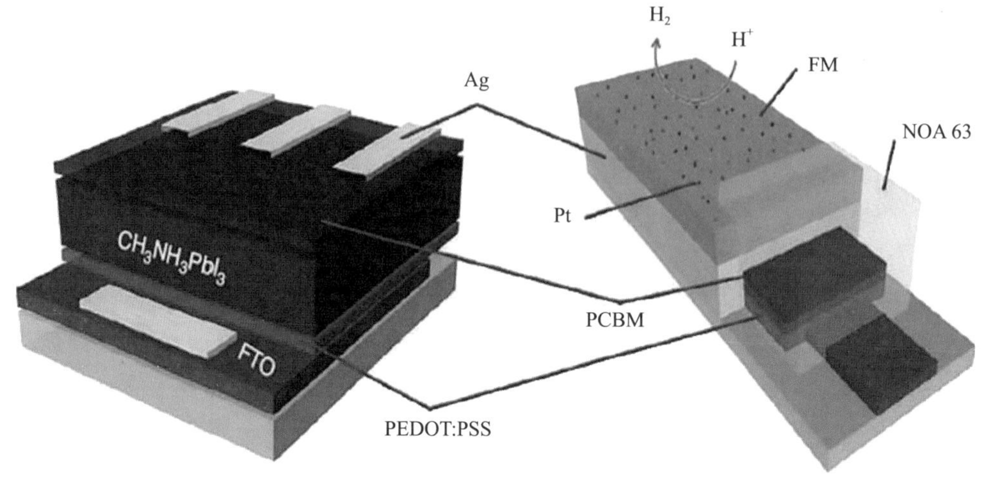

(c) FTO/PEDOT:PSS/ 钙钛矿 /PCBM/PEIE:Ag 的结构示意图

(带有额外的 FM 和 Pt 金属封装层，作为光解水产氢的光电阴极)

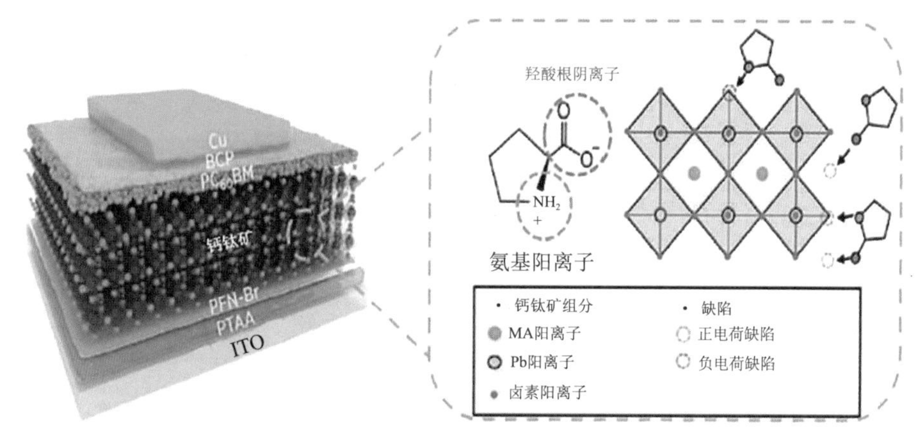

(d) 钙钛矿 ($FA_{0.80}MA_{0.15}Cs_{0.05}PbI_{2.55}Br_{0.45}$) 太阳能电池器件的结构示意图及 l- 脯氨酸分子可能的钝化机理

图 7-15　用于光催化水解反应的钙钛矿光催化器件

钙钛矿光阳极在高度富氧环境下工作其稳定性会大大降低，因此，实际应用往往使用钙钛矿制备光电阴极以产生氢气 H_2。图 7-15(c) 所示为钙钛矿光电阴极的结构，器件以 FTO/PEDOT:PSS/ $MAPbI_3$/PCBM/PEIE:Ag 的 p–i–n 结构钙钛矿为内核，并以额外的金属封装层和 Pt 层包裹。从钙钛矿光电阴极侧析出的 H_2 可以提供一个相对温和的还原环境，使得阴极得以保持其 80% 以上的初始光电流 (9.8 mA/ cm^2) 长达 1 小时。

为了进一步提高钙钛矿 $MAPbI_3$ 光电阴极的性能和稳定性，Ju-Hyeon Kim 等人提出了一种使用两性离子 (l- 脯氨酸) 钝化材料和共晶镓铟合金 (EGaIn) 的封装方法，如图 7-15(d) 所示，钙钛矿光电阴极由玻璃基板 /ITO/PTAA/PFN-Br/ $MAPbI_3$/PC_{60}BM/BCP/Cu 构成，在连续光照下，其平均光电流密度为 21.2 mA/ cm^2，并且达到了超过 54 小时的稳定性。陈红军等人则将基于钙钛矿的光电阴极和光电阳极结合在一起，通过使用低成本的光学材料 CoP，构建了一个由两个封装的钙钛矿 ($FA_{0.80}MA_{0.15}Cs_{0.05}PbI_{2.55}Br_{0.45}$) 太阳能电池组成的单片结构以作为 HER 的阴极，并采用 $FeNi(OH)_x$ 作为 OER 的阳极，从而实现了 8.54% 的整体太阳能产氢效率和 20 小时的良好稳定性。

综上所述，受限于钙钛矿材料在富氧环境下的稳定性，铅卤化物钙钛矿材料更适合用作光催化产氢反应，事实上，除了作为光催化水解反应中的 HER 阴极，铅卤化物钙钛矿也可直接用于 HER，例如，用氢碘酸 (HI) 溶液代替水，并以有机铅卤化物钙钛矿 $MAPbI_3$ 作为光催化剂，可见光下可使氢碘酸水溶液分解生成 H_2 和 I_3^-。为了实现更高的光催化性能，关键在于提高钙钛矿晶体中光生载流子的分离与迁移效率，为此，需进一步缩短晶体的载流子迁移距离或通过构建光生电子或空穴传输通道来加速载流子的迁移，以抑制光生载流子的复合作用。而在提升铅卤钙钛矿的光催化稳定性方面，以光电化学体系为例，合适的钝化材料可以有效减缓内层的钙钛矿材料受到水分子的侵蚀。总的来说，铅卤化物钙钛矿材料在光解水反应的应用中无论是产氢速率还是稳定性都有极大的提升空间，为此，还需要进一步优化钙钛矿组分并设计相应的钝化材料。

2. 光催化 CO_2 还原反应

2017 年，无机钙钛矿 $CsPbBr_3$ 作为二氧化碳还原的光催化剂被首次引入，侯军刚等人在乙酸乙酯 /H_2O 溶液中用 $CsPbBr_3$ 量子点 (QD) 进行了二氧化碳还原，如图 7-16(a) 所示，CO、CH_4 和 H_2 的生成速率随反应时间的增加几乎呈线性增加。考虑到氧化石墨烯 (GO) 比 $CsPbBr_3$ 具有更正的费米能级，徐杨帆等人构建了 $CsPbBr_3$ 量子点 / 氧化石墨烯纳米复合材料来驱动二氧化碳还原，$CsPbBr_3$ QD/GO 的二氧化碳还原过程示意图如图 7-16(b) 所示。显然，石墨烯为二氧化碳还原提供了额外的载体转移路径，导致光生电子 – 空穴对快速分离，从而将甲烷产出率提高到了 29.8 μmol/g(图 7-16(c))。本研究表明，石墨烯等低维材料也可用于提高钙钛矿 $CsPbBr_3$ 光催化 CO_2 还原的性能。

为了探索提高钙钛矿 $CsPbBr_3$ 催化能力的解决方案，唐超等人采用密度泛函理论 (DFT) 分别对掺杂钴 (Co-Doped)、掺杂铁 (Fe-Doped) 以及原始的 $CsPbBr_3$ 的二氧化碳还原过程进行了研究，从图 7-16(d) 可以看出，掺杂 Co 的 $CsPbBr_3$ 在二氧化碳还原过程中自由能势垒最小 (0.68 eV)，仅为原始 $CsPbBr_3$ 的一半，说明掺杂 Co 可有效降低 $CsPbBr_3$ 的光反应势垒。此外，金属原子掺杂剂还能增强光吸收，促进电子转移，并提高对甲烷产生的光催化选择性，掺杂 Fe 的 $CsPbBr_3$ 纳米晶体 (NC) 在二氧化碳的光还原过程中诱导了更多的甲烷生成，使其占到了生成物的绝大多数。董存路等人还制备了掺杂 Co 的 $CsPbBr_3$/Cs_4PbBr_6 纳米复合材料，在 15 小时的光照下，CO 的产率可从 678 μmol/g 提高到 1835 μmol/g(图 7-16(e))。这种高光催化效率也可以归因于使用甲醇作为主要试剂，它不仅仅加速了甲醇至甲酸的空穴氧化，也抑制了电子 – 空穴对的复合。此外，加入 Cs_4PbBr_6 基质可以提高钙钛矿 $CsPbBr_3$ 在水溶液中的稳定性。图 7-16(f) 显示，在涂上一层石墨烯薄层后，钙钛矿 $CsPbBr_3$ 纳米晶体 (NC) 在水反应体系中的稳定性有明显的改善，原因在于石墨烯不仅可以加速光生空穴的传输，而且能够增强金属活性位点以提高 CO_2 的化学吸附率。

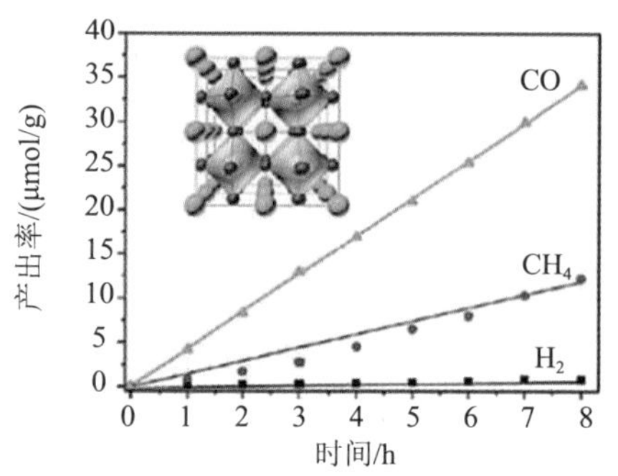

(a) 8.5 nm $CsPbBr_3$ 量子点 (QD) 的光催化性能

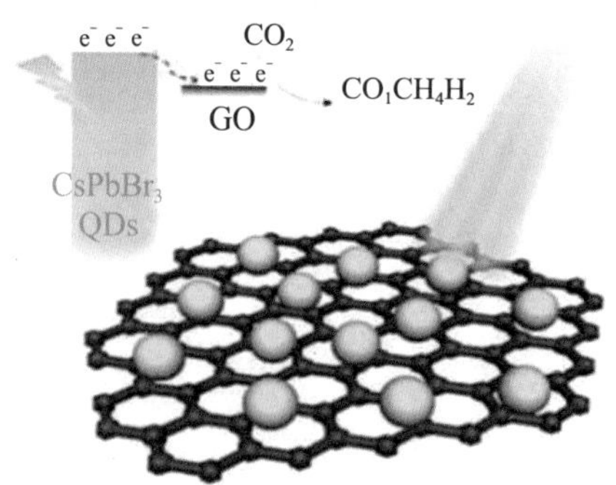

(b) 以 $CsPbBr_3$ QD/GO 作为光催化剂的二氧化碳光还原

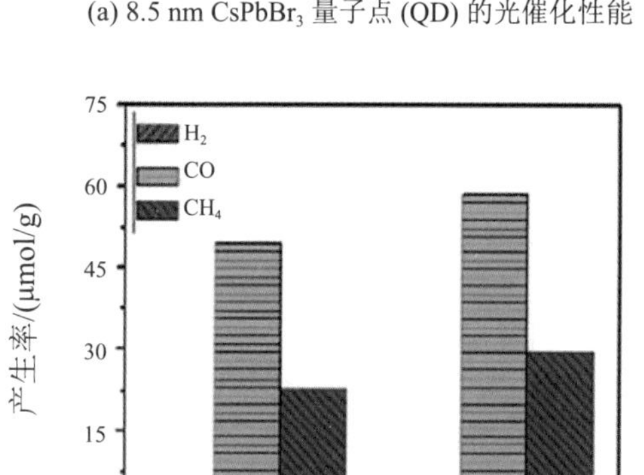

(c) $CsPbBr_3$ QD/GO 光催化剂的催化性能

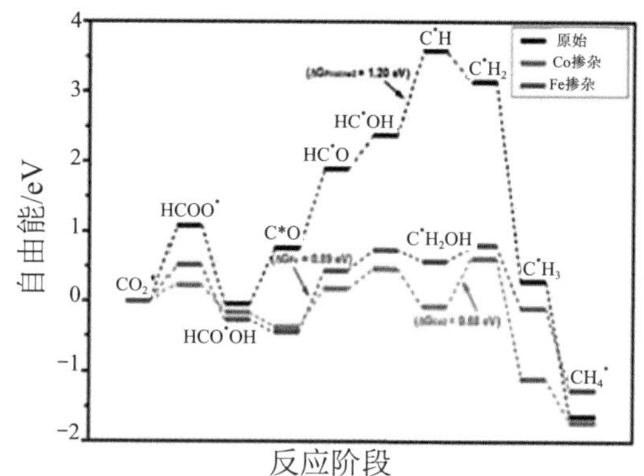

(d) 原始、掺杂 Co 和掺杂 Fe 的 $CsPbBr_3$ 光催化剂还原二氧化碳的最有利反应路径

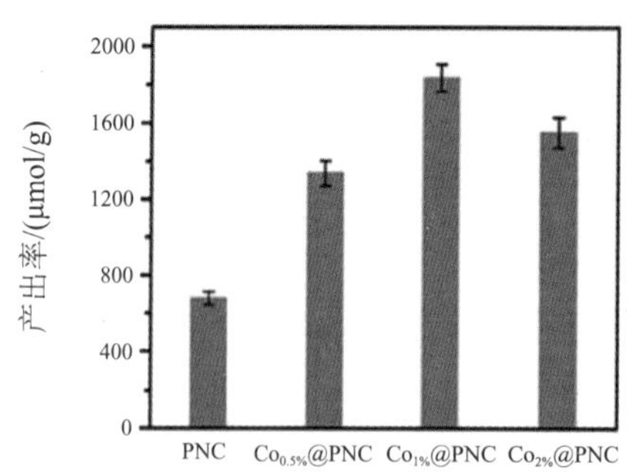

(e) 不同 Co 掺杂浓度的 $CsPbBr_3/Cs_4PbBr_6$ 光催化剂的 CO 产出率

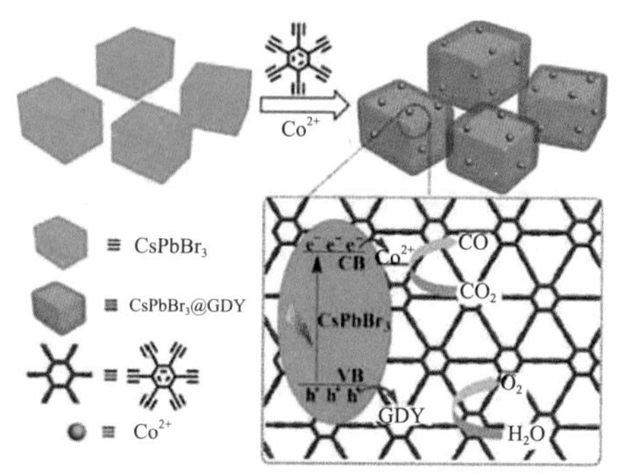

(f) 掺杂 Co 的 $CsPbBr_3$/ 石墨烯光催化剂的合成及其光催化二氧化碳还原的机理

图 7-16　钙钛矿作为催化剂参与光催化 CO_2 还原反应

考虑到有机 - 无机杂化钙钛矿 (如 $MAPbBr_3$、$FAPbBr_3$) 材料具有与 $CsPbBr_3$ 相当的光电性能，在光催化还原 CO_2 时也可使用杂化钙钛矿作为催化剂，其基本原理同全无机 $CsPbBr_3$ 类似，不再赘述。值得注意的是，由于有机 - 无机杂化钙钛矿 $FAPbBr_3$ 具有适当的带隙和精心设计的 Z 型结构，其催化性能往往优于全无机的 $CsPbBr_3$ 钙钛矿。不过，考虑到高稳定性和环保的要求，以上两种含铅钙钛矿都不是实际应用的最佳选择，在光催化 CO_2 还原方面，无铅钙钛矿无疑最有商业化潜力的。本书主要探讨铅卤化物钙钛矿，对无

铅钙钛矿在光催化领域应用感兴趣的读者可自行参阅相关文献资料。

3. 光催化有机物合成反应

鉴于有机合成主要依赖于电荷的分离和转移，钙钛矿也可以用于光催化有机合成。根据黄浩等人的报道，$FAPbBr_3$ 钙钛矿在光催化苯甲基醇至醛类的合成时具有较高的转化率和选择率。如图 7-17(a) 所示，从光生成载流子的相对带排列可知，15%-$FAPbBr_3/TiO_2$ 杂化物表现出了最高的光催化转化率，相比纯 $FAPbBr_3$ 提高了 4 倍以上。相应的光催化机理如图 7-17(b) 所示，从 $FAPbBr_3$ 转移到 TiO_2 的光电子可以将 O_2 分子还原为 O_2^-，与此同时，$FAPbBr_3$ 中残留的光生空穴可以将苯甲醇氧化为 R-CH_2OH^{*+}，醛类产物是由 O_2^- 与 R-CH_2OH^{*+} 反应合成的。2017 年 , Tüysüz 等人提出可使用 $CsPbI_3$ 量子点光催化 3,4- 乙烯二氧噻吩发生聚合反应，生成的导电聚合物 PEDOT 会对量子点进行封装，从而使其形貌更加稳定，图 7-17(c) 显示了 3-4- 乙基二氧噻吩通过 $CsPbI_3$ 量子点的光催化聚合过程。

此外，朱晓林等人进一步将钙钛矿 $CsPbBr_3$ 纳米晶体 NC 的应用扩展到基本的光催化有机合成反应中，如 C—C、C—N 和 C—O 键的形成。图 7-17(d) 显示了 $CsPbBr_3$ NC 在光催化不同有机反应时的催化能力，$CsPbBr_3$ 的带隙可以通过组分工程进行调整，以满足不同有机化合物所需的氧化还原电位。因此，利用具有适当带隙宽度的 $CsPbBr_3$ NC 可以激活 C—H 形成 C—C 键，或者诱导 N- 杂环化合物和芳基酯阳离子形成 C—N 和 C—O 键。

综上所述，铅卤化物钙钛矿材料可以有效促进有机物的光催化合成反应。在催化性能方面，可吸附有机物的催化剂的单位表面活性位点越多，有机物的转化速率越快；而在稳定性方面，光催化有机合成反应通常在有机溶剂中进行，低极性或非极性的有机溶剂可以对钙钛矿材料起到很好的保护作用。目前，对于铅卤化物钙钛矿材料光催化有机合成反应，从转化率到选择率、从光催化剂的催化活性到可重复利用性均有待提升，仍需要进一步筛选性能更优、稳定性更高、普适性更强的钙钛矿光催化剂。

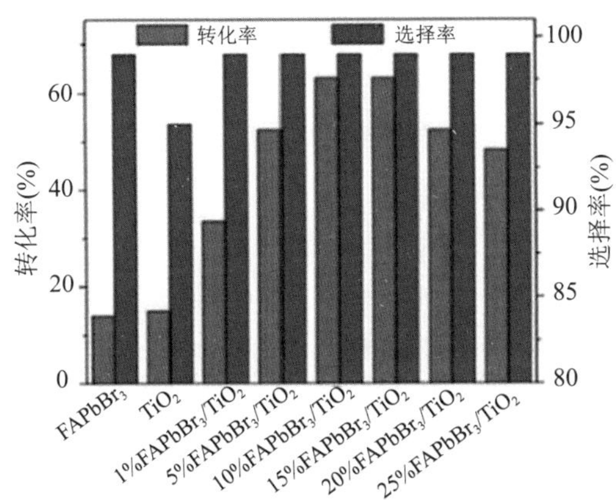

(a) 苯甲醇在纯 $FAPbBr_3$、TiO_2 和一系列 $FAPbBr_3/TiO_2$ 杂化物上的光催化转化率

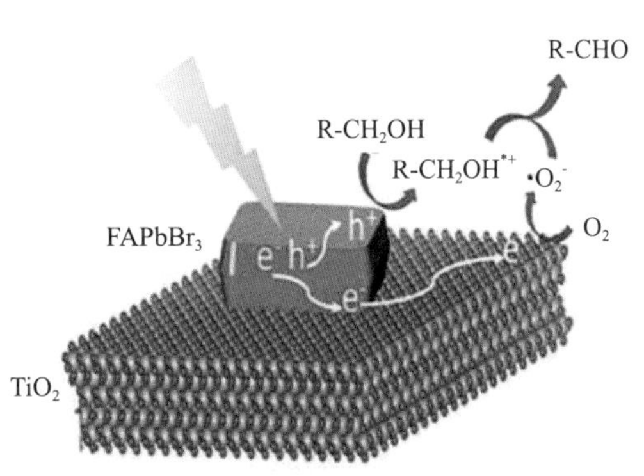

(b) $FAPbBr_3/TiO_2$ 选择性光催化苯甲醇至苯甲醛的机理示意图

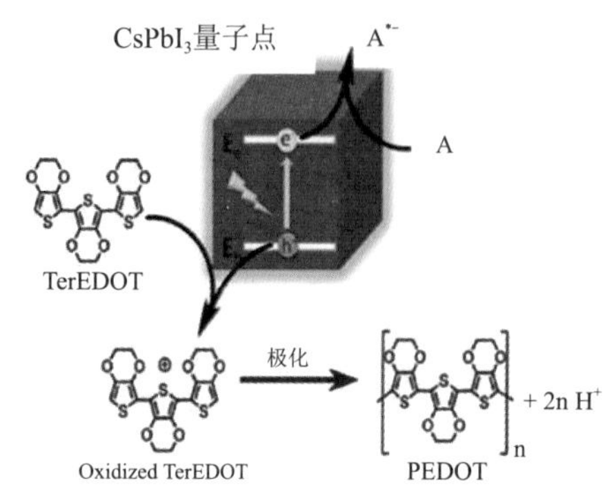

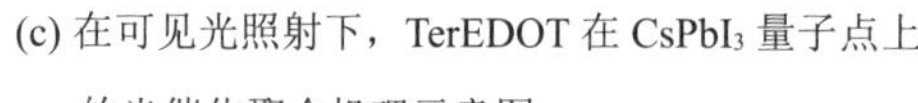

(c) 在可见光照射下，TerEDOT 在 CsPbI$_3$ 量子点上的光催化聚合机理示意图

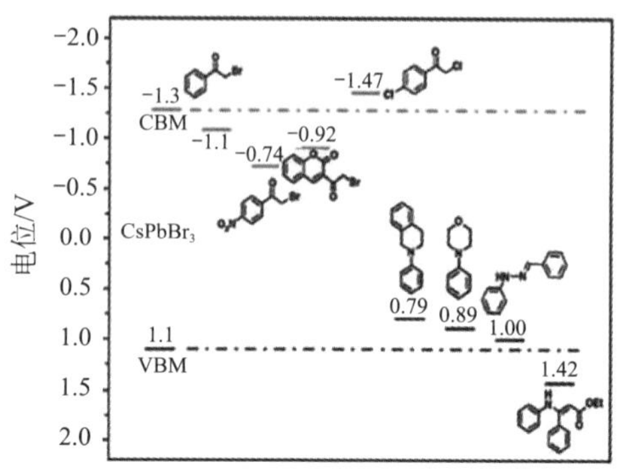

(d) CsPbBr$_3$ 的带隙与底物的氧化还原电位的比较

图 7-17　钙钛矿光催化有机合成反应

7.4　钙钛矿传感器

近年来，铅卤化物钙钛矿因其优异的光电性能、可调节的带隙和低成本的溶液制备工艺，被广泛研究用于制造各类传感器。目前，钙钛矿基的传感器主要可分为两大类：其一是利用钙钛矿气敏性制成的气体传感器；其二是基于钙钛矿光电探测器的图像传感器。本节将主要就这两类传感器展开介绍。

7.4.1　基于铅卤化物钙钛矿的气体传感器

1. 钙钛矿气体传感器概述

根据过往的研究，多孔钙钛矿薄膜或块体被认为是制备气体传感器的首选传感材料。例如，基于一般化学式为 ABO_3 的钙钛矿型氧化物的湿度传感器 (如 $Ba_{0.5}Sr_{0.5}TiO_3$、$Bi_{0.5}K_{0.5}TiO_3$、(Pb, La)(Zr, Ti)O_3 等)，已经得到深入且广泛的研究。然而，上述湿度传感器的响应时间相对较长，这大大限制了其在医疗呼吸系统检测等快速实时测量领域中的应用。此外，合成钙钛矿型氧化物通常需要经过高温烧结、后煅烧等工艺，涉及大量复杂设备，这不可避免地增加了生产成本，延长了制备过程。

近年来，铅卤化物钙钛矿半导体由于其敏感的表面，逐渐作为气体传感材料。包春雄等人报道称，经溶液处理的钙钛矿 $CH_3NH_3PbI_3$ 薄膜可在几秒内感应到氨气体。付现伟等人则发现，即使在低二氧化氮浓度 ($1\times10^{-6}\sim60\times10^{-6}$) 下，$CH_3NH_3PbI_3$ 薄膜也有较高的响应。此外，传感器在室温下的平均响应时间和恢复时间分别为 5 s 和 25 s。Stoeckel 等人提出，纳米结构的 $CH_3NH_3PbI_3$ 的氧敏感性强烈依赖于钙钛矿薄膜的纳米尺度形貌，并提出了一种源自氧介导的碘空位填补的陷阱愈合机制。总之，他们从实验和理论两方面证明了杂化铅卤化物钙钛矿在气体传感器中的实际应用的可行性。然而，杂化卤化铅钙钛矿固有的化学不稳定性阻碍了其在传感领域的进一步发展和实际应用。

通常，全无机铅卤化物钙钛矿被认为比现有的有机－无机杂化钙钛矿具有更高的化学稳定性。在气敏研究领域，马媛媛团队等人通过荧光法肉眼观察到了气体阴离子的交换反应，用 $CsPbBr_3$ 纳米晶体可以检测到浓度低至 5×10^{-6} 的有毒腐蚀性盐酸蒸汽。根据陈红军等人的报道，氧气可以钝化 $CsPbBr_3$ 的表面陷阱从而限制钙钛矿层的双极电荷输运，与现有的具有对称电响应的半导体相比，$CsPbBr_3$ 具有独特的传感机制。

此外，全无机卤化物钙钛矿材料在湿度传感领域也有所应用 (本质上是水蒸气浓度的探测)，其中 $CsPbBr_3$ 纳米晶体因其较高的空气稳定性得到了最广泛的研究。$CsPbBr_3$ 纳米晶体的稳定性与晶面取向和表面特性高度相关，而这两点主要受合成过程的影响，由于在合成过程中不存在亚稳态钙钛矿杂质，因此热注入法合成的 $CsPbBr_3$ 纳米粒子 (NP) 具有较少的表面缺陷和较高的稳定性。值得一提的是，用热注入法合成的 $CsPbBr_3$ NP 具有典型的立方结构和较低能量的 {100} 切面，这使得其在应用于湿度传感时可以获得更好的稳定性，而由常规纳米级 $CsPbBr_3$ 晶体形成的敏感薄膜能够使电荷暴露在水蒸气下有效迁移，这也使得传感器具有快速响应和低功耗的特点。

2. 典型的钙钛矿气体传感器

吴智林等人利用 $CsPbBr_3$ 纳米颗粒 (NP) 制备了一种性能优良的人体呼吸监测阻抗型湿度传感器。在扫描电镜下 $CsPbBr_3$ NP 的表面形貌和横截面如图 7-18(a) 所示，可见 $CsPbBr_3$ NP 紧密排列，在 Au 阵列之间形成连续的膜，该表面形貌表明，$CsPbBr_3$ NP 不仅覆盖了载体，还覆盖了电极。$CsPbBr_3$ NP 的光学显微镜图像如图 7-18(b) 所示，交错电极 (IDE) 结构传感器由 SiO_2/Si 衬底、平行梳状 Au 电极和 IDE 上的连续 $CsPbBr_3$ NP 薄膜组成。如图 7-18(c) 所示，二氧化硅绝缘层、Au 电极和 $CsPbBr_3$ 气敏薄膜的厚度分别为 500 nm、50 nm 和 280 nm。图 7-18(d) 则显示了 $CsPbBr_3$ NP 薄膜在 11% ～ 95% 相对湿度 (RH) 下的阻抗，扫描频率在 0.01 Hz ～ 825 kHz 范围内。在 10 Hz ～ 1 kHz 的频率范围内，$CsPbBr_3$ NP 传感器的阻抗随着 RH 水平的增加而急剧降低，当测试频率为 900 Hz 时，该传感器表现出最好的线性度。

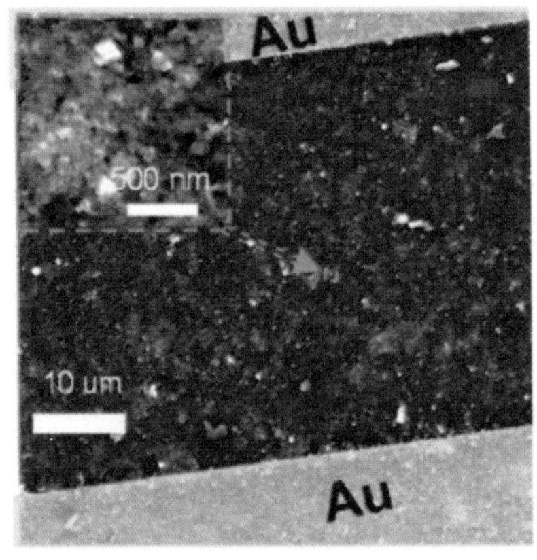

(a) $CsPbBr_3$ NP 湿度传感器的俯视扫描电镜图像

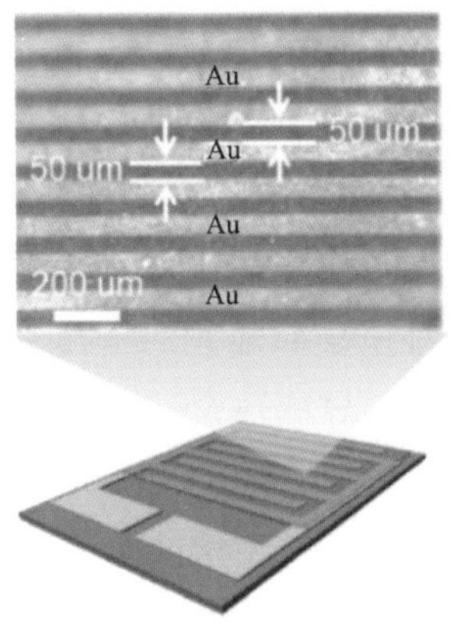

(b) $CsPbBr_3$ NP 湿度传感器的光学显微镜图像

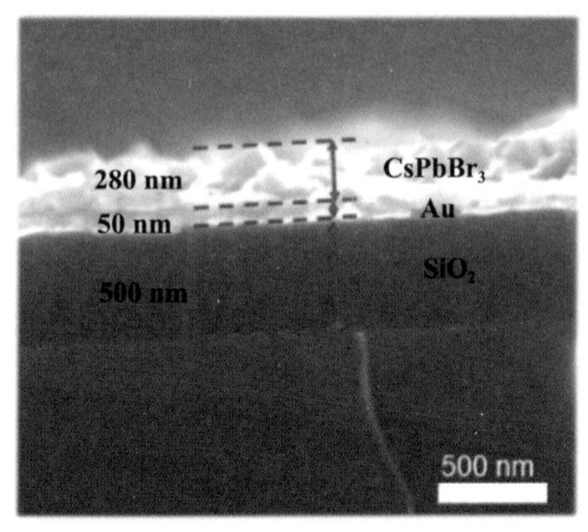

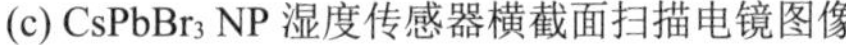

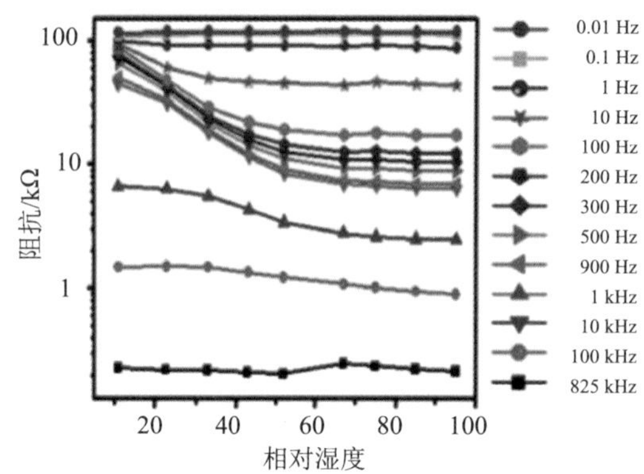

(c) $CsPbBr_3$ NP 湿度传感器横截面扫描电镜图像

(d) $CsPbBr_3$ NP 湿度传感器在不同工作频率及不同相对湿度 (HR) 下的阻抗曲线

图 7-18 基于 $CsPbBr_3$ 纳米颗粒的湿度传感器

为了评估 $CsPbBr_3$ NP 湿度传感器在不同 R 水平下的响应可逆性，吴智林等人还将传感器在 11% ～ 95%(11%、23%、33%、43%、52%、67%、75%、85% 和 95%) 相对湿度范围内来回切换进行测量 (响应时间和恢复时间均为 60 s)，得到的动态阻抗响应曲线如图 7-19(a)、(b) 所示，可见，当传感器在不同的湿度环境下切换时，传感器的阻抗立即恢复到原始状态。如图 7-19(c) 所示，传感器的阻抗响应在 11% ～ 67% RH 范围内呈线性增加，然后在较高的 RH 范围内达到饱和，其响应 (Response) 值根据表达式 $R = (Z_0-Z_{RH})/Z_0 \times 100\%$ 计算，其中 Z_0 和 Z_{RH} 分别表示传感器在 11% RH 和给定 RH 中的阻抗。另外，为了说明湿度传感器能在短时间内完全释放出吸收的水分子，当湿度逐渐降低时，传感器在饱和区域的阻抗几乎没有变化，然后随着 RH 降低到 75% 而线性下降，如图 7-19(d) 所示。

除了全无机钙钛矿 $CsPbBr_3$ 外，有机－无机杂化钙钛矿也可用于湿度传感器的制备。众所周知，有机－无机杂化钙钛矿太阳能电池的光伏特性在高湿度环境下会严重恶化，这本是钙钛矿太阳能电池的缺点之一，但通过研究湿度对钙钛矿 $CH_3NH_3PbI_3$ 电导率的影响，发现该缺点反而可以用于制造廉价而有效的湿度传感器。Alexander 等人的研究结果表明，钙钛矿 $CH_3NH_3PbI_3$ 对湿度具有较高灵敏度，其电导和相对湿度 (RH) 的关系如图 7-20 所示，可见，在 80% RH 条件下，钙钛矿的电导率比在真空中大 4 个数量级，且高湿度条件下电导率与湿度的相关性要明显强于低湿度条件。对此，Alexander 等人提出了一种电导率随相对湿度变化的机制，即低湿度条件下 $CH_3NH_3PbI_3$ 电导率的轻微增加由电子电导率决定，而高湿度条件下电导率的显著增加则由离子电导率决定。另外值得注意的是，$CH_3NH_3PbI_3$ 传感器在 80% RH 时的响应度与最敏感的电阻性湿度传感器相当，例如，广泛使用的基于氧化铝陶瓷的湿度传感器在 80% RH 下的传感器响应度为 10^2 ～ 10^3。

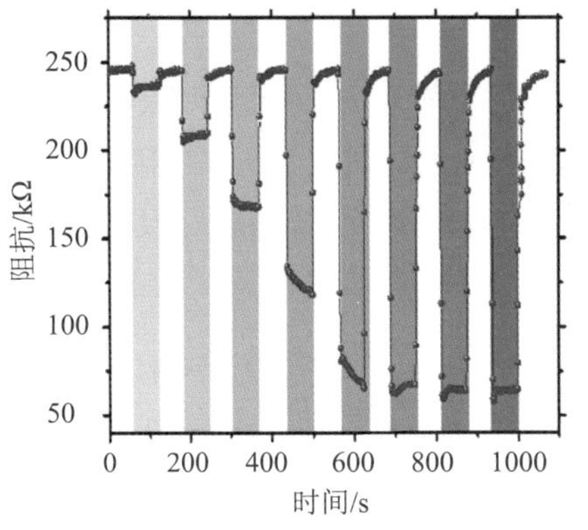

(a) 逐渐增加 RH 时，阻抗随时间变化的动态响应曲线

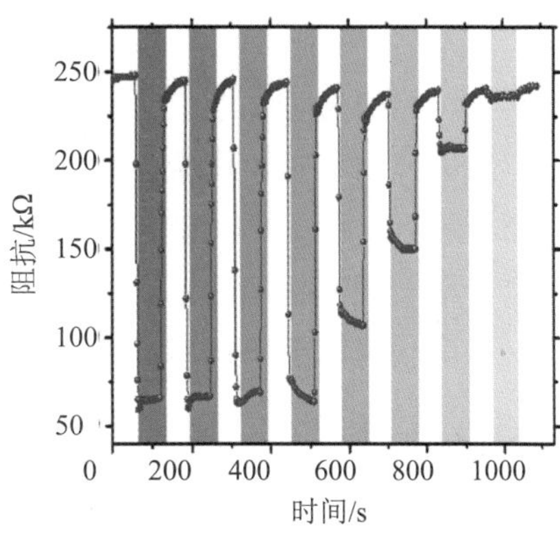

(b) 逐渐降低 RH 时，阻抗随时间变化的动态响应曲线

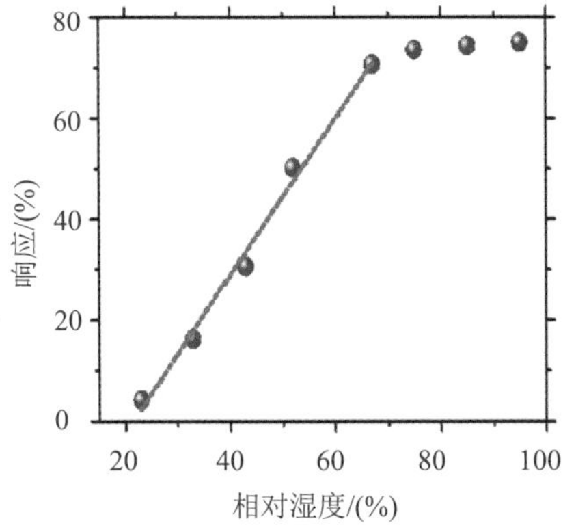

(c) 随着 RH 增加，传感器的相对湿度响应变化

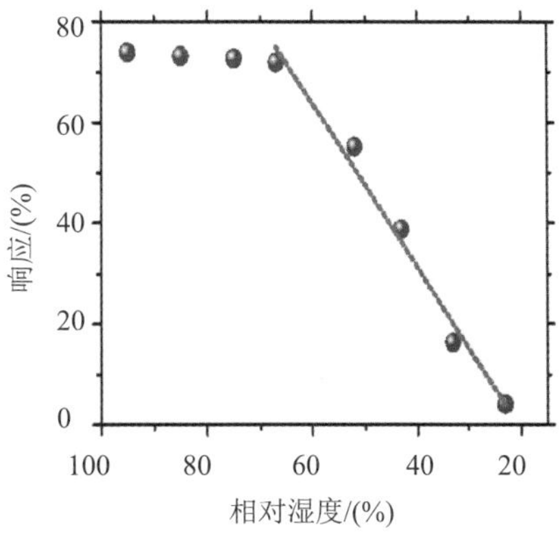

(d) 随着 RH 降低，传感器的相对湿度响应变化

图 7-19 $CsPbBr_3$ NP 湿度传感器的动态阻抗响应和静态阻抗响应

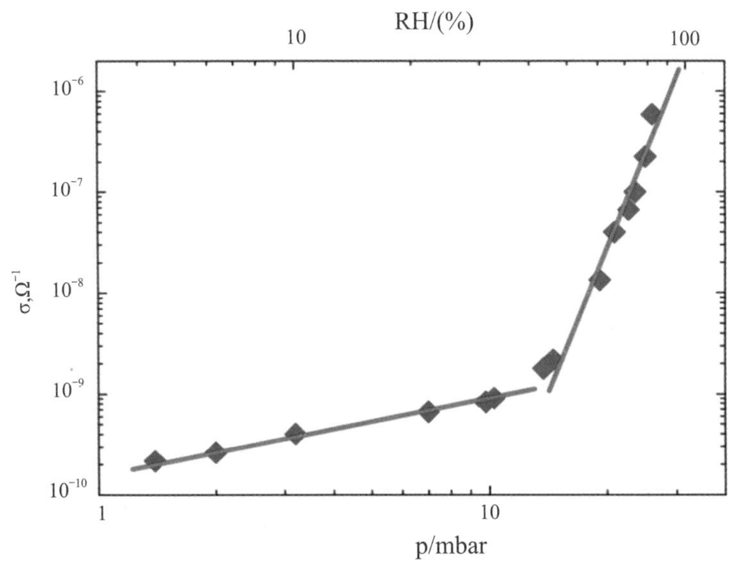

图 7-20 $CH_3NH_3PbI_3$ 电导率与水蒸气压 (p) 和相对湿度 (RH) 的关系

7.4.2 基于铅卤化物钙钛矿的图像传感器

近年来，铅卤化物钙钛矿由于其优异的光电性能、可调的带隙和低成本的溶液制备工艺，被广泛研究用于制造图像传感器。图像传感器本质上就是基于钙钛矿优异光电性质的光电探测器阵列，关于钙钛矿光电探测器的机理和性能本书第 5 章已作了详细介绍，在此仅就两类专用于图像传感的钙钛矿光电探测器展开讨论，即用于单像素成像的钙钛矿光电探测器，和用于彩色图像传感的窄带钙钛矿光电探测器。

1. 用于单像素成像的钙钛矿光电探测器

一般来说，为了检测一个二维光学图像，图像传感器需要一个二维光电探测器阵列以便在二维光学图像的不同位置收集相应的光信号。然后，这些光信号可以被发送到成像软件，并输出一个类似的二维光学图像。因此，图像传感器通常由光电探测器阵列形成，每个光电探测器则作为图像传感器的一个像素。然而，利用 x-y 双轴移动平台，单个光电探测器也可以通过沿着 x 轴和 y 轴移动，在二维光学图像的不同位置依次收集相应的光信号，从而实现图像传感，即单像素成像。不幸的是，由于所有的光信号都是通过单个光电探测器的运动逐个采集到的，因此单像素成像的成像时间非常长，特别是对于高分辨率的图像，受成像时间的限制，单像素成像也不能应用于动态成像。此外，使用 x-y 双轴移动平台将严重限制图像传感器的大小。基于上述原因，单像素成像并不适用于图像传感的实际应用，而主要用于测量图像传感的光电探测器的光电特性。

根据之前的描述，单像素成像可以在不制造复杂阵列的前提下快速评估钙钛矿光电探测器的成像能力。曾等人在 $PdSe_2/FA_{0.85}Cs_{0.15}PbI_3$ 肖特基结的基础上制备了一个宽带隙光电探测器 (图 7-21(a))，该器件光谱响应范围为 200 ～ 1550 nm，亮暗电流之比约为 10^4(35.1 μW/cm^2，808 nm 条件下)，且具有不错的光谱响应 (313 mA·W^{-1})、优秀的特异性检测能力 (约 10^{14} Jones) 以及较快的响应速度 (上升、衰减时间分别为 3.5 μs、4 μs)。通过单像素成像测量光电探测器的近红外 (NIR) 成像能力 (图 7-21(b))，可以看出，在 808 nm 照明下，从相应的输出光电流映射中可以清晰地识别出“P”“O”“L”和“Y”的字母图案 (图 7-21(c))，这说明 $PdSe_2/FA_{0.85}Cs_{0.15}PbI_3$ 肖特基结光电探测器具有优越的 NIR 成像能力。

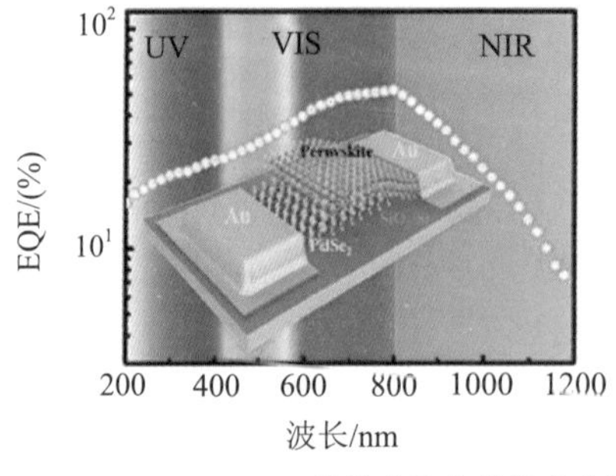

(a) $PdSe_2/FA_{0.85}Cs_{0.15}PbI_3$ 肖特基结的单像素成像光电探测器结构示意图及 EQE 曲线

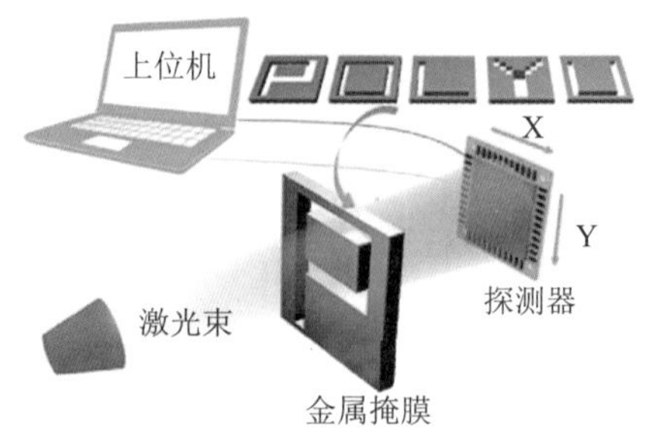

(b) $PdSe_2/FA_{0.85}Cs_{0.15}PbI_3$ 肖特基结光电探测器的单像素成像实验设备示意图

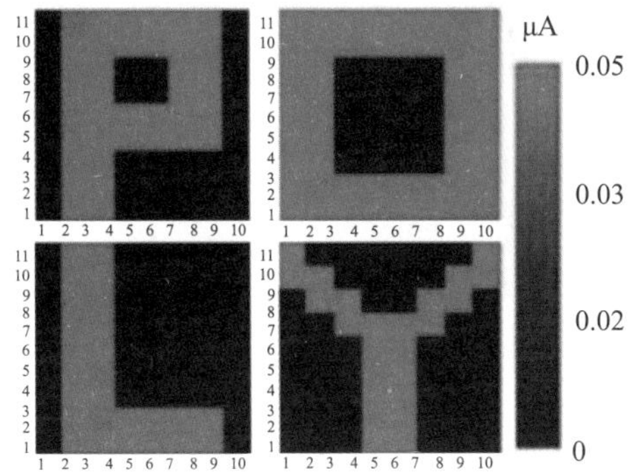

(c) 在 808 nm 光照下，由图案掩模产生的“P”“O”“L”和“Y”的字母图案的输出光电流映射

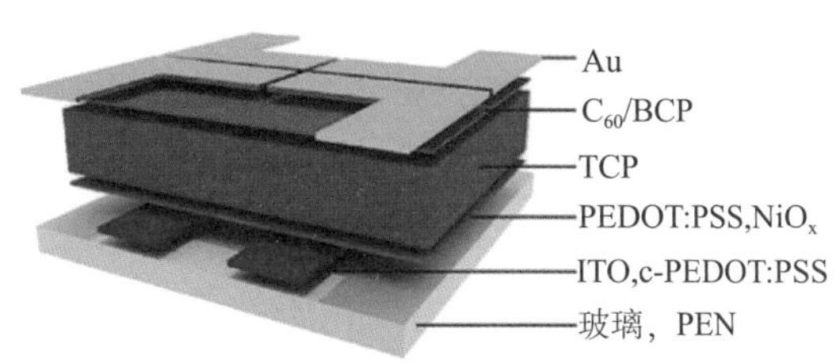

(d) 基于喷墨打印 TCP 薄膜的柔性 X 射线探测器结构示意图

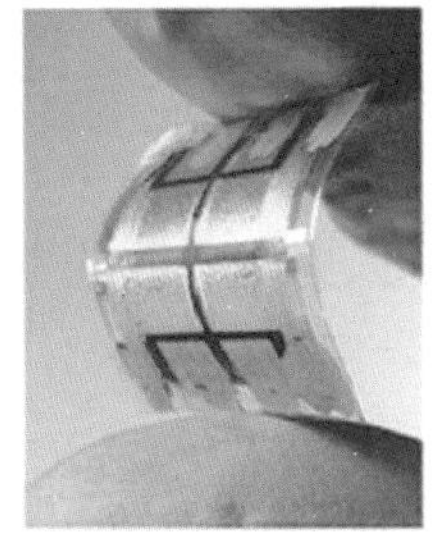

(e) 基于柔性 TCP 薄膜的 X 射线探测器的光学图像

(f) 固定在样品台上的一个气动连接器和螺钉的光学图像 (左) 和对应的 X 射线图像 (右)

图 7-21　用于单像素成像的钙钛矿光电探测器

除了用于可见光波段，单像素成像还可用于快速评估钙钛矿 X 射线探测器的成像能力。Mescher 等人基于喷墨打印的三阳离子钙钛矿 (TCP, Triple Cation Perovskite) 薄膜 (图 7-21(d)、(e)) 构建了柔性 X 射线探测器 (其具体组分为 $Cs_{0.1}(FA_{0.83}MA_{0.17})_{0.9}Pb(Br_{0.17}I_{0.83})_3$)，器件表现出较低的暗电流、优异的 X 射线稳定性以及较高的 X 射线灵敏度 (59.9 $\mu C \cdot Gy_{air}^{-1} \cdot cm^{-2}$)。为了评估 X 射线成像能力，采用基于柔性 TCP 薄膜的 X 射线探测器，通过单像素成像检测 X 射线辐射下固定在样品台上的气动连接器和螺钉 (图 7-21(f))，从相应的 X 射线图像中可以清晰地识别出物体的不同组成部分，这表明基于柔性 TCP 薄膜的 X 射线探测器具有出色的 X 射线成像能力。综上所述，单像素成像能以极低的成本和时间周期完成成像用光电探测器的测试，对促进高性能光电探测器的研究具有重要意义。

2. 用于彩色图像传感的窄带钙钛矿光电探测器

彩色图像传感可以记录物体的形状和颜色，与单色图像相比，在目标识别和记录方面具有很大的优势，已广泛应用于智能手机、数码相机和显示器。与人类视觉系统相似，彩色图像感知需要至少三种颜色的窄带光电探测器阵列来分别记录物体的红、绿、蓝光信号，因此，窄带光电探测器的研究对彩色图像传感的发展具有重要意义。实现窄带光探测的常用方法是将宽带光电探测器与二向色棱镜或一组带通滤光器相结合。不过，这种方法不仅增加了成像系统的成本和架构的复杂性，而且成为了在成像系统中获得更高像素密度的主要限制。此外，使用额外的滤光片也会导致成像系统的图像清晰度、颜色恒定性和紫外稳定性下降。因此，无滤光片的窄带光探测在近几年引起了广泛的关注，铅卤化物钙钛矿具有优异的光电性能和可调的带隙，被广泛研究用于制造高性能无滤波器窄带光电探测器。

为了实现不带滤光片的窄带光探测，Armin 等人提出了一种通过缩小电荷收集制造窄带有机光电探测器的有效策略，该策略也被广泛应用于窄带钙钛矿光电探测器的制造。为了实现钙钛矿光电二极管的电荷收集窄化，钙钛矿光活性层应在电学和光学层面上较“厚”，以实现较长的传输时间和高效地提取光生载流子。

如图 7-22(a) 所示，钙钛矿光活性层的吸收系数 α 在不同波长下通常有所不同，大致可分为三个区域，即高 α 区、低 α 区和 α = 0 区。对于高 α 区，光的吸收以比尔 - 兰伯定律为主，入射光的穿透深度较浅，因此光生载流子主要产生在钙钛矿光活性层靠近透明电极的表面区域，由于电子和空穴通过时间不平衡，局部载流子浓度较高，增强了载流子复合，最终导致电荷收集效率和 EQE 值较低。在低 α 区，光的吸收受到空腔效应的显著影响，入射光的穿透深度较深。因此，在整个钙钛矿光活性层中产生光生载流子 (体内产生)，从而表现出较高的电荷收集效率和 EQE。至于 α = 0 区，此时入射光子的能量不足以在钙钛矿光活性层中产生光生载流子，因此电荷收集效率和 EQE 为零。

根据上述电荷收集变窄机制，可以实现窄带光探测，通过调整两个吸收起始点 (λ_{onset1} 和 λ_{onset2})，可以控制半最大值处的全宽 (即吸收带宽 FWHM = $\lambda_{onset1}-\lambda_{onset2}$)。一般来说，对于钙钛矿光电探测器，$\lambda_{onset1}$ 是由钙钛矿材料的带隙决定的，这一点通过改变卤化物的组分可以很容易地实现调整，因此，进一步控制 λ_{onset2} 对于制备高性能窄带钙钛矿光电探测器来说具有重要意义。

除了使用较厚的钙钛矿光活性层 (约 500 ～ 600 nm)，林东旭等人还发现，在钙钛矿薄膜中引入合适的有机分子掺杂剂形成复合薄膜，如罗丹明 B 和聚乙烯亚胺 (PEIE，80% 乙氧基化)，可以有效地调节钙钛矿薄膜的电学和光学性能，从而进一步控制 λ_{onset2}。如图 7-22(b) 所示，林东旭等人通过缩小电荷收集，基于相应的 FWHM 为 100 nm 的复合薄膜，实现了红色、绿色、蓝色的无滤波窄带光电二极管。同样，Rahimi 等人通过在 $FA_{0.8}Cs_{0.2}PbBr_3$ 薄膜中引入亚甲基蓝来调控 λ_{onset2}，制备了 FWHM 为 100 nm 的红色窄带钙钛矿光电探测器。

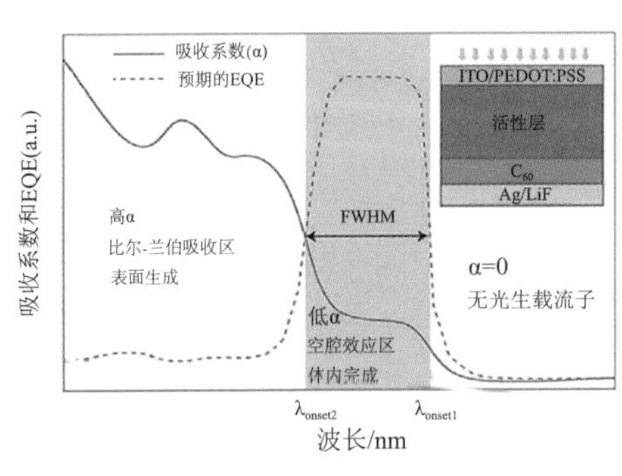

(a) 窄带钙钛矿光电探测器的吸收系数 α 和 EQE 光谱及结构示意图

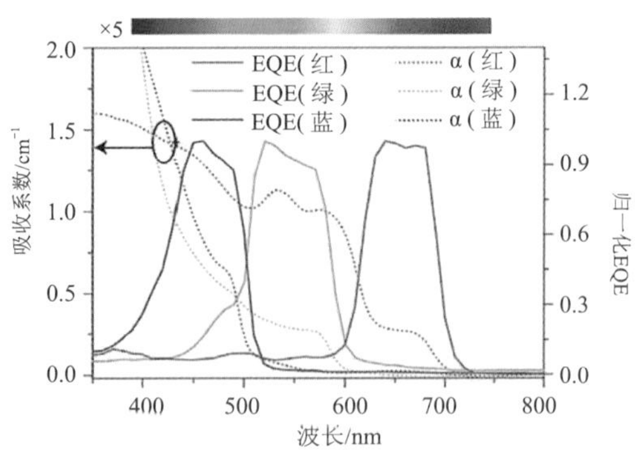

(b) 基于电荷收集变窄的红、绿、蓝窄带光电二极管的吸收系数 α 和 EQE 光谱

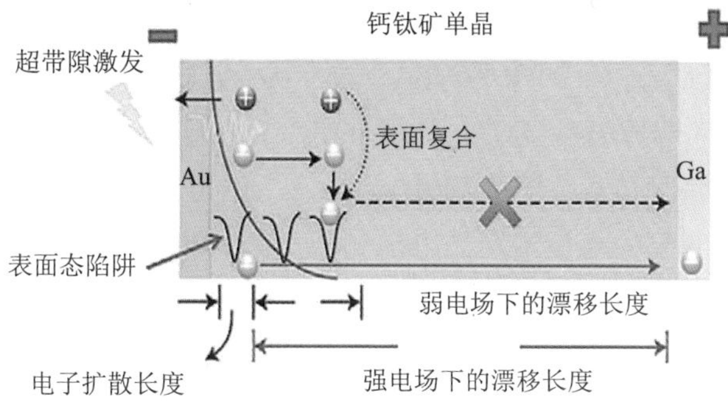

(c) 钙钛矿单晶光电探测器在强表面电荷复合作用下的高带隙激发电荷收集示意图

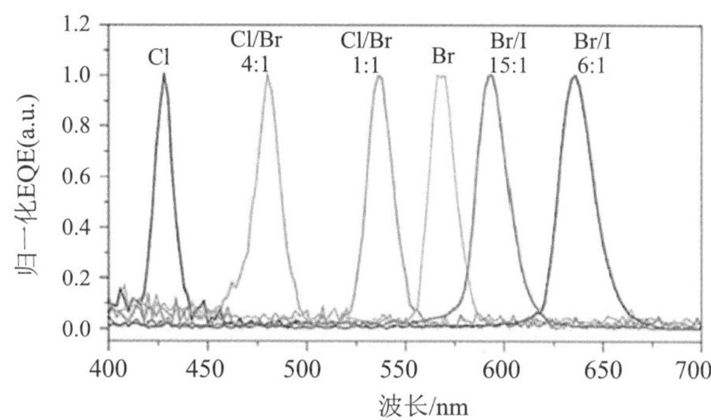

(d) 不同卤化物组分的窄带钙钛矿单晶光电探测器的归一化 EQE 光谱

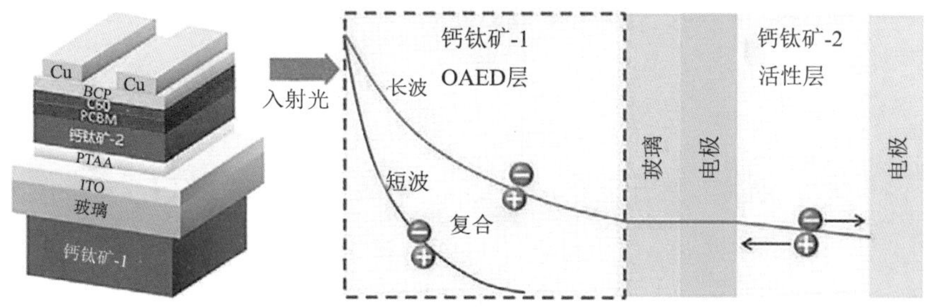

(e) 以厚钙钛矿层作为滤光层的光电二极管垂直结构及工作原理

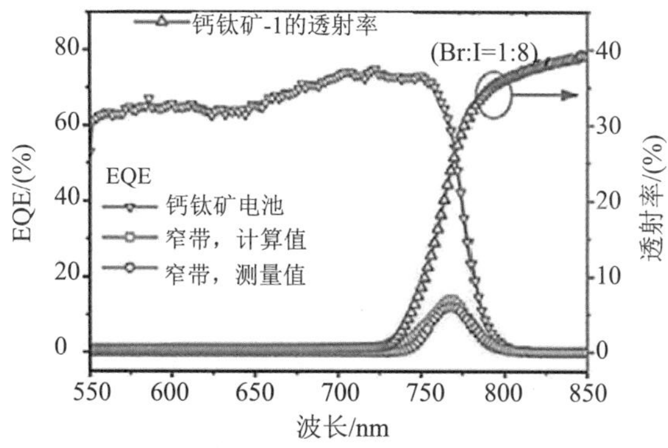

(f) 以厚钙钛矿层为滤光层的光电二极管的 EQE 光谱计算值和测量值

图 7-22　用于彩色图像传感的窄带钙钛矿光电探测器

除上述方法外，方彦俊等人发现，利用钙钛矿单晶的强表面电荷复合，调整外加电场，也可以进一步控制 λ_{onset2}，如图 7-22(c) 所示。以钙钛矿单晶为基础制备的窄带光电探测器表现出相当窄的光响应 (FWHM 小于 20 nm)，且通过改变卤化物的组分，响应光谱可以很容易地从红色调整到蓝色 (图 7-22(d))。此外，饶正丹等人也报道了一种基于大尺寸 $MAPbBr_3$ 钙钛矿单晶薄膜的绿色窄带光电探测器，其 FWHM 约为 35 nm。

然而，与钙钛矿多晶薄膜相比，钙钛矿单晶的合成过程相对复杂，通常难以获得。此外，尽管厚钙钛矿单晶具有良好的载流子迁移率，但其响应时间反而增加了几毫秒，比钙钛矿多晶薄膜的光电探测器的响应时间长得多。为了解决上述问题，李宜原等人将窄带钙钛矿层与相同或稍厚的钙钛矿层相结合，制备了窄带钙钛矿多晶薄膜的光电二极管 (图 7-22(e))。波长相对较短的光子不能穿透厚钙钛矿层，也不能提取出该钙钛矿层中的光生载流子；波长相对较长的光子可以通过厚钙钛矿层，到达较薄的光活性层，从而产生快速且窄带的光响应。按此方法制备的自滤波窄带钙钛矿光电二极管的 FWHM 为 28 nm(图 7-22(f))，响应速度约为 100 ns，信噪比大于 1000。此外，该方法也可以很容易地实现具有可控 FWHM 的红、绿、蓝窄带钙钛矿光电二极管。

综上所述，通过将上述的三色窄带光电探测器集成为传感阵列，就可以清晰地识别出红、绿、蓝的三原色，从而实现彩色图像的传感。不过，尽管目前已有大量的研究实现了性能优越的窄带钙钛矿光电探测器，但基于钙钛矿材料的彩色图像传感器仍需进一步研究和开发，尤其是钙钛矿材料本身固有的不稳定性，仍是限制钙钛矿图像传感器转向应用层面的一大因素。

7.5 钙钛矿发电 – 储能一体化器件

正如本书第 4 章所言，截至目前，钙钛矿太阳能电池的单结转换效率 (PCE) 已达到相当高的水平，与目前通用商业硅基太阳能电池相比也具有一定竞争力。然而，若将钙钛矿太阳能电池与储能器件串联构成发电 – 储能一体化器件，则往往会在很大程度上破坏整个系统的能源利用效率和峰值功率输出。针对这一点，许多研究者提出了先进集成技术解决方案。本节将主要针对这些集成技术展开讨论，至于钙钛矿太阳能电池的结构机理和性能参数，第 4 章中已作了详尽阐述，在此不再赘述。

7.5.1 PSC–LIB 集成技术

众所周知，可充电的锂电池 (LIB) 是过去几十年里商业化最成功的储能设备，较高的能量密度和稳定的正负极材料也使其成为能量转换 – 存储一体化系统中储能器件的最优选项之一。最初，LIB 与硅基光伏器件集成，随着光伏技术的发展，它们也被用于与染料敏化太阳能电池集成。然而，集成硅基电池和集成染料敏化电池得到的一体化器件输出电压分别小于 0.7 V 和 0.8 V，这种被抑制的输出电压可能与发电器件无法产生足够的电动势有关，为此，以上两类集成器件往往需要与更多的系列单元进行串接，这显然与集成系统轻薄而紧凑的要求相矛盾。钙钛矿太阳能电池往往能够提供 1.0 V 以上的输出电压，相比前两者更具有用于 PSC-LIB 集成系统的潜力。一般来说，发电器件与储能器件之间的集成策略可以分为三大类，即导线连接、三电极集成和双电极集成，下面将分别对这三种集成技术进行介绍。

顾名思义，导线连接即通过附加导线串联集成两个器件，这也是实现能量转换和存储一体化最直接、最简单的方式。乔启全及其同事报道了一种可行的导线集成方法 (图 7-23)，其中，储能器件为 LIB($Li_4Ti_5O_{12}$ 为负电极、$LiCoO_2$ 为正电极)，发电器件为基于 $MAPbI_3$ 的钙钛矿太阳能电池 (PCE = 14.4%，U_{oc} = 0.96 V，J_{sc} = 21.71 mA/ cm^2，FF = 0.68)。此外，集成系统还附加了超低功率的直流—直流 (DC—DC) 升压转换器，这种 DC—DC 转换器可以为钙钛矿太阳能电池提供最大功率点 (MPP) 跟踪，并为 LIB 提供过充电保护。该方法得到的总效率为 9.36%，平均存储效率为 77.2%。

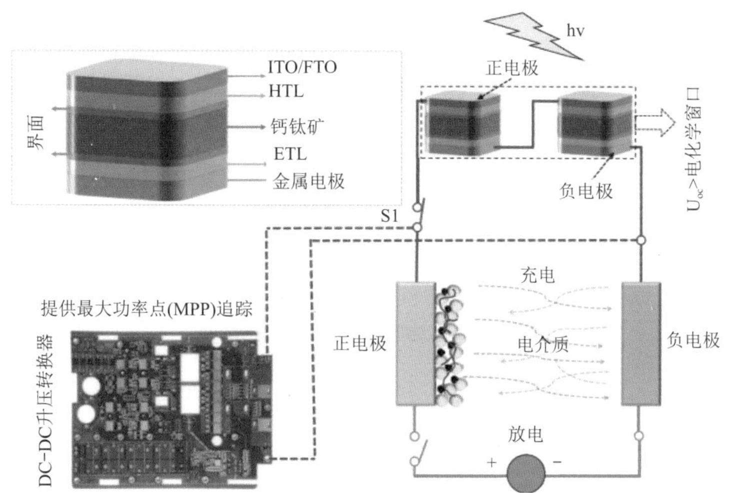

图 7-23 传统的导线连接集成

尽管导线连接的集成办法具有一定的有效性，但它的一体化程度极低，基本无法满足移动设备灵活、轻巧和紧凑的要求，更重要的是，连接电缆将还会产生一部分能量损耗。以上这些缺点往往可以通过共享电极策略 (三电极或双电极) 来克服，通过共享电极策略实现的集成器件也具有更高的集成度，是真正意义上的发电 - 储能一体化器件。Kin 等人通过 DC—DC 升压转换器设计了一个三电极集成器件，如图 7-24(a) 所示，该器件集成了单个的钙钛矿太阳能电池 (PSC) 和锂电池 (LIB)，两者共享正极。实验证明，升压转换器使得该一体化器件具有相对恒定的电压输出 (几乎不随时间变化)，与此同时，该系统可以将几乎恒定的功率输入到储能电池中且总体效率达到了 9.8%。

Gurung 等人报道了类似的三极集成结构 (共享负极)，包括底部的 LIB(正极为

$LiCoO_2$，负极为 $Li_4Ti_5O_{12}$) 和顶部的钙钛矿太阳能电池 (PCE = 10.96%，U_{oc} = 1.09 V，J_{sc} = 15.45 mA/cm^2，FF = 0.656)，并在 LIB 和钙钛矿太阳能电池之间引入了一个共同的 Ti 金属衬底 (图 7-24(b))。同样，外部的 DC—DC 升压转换器为电池管理和最大功率点跟踪提供了可行性。该集成一体化器件实现了 7.3% 的整体光电转换 - 存储效率以及 30 个光电充能循环。

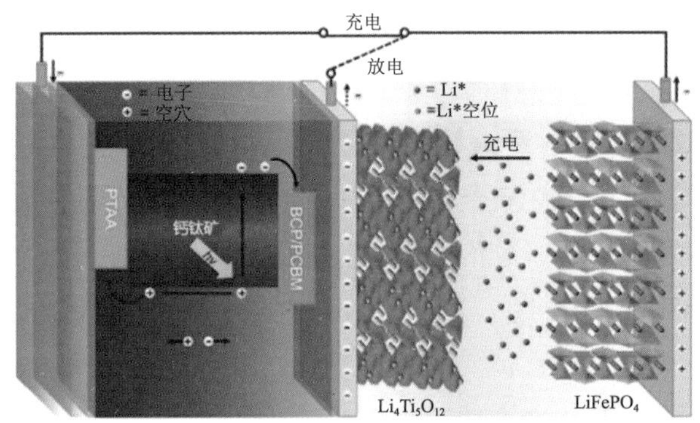

(a) 三极 PSC-LIB 发电 - 储能一体化器件结构 (共享正极)

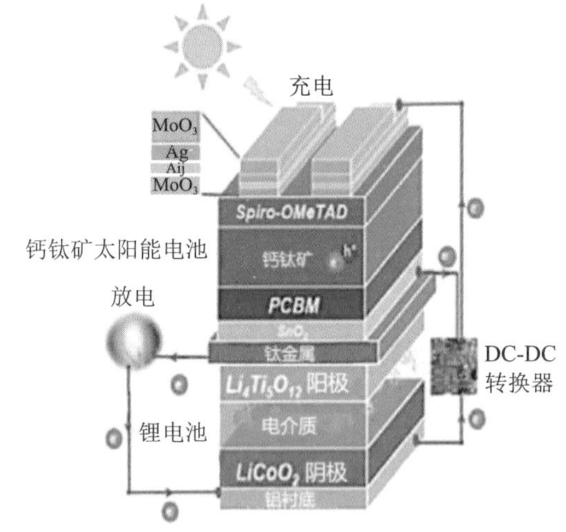

(b) 三极 PSC-LIB 发电 - 储能一体化器件结构 (共享负极)

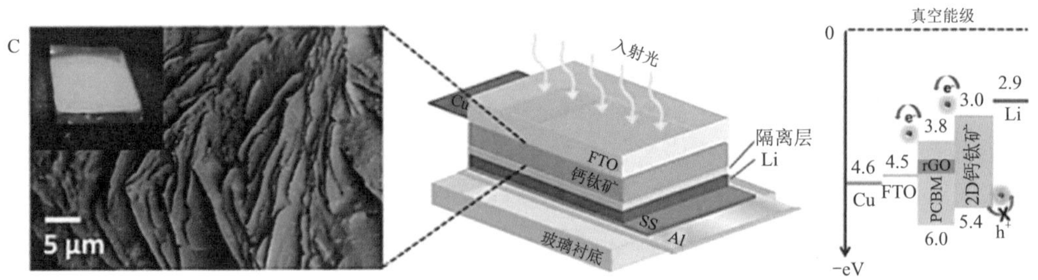

(c) 在 45° 倾斜条件下拍摄的 2D 钙钛矿电极的扫描电镜图像 (SEM) 及两极发电 - 储能一体化器件结构

(d) 钙钛矿光电电池能级图

图 7-24　三极 PSC-LIB 发电 - 储能一体化器件

此外，Ahmad 等人还成功制备了双电极的集成体系，以 2D($C_6H_9C_2H_2H_4NH_3$)/ 还原氧化石墨烯 (rGO)/ 聚偏氟乙烯 (PVDF) 作为正极，Li 金属作为负极。在该集成体系中，钙钛矿薄膜 2D($(C_6H_9C_2H_4NH_3)_2PbI_4$) 既可以发挥能量产生的作用，也可以发挥能量存储的作用 (图 7-24(c)、(d))，相应的能量产生和存储的可能机制可由下式描述：

$$2\text{Li}+\left(C_6H_9C_2H_4NH_3\right)_2PbI_4 \longrightarrow 2\left(C_6H_9C_2H_4NH_3I\right)+2\text{LiI}+\text{Pb}(\text{m}) \tag{7-1}$$

上述反应的正向代表了放电过程，随着电压的下降，Li^+ 插入钙钛矿晶格并从本质上改变了钙钛矿的结构；而在逆向的充电过程中，Li^+ 离开晶格，能量被存储到钙钛矿内部。当该器件获得稳定的光照时则表现为常规的太阳能电池，相对恒定的输出电压使得钙钛矿结构保持相对稳定，上述反应并不发生。这似乎是能源产生和存储的理想解决方案，但该体系对活性物质的相容性有严格的要求，此外，钙钛矿薄膜的吸光率和稳定性也应考虑到能量转换效率和长期循环的要求。近年来，一些半导体材料 (如二氧化钒、五氧化二钒、g-C_3N_4、有机分子 (四基酮 (TKL) 等) 被当作电极活性材料和光敏剂在双极体系中使用，通过光电化学的作用，可以显著提高储能器件的能量密度，但长期循环的问题仍有待进一步的研究。

综上所述，基于 PSC-LIB 集成系统的发电储能一体化器件具有相当的可实用性和发展潜力，但在投入应用的过程中仍面临诸多挑战。首先，接线的增加不可避免地增加了集成系统的封装和能量损耗，实现钙钛矿太阳能电池 (PSC) 和锂电池 (LIB) 之间的最大功率匹配也是一个问题。其次，尽管 DC—DC 升压变换器的引入确保了单个钙钛矿太阳能电池的直接功率输出恒定，但多个 PSC 的集成器件仍需进一步的设计。对于三电极集成系统而言，共享电极的合理设计是关键，这与电子的传输效率直接相关。最后，热稳定性和环境稳定性都是 PSC-LIB 集成系统的关键技术要求，而目前的一体化器件的循环次数都还十分有限。

7.5.2 PSC- 超级电容器集成技术

相对于 LIB 较高的能量密度，超级电容器具有较高的功率密度和超高的循环稳定性 (超过 10 万次循环的商业产品)。更重要的是，集成系统中的超级电容器通常由碳基电极 (碳纳米管、石墨烯、碳复合材料等) 组成，它也可以用作钙钛矿太阳能电池中的前后接触层，而碳衍生物的疏水性和化学稳定性还可以保证器件的机械性能和化学耐性。因此，PSC- 超级电容器集成技术在实现发电 - 储能一体化器件方面也具有相当的潜力。下文将对几种典型的 PSC- 超级电容器集成器件进行介绍。

刘汝浩等人基于钙钛矿太阳能电池 ($CH_3NH_3PbI_3$) 和超级电容 (聚苯胺 (PANI)/ 碳纳米管 (CNT)) 制成了相应的发电 - 储能一体化器件，并使用 CNT 桥来抑制水凝胶电解质中的水对钙钛矿的影响 (图 7-25(a))。在波动的光照条件下，混合器件的单位面积电容为 422 $mF\cdot cm^{-2}$，库仑效率为 96%，储能效率为 70.9%。然而，其 0.77% 的整体效率甚至低于一些接线器件，这可能是能量转换效率低和钙钛矿太阳能电池自身降解所致。

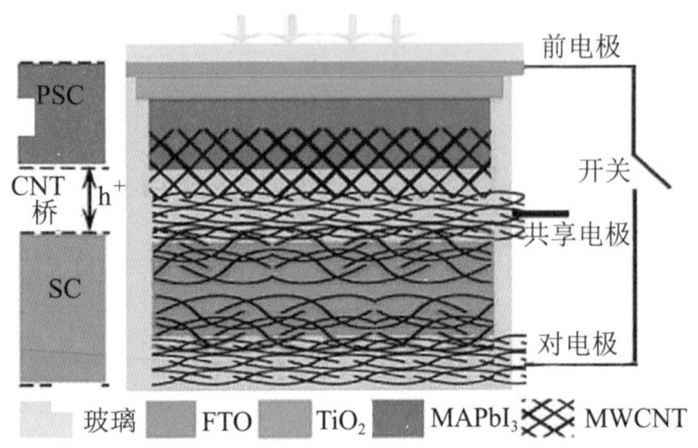

(a) $CH_3NH_3PbI_3$- 超级电容集成器件结构

（用 CNT 抑制水对钙钛矿的降解）

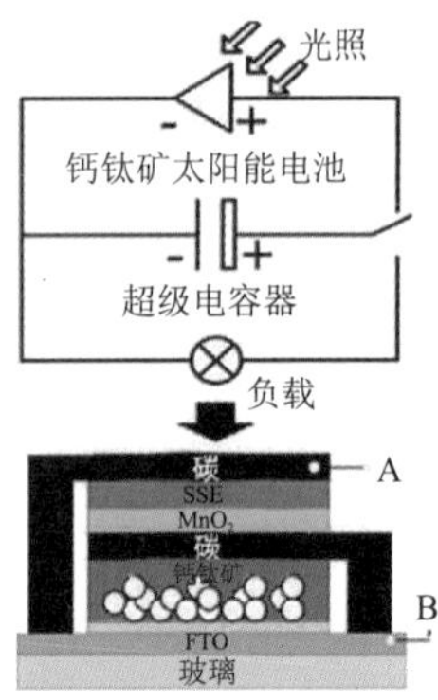

(b) PSC- 超级电容集成器件结构及原理图

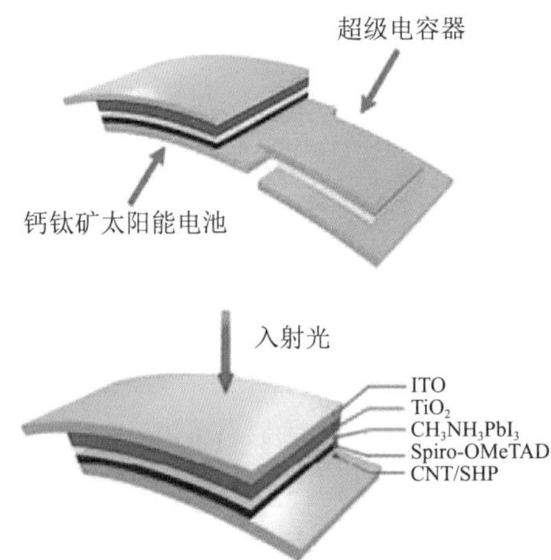

(c) 柔性薄膜制备的 PSC- 超级电容集成器件结构

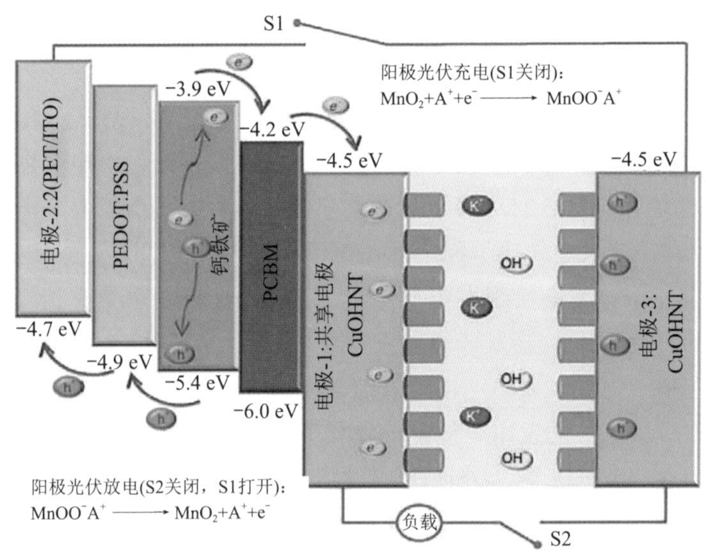

(d) 以金属 Cu 作为共享电极的 PSC- 超级电容集成器件结构

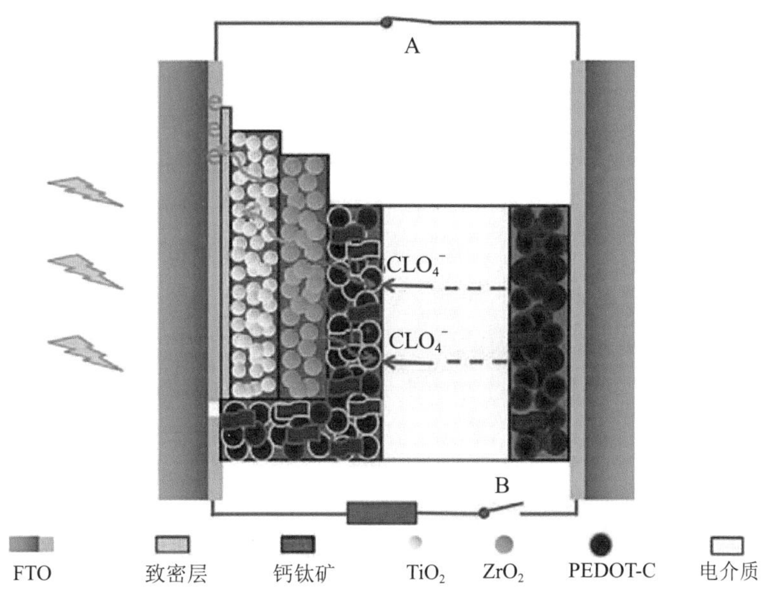

(e) 以 PEDOT-C 为共享电极的 PSC- 超级电容集成器件结构

图 7-25 PSC- 超级电容集成发电 - 储能一体化器件

刘志勇团队设计了一种类似的集成器件 (PSC- 超级电容器)，通过将光电转换和能量存储器件以一个共享的碳电极相结合提高了载流子的传输效率，其中，共享电极既作为钙钛矿太阳能电池 (PCE = 7.79%) 的阴极，也作为 MnO_2 基超级电容器的阳极 (图 7-25(b))。在 AM1.5G 白光照明 (有效面积 0.071 cm^2，电压 0.84 V，储能效率 76%) 条件下，用钙钛矿太阳能电池对超级电容器进行充电，其总体转换效率约为 5.26%。

而在孙浩等人的研究中，则是将导电碳纳米管 (CNT) 和自愈合聚合物 (SHP) 薄膜电极结合，以制备相应的 PSC- 超级电容器集成结构 (图 7-25(c))。根据李超等人报告，除了共享碳电极，导电金属电极也被认为是有应用潜力的共享集成电极。他们通过全固态铜带在对称的超级电容器顶部连接了一个钙钛矿太阳能电池，集成得到的发电 - 储能一体化器件可以有效地用于能量产生和存储 (图 7-25(d))，当器件被模拟的太阳光照射时，超级电容器的能量密度为 1.15 mW·h/cm^3，功率密度为 243 mW/ cm^3。

此外，用有机物对碳电极进行修饰也是一种有效的手段，徐晶等人以聚 3,4- 乙基二氧基噻吩 (PEDOT)- 碳作为三电极集成器件的共享电极，PEDOT- 碳同时作为钙钛矿太阳能电池和对称超级电容器的正电极 (图 7-25(e))。该集成器件的总体效率和储能效率分别为 4.70% 和 73.77%。

总而言之，碳材料表现出的疏水特性可以保证钙钛矿层在水环境下的稳定性，相比之下，采用金属或金属氧化物作为共享电极则容易使钙钛矿发生降解，尽管金属的功率密度略高，但在大多数情况下，碳材料还是因其化学稳定性高、灵活性高、质量低等明显优点，更多地被用作超级电容器的工作电极。

7.6 钙钛矿电致变色器件

众所周知，一些材料 (如二氧化钒、水凝胶等) 具有在特定外部激励条件下改变自身颜色和透明度的特性，因此早已被广泛研究用于建筑领域 (特别是智能窗的制备)。与上述材料类似，特定组分的钙钛矿也具有这样的性质，且导致其颜色改变的通常为热、光、电等外部激励。对于铅卤化物钙钛矿而言，研究主要集中在热致变色方面，且已有不少研究探讨了其取代传统材料应用于智能窗的可能性，电致变色方面的研究则相对较少，相比直接使用铅卤化物钙钛矿作为电致变色的功能层，将较为成熟的钙钛矿太阳能电池作为电致变色器件驱动层的做法往往更为有效。本节将主要针对这类垂直集成的电致变色器件进行介绍。

7.6.1 基于钙钛矿和超级电容器的 PVCS

光学可切换材料在建筑、汽车、航天等领域有着广泛的应用 (主要用于智能窗的制备)，它们不仅降低了冷却 / 加热成本和通风负荷，而且提高了室内用户的热舒适度和视觉舒适度。传统的光可切换材料通常为光致变色 (PECC) 材料，并采用染料敏化电池 Pt 电极对的结构，与之相比，光伏变色 (PVCC) 器件采用了图形化的 WO_3/Pt 电致变色电极和钙钛矿作为驱动层，可在短路条件下着色，并实现可调谐的透光率状态和快速响应，因而在智能窗应用上具有不小优势。

周飞驰等人将半透明的钙钛矿和电致变色的三氧化钨超级电容器集成到一个垂直堆叠配置的光电超级电容器 (PVCS) 中，实现了广泛和自动可调的透光率，且可存储伴随颜色变化的电化学能量。图 7-26 为钙钛矿层的结构示意和实物照片，本质上是以 MoO_3/Au/MoO_3(MAM) 透明电极取代了传统钙钛矿太阳能电池中的金属电极，其中钙钛矿由一步法制备，电子传输层为 TiO_2，空穴传输层为 Spiro-MeOTAD。

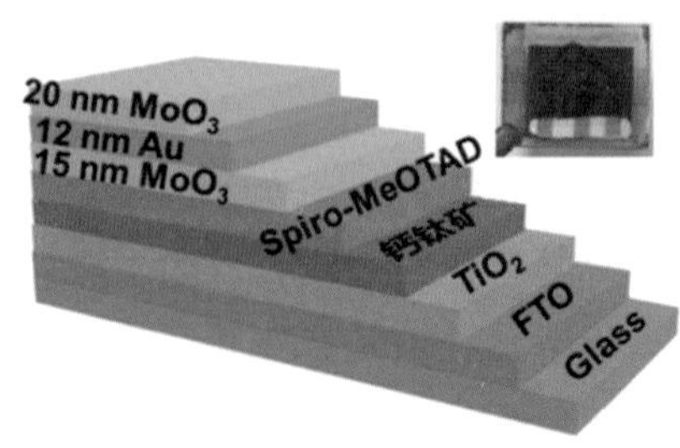

图 7-26　钙钛矿光伏变色超级电容器结构示意图及实物照片

基于上述结构，可采用共阳极和共阴极两种方式集成电致变色超级电容器 (ECS)，从而构成完整的 PVCS 器件，其结构和工作机理如图 7-27 所示。在原始状态下，ECS 部分是透明并且处于漂白状态，允许太阳光通过。在太阳光照射下，钙钛矿部分形成了电场，H^+ 在电场驱动下向三氧化钨阴极移动，颜色开始改变。在连续的光照下，PVCS 达到全带电状态。ECS 的颜色变成了蓝色，伴随着充电 W 的化学价态从 6+(漂白状态) 到 5+(着色状态) 变化。整个过程均为可逆。此外，绿色实心圆代表 H^+，红色实心圆代表 $SO4^{2-}$。

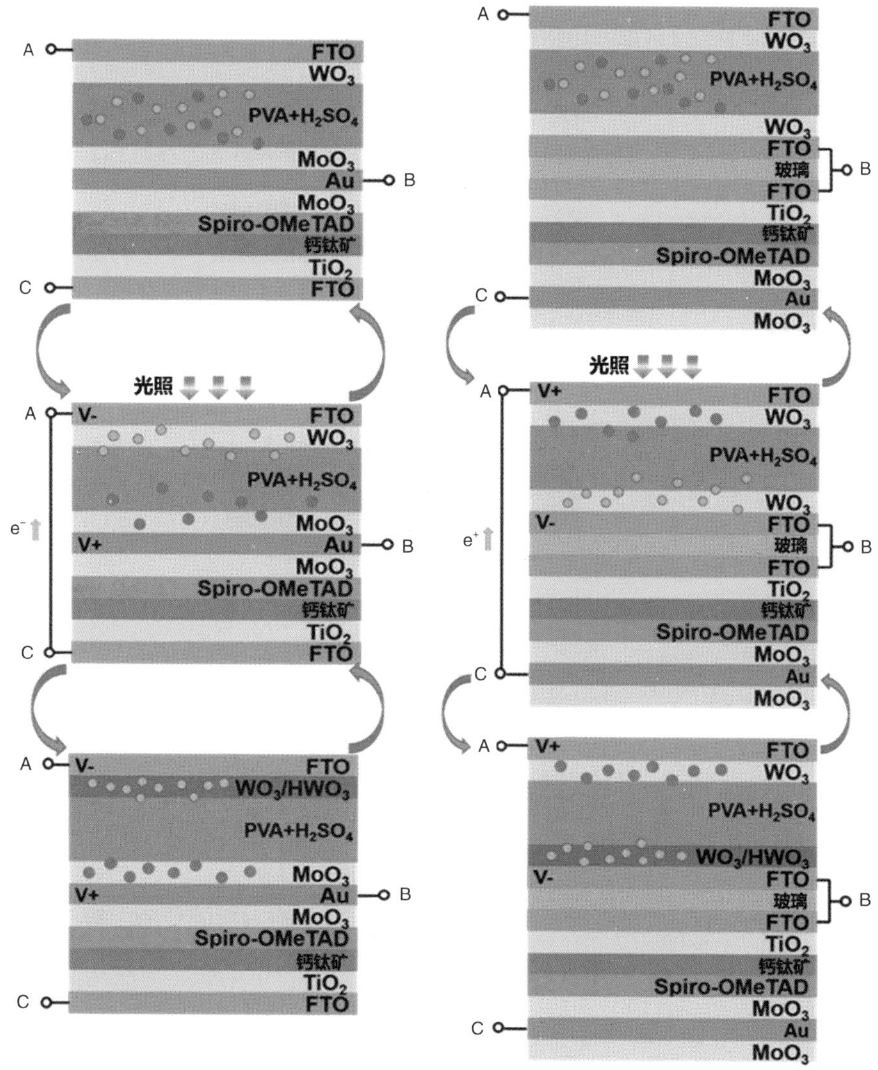

图 7-27　共阳极 (左) 和共阴极 (右)PVCS 的器件结构及其在太阳光下的工作原理

该器件可实现可调的颜色状态。图 7-28(a)、(b) 为共阴极和共阳极 PVCS 在漂白、半带电和全带电状态下的照片。电致变色 (ECS) 部分的颜色在光电充电过程中变为深蓝色，放电后恢复为透明。在工作过程中，光从钙钛矿的掩蔽层射入，在共阳极器件中，掩蔽层为 FTO/WO_3/PVA 电解质，而在共阴极器件中，掩蔽层为 FTO/WO_3/PVA 电解质 / WO_3/FTO/Glass。图 7-28(c)、(d) 显示了两个集成的 PVCS 在不同颜色状态下的钙钛矿掩蔽层的透射光谱。在蓝紫光波段出现了透射峰，而在可见光区域的其他波段透射率则大大减小。共阳极 (共阴极)PVCS 的 AVT 从 76.2%(68.7%) 大幅降低到 54.2%(38.2%) 和 35.1%(23.0%)，分别对应于 PVCS 掩蔽变色层的漂白、半带电和全带电状态。

图 7-28(e) 则显示了“掩蔽层”的颜色坐标，将 AM 1.5 光照下的透射光谱，绘制在 CIE xy 1931 色度图上。两个漂白的 PSC 掩体的颜色坐标位于色度图的中心区域，接近 AM1.5 照明。随着 PVC 不断充电，掩蔽变色层被着色，并从中心区域转向蓝色区域。然而，总体上坐标仍然位于 CIE 图的中心区域附近，显示出良好的颜色中性，这种中性使得该 PVCS 在建筑应用中具有巨大的潜力。

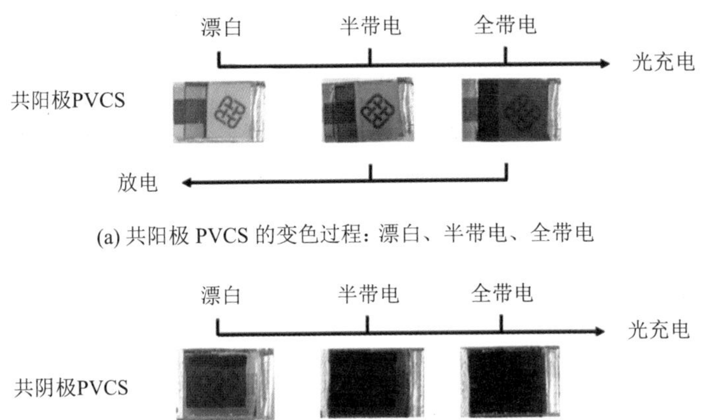

(a) 共阳极 PVCS 的变色过程：漂白、半带电、全带电

(b) 共阴极 PVCS 的变色过程：漂白、半带电和全带电

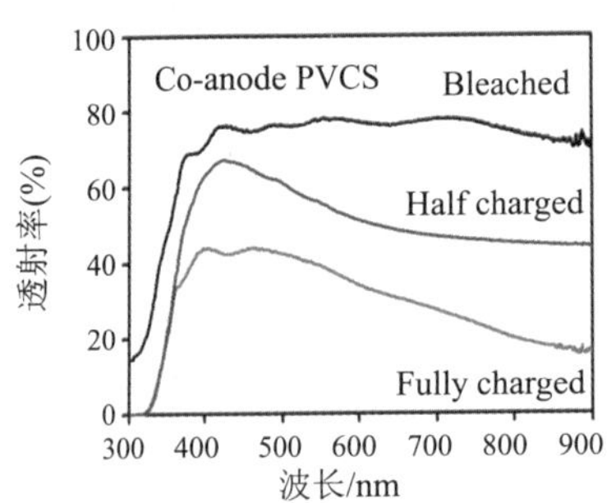

(c) 共阳极 PVCS 不同色态的透射光谱

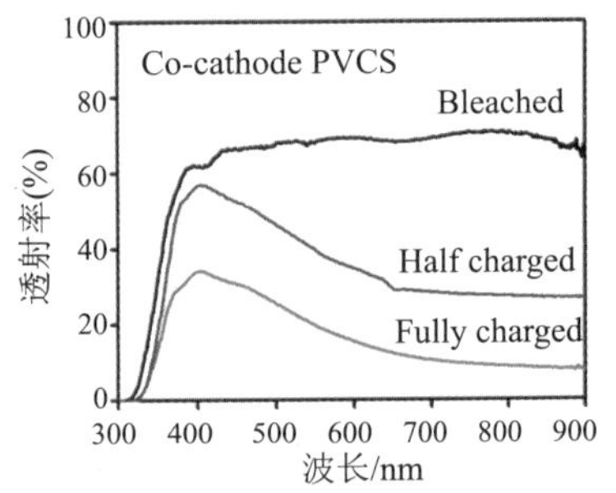

(d) 共阴极 PVCS 不同色态的透射光谱

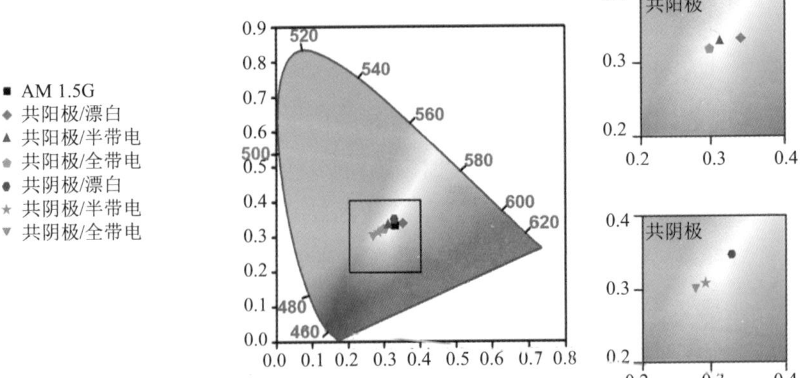

(e) PVCS 掩蔽层在 AM 1.5 光照下的颜色坐标 (在 CIE xy 1931 色度图上)

图 7-28　共阴极和共阳极 PVCS 的电致变色性能

总之，PVCS提供了能量收集和存储设备的无缝集成方案，具有自动和广泛的颜色可调性，此外，掩蔽层的存在也增强了钙钛矿太阳能电池的光稳定性。钙钛矿光伏层在共阳极和共阴极PVCS中的光伏效率分别为8.25%和11.89%，能量密度、功率密度和面积电容分别为13.4 mW·h/m^{2}和24.5 mW·h/m^2、187.6 mW/m^{2}和377.0 mW/m^2、286.8 F/m^{2}和430.7 F/m^2。随着储能的变化，储能部分(钙钛矿的"电致变色掩蔽层")的颜色由半透明变为深蓝色，共阳极(共阴极)PVCS的AVT从85%(76.2%)降低到35.1%(23.0%)。当颜色中性的PVCS阻挡了大部分被照亮的光时，它会自动关闭光电充电，使得钙钛矿光伏层在低功率状态下工作，这有效防止了钙钛矿长时间受太阳光照射，大大延长了寿命。综上所述，基于电致变色超级电容和钙钛矿驱动层的PVCS集成器件在智能窗应用领域具有巨大的潜力。

7.6.2 钙钛矿在电致变色领域的其他应用

钙钛矿材料因其自身优异的光电特性，作为电致变色的驱动源时往往具有较高的效率，是电致变色领域十分有前景的驱动材料。除了上面提及的以集成PVCS为代表的一体化器件，亦有研究采用硬接线将钙钛矿电池和传统的电致变色器件进行连接，从而构成自驱动的电致变色组合装置。组合装置的工作原理图如图7-29所示。钙钛矿驱动的ECS可以根据周围的太阳强度实时自动改变其颜色，整套装置具有较高的对比度、优异的光敏度和突出的稳定性。这为开发基于ECS的动态光调整商业智能窗提供了一种新的思路。

此外，也有不少研究者对钙钛矿材料自身的变色特性进行了较为深入的挖掘。相较传统电致变色材料因电场驱动下离子迁移导致化学价态变化的变色机理，钙钛矿材料的颜色改变基于其自身较"软"的晶格结构，尤其是有机-无机杂化的混合钙钛矿体系，其晶格结构在外界激励下更容易发生。在众多的激励因素中，温度对晶格结构的影响最大，这也是为何目前的研究主要集中在热致变色领域。此外，也有不少研究表明，钙钛矿结构中的缺陷对自身的光电特性也有较大的影响，尤其将钙钛矿作为发光材料使用时，内部的缺陷可能会彻底改变低维钙钛矿材料发光的颜色。

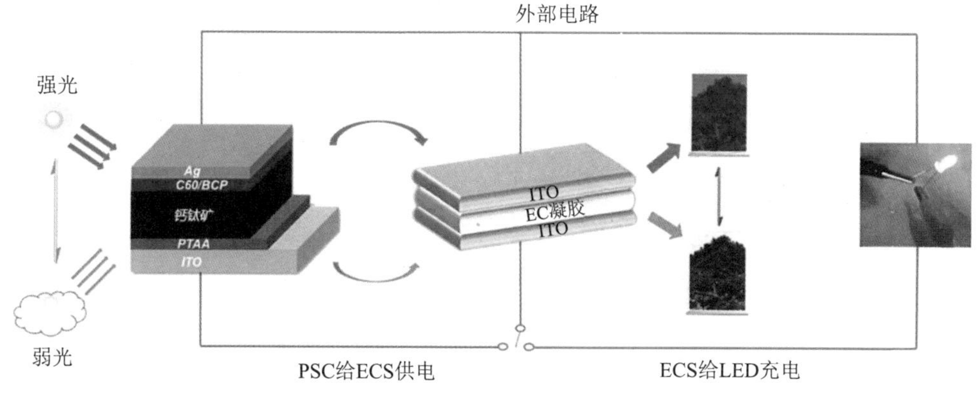

图7-29 钙钛矿电池供电ECS的结构和工作原理

总之，相较于目前已经十分成熟的传统电致变色材料，铅卤化物钙钛矿本身作为电致变色的功能层尚需大量的基础研究进行支持，而作为 ECS 的驱动层，钙钛矿则表现除了不俗的应用前景，其溶液制备的特点也十分利于一体化自驱动电致变色器件的制备。

7.7 钙钛矿自旋电子器件

自旋电子器件，顾名思义，即将自旋属性引入半导体器件中，若以电子的电荷和内禀的自旋角动量共同作为信息的载体，则自旋电子器件完全可作为下一代的信息存储载体(其基本原理完全不同于传统的存储器件)，与此同时，利用电子自旋相关的效应(如磁效应)对器件进行调控，更可进一步对存储的信息进行处理。事实上，自旋电子器件自被发现以来，相关的研究就主要集中在信息技术应用领域，相比传统的微电子器件，它具有能耗更低、密度更高、响应更快和非易失性等显著优点。相比传统的铁磁材料，手性钙钛矿因其独特的手对称性以及自旋相关的光学和电学性质，不仅可应用于信息的存储与处理(如自旋阀)，还可以用于光学领域(如圆偏振光(CPL)探测、发光二极管(LED))。

7.7.1 基于钙钛矿的自旋 LED 器件

众所周知，有机－无机杂化铅卤化物钙钛矿在光伏、光电等领域已得到了相对充分的研究，但其自旋特性却尚未得到足够的关注，尽管由于相对较大的自旋轨道耦合系数，这类材料很可能在自旋电子器件方面具有很大的应用前景。为此，王靖颖等人以 $MAPbBr_3$ 杂化钙钛矿为切入点，制备了相应的自旋 LED 器件用于产生圆偏振光，其结构如图 7-30(a) 所示。该器件以 LSMO(铁磁电极 $La_{0.63}Sr_{0.37}MnO_3$) 为衬底，其上旋涂 $MAPbBr_3$ 薄膜作为注入自旋极化空穴的阳极，对应的阴极使用 Al 薄膜，两者之间的 TPBi 层则作为电子传输层(ETL)。

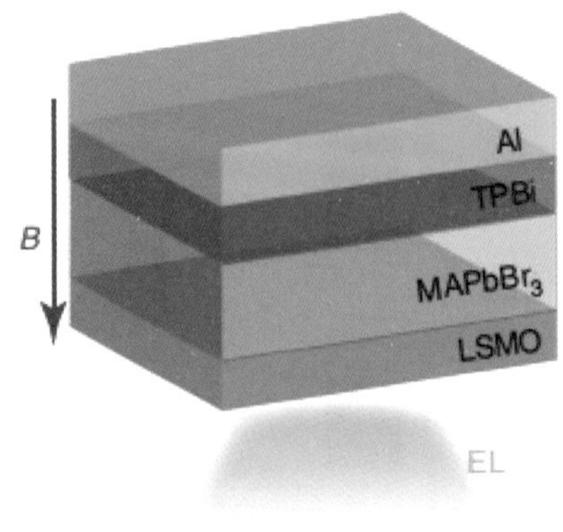

(a) 自旋 LED 器件结构示意图

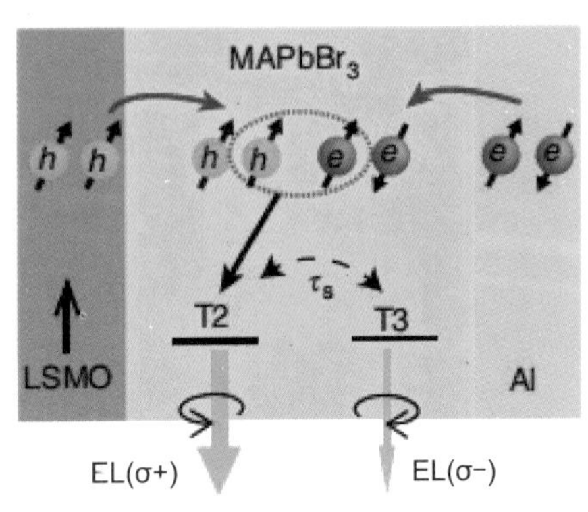

(b) 自旋 LED 器件的工作原理

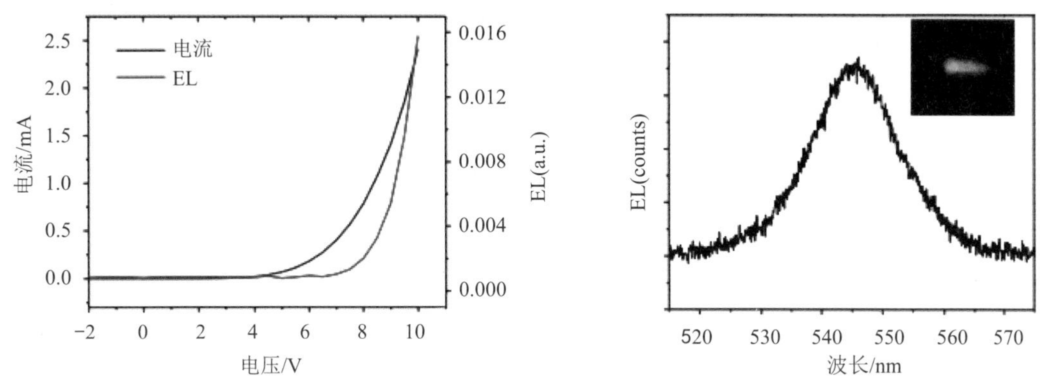

(c) 自旋 LED 器件在 10 K 下测得的典型 I-U 和 EL-U 响应 (d) 自旋 LED 器件的 EL 光谱 (插图为该器件的绿光 EL 发射)

图 7-30 钙钛矿自旋 LED 器件的结构及性能

若对该器件施加垂直于电极的外部磁场，则会产生相应的电致发光 (EL) 现象。图 7-30(b) 所示为自旋 LED 器件的工作原理：自旋极化空穴从铁磁性 LSMO 层注入，而非极化电子从非磁性 Al 电极注入。由于在 10 K 时激子结合能相对较大，为 30 MeV，注入的 e-h 对根据光学选择规则形成激子，从而发射 EL 光。由于注入空穴自旋数不平衡，EL 发射表现出圆极化 (即圆偏振光)。自旋 LED 器件的电学响应特性如图 7-30(c) 所示，图中可观察到明显的整流效应，当 U = 5 V 时电流显著上升。EL-U 光学响应则具有 8 V 的接通电压，在 0.5 mm × 3 mm 的区域可以看到明亮的绿灯 (图 7-30(d) 插图)。在 U = 9 V 和 T = 10 K 时，测量到了一个较强的 EL 发射波段——548 nm(图 7-30(d))，这与基于 $MAPbBr_3$ 的传统 LED 基本一致。

7.7.2 基于钙钛矿的自旋阀

为了制造可用的自旋电子器件，研究人员往往需要以高水平的精度控制和检测电子的自旋状态，控制电子自旋电流的一种有效方法即为“自旋阀”(SV，Spin Valve)。该类器件一般具有铁磁材料 - 非磁性材料 - 铁磁材料的三层结构，且在一定外部磁场条件下，器件允许具有特定自旋的电子传播通过自身，而相反自旋的电子则被反射或散射掉。

在王靖颖等人的研究中，还使用 $MAPbBr_3$ 作为中间层制备了相应的自旋阀器件。图 7-31(a) 显示了由两个铁磁 (FM) 电极组成的自旋阀器件结构，两个电极分别为在 $SrTiO_3$(001 面) 衬底上生长的 LSMO 薄膜和蒸镀得到的钴膜，器件以 $MAPbBr_3$ 薄膜作为中间层。用平面内磁场 B(平行于电极平面) 来操纵两个 FM 电极的磁化方向，利用干涉仪测量磁光克尔效应 (MOKE)，分别记录了 LSMO 和 Co 电极磁化的磁滞回线。如图 7-31(b) 所示，在 10 K 条件下，测量得到 LSMO 的 B_{c1} = 5 mT，而 Co 的 B_{c2} 在 75 mT 左右。在扫描磁场 B 的过程中，两个 FM 电极的相对磁化方向从平行 (P) 转变为反平行 (AP)，平行时，特定自旋的电子可以轻易地通过两个铁磁电极，反平行时，通过一个电极的自旋电子将无法通过另一个电极 (即没有自旋电流流过器件整体)，这在宏观上表现了器件电阻 R 的突变，即 $R_P<<R_{AP}$。上述效应被称为巨磁电阻 (GMR)，根据以下关系式可以计算得到器件的磁阻比 (GMR)：

$$GMR=\frac{R_{AP}-R_P}{R_P} \tag{7-2}$$

通过测量和计算得到 SV 器件的 GMR−B 响应，如图 7-31(c) 所示，可观察到明显的 GMR 效应，GMR_{max} 约为 25%，这表明在 $MAPbBr_3$ 层间膜中存在有效的自旋注入，这一点与自旋 LED 一致。此外，实验尽可能排除了隧穿磁电阻 (TMR)、隧穿各向异性磁电阻 (TAMR) 和各向异性磁电阻 (AMR) 等可能的人为因素的影响。

为了交叉验证上述结果，在同一 SV 上进行汉勒 (Hanle) 效应测量。当 FM 电极磁化方向分别为平行或反平行结构时，将垂直磁场 B_z 应用于 SV 器件。如图 7-31(d) 所示，对于平行和反平行的情况，GMR 效应都随着 B_z 的增加而减弱 (表现为器件电阻 R 趋于恒定)。观察到的 Hanle 效应明确表明了中间层中的自旋电子注入和输运；因此，之前测量得到的确实是 GMR 型响应。此外，作为对照实验，在进行 Hanle 测量后，重复平面内的磁场扫描，以确认电极的磁化状态没有被垂直场倾斜或翻转。

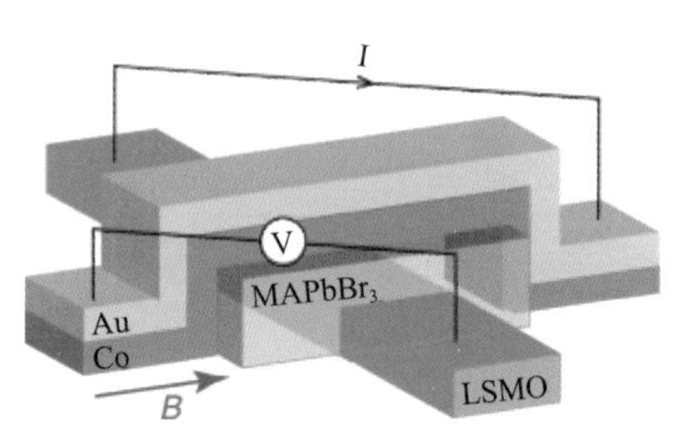

(a) LSMO/MAPbBr3/Co 自旋阀器件结构示意图

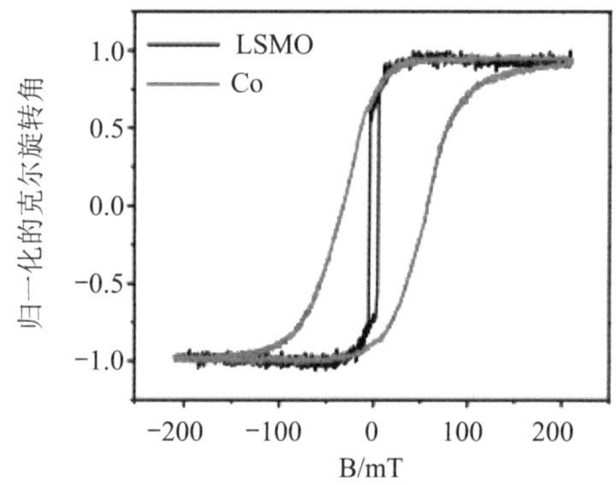

(b) T = 10 K，在 SV 器件中测量得到的 LSMO 和 Co 铁磁电极的磁滞回线

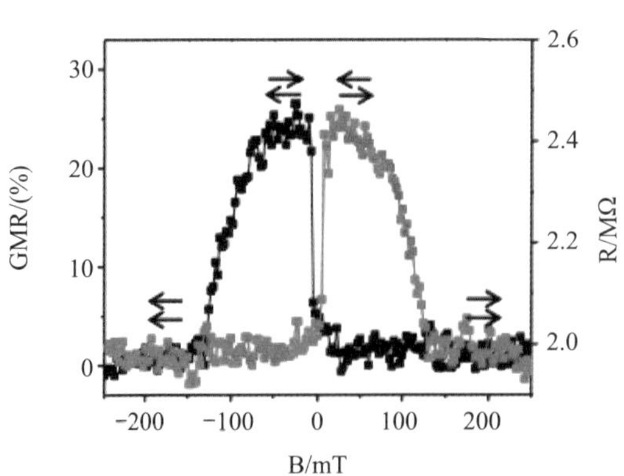

(c) T = 10 K，施加偏置电压下测量得到的自旋阀的 GMR−B 响应

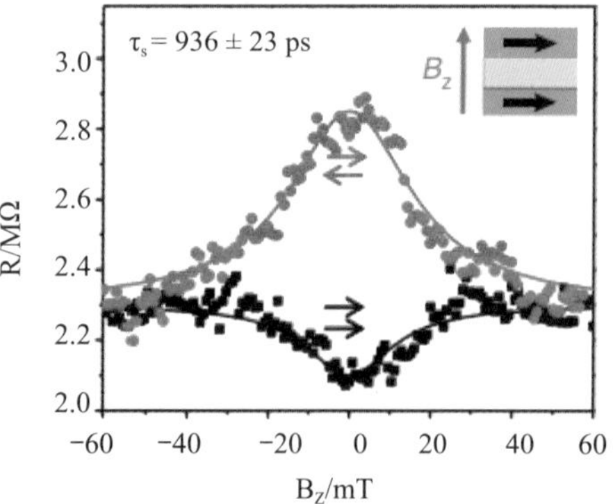

(d) 当采用平行 (P) 和反平行磁化结构 (AP) 的磁场 B_z 时，GMR 的 Hanle 效应

图 7-31　钙钛矿自旋阀的结构及性能

7.7.3 基于钙钛矿的 CPL 探测器

除了用于制备产生圆偏振光的自旋 LED 器件之外，钙钛矿还可以用于制备圆偏振光 (CPL) 的探测器。薛永祥等人在 PET 衬底上构建了一个横向配置的柔性薄膜 $[(R)\text{-}\beta\text{-MPA}]_2MAPb_2I_7$ 光电导体器件。图 7-32(a) 显示了该柔性 CPL 光电探测器的器件结构。该光电探测器表现出极低的暗电流，如图 7-32(b) 所示，在 10 V 偏置电压下暗电流仅为 1.8×10^{-12} A，这与其固有的低自由载流子密度特性相一致。值得一提的是，暗电流几乎比常规的 3D 钙钛矿光电探测器低 3 个数量级，有利于实现较高的探测率。如图 7-32(c) 所示，在 0.23 mW/ cm² 波长为 532 nm 的右圆偏振光 (RCP) 和左圆偏振光 (LCP) 的照射下，可观察到不同的光电流，显示出器件良好的 CPL 分辨能力。

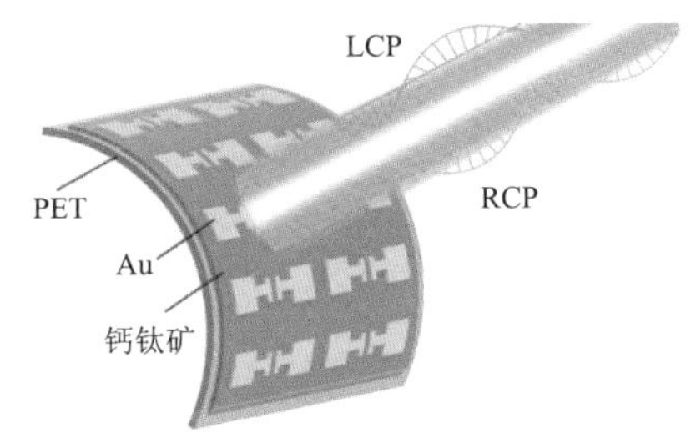

(a) 柔性 CPL 光电探测器件的结构

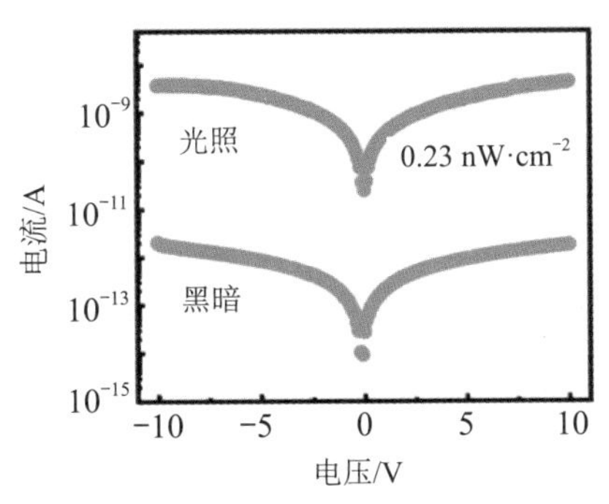

(b) 柔性光电探测器的暗电流和光电流

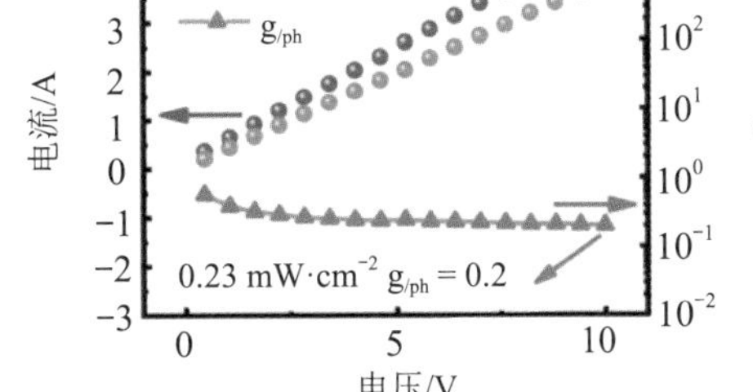

(c) 在 RCP(LCP)-532 nm 照明下，柔性器件的 I–U 曲线

图 7-32 基于 $[(R)\text{-}\beta\text{-MPA}]_2MAPb_2I_7$ 薄膜的柔性 CPL 光电探测器件结构及非弯曲条件下的性能

此外，薛永祥等人还通过在不同曲率下的弯曲试验，检验了光电探测器的灵活性。如图 7-33(a) 所示，对应的光电流在不同的曲率半径下几乎保持不变，显示出器件良好的鲁棒性。由此产生的上升时间和衰减时间分别低至 3.5 ms 和 4.9 ms(图 7-33(b))。图 7-33(c) 则反映了重复弯曲 / 矫直试验中柔性薄膜的 CPL 检测能力，在 100 次循环弯曲后，光电流和各向异性因子的降解率可忽略不计 (小于 10%)，这也揭示了外部弯曲应力对器件性能的微妙影响。以上结果表明，柔性薄膜二维钙钛矿 CPL 光电探测器具有优越的机械灵活性和耐久性。

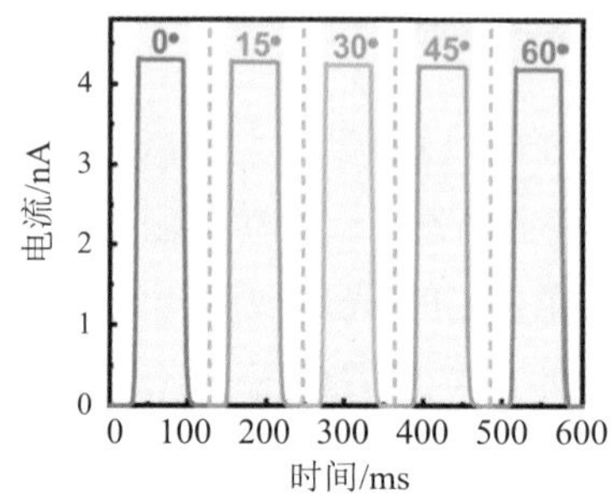

(a) 器件在不同弯曲角度下的 I–t 曲线 (0° ～ 60°)

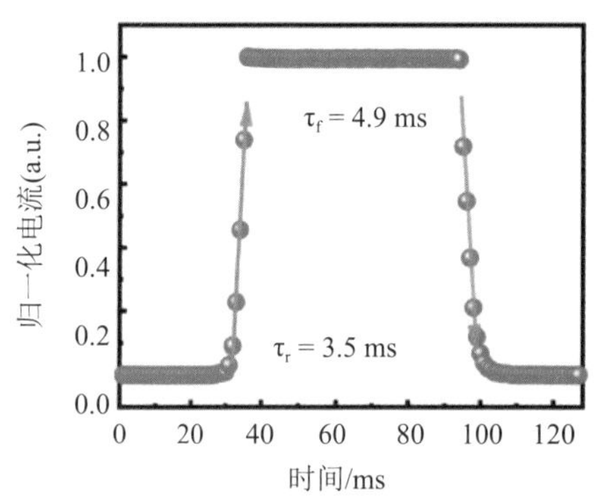

(b) 器件在 532 nm 光照明和 10 V 偏置下光电流的时间响应

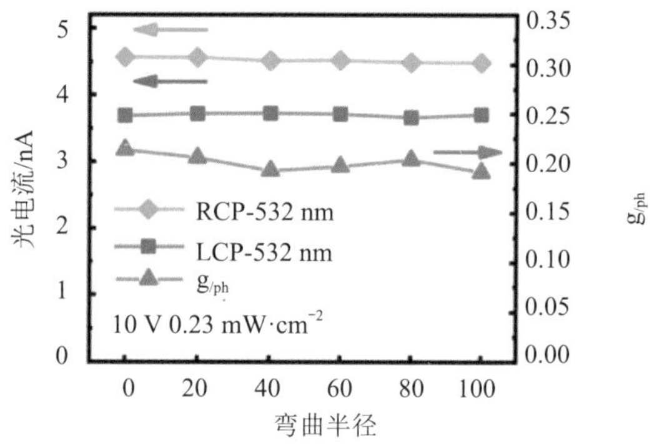

(c) 器件光电流随弯曲循环次数的变化

图 7-33　基于 [(R)-β-MPA]$_2$MAPb$_2$I$_7$ 薄膜的柔性 CPL 光电探测器件在弯曲条件下的性能

在短短的几年内，铅卤化物钙钛矿的应用研究就从传统的光伏、光电领域拓展到了信息、储能、传感等方方面面，且都取得了不错的进展。本章涉及的各类钙钛矿器件几乎都处于初步研究阶段，尽管表现出不俗的应用前景，但仍存在诸多问题亟待解决。对于钙钛矿 RRAM 而言，其作用机制已有大量的研究，但确切的记忆机制及相关现象尚未得到充分的解释。钙钛矿晶体管的商业应用则面临制造工艺、封装技术等问题，相比传统 Si 基电路成熟的工艺体系，如何高效制备钙钛矿器件及保证工作其工作稳定性都是技术难点。至于钙钛矿传感器，由于此前光电探测领域的研究积累，图像传感器已经能够达到不俗的性能。在发电—储能一体化领域，目前主要的解决方案是钙钛矿光伏电池与传统储能器件 (锂电池、超级电容器等) 的集成。此外，钙钛矿在自旋电子器件方面也有所应用。

参考文献

[1] ARUL N S, NITHYA V D. Revolution of Perovskite Narayanasamy: Synthesis, Properties and Applications [M]. Springer, 2020.

[2] ZHANG L, MIAO J, LI J, et al. Halide Perovskite Materials for Energy Storage Applications[J]. Advanced Functional Materials, 2020, 30(40): 2003653.

[3] VINATTIERI A, GIORGI G. Halide Perovskites for Photonics[M]. AIP Publishing, 2021.

[4] JENA A K, KULKARNI A, MIYASAKA T. Halide Perovskite Photovoltaics: Background, Status, and Future Prospects[J]. Chemical Reviews, 2019, 119(5): 3036-3103.

[5] AKKERMAN Q A, MANNA L. What Defines a Halide Perovskite[J]. ACS Energy Letters, 2020, 5(2): 604-610.

[6] 纳尔逊，高扬 . 太阳能电池物理 [M]. 上海：上海交通大学出版社 . 2011.

[7] 朱美芳，熊绍珍 . 太阳电池基础与应用 [M]. 北京：科学出版社 . 2014.

[8] 张春福 . 半导体光伏器件 [M]. 西安：西安电子科技大学出版社 . 2015.

[9] 杨迎 . 基于透明介孔对电极的介观太阳能电池研究 [D]. 武汉：华中科技大学 . 2015.

[10] CHOUHAN L, GHIMIRE S, SUBRAHMANYAM C, et al. Synthesis, optoelectronic properties and applications of halide perovskites[J]. Chemical Society Reviews, 2020, 49: 2869-2885.

[11] WANG S, YANG F, ZHU J, et al. Growth of metal halide perovskite materials[J]. Science China Materials, 2020, 63: 1438–1463.

[12] WALSH A. Principles of Chemical Bonding and Band Gap Engineering in Hybrid Organic-Inorganic Halide Perovskites[J]. The Journal of Physical Chemistry C, 2015, 119(11): 5755-5760.

[13] SUN S, FANG Y, KIESLICH G, et al. Mechanical properties of organic-inorganic halide perovskites, $CH_3NH_3PbX_3$ (X ＝ I, Br and Cl), by nanoindentation[J]. Journal of Materials Chemistry A, 2015, 3:18450-18455.

[14] 王壮苗，彭小改，孙雨，等 . 钙钛矿 $CsPbX_3$量子点材料制备进展 [J]. 应用技术学报，2020，20(02)：126-134.

[15] 朱梦淇，温航，王彪，等 . 钙钛矿型闪烁晶体的研究进展 [J]. 人工晶体学报，2021，50(10)：1844-1857.

[16] YU X, GAO P, ZHANG Z, et al. Miscellaneous and Perspicacious: Hybrid Halide Perovskite Materials Based Photodetectors and Sensors[J]. Advanced Optical Materials, 2020, 8(21): 2001095.

[17] ZHANG Z, LI Z, MENG L, et al. Perovskite-Based Tandem Solar Cells: Get the Most Out of the Sun[J]. Advanced Functional Materials, 2020, 30(38): 2001904.

[18] LI Y H, XIE H, LIM E, et al. Recent Progress of Critical Interface Engineering for Highly Efficient and Stable Perovskite Solar Cells[J]. Advanced Energy Materials, 2021, 12(5): 2102730.

[19] PARK N, ZHU K. Scalable fabrication and coating methods for perovskite solar cells and solar modules [J]. Nature Reviews Materials, 2020, 5: 333–350.

[20] 杨志春，吴狄，剡晓波，等 . 大面积钙钛矿薄膜制备技术的研究进展 [J]. 材料导报，2021，35(01)：1046-1057.

[21] PANNEERSELVAM D M, KABIR M Z. Evaluation of organic perovskite photoconductors for direct conversion X-ray imaging detectors[J]. Journal of Materials Science: Materials in Electronics, 2017, 28: 7083-7090.

[22] LEUPOLD N, PANZER N. Recent Advances and Perspectives on Powder-Based Halide Perovskite Film Processing[J]. Advanced Functional Materials, 2021, 31(14): 2007350.

[23] WANG Y, LOU H, YUE C, et al. Applications of halide perovskites in X-ray detection and imaging[J]. CrystEngComm, 2022, 24: 2201-2212.

[24] ZHAO Y, LI C, SHEN L. Recent research process on perovskite photodetectors: A review for photodetector—materials, physics, and applications[J]. Chinese Physics B, 2018, 27: 127806.

[25] LI L, YE S, QU J, et al. Recent Advances in Perovskite Photodetectors for Image Sensing[J]. Small, 2021, 17: 2005606.

[26] KUMAWAT N K, GUPTA D, KABRA D. Recent Advances in Metal Halide-Based Perovskite Light-Emitting Diodes[J]. Energy Technology, 2017, 5: 1734–1749.

[27] WANG K, WANG S, XIAO S, et al. Recent Advances in Perovskite Micro- and Nanolasers[J]. Advanced Optical Materials, 2018, 6(18): 1800278.

[28] ZHANG Q, SU R, DU W, et al. Advances in Small Perovskite-Based Lasers[J]. Small methods, 2017, 1(9): 1700163.

[29] DI J, DU J, LIN Z, et al. Recent advances in resistive random access memory based on lead halide perovskite[J]. InfoMat, 2021, 3(3): 293–315.

[30] 曾凡菊，谭永前，胡伟，等．铅基卤素钙钛矿阻变式存储器研究进展 [J]. 电子元件与材料，2022，41(01)：19-29，39.

[31] ZHU H, LIU A, NOH Y. Recent progress on metal halide perovskite field-effect transistors[J]. Journal of Information Display, 2021, 22: 4, 257-268.

[32] 李鑫，张太阳，王甜，等．金属卤化物钙钛矿光催化的研究进展 [J]. 化学学报，2019，77(11)：1075-1088.

[33] REN K, YUE S, LI C, et al. Metal halide perovskites for photocatalysis applications[J]. Journal of Materials Chemistry A, 2022, 10: 407-429.

[34] LI L, YE S, QU J, et al. Recent Advances in Perovskite Photodetectors for Image Sensing[J]. Small, 2021, 17(18): 2005606.

[35] WU Z, YANG J, SUN X, et al. An excellent impedance-type humidity sensor based on halide perovskite $CsPbBr_3$ nanoparticles for human respiration monitoring[J]. Sensors and Actuators B: Chemical, 2021, 337: 129772.

[36] ZHANG X, SONG W, TU J, et al. A Review of Integrated Systems Based on Perovskite Solar Cells and Energy Storage Units: Fundamental, Progresses, Challenges, and Perspectives[J]. Advanced Science, 2021, 8(14): 2100552.

[37] Zhao YudaZHOU F, REN Z, ZHAO Y, et al. Perovskite Photovoltachromic Supercapacitor with All-Transparent Electrodes[J]. ACS Nano, 2016 10(6): 5900-5908.

[38] LING H, WU J, SU F, et al. Automatic light-adjusting electrochromic device powered by perovskite solar cell[J]. Nature Communications, 2021, 12: 1010.

[39] WEI Q, NING Z. Chiral Perovskite Spin-Optoelectronics and Spintronics: Toward Judicious Design and Application[J]. ACS Materials Letters, 2021, 3(9): 1266-1275.

[40] HUANG P, KAZIM S, WANG M, et al. Toward Phase Stability: Dion-Jacobson Layered Perovskite for Solar Cells[J]. ACS Energy Letters., 2019 ,4 (12): 2960 -2974.

[41] SUN S, SALIM T, MATHEWS N, et al. The origin of high efficiency in low-temperature solution-processable bilayer organometal halide hybrid solar cells[J]. Energy & Enviro nmental Science, 2014, 7(1): 399-407.

[42] GOTTESMAN R, HALTZI E, GOUDA L, et al. Extremely Slow Photoconductivity Response of $CH_3NH_3PbI_3$ Perovskites Suggesting Structural Changes under Working Conditions[J]. The Journal of Physical Chemistry Letters, 2014, 5: 2662.

[43] NAM S, MAI C T K, OH I. Ultrastable Photoelectrodes for Solar Water Splitting Based on Organic Metal Halide Perovskite Fabricated by Lift-Off Process[J]. ACS Applied

Materials & Interfaces, 2018, 10(17): 14659-14664.

[44] SU K, DONG G, ZHANG W, et al. In Situ Coating $CsPbBr_3$ Nanocrystals with Graphdiyne to Boost the Activity and Stability of Photocatalytic CO_2 Reduction[J]. ACS Applied Materials & Interfaces, 2020, 12(45): 50464-50471.

[45] WU Z, YANG J, SUN X, et al. An excellent impedance-type humidity sensor based on halide perovskite $CsPbBr_3$ nanoparticles for human respiration monitoring[J]. Sensors and Actuators B: Chemical, 2021, 337: 129772.

[46] MESCHER H, SCHACKMAR F, EGGERS H, et al. Flexible Inkjet-Printed Triple Cation Perovskite X-ray Detectors[J]. ACS Applied Materials & Interfaces, 2020, 12 (13): 15774-15784.

[47] PARK H, DAN Y, SEO K, et al. Filter-Free Image Sensor Pixels Comprising Silicon Nanowires with Selective Color Absorption[J]. Nano Letters, 2014, 14: 1804.

[48] KIN L, LIU Z, ASTAKHOV O, et al. Efficient Area Matched Converter Aided Solar Charging of Lithium Ion Batteries Using High Voltage Perovskite Solar Cells[J]. ACS Applied Energy Materials 2020, 3(1): 431.

[49] XU J, KU Z, ZHANG Y, et al. Integrated Photo-Supercapacitor Based on PEDOT Modified Printable Perovskite Solar Cell[J]. Advanced Materials Technologies, 2016, 1(5): 1600074.

[50] WANG J, ZHANG C, LIU H, et al. Spin-optoelectronic devices based on hybrid organic-inorganic trihalide perovskites[J]. Nature Communications, 2019, 10: 129.